U0222105

老向讲工控

PLC
编程手册

向晓汉　主编

Programmable
Logic
Controller

化学工业出版社
·北京·

内 容 简 介

本书从 PLC 编程基础出发，以案例引导学习的方式，结合视频讲解，全面系统地介绍了西门子 S7-1200/1500 PLC、三菱 FX 系列 PLC 和欧姆龙 CP1 系列 PLC 的编程和工程应用。全书共分为五个部分，前三部分主要讲解 4 种常用 PLC 的硬件和接线、编程软件的使用和 PLC 的编程语言；第四部分为高级应用篇，主要讲解 PLC 的编程方法与调试、PLC 的通信、PLC 在过程控制和运动中的应用；第五部分为 PLC 的工程应用案例。

本书采用双色图解，内容全面丰富，重点突出，且注重实用性，几乎每章都配有典型的实用案例，大部分实例都有详细的软、硬件配置清单，并配有接线图和程序，读者可以模仿学习。对重点和复杂内容还配有 100 多个微课视频，方便读者学习。

本书可供从事 PLC 编程及应用的工控技术人员学习和参考，也可作为大中专院校机电类、信息类专业的参考书和工具书。

图书在版编目（CIP）数据

PLC编程手册 / 向晓汉主编 . —北京：化学工业出版社，2021.5
（2023.11重印）
（老向讲工控）
ISBN 978-7-122-38569-7

Ⅰ．① P…　Ⅱ．①向…　Ⅲ．① PLC 技术 - 程序设计 - 手册
Ⅳ．① TM571.6-62

中国版本图书馆 CIP 数据核字（2021）第 032887 号

责任编辑：李军亮　徐卿华　　　　　　文字编辑：宁宏宇　陈小滔
责任校对：杜杏然　　　　　　　　　　装帧设计：李子姮

出版发行：化学工业出版社（北京市东城区青年湖南街13号　邮政编码100011）
印　　装：盛大（天津）印刷有限公司
787mm×1092mm　1/16　印张51½　字数1385千字　2023年11月北京第1版第3次印刷

购书咨询：010-64518888　　　　　　　售后服务：010-64518899
网　　址：http://www.cip.com.cn
凡购买本书，如有缺损质量问题，本社销售中心负责调换。

定　　价：168.00元

随着计算机技术的发展，以可编程控制器（PLC）、变频器、伺服驱动系统和计算机通信等技术为主体的新型电气控制系统已经逐渐取代传统的继电器控制系统，并广泛应用于各个行业。其中，西门子、三菱和欧姆龙 PLC 及其变频器、触摸屏和伺服驱动系统具有卓越的性能，且有很高的性价比，因此在工控市场占有非常大的份额，应用十分广泛。笔者之前出过一系列西门子及三菱 PLC 方面的图书，内容全面实用，深受读者欢迎，并被很多学校选为教材。近年来，由于工控技术不断发展，产品更新换代，性能得到了进一步提升，为了更好地满足读者学习新技术的需求，我们组织编写了这套全新的"老向讲工控"丛书。

本套丛书主要包括三菱 FX3U PLC、FX5U PLC、iQ-R PLC、MR-J4/JE 伺服系统，西门子 S7-1200 /1500 PLC、SINAMICS V90 伺服系统，欧姆龙 CP1 系列 PLC 等内容，总结了笔者十余年的教学经验及工程实践经验，将更丰富、更实用的内容呈现给大家，希望能帮助读者全面掌握工控技术。

丛书具有以下特点。

（1）内容全面，知识系统。既适合初学者全面掌握 PLC 编程，也适合有一定基础的读者结合实例深入学习工控技术。

（2）实例引导学习。大部分知识点采用实例讲解，便于读者举一反三，快速掌握工控技术及应用。

（3）案例丰富，实用性强。精选大量工程实用案例，便于读者模仿应用，重点实例都包含软硬件配置清单、原理图和程序，且程序已经在 PLC 上运行通过。

（4）对于重点及复杂内容，配有大量微课视频。读者扫描书中二维码即可观看，配合文字讲解，学习效果更好。

本书为《PLC 编程手册》，内容从 PLC 编程基础出发，全面系统地介绍了 S7-1200 /1500 PLC、三菱 FX 系列 PLC 和欧姆龙 CP1 系列 PLC 的编程和工程应用，基本涵盖了工控市场应用比较广泛的主流机型。在编写过程中，将 PLC 共性部分合并讲解，各种 PLC 机型特色部分分别讲解。将常用的 4 种机型内容合并为一本手册，便于读者掌握各种机型的 PLC，特别在通信部分、运动控制部分、过程控制部分和工程应用部分，往往同一个例子，用多种机型 PLC 解题，非常适合读者掌握不同机型 PLC 的应用特色。

本书采用双色图解，内容新颖、先进、实用，并用较多的小例子引领读者编程入门，使读者能完成简单的工程；应用部分精选工程实际案例，供读者模仿学习，提高读者解决实际问题的能力。为了使读者能更好地掌握相关知识，我们特别邀请了教学经验丰富的高校老师及实践经验丰富的企业专家参与讨论、提供案例和编写工作，并配套丰富的视频资源，力求使读者通过学习本书能够快速掌握常用 PLC 的编程及应用。

全书共分为 5 篇 17 章，内容包括：

第 1 篇　西门子 S7-1200/1500 PLC 硬件和指令系统介绍，包括 S7-1200/1500 系列 PLC

硬件、S7-1200/1500 系列 PLC 接线、S7-1200/1500 系列 PLC 编程软件和 S7-1200/1500 系列 PLC 指令系统，章节中还有典型的工程应用实例讲解。

第 2 篇　三菱 FX PLC 硬件和指令系统介绍，包括 FX 系列 PLC 硬件、FX 系列 PLC 接线、FX 系列 PLC 编程软件和 FX 系列 PLC 指令系统等，章节中还有典型的工程应用实例讲解。

第 3 篇　欧姆龙 CP1 PLC 硬件和指令系统介绍，包括 CP1 系列 PLC 硬件、CP1 系列 PLC 接线、CP1 系列 PLC 编程软件和 CP1 系列 PLC 指令系统等，章节中还有典型的工程应用实例讲解。

第 4 篇　常用 PLC 高级应用，包括 PLC 的编程方法与调试、PLC 的通信及其应用（详尽讲解了自由口通信、Modbus RTU 通信、PROFIBUS 通信、并行通信、N∶N 通信、CC-Link 通信、USS 通信、PU 通信、S7 通信、OUC 通信和 PROFINET 通信）、PLC 在运动控制中的应用和 PLC 在过程控制中的应用。

第 5 篇　PLC 工程应用案例。这部分包括 PLC 在工程应用中常见的重点和难点内容，是本书的特色部分。

本书由向晓汉任主编，商进任副主编。第 1～6 章由无锡职业技术学院的向晓汉编写；第 7 章由无锡雷华科技有限公司的陆彬编写；第 8、9、11、12、15、16 章由龙丽编写；第 10 章由无锡雪浪环境有限公司的刘摇摇编写；第 13、14 章由无锡职业技术学院的商进博士编写；第 17 章由向定汉编写。参加编写的还有付东升和唐克彬。全书由无锡职业技术学院的林伟主审。

由于编者水平有限，不足之处在所难免，敬请读者批评指正，笔者将万分感激！

编者

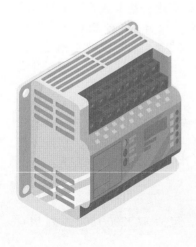

PLC 编程手册

目录

第 1 篇　西门子 PLC 编程及应用

03 第3章
TIA 博途（Portal）软件使用入门   50

04 第4章
西门子 S7-1200/1500 PLC 的编程语言　　　116

第2篇　三菱 PLC 编程及应用

07 　**第 7 章**
　三菱 FX 系列 PLC 的编程软件 GX Works　**270**

08 第 8 章
三菱 FX 系列 PLC 的指令及其应用 307

第 3 篇　欧姆龙 PLC 编程及应用

09 第 9 章
欧姆龙 CP1 系列 PLC 的硬件 　　　　　　　　382

10 第 10 章
欧姆龙 CP1 系列 PLC 编程软件 CX-One 　　　　399

11 第 11 章
欧姆龙 CP1 系列 PLC 的指令及其应用　　　　　　428

第 4 篇　PLC 编程高级应用

12　第 12 章　PLC 的编程方法与调试　518

13　第 13 章　PLC 的通信及其应用　561

第 5 篇　PLC 编程工程实践

17　第 17 章 PLC 工程应用　　　　　764

参考文献　　　　　805

第 1 篇

西门子 PLC 编程及应用

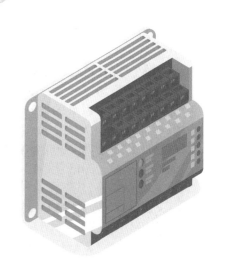

第 1 章
西门子 S7-1200 PLC 的硬件

> 本章介绍常用西门子 S7-1200 PLC 的 CPU 模块、数字量输入 / 输出模块、模拟量输入 / 输出模块、通信模块和电源模块的功能、接线与安装，该内容是后续程序设计和控制系统设计的前导知识。

■ 1.1 西门子 S7-1200 PLC 概述

1.1.1 西门子 PLC 简介

德国西门子（SIEMENS）公司是欧洲最大的电子和电气设备制造商之一，其生产的 SIMATIC（"Siemens Automation"即西门子自动化）可编程控制器在欧洲处于领先地位。

西门子公司的第一代 PLC 是 1975 年投放市场的 SIMATIC S3 系列的控制系统。之后在 1979 年，西门子公司将微处理器技术应用到 PLC 中，研制出了 SIMATIC S5 系列，取代了 S3 系列，目前 S5 系列产品仍然有小量在工业现场使用。20 世纪末，又在 S5 系列的基础上推出了 S7 系列产品。

SIMATIC S7 系列产品分为：S7-200、S7-200CN、S7-200 SMART、S7-1200、S7-300、S7-400 和 S7-1500 共七个产品系列。S7-200 PLC 是在西门子公司收购的小型 PLC 的基础上发展而来的，因此其指令系统、程序结构和编程软件和 S7-300/400 PLC 有较大的区别，在西门子 PLC 产品系列中是一个特殊的产品。S7-200 SMART PLC 是 S7-200 PLC 的升级版本，于 2012 年 7 月发布，其绝大多数的指令和使用方法与 S7-200 PLC 类似，其编程软件也和 S7-200 PLC 的类似，而且在 S7-200 PLC 运行的程序，大部分可以在 S7-200 SMART PLC 中运行。S7-1200 PLC 是在 2009 年推出的新型小型 PLC，定位于 S7-200 PLC 和 S7-300 PLC 产品之间。S7-300/400 PLC 是由西门子 S5 系列发展而来的，是西门子公司最具竞争力的 PLC 产品。2013 年西门子公司又推出了新品 S7-1500 PLC。西门子的 PLC 产品系列的定位见表 1-1。

SIMATIC 产品除了 SIMATIC S7 外，还有 M7、C7 和 WinAC 系列。

SIMATIC C7 基于 S7-300 系列 PLC 性能，同时集成了 HMI，具有节省空间的特点。

表 1-1 SIMATIC 控制器的定位

序号	控制器	定位	主要任务和性能特征
1	LOGO！	低端独立自动化系统中简单的开关量解决方案和智能逻辑控制器	简单自动化 作为时间继电器、计数器和辅助接触器的替代开关设备 模块化设计，柔性应用 有数字量、模拟量和通信模块 用户界面友好，配置简单 使用拖放功能和智能电路开发
2	S7-200 和 S7-200CN	低端的离散自动化系统和独立自动化系统中使用的紧凑型控制器模块	串行模块结构、模块化扩展 紧凑设计，CPU 集成 I/O 实时处理能力，高速计数器、报警输入、中断 易学易用的软件 多种通信选项
3	S7-200 SMART	低端的离散自动化系统和独立自动化系统中使用的紧凑型控制器模块，是 S7-200 的升级版本	串行模块结构、模块化扩展 紧凑设计，CPU 集成 I/O 集成了 PROFINET 接口 实时处理能力，高速计数器、报警输入、中断 易学易用的软件 多种通信选项
4	S7-1200	低端的离散自动化系统和独立自动化系统中使用的小型控制器模块	可升级及灵活的设计 集成了 PROFINET 接口 集成了强大的计数、测量、闭环控制及运动控制功能 直观高效的 STEP7 Basic 工程系统可以直接组态控制器和 HMI
5	S7-300	中端的离散自动化系统中使用的控制器模块	通用型应用和丰富的 CPU 模块种类 高性能 模块化设计，紧凑设计 由于使用 MMC 存储程序和数据，系统免维护
6	S7-400	高端的离散和过程自动化系统中使用的控制器模块	特别高的通信和处理能力 定点加法或乘法的指令执行速度最快为 0.03μs 大型 I/O 框架和最高 20MB 的主内存 快速响应，实时性强，垂直集成 支持热插拔和在线 I/O 配置，避免重启 具备等时模式，可以通过 PROFIBUS 控制高速机器
7	S7-1500	中高端系统	S7-1500 控制器除了包含多种创新技术之外，还设定了新标准，最大程度提高生产效率。无论是小型设备还是对速度和准确性要求较高的复杂装置，都一一适用。SIMATIC S7-1500 无缝集成到 TIA 博途中，极大提高了工程组态的效率

SIMATIC M7-300/400 采用了与 S7-300/400 相同的结构，又具有兼容计算机的功能，可以用 C、C++ 等高级语言编程，SIMATIC M7-300/400 适于需要大数量处理和实时性要求高的场合。

WinAC 是在个人计算机上实现 PLC 功能，突破了传统 PLC 开放性差、硬件昂贵等缺点，WinAC 具有良好的开放性和灵活性，可以很方便集成第三方的软件和硬件。

1.1.2　西门子 S7-1200 PLC 的性能特点

S7-1200 PLC 具有集成 PROFINET 接口、强大的集成工艺功能和灵活的可扩展性等特点，为各种工艺任务提供了简单的通信和有效的解决方案。S7-1200 PLC 新的性能特点具体描述如下。

（1）集成 PROFINET 接口

集成 PROFINET 接口用于编程、HMI 通信和 PLC 间的通信。此外，它还通过开放的以太网协议支持与第三方设备的通信。该接口带有一个具有自动交叉网线（auto cross over）功能的 RJ45 连接器，提供 10/100Mbit/s 的数据传输速率，支持以下协议：TCP/P native、ISO-on-TCP 和 S7 和 PROFINET 通信。最大的连接数为 23 个。

（2）集成了工艺功能

① 高速输入。S7-1200 控制器带有多达 6 个高速计数器。其中 3 个输入为 100kHz，3 个输入为 30kHz，用于计数和测量。

② 高速输出。S7-1200 控制器集成了 4 个 100kHz 的高速脉冲输出，用于步进电机或伺服驱动器的速度和位置控制（使用 PLCopen 运动控制指令）。这四个输出都可以输出脉宽调制信号来控制电机速度、阀位置或加热元件的占空比。

③ PID 控制。S7-1200 控制器中提供了多达 16 个带自动调节功能的 PID 控制回路，用于简单的闭环过程控制。

（3）存储器

为用户指令和数据提供高达 150 KB 的共用工作内存。同时还提供了高达 4 MB 的集成装载内存和 10 KB 的掉电保持内存。

SIMATIC 存储卡是可选件，通过不同的设置可用作编程卡、传送卡和固件更新卡三种。

（4）智能设备

通过简单的组态，S7-1200 控制器通过对 I/O 映射区的读写操作，实现主从架构的分布式 I/O 应用。

（5）通信

S7-1200 PLC 提供各种各样的通信选项以满足网络通信要求，其可支持的通信协议如下。

① I-Device。
② PROFINET。
③ PROFIBUS。
④ 远距离控制通信。
⑤ 点对点（PtP）通信。
⑥ USS 通信。
⑦ Modbus RTU。
⑧ AS-I。
⑨ I/O Link MASTER。

1.2　西门子 S7-1200 PLC 常用模块及其接线

S7-1200 PLC 的硬件主要包括电源模块、CPU 模块、信号模块、通信模块（CM）和信号板（SB）。S7-1200 PLC 最多可以扩展 8 个信号模块和 3 个通信模块，最大本地数字 I/O

点数为 284 个，最大本地模拟 I/O 点数为 69 个。S7-1200 PLC 外形如图 1-1 所示，通信模块安装在 CPU 模块的左侧，信号模块安装在 CPU 模块的右侧，西门子早期的 PLC 产品，扩展模块只能安装在 CPU 模块的右侧。

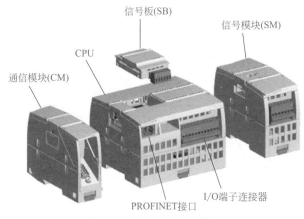

图 1-1　S7-1200 PLC 外形

CPU 模块的接线

1.2.1　西门子 S7-1200 PLC 的 CPU 模块及其接线

S7-1200 PLC 的 CPU 模块是 S7-1200 PLC 系统中最核心的成员。目前，S7-1200 PLC 的 CPU 有 5 类：CPU 1211C、CPU 1212C、CPU 1214C、CPU 1215C 和 CPU 1217C。每类 CPU 模块又细分三种规格：DC/DC/DC、DC/DC/RLY 和 AC/DC/RLY，印刷在 CPU 模块的外壳上。其含义如图 1-2 所示。

AC/DC/RLY 的含义是：CPU 模块的供电电压是交流电，范围为 120 ～ 240V AC；输入电源是直流电源，范围为 20.4 ～ 28.8V DC；输出形式是继电器输出。

输出形式：DC表示晶体管输出，RLY表示继电器输出
输入电源类型：DC表示直流电源输入
CPU模块供电电源类型：DC表示直流电源，AC表示交流电源

图 1-2　细分规格含义

(1) CPU 模块的外部介绍

S7-1200 PLC 的 CPU 模块将微处理器、集成电源、模拟量 I/O 点和多个数字量 I/O 点集成在一个紧凑的盒子中，形成功能比较强大的 S7-1200 系列微型 PLC，如图 1-3 所示。以下按照图中序号顺序介绍其外部的各部分功能。

①电源接口。用于向 CPU 模块供电的接口，有交流和直流两种供电方式。

②存储卡插槽。位于上部保护盖下面，用于安装 SIAMTIC 存储卡。

③接线连接器。也称为接线端子，位于保护盖下面。接线连接器具有可拆卸的优点，便于 CPU 模块的安装和维护。

④板载 I/O 的状态 LED。通过板载 I/O 的状态 LED 指示灯（绿色）的点亮或熄灭，指示各输入或

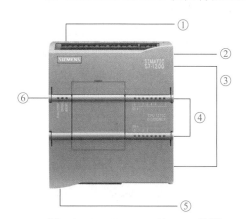

图 1-3　S7-1200 PLC 的 CPU 外形

输出的状态。

⑤ 集成以太网口（PROFINET 连接器）。位于 CPU 的底部，用于程序下载、设备组网。这使得程序下载更加方便快捷，节省了购买专用通信电缆的费用。

⑥ 运行状态 LED。用于显示 CPU 的工作状态，如运行状态、停止状态和强制状态等，详见下文介绍。

(2) CPU 模块的常规规范

要掌握 S7-1200 PLC 的 CPU 的具体的技术性能，必须要查看其常规规范，见表 1-2。

表 1-2　S7-1200 PLC 的 CPU 常规规范

特征		CPU 1211C	CPU 1212C	CPU 1214C	CPU 1215C	CPU 1217C
物理尺寸 /mm		90×100×75		110×100×75	130×100×75	150×100×75
用户存储器	工作 /KB	50	75	100	125	150
	负载 /MB	1			4	
	保持性 /KB	10				
本地板载 I/O	数字量	6 点输入 / 4 点输出	8 点输入 / 6 点输出	14 点输入 / 10 点输出		
	模拟量	2 点输入			2 点输入 /2 点输出	
过程映像大小	输入（I）	1024 个字节				
	输出（Q）	1024 个字节				
位存储器（M）		4096 个字节			8192 个字节	
信号模块（SM）扩展		无	2	8		
信号板（SB）、电池板（BB） 或通信板（CB）		1				
通信模块（CM），左侧扩展		3				
高速计数器	总计	最多可组态 6 个，使用任意内置或 SB 输入的高速计数器				
	1MHz	—				Ib.2 ～ Ib.5
	100/80kHz	Ia.0 ～ Ia.5				
	30/20kHz	—	Ia.6 ～ Ia.7	Ia.6 ～ Ib.5		Ia.6 ～ Ib.1
脉冲输出	总计	最多可组态 4 个，使用任意内置或 SB 输出的脉冲输出				
	1MHz	—				Qa.0 ～ Qa.3
	100kHz	Qa.0 ～ Qa.3				Qa.4 ～ Qb.1
	20kHz	—	Qa.4 ～ Qa.5	Qa.4 ～ Qb.1		—
存储卡		SIMATIC 存储卡（选件）				
实时时钟保持时间		通常为 20 天，40℃ 时最少为 12 天（免维护超级电容）				
PROFINET 以太网通信端口		1			2	
实数数学运算执行速度		2.3μs/ 指令				
布尔运算执行速度		0.08μs/ 指令				

（3）S7-1200 PLC 的指示灯

① S7-1200 PLC 的 CPU 状态 LED 指示灯　S7-1200 PLC 的 CPU 上有三盏状态 LED，分别是 STOP/RUN、ERROR 和 MAINT，用于指示 CPU 的工作状态，其亮灭状态代表一定的含义（见表 1-3）。

表 1-3　S7-1200 PLC 的 CPU 状态 LED 含义

说明	STOP/RUN（黄色／绿色）	ERROR（红色）	MAINT（黄色）
断电	灭	灭	灭
启动、自检或固件更新	闪烁（黄色和绿色交替）	—	灭
停止模式	亮（黄色）	—	—
运行模式	亮（绿色）	—	—
取出存储卡	亮（黄色）	—	闪烁
错误	亮（黄色或绿色）	闪烁	—
请求维护： • 强制 I/O • 需要更换电池（如果安装了电池板）	亮（黄色或绿色）	—	亮
硬件出现故障	亮（黄色）	亮	灭
LED 测试或 CPU 固件出现故障	闪烁（黄色和绿色交替）	闪烁	闪烁
CPU 组态版本未知或不兼容	亮（黄色）	闪烁	闪烁

② 通信状态 LED 指示灯　S7-1200 PLC 的 CPU 还配备了两个可指示 PROFINET 通信状态的 LED 指示灯。打开底部端子块的盖子可以看到这两个 LED 指示灯，分别是 Link 和 Rx/Tx，其点亮的含义如下：

a. Link（绿色）点亮，表示通信连接成功；

b. Rx/Tx（黄色）点亮，表示通信传输正在进行。

③ 通道 LED 指示灯　S7-1200 PLC 的 CPU 和各数字量信号模块（SM）为每个数字量输入和输出配备了 I/O 通道 LED 指示灯。通过 I/O 通道 LED 指示灯（绿色）的点亮或熄灭，指示各输入或输出的状态。例如 Q0.0 通道 LED 指示灯点亮，表示 Q0.0 线圈得电。

（4）CPU 的工作模式

CPU 有以下三种工作模式：STOP 模式、STARTUP 模式和 RUN 模式。CPU 前面的状态 LED 指示当前工作模式。

① 在 STOP 模式下，CPU 不执行程序，但可以下载项目。

② 在 STARTUP 模式下，执行一次启动 OB（如果存在）。在启动模式下，CPU 不会处理中断事件。

③ 在 RUN 模式，程序循环 OB 重复执行。可能发生中断事件，并在 RUN 模式中的任意点执行相应的中断事件 OB。可在 RUN 模式下下载项目的某些部分。

CPU 支持通过暖启动进入 RUN 模式。暖启动不包括储存器复位。执行暖启动时，CPU 会初始化所有的非保持性系统和用户数据，并保留所有保持性用户数据。

存储器复位将清除所有工作存储器、保持性及非保持性存储区，将装载存储器复制到工作存储器并将输出设置为组态的"对 CPU STOP 的响应"（Reaction to CPU STOP）。

存储器复位不会清除诊断缓冲区，也不会清除永久保存的 IP 地址值。

注意：目前 S7-1200/1500 PLC 的 CPU 仅有暖启动模式，而部分 S7-400 PLC 的 CPU 有热启动和冷启动模式。

(5) CPU 模块的接线

S7-1200 PLC 的 CPU 规格虽然较多，但接线方式类似，因此本书仅以 CPU 1215C 为例进行介绍。

① CPU 1215C（AC/DC/RLY）的数字量输入端的接线　S7-1200 PLC 的 CPU 数字量输入端接线与三菱的 FX 系列的 PLC 的数字量输入端接线不同，后者不必接入直流电源，其电源可以由系统内部提供，而 S7-1200 PLC 的 CPU 输入端则必须接入直流电源。

下面以 CPU 1215C（AC/DC/RLY）为例介绍数字量输入端的接线。"1M"是输入端的公共端子，与 24V DC 电源相连，电源有两种连接方法，对应 PLC 的 NPN 型和 PNP 型接法。当电源的负极与公共端子相连时，为 PNP 型接法，如图 1-4 所示，"N"和"L1"端子为交流电的电源接入端子，输入电压范围为 120 ～ 240V AC，为 PLC 提供电源。"M"和"L+"端子为 24V DC 的电源输出端，可向外围传感器提供电源。

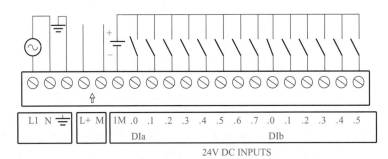

图 1-4　CPU 1215C 输入端的接线（PNP）

② CPU 1215C（DC/DC/RLY）的数字量输入端的接线　当电源的正极与公共端子 1M 相连时，为 NPN 型接法，其输入端的接线如图 1-5 所示。

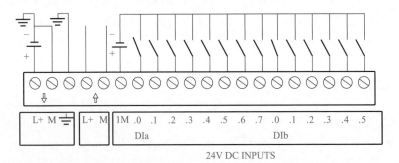

图 1-5　CPU 1215C 输入端的接线（NPN）

注意：在图 1-5 中，有两个"L+"和两个"M"端子，有箭头向 CPU 模块内部指向的"L+"和"M"端子是向 CPU 供电电源的接线端子，有箭头向 CPU 模块外部指向的"L+"和"M"端子是 CPU 向外部供电的接线端子，切记两个"L+"不要短接，否则容易烧毁 CPU 模块内部的电源。

初学者往往不容易区分 PNP 型和 NPN 型的接法，经常混淆，若读者掌握以下的方法，就不会出错。把 PLC 作为负载，以输入开关（通常为接近开关）为对象，若信号从开关流出（信号从开关流出，向 PLC 流入），则 PLC 的输入为 PNP 型接法；把 PLC 作为负载，以输入开关（通常为接近开关）为对象，若信号从开关流入（信号从 PLC 流出，向开关流入），则 PLC 的输入为 NPN 型接法。三菱的 FX2 系列 PLC 只支持 NPN 型接法。

【例 1-1】　有一台 CPU 1215C（AC/DC/RLY），输入端有一只三线 PNP 接近开关和一只二线 PNP 接近开关，请问应如何接线？

【解】　对于 CPU 1215C（AC/DC/RLY），公共端子接电源的负极。而对于三线 PNP 接近开关，只要将其正、负极分别与电源的正、负极相连，将信号线与 PLC 的"I0.0"相连即可；而对于二线 PNP 接近开关，只要将电源的正极分别与其正极相连，将信号线与 PLC 的"I0.1"相连即可，如图 1-6 所示。

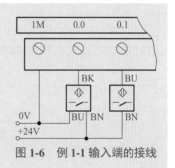

图 1-6　例 1-1 输入端的接线

③ CPU 1215C（DC/DC/RLY）的数字量输出端的接线　CPU 1215C 的数字量输出有两种形式，一种是 24V 直流输出（即晶体管输出），另一种是继电器输出。标注为"CPU 1215C（DC/DC/DC）"的含义是：第一个 DC 表示供电电源电压为 24V DC，第二个 DC 表示输入端的电源电压为 24V DC，第三个 DC 表示输出为 24V DC，在 CPU 的输出点接线端子旁边印刷有"24V DC OUTPUTS"字样，含义是晶体管输出。标注为"CPU 1215C（AC/DC/RLY）"的含义是：AC 表示供电电源电压为 120～240V AC，通常为 220V AC，DC 表示输入端的电源电压为 24V DC，"RLY"表示输出为继电器输出，在 CPU 的输出点接线端子旁边印刷有"RELAY OUTPUTS"字样，含义是继电器输出。

CPU 1215C 输出端的接线（继电器输出）如图 1-7 所示。可以看出，输出是分组安排的，每组既可以是直流电源，也可以是交流电源，而且每组电源的电压大小可以不同，接直流电源时，CPU 模块没有方向性要求。

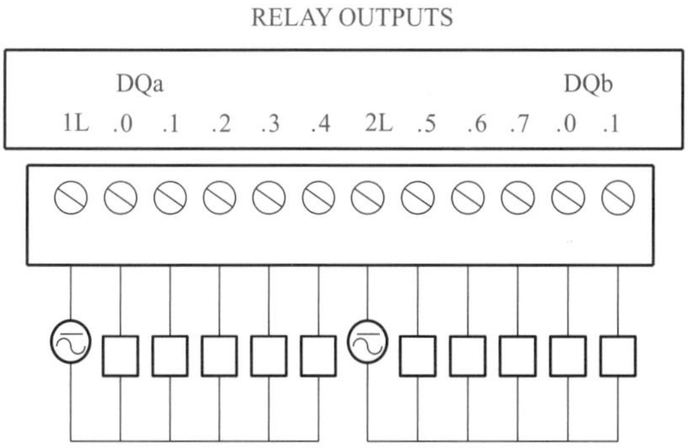

在给 CPU 进行供电接线时，一定要特别小心，分清是哪一种供电方式，如果把 220V AC 接到 24V DC 供电的 CPU 上，或者不小心接到 24V DC 传感器的输出电源上，都会造成 CPU 的损坏。

图 1-7　CPU 1215C 输出端的接线（继电器输出）

④ CPU 1215C（DC/DC/DC）的数字量输出端的接线　目前 24V 直流输出只有一种形式，即 PNP 型输出，也就是常说的高电平输出，这点与三菱 FX 系列 PLC 不同，三菱 FX 系列 PLC（FX3U 除外，FX3U 有 PNP 型和 NPN 型两种可选择的输出形式）为 NPN 型输出，也就是低电平输出，理解这一点十分重要，特别是利用 PLC 进行运动控制时（如控制步进电动机时），必须考虑这一点。

CPU 1215C 输出端的接线（晶体管输出）如图 1-8 所示，负载电源只能是直流电源，且输出高电平信号有效，因此是 PNP 输出。

⑤ CPU 1215C 的模拟量输入 / 输出端的接线　CPU 1215C 模块集成了两个模拟量输入通道和两个模拟量输出通道。模拟量输入通道的量程范围是 0 ～ 10V。模拟量输出通道的量程范围是 0 ～ 20mA。

CPU 1215C 的模拟量输入 / 输出端的接线，如图 1-9 所示。左侧的方框□代表模拟量输出的负载，常见的负载是变频器或者各种阀门。右侧的圆框⊙代表模拟量输入，一般与各类模拟量的传感器或者变送器相连接，圆框中的"+"和"-"代表传感器的正信号端子和负信号端子。

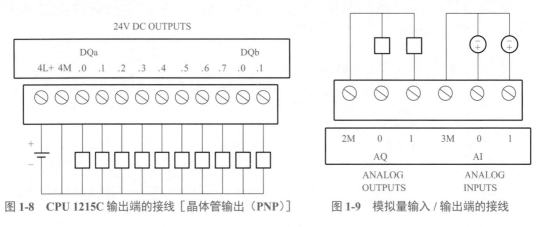

图 1-8　CPU 1215C 输出端的接线［晶体管输出（PNP）］　　图 1-9　模拟量输入 / 输出端的接线

注意：应将未使用的模拟量输入通道短路。

1.2.2　西门子 S7-1200 PLC 数字量扩展模块及其接线

S7-1200 PLC 的数字量扩展模块比较丰富，包括数字量输入模块（SM 1221）、数字量输出模块（SM1222）、数字量输入 / 直流输出模块（SM1223）和数字量输入 / 交流输出模块（SM1223）。以下将介绍几个典型的扩展模块。

数字量模块
的接线

1.2.2.1　数字量输入模块（SM1221）

（1）数字量输入模块（SM1221）的技术规范

目前 S7-1200 PLC 的数字量输入模块有多个规格，其部分典型模块的技术规范见表 1-4。

表 1-4　数字量输入模块（SM1221）的技术规范

型号	SM 1221 DI 8×24V DC	SM 1221 DI 16×24V DC
订货号（MLFB）	6ES7 221-1BF32-0XB0	6ES7 221-1BH32-0XB0
常规		
尺寸（W×H×D）/mm	45×100×75	
质量 /g	170	210
功耗 /W	1.5	2.5
电流消耗（SM 总线）/ mA	105	130
所用的每点输入电流消耗（24V DC）/mA	4	4
数字输入		
输入点数	8	16
类型	漏型 / 源型	
额定电压	4mA 时，24V DC	

（2）数字量输入模块（SM1221）的接线

数字量输入模块有专用的插针与 CPU 通信，并通过此插针由 CPU 向扩展输入模块提供 5V DC 的电源。SM1221 数字量输入模块的接线如图 1-10 所示，可以为 PNP 输入，也可以为 NPN 输入。

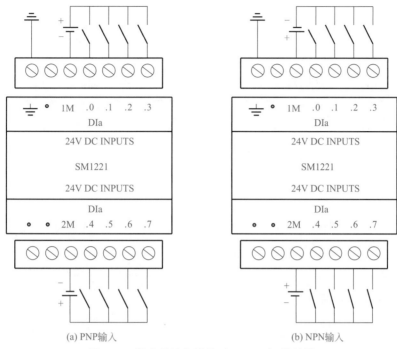

(a) PNP输入　　　　　　　　　　(b) NPN输入

图 1-10　数字量输入模块（SM1221）的接线

1.2.2.2　数字量输出模块（SM1222）

（1）数字量输出模块（SM1222）的技术规范

目前 S7-1200 PLC 的数字量输出模块有 10 多个规格，其典型模块的技术规范见表 1-5。

表 1-5　数字量输出模块（SM1222）的技术规范

型号	SM 1222 DQ×RLY	SM 1222 DQ 8×RLY（双态）	SM 1222 DQ 16×RLY	SM 1222 DQ 8×24V DC	SM 1222 DQ 16×24V DC
订货号（MLFB）	6ES7 222-1HF32-0XB0	6ES7 222-1XF32-0XB0	6ES7 222-1HH32-0XB0	6ES7 222-1BF32-0XB0	6ES7 222-1BH32-0XB0
常规					
尺寸（$W×H×D$）/mm	45×100×75	70×100×75	45×100×75	45×100×75	45×100×75
质量 /g	190	310	260	180	220
功耗 /W	4.5	5	8.5	1.5	2.5
电流消耗（SM 总线）/ mA	120	140	135	120	140
每个继电器线圈电流消耗（24V DC）/mA	11	16.7	11	—	
数字输出					
输出点数	8	8	16	8	16
类型	继电器，干触点	继电器切换触点	继电器，干触点	固态 - MOSFET	
电压范围	5～30V DC 或 5～250V AC			20.4～28.8V DC	

（2）数字量输出模块（SM1222）的接线

SM1222 数字量继电器输出模块的程序接线如图 1-11（a）所示，L+ 和 M 端子是模块的 24V DC 供电接入端子，而 1L 和 2L 可以接入直流和交流电源，给负载供电，这点要特别注意。可以发现，数字量输入输出扩展模块的接线与 CPU 的数字量输入输出端的接线是类似的。

SM1222 数字量晶体管输出模块的接线如图 1-11（b）所示，只能为 PNP 输出。

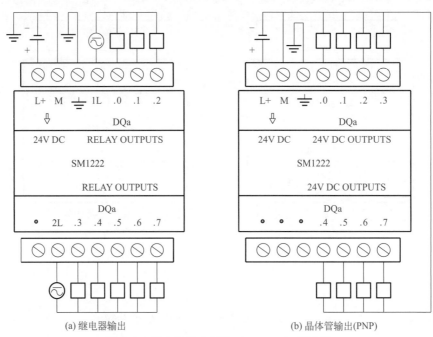

(a) 继电器输出　　　　　　　　　　　　　(b) 晶体管输出(PNP)

图 1-11　数字量输出模块（SM1222）的接线

1.2.2.3　数字量输入 / 直流输出模块（SM1223）

（1）数字量输入 / 直流输出模块（SM1223）的技术规范

目前 S7-1200 PLC 的数字量输入 / 直流输出模块有 10 多个规格，其典型模块的技术规范见表 1-6。

表 1-6　数字量输入 / 直流输出模块（SM1223）的技术规范

型号	SM 1223 DI 8×24V DC，DQ 8×RLY	SM 1223 DI 16×24V DC，DQ 16×RLY	SM 1223 DI 8×24V DC，DQ 8×24V DC	SM 1223 DI 16×24V DC， DQ 16×24V DC
订货号（MLFB）	6ES7 223-1PH32-0XB0	6ES7 223-1PL32-0XB0	6ES7 223-1BH32-0XB0	6ES7 223-1BL32-0XB0
尺寸（W×H×D）/mm	45×100×75	70×100×75	45×100×75	70×100×75
质量 /g	230	350	210	310
功耗 /W	5.5	10	2.5	4.5
电流消耗（SM 总线）/mA	145	180	145	185
电流消耗（24V DC）	所用的每点输入 4mA 所用的每个继电器线圈 11mA		所用的每点输入 4mA	
数字输入				
输入点数	8	16	8	16
类型	漏型 / 源型			

续表

额定电压	4mA 时，24V DC			
允许的连续电压	最大 30V DC			
数字输出				
输出点数	8	16	8	16
类型	继电器，干触点		固态－MOSFET	
电压范围	5～30V DC 或 5～250V AC		20.4～28.8V DC	
每个公共端的电流 /A	10	8	4	8
机械寿命（无负载）	10000000 个断开 / 闭合周期		—	
额定负载下的触点寿命	100000 个断开 / 闭合周期		—	
同时接通的输出数	8	16	8	16

（2）数字量输入 / 直流输出模块（SM1223）的接线

有的资料将数字量输入 / 输出模块（SM1223）称为混合模块。数字量输入 / 直流输出模块既可以是 PNP 输入也可以是 NPN 输入，根据现场实际情况决定。根据不同的工况，可以选择继电器输出或者晶体管输出。在图 1-12（a）中，输入为 PNP 输入（也可以改换成 NPN 输入），但输出只能是 PNP 输出，不能改换成 NPN 输出。

在图 1-12（b）中，输入为 NPN 输入（也可以改换成 PNP 输入），输出只能是继电器输出，输出的负载电源可以是直流或者交流。

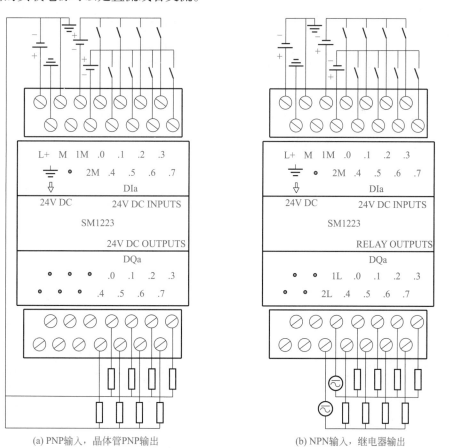

(a) PNP输入，晶体管PNP输出　　　　(b) NPN输入，继电器输出

图 1-12　数字量输入 / 直流输出模块（SM1223）的接线

1.2.3　西门子 S7-1200 PLC 模拟量模块

S7-1200 PLC 模拟量模块包括模拟量输入模块（SM1231）、模拟量输出模块（SM1232）、热电偶和热电阻模拟量输入模块（SM1231）和模拟量输入 / 输出模块（SM1234）。

模拟量模块
的接线

1.2.3.1　模拟量输入模块（SM1231）

(1) 模拟量输入模块（SM1231）的技术规范

目前 S7-1200 PLC 的模拟量输入模块（SM1231）有多个规格，其典型模块的技术规范见表 1-7。

表 1-7　模拟量输入模块（**SM1231**）的技术规范

型号	SM 1231 AI 4×13 位	SM 1231 AI 8×13 位	SM 1231 AI 4×16 位
订货号（MLFB）	6ES7 231-4HD32-0XB0	6ES7 231-4HF32-0XB0	6ES7 231-5ND32-0XB0
常规			
尺寸（$W \times H \times D$）/mm	45×100×75	45×100×75	45×100×75
质量 /g	180	180	180
功耗 /W	2.2	2.3	2.0
电流消耗（SM 总线）/mA	80	90	80
电流消耗（24V DC）/mA	45	45	65
模拟输入			
输入路数	4	8	4
类型	电压或电流（差动）：可 2 个选为一组		电压或电流（差动）
范围	±10V、± 5V、± 2.5V 或 0 ～ 20mA		± 10V、± 5V、± 2.5V、± 1.25V、0 ～ 20mA 或 4 ～ 20mA
满量程范围（数据字）	−27648 ～ 27648		
过冲 / 下冲范围（数据字）	电压：32511 ～ 27649/−27649 ～ −32512 电流：32511 ～ 27649/0 ～ −4864		电压：32511 ～ 27649/−27649 ～ −32512 电流 0 ～ 20mA：32511 ～ 27649/0 ～ −4864 电流 4 ～ 20mA：32511 ～ 27649/−1 ～ −4864
上溢 / 下溢（数据字）	电压：32767 ～ 32512/−32513 ～ −32768 电流：32767 ～ 32512/−4865 ～ −32768		电压：32767 ～ 32512/−32513 ～ −32768 电流 0 ～ 20mA：32767 ～ 32512/−4865 ～ −32768 电流 4 ～ 20mA：32767 ～ 32512/−4865 ～ −32768
精度	12 位 + 符号位		15 位 + 符号位
精度（25°C/0 ～ 55°C）	满量程的 ±0.1%/±0.2%		满量程的 ±0.1%/±0.3%
工作信号范围	信号加共模电压必须小于 +12V 且大于 −12V		
诊断			
上溢 / 下溢	电压：32767 ～ 32512/−32513 ～ −32768 电流 0 ～ 20mA：32767 ～ 32512/−4865 ～ −32768 电流 4 ～ 20mA：32767 ～ 32512（值小于 −4864 时表示开路）		

续表

对地短路 （仅限电压模式）	不适用	不适用	不适用
断路 （仅限电流模式）	不适用	不适用	仅限 4～20mA 范围（如果输入低于 -4164；1.0mA）
24V DC 低压	√	√	√

（2）模拟量输入模块（SM1231）的接线

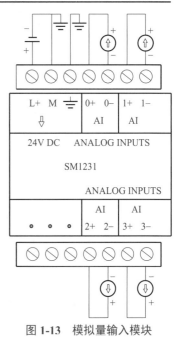

图 1-13　模拟量输入模块
（SM1231）的接线

S7-1200 PLC 的模拟量输入模块主要用于处理电流或者电压信号。模拟量输入模块 SM1231 的接线如图 1-13 所示，通道 0 和 1 不能同时测量电流和电压信号，只能二选一；通道 2 和 3 也是如此。信号范围：±10 V、±5 V、±2.5 V 和 0～20mA；满量程数据字范围：-27648～27648，这点与 S7-300/400 PLC 相同，但不同于 S7-200 PLC。

模拟量输入模块有两个参数容易混淆，即模拟量转换的分辨率和模拟量转换的精度（误差）。分辨率是 AD 模拟量转换芯片的转换精度，即用多少位的数值来表示模拟量。若模拟量模块的转换分辨率是 12 位，能够反映模拟量变化的最小单位是满量程的 1/4096。模拟量转换的精度除了取决于 AD 转换的分辨率，还受到转换芯片的外围电路的影响。在实际应用中，输入模拟量信号会有波动、噪声和干扰，内部模拟电路也会产生噪声、漂移，这些都会对转换的最后精度造成影响。这些因素造成的误差要大于 AD 芯片的转换误差。

当模拟量的扩展模块正常状态时，LED 指示灯为绿色，而当供电时，为红色闪烁。

使用模拟量模块时，要注意以下问题。

① 模拟量模块有专用的插针接头与 CPU 通信，并通过此电缆由 CPU 向模拟量模块提供 5V DC 的电源。此外，模拟量模块必须外接 24V DC 电源。

② 每个模块能同时输入 / 输出电流或者电压信号，对于模拟量输入的电压或者电流信号的选择和量程的选择都是通过软件组态，如图 1-14 所示，模块 SM1231 的通道 0 设定为电压信号，量程为 ±2.5 V。而 S7-200 PLC 的信号类型和量程是由 DIP 开关设定。

双极性就是信号在变化的过程中要经过 "零"，单极性不过零。由于模拟量转换为数字量是有符号整数，所以双极性信号对应的数值会有负数。在 S7-1200 PLC 中，单极性模拟量输入 / 输出信号的数值范围是 0～27648；双极性模拟量信号的数值范围是 -27648～27648。

③ 对于模拟量输入模块，传感器电缆线应尽可能短，而且应使用屏蔽双绞线，导线应避免弯成锐角。靠近信号源屏蔽线的屏蔽层应单端接地。

④ 一般电压信号比电流信号容易受干扰，应优先选用电流信号。电压型的模拟量信号由于输入端的内阻很高，极易引入干扰。一般电压信号是用在控制设备柜内电位器设置，或者距离非常近、电磁环境好的场合。电流型信号不容易受到传输线沿途的电磁干扰，因而在工业现场获得广泛的应用。电流信号可以传输比电压信号远得多的距离。

⑤ 前述的 CPU 和扩展模块的数字量的输入点和输出点都有隔离保护，但模拟量的输入和输出则没有隔离。如果用户的系统中需要隔离，则需另行购买信号隔离器件。

⑥ 模拟量输入模块的电源地和传感器的信号地必须连接（工作接地），否则将会产生一个很高的上下振动的共模电压，影响模拟量输入值，测量结果可能是一个变动很大的不稳定的值。

⑦ 西门子的模拟量模块的端子排是上下两排分布，容易混淆。在接线时要特别注意，先接下面端子的线，再接上面端子的线，不要弄错端子号。

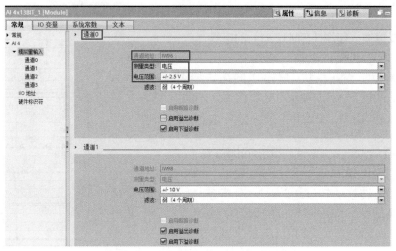

图 1-14　SM1231 信号类型和量程选择

1.2.3.2　模拟量输出模块（SM1232）

（1）模拟量输出模块（SM1232）的技术规范

目前 S7-1200 PLC 的模拟量输出模块（SM1232）有多个规格，其典型模块的技术规范见表 1-8。

表 1-8　模拟量输出模块（SM1232）的技术规范

型号	SM 1232 AQ 2×14 位	SM 1232 AQ 4×14 位
订货号（MLFB）	6ES7 232-4HB32-0XB0	6ES7 232-4HD32-0XB0
常规		
尺寸（$W \times H \times D$)/mm	45×100×75	45×100×75
质量 /g	180	180
功耗 /W	1.5	1.5
电流消耗（SM 总线）/ mA	80	80
电流消耗（24V DC），无负载 /mA	45	45
模拟输出		
输出路数	2	4
类型	电压或电流	
范围	±10 V 或 0 ～ 20 mA	
精度	电压：14 位；电流：13 位	
满量程范围（数据字）	电压：−27648 ～ 27648　电流：0 ～ 27648	
精度（25℃/0 ～ 55 ℃）	满量程的 ±0.3 %/±0.6 %	

续表

稳定时间（新值的 95 %）	电压：300μs（R）、750μs（1μF）；电流：600μs（1mH）、2ms（10mH）	
隔离（现场侧与逻辑侧）	无	
电缆长度	100m（屏蔽双绞线）	
诊断		
上溢 / 下溢	√	√
对地短路（仅限电压模式）	√	√
断路（仅限电流模式）	√	√
24V DC 低压	√	√

（2）模拟量输出模块（SM1232）的接线

模拟量输出模块 SM1232 的接线如图 1-15 所示，两个通道的模拟输出电流或电压信号，可以按需要选择。信号范围：±10 V、0 ～ 20mA 和 4 ～ 20mA；满量程数据字范围：-27648 ～ 27648，这点与 S7-300/400 PLC 相同，但不同于 S7-200 PLC。

1.2.3.3　热电偶和热电阻模拟量输入模块（SM1231）

（1）热电偶和热电阻模拟量输入模块（SM1231）的技术规范

如果没有热电偶和热电阻模拟量输入模块，那么也可以使用前述介绍的模拟量输入模块测量温度，工程上通常需要在模拟量输入模块和热电阻或者热电偶之间加专用变送器。目前 S7-1200 PLC 的热电偶和热电阻模拟量输入模块有多个规格，其典型模块的技术规范见表 1-9。

表 1-9　热电偶和热电阻模拟量输入模块（SM1231）的技术规范

型号	SM 1231 AI4×16 位 热电偶	SM 1231 AI8×16 位 热电偶	SM 1231 AI4×16 位 热电阻	SM 1231 AI8×16 位 热电阻
订货号（MLFB）	6ES7 231-5QD32-0XB0	6ES7 231-5QF32-0XB0	6ES7 231-5PD32-0XB0	6ES7 231-5PF32-0XB0
常规				
尺寸（W×H×D）/mm	45×100×75	45×100×75	45×100×75	70×100×75
质量 /g	180	190	220	270
功耗 /W	1.5	1.5	1.5	1.5
电流消耗（SM 总线）/mA	80	80	80	90
电流消耗（24V DC）/mA	40	40	40	40
模拟输入				
输入路数	4	8	4	8
类型	热电偶	热电偶	模块参考接地的热电阻	模块参考接地的热电阻
范围	J、K、T、E、R、S、N、C 和 TXK/XK（L），电压范围：+/-80mV	J、K、T、E、R、S、N、C 和 TXK/XK（L），电压范围：+/-80mV	铂（Pt）、铜（Cu）、镍（Ni）、LG-Ni 或电阻	铂（Pt）、铜（Cu）、镍（Ni）、LG-Ni 或电阻
精度 温度 电阻	0.1℃ /0.1℉ 15 位 + 符号位	0.1℃ /0.1℉ 15 位 + 符号位	0.1℃ /0.1℉ 15 位 + 符号位	0.1℃ /0.1℉ 15 位 + 符号位
最大耐压	±35V	±35V	±35V	±35V

续表

噪声抑制 （10Hz/50Hz/60Hz/ 400Hz 时)/dB	85	85	85	85
隔离 /V AC 现场侧与逻辑侧 现场侧与 24V DC 侧 24V DC 侧与逻辑侧	500 500 500	500 500 500	500 500 500	500 500 500
通道间隔离 /V AC	120	120	无	无
重复性	±0.05%FS	±0.05%FS	±0.05%FS	±0.0 %FS
测量原理	积分	积分	积分	积分
冷端误差	±1.5℃	±1.5℃	—	—
电缆长度	到传感器的最大 长度为 100m	到传感器的最大 长度为 100m	到传感器的最大 长度为 100m	到传感器的最大 长度为 100m
电缆电阻	最大 100Ω	最大 100Ω	20Ω，最大 2.7Ω （对于 10Ω RTD）	20Ω，最大 2.7Ω （对于 10Ω RTD）
诊断				
上溢 / 下溢	√	√	√	√
断路（仅电流模式）	√	√	√	√
24V DC 低压	√	√	√	√

（2）热电偶模拟量输入模块（SM1231）的接线

限于篇幅，本书只介绍热电偶模拟量输入模块的接线，如图 1-16 所示。

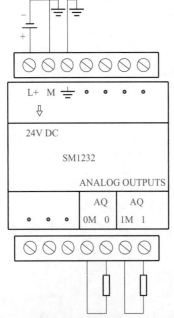

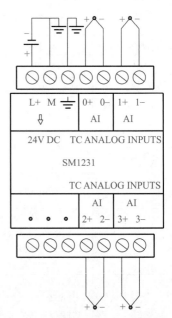

图 1-15　模拟量输出模块（SM1232）的接线　　图 1-16　热电偶模拟量输入模块（SM1231）的接线

1.2.4　西门子 S7-1200 PLC 信号板及其接线

S7-1200 PLC 的 CPU 上可安装信号板，S7-200/300/400 PLC 没有信号板。目前有模拟量输入板、模拟量输出板、数字量输入板、数字量输出板、数字量输入 / 输出板和通信板，以下分别介绍。

数字量信号板的接线

（1）数字量输入板（SB 1221）

数字量输入板安装在 CPU 模块面板的上方，节省了安装空间，其接线如图 1-17 所示，目前只能采用 NPN 输入接线，其电源可以是 24V DC 或者 5V DC。HSC 时钟输入最大频率，单相 200kHz，正交相位 160 kHz。

（2）数字量输出板（SB 1222）

数字量输出板安装在 CPU 模块面板的上方，节省了安装空间，其接线如图 1-18 所示，目前只能采用 PNP 输出方式，其电源可以是 24V DC 或者 5V DC。脉冲串输出频率：最大 200 kHz，最小 2Hz。

（3）数字量输入 / 输出板（SB 1223）

数字量输入 / 输出板（SB 1223）是 2 个数字量输入点和 2 个数字量输出点，输入点只能是 NPN 输入，其输出点是 PNP 输出，其电源可以是 24V DC 或者 5V DC。数字量输入 / 输出板的接线如图 1-19 所示。

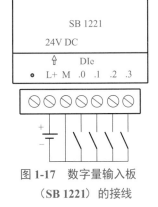

图 1-17　数字量输入板
（SB 1221）的接线

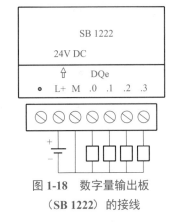

图 1-18　数字量输出板
（SB 1222）的接线

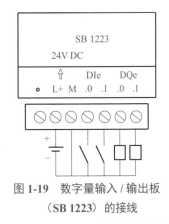

图 1-19　数字量输入 / 输出板
（SB 1223）的接线

（4）模拟量输入板（SB 1231）

模拟量输入板（SB 1231）的量程范围为 ±10V、±5V、±2.5V 和 0 ～ 20mA。模拟量输入板的接线如图 1-20 所示。

模拟量信号板的接线

（5）模拟量输出板（SB 1232）

模拟量输出板（SB 1232）只有一个输出点，由 CPU 供电，不需要外接电源。输出电压或者电流，其范围是电流 0 ～ 20mA，对应满量程为 0 ～ 27648，电压范围是 ±10V，对应满量程为 −27648 ～ 27648。模拟量输出板（SB 1232）的接线如图 1-21 所示。

（6）通信板（CB1241）

通信板（CB1241）可以作为 RS-485 模块使用，它集成的协议有：自由端口、ASCII、Modbus 和 USS。通信板（CB1241）接线如图 1-22 所示，连接"TA"和"TB"以终止网络（标记①处），使用屏蔽双绞线电缆，并将电缆屏蔽接地（标记②处）。自由口通信一般与第三方设备通信时采用，而 USS 通信则是西门子 PLC 与西门子变频器专用的通信协议。

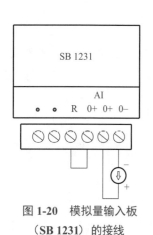

图 1-20　模拟量输入板
（SB 1231）的接线

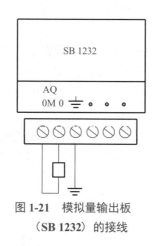

图 1-21　模拟量输出板
（SB 1232）的接线

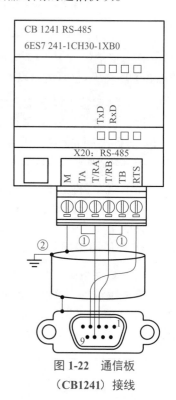

图 1-22　通信板
（CB1241）接线

1.2.5　西门子 S7-1200 PLC 通信模块

S7-1200 PLC 通信模块安装在 CPU 模块的左侧，而一般扩展模块安装在 CPU 模块的右侧。

S7-1200 PLC 通信模块规格较为齐全，主要有串行通信模块 CM 1241、紧凑型交换机模块 CSM 1277、PROFIBUS-DP 主站模块 CM 1243-5、PROFIBUS-DP 从站模块 CM 1242-5、GPRS 模块 CP 1242-7 和 I/O 主站模块 CM 1278。S7-1200 PLC 通信模块的基本功能见表 1-10。

表 1-10　S7-1200 PLC 通信模块的基本功能

序号	名称	功能描述
1	串行通信模块 CM 1241	·用于执行强大的点对点高速串行通信，支持 RS-485/422 ·执行协议：ASCII、USS 和 Modbus RTU ·可装载其他协议 ·通过 STEP 7 V16 可简化参数设定
2	紧凑型交换机模块 CSM 1277	·能够以线形、树形或星形拓扑结构，将 S7-1200 PLC 连接到工业以太网 ·增加了 3 个用于连接的节点 ·节省空间，可便捷安装到 S7-1200 PLC 导轨上 ·低成本的解决方案，实现小的、本地以太网连接 ·集成了坚固耐用、工业标准的 RJ45 连接器 ·通过设备上 LED 灯实现简单、快速的状态显示 ·集成的 autocrossover 功能，允许使用交叉连接电缆和直通电缆 ·无风扇的设计，维护方便 ·应用自检测（autosensing）和交叉自适应（autocrossover）功能实现数据传输速率的自动检测 ·是一个非托管交换机，不需要进行组态配置

续表

序号	名称	功能描述
3	PROFIBUS-DP 主站模块 CM 1243-5	通过使用 PROFIBUS-DP 主站通信模块，S7-1200 PLC 可以和下列设备通信： • 其他 CPU • 编程设备 • 人机界面 • PROFIBUS-DP 从站设备（例如 ET 200 和 SINAMICS）
4	PROFIBUS-DP 从站模块 CM 1242-5	通过使用 PROFIBUS-DP 从站通信模块 CM 1242-5，S7-1200 PLC 可以作为一个智能 DP 从站设备与任何 PROFIBUS-DP 主站设备通信
5	GPRS 模块 CP 1242-7	通过使用 GPRS 通信处理器 CP 1242-7，S7-1200 PLC 可以与下列设备远程通信： • 中央控制站 • 其他的远程站 • 移动设备（SMS 短消息） • 编程设备（远程服务） • 使用开放用户通信（UDP）的其他通信设备
6	I/O 主站模块 CM 1278	可作为 PROFINET IO 设备的主站

注意：本节讲解的通信模块不包含上节的通信板。

1.2.6　其他模块

（1）电源模块（PM1207）

S7-1200 PLC 电源模块是 S7-1200 PLC 系统中的一员。为 SIMATIC S7-1200 PLC 提供稳定电源，它为 S7-1200 PLC 设计，其输入为 120/230 V AC（自动调整输入电压范围），输出为 24V DC/2.5 A。

（2）存储卡

存储卡可以组态为多种形式。

① 程序卡。将存储卡作为 CPU 的外部装载存储器，可以提供一个更大的装载存储区。

② 传送卡。复制一个程序到一个或多个 CPU 的内部装载存储区而不必使用 STEP 7 Basic 编程软件。

③ 固件更新卡。更新 S7-1200 PLC 的 CPU 固件版本（对 V3.0 及之后的版本不适用）。

此外，还有 TS 模块和仿真模块，限于篇幅，在此不再赘述。

02 | 第 2 章
西门子 S7-1500 PLC 的硬件

本章主要介绍西门子 S7-1500 PLC 的 CPU 模块及其扩展模块的技术性能和接线方法。本章的内容非常重要。

■ 2.1 西门子 S7-1500 PLC 的性能特点

S7-1500 PLC 是对 S7-300/400 PLC 进行进一步开发的自动化系统。其新的性能特点具体描述如下。

（1）提高了系统性能
① 降低响应时间，提高生产效率。
② 降低程序扫描周期。
③ CPU 位指令处理时间最短可达 1ns。
④ 集成运动控制，可控制高达 128 轴。

（2）CPU 配置显示面板
① 统一纯文本诊断信息，缩短停机和诊断时间。
② 即插即用，无需编程。
③ 可设置操作密码。
④ 可设置 CPU 的 IP 地址。

（3）配置 PROFINET 标准接口
① 具有 PN IRT 功能，可确保精准的响应时间以及工厂设备的高精度操作。
② 集成具有不同 IP 地址的标准以太网口和 PROFINET 网口。
③ 集成网络服务器，可通过网页浏览器快速浏览诊断信息。

（4）优化的诊断机制
① STEP7、HMI、Web server、CPU 显示面板统一数据显示，高效故障分析。
② 集成系统诊断功能，模块系统诊断功能支持即插即用模式。
③ 即便 CPU 处于停止模式，也不会丢失系统故障和报警消息。

S7-1500 PLC 配置标准的通信接口是 PROFINET 接口（PN 接口），取消了 S7-300/400 PLC 标准配置的 MPI 口，S7-1500 PLC 在少数的 CPU 上配置了 PROFIBUS-DP 接口，因此用户如需要进行 PROFIBUS-DP 通信，则需要配置相应的通信模块。

2.2　西门子 S7-1500 PLC 常用模块及其接线

S7-1500 PLC 的硬件系统主要包括电源模块、CPU 模块、信号模块、通信模块、工艺模块和分布式模块（如 ET200SP 和 ET200MP）。S7-1500 PLC 的中央机架上最多可以安装 32 个模块，而 S7-300 PLC 最多只能安装 11 个。

2.2.1　电源模块

S7-1500 PLC 电源模块是 S7-1500 PLC 系统中的一员。S7-1500 PLC 有 2 种电源：系统电源（PS）和负载电源（PM）。

（1）系统电源（PS）

系统电源（PS）通过 U 形连接器连接到背板总线，并专门为背板总线提供内部所需的系统电源，这种系统电源可为模块电子元件和 LED 指示灯供电。当 CPU 模块、PROFIBUS 通信模块、Ethernet 通信模块、接口模块等，没有连接到 24V DC 电源上，系统电源可为这些模块供电。系统电源的特点如下。

① 总线电气隔离和安全电气隔离符合 EN 61131-2 标准。

② 支持固件更新、标识数据 I&M0 到 I&M4、在 RUN 模式下组态、诊断报警和诊断中断。

到目前为止系统电源有三种规格，其技术参数见表 2-1。

表 2-1　系统电源的技术参数

电源型号	PS 25W 24V DC	PS 60W 24/48/60V DC	PS 60W 120/230V AC/DC
订货号	6ES7505-0KA00-0AB0	6ES7505-0RA00-0AB0	6ES7507-0RA00-0AB0
尺寸（$W \times H \times D$）/mm	$35 \times 147 \times 129$	$70 \times 147 \times 129$	
额定输入电压 /DC	24V：SELV	24V/48V/60V	120V/230V
范围，下限 /DC	静态 19.2V，动态 18.5V	静态 19.2V，动态 18.5V	88V
范围，上限 /DC	静态 28.8V，动态 30.2V	静态 72V，动态 75.5V	300V
短路保护	是		
输出电流短路保护	是		
背板总线上的馈电功率 /W	25	60	

（2）负载电源（PM）

负载电源（PM）与背板总线没有连接，负载电源为 CPU 模块、IM 模块、I/O 模块、PS 电源等提供高效、稳定、可靠的 24V DC 供电，其输入电源是 120 ～ 230V AC，不需要调节，可以自适应世界各地供电网络。负载电源的特点如下。

① 具有输入抗过压性能和输出过压保护功能，有效提高了系统的运行安全。

② 具有启动和缓冲能力，增强了系统的稳定性。

③符合 SELV，提高了 S7-1500 PLC 的应用安全性。

④具有 EMC 兼容性能，符合 S7-1500 PLC 系统的 TIA 集成测试要求。

到目前为止负载电源有两种规格，其技术参数见表 2-2。

表 2-2　负载电源的技术参数

产品	PM1507	PM1507
电源型号	24V/3A	24V/8A
订货号	6EP1 332-4BA00	6EP1 333-4BA00
尺寸（$W \times H \times D$）/mm	$50 \times 147 \times 129$	$75 \times 147 \times 129$
额定输入电压	120V / 230V AC 自适应	
范围	$85 \sim 132V / 170 \sim 264V$ AC	

2.2.2　西门子 S7-1500 PLC 的 CPU 模块及其附件

S7-1500 PLC 的 CPU 有超过 20 个型号，分为标准 CPU（如 CPU1511-1PN）、紧凑型 CPU（如 CPU1512-1PN）、分布式模块 CPU（如 CPU1510SP-1PN）、工艺型 CPU（如 CPU1511T-1PN）、故障安全 CPU 模块（如 CPU1511F-1PN）和开放式控制器（如 CPU 1515SP PC）等。

(1) S7-1500 PLC 的外观及显示面板

S7-1500 PLC 的外观如图 2-1 所示。S7-1500 PLC 的 CPU 都配有显示面板，可以拆卸，CPU1516-3PN/DP 配置的显示面板如图 2-2 所示。三盏 LED 灯分别是运行状态指示灯、错误指示灯和维修指示灯。显示屏显示 CPU 的信息。操作按钮与显示屏配合使用，可以查看 CPU 内部的故障、设置 IP 地址等。

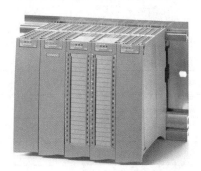

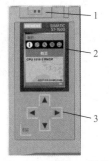

图 2-1　S7-1500 PLC 的外观　　　图 2-2　S7-1500 PLC 的 CPU 模块显示面板
1—LED 指示灯；2—显示屏；3—操作员操作按钮

将显示面板拆下，其 CPU 模块的前视图如图 2-3 所示，后视图如图 2-4 所示。

(2) S7-1500 PLC 的指示灯

如图 2-5 所示为 S7-1500 PLC 的指示灯，上面的分别是运行状态指示灯（RUN/STOP LED）、错误指示灯（ERROR LED）和维修指示灯（MAINT LED），中间的是网络端口指示灯（P1 端口和 P2 端口指示灯）。

S7-1500 PLC 的操作模式和诊断状态 LED 指示灯的含义见表 2-3。

图 2-3 CPU 模块的前视图

1—LED 指示灯；2—显示屏连接器；3—SIMATIC 存储卡插槽；4—模式选择开关；5，6—PROFINET 接口指示灯；7—PROFINET 接口；8—电源连接器

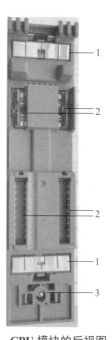

图 2-4 CPU 模块的后视图

1—屏蔽端子表面；2—背板总线接头；3—固定螺钉

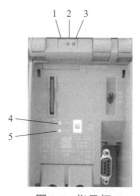

图 2-5 指示灯

1—RUN/STOP LED；2—ERROR LED；3—MAINT LED；4—X1 P1 端口的 LINK RX/TX LED；5—X1 P2 端口的 LINK RX/TX LED

表 2-3 S7-1500 PLC 的操作模式和诊断状态 LED 指示灯的含义

RUN/STOP LED	ERROR LED	MAINT LED	含义
指示灯熄灭	指示灯熄灭	指示灯熄灭	CPU 电源缺失或不足
指示灯熄灭	红色指示灯闪烁	指示灯熄灭	发生错误
绿色指示灯点亮	指示灯熄灭	指示灯熄灭	CPU 处于 RUN 模式
绿色指示灯点亮	红色指示灯闪烁	指示灯熄灭	诊断事件未决
绿色指示灯点亮	指示灯熄灭	黄色指示灯点亮	设备要求维护。必须在短时间内更换受影响的硬件
绿色指示灯点亮	指示灯熄灭	黄色指示灯闪烁	设备需要维护。必须在合理的时间内更换受影响的硬件
			固件更新已成功完成
黄色指示灯点亮	指示灯熄灭	指示灯熄灭	CPU 处于 STOP 模式
黄色指示灯点亮	红色指示灯闪烁	黄色指示灯闪烁	SIMATIC 存储卡上的程序出错
			CPU 故障
黄色指示灯闪烁	指示灯熄灭	指示灯熄灭	CPU 处于 STOP 状态时，将执行内部活动，如 STOP 之后启动
			装载用户程序
黄色 / 绿色指示灯闪烁	指示灯熄灭	指示灯熄灭	启动（从 RUN 转为 STOP）
黄色 / 绿色指示灯闪烁	红色指示灯闪烁	黄色指示灯闪烁	启动（CPU 正在启动）
			启动、插入模块时测试 指示灯
			指示灯闪烁测试

S7-1500 PLC 的每个端口都有 LINK RX/TX-LED，其 LED 指示灯的含义见表 2-4。

表 2-4　S7-1500 PLC 的 LINK RX/TX LED 指示灯的含义

LINK RX/TX-LED	含义
指示灯熄灭	PROFINET 设备的 PROFINET 接口与通信伙伴之间没有以太网连接 当前未通过 PROFINET 接口收发任何数据 没有 LINK 连接
绿色指示灯闪烁	已执行"LED 指示灯闪烁测试"
绿色指示灯点亮	PROFINET 设备的 PROFINET 接口与通信伙伴之间没有以太网连接
黄色指示灯闪烁	当前正在通过 PROFINET 设备的 PROFINET 接口从以太网上的通信伙伴接收数据

（3）S7-1500 PLC 的技术参数

目前 S7-1500 PLC 已经推出超过 20 个型号，部分 S7-1500 PLC 的技术参数见表 2-5。

表 2-5　S7-1500 PLC 的技术参数

标准型 CPU	CPU1511-1PN	CPU1513-1PN	CPU1515-2PN	CPU1518-4PN/DP
编程语言	LAD，FBD，STL，SCL，GRAPH			
工作温度	0～60℃（水平安装）；0～40℃（垂直安装）			
典型功耗 /W	5.7		6.3	24
中央机架最大模块数量	32 个			
分布式 I/O 模块	通过 PROFINET（CPU 上集成的 PN 口或 CM）连接，或 PROFIBUS（通过 CM/CP）连接			
位运算指令执行时间 /ns	60	40	30	1
浮点运算指令执行时间 /ns	384	256	192	6
工作存储器 集成程序内存	150KB	300KB	500KB	4MB
集成数据存储 /MB	1	1.5	3	20
装载存储器插槽式 （SIMATIC 存储卡）	最大 32G			
块总计	2000	2000	6000	10000
DB 最大大小 /MB	1	1.5	3	10
FB 最大大小 /KB	150	300	500	512
FC 最大大小 /KB	150	300	500	512
OB 最大大小 /KB	150	300	500	512
最大模块 / 子模块数量	1024	2048	8192	16384
I/O 地址区域：输入 / 输出	输入输出各 32 KB；所有输入 / 输出均在过程映像中			
转速轴数量 / 定位轴数量	6/6	6/6	30/30	128/128
同步轴数量 / 外部编码器数量	3/6	3/6	15/30	64/128
通信				
扩展通信模块 CM/CP 数量 （DP、PN、以太网）	最多 4 个	最多 6 个	最多 8 个	

续表

S7 路由连接资源数	16	16	16	64
集成的以太网接口数量	1×PROFINET（2 端口交换机）		1×PROFINET（2 端口交换机） 1×ETHERNET	1×PROFINET（2 端口交换机） 2×ETHERNET
X1/X2 支持的 SIMATIC 通信	S7 通信，服务器 / 客户端			
X1/X2 支持的开放式 IE 通信	TCP/IP，ISO-on-TCP（RFC1006），UDP，DHCP，SNMP，DCP，LLDP			
X1/X2 支持的 Web 服务器	HTTP，HTTPS			
X1/X2 支持的其他协议	Modbus TCP			
DP 口	无			PROFIBUS-DP 主站，SIMATIC 通信

（4）S7-1500 PLC 的分类

① 标准型 CPU　标准型 CPU 最为常用，目前已经推出的产品分别是：CPU1511-1PN、CPU1513-1PN、CPU1515-2PN、CPU1516-3PN/DP、CPU1517-3PN/DP、CPU1518-4PN/DP 和 CPU1518-4PN/DP ODK 等。

CPU1511-1PN、CPU1513-1PN 和 CPU1515-2PN 只集成了 PROFINET 或以太网通信口，没有集成 PROFIBUS-DP 通信口，但可以扩展 PROFIBUS-DP 通信模块。

CPU1516-3PN/DP、CPU1517-3PN/DP、CPU1518-4PN/DP 和 CPU1518-4PN/DP ODK 除集成了 PROFINET 或以太网通信口外，还集成了 PROFIBUS-DP 通信口。CPU1516-3PN/DP 的外观如图 2-6 所示。

图 2-6　CPU 1516-3PN/DP 的外观

S7-1500 PLC CPU 的应用范围见表 2-6。

表 2-6　CPU 的应用范围

CPU	性能特性	工作存储器 /MB	位运算的处理时间 /ns
CPU1511-1PN	适用于中小型应用的标准 CPU	1.23	60
CPU1513-1PN	适用于中等应用的标准 CPU	1.95	40
CPU1515-2PN	适用于大中型应用的标准 CPU	3.75	30
CPU1516-3PN/DP	适用于高要求应用和通信任务的标准 CPU	6.5	10
CPU1517-3PN/DP	适用于高要求应用和通信任务的标准 CPU	11	2
CPU1518-4PN/DP CPU1518-4PN/DP ODK	适用于高性能应用、高要求通信任务和超短响应时间的标准 CPU	26	1

② 紧凑型 CPU　目前紧凑型 CPU 只有 2 个型号，分别是 CPU1511C-1PN 和 CPU1512C-1PN。

紧凑型 CPU 基于标准型控制器，集成了离散量、模拟量输入输出和高达 400kHz（4 倍频）的高速计数功能。还可以如标准型控制器一样扩展 25mm 和 35mm 的 IO 模块。

③ 分布式模块 CPU　分布式模块 CPU 是一款兼备 S7-1500 PLC 的突出性能与 ET 200SP

I/O 简单易用、身形小巧特点的控制器。为对机柜空间大小有要求的机器制造商或者分布式控制应用提供了完美解决方案。

分布式模块 CPU 分为 CPU 1510SP-1 PN 和 CPU 1512SP-1PN。

④ 开放式控制器（CPU 1515 SP PC）　开放式控制器（CPU 1515 SP PC）是将 PC-based 平台与 ET 200SP 控制器功能相结合的可靠、紧凑的控制系统。可以用于特定的 OEM 设备以及工厂的分布式控制。控制器右侧可直接扩展 ET 200SP I/O 模块。

CPU 1515 SP PC 开放式控制器使用双核 1 GHz，AMD G Series APU T40E 处理器，2G/4G 内存，使用 8G/16G Cfast 卡作为硬盘，Windows 7 嵌入版 32 位或 64 位操作系统。

目前 CPU 1515 SP PC 开放式控制器有多个订货号供选择。

⑤ S7-1500 PLC 软件控制器　S7-1500 PLC 软件控制器采用 Hypervisor 技术，在安装到 SIEMENS 工控机后，将工控机的硬件资源虚拟成两套硬件，其中一套运行 Windows 系统，另一套运行 S7-1500 PLC 实时系统，两套系统并行运行，通过 SIMATIC 通信的方式交换数据。软 PLC 与 S7-1500 硬 PLC 代码 100% 兼容，其运行独立于 Windows 系统，可以在软 PLC 运行时重启 Windows。

目前 S7-1500 PLC 软件控制器只有 2 个型号，分别是 CPU1505S 和 CPU1507S。

⑥ S7-1500 PLC 故障安全 CPU　故障安全自动化系统（F 系统）用于具有较高安全要求的系统。F 系统用于控制过程，确保中断后这些过程可立即处于安全状态。也就是说，F 系统用于控制过程，在这些过程中发生即时中断不会危害人身或环境。

故障安全 CPU 除了拥有 S7-1500 PLC 所有特点外，还集成了安全功能，支持到 SIL3 安全完整性等级，其将安全技术轻松地和标准自动化无缝集成在一起。

故障安全 CPU 目前已经推出 2 大类，分别如下。

a. S7-1500 F CPU（故障安全 CPU 模块），目前推出产品规格，分别是 CPU1511F-1PN、CPU1513F-1PN、CPU1515-2PN、CPU1516F-3PN/DP、CPU1517F-3PN/DP、CPU1517TF-3PN/DP、CPU1518F-4PN/DP 和 CPU1518F-4PN/DP ODK。

b. ET 200 SP F CPU（故障安全 CPU 模块），目前推出产品规格，分别是 CPU 1510SP F-1 PN 和 CPU 1512SP F-1 PN。

⑦ S7-1500 PLC 工艺型 CPU　S7-1500 PLC T CPU 均可通过工艺对象控制速度轴、定位轴、同步轴、外部编码器、凸轮、凸轮轨迹和测量输入，支持标准 Motion Control（运动控制）功能。

目前推出的工艺型 CPU 有 CPU1511T-1 PN、CPU1515T-2PN、CPU1517T-3PN/DP 和 CPU1517TF-3PN/DP 等型号。S7-1500 PLC T CPU 的外观如图 2-7 所示。

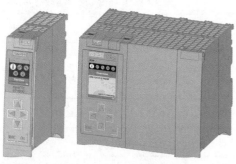

图 2-7　S7-1500 PLC T CPU 的外观

(5) CPU 的工作模式

CPU 有以下三种工作模式：STOP 模式、STARTUP 模式和 RUN 模式。CPU 前面的状态 LED 指示当前工作模式。

① 在 STOP 模式下，CPU 不执行程序，但可以下载项目。

② 在 STARTUP 模式下，执行一次启动 OB（如果存在）。在启动模式下，CPU 不会处理中断事件。

③ 在 RUN 模式，程序循环 OB 重复执行。可能发生中断事件，并在 RUN 模式中的任意点执行相应的中断事件 OB。可在 RUN 模式下下载项目的某些部分。

CPU 支持通过暖启动进入 RUN 模式。暖启动不包括储存器复位。执行暖启动时，CPU 会初始化所有的非保持性系统和用户数据，并保留所有保持性用户数据。

存储器复位将清除所有工作存储器、保持性及非保持性存储区，将装载存储器复制到工作存储器并将输出设置为组态的"对 CPU STOP 的响应"（Reaction to CPU STOP）。

存储器复位不会清除诊断缓冲区，也不会清除永久保存的 IP 地址值。

注意：目前 S7-1200/1500 PLC 的 CPU 仅有暖启动模式，而部分 S7-400 PLC 的 CPU 有热启动和冷启动。

（6）S7-1500 PLC 的 CPU 模块接线

① S7-1500 PLC 的 CPU 模块的电源接线　标准的 S7-1500 PLC 的 CPU 模块只有电源接线端子，S7-1500 PLC 模块接线如图 2-8 所示，1L+ 和 2L+ 端子与电源 24V DC 相连接，1M 和 2M 与电源 0V 相连接，同时 0V 与接地相连接。

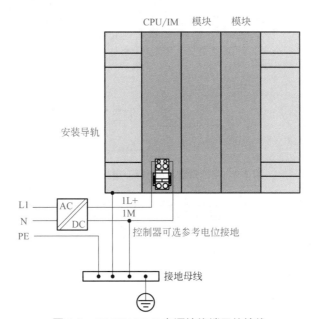

S7-1500 PLC
的 CPU 模块
的接线

图 2-8　S7-1500 PLC 电源接线端子的接线

② 紧凑型 S7-1500 PLC 的 CPU 模块模拟量端子的接线　以 CPU1511C 的接线为例介绍。CPU1511C 有 5 个模拟量输入通道，0 ～ 3 通道可以接收电流或电压信号，第 4 通道只能和热电阻连接。CPU1511C 有 2 个模拟量输出通道，可以输出电流或电压信号。模拟量输入 / 输出（电压型）接线如图 2-9 所示，模拟量输入是电压型，模拟量输出也是电压型，热电阻是四线式（也可以连接二线和三线式）。

模拟量输入 / 输出（电流型）接线如图 2-10 所示，模拟量输入是电流型，模拟量输出也是电流型，热电阻是二线式（也可以连接三线式和四线式）。

可见，信号是电流和电压虽然占用同一通道，但接线端子不同，这点必须注意，此外，同一通道接入了电压信号，就不能接入电流信号，反之亦然。

③ 紧凑型 S7-1500 PLC 的 CPU 模块的数字量端子的接线　CPU1511C 自带 16 点数字量输入，16 点数字量输出，接线如图 2-11 所示，标号 a 和 b 处各有 8 个输入点，对应 1 个输入字节。左侧是输入端子，高电平有效，为 PNP 输入。右侧是输出端子，输出高电平信号，为 PNP 输出，标号 c 和 d 处各有 8 个输出点，对应 1 个输出字节。

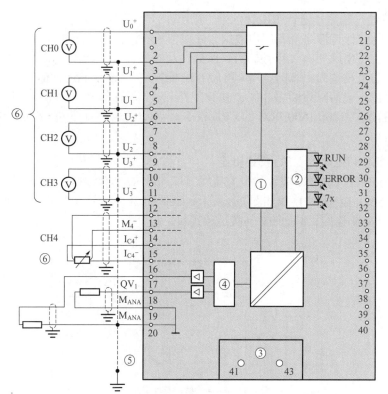

图 2-9 模拟量输入 / 输出（电压型）接线

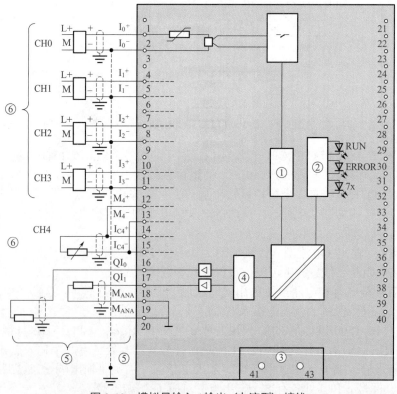

图 2-10 模拟量输入 / 输出（电流型）接线

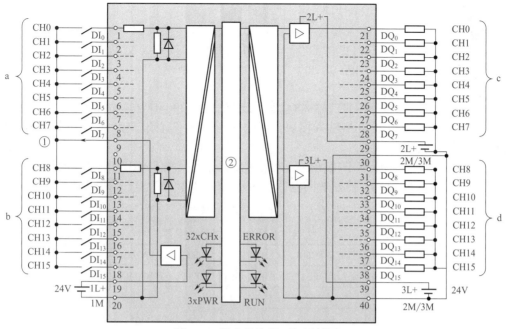

图 2-11　数字量输入 / 输出接线

◁【例 2-1】　某设备的控制器为 CPU1511C-1PN，控制三相交流电动机的启停控制，并有一只接近开关限位，请设计接线图。

【解】　根据题意，只需要 3 个输入点和 1 个输出点，因此使用 CPU1511C-1PN 上集成的 I/O 即可，输入端和输出端都是 PNP 型，因此接近开关只能用 PNP 型的接近开关（不用转换电路时），接线图如图 2-12 所示。交流电动机的启停一般要用交流接触器，交流回路由读者自行设计，在此不作赘述。

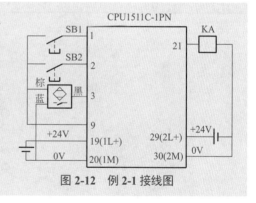

图 2-12　例 2-1 接线图

2.2.3　西门子 S7-1500 PLC 信号模块及其接线

信号模块通常是控制器和过程之间的接口。S7-1500 PLC 标准型 CPU 连接的信号模块和 ET200MP 的信号模块是相同的，且在工程中最为常见，以下将作为重点进行介绍。

(1) 信号模块的分类

信号模块分为数字量模块和模拟量模块。数字量模块分为数字量输入模块（DI）、数字量输出模块（DQ）和数字量输入 / 输出混合模块（DI/DQ）。模拟量模块分为模拟量输入模块（AI）、模拟量输出模块（AQ）和模拟量输入 / 输出混合模块（AI/AQ）。

同时，其模块还有 35mm 和 25mm 宽之分。

（2）数字量输入模块

数字量输入模块将现场的数字量信号转换成 S7-1500 PLC 可以接收的信号，S7-1500 PLC 的 DI 有直流 16 点和直流 32 点，交流 16 点。直流输入模块（6ES7521-1BH00-0AB0）的外形如图 2-13 所示。数字量输入模块的技术参数见表 2-7。

① 典型的直流输入模块（6ES7521-1BH00-0AB0）的接线如图 2-14 所示，目前仅有 PNP 型输入模块，即输入为高电平有效。标号 a 和 b 处各有 8 个输入点，对应 1 个输入字节。

② 交流模块一般用于强干扰场合。典型的交流输入模块（6ES7521-1FH00-0AA0）的接线如图 2-15 所示。注意：交流模块的电源电压是 120/230V AC，其公共端子 8、18、28、38 与交流电源的零线 N 相连接。标号 a 和 b 处各有 8 个输入点，对应 1 个输入字节。

表 2-7　数字量输入模块的技术参数

数字量输入模块	16DI，DC 24V 高性能型	16DI，DC 24V 基本型	16DI，AC 230V 基本型	16DI，DC 24V SRC 基本型
订货号	6ES7521-1BH00-0AB0	6ES7521-1BH10-0AA0	6ES7521-1FH00-0AA0	6ES7521-1BH50-0AA0
输入通道数	16	16	16	16
输入额定电压	24V DC	24V DC	120/230V AC	24V DC
是否包含前连接器	否	是	否	否
硬件中断	√	—	—	—
诊断中断	√	—	—	—
诊断功能	√；通道级	—	√	—
模块宽度 /mm	35	25	35	35

图 2-13　直流输入模块（6ES7521-1BH00-0AB0）的外形

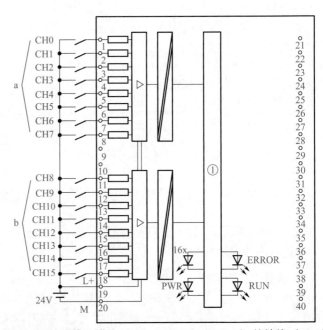

图 2-14　直流输入模块（6ES7521-1BH00-0AB0）的接线（PNP）

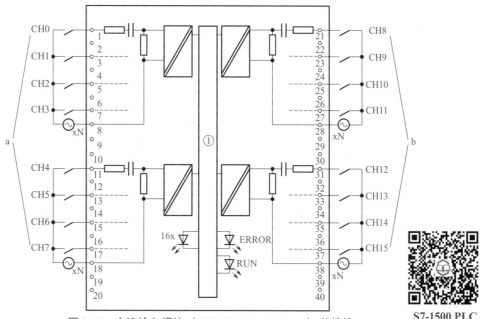

图 2-15　交流输入模块（6ES7521-1FH00-0AA0）的接线

S7-1500 PLC
数字量输出模
块的接线

（3）数字量输出模块

数字量输出模块将 S7-1500 PLC 内部的信号转换成过程需要的电平信号输出，直流输出模块（6ES7522-1BF00-0AB0）的技术参数见表 2-8。

表 2-8　数字量输出模块的技术参数

数字量输出模块	8DQ，230VAC/2A 标准型	8DQ，DC 24V/2A 高性能型	8DQ，230VAC/5A 标准型
订货号	6ES7522-5FF00-0AB0	6ES7522-1BF00-0AB0	6ES7522-5HF00-0AB0
输出通道数	8	8	8
输出类型	晶闸管	晶体管源型输出	继电器输出
额定输出电压	120/230V AC	24V DC	230V DC
额定输出电流	2A	2A	5 A
硬件中断	—	√	—
诊断中断	—	√	√
诊断功能	√；模块级	√；通道级	√；模块级
模块宽度 /mm	35	35	35

数字量输出模块可以驱动继电器、电磁阀和信号灯等负载，主要有三类：

① 晶体管输出，只能接直流负载，响应速度最快。晶体管输出的数字量模块（6ES7522-1BF00-0AB0）的接线如图 2-16 所示，有 8 个点输出，4 个点为一组，输出信号为高电平有效，即 PNP 输出。负载电源只能是直流电。

② 晶闸管（可控硅）输出，接交流负载，响应速度较快，应用较少。晶闸管输出的数字量模块（6ES7522-5FF00-0AB0）的接线如图 2-17 所示，有 8 个点输出，每个点单独为一组，输出信号为交流信号，即负载电源只能是交流电。

③ 继电器输出，接交流和直流负载，响应速度最慢，但应用最广泛。继电器输出的数字量模块（6ES7522-5HF00-0AB0）的接线如图 2-18 所示，有 8 个点输出，每个点单独为一

组，输出信号为继电器的开关触点，所以其负载电源可以是直流电或交流电。通常交流电压不大于 230V。

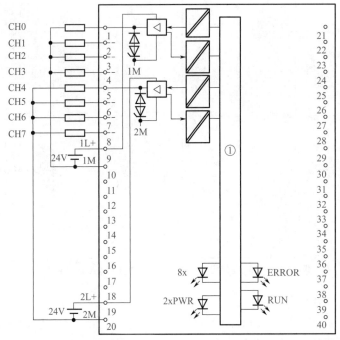

图 2-16　晶体管输出的数字量模块（6ES7522-1BF00-0AB0）的接线

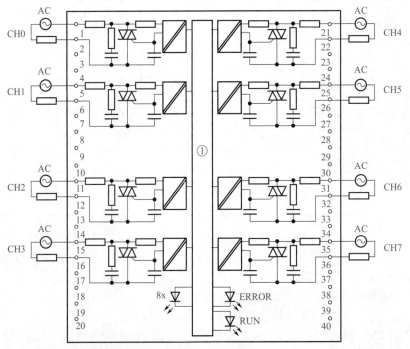

图 2-17　晶闸管输出的数字量模块（6ES7522-5FF00-0AB0）的接线

注意：此模块的供电电源是直流 24V。

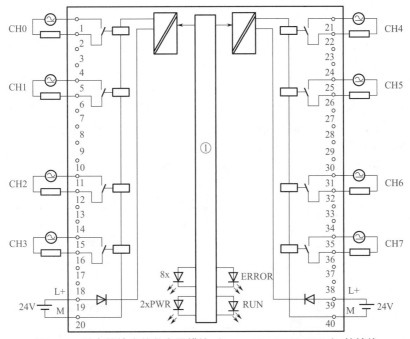

图 2-18　继电器输出的数字量模块（6ES7522-5HF00-0AB0）的接线

（4）数字量输入 / 输出混合模块

数字量输入 / 输出混合模块就是一个模块上既有数字量输入点也有数字量输出点。典型的数字量输入 / 输出混合模块（6ES7523-1BL00-0AA0）的接线如图 2-19 所示。16 点的数字量输入为直流输入，标号 a 和 b 处各有 8 个输入点，对应 1 个输入字节，高电平信号有效，即 PNP 型输入。16 点的数字量输出为直流输出，标号 c 和 d 处各有 8 个输出点，对应 1 个输出字节，高电平信号有效，即 PNP 型输出。

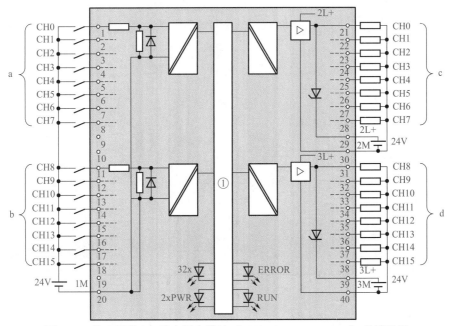

图 2-19　数字量输入 / 输出混合模块（6ES7523-1BL00-0AA0）的接线图

S7-1500 PLC 模拟量模块的接线

（5）模拟量输入模块

S7-1500 PLC 的模拟量输入模块是将采集的模拟量（如电压、电流和温度等）转换成 CPU 可以识别的数字量的模块，一般与传感器或变送器相连接。部分 S7-1500 PLC 的模拟量输入模块技术参数见表 2-9。

以下仅以模拟量输入模块（6ES7531-7KF00-0AB0）为例介绍模拟量输入模块的接线。此模块功能比较强大，可以测量电流、电压，还可以通过电阻、热电阻和热电偶测量温度。其测量电压信号的接线如图 2-20 所示，图中，连接电源电压的端子是 41（L+）和 44（M），然后通过端子 42（L+）和 43（M）为下一个模块供电。

注意：图 2-20 中的虚线是等电位连接电缆，当信号有干扰时，可采用。

表 2-9　S7-1500 PLC 的模拟量输入模块技术参数

模拟量输入模块	4AI，U/I/RTD/TC 标准型	8AI，U/I/RTD/TC 标准型	8AI，U/I 高速型
订货号	6ES7531-7QD00-0AB0	6ES7531-7KF00-0AB0	6ES7531-7NF10-0AB0
输入通道数	4（用作电阻、热电阻测量时 2 通道）	8	8
输入信号类型	电流、电压、热电阻、热电偶和电阻	电流、电压、热电阻、热电偶和电阻	电流、电压
分辨率（最高）	16 位	16 位	16 位
转换时间（每通道）	9 / 23 / 27 / 107ms	9 / 23 / 27 / 107ms	所有通道 62.5μs
等时模式	—	—	√
屏蔽电缆长度（最大）	U/I 800m；R/RTD 200m；TC 50m	U/I 800m；R/RTD 200m；TC 50m	800m
是否包含前连接器	是	否	否
限制中断	√	√	√
诊断中断	√	√	√
诊断功能	√；通道级	√；通道级	√；通道级
模块宽度 /mm	25	35	35

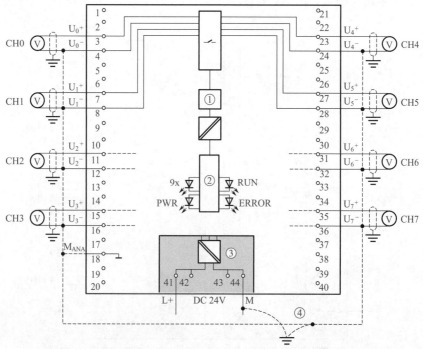

图 2-20　模拟量输入模块（6ES7531-7KF00-0AB0）的接线图（电压）

测量电流信号的四线式接线如图 2-21 所示，二线式如图 2-22 所示。标记⑤表示等电位接线。

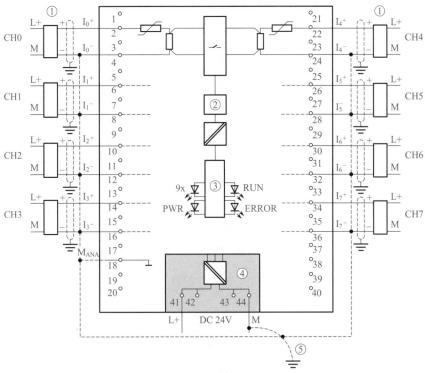

图 2-21　模拟量输入模块（6ES7531-7KF00-0AB0）的接线图（四线式电流）

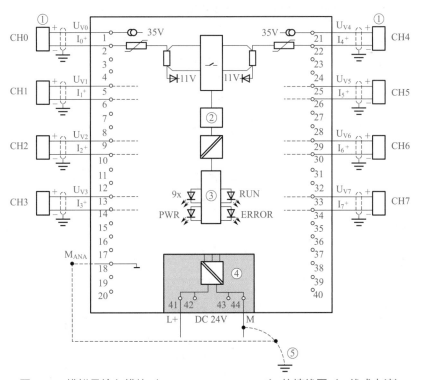

图 2-22　模拟量输入模块（6ES7531-7KF00-0AB0）的接线图（二线式电流）

测量温度的二线式、三线式和四线式热电阻接线如图 2-23 所示。注意：此模块来测量电压和电流信号是 8 通道，但用热电阻测量温度只有 4 通道。标记①是四线式热电阻接法，标记②是三线式热电阻接法，标记③是二线式热电阻接法。标记⑦表示等电位接线。

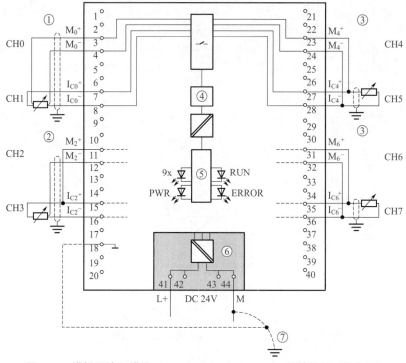

图 2-23　模拟量输入模块（6ES7531-7KF00-0AB0）的接线图（热电阻）

（6）模拟量输出模块

S7-1500 PLC 模拟量输出模块是将 CPU 传来的数字量转换成模拟量（电流和电压信号），一般用于控制阀门的开度或者变频器的频率给定等。S7-1500 PLC 常用的模拟量输出模块技术参数见表 2-10。

表 2-10　S7-1500 PLC 的模拟量输出模块技术参数

模拟量输出模块	2AQ，U/I 标准型	4AQ，U/I 标准型	8AQ，U/I 高速型
订货号	6ES7532-5NB00-0AB0	6ES7532-5HD00-0AB0	6ES7532-5HF00-0AB0
输出通道数	2	4	8
输出信号类型	电流，电压	电流，电压	电流，电压
分辨率（最高）	16 位	16 位	16 位
转换时间（每通道）	0.5ms	0.5ms	所有通道 50μs
等时模式	—	—	√
屏蔽电缆长度（最大）	电流 800m；电压 200m	电流 800m；电压 200m	200m
是否包含前连接器	是	否	否
硬件中断	—	—	—
诊断中断	√	√	√
诊断功能	√；通道级	√；通道级	√；通道级
模块宽度 /mm	25	35	35

　　模拟量输出模块（6ES7532-5HD00-0AB0）电压输出的接线如图 2-24 所示，标记①是电压输出二线式接法，无电阻补偿，精度相对低些，标记②是电压输出四线式接法，有电阻补偿，精度比二线式接法高。

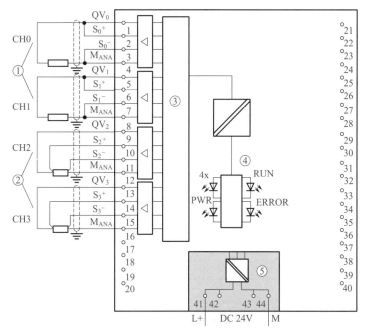

图 2-24　模拟量输出模块（6ES7532-5HD00-0AB0）电压输出的接线

　　模拟量输出模块（6ES7532-5HD00-0AB0）电流输出的接线如图 2-25 所示。

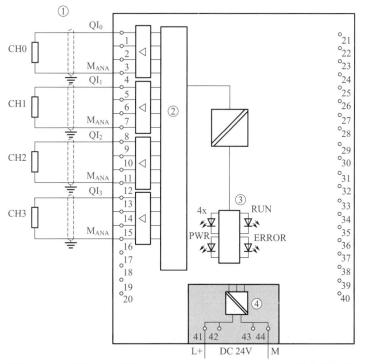

图 2-25　模拟量输出模块（6ES7532-5HD00-0AB0）电流输出的接线

（7）模拟量输入 / 输出混合模块

S7-1500 PLC 模拟量输入 / 输出混合模块就是一个模块上有模拟量输入通道和模拟量输出通道。S7-1500 PLC 常用的模拟量输入 / 输出模块的技术参数见表 2-11。

表 2-11　S7-1500 PLC 的模拟量输入 / 输出混合模块技术参数

模拟量输入 / 输出模块		4AI，U/I/RTD/TC　标准型 / 2AQ，U/I 标准型
订货号		6ES7534-7QE00-0AB0
输入通道	输入通道数	4（用作电阻 / 热电阻测量时 2 通道）
	输入信号类型	电流、电压、热电阻、热电偶或电阻
	分辨率（最高）	16 位
	转换时间（每通道）	9 / 23 / 27 / 107ms
输出通道	输出通道数	2
	输出信号类型	电流或电压
	分辨率（最高）	16 位
	转换时间（每通道）	0.5ms
硬件中断		—
诊断中断		√
诊断功能		√；通道级
模块宽度 /mm		25

模拟量输入 / 输出混合模块（6ES7534-7QE00-0AB0）的接线如图 2-26 所示，标记⑥处是 4 个通道的模拟量输入，图中为四线式电流信号输入，还可以为电压、热电阻输入信号。标记⑦处是二线式电压输出，标记⑧处是四线式电压输出。

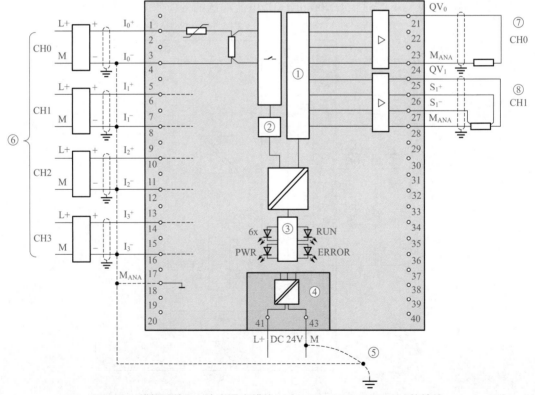

图 2-26　模拟量输入 / 输出混合模块（6ES7534-7QE00-0AB0）的接线

2.2.4　西门子 S7-1500 PLC 通信模块

通信模块集成有各种接口，可与不同接口类型设备进行通信，而具有安全功能的工业以太网模块，可以极大提高连接的安全性。

（1）通信模块的分类

S7-1500 PLC 的通信模块包括 CM 通信模块和 CP 通信处理器模块。CM 通信模块主要用于小数据量通信场合，而 CP 通信处理器模块主要用于大数据量的通信场合。

通信模块按照通信协议分，主要有 PROFIBUS 模块（如 CM1542-5）、点对点连接串行通信模块（如 CM PtP RS-232 BA）、以太网通信模块（如 CP1543-1）和 PROFINET 通信模块（如 CM1542-1）等。

（2）通信模块的技术参数

常见的 S7-1500 PLC 的通信模块的技术参数见表 2-12。

表 2-12　S7-1500 PLC 通信模块的技术参数

通信模块	S7-1500 -PROFIBUS CM1542-5	S7-1500- PROFIBUS CP1542-5	S7-1500 - Ethernet CP1543-1	S7-1500 - PROFINET CM1542-1
订货号	6GK7 542-5DX00-0XE0	6GK7 542-5FX00-0XE0	6GK7 543-1AX00-0XE0	6GK7 542-1AX00-0XE0
连接接口	RS-485（母头）	RS-485（母头）	RJ45	RJ45
通信接口数量	1 个 PROFIBUS		1 个以太网	2 个 PROFINET
通信协议	DPV1 主 / 从 S7 通信 PG/OP 通信		开放式通信 　— ISO 传输 　— TCP、ISO-on-TCP、UDP 　— 基于 UDP 连接组播 S7 通信 IT 功能 　— FTP 　— SMTP 　— WebServer 　— NTP 　— SNMP	PROFINET IO 　— RT 　— IRT 　— MRP 　— 设备更换无需可交换存储介质 　— IO 控制器 　— 等时实时 开放式通信 　— ISO 传输 　— TCP、ISO-on-TCP、UDP 　— 基于 UDP 连接组播 S7 通信 　其他如 NTP，SNMP 代理，WebServer（详情参考手册）
通信速率	9.6Kbps ～ 12 Mbps		10/100/1000 Mbps	10/100 Mbps
最多连接从站数量	125	32	—	128
VPN	否	否	是	否
防火墙功能	否		否	是
模块宽度 /mm	35			

2.2.5　西门子 S7-1500 PLC 工艺模块及其接线

工艺模块具有硬件级的信号处理功能，可对各种传感器进行快速计数、测量和位置记录。支持定位增量式编码器和 SSI 绝对值编码器，支持集中和分布式操作。S7-1500 PLC 工艺模块目前有 TM Count 计数模块和 TM PosInput 定位模块两种。工艺模块的技术参数见表 2-13。

表 2-13　S7-1500 PLC 工艺模块的技术参数

工艺模块	TM Count 2×24V	TM PosInput 2
订货号	6ES7 550-1AA00-0AB0	6ES7 551-1AB00-0AB0
供电电压	24V DC（20.4～28.8V DC）	
可连接的编码器数量	2	
可连接的编码器种类	- 带和不带信号 N 的 24V 增量编码器 - 具有方向信号的 24V 脉冲编码器 - 不具有方向信号的 24V 脉冲编码器 - 用于向上和向下计数脉冲的 24V 脉冲编码器	SSI 绝对编码器 - 带和不带信号 N 的 RS-422/TTL 增量编码器 - 具有方向信号的 RS-422/TTL 脉冲编码器 - 不具有方向信号的 RS-422/TTL 脉冲编码器 - 用于向上和向下计数脉冲的 RS-422/TTL 脉冲编码器
最大计数频率	200kHz；800kHz（4 倍脉冲评估）	1MHz；4MHz（4 倍脉冲评估）
计数功能	2 个计数器；最大计数频率 800kHz（4 倍脉冲评估）	2 个计数器；最大计数频率 4MHz（4 倍脉冲评估）
比较器	√	√
测量功能	频率，周期，速度	频率，周期，速度
位置检测	绝对位置和相对位置	绝对位置和相对位置
数字量输入通道数	6；每个计数通道 3 个	4；每个通道 2 个
数字量输出通道数	4；每个计数通道 2 个	4；每个通道 2 个
等时模式	√	√
是否包含前连接器	否	否
硬件中断	√	√
诊断中断	√	√
诊断功能	√；模块级	√；模块级
模块宽度 /mm	35	

　　高速计数模块（6ES7 550-1AA00-0AB0）有 2 个高速计数通道，即可以连接 2 台光电编码器，其接线如图 2-27 所示，接线端子的 1、2、3 分别与光电编码器的 A、B、N 相连，端

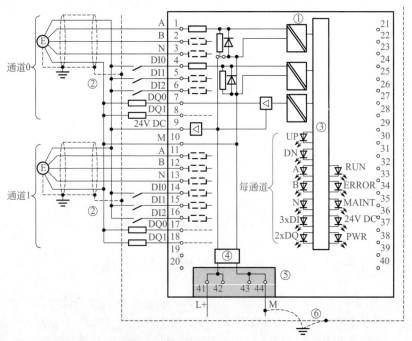

图 2-27　高速计数模块（6ES7 550-1AA00-0AB0）的接线

子 9 和 10 是电源，与光电编码器的电源相连。端子 4、5、6 是数字量输入，端子 7、8 是数字量输出，可以不用。标号②处的屏蔽线和标号⑥处的屏蔽线与电源 0V 等电位连接。

2.2.6　西门子 S7-1500 PLC 分布式模块

S7-1500 PLC 支持的分布式模块分为 ET200MP 和 ET200SP。ET200MP 是一个可扩展且高度灵活的分布式 I/O 系统，用于通过现场总线（PROFINET 或 PROFIBUS）将过程信号连接到中央控制器。相较于 S7-300/400 PLC 的分布式模块 ET200M 和 ET200S，S7-1500 PLC 支持的分布式模块 ET200MP 和 ET200SP 的功能更加强大。

(1) ET200MP 模块

ET200MP 模块包含 IM 接口模块和 I/O 模块。ET200MP 的 IM 接口模块将 ET200MP 连接到 PROFINET 或 PROFIBUS 总线，与 S7-1500 PLC 通信，实现 S7-1500 PLC 的扩展。ET200MP 模块的 I/O 模块于 S7-1500 PLC 本机上的 I/O 模块通用，前面已经介绍，在此不再重复介绍。ET200MP 的 IM 接口模块的技术参数见表 2-14。

表 2-14　ET200MP 的 IM 接口模块的技术参数

通信模块	IM 155-5 PN 标准型	IM 155-5 PN 高性能型	IM 155-5 DP 标准型
订货号	6ES7 155-5AA00-0AB0	6ES7 155-5AA00-0AC0	6ES7 155-5BA00-0AB0
供电电压	24V DC（20.4 ～ 28.8V DC）		
通信方式	PROFINET IO	PROFINET IO	PROFIBUS-DP
接口类型	2×RJ45（共享一个 IP 地址，集成交换机功能）		RS-485，DP 接头
支持 I/O 模块数量	30		12
S7-400H 冗余系统	—	PROFINET 系统冗余	—
支持等时同步模式	√（最短周期 250μs）	√（最短周期 250μs）	
IRT	√	√	
MRP	√	√	
MRPD	—	√	
优先化启动	√	√	—
共享设备	√；2 个 IO 控制器	√；4 个 IO 控制器	
TCP/IP	√	√	
SNMP	√	√	—
LLDP	√	√	
硬件中断	√	√	√
诊断中断	√	√	√
诊断功能	√	√	√
模块宽度 /mm	35		

(2) ET200SP 模块

SIMATIC ET200SP 是新一代分布式 I/O 系统，具有体积小、使用灵活、性能突出的特点，具体如下。

① 防护等级 IP20，支持 PROFINET 和 PROFIBUS。

② 更加紧凑的设计，单个模块最多支持 16 通道。

③ 直插式端子，无需工具单手可以完成接线。

④ 模块和基座的组装更方便。

⑤ 各种模块可任意组合。

⑥ 各个负载电势组的形成无需 PM-E 电源模块。

⑦ 运行中可以更换模块（支持热插拔）。

SIMATIC ET200SP 安装于标准 DIN 导轨，一个站点基本配置包括支持 PROFINET 或 PROFIBUS 的 IM 通信接口模块、各种 I/O 模块，功能模块以及所对应的基座单元和最右侧用于完成配置的服务模块（无需单独订购，随接口模块附带）。

每个 ET200SP 接口通信模块最多可以扩展 32 个或者 64 个模块。ET200SP 的 IM 接口模块的技术参数见表 2-15。

表 2-15　ET200SP 的 IM 接口模块的技术参数

接口模块	IM 155-6 PN 基本型	IM 155-6 PN 标准型	IM 155-6 PN 高性能型	IM 155-6 DP 高性能型
电源电压	24V			
功耗（典型值）/W	1.7	1.9	2.4	1.5
通信方式	PROFINET IO			PROFIBUS-DP
总线连接	集成 2×RJ45	总线适配器	总线适配器	PROFIBUS DP 接头
编程环境 STEP 7 TIA Portal STEP 7 V5.5	V13 SP1 以上 SP4 以上	V12 以上 SP3 以上	V12 SP1 以上 SP3 以上	V12 以上 SP3 以上
支持模块数量	12	32	64	32
Profisafe 故障安全	—	√	√	—
S7-400 H 冗余系统	—	—	PROFINET 系统冗余	可以通过 -Ylink
扩展连接 ET 200AL	—	√	√	√
PROFINET RT/IRT	√ / —	√ / √	√ / √	n.a.
PROFINET 共享设备	—	√	√	n.a.
状态显示	√	√	√	√
中断	√	√	√	√
诊断功能	√	√	√	√
尺寸（$W×H×D$）/mm	35×117×74	50×117×74	50×117×74	50×117×74

ET 200SP 的 I/O 模块非常丰富，包括数字量输入模块、数字量输出模块、模拟量输入模块、模拟量输出模块、工艺模块和通信模块等。

2.3　西门子 S7-1500 PLC 的硬件安装

S7-1500 PLC 自动化系统应按照系统手册的要求和规范进行安装，安装前应依照安装清单检查是否准备好系统所有的硬件，并按照要求安装导轨、电源、CPU 模块、接口模块和 I/O 模块等。

2.3.1　硬件配置

(1) S7-1500 PLC 自动化系统的硬件配置

S7-1500 PLC 自动化系统采用单排配置,所有模块都安装在同一根安装导轨上。这些模块通过 U 形连接器连接在一起,形成了一个自装配的背板总线。S7-1500 PLC 本机的最大配置是 32 个模块,槽号范围是 0 ~ 31,安装电源和 CPU 模块需要占用 2 个槽位,除此之外,最多可以安装 I/O 模块 30 个,如图 2-28 所示。

S7-1500 PLC 安装在特制的铝型材导轨上,负载电源只能安装在 0 号槽位,CPU 模块安装在 1 号槽位上,且都只能组态一个。系统电源可以组态在 0 号槽位和 2 ~ 31 槽位,最多可以组态 3 个。其他模块只能位于 2 ~ 31

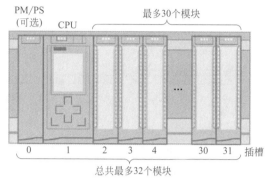

图 2-28　S7-1500 PLC 最大配置

槽位,数字量 I/O 模块、模拟量 I/O 模块、工艺模块和点对点通信模块可以组态 30 个,而 PROFINET/ 以太网和 PROFIBUS 通信模块最多组态 4 ~ 8 个,具体参考相关手册。

(2) 带 PROFINET 接口模块的 ET200MP 分布式 I/O 系统的硬件配置

带 PROFINET 接口模块的 ET200MP 分布式 I/O 系统的硬件配置与 S7-1500 PLC 本机上的配置方法类似,其最大配置如图 2-29 所示。

最多支持三个系统电源(PS),其中一个插入接口模块的左侧,其他两个可插入接口模块的右侧,每个电源模块占一个槽位。如果在接口模块的左侧插入一个系统电源(PS),则将生成总共 32 个模块的最大组态(接口模块右侧最多 30 个模块)。

(3) 带 PROFIBUS 接口模块的 ET200MP 分布式 I/O 系统的硬件配置

带 PROFIBUS 接口模块的 ET200MP 分布式 I/O 系统最多配置 13 个模块,其最大配置如图 2-30 所示。接口模块位于第 2 槽,I/O 模块、工艺模块、通信模块等位于 3 ~ 14 槽,最多配置 12 个。

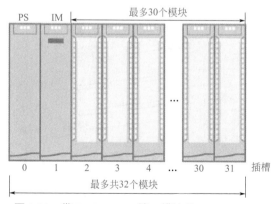

图 2-29　带 PROFINET 接口模块的 ET200MP 分布式 I/O 系统的最大配置

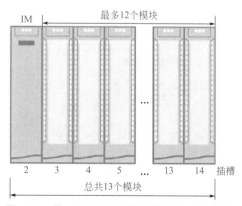

图 2-30　带 PROFIBUS 接口模块的 ET200MP 分布式 I/O 系统的最大配置

一个带电源的完整系统配置如图 2-31 所示。

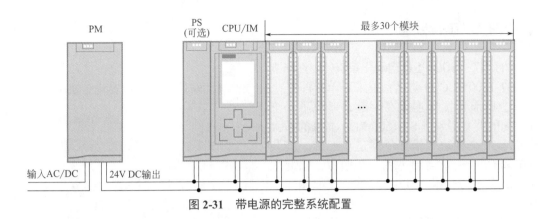

图 2-31　带电源的完整系统配置

2.3.2　硬件安装

S7-1500 PLC 自动化系统、ET200MP 分布式 I/O 系统的所有模块都是开放式设备。该系统只能安装在室内、控制柜或电气操作区中。

(1) 安装导轨

S7-1500 PLC 自动化系统、ET200MP 分布式 I/O 系统，采用水平安装时，可安装在最高 60℃ 的环境温度中，采用垂直安装时，最高环境温度为 40℃。水平安装有利于散热，比较常见。

西门子有 6 种长度的安装导轨可被选用，长度范围是 160 ~ 2000mm。安装导轨需要预留合适的间隙，以利于模块的散热，一般顶部和底部离开导轨边缘需要预留至少 25mm 的间隙，如图 2-32 所示。

S7-1500 PLC 自动化系统、ET200MP 分布式 I/O 系统必须连接到电气系统的保护导线系统，以确保电气安全。将导轨附带的 M6 的螺钉插入导轨下部的 T 形槽中，再将垫片、带接地连接器的环形端子、扁平垫圈和锁定垫圈插入螺栓。旋转六角头螺母，通过该螺母将组件拧紧到位。最后将接地电缆的另一端连接到中央接地点 / 保护性母线（PE）。连接保护性导线示意如图 2-33 所示。

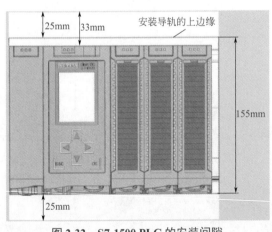

图 2-32　S7-1500 PLC 的安装间隙

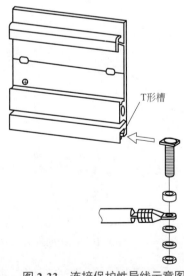

图 2-33　连接保护性导线示意图

（2）安装电源模块

S7-1500 PLC 的电源分为系统电源和负载电源，负载电源的安装与系统电源安装类似，而且更简单，因此仅介绍系统电源的安装，具体步骤如下。

① 将 U 形连接器插入系统电源背面。

② 将系统电源挂在安装导轨上。

③ 向后旋动系统电源。

④ 打开前盖。

⑤ 从系统电源断开电源线连接器的连接。

⑥ 拧紧系统电源（扭矩 1.5N·m）。

⑦ 将已经接好线的电源线连接器插入系统电源模块。

安装系统电源的示意如图 2-34 所示。

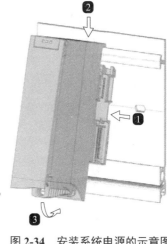

图 2-34　安装系统电源的示意图

（3）安装 CPU 模块

电源模块的安装与安装系统电源类似，具体操作步骤如下。

① 将 U 形连接器插入 CPU 后部的右侧。

② 将 CPU 钩挂在安装导轨上，并将其滑动至左侧的系统电源。

③ 确保 U 形连接器插入系统电源，向后旋动 CPU。

④ 拧紧 CPU 的螺钉（扭矩为 1.5N·m）。

安装 CPU 模块的示意图如图 2-35 所示。I/O 模块、工艺模块和通信模块的安装方法与安装 CPU 模块基本相同，在此不作介绍。

（4）安装带屏蔽夹的前连接器

S7-1500 PLC 的模块中，模拟量模块和工艺模块需要安装屏蔽端子元件，此附件在购买模块时一并提供，通常不需要单独订货，屏蔽端子元件的示意图如图 2-36 所示。

带屏蔽夹前连接器的安装步骤如下。

① 将前连接器直接接入最终位置（图 2-37 的序号 1）。

② 使用电缆扎带将电缆束环绕，并将电缆束拉紧（图 2-37 的序号 2）。

③ 从下方将屏蔽线夹插入屏蔽支架中，以连接电缆套管（图 2-37 的序号 3）。

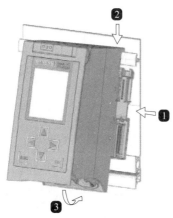

图 2-35　安装 CPU 模块的示意图

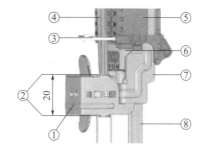

① 屏蔽线夹　　　　　　　　　⑥ 电源元件
② 剥去的电缆套管(大约20mm)　⑦ 屏蔽支架
③ 固定夹(电缆扎带)　　　　　⑧ 电源线
④ 信号电缆　　　　　　　　　①+⑦ 屏蔽端子
⑤ 前连接器

图 2-36　屏蔽端子元件的示意图

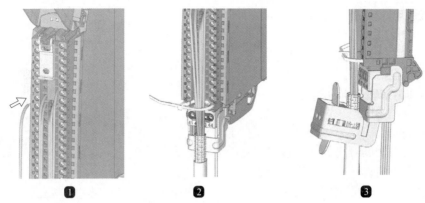

❶　　　　　　　**❷**　　　　　　　**❸**

图 2-37　带屏蔽夹前连接器的安装

(5) 安装等电位桥

等电位桥的作用主要用于短接模块中的等电位点，如 0V 之间或者 +24V 之间的短接（特别提醒 0V 和 +24V 之间不可短接，否则短路），使用等电位桥可以减少接线。电位桥是附件，在购买模块时一并提供，通常不需要单独订货。

在图 2-38 中，只要把等电位桥下压，等电位桥就安装完毕，20 号端子和 40 号端子处于短接状态，实际就是 0V 短接了，如 20 号端子接入 0V，则 40 号端子就不需要接线了，简化了外围电路。

图 2-38　等电位桥的安装示意图

2.3.3　接线

导轨和模块安装完毕后，就需要安装 I/O 模块和工艺模块的前连接器（实际为接线端子排），最后接线。

S7-1500 PLC 的前连接器分为三种，分别是：带螺钉型端子的 35mm 前连接器、带推入式端子的 25mm 前连接器和带推入式端子的 35mm 前连接器，如图 2-39 所示。都是 40 针的连接器，不同于 S7-300 PLC 前连接器有 20 针的规格。

前连接器的安装。不同模块的前连接器的安装大致类似，仅以 I/O 模块前连接器的安装为例进行说明，其安装步骤如下。

① 根据需要，关闭负载电流电源。

② 将电缆束上附带的电缆固定夹（电缆扎带）放置在前连接器上。

③ 向上旋转已接线的 I/O 模块前盖直至其锁定。

④ 将前连接器接入预接线位置。需将前连接器挂到 I/O 模块底部，然后将其向上旋转直至前连接器锁上如图 2-40 所示。

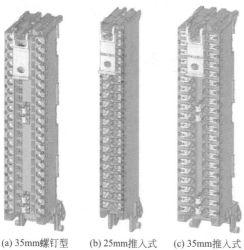

(a) 35mm螺钉型　　(b) 25mm推入式　　(c) 35mm推入式

图 2-39　前连接器外观

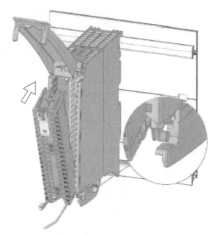

图 2-40　安装前连接器

之后的工作是接线，接线按照电工接线规范完成。

TIA 博途（Portal）软件使用入门

本章介绍 TIA 博途（Portal）软件的使用方法，并介绍使用 TIA 博途软件编译一个简单程序完整过程的例子，这是学习本书后续内容必要的准备。本书将以 TIA Portal V15.1 版本软件为例进行介绍。

■ 3.1 TIA 博途（Portal）软件简介

3.1.1 初识 TIA 博途（Portal）软件

TIA 博途（Portal）软件是西门子新推出的，面向工业自动化领域的新一代工程软件平台，主要包括三个部分：SIMATIC STEP 7、SIMATIC WinCC 和 SINAMICS StartDrive。TIA 博途软件的体系结构如图 3-1 所示。

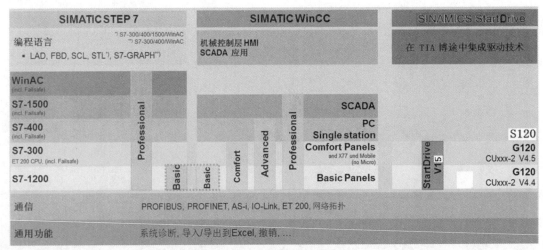

图 3-1　TIA 博途软件的体系结构

(1) SIMATIC STEP 7（TIA Portal）

STEP 7（TIA Portal）是用于组态 SIMATIC S7-1200、S7-1500、S7-300/400 和 WinAC 控制器系列的工程组态软件。STEP 7（TIA Portal）有两种版本，具体使用取决于可组态的控制器系列，分别介绍如下。

① STEP 7 Basic 主要用于组态 S7-1200，并且自带 WinCC Basic，用于 Basic 面板的组态。

② STEP 7 Professional 用于组态 S7-1200、S7-1500、S7-300/400 和 WinAC，且自带 WinCC Basic，用于 Basic 面板的组态。

(2) SIMATIC WinCC（TIA Portal）

WinCC（TIA Portal）是使用 WinCC Runtime Advanced 或 SCADA 系统 WinCC Runtime Professional 可视化软件，组态 SIMATIC 面板、SIMATIC 工业 PC 以及标准 PC 的工程组态软件。

WinCC（TIA Portal）有四种版本，具体使用取决于可组态的操作员控制系统，分别介绍如下。

① WinCC Basic 用于组态精简系列面板，WinCC Basic 包含在每款 STEP 7 Basic 和 STEP 7 Professional 产品中。

② WinCC Comfort 用于组态包括精智面板和移动面板的所有面板。

③ WinCC Advanced 用于通过 WinCC Runtime Advanced 可视化软件，组态所有面板和 PC。WinCC Runtime Advanced 是基于 PC 单站系统的可视化软件。WinCC Runtime Advanced 外部变量许可根据个数购买，有 128、512、2k、4k 以及 8k 个外部变量许可出售。

④ WinCC Professional 用于使用 WinCC Runtime Advanced 或 SCADA 系统 WinCC Runtime Professional 组态面板和 PC。WinCC Professional 有以下版本：带有 512 和 4096 个外部变量的 WinCC Professional 以及 WinCC Professional（最大外部变量）。

WinCC Runtime Professional 是一种用于构建组态范围从单站系统到多站系统（包括标准客户端或 Web 客户端）的 SCADA 系统。可以购买带有 128、512、2k、4k、8k 和 64k 个外部变量许可的 WinCC Runtime Professional。

通过 WinCC（TIA Portal）还可以使用 WinCC Runtime Advanced 或 WinCC Runtime Professional 组态 SINUMERIK PC 以及使用 SINUMERIK HMI Pro sl RT 或 SINUMERIK Operate WinCC RT Basic 组态 HMI 设备。

(3) SINAMICS StartDrive（TIA Portal）

SINAMICS StartDrive 软件能够直观地将 SINAMICS 变频器集成到自动化环境中。由于具有相同操作概念，消除了接口瓶颈，并且具有较高的用户友好性，因此可将 SINAMICS 变频器快速集成到自动化环境中，并使用 TIA 博途对它们进行调试。

① SINAMICS StartDrive 的用户友好性。

a. 直观的参数设置：可借助于用户友好的向导和屏幕画面进行最佳设置。

b. 可根据具体任务，实现结构化变频器组态。

c. 可对配套 SIMOTICS 电机进行简便组态。

② SINAMICS StartDrive 具有的出色特点。

a. 所有强大的 TIA 博途软件功能都可支持变频器的工程组态。

b. 无需附加工具即可实现高性能跟踪。

c. 可通过变频器消息进行集成系统诊断。

③ 支持的 SINAMICS 变频器。

a. SINAMICS G120，模块化单机传动系统，适用于中低端应用。

b. SINAMICS G120C，紧凑型单机传动系统，额定功率较低，具有相关功能。

c. SINAMICS G120D，分布式变频器，采用无机柜式设计。

d. SINAMICS G120P，适用于泵、风机和压缩机的专用变频器。

e. SINAMICS G120X 和 G120XA，该系列西门子变频器专为风机和泵的应用而设计，高效节能、可靠稳定、简单易用，其中 G120X 针对全球市场，G120XA 针对中国市场。

3.1.2　安装 TIA 博途软件的软硬件条件

(1) 硬件要求

TIA 博途软件对计算机系统的硬件的要求比较高，计算机最好配置固态硬盘（SSD）。安装"SIMATIC STEP 7 Professional"软件包对硬件的最低要求和推荐要求见表 3-1。

表 3-1　安装"SIMATIC STEP 7 Professional"对硬件的要求

项目	最低配置要求	推荐配置
RAM	8 GB	16 GB 或更大
硬盘	S-ATA，至少配备 20 GB 可用空间	SSD，配备至少 50 GB 的存储空间
CPU	Intel® Core ™ i3-6100U，2.30 GHz	Intel® Core ™ i5-6440EQ（最高 3.4 GHz）
屏幕分辨率	1024×768	15.6in[1] 宽屏显示器（1920×1080）

(2) 操作系统要求

西门子 TIA 博途软件对计算机系统的操作系统的要求比较高。专业版、企业版或者旗舰版的操作系统是必备的条件，不支持家庭版操作系统，Windows 7（32 位）的专业版、企业版或者旗舰版都可以安装 TIA 博途软件，但由于 32 位操作系统只支持不到 4GB 内存，所以不推荐安装，推荐安装 64 位的操作系统。安装"SIMATIC STEP 7 Professional"软件包对操作系统的要求见表 3-2。

表 3-2　安装"SIMATIC STEP 7 Professional"对操作系统的要求

可以安装的操作系统

Windows 7（64 位）
- Windows 7 Professional SP1
- Windows 7 Enterprise SP1
- Windows 7 Ultimate SP1

Windows 10（64 位）
- Windows 10 Professional Version 1703
- Windows 10 Enterprise Version 1703
- Windows 10 Enterprise 2016 LTSB
- Windows 10 IoT Enterprise 2015 LTSB
- Windows 10 IoT Enterprise 2016 LTSB

Windows Server（64 位）
- Windows Server 2012 R2 StdE（完全安装）
- Windows Server 2016 Standard（完全安装）

---

[1] 1in=25.4mm，下同。

可在虚拟机上安装"SIMATIC STEP 7 Professional"软件包。推荐选择使用下面指定版本或较新版本的虚拟平台：

① VMware vSphere Hypervisor（ESXi）5.5；

② VMware Workstation 10；

③ VMware Player 6.0；

④ Microsoft Windows Server 2012 R2 Hyper-V。

3.1.3 安装 TIA 博途软件的注意事项

① 无论是 Window 7 还是 Window 10 系统的家庭（HOME）版仅支持基本版 TIA 博途软件，都不能安装西门子的 TIA 博途软件专业版。Window XP 系统的专业版也不支持安装 TIA 博途 V15.1 软件。

② 安装 TIA 博途软件时，最好关闭监控和杀毒软件。

③ 安装软件时，软件的存放目录中不能有汉字，若弹出错误信息，表明目录中有不能识别的字符。例如将软件存放在"C：/ 软件 /STEP 7"目录中就不能安装。

④ 在安装 TIA 博途软件的过程中出现提示"You must restart your computer before you can run setup. Do you want reboot your computer now？"字样。这可能是 360 安全软件作用的结果，重启电脑有时是可行的方案，有时计算机会重复提示重启电脑，在这种情况下解决方案如下。

在 Windows 的菜单命令下，单击"开始"按钮，在"搜索程序和文件"对话框 搜索程序和文件 中输入"regedit"，打开注册表编辑器。选中注册表中的"HKEY_LOCAL_MACHINE\Sysytem \CurrentControlset\Control"中的"SessionmAnager"，删除右侧窗口的"PendingFileRenameOperations"选项。重新安装，就不会出现重启计算机的提示了。

⑤ 允许在同一台计算机的同一个操作系统中安装 STEP7 V5.5、STEP7 V12 和 STEP7 V13，早期的 STEP7 V5.5 和 STEP7 V5.4 不能安装在同一个操作系统中。

⑥ 推荐安装新版的浏览器，浏览器的版本不能过低，否则 TIA 博途软件的帮助显示乱码。

3.1.4 安装和卸载 TIA 博途软件

(1) 安装 TIA 博途软件

安装软件的前提是计算机的操作系统和硬件符合安装 TIA 博途的条件，当满足安装条件时，首先要关闭正在运行的其他程序，如 Word 等软件，然后将 TIA 博途软件安装光盘插入计算机的光驱中，安装程序会自动启动。如安装程序没有自动启动，则双击安装盘中的可执行文件"Start.exe"，手动启动。具体安装顺序如下。

① 初始化。当安装开始进行时，首先初始化，这需要一段时间，如图 3-2 所示。

② 选择安装语言。TIA 博途提供了英语、德语、中文、法语、西班牙语和意大利语，供选择安装，本例选择"中文"，如图 3-3 所示，单击"下一步"按钮，弹出需要安装的软件的界面。

③ 选择需要安装的软件。如图 3-4 所示，有三个选项可供选择，本例选择"用户自定义"选项卡，选择需要安装的软件，这需要根据购买的授权确定，本例选择所有选项。

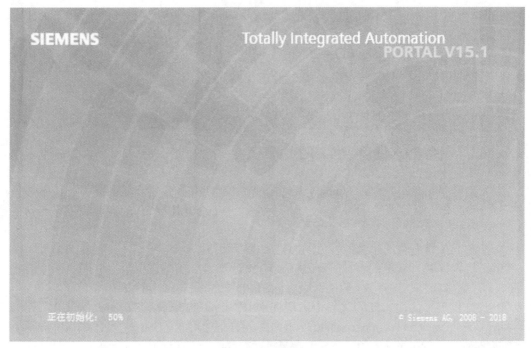

图 3-2　安装初始化

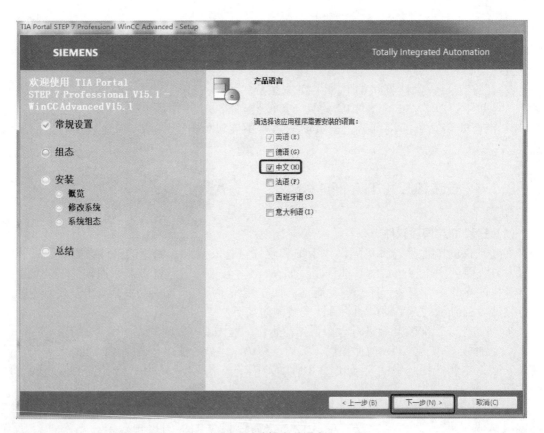

图 3-3　选择安装语言

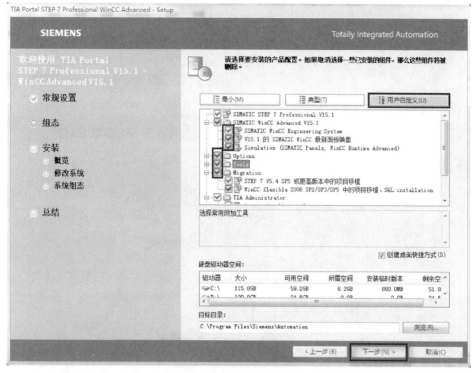

图 3-4　选择需要安装的软件

④ 选择许可条款。如图 3-5 所示，勾选两个选项，同意许可条款，单击"下一步"按钮。

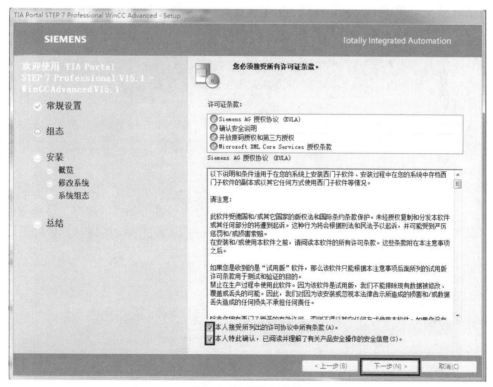

图 3-5　选择许可条款

⑤ 安全控制。如图 3-6 所示，勾选"我接受此计算机上的安全和权限设置"，单击"下一步"按钮。

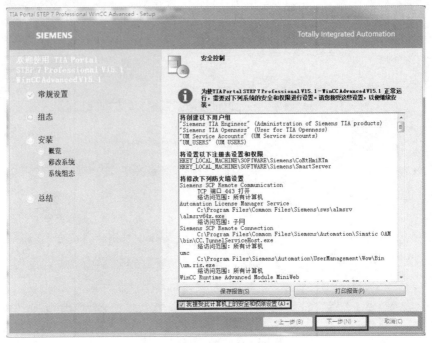

图 3-6　安全控制

⑥ 预览安装和安装。如图 3-7 所示是预览界面，显示要安装产品的具体位置。如确认需要安装 TIA 博途，单击"安装"按钮，TIA 博途程序开始安装，安装界面如图 3-8 所示。安装完成后，选择"重新启动计算机"选项。重新启动计算机后，TIA 博途程序安装完成。

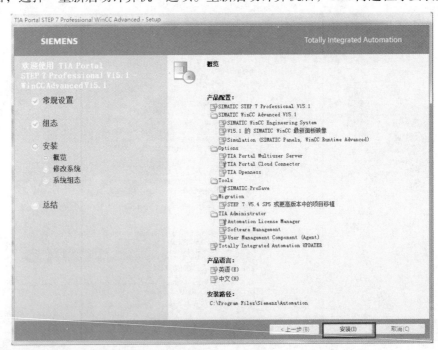

图 3-7　预览

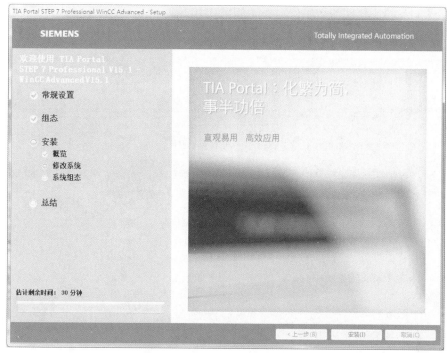

图 3-8 安装过程

（2）卸载 TIA 博途软件

卸载 TIA 博途软件和卸载其他软件比较类似，具体操作过程如下。

① 打开控制面板的"程序和功能"界面。先打开控制面板，再在控制面板中，双击并打开"程序和功能"界面，如图 3-9 所示，单击"卸载"按钮，弹出初始化界面。

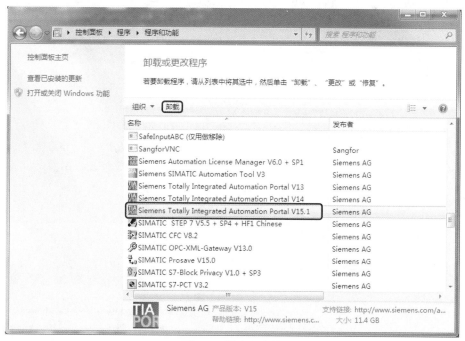

图 3-9 程序和功能

② 卸载 TIA 博途软件的初始化界面。如图 3-10 所示的是卸载前的初始化界面，需要一定的时间完成。

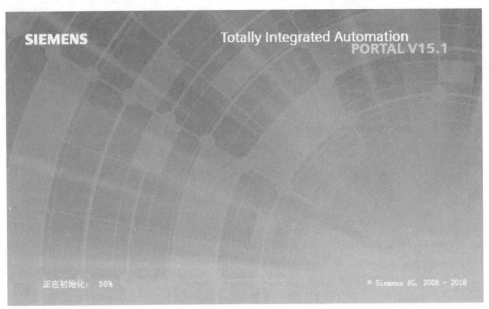

图 3-10　卸载 TIA 博途软件的初始化界面

③ 卸载 TIA 博途软件时，选择语言。如图 3-11 所示，选择产品语言为"中文"，单击"下一步"按钮，弹出选择要卸载的软件的界面。

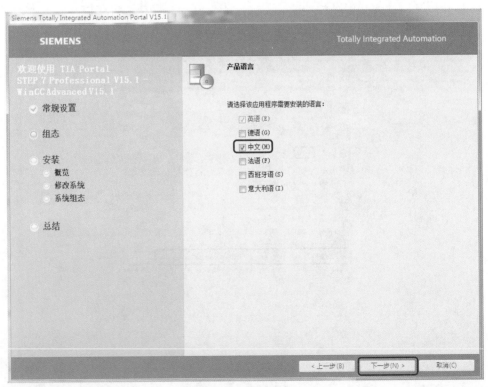

图 3-11　选择语言

④ 选择要卸载的软件。如图 3-12 所示，选择"产品配置"中要卸载的产品，本例全部选择，单击"下一步"按钮，弹出卸载预览界面，如图 3-13 所示，单击"卸载"按钮，卸载开始进行，直到完成后，重新启动计算机即可。

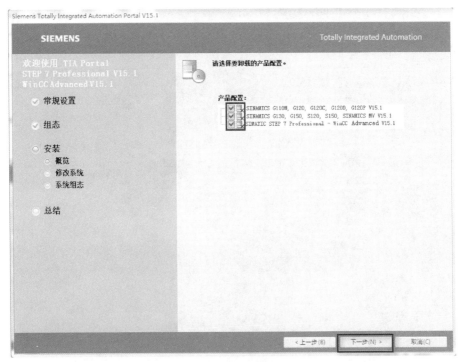

图 3-12　选择要卸载的软件

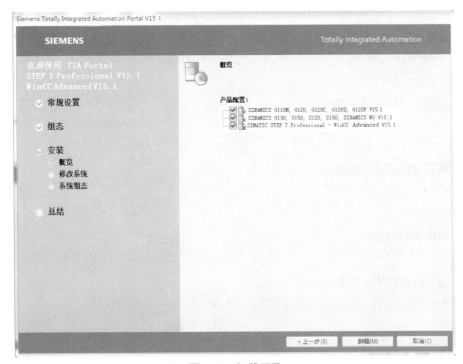

图 3-13　卸载预览

3.2 TIA Portal 视图与项目视图

3.2.1 TIA Portal 视图结构

TIA Portal 视图的结构如图 3-14 所示，以下分别对各个主要部分进行说明。

图 3-14 TIA Portal 视图的结构

（1）登录选项

如图 3-14 所示的序号"①"，登录选项为各个任务区提供了基本功能。在 Portal 视图中提供的登录选项取决于所安装的产品。

（2）所选登录选项对应的操作

如图 3-14 所示的序号"②"，此处提供了在所选登录选项中可使用的操作。可在每个登录选项中调用上下文相关的帮助功能。

（3）所选操作的选择面板

如图 3-14 所示的序号"③"，所有登录选项中都提供了选择面板。该面板的内容取决于操作者的当前选择。

（4）切换到项目视图

如图 3-14 所示的序号"④"，可以使用"项目视图"链接切换到项目视图。

（5）当前打开的项目的显示区域

如图 3-14 所示的序号"⑤"，在此处可了解当前打开的是哪个项目。

3.2.2 项目视图

项目视图是项目所有组件的结构化视图，如图 3-15 所示，项目视图是项目组态和编程的界面。

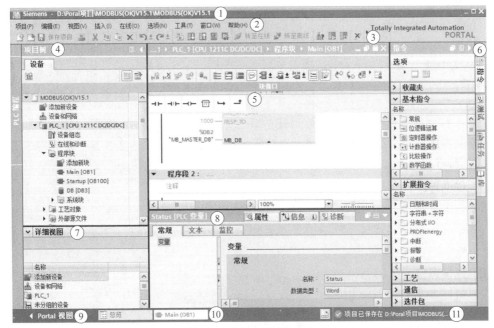

图 3-15　项目视图的组件

单击如图 3-14 所示 TIA Portal 视图界面的"项目视图"按钮，可以打开项目视图界面，界面中包含如下区域。

（1）标题栏

项目名称显示在标题栏中，如图 3-15 所示的"①"处的"MODBUS（OK）V15.1"。

（2）菜单栏

菜单栏如图 3-15 的"②"处所示，包含工作所需的全部命令。

（3）工具栏

工具栏如图 3-15 的"③"处所示，工具栏提供了常用命令的按钮。可以更快地访问"复制""粘贴""上传"和"下载"等命令。

（4）项目树

项目树如图 3-15 的"④"处所示，使用项目树功能，可以访问所有组件和项目数据。可在项目树中执行以下任务。

①添加新组件。

②编辑现有组件。

③扫描和修改现有组件的属性。

（5）工作区

工作区如图 3-15 的"⑤"处所示，在工作区内显示打开的对象。例如，这些对象包括编辑器、视图和表格。

在工作区可以打开若干个对象。但通常每次在工作区中只能看到其中一个对象。在编辑器栏中，所有其他对象均显示为选项卡。如果在执行某些任务时要同时查看两个对象，则可以水平或垂直方式平铺工作区，或浮动停靠工作区的元素。如果没有打开任何对象，则工作区是空的。

（6）任务卡

任务卡如图 3-15 中"⑥"处所示，根据所编辑对象或所选对象，提供了用于执行附加操作的任务卡。这些操作包括。

① 从库中或者从硬件目录中选择对象。

② 在项目中搜索和替换对象。

③ 将预定义的对象拖拽到工作区。

在屏幕右侧的条形栏中可以找到可用的任务卡。可以随时折叠和重新打开这些任务卡。哪些任务卡可用取决于所安装的产品。比较复杂的任务卡会划分为多个窗格，这些窗格也可以折叠和重新打开。

（7）详细视图

详细视图如图 3-15 中"⑦"处所示，详细视图中显示总览窗口或项目树中所选对象的特定内容。其中可以包含文本列表或变量。但不显示文件夹的内容。要显示文件夹的内容，可使用项目树或巡视窗口。

（8）巡视窗口

巡视窗口如图 3-15 中"⑧"处所示，对象或所执行操作的附加信息均显示在巡视窗口中。巡视窗口有三个选项卡：属性、信息和诊断。

① "属性"选项卡　此选项卡显示所选对象的属性。可以在此处更改可编辑的属性。属性的内容非常丰富，读者应重点掌握。

② "信息"选项卡　此选项卡显示有关所选对象的附加信息以及执行操作（例如编译）时发出的报警。

③ "诊断"选项卡　此选项卡中将提供有关系统诊断事件，已组态消息事件以及连接诊断的信息。

（9）切换到 Portal 视图

点击如图 3-15 所示"⑨"处的"Portal 视图"按钮，可从项目视图切换到 Portal 视图。

（10）编辑器栏

编辑器栏如图 3-15 中"⑩"处所示，编辑器栏显示打开的编辑器。如果已打开多个编辑器，它们将组合在一起显示。可以使用编辑器栏在打开的元素之间进行快速切换。

（11）带有进度显示的状态栏

状态栏如图 3-15 中"⑪"处所示，在状态栏中，显示当前正在后台运行的过程的进度条。其中还包括一个图形方式显示的进度条。将鼠标指针放置在进度条上，系统将显示一个工具提示，描述正在后台运行的过程的其他信息。单击进度条边上的按钮，可以取消后台正在运行的过程。

如果当前没有任何过程在后台运行，则状态栏中显示最新生成的报警。

3.2.3　项目树

在项目视图左侧项目树界面中主要包括的区域如图 3-16 所示。按图中序号顺序介绍如下。

（1）标题栏

项目树的标题栏有两个按钮，可以自动▥和手动◀折叠项目树。手动折叠项目树时，手动折叠按钮将"缩小"到左边界。它此时会从指向左侧的箭头变为指向右侧的箭头，并可用于重新打开项目树。在不需要时，可以使用"自动折叠"▥按钮自动折叠到项目树。

（2）工具栏

可以在项目树的工具栏中执行以下任务。

① 用▥按钮，创建新的用户文件夹；例如，组合"程序块"文件夹中的块。

② 用◀按钮向前浏览到链接的源，用▶按钮往回浏览到链接本身。

③ 用▥按钮，在工作区中显示所选对象的总览。

显示总览时，将隐藏项目树中元素的更低级别的对象和操作。

（3）项目

在"项目"文件夹中，可以找到与项目相关的所有对象和操作，例如：

① 设备；

② 语言和资源；

③ 公共数据。

（4）设备

项目中的每个设备都有一个单独的文件夹，该文件夹具有内部的项目名称。属于该设备的对象和操作都排列在此文件夹中。

图 3-16　项目树

（5）公共数据

此文件夹包含可跨多个设备使用的数据，例如公用消息类、日志、脚本和文本列表。

（6）文档设置

在此文件夹中，可以指定要在以后打印的项目文档的布局。

（7）语言和资源

可在此文件夹中确定项目语言和文本。

（8）在线访问

该文件夹包含了 PG/PC 的所有接口，即使未用于与模块通信的接口也包括在其中。

（9）读卡器 /USB 存储器

该文件夹用于管理连接到 PG/PC 的所有读卡器和其他 USB 存储介质。

■ 3.3　创建和编辑项目

创建新项目

3.3.1　创建项目

新建博途项目的方法如下。

① 方法 1：打开 TIA 博途软件，如图 3-17 所示，选中"启动"（标记①处）→"创建新项目"（标记②处），在"项目名称"中输入新建的项目名称（本例为 LAMP）（标记③处），单击"创建"（标记④处）按钮，完成新建项目。

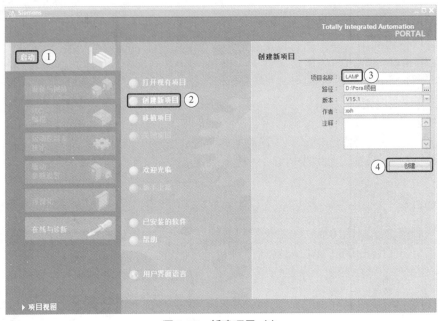

图 3-17　新建项目 (1)

② 方法 2：如果 TIA 博途软件处于打开状态，在项目视图中，选中菜单栏中"项目"，单击"新建"命令，如图 3-18 所示，弹出如图 3-19 所示的界面，在"项目名称"中输入新建的项目名称（本例为 LAMP），单击"创建"按钮，完成新建项目。

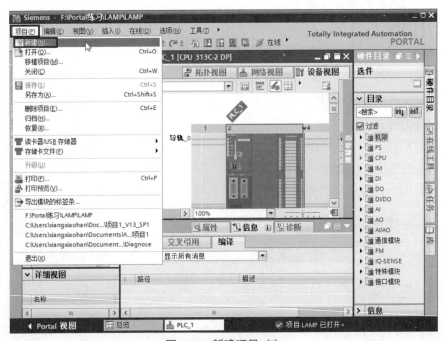

图 3-18　新建项目 (2)

图 3-19　新建项目（3）

③ 方法 3：如果 TIA 博途软件处于打开状态，而且在项目视图中，单击工具栏中"新建"按钮，弹出如图 3-19 所示的界面，在"项目名称"中输入新建的项目名称（本例为 LAMP），单击"创建"按钮，完成新建项目。

3.3.2　添加设备

项目视图是 TIA 博途软件的硬件组态和编程的主窗口，在项目树的设备栏中，双击"添加新设备"选项卡栏，然后弹出"添加新设备"对话框，如图 3-20 所示。可以修改设备名称，也可保持系统默认名称（标记①处）。选择需要的设备，本例为：6ES7 511-1AK00-0AB0（标记②处），勾选"打开设备视图"（标记③处），单击"确定"按钮（标记④处），完成新设备添加，并打开设备视图，如图 3-21 所示。

图 3-20　添加新设备（1）

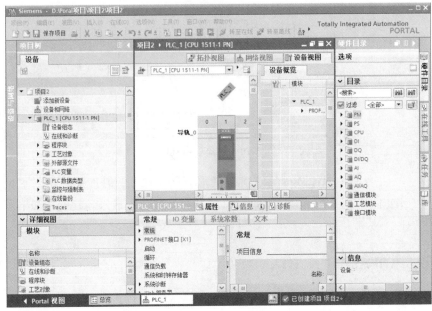

图 3-21 添加新设备（2）

3.3.3 编辑项目（打开、保存、另存为、关闭和删除）

(1) 打开项目

打开已有的项目有如下方法。

① 方法 1：打开 TIA 博途软件，如图 3-22 所示，选中"启动"→"打开现有项目"，再选中要打开的项目，本例为"LAMP"，单击"打开"按钮，选中的项目即可打开。

打开已有项目

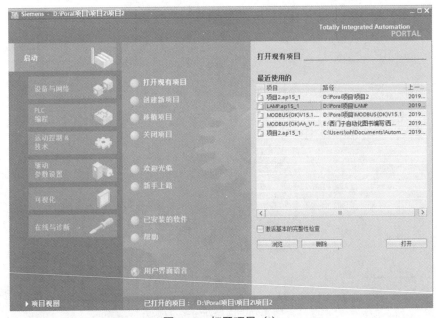

图 3-22 打开项目（1）

② 方法 2：如果 TIA 博途软件处于打开状态，而且在项目视图中，选中菜单栏中"项目"，单击"打开"命令，弹出如图 3-23 所示的界面，再选中要打开的项目，本例为"LAMP"，单击"打开"按钮，现有的项目即可打开。

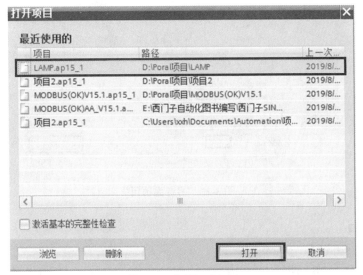

图 3-23　打开项目（2）

③ 方法 3：打开博途项目程序的存放目录，如图 3-24 所示，双击"LAMP"，现有的项目即可打开。

图 3-24　打开项目（3）

（2）保存项目

保存项目的方法如下。

① 方法 1：在项目视图中，选中菜单栏中"项目"，单击"保存"命令，现有的项目即可保存。

② 方法 2：在项目视图中，选中工具栏中"保存"按钮, 现有的项目即可保存。

（3）另存为项目

另存为项目的方法：在项目视图中，选中菜单栏中"项目"，单击"另存为（A）…"命令，弹出如图 3-25 所示，在"文件名"中输入新的文件名（本例为 LAMP2），单击"保存"按钮，另存为项目完成。

（4）关闭项目

关闭项目的方法如下。

① 方法 1：在项目视图中，选中菜单栏中"项目"，单击"退出"命令，现有的项目即可退出。

② 方法 2：在项目视图中，单击如图 3-21 所示的"退出"按钮, 即可退出项目。

图 3-25　另存为项目

（5）删除项目

删除项目的方法如下。

① 方法 1：在项目视图中，选中菜单栏中"项目"，单击"删除项目"命令，弹出如图 3-26 所示的界面，选中要删除的项目（本例为项目 2），单击"删除"按钮，现有的项目即可删除。

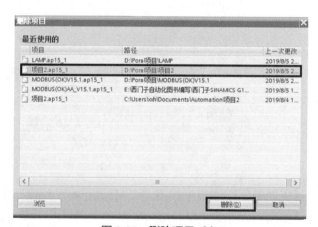

图 3-26　删除项目（1）

② 方法 2：打开博途项目程序的存放目录，如图 3-27 所示，选中并删除"LAMP2"文件夹。

图 3-27　删除项目（2）

■ 3.4　CPU 参数配置

单击机架中的 CPU，可以看到 TIA 博途软件底部 CPU 的属性视图，在此可以配置 CPU 的各种参数，如 CPU 的启动特性、组织块（OB）以及存储区的设置等。以下主要以 CPU

1511-1 PN 为例介绍 CPU 的参数设置。

3.4.1　常规

单击属性视图中的"常规"选项卡,在属性视图的右侧的常规界面中可见 CPU 的项目信息、目录信息和标识与维护。用户可以浏览 CPU 的简单特性描述,也可以在"名称""注释"等空白处作提示性的标注。对于设备名称和位置标识符,用户可以用于识别设备和设备所处的位置,如图 3-28 所示。

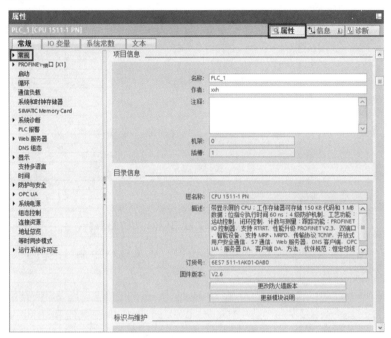

图 3-28　CPU 属性常规信息

3.4.2　PROFINET 接口

PROFINET 接口中包含常规、以太网地址、时间同步、操作模式、高级选项、Web 服务器访问和硬件标识符,以下分别简介。

(1) 常规

在 PROFINET 接口选项卡中,单击"常规"选项,如图 3-29 所示,在属性视图右侧的常规界面中可见 PROFINET 接口的常规信息和目录信息。用户可在"名称""作者"和"注释"中作一些提示性的标注。

图 3-29　PROFINET 接口常规信息

（2）以太网地址

选中"以太网地址"选项卡，可以创建新网络、设置 IP 地址等，如图 3-30 所示。以下将说明"以太网地址"选项卡主要参数和功能。

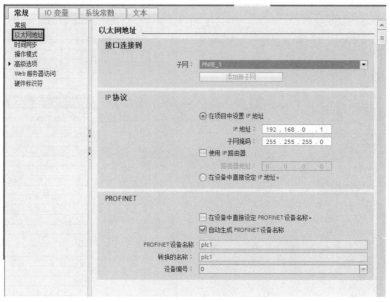

图 3-30 PROFINET 接口以太网地址信息

① 接口连接到 单击"添加新子网"按钮，可为该接口添加新的以太网网络，新添加的以太网的子网名称默认为 PN/IE_1。

② IP 协议 可根据实际情况设置 IP 地址和子网掩码，图 3-30 中默认 IP 地址为"192.168.0.1"，默认子网掩码为"255.255.255.0"。如果该设备需要和非同一网段的设备通信，那么还需要激活"使用 IP 路由器"选项，并输入路由器地址。

③ PROFINET PROFINET 设备名称：表示对于 PROFINET 接口的模块，每个接口都有各自的设备名称，且此名称可以在项目树中修改。

转换的名称：表示此 PROFINET 设备名称转换成符合 DNS 习惯的名称。

设备编号：表示 PROFINET IO 设备的编号，IO 控制器的编号是无法修改的，为默认值"0"。

（3）时间同步

PROFINET 的时间同步参数设置界面如图 3-31 所示。

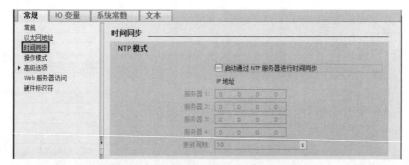

图 3-31 PROFINET 接口时间同步信息

NTP 模式表示该 PLC 可以通过 NTP（network time protocol）服务器上获取的时间以同步自己的时间。如激活"启动通过 NTP 服务器进行时间同步"选项，表示 PLC 从 NTP 服务器上获取时间以同步自己的时钟，然后添加 NTP 服务器的 IP 地址，最多可以添加 4 个 NTP 服务器。

更新周期表示 PLC 每次请求更新时间的时间间隔。

（4）操作模式

PROFINET 的操作模式参数设置界面如图 3-32 所示。其主要参数及选项功能介绍如下。

PROFINET 的操作模式表示 PLC 可以通过该接口作为 PROFINET IO 的控制器或者 IO 设备。

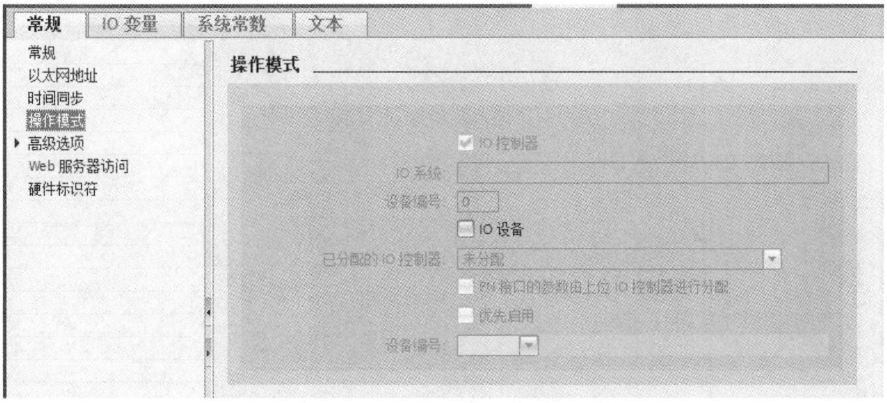

图 3-32　PROFINET 接口操作模式信息

默认时，"IO 控制器"选项是使能的，如果组态了 PROFINET IO 设备，那么会出现 PROFINET 系统名称。如果该 PLC 作为智能设备，则需要激活"IO 设备"选项，并选择"已分配的 IO 控制器"。如果需要"已分配的 IO 控制器"给智能设备分配参数时，选择"此 IO 控制器对 PROFINET 接口的参数化"。

（5）高级选项

PROFINET 的高级选项参数设置界面如图 3-33 所示。其主要参数及选项功能介绍如下。

① 接口选项　PROFINET 接口的通信事件，例如维护信息等，能在 CPU 的诊断缓冲区读出，但不会调用用户程序，如激活"若发生通信错误，则调用用户程序"选项，则可调用用户程序。

"为连接（如 TCP、S7 等）发送保持连接信号"选项的默认值为 30s，表示该服务用于面向连接的协议（如 TCP、S7 等），周期性（30s）发送 Keep-alive（保持激活）报文检测伙伴的连接状态和可达性，并用于故障检测。

② 介质冗余　PROFINET 接口的模块支持 MRP 协议，即介质冗余协议，也就是 PROFINET 接口的设备可以通过 MRP 协议实现环网连接。

"介质冗余功能"中有三个选项，即管理器、客户端和不是环网中的设备。环网管理器发送报文检测网络连接状态，而客户端只能传递检测报文。选择了"管理器"选项，则还要选取两个端口连接 MRP 环网。

③ 实时设定　实时设定中有 IO 通信、同步和实时选项三个选项。

"IO 通信"，可以选择"发送时钟"为"1.000ms"，范围是 0.25 ～ 4ms。此参数的含义是 IO 控制器和 IO 设备交换数据的时间间隔。

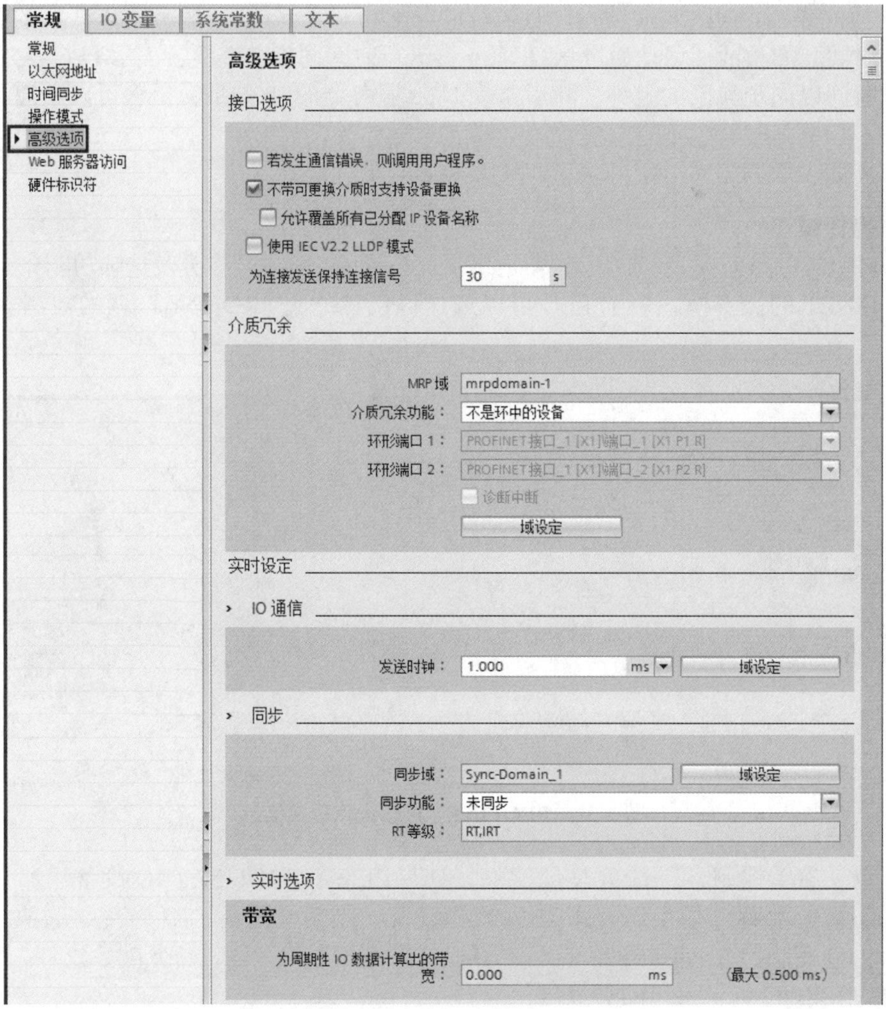

图 3-33 PROFINET 接口高级选项信息

"带宽"，表示软件根据 IO 设备的数量和 IO 字节，自动计算"为周期 IO 数据计算的带宽"大小，最大带宽为"可能最短的时间间隔"的一半。

④ Port［X1 P1 R］（PROFINET 端口） Port［X1 P1 R］（PROFINET 端口）参数设置如图 3-34 所示。其具体参数介绍如下。

a. 在"常规"部分，用户可以在"名称""作者"和"注释"等空白处作一些提示性的标注，支持汉字字符。

b. 在"端口互连"中，有"本地端口"和"伙伴端口"两个选项，在"本地端口"中，有介质的类型显示，默认为"铜"，"电缆名称"显示为"—"，即无。

在"伙伴端口"中的"伙伴端口"的下拉选项中，选择需要的伙伴端口。"介质"选项中的"电缆长度"和"信号延时"参数仅仅适用于 PROFINET IRT 通信。

c. 端口选项中有三个选项：激活、连接和界限。

● 激活。激活"启用该端口以使用"，表示该端口可以使用，否则处于禁止状态。

● 连接。"传输速率 / 双工"选项中，有"自动"和"TP 100Mbit/s"两个选项，默认为"自动"，表示 PLC 和连接伙伴自动协商传输速率和全双工模式，选择此模式时，不能取消激活"启用自动协商"选项。"监视"表示端口的连接状态处于监控之中，一旦出现故障，则向 CPU 报警。如选择"TP 100Mbit/s"，会自动激活"监视"选项，且不能取消激活"监视"选项。同时默认激活"启用自动协商"选项，但该选项可取消激活。

● 界限。表示传输某种以太网报文的边界限制。"可访问节点检测结束"表示检测可访问节点的 DCP 协议报文不能被该端口转发。这就意味着该端口的下游设备不能显示在可访问节点的列表中。"拓扑识别结束"表示拓扑发现 LLDP 协议报文不会被该端口转发。

Port［X1 P2 R］是第二个端口，与 Port［X1 P1 R］类似，在此不再赘述。

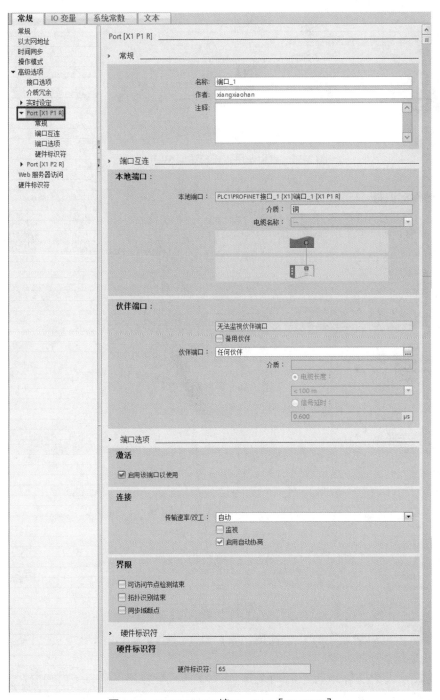

图 3-34　PROFINET 接口 - Port［X1 P1 R］

(6) Web 服务器访问

CPU 的存储区中存储了一些含有 CPU 信息和诊断功能的 HTML 页面。Web 服务器功能使得用户可通过 Web 浏览器执行访问此功能。

激活"启用使用该接口访问 Web 服务器",则意味着可以通过 Web 浏览器访问该 CPU,如图 3-35 所示。本节内容前述部分已经设定 CPU 的 IP 地址为:192.168.0.1。如打开 Web 浏览器(例如 Internet Explorer),并输入"http://192.168.0.1"(CPU 的 IP 地址),刷新 Internet Explorer,即可浏览访问该 CPU 了。

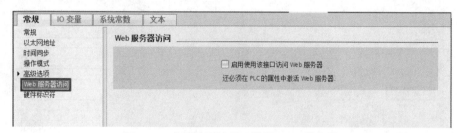

图 3-35　启用使用该接口访问 Web 服务器

(7) 硬件标识符

模块除了 I 地址和 Q 地址外,还将自动分配一个硬件标识符(HW ID),用于寻址和识别模块。硬件标识符为一个整数,并与诊断报警一起由系统输出,以便定位故障模块或故障子模块,如图 3-36 所示。编写通信程序时,也常用到硬件标识符。

图 3-36　硬件标识符

3.4.3　启动

单击"启动"选项,弹出"启动"参数设置界面,如图 3-37 所示。

图 3-37　启动

CPU 的"上电后启动"有三个选项:未启动(仍处于 STOP 模式)、暖启动 - 断开电源之前的操作模式和暖启动 -RUN。

"将比较预设为实际组态"有两个选项:即便不兼容仍然启动 CPU 和仅兼容时启动 CPU。如选择第一个选项表示不管组态预设和实际组态是否一致 CPU 均启动,如选择第二项则组态预设和实际组态一致 CPU 才启动。

3.4.4　循环

"循环"标签页如图 3-38 所示，其中有两个参数：最大循环时间和最小循环时间。如 CPU 的循环时间超出最大循环时间，CPU 将转入 STOP 模式。如果循环时间小于最小循环时间，CPU 将处于等待状态，直到达到最小循环时间，然后再重新循环扫描。

图 3-38　循环

3.4.5　通信负载

在该标签页中设置通信时间占循环扫描时间的最大比例，默认为 50%。

3.4.6　系统和时钟存储器

点击"系统和时钟存储器"标签，弹出如图 3-39 所示的界面。有两项参数，具体介绍如下。

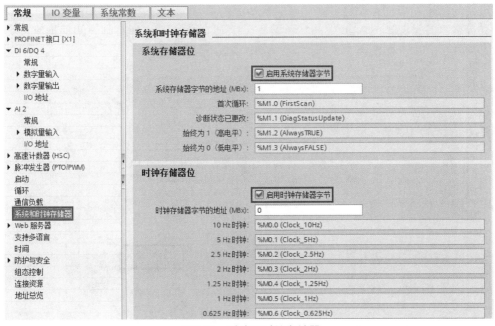

图 3-39　系统和时钟存储器

（1）系统存储器位

激活"启用系统存储器字节"，系统默认为"1"，代表的字节为"MB1"，用户也可以指定其他的存储字节。目前只用到了该字节的前4位，以MB1为例，其各位的含义介绍如下。

① M1.0（FirstScan）：首次扫描为1，之后为0。

② M1.1（DiagStatus Update）：诊断状态已更改。

③ M1.2（Always TRUE）：CPU运行时，始终为1。

④ M1.3（Always FALSE）：CPU运行时，始终为0。

⑤ M1.4 ~ M1.7 未定义，且数值为0。

注意：S7-300/400 PLC 没有此功能。

（2）时钟存储器位

时钟存储器是CPU内部集成的时钟存储器。激活"启用时钟存储器字节"，系统默认为"0"，代表的字节为"MB0"，用户也可以指定其他的存储字节，其各位的含义见表3-3。

表3-3 时钟存储器

时钟存储器的位	7	6	5	4	3	2	1	0
频率/Hz	0.5	0.625	1	1.25	2	2.5	5	10
周期/s	2	1.6	1	0.8	0.5	0.4	0.2	0.1

注意：启用了系统和时钟存储器后，一定要编译硬件组态，否则其功能可能不起作用；另外还要特别注意启用了系统和时钟存储器后，如图3-39中，MB1和MB0将作为特定功能的存储器使用，不可作为普通存储器使用了，否则报错。如图3-40所示的变量表，标记"①"和"②"处，有黄色指示，表明有错误，原因在于M0.0和M0.1先定义为普通存储器，后又定义为特定功能的存储器，产生了冲突。所以，项目调试之前最好先检查PLC的变量表，查看是否有类似于图3-40中的黄色警告（标记①和②处），如有则表明地址有冲突，必须进行修改。

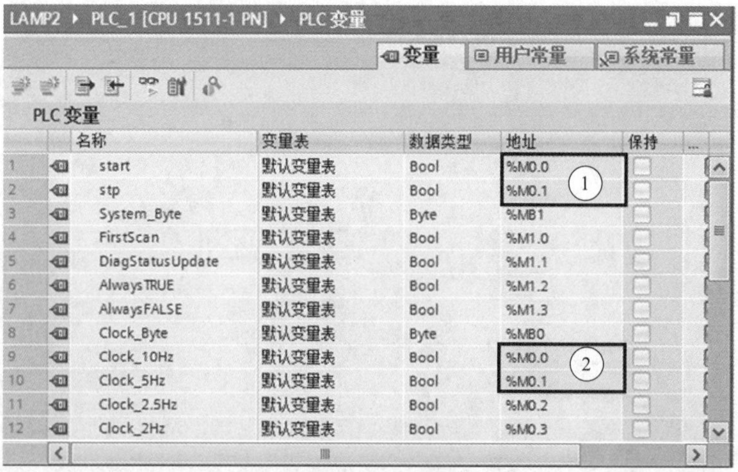

图3-40 变量表

3.4.7　系统诊断

单击"系统诊断"选项卡，进入系统诊断参数界面，系统诊断有两个选项，即常规和报警设置，如图 3-41 所示。

①"常规"选项中的"激活该设备的系统诊断"一直处于激活状态，且不能取消激活。

②"报警设置"选项，针对每种报警类别进行设置，例如故障、要求维护、需要维护以及信息。如果要显示该类别报警，就必须确认，要确认哪个选项就勾选哪项。

图 3-41　系统诊断

3.4.8　显示

S7-1500 PLC 的 CPU 模块上配有显示器。单击"显示"选项卡，弹出如图 3-42 所示的界面。

(1) 常规

"常规"选项卡下有显示待机模式、节能模式和显示的语言。

在待机模式下，显示器保持黑屏，并在按下某个显示器按键时立即重新激活。在显示器的显示菜单中，还可以更改待机模式，如时间长短或者禁用。

在节能模式下，显示器将以低亮度显示信息。按下任意显示器按键时，节能模式立即结束。在显示器的显示菜单中，还可更改节能模式，如时间长短或者禁用。

显示的语言。在使用设定的标准语言装载硬件配置后语言立即更改。还可在显示器的显示菜单中更改语言。

(2) 自动更新

更新显示的时间间隔，默认时间间隔为 5s，可修改间隔时间。

(3) 密码

用户可输入密码以防止未经授权的访问。可以设置在显示屏上输入密码多久后自动注销。要设定屏保，必须激活"启用屏保"选项。

(4) 监控表

如果在此处添加了监控表或者强制表，那么操作过程中可在显示屏上使用选择的监控表。以往的 S7-300/400 PLC 没有这项功能，要查看监控表一般使用计算机上安装的 STEP 7 软件。

（5）用户自定义徽标

可以选择用户自定义徽标并将其与硬件配置一起装载到 CPU。

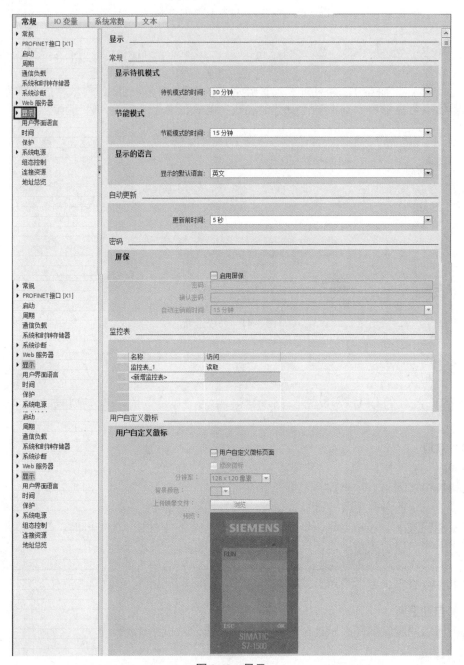

图 3-42　显示

3.4.9　保护

　　保护的功能是设置 CPU 的读或者写保护以及访问密码。选中"保护"标签，如图 3-43 所示。

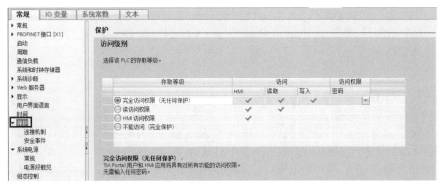

图 3-43　保护

S7-1500 PLC 有以下三种访问级别。

① 无保护（完全访问权限）：即默认设置。用户无需输入密码，总是允许进行读写访问。

② 写保护（读访问权限）：只能进行只读访问。无法更改 CPU 上的任何数据，也无法装载任何块或组态。HMI 访问和 CPU 间的通信不能写保护。选择这个保护等级需要指定密码。

③ 读 / 写保护（完全保护）：对于"可访问设备"区域或项目中已切换到在线状态的设备，无法进行写访问或读访问。只有 CPU 类型和标识数据可以显示在项目树中"可访问设备"下。可在"可访问设备"下或在线互连设备的项目中来显示在线信息或各个块。

"完全保护"的设置方法是：先选中"不能访问（完全保护）"选项，再点击"密码"下方的下三角，输入两次密码，最后单击"确认"按钮✓即可，如图 3-44 所示。

图 3-44　完全保护

3.4.10　系统电源

"系统电源"标签中有 2 个选项，即"常规"和"电源段概览"，如图 3-45 所示。

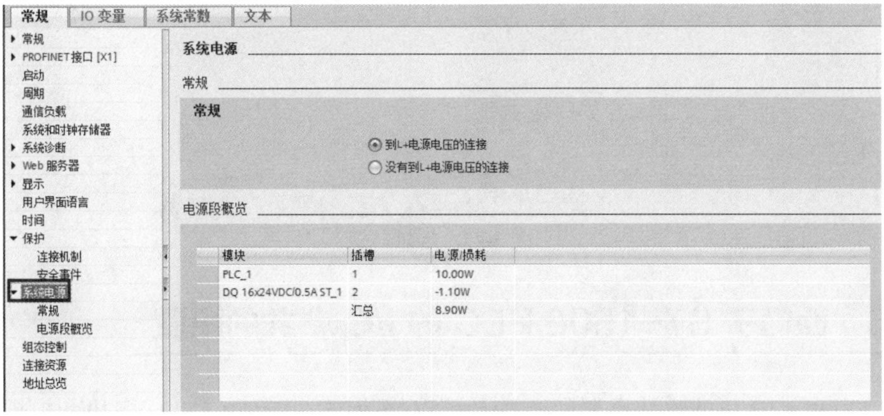

图 3-45　系统电源

"电源段概览"中显示 CPU 和电源模块提供的电量将与信号模块所需的电量进行比较。如果供电 / 功耗比为负数，即电源的需求高于 CPU 和电源模块提供的电源。图 3-45 中为 8.90W 表明电源功率富余。

3.4.11 连接资源

每个连接都需要一定的连接资源，用于相应设备上的端点和转换点（例如 CP、CM）。可用的连接资源数取决于所使用的 CPU/CP/CM 模块类型。

如图 3-46 所示，显示了"连接资源"标签中的连接资源情况，如 PG 通信最大为 4 个。

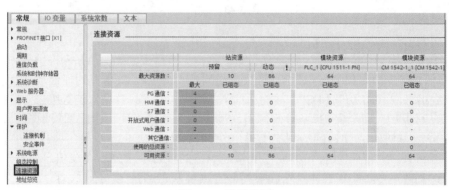

图 3-46　连接资源

3.4.12 地址总览

地址总览可以显示模块的型号、模块所在的机架号、模块所在的槽号、模块的起始地址和模块的结束地址等信息。给用户一个详细地址的总览，如图 3-47 所示。

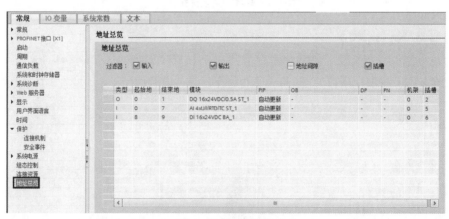

图 3-47　地址总览

3.5　西门子 S7-1500 PLC 的 I/O 参数的配置

S7-1500 PLC 模块的一些重要的参数是可以修改的，如数字量 I/O 模块和模拟量 I/O 模块地址的修改、诊断功能的激活和取消激活等。

3.5.1　数字量输入模块参数的配置

数字量输入模块的参数有 3 个选项卡：常规、模块参数和输入。常规选项卡中的选项与 CPU 的常规选项类似，以后将不作介绍。

(1) 模块参数

模块参数选项卡中包含常规、通道模板和 DI 组态三个选项。

① "常规" 选项中有 "启动" 选项，表示当组态硬件和实际硬件不一致时，硬件是否启动。如图 3-48 所示，选项为 "仅兼容时启动 CPU"。

数字量模块
的参数配置

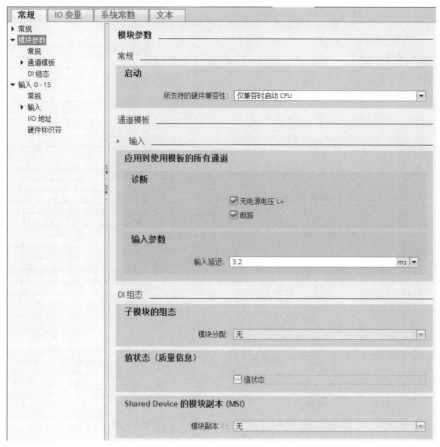

图 3-48　DI 模块参数

② "输入" 选项中，如激活了 "无电源电压 L+" 和 "断路" 选项，则模块断路或者电源断电时，会激活故障诊断中断。

在 "输入参数" 选项中，可选择 "输入延迟"，默认是 3.2ms。

(2) 更改模块的逻辑地址

在机架上插入数字量 I/O 模块时，系统自动为每个模块分配逻辑地址，删除和添加模块不会造成逻辑地址冲突。在工程实践中，修改模块地址是比较常见的现象，如编写程序时，程序的地址和模块地址不匹配，既可修改程序地址，也可以修改模块地址。修改数字量输入模块地址的方法为：先选中要修改数字量输入模块，再选中 "输入 0-15" 选项卡，如图 3-49 所示，在起始地址中输入希望修改的地址（如输入 10），单击键盘 "回车" 键即可，结束地址（11）是系统自动计算生成的。

如果输入的起始地址和系统有冲突，系统会弹出提示信息。

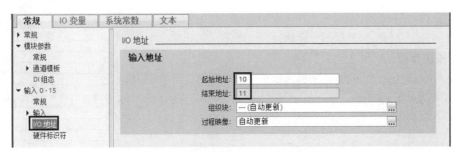

图 3-49　修改数字量输入模块地址

（3）激活诊断中断

选中"输入"选项卡，如图 3-50 所示，激活通道 0 的"启用上升沿检测"，单击 ▣ 按钮，弹出如图 3-51 所示的界面，单击"新增"按钮，弹出 3-52 所示的界面，单击"确定"按钮，即可增加一个诊断中断组织块 OB40。

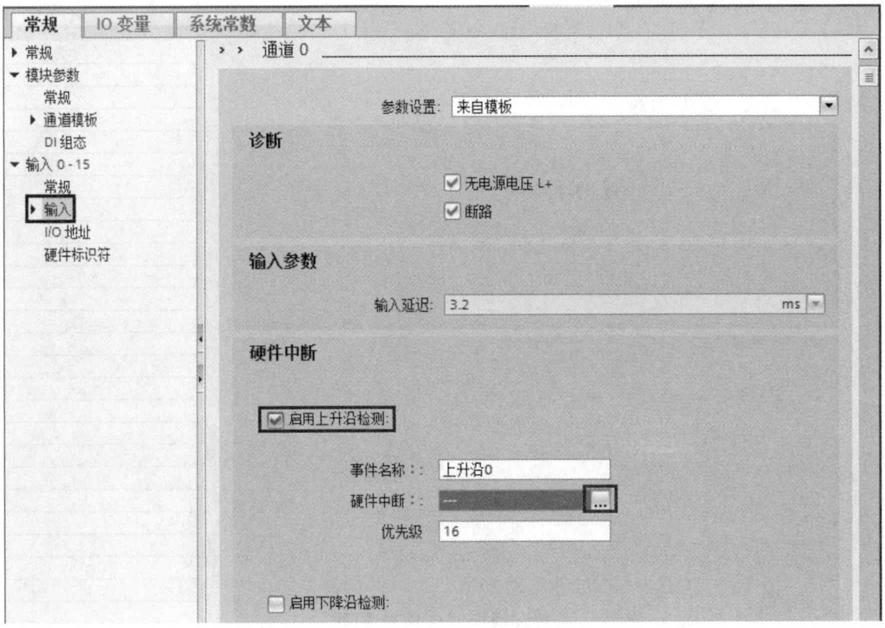

图 3-50　修改数字量输入模块地址

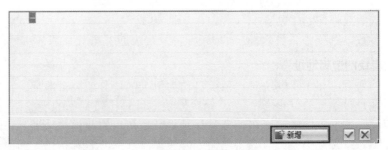

图 3-51　新增

图 3-52　新增块

3.5.2　数字量输出模块参数的配置

数字量输出模块的参数有三个选项卡：常规、模块参数和输出 0-7。

(1) 模块参数

模块参数选项卡中包含常规、通道模板和 DQ 组态三个选项。

① "常规"选项中有"启动"选项，表示当组态硬件和实际硬件不一致时，硬件是否启动。如图 3-53 所示，选项为"仅兼容时启动 CPU"。

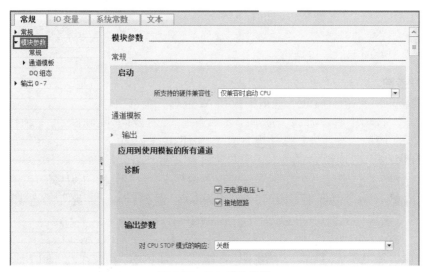

图 3-53　DO 模块参数

② "输出"选项中，如激活了"无电源电压 L+"和"接地短路"选项，则模块短路或者电源断电时，会激活故障诊断中断。

在"输出参数"选项中，可选择"对 CPU STOP 模式的响应"为"关断"，含义是当 CPU 处于 STOP 模式时，这个模块输出点关断；"保持上一个值"的含义是 CPU 处于 STOP 模式时，这个模块输出点输出不变，保持以前的状态；"输出替换为 1"含义是 CPU 处于 STOP 模式时，这个模块输出点状态为"1"。

（2）更改模块的逻辑地址

在机架上插入数字量 I/O 模块时，系统自动为每个模块分配逻辑地址，删除和添加模块不会造成逻辑地址冲突。在实际编程中，修改模块地址是比较常见的现象，如编写程序时，程序的地址和模块地址不匹配，既可修改程序地址，也可以修改模块地址。修改数字量输出模块的地址的方法为：先选中要修改数字量输出模块，再选中"输出 0-7"选项卡，如图 3-54 所示，在起始地址中输入希望修改的地址（如输入 20），单击键盘"回车"键即可，结束地址（20）是系统自动计算生成的。

如果输出的起始地址和系统有冲突，系统会弹出提示信息。

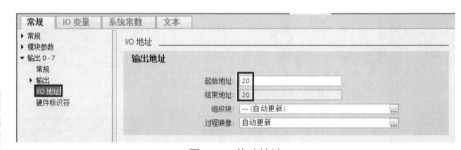

图 3-54　修改地址

模拟量模块的
参数配置

数字量输入/输出模块激活诊断中断的方法类似，在此不再赘述。

3.5.3　模拟量输入模块参数的配置

模拟量输入模块用于连接模拟量的传感器，在工程中经常使用，由于传感器的种类较多，除了接线不同外，在参数配置时也有所不同。

模拟量输入模块的参数有三个选项卡：常规、模块参数和输入 0-3。常规选项卡中的选项与 CPU 的常规选项类似，以后将不作介绍。

（1）模块参数

模块参数选项卡中包含常规、通道模板和 AI 组态三个选项。

① "常规"选项中有"启动"选项，表示当组态硬件和实际硬件不一致时，硬件是否启动。如图 3-53 所示，选项为"仅兼容时启动 CPU"。

② "通道模板"选项中，有两个选项即"输入"和"AI 组态"。

a. 输入。如图 3-55 所示，如激活了"无电源电压 L+""上溢"（测量值超出上限时，启用中断）、"下溢"（测量值低于下限时，启用中断）、"共模"和"断路"等选项中的一项或者几项，则模块出现以上描述的故障时，会激活故障诊断中断。

b. 测量。如图 3-55 所示，测量类型选项卡中包含：电流（2 线制变送器）、电流（4 线制变送器）、电压、热电阻（2 线式）、热电阻（3 线式）、热电阻（4 线式）、热敏电阻（3 线式）、热敏电阻（4 线式）、热电偶和已禁用等选项。测量类型由模块所连接的传感器的类型决定。

测量范围实际就是对传感器量程的选择。例如，如果选择的是电压型传感器，有多达 9 个量程可供选择。

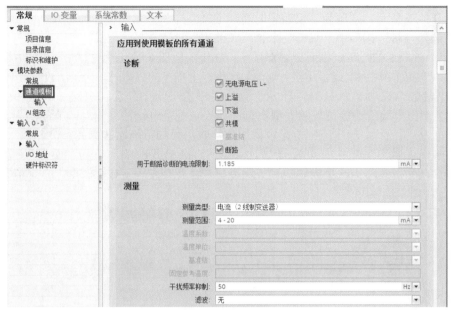

图 3-55　通道模板

注意：在测量类型中，没有"电流（3 线制变送器）"选项，如工程中，用到 3 线式电流传感器，将它当作 4 线式传感器处理。如一个模块有 4 个通道，只使用了 2 个通道，为了减少干扰，将没有使用的通道的"测量类型"中的选项选定为"已禁用"。

（2）更改模块的逻辑地址

修改模拟量输入模块地址的方法为：先选中要修改模拟量输入模块，再选中"I/O 地址"选项卡，如图 3-56 所示，在起始地址中输入希望修改的地址（如输入 12），单击键盘"回车"键即可，结束地址（19）是系统自动计算生成的。

图 3-56　I/O 地址

如果输入的起始地址和系统有冲突，系统会弹出提示信息。

3.5.4　模拟量输出模块参数的配置

模拟量输出模块常用于对变频器频率给定和调节阀门的开度，在工程中较为常用。

模拟量输出模块的参数有三个选项卡：常规、模块参数和输出 0-1。常规选项卡中的选项与 CPU 的常规选项类似，以后将不作介绍。

(1) 模块参数

模块参数选项卡中包含常规、通道模板和 AQ 组态三个选项。

① "常规"选项中有"启动"选项，表示当组态硬件和实际硬件不一致时，硬件是否启动。如图 3-57 所示，选项为"仅兼容时启动 CPU"。

② "通道模板"选项中，只有一个选项"输出"。

"输出"选项卡如图 3-57 所示，如激活了"无电源电压 L+""上溢""下溢""接地短路"和"断路"等选项中的一项或者几项，则模块出现以上描述的故障时，会激活故障诊断中断。

"输出参数"选项卡如图 3-57 所示，输出类型选项卡中包含：电流、电压和已禁用选项。输出类型由模块所连接负载的类型决定，如果负载是电流控制信号调节的阀门，那么输出类型选定为"电流"。输出范围也是根据负载接收信号的范围而选择。

在"输出参数"选项中，可选择"对 CPU STOP 模式的响应"为"关断"，含义是当 CPU 处于 STOP 模式时，这个模块输出点关断。"输出参数"还有"保持上一个值"和"输出替换为 1"两个选项。

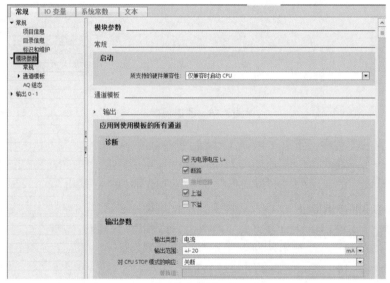

图 3-57　模块参数

如一个模块有 4 个通道，只使用了 2 个通道，为了减少干扰，将没有使用的通道的"输出类型"中的选项选定为"已禁用"。

(2) 更改模块的逻辑地址

修改模拟量输出模块地址的方法为：先选中要修改模拟量输出模块，再选中"I/O 地址"选项卡，如图 3-58 所示，在起始地址中输入希望修改的地址（如输入 2），单击键盘"回车"键即可，结束地址（5）是系统自动计算生成的。

图 3-58　I/O 地址

如果输出的起始地址和系统有冲突，系统会弹出提示信息。

3.5.5　在"设备概览"选项卡中进行模块参数的配置

在设备视图（标记①处）中，如图 3-59 所示，单击标记"③"处的三角号，可以显示和隐藏"设备概览"（标记②处）选项卡，初学者往往不易找到。图中，显示了所有模块的地址，由此可见：如系统的模块较多时，在"设备概览"选项卡中修改地址最为容易。此外，在通信组态时，也经常在"设备概览"选项卡中操作。

在"设备概览"选项卡中进行模块参数的配置

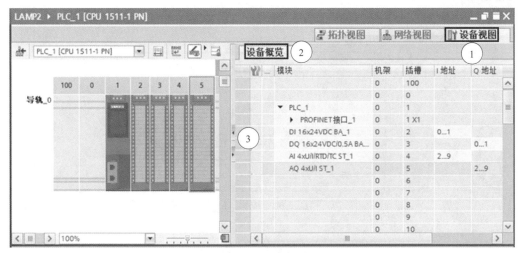

图 3-59　设备概览

■ 3.6　编译、下载、上传和检测

编译

3.6.1　编译

硬件组态和程序编程后，编译是不可缺少的步骤，从而确保所创建的 PLC 程序可在自动化系统中执行，编译还可以检查硬件组态和编程错误。只要单击工具栏中的"编译"按钮 ▥（标记①处）就可以进行编译，如图 3-60 所示，编译完成后，在信息选项卡中显示编译状态，本例显示为"编译完成（错误：0；警告：1）"（标记②处）。这种编译方法，只编译修改过的软件和硬件。

在图 3-61 中，选中"PLC_1"（标记①处），单击鼠标右键，弹出快捷菜单，单击"编译"菜单（标记②处），再选择"硬件（完全重建）"（标记③处）或者"软件（全部重建）"等选项，就可以进行硬件或者软件重新编译了，不管以前是否已经编译。

数据块的及时编译很重要，在图 3-62 中，最后进行编译时，显示数据块 DB1 未编译，且有两个报错，说明数据块 DB1 创建完成后就要及时编译。在图 3-63 中，数据块 DB3 后面显示了三个问号，这也是数据块没有及时编译造成的。

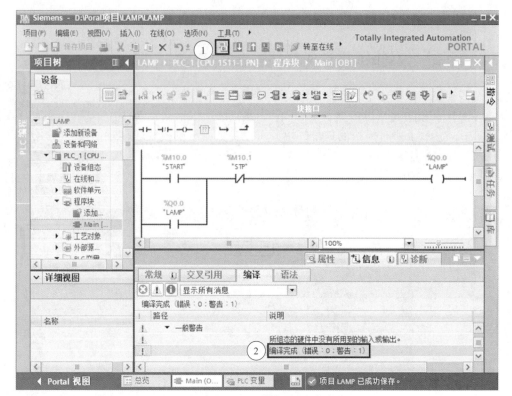

图 3-60　编译（1）

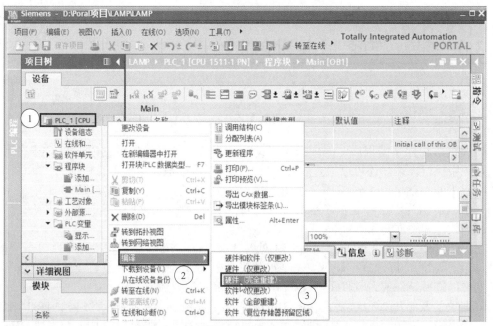

图 3-61　编译（2）

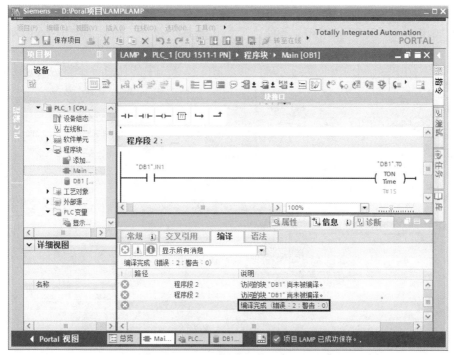

图 3-62 数据块编译（1）

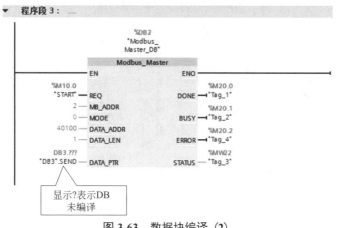

图 3-63 数据块编译（2）

下载

3.6.2 下载

用户把硬件配置和程序编写完成后，即可将硬件配置和程序下载到 CPU 中，下载的步骤如下。

（1）修改安装了 TIA 博途软件的计算机 IP 地址

一般新购买的 S7-1500 PLC 的 IP 地址默认为"192.168.0.1"，这个 IP 可以不修改，必须保证安装了 TIA 博途软件的计算机 IP 地址与 S7-1500 PLC 的 IP 地址在同一网段。选择并打开"控制面板"→"网络和 Internet"→"网络连接"，如图 3-64 所示，选中"本地连接"，单击鼠标右键，再单击弹出快捷菜单中的"属性"命令，弹出如图 3-65 所示的界面，选中"Internet 协议版本 4（TCP/IPv4）"选项，单击"属性"按钮，弹出如图 3-66 所示的界面，把 IP 地址设为"192.168.0.98"，子网掩码设置为"255.255.255.0"。

注意：本例中，以上 IP 末尾的"98"可以被 2 ～ 255 中的任意一个整数替换。

图 3-64　打开网络本地连接

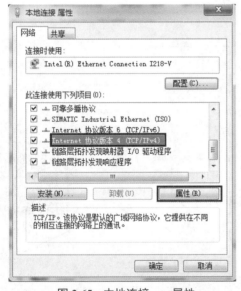

图 3-65　本地连接——属性

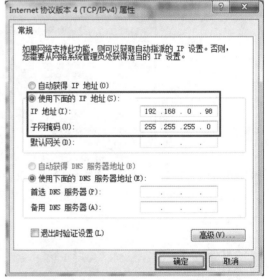

图 3-66　Internet 协议版本 4（TCP/IPv4）——属性

（2）下载

下载之前，要确保 S7-1500 PLC 与计算机之间已经用网线（正线和反线均可）连接在一起，而且 S7-1500 PLC 已经通电。

在项目视图中，如图 3-67 所示，单击"下载到设备"按钮，弹出如图 3-68 所示的界面，选择"PG/PC 接口的类型"为"PN/IE"，选择"PG/PC 接口"为"Intel（R）Ethernet..."，

"PG/PC 接口"是网卡的型号，不同的计算机可能不同，此外，初学者容易选择成无线网卡，也容易造成通信失败，单击"开始搜索"按钮，TIA 博途软件开始搜索可以连接的设备，搜索到设备显示如图 3-69 所示的界面，单击"下载"按钮，弹出如图 3-70 所示的界面。

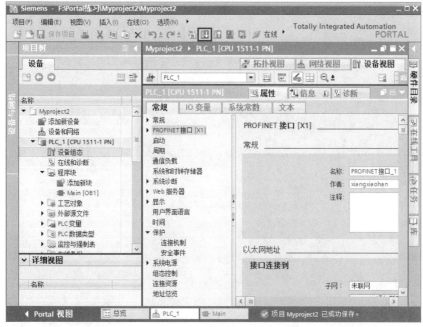

图 3-67　下载（1）

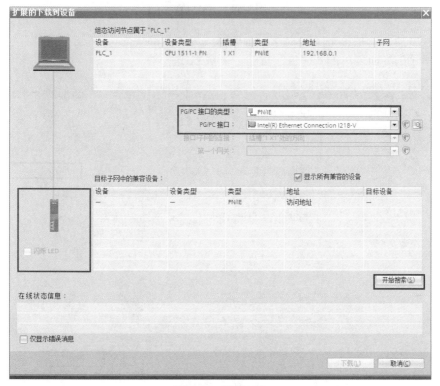

图 3-68　下载（2）

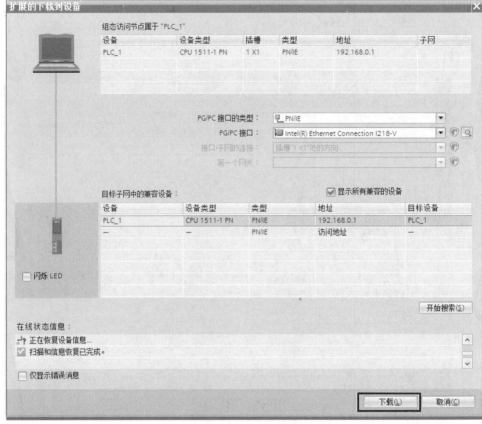

图 3-69　下载（3）

如图 3-70 所示，把第一个"动作"选项修改为"全部接受"，单击"下载"按钮，弹出如图 3-71 所示的界面，单击"完成"按钮，下载完成。

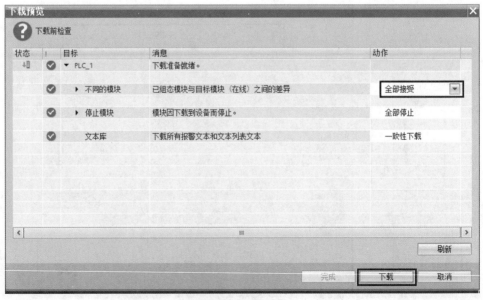

图 3-70　下载预览

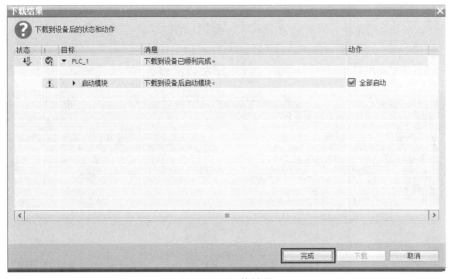

图 3-71　下载结果

3.6.3　上传

把 CPU 中的程序上传到计算机中是很有工程应用价值的操作，上传的前提是用户必须拥有读程序的权限，上传程序的步骤如下。

上传

① 新建项目。如图 3-72 所示，新建项目，本例的项目命名为"Upload"，单击"创建"按钮，再单击"项目视图"按钮，切换到项目视图。

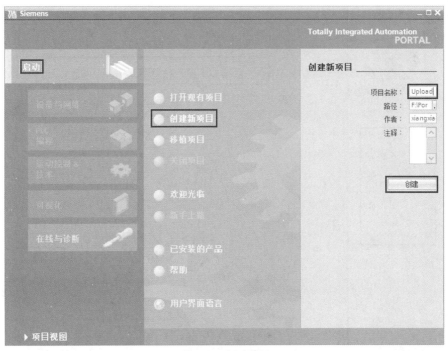

图 3-72　新建项目

② 搜索可连接的设备。在项目视图中，如图 3-73 所示，单击菜单栏中的"在线"→"将设备作为新站上传（硬件和软件）"，弹出如图 3-74 所示的界面，选择"PG/PC 接口的类型"为"PN/IE"，选择"PG/PC 接口"为"Intel（R）Ethernet..."，"PG/PC 接口"是网卡的型号，不同的计算机可能不同，单击"开始搜索"按钮，弹出如图 3-75 所示的界面。

图 3-73　上传（1）

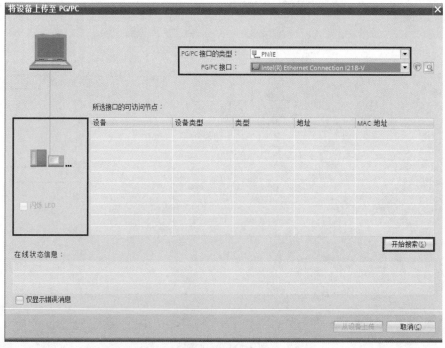

图 3-74　上传（2）

如图 3-75 所示，搜索到可连接的设备"plc_1"，其 IP 地址是"192.168.0.1"。

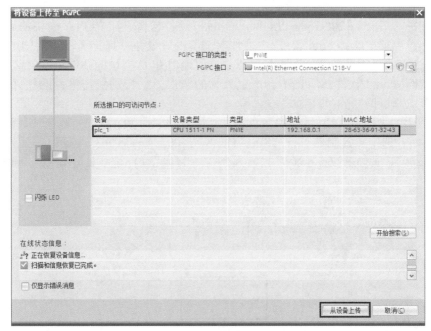

图 3-75　上传（3）

③ 修改安装了 TIA 博途软件的计算机 IP 地址，计算机的 IP 地址与 CPU 的 IP 地址应在同一网段（本例为 192.168.0.98），在上一节已经讲解了。

④ 单击如图 3-75 所示界面中的"从设备上传"按钮，当上传完成时，弹出如图 3-76 所示的界面，界面的下部的"信息"选项卡中显示"从设备上传已完成（错误：0；警告：0）"。

图 3-76　上传成功

3.6.4 硬件检测

硬件检测

S7-1200/1500 PLC 可以通过"硬件检测"上传 PLC 模块的硬件配置信息到 TIA Portal 软件,"硬件检测"的好处是,操作者不需要知道 PLC 模块的订货号和固件版本就可以很方便地把 PLC 模块的硬件配置信息上传到 TIA Portal 软件,而且不会产生人为的错误,是特别值得推荐的硬件配置方法。硬件检测的步骤如下。

① 如图 3-77 所示,在项目树中,双击"添加新设备"(标记①处)选项,弹出"添加新设备"界面,选中"控制器"→"SIMATIC S7-1500"→"CPU"(标记②处)→"非指定的 CPU 1500"→"6ES7 5××-×××××-××××"(标记③处),单击"确定"(标记④处)按钮。

图 3-77 检测硬件(1)

② 如图 3-78 所示,单击"获取",弹出如图 3-79 所示的界面,在"PG/PC 接口的类型"(标记①处)选项框中选择"PN/IE"(即以太网接口),在"PG/PC 接口"(标记②处)选项框中选择本计算机的有线网卡(不选无线网卡),单击"开始搜索"(标记③处)按钮,当搜索到所有网络设备后,选中要检测的设备,本例为"plc_1"(标记④处),单击"检测"(标记⑤处)按钮。

③ 当检测硬件完成时,弹出如图 3-80 所示的界面。

图 3-78　检测硬件（2）

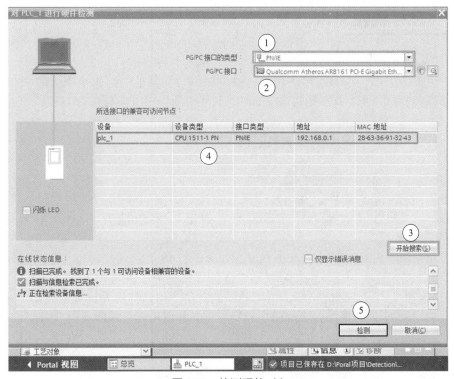

图 3-79　检测硬件（3）

图 3-80　检测硬件完成

■ 3.7　软件编程

不管什么 PLC 项目，编写程序总是必需的，编写程序在硬件组态完成后进行，S7-1500
PLC 的主程序一般编写在 OB1 组织块中，也可以编写在其他的组织块中，S7-300/400 PLC
的主程序只能编写在 OB1 中，其他程序如时间循环中断程序可编写在 OB35 中。

3.7.1　一个简单程序的输入和编译

以下介绍一个最简单的程序的输入和编译过程。

① 新建项目、组态硬件，并切换到项目视图。如图 3-81 所示，在左侧的项目树中，
展开"PLC_1"→"PLC 变量"→"显示所有变量"，将地址为"Q0.0"的名称修改为
"Motor1"。

② 打开主程序块 OB1，并输入主程序。如图 3-81 所示，双击 Main［OB1］，打开主程
序。如图 3-82 所示，先用鼠标的左键选中常开触点" ⊣⊢ "，并按住不放，沿着箭头方向拖
动，直到出现加号"+"，释放鼠标。再用同样的方法，用鼠标的左键选中线圈" ⟨⟩ "，并
按住不放，沿着箭头方向拖动，直到出现加号"+"，释放鼠标，如图 3-83 所示。

在常开触点上的红色问号处输入"M0.5"，在线圈上的红色问号处输入"Q0.0"，如
图 3-84 所示。

③ 保存项目。单击工具栏的"保存项目"按钮 **保存项目**，保存程序。

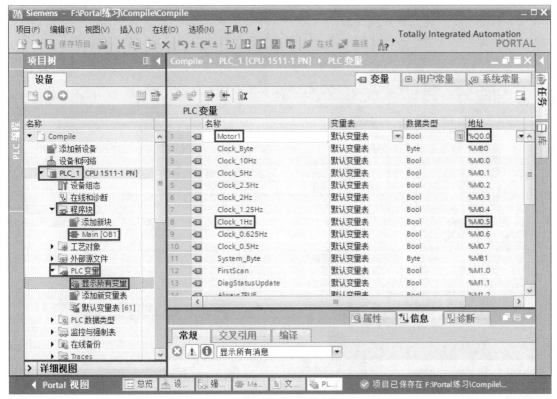

图 3-81　PLC 变量表

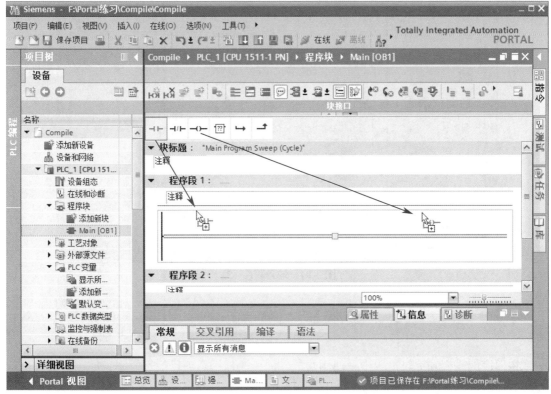

图 3-82　输入程序（1）

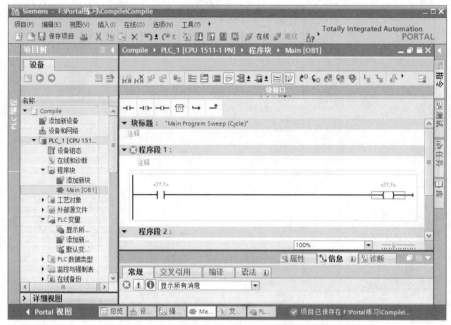

图 3-83　输入程序（2）

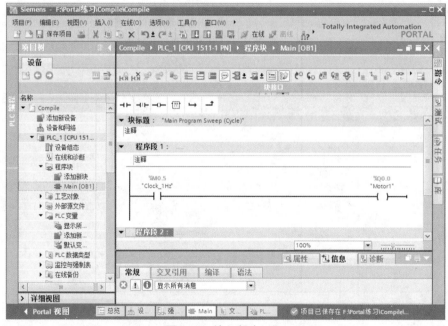

图 3-84　输入程序（3）

3.7.2　使用快捷键

在程序的输入和编辑过程中，使用快捷键能极大地提高项目编辑效率，使用快捷键是良好的工程习惯。常用的快捷键与功能的对照见表 3-4。

表 3-4 常用的快捷键与功能的对照

序号	功能	快捷键	序号	功能	快捷键
1	插入常开触点 ┤├	Shift+F2	8	新增块	Ctrl+N
2	插入常闭触点 ┤/├	Shift+F3	9	展开所有程序段	Alt+F11
3	插入线圈 ┤( )├	Shift+F7	10	折叠所有程序段	Alt+F12
4	插入空功能框 ⟦??⟧	Shift+F5	11	导航至程序段中的第一个元素	Home
5	打开分支 ↦	Shift+F8	12	导航至程序段中的最后一个元素	End
6	关闭分支 ↤	Shift+F9	13	导航至程序段中的下一个元素	Tab
7	插入程序段	Ctrl+R	14	导航至程序段中的上一个元素	Shift+Tab

注意：有的计算机在使用快捷键时，还需要在表 3-4 所列出的快捷键前面加 Fn 键。

以下用一个简单的例子介绍快捷键的使用。

在 TIA 博途软件的项目视图中，打开块 OB1，选中 "程序段 1"，依次按快捷键 "Shift+F2" "Shift+F3" 和 "Shift+F7"，则依次插入常开触点、常闭触点和线圈，如图 3-85 所示。

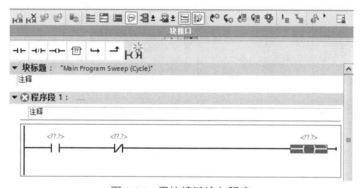

图 3-85 用快捷键输入程序

3.8 打印和归档

一个完整的工程项目包含文字、图表和程序文件。打印的目的就是进行纸面上的交流和存档，项目归档是电子方面的交流和存档。

3.8.1 打印

打印的操作步骤如下。

① 打开相应的项目对象，在屏幕上显示要打印的信息。

② 在应用程序窗口中，使用菜单栏命令 "项目" → "打印"，打开打印界面。

③ 可以在对话框中更改打印选项（例如打印机、打印范围和打印份数等）。

也可以将程序等生成 xps 或者 pdf 格式的文档。以下介绍生成 xps 格式文档的步骤。

在项目视图中，使用菜单栏命令"项目"→"打印"，打开打印对话框，如图 3-86 所示，打印机名称选择"Microsoft XPS Document Writer"，再单击"打印"按钮，生成的 xps 格式的文档如图 3-87 所示。

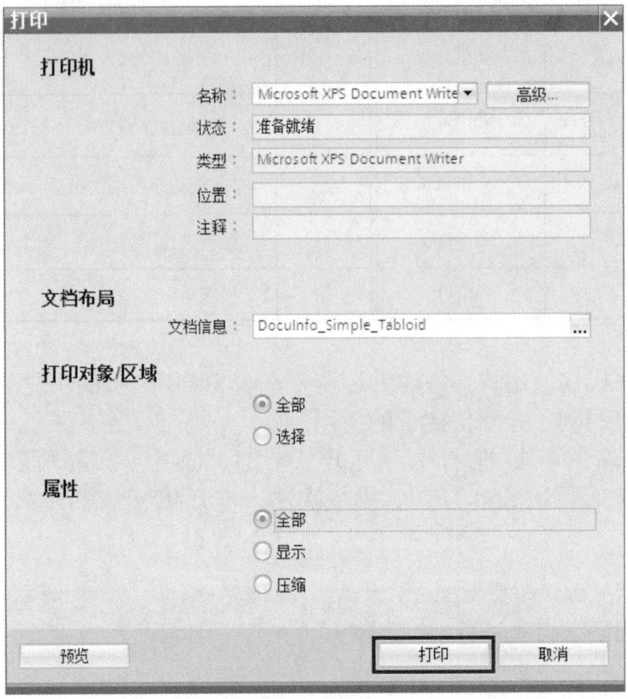

图 3-86　打印对话框

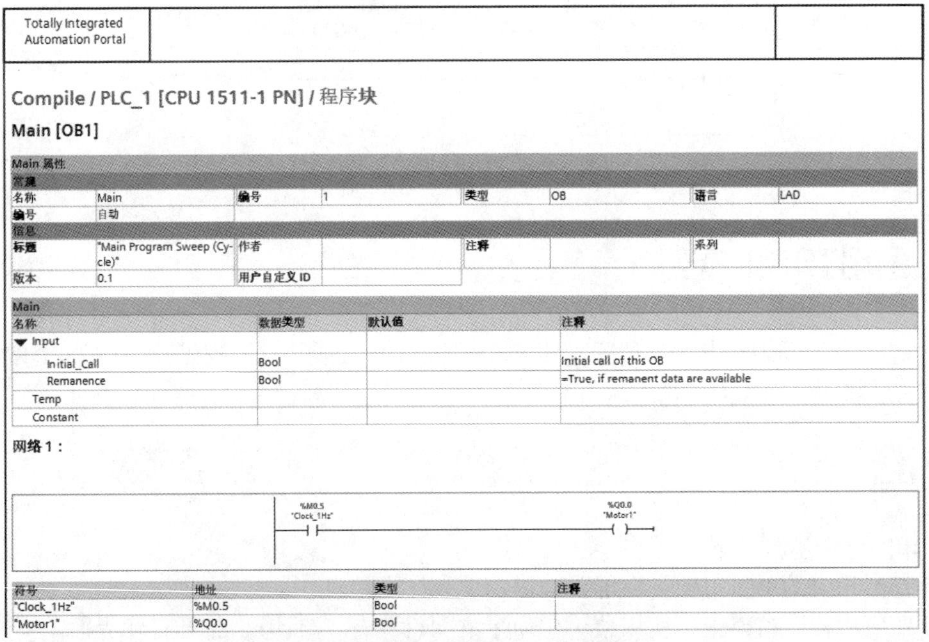

图 3-87　程序生成 xps 格式的文档例子

3.8.2　归档

项目归档的目的是把整个项目的文档压缩到一个压缩文件中，以方便备份和转移。当需要使用时，使用恢复命令，恢复为原来项目的文档。归档的步骤如下。

打开项目视图，单击菜单栏的"项目"→"归档"，如图 3-88 所示，弹出选择归档的路径和名称选择界面，如图 3-89 所示，单击"保存"按钮，生成一个后缀为".ZAP13"的压缩文件。

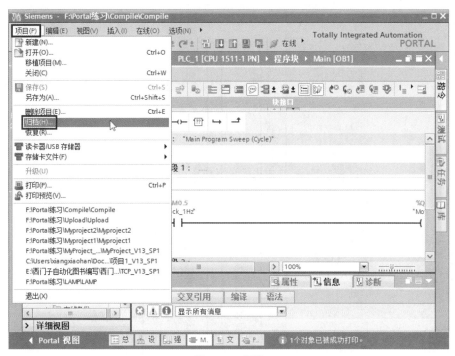

图 3-88　归档

图 3-89　选择归档的路径

3.9   用 TIA 博途软件创建一个完整的项目

电气原理图如图 3-90 所示，根据此原理图，用 TIA 博途软件创建一个新项目，实现启停控制功能。

用 TIA 博途软件创建一个完整的项目

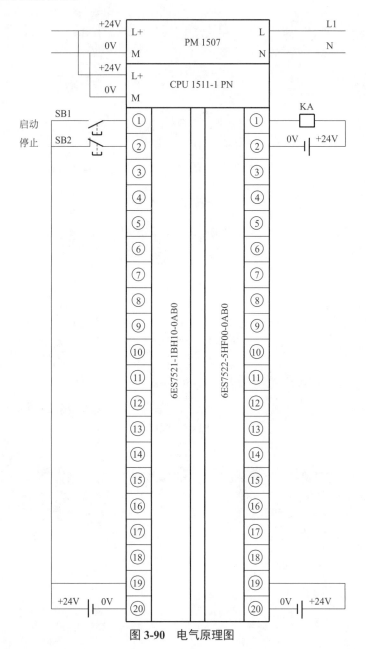

图 3-90   电气原理图

(1) 新建项目，硬件配置

① 新建项目。打开 TIA 博途软件，新建项目，命名为 "MyFirstProject"，单击 "创建" 按钮，如图 3-91 所示，即可创建一个新项目，在弹出的视图中，单击 "项目视图" 按钮，即可切换到项目视图，如图 3-92 所示。

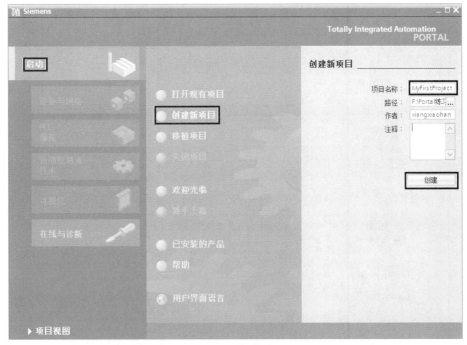

图 3-91　新建项目

　　② 添加新设备。如图 3-92 所示，在项目视图的项目树中，双击"添加新设备"选项，弹出如图 3-93 所示的界面，选中要添加的 CPU，本例为"6ES7 511-1AK00-0AB0"，单击"确定"按钮，CPU 添加完成。

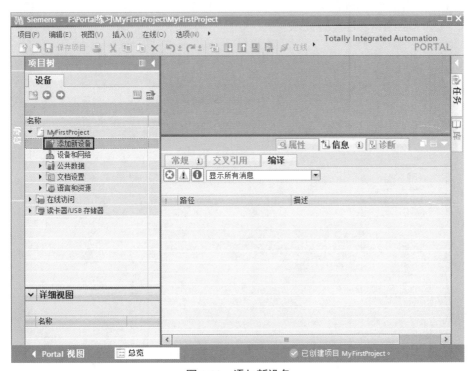

图 3-92　添加新设备

图 3-93 添加 CPU 模块

在项目视图中，选定项目树中的"设备组态"，再选中机架的第 2 槽位，展开最右侧的"硬件目录"，选中并双击"6ES7 521-1BH10-0AA0"，此模块会自动添加到机架的第 2 槽位，如图 3-94 所示。用同样的办法把 DQ 模块"6ES7 522-5HF00-0AB0"添加到第 3 槽位，如图 3-95 所示。至此，硬件配置完成。

图 3-94 添加 DI 模块

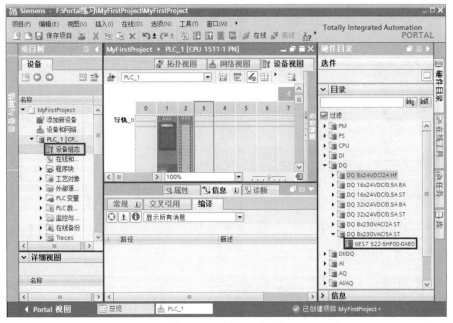

图 3-95 添加 DQ 模块

（2）输入程序

① 将符号名称与地址变量关联。在项目视图中，选定项目树中的"显示所有变量"，如图 3-96 所示，在项目视图的右上方有一个表格，单击"添加"按钮，先在表格的"名称"栏中输入"Start"，在"地址"栏中输入"I0.0"，这样符号"Start"在寻址时，就代表"I0.0"。用同样的方法将"Stop1"和"I0.1"关联，将"Motor"和"Q0.0"关联。

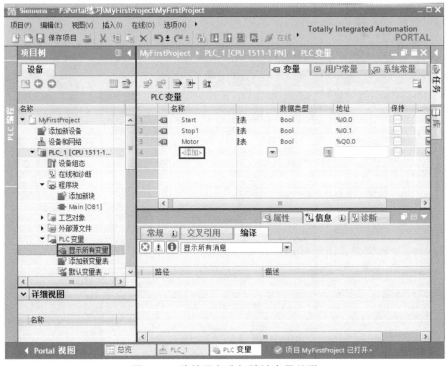

图 3-96 将符号名称与地址变量关联

② 打开主程序。如图 3-96 所示，双击项目树中 "Main〔OB1〕"，打开主程序，如图 3-97 所示。

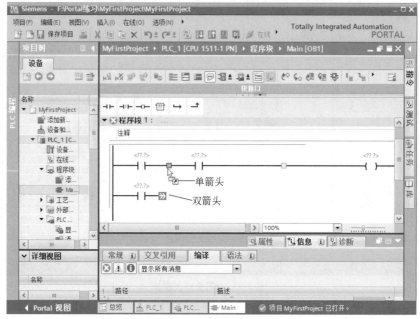

图 3-97　输入梯形图（1）

③ 输入触点和线圈。先把常用 "工具栏" 中的常开触点和线圈拖放到如图 3-97 所示的位置。用鼠标选中 "双箭头"，按住鼠标左键不放，向上拖动鼠标，直到出现单箭头为止，松开鼠标。

④ 输入地址。在如图 3-97 所示图中的红色问号处，输入对应的地址，梯形图的第一行分别输入：I0.0、I0.1 和 Q0.0。梯形图的第二行输入 Q0.0，输入完成后，如图 3-98 所示。

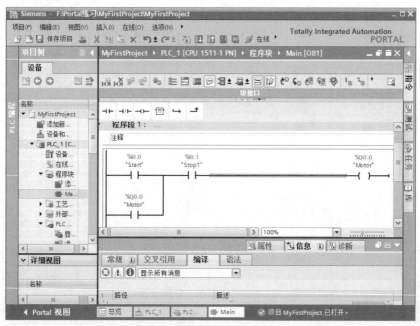

图 3-98　输入梯形图（2）

⑤ 保存项目。在项目视图中，单击"保存项目"按钮 💾 **保存项目**，保存整个项目。

（3）下载项目

在项目视图中，单击"下载到设备"按钮 ⬇，弹出如图 3-99 所示的界面，选择"PG/PC 接口的类型"为"PN/IE"，选择"PG/PC 接口"为"Intel（R）Ethernet..."。"PG/PC 接口"是网卡的型号，不同的计算机可能不同，单击"开始搜索"按钮，TIA 博途开始搜索可以连接的设备，搜索到设备显示如图 3-100 所示的界面，单击"下载"按钮，弹出如图 3-101 所示的界面。

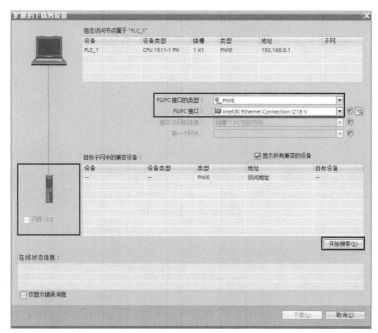

图 3-99　下载（1）

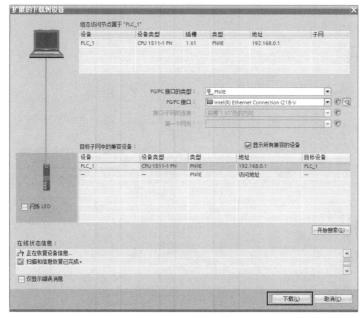

图 3-100　下载（2）

　　如图 3-101 所示，把第一个"动作"选项修改为"全部接受"，单击"下载"按钮，弹出如图 3-102 所示的界面，单击"完成"按钮，下载完成。

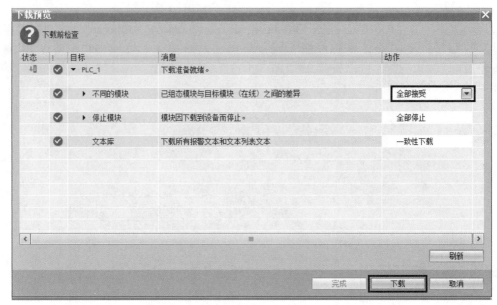

图 3-101　下载预览

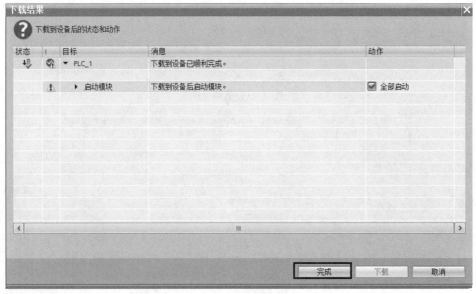

图 3-102　下载结果

（4）程序监视

　　在项目视图中，单击"在线"按钮 ，如图 3-103 所示的标记处由灰色变为黄色，表明 TIA 博途软件与 PLC 或者仿真器处于在线状态。再单击工具栏中的"启用 / 禁用监视"按钮 ，可见：梯形图中连通的部分是绿色实线，而没有连通的部分是蓝色虚线。

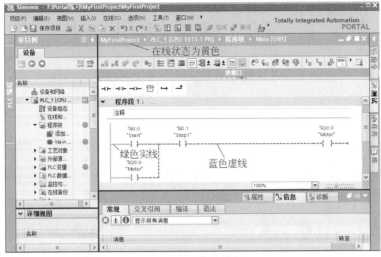

图 3-103　在线状态

3.10　使用帮助

3.10.1　查找关键字或者功能

在工作或者学习时，可以利用"关键字"搜索功能查找帮助信息。以下用一个例子说明查找的方法。

先在项目视图中，在菜单栏中，单击"帮助"→"显示帮助"，此时弹出帮助信息系统界面，选中"搜索"选项卡，再在"键入要搜索的单词"输入框中，输入关键字，本例为"OB82"，单击"列出主题"按钮，则有关"OB82"的信息全部显示出来，读者通过阅读这些信息，可了解"OB82"的用法，如图 3-104 所示。

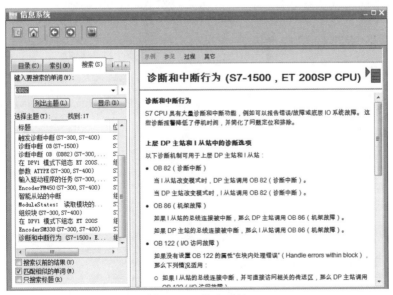

图 3-104　信息系统

3.10.2　使用帮助

TIA 博途软件中内置了很多指令，掌握所有的指令是非常困难的，即使是高水平的工程师也会遇到一些生疏的指令。解决的方法是，在项目视图的指令中，先找到这个生疏的指令，本例为"GET"，先选中"GET"，如图 3-105 所示，再按键盘上的"F1"（或者 Fn+F1），弹出"GET"的帮助界面，如图 3-106 所示。

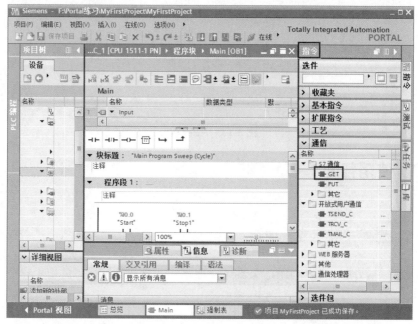

图 3-105　选中指令"GET"

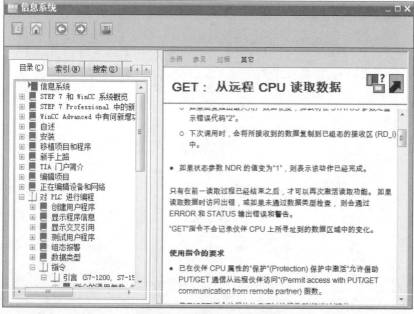

图 3-106　"GET"帮助界面

3.11　安装支持包和 GSD 文件

3.11.1　安装支持包

西门子公司的 PLC 模块进行了固件升级或者推出了新型号模块后，没有经过升级的博途软件，一般不支持这些新模块（即使勉强支持，也会有警告信息弹出），因此当读者遇到这种情况，就需要安装最新的支持包，安装方法如下。

在博途软件项目视图的菜单中，如图 3-107 所示，单击"选项"→"支持包"命令，弹出"安装信息"界面，如图 3-108 所示，选择"安装支持软件包"选项，单击"从文件系统添加"按钮（前提是支持包已经下载到本计算机中），在本计算机中找到存放支持包的位置，本例支持包存放位置如图 3-109 所示，选中需要安装的支持包，单击"打开"按钮。

图 3-107　安装支持包

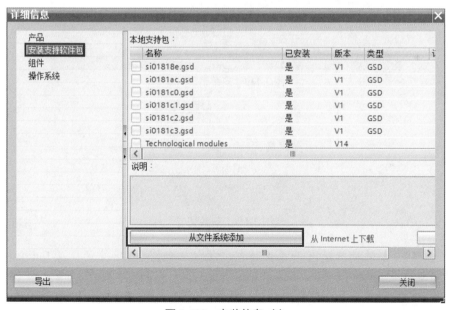

图 3-108　安装信息（1）

在图 3-110 中，勾选需要安装的支持包，单击"安装"按钮，支持包开始安装。当支持包安装完成后，弹出如图 3-111 所示的界面，单击"完成"按钮。博途软件开始更新硬件目录，之后新安装的硬件就可以在硬件目录中找到。

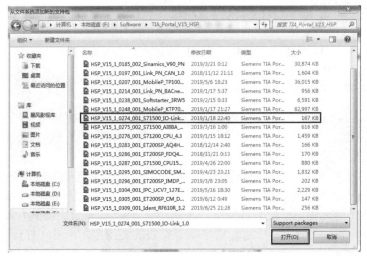

图 3-109　打开支持包

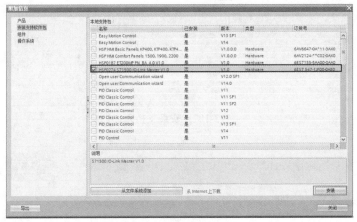

图 3-110　安装信息（2）

图 3-111　安装完成

关键点　如果读者没有下载支持包，则单击如图 3-108 中的"从 Internet 上下载"按钮，然后再安装。如果读者使用的博途软件过于老旧如 Portal V13，那么新推出的硬件是不能被支持的，因此建议读者及时更新博途软件的版本。

3.11.2　安装 GSD 文件

当博途软件项目中需要配置第三方设备时（如要配置施耐德的变频器），一般要安装第三方设备的 GSD 文件。安装 GSD 文件的方法如下。

　　在博途软件项目视图的菜单中，如图 3-112 所示，单击"选项"→"管理通用站描述文件（GSD）"命令，弹出界面，如图 3-113 所示，单击"浏览"按钮，在本计算机中找到存放 GSD 文件的位置，本例 GSD 文件存放位置如图 3-114 所示，选中需要安装的 GSD 文件，单击"安装"按钮。

图 3-112　打开安装菜单

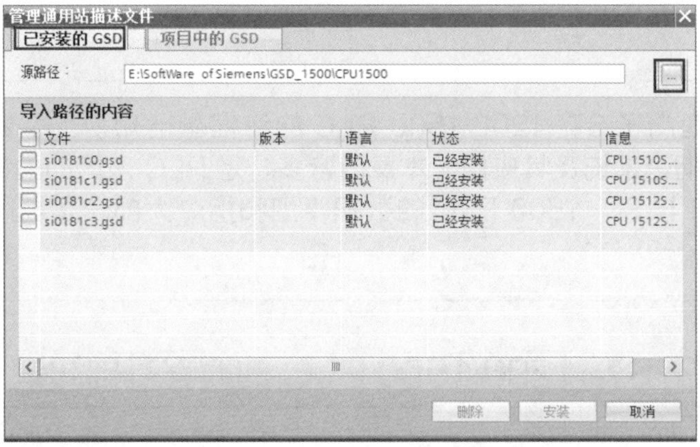

图 3-113　打开 GSD 文件

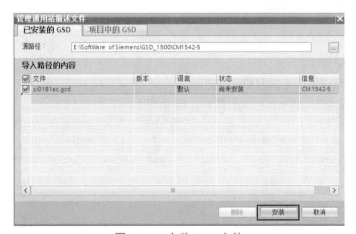

图 3-114　安装 GSD 文件

　　当 GSD 文件安装完成后，博途软件开始更新硬件目录，之后新安装的 GSD 文件就可以在硬件目录中找到。

　　关键点　西门子的 GSD 文件可以在西门子的官网上免费下载。而第三方的 GSD 文件则由第三方公司提供。

本章介绍西门子 S7-1200/1500 PLC 的编程基础知识（数制、数据类型和数据存储区）、指令系统及其应用。本章内容多，是 PLC 入门的关键。由于西门子 S7-1200 PLC 与 S7-1500 PLC 的数据类型和指令大部分是相同的，因此本章合并讲解。

■ 4.1 西门子 S7-1200/1500 PLC 的编程基础知识

4.1.1 数制

数制就是数的计数方法，也就是数的进位方法。数制是学习计算机和 PLC 必须要掌握的基本功。

PLC 工作
原理介绍

(1) 二进制、八进制、十进制和十六进制

① 二进制　二进制有两个不同的数码，即 0 和 1，逢 2 进 1。

0 和 1 两个不同的值，可以用来表示开关量的两种不同的状态，例如触点的断开和接通、线圈的通电和断电、灯的亮和灭等。在梯形图中，如果该位是 1 可以表示常开触点的闭合和线圈的得电，反之，该位是 0 可以表示常闭触点的断开和线圈的断电。

西门子 PLC 的二进制的表示方法是在数值前加 2#，例如 2#1001 1101 1001 1101 就是 16 位二进制常数。二进制在计算机和 PLC 中十分常用。

② 八进制　八进制有 8 个不同的数码，即 0、1、2、3、4、5、6、7，逢 8 进 1。

八进制虽然在 PLC 的程序运算中不使用，但很多 PLC 的输入继电器和输出继电器使用八进制。例如西门子 PLC 的输入继电器为 I0.0~I0.7、I1.0~I1.7、I2.0~I2.7 等，输出继电器为 Q0.0~Q0.7、Q1.0~Q1.7、Q2.0~Q2.7 等，都是八进制。

③ 十进制　十进制有 10 个不同的数码，即 0、1、2、3、4、5、6、7、8、9，逢 10 进 1。

二进制虽然在计算机和 PLC 中十分常用，但二进制数位多，阅读和书写都不方便。反之十进制的优点是书写和阅读方便。

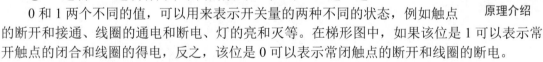

西门子 PLC 的十进制常数的表示方法是直接写出数值，例如 98 就是十进制 98。

④ 十六进制　十六进制的十六个数字是 0~9 和 A~F（对应于十进制中的 10~15，不区分大小写），每个十六进制数字可用 4 位二进制表示，例如 16#A 用二进制表示为 2#1010。十六进制的运算规则是逢 16 进 1。掌握二进制和十六进制之间的转换，对于学习西门子 PLC 来说是十分重要的。

西门子 PLC 的十六进制常数的表示方法是在数值前加 16#，例如 16#98 就是十六进制 98。

（2）数制的转换

在工控技术中，常常要进行不同数值之间的转换，以下仅介绍二进制、十进制和十六进制之间的转换。

① 二进制和十六进制转换成十进制　一般来说，一个二进制和十六进制数（N），有 n 位整数和 m 位小数，则其转换成十进制的公式为：

十进制数值 = $b_{n-1}N^{n-1} + b_{n-2}N^{n-2} + \cdots + b_1N^1 + b_0N^0 + B_1N^{-1} + B_2N^{-2} + \cdots + B_mN^{-m}$

以下用两个例子介绍二进制和十六进制转换成十进制。

◁【例 4-1】　请把 16#3F08 转换成十进制数。

【解】　$16\#3F08 = 3 \times 16^3 + 15 \times 16^2 + 0 \times 16^1 + 8 \times 16^0 = 16136$

◁【例 4-2】　请把 2#1101 转换成十进制数。

【解】　$2\#1101 = 1 \times 2^3 + 1 \times 2^2 + 0 \times 2^1 + 1 \times 2^0 = 13$

---

② 十进制转换成二进制和十六进制　十进制转换成二进制和十六进制比较麻烦，通常采用辗转除 N 法，法则如下：

a. 整数部分：除以 N 取余数，逆序排列。

b. 小数部分：乘 N 取整数，顺序排列。

◁【例 4-3】　将 53 转换成二进制数。

【解】　$N =$ 基

先写商再写余数，无余数写零。

```
                               得：110101

除   2 | 53        1（余）   反
基   2 | 26（商）    0        向
取   2 | 13         1        写
余   2 | 6          0        出
     2 | 3          1
       | 1
```

十进制转二进制：二进制的基为 2，N 进制的基为 N。

所以转换的数值是 2#110101。

十进制转换成十六进制的方法与十进制转换成二进制的方法类似，在此不再赘述。

③ 十六进制与二进制之间的转换　二进制之间的书写和阅读不方便，但十六进制阅读

和书写非常方便。因此,在 PLC 程序中经常用到十六进制,所以十六进制与二进制之间的转换至关重要。

4 个二进制位对应一个十六进制位,表 4-1 是不同数制的数的表示方法,显示了不同进制的对应关系。

表 4-1 不同数制的数的表示方法

十进制	十六进制	二进制	BCD 码	十进制	十六进制	二进制	BCD 码
0	0	0000	00000000	8	8	1000	00001000
1	1	0001	00000001	9	9	1001	00001001
2	2	0010	00000010	10	A	1010	00010000
3	3	0011	00000011	11	B	1011	00010001
4	4	0100	00000100	12	C	1100	00010010
5	5	0101	00000101	13	D	1101	00010011
6	6	0110	00000110	14	E	1110	00010100
7	7	0111	00000111	15	F	1111	00010101

不同数制之间的转换还有一种非常简便的方法,就是使用小程序数制转换器。Windows 内置一个计算器,切换到程序员模式,就可以很方便地进行数制转换。

4.1.2 数据类型

数据是程序处理和控制的对象,在程序运行过程中,数据是通过变量来存储和传递的。变量有两个要素:名称和数据类型。对程序块或者数据块的变量声明时,都要包括这两个要素。

数据的类型决定了数据的属性,例如数据长度和取值范围等。TIA 博途软件中的数据类型分为 3 大类:基本数据类型、复合数据类型和其他数据类型。

4.1.2.1 基本数据类型

基本数据类型是根据 IEC 61131-3(国际电工委员会指定的 PLC 编程语言标准)来定义的,每个基本数据类型具有固定的长度且不超过 64 位。

基本数据类型最为常用,细分为位数据类型、整数和浮点数数据类型、字符数据类型、定时器数据类型及日期和时间数据类型。每一种数据类型都具备关键字、数据长度、取值范围和常数表等格式属性。以下分别介绍。

(1) 位数据类型

位数据类型包括布尔型(Bool)、字节型(Byte)、字型(Word)、双字型(DWord)和长字型(LWord)。对于 S7-300/400 PLC 仅支持前 4 种数据类型。TIA 博途软件的位数据类型见表 4-2。

表 4-2 位数据类型

关键字	长度 / 位	取值范围 / 格式示例	说明
Bool	1	True 或 False(1 或 0)	布尔变量
Byte	8	B#16#0 ~ B#16#FF	字节

续表

关键字	长度 / 位	取值范围 / 格式示例	说明
Word	16	十六进制：W#16#0 ～ W#16#FFFF	字（双字节）
DWord	32	十六进制：DW#16#0 ～ DW#16#FFFF_FFFF	双字（四字节）
LWord	64	十六进制：LW#16#0 ～ LW#16#FFFF_FFFF_FFFF_FFFF	长字（八字节）

注：在 TIA 博途软件中，关键字不区分大小写，如 Bool 和 BOOL 都是合法的，不必严格区分。

（2）整数和浮点数数据类型

整数数据类型包括有符号整数和无符号整数。有符号整数包括：短整数型（SInt）、整数型（Int）、双整数型（DInt）和长整数型（LInt）。无符号整数包括：无符号短整数型（USInt）、无符号整数型（UInt）、无符号双整数型（UDInt）和无符号长整数型（ULInt）。整数没有小数点。对于 S7-300/400 PLC 仅支持整数型（Int）和双整数型（DInt）。

实数数据类型包括实数（Real）和长实数（LReal），实数也称为浮点数。对于 S7-300/400 PLC 仅支持实数（Real）。浮点数有正负且带小数点。TIA 博途软件的整数和浮点数数据类型见表 4-3。

表 4-3　整数和浮点数数据类型

关键字	长度 / 位	取值范围 / 格式示例	说明
SInt	8	$-128 \sim 127$	8 位有符号整数
Int	16	$-32768 \sim 32767$	16 位有符号整数
DInt	32	$-L\#2147483648 \sim L\#2147483647$	32 位有符号整数
LInt	64	$-9223372036854775808 \sim +9223372036854775807$	64 位有符号整数
USInt	8	$0 \sim 255$	8 位无符号整数
UInt	16	$0 \sim 65535$	16 位无符号整数
UDInt	32	$0 \sim 4294967295$	32 位无符号整数
ULInt	64	$0 \sim 18446744073709551615$	64 位无符号整数
Real	32	$-3.402823 \times 10^{38} \sim -1.175495 \times 10^{-38}$ $+1.175495 \times 10^{-38} \sim +3.402823 \times 10^{38}$	32 位 IEEE 754 标准浮点数
LReal	64	$-1.7976931348623158 \times 10^{308} \sim -2.2250738585072014 \times 10^{-308}$ $+2.2250738585072014 \times 10^{-308} \sim +1.7976931348623158 \times 10^{308}$	64 位 IEEE 754 标准浮点数

（3）字符数据类型

字符数据类型有 Char 和 WChar，数据类型 Char 的操作数长度为 8 位，在存储器中占用 1 个 Byte。Char 数据类型以 ASCII 格式存储单个字符。

数据类型 WChar（宽字符）的操作数长度为 16 位，在存储器中占用 2 个 Byte。WChar 数据类型存储以 Unicode 格式存储的扩展字符集中的单个字符。但只涉及整个 Unicode 范围的一部分。控制字符在输入时，以美元符号表示。TIA 博途软件的字符数据类型见表 4-4。

表 4-4　字符数据类型

关键字	长度 / 位	取值范围 / 格式示例	说明
Char	8	ASCII 字符集	字符
WChar	16	Unicode 字符集，$0000 ～ $D7FF	宽字符

（4）定时器数据类型

定时器数据类型主要包括时间（Time）、S5 时间（S5Time）和长时间（LTime）数据类型。对于 S7-300/400 PLC 仅支持前 2 种数据类型。

S5 时间数据类型（S5Time）以 BCD 格式保存持续时间，用于数据长度为 16 位 S5 定时器。持续时间由 0 ～ 999（2H_46M_30S）范围内的时间值和时间基线决定。时间基线指示定时器时间值按步长 1 减少，直至为 "0" 的时间间隔。时间的分辨率可以通过时间基线来控制。

时间数据类型（Time）的操作数内容以毫秒表示，用于数据长度为 32 位的 IEC 定时器。表示信息包括天（d）、小时（h）、分钟（m）、秒（s）和毫秒（ms）。

长时间数据类型（LTime）的操作数内容以纳秒表示，用于数据长度为 64 位的 IEC 定时器。表示信息包括天（d）、小时（h）、分钟（m）、秒（s）、毫秒（ms）、微秒（μs）和纳秒（ns）。TIA 博途软件的定时器数据类型见表 4-5。

表 4-5　定时器数据类型

关键字	长度 / 位	取值范围 / 格式示例	说明
S5Time	16	S5T#0MS ～ S5T#2H_46M_30S_0MS	S5 时间
Time	32	T#-24d20h31m23s648ms ～ T#+24d20h31m23s647ms	时间
LTime	64	LT#-106751d23h47m16s854ms775μs808ns ～ LT#+106751d23h47m16s854ms775μs807ns	长时间

（5）日期和时间数据类型

日期和时间数据类型包括：日期（Date）、日时间（TOD）、长日时间（LTOD）、日期时间（Date_And_Time）、日期长时间（Date_And_LTime）和长日期时间（DTL），以下分别介绍。

① 日期（Date）　Date 数据类型将日期作为无符号整数保存。表示法中包括年、月和日。数据类型 Date 的操作数为十六进制形式，对应于自 1990 年 1 月 1 日以后的日期值。

② 日时间（TOD）　TOD（Time_Of_Day）数据类型占用 1 个双字，存储从当天 00：00 开始的毫秒数，为无符号整数。

③ 长日时间（LTOD）　LTOD（LTime_Of_Day）数据类型占用 2 个双字，存储从当天 00：00 开始的纳秒数，为无符号整数。

④ 日期时间（Date_And_Time）　数据类型 DT（Date_And_Time）存储日期和时间信息，格式为 BCD。

⑤ 日期长时间（Date_And_LTime）　数据类型 LDT（Date_And_LTime）可存储自 1970 年 1 月 1 日 00：00 以来的日期和时间信息（单位为 ns）。

⑥ 长日期时间（DTL）　数据类型 DTL 的操作数长度为 12 个字节，以预定义结构存储日期和时间信息。TIA 博途软件的日期和时间数据类型见表 4-6。

表 4-6　日期和时间数据类型

关键字	长度 / 字节	取值范围 / 格式示例	说明
Date	2	D#1990-01-01 ～ D#2168-12-31	日期
Time_Of_Day	4	TOD#00：00：00.000 ～ TOD#23：59：59.999	日时间
LTime_Of_Day	8	LTOD#00：00：00.000000000 ～ LTOD#23：59：59.999999999	长日时间
Date_And_Time	8	最小值：DT#1990-01-01-00：00：00.000 最大值：DT#2089-12-31-23：59：59.999	日期时间
Date_And_LTime	8	最小值：LDT#1970-01-01-00：00：00.000000000 最大值：LDT#2200-12-31-23：59：59.999999999	日期长时间
DTL	12	最小值：DTL#1970-01-01-00：00：00.000000000 最大值：DTL#2200-12-31-23：59：59.999999999	长日期时间

4.1.2.2　复合数据类型

复合数据类型是一种由其他数据类型组合而成的，或者长度超过 32 位的数据类型，TIA 博途软件中的复合数据类型包含：String（字符串）、WString（宽字符串）、Array（数组类型）、Struct（结构类型）和 UDT（PLC 数据类型），复合数据类型相对较难理解和掌握，以下分别介绍。

（1）字符串和宽字符串

① String（字符串）　其长度最多有 254 个字符的组（数据类型 Char）。为字符串保留的标准区域是 256 个字节长。这是保存 254 个字符和 2 个字节的标题所需要的空间。可以通过定义即将存储在字符串中的字符数目来减少字符串所需的存储空间（例如：String[10]′Siemens′）。

② WString（宽字符串）　数据类型为 WString（宽字符串）的操作数存储一个字符串中多个数据类型为 WChar 的 Unicode 字符。如果不指定长度，则字符串的长度为预置的 254 个字符。在字符串中，可使用所有 Unicode 格式的字符。这意味着也可在字符串中使用中文字符。

（2）Array（数组类型）

Array（数组类型）表示一个由固定数目的同一种数据类型元素组成的数据结构。允许使用除了 Array 之外的所有数据类型。

数组元素通过下标进行寻址。在数组声明中，下标限值定义在 Array 关键字之后的方括号中。下限值必须小于或等于上限值。一个数组最多可以包含 6 维，并使用逗号隔开维度限值。

例如：数组 Array［1..20］of Real 的含义是包括 20 个元素的一维数组，元素数据类型为 Real；数组 Array［1..2，3..4］of Char 的含义是包括 4 个元素的二维数组，元素数据类型为 Char。

创建数组的方法。在项目视图的项目树中，双击"添加新块"选项，弹出新建块界面，新建"数据块 _1"，在"名称"栏中输入"A1"，在"数据类型"栏中输入"Array［1..20］of Real"，如图 4-1 所示，数组创建完成。单击 A1 前面的三角符号 ▶，可以查看到数组的所有元素，还可以修改每个元素的"启动值"（初始值），如图 4-2 所示。

图 4-1　创建数组

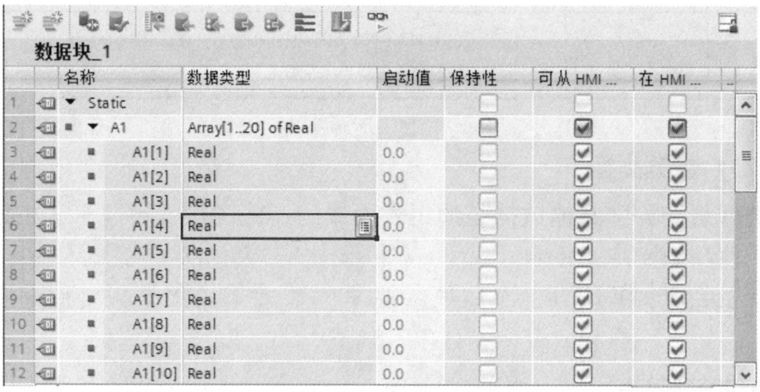

图 4-2　查看数组元素

（3）Struct（结构类型）

该类型是由不同数据类型组成的复合型数据，通常用来定义一组相关数据。例如电动机的一组数据可以按照如图 4-3 所示的方式定义，在"数据块_1"的"名称"栏中输入"Motor"，在"数据类型"栏中输入"Struct"（也可以点击下拉三角选取），之后可创建结构的其他元素，如本例的"Speed"。

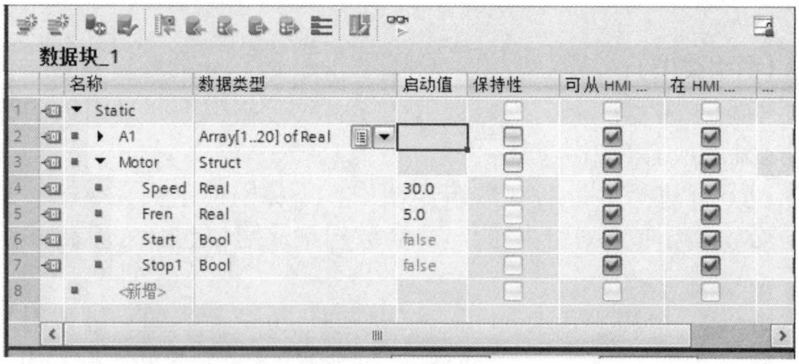

图 4-3　创建结构

（4）UDT（PLC 数据类型）

UDT 是由不同数据类型组成的复合型数据，与 Struct 不同的是，UDT 是一个模板，可以用来定义其他的变量，UDT 在经典 STEP 7 中称为自定义数据类型。PLC 数据类型的创建方法如下。

① 在项目视图的项目树中，双击"添加新数据类型"选项，弹出如图 4-4 所示界面，创建一个名称为"MotorA"的结构，并将新建的 PLC 数据类型名称重命名为"MotorA"。

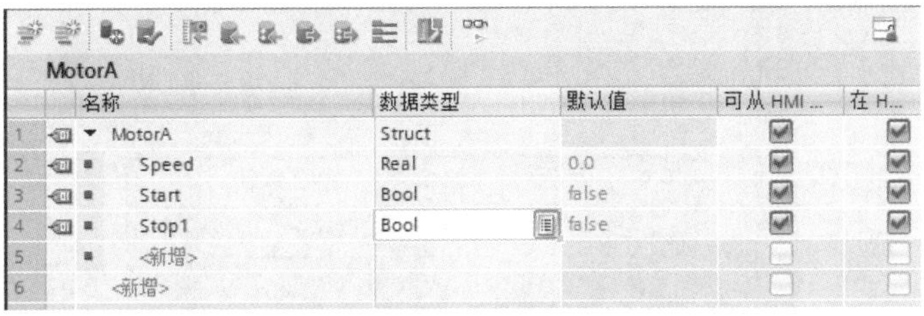

图 4-4　创建 PLC 数据类型（1）

② 在"数据块 _1"的"名称"栏中输入"MotorA1"和"MotorA2"，在"数据类型"栏中输入"MotorA"，这样操作后，"MotorA1"和"MotorA2"的数据类型变成了"MotorA"，如图 4-5 所示。

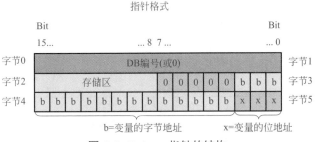

图 4-5　创建 PLC 数据类型（2）

使用 PLC 数据类型给编程带来较大的便利性，较为重要，相关内容在后续章节还要介绍。

4.1.2.3　其他数据类型

对于西门子 S7-1200/1500 PLC，除了基本数据类型和复合数据类型外，还有指针类型、参数类型、系统数据类型和硬件数据类型等，以下分别介绍。

（1）指针类型

S7-1500 PLC 支持 Pointer、Any 和 Variant 三种类型指针，S7-300/400 PLC 只支持前两种，S7-1200 PLC 只支持 Variant 类型。

① Pointer　Pointer 类型的参数是一个可指向特定变量的指针。它在存储器中占用 6 个字节（48 位），可能包含的变量信息有：数据块编号或 0（若数据块中没有存储数据）、CPU 中的存储区和变量地址，在图 4-6 中，显示了 Pointer 指针的结构。

指针格式

字节0	Bit 15...						...8 7...						...0	字节1
	DB编号（或0）													
字节2	存储区					0	0	0	0	0	b	b	b	字节3
字节4	b b b b b b b b					b b b b b					x x x			字节5

b=变量的字节地址　　x=变量的位地址

图 4-6　Pointer 指针的结构

② Any Any 类型的参数指向数据区的起始位置，并指定其长度。Any 指针使用存储器中的 10 个字节，可能包含的信息有：数据类型、重复系数、DB 编号、存储区、数据的起始地址（格式为"字节.位"）和零指针。在图 4-7 中，显示了 Any 指针的结构。

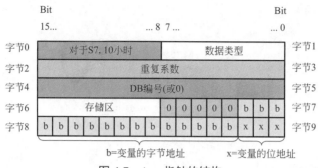

图 4-7 Any 指针的结构

③ Variant Variant 类型的参数是一个可以指向不同数据类型变量（而不是实例）的指针。Variant 指针可以是一个元素数据类型的对象，例如 Int 或 Real。也可以是一个 String、DTL、Struct 数组、UDT 或 UDT 数组。Variant 指针可以识别结构，并指向各个结构元素。Variant 数据类型的操作数在背景 DB 或 L 堆栈中不占用任何空间，但是将占用 CPU 上的存储空间。

Variant 类型的变量不是一个对象，而是对一个对象的引用。Variant 类型的各元素只能在函数的块接口中声明，因此，不能在数据块或函数块的块接口静态部分中声明。例如，因为各元素的大小未知，所引用对象的大小可以更改。Variant 数据类型只能在块接口的形参中定义。

（2）参数类型

参数类型是传递给被调用块形参的数据类型。参数类型还可以是 PLC 数据类型。参数数据类型及其用途见表 4-7。

表 4-7 参数数据类型及其用途

参数类型	长度/位	用途说明
Timer	16	用于指定在被调用代码块中所使用的定时器。如果使用 Timer 参数类型的形参，则相关的实参必须是定时器 示例：T1
Counter	16	用于指定在被调用代码块中所使用的计数器。如果使用 Counter 参数类型的形参，则相关的实参必须是计数器 示例：C10
BLOCK_FC BLOCK_FB BLOCK_DB BLOCK_SDB BLOCK_SFB BLOCK_SFC BLOCK_OB	16	用于指定在被调用代码块中用作输入的块。参数的声明决定所要使用的块类型（例如：FB、FC、DB）。如果使用 BLOCK 参数类型的形参，则将指定一个块地址作为实参 示例：DB3
VOID	—	VOID 参数类型不会保存任何值。如果输出不需要任何返回值，则使用此参数类型。例如，如果不需要显示错误信息，则可以在输出 STATUS 中指定 VOID 参数类型

（3）系统数据类型

系统数据类型（SDT）由系统提供并具有预定义的结构。系统数据类型的结构由固定数目的可具有各种数据类型的元素构成。不能更改系统数据类型的结构。系统数据类型只能用于特定指令。系统数据类型及其用途见表 4-8。

表 4-8　系统数据类型及其用途

系统数据类型	长度 / 字节	用途说明
IEC_Timer	16	定时值为 Time 数据类型的定时器结构。例如，此数据类型可用于"TP""TOF""TON""TONR""RT"和"PT"指令
IEC_LTIMER	32	定时值为 LTime 数据类型的定时器结构。例如，此数据类型可用于"TP""TOF""TON""TONR""RT"和"PT"指令
IEC_SCOUNTER	3	计数值为 SINT 数据类型的计数器结构。例如，此数据类型可用于"CTU""CTD"和"CTUD"指令
EC_USCOUNTER	3	计数值为 USINT 数据类型的计数器结构。例如，此数据类型可用于"CTU""CTD"和"CTUD"指令
IEC_Counter	6	计数值为 Int 数据类型的计数器结构。例如，此数据类型可用于"CTU""CTD"和"CTUD"指令
IEC_UCOUNTER	6	计数值为 UINT 数据类型的计数器结构。例如，此数据类型可用于"CTU""CTD"和"CTUD"指令
IEC_DCOUNTER	12	计数值为 DINT 数据类型的计数器结构。例如，此数据类型可用于"CTU""CTD"和"CTUD"指令
IEC_UDCOUNTER	12	计数值为 UDINT 数据类型的计数器结构。例如，此数据类型可用于"CTU""CTD"和"CTUD"指令
IEC_LCOUNTER	24	计数值为 UDINT 数据类型的计数器结构。例如，此数据类型可用于"CTU""CTD"和"CTUD"指令
IEC_ULCOUNTER	24	计数值为 UINT 数据类型的计数器结构。例如，此数据类型可用于"CTU""CTD"和"CTUD"指令
ERROR_Struct	28	编程错误信息或 I/O 访问错误信息的结构。例如，此数据类型可用于"GET_ERROR"指令
CREF	8	数据类型 ERROR_Struct 的组成，在其中保存有关块地址的信息
NREF	8	数据类型 ERROR_Struct 的组成，在其中保存有关操作数的信息
VREF	12	用于存储 VARIANT 指针。例如，此数据类型可用于 S7-1200 Motion Control 的指令
STARTINFO	12	指定保存启动信息的数据结构。例如，此数据类型可用于"RD_SINFO"指令
SSL_HEADER	4	指定在读取系统状态列表期间保存有关数据记录信息的数据结构。例如，此数据类型可用于"RDSYSST"指令
CONDITIONS	52	用户自定义的数据结构，定义数据接收的开始和结束条件。例如，此数据类型用于"RCV_CFG"指令
TADDR_Param	8	指定用来存储那些通过 UDP 实现开放用户通信的连接说明的数据块结构。例如，此数据类型用于"TUSEND"和"TURSV"指令
TCON_Param	64	指定用来存储那些通过工业以太网（PROFINET）实现开放用户通信的连接说明的数据块结构。例如，此数据类型用于"TSEND"和"TRSV"指令

（4）硬件数据类型

硬件数据类型由 CPU 提供。可用硬件数据类型的数目取决于 CPU。

根据硬件配置中设置的模块存储特定硬件数据类型的常量。在用户程序中插入用于控制或激活已组态模块的指令时，可将这些可用常量用作参数。部分硬件数据类型及其用途见表 4-9。

表 4-9 部分硬件数据类型及其用途

硬件数据类型	基本数据类型	用途说明
REMOTE	ANY	用于指定远程 CPU 的地址。例如，此数据类型用于"PUT"和"GET"指令
GEOADDR	HW_IOSYSTEM	实际地址信息
HW_ANY	WORD	任何硬件组件（如模块）的标识
HW_DEVICE	HW_ANY	DP 从站 /PROFINET IO 设备的标识
HW_DPMASTER	HW_INTERFACE	DP 主站的标识

◁【例 4-4】 请指出以下数据的含义：DINT#58、S5t#58s、58、C#58、t#58s 和 P#M0.0 Byte 10。

【解】 ① DINT#58：表示双整数 58；
② S5t#58s：表示 S5 和 S7 定时器中的定时时间 58s；
③ 58：表示整数 58；
④ C#58：表示 S7 计数器中的预置值 58；
⑤ t#58s：表示 IEC 定时器中定时时间 58s；
⑥ P#M0.0 Byte 10：表示从 MB0 开始的 10 个字节。

数据类型的举例

【关键点】 理解【例 4-4】中的数据表示方法至关重要，无论对于编写程序还是阅读程序都是必须要掌握的。

4.1.3 西门子 S7-1200/1500 PLC 的存储区

S7-1200/1500 PLC 的存储区由装载存储器、工作存储器和系统存储器组成。工作存储器类似于计算机的内存条，装载存储器类似于计算机的硬盘。以下分别介绍三种存储器。

（1）装载存储器

装载存储器用于保存逻辑块、数据块和系统数据。下载程序时，用户程序下载到装载存储器。在 PLC 上电时，CPU 把装载存储器中的可执行的部分复制到工作存储器。而 PLC 断电时，需要保存的数据自动保存在装载存储器中。

对于 S7-300/400 PLC，符号表、注释不能下载，仍然保存在编程设备中。而对于 S7-1200/1500 PLC，符号表、注释可以下载到装载存储器。

（2）工作存储器

工作存储器集成在 CPU 中的高速存取的 RAM 存储器上，用于存储 CPU 运行时的用户程序和数据，如组织块、功能块等。用模式选择开关复位 CPU 的存储器时，RAM 中程序被清除，但 EEPROM 中的程序不会被清除。

（3）系统存储器

系统存储器是 CPU 为用户提供的存储组件，用于存储用户程序的操作数据，例如过程映像输入、过程映像输出、位存储、定时器、计数器、块堆栈和诊断缓冲区等。

① 过程映像输入区（I）　过程映像输入区与输入端相连，它是专门用来接收 PLC 外部开关信号的元件。在每次扫描周期的开始，CPU 对 I/O 输入点进行采样，并将采样值写入过程映像输入区中。可以按位、字节、字或双字来存取过程映像输入区中的数据，输入寄存器等效电路如图 4-8 所示，真实的回路中当按钮闭合，线圈 I0.0 得电，经过 PLC 内部电路的转化，使得梯形图中，常开触点 I0.0 闭合，理解这一点很重要。

位格式：I［字节地址］.［位地址］，如 I0.0。

字节、字或双字格式：I［长度］［起始字节地址］，如 IB0、IW0、ID0。

PLC 的三个运行阶段

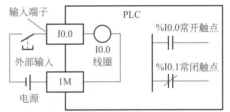

图 4-8　过程映像输入区 I0.0 的等效电路

若要存取存储区的某一位，则必须指定地址，包括存储器标识符、字节地址和位地址。图 4-9 是一个位表示法的例子。其中，存储器区、字节地址（I 代表输入，2 代表字节 2）和位地址之间用点号（.）隔开。

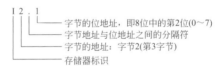

图 4-9　位表示方法

② 过程映像输出区（Q）　过程映像输出区是用来将 PLC 内部信号输出传送给外部负载（用户输出设备）。过程映像输出区线圈是由 PLC 内部程序的指令驱动，其线圈状态传送给输出单元，再由输出单元对应的硬触点来驱动外部负载，输出寄存器等效电路如图 4-10 所示。当梯形图中的线圈 Q0.0 得电，经过 PLC 内部电路的转化，使得真实回路中的常开触点 Q0.0 闭合，从而使得外部设备线圈得电，理解这一点很重要。

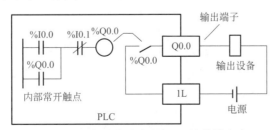

图 4-10　过程映像输出区 Q0.0 的等效电路

在每次扫描周期的结尾，CPU 将过程映像输出区中的数值复制到 I/O 输出点上。可以按位、字节、字或双字来存取过程映像输出区。

位格式：Q［字节地址］.［位地址］，如 Q1.1。

字节、字或双字格式：Q［长度］［起始字节地址］，如 QB2、QW2 和 QD2。

③ 标识位存储区（M）　标识位存储区是 PLC 中数量较多的一种继电器，一般的标识位存储区与继电器控制系统中的中间继电器相似。标识位存储区不能直接驱动外部负载，负载只能由过程映像输出区的外部触点驱动。标识位存储区的常开与常闭触点在 PLC 内部编程时，可无限次使用。M 的数量根据不同型号而不同。可以用位存储区作为控制继电器来存储中间操作状态和控制信息，并且可以按位、字节、字或双字来存取位存储区。

位格式：M［字节地址］.［位地址］，如 M2.7。

字节、字或双字格式：M［长度］［起始字节地址］，如 MB10、MW10、MD10。

④ 定时器存储区（T）　定时器存储区位于 CPU 的系统存储器中，其地址标识符为"T"，定时器的数量与 CPU 的型号有关。定时器的表示方法是 Tx，T 表示地址标识符，x 表示第几个定时器。定时器的作用主要用于定时，与继电器控制系统中的时间继电器相似。

格式：T［定时器号］，如 T1。

⑤ 计数器存储区（C）　计数器存储区位于 CPU 的系统存储器中，其地址标识符为"C"，计数器的数量与 CPU 的型号有关。计数器的表示方法是 Cx，C 表示地址标识符，x 表示第几个计数器。计数器的作用主要用于计数，与继电器控制系统中的计数器相似。

格式：C［计数器号］，如 C1。

⑥ 数据块存储区（DB）　数据块可以存储在装载存储器、工作存储器以及系统存储器中（块堆栈），共享数据块的标识符为"DB"，函数块 FB 的背景数据块的标识符为"DI"。数据块的大小与 CPU 的型号相关。数据块默认为掉电保持，不需要额外设置。

注意：在语句表中，通过"DB"和"DI"区分两个打开的数据块，在其他应用中函数块 FB 的背景数据块也可以用"DB"表示。

⑦ 局部数据区（L）　局部数据区位于 CPU 的系统存储器中，其地址标识符为"L"。包括函数、函数块的临时变量、组织块中的开始信息、参数传递信息以及梯形图的内部结果。在程序中访问局部数据区的表示法与输入相同。局部数据区的数量与 CPU 的型号有关。

局部数据区和标识位存储区 M 很相似，但只有一个区别：标识位存储区 M 是全局有效的，而局部数据区只在局部有效。全局是指同一个存储区可以被任何程序存取（包括主程序、子程序和中断服务程序），局部是指存储区和特定的程序相关联。

位格式：L［字节地址］.［位地址］，如 L0.0。

字节、字或双字格式：L［长度］［起始字节地址］，如 LB3。

⑧ I/O 输入区域　I/O 输入区域位于 CPU 的系统存储器中，其地址标识符为"：P"，加在过程映像区地址的后面。与过程映像区功能相反，不经过过程映像区的扫描，程序访问物理区时，直接将输入模块的信息读入，并作为逻辑运算的条件。

位格式：I［字节地址］.［位地址］，如 I2.7:P。

字或双字格式：I［长度］［起始字节地址］:P，如 IW8:P。

⑨ I/O 输出区域　I/O 输出区域位于 CPU 的系统存储器中，其地址标识符为"：P"，加在过程映像区地址的后面。与过程映像区功能相反，不经过过程映像区的扫描，程序访问物理区时，直接将逻辑运算的结果（写出信息）写出到输出模块。

位格式：Q［字节地址］.［位地址］，如 Q2.7:P。

字或双字格式：Q［长度］［起始字节地址］:P，如 QW8:P。

以上各存储器的存储区及功能见表 4-10。

表 4-10　存储区及功能

地址存储区	范围	S7 符号	举例	功能描述
过程映像 输入区	输入（位）	I	I0.0	扫描周期期间，CPU 从模块读取输入，并记录该区域中的值
	输入（字节）	IB	IB0	
	输入（字）	IW	IW0	
	输入（双字）	ID	ID0	
过程映像 输出区	输出（位）	Q	Q0.0	扫描周期期间，程序计算输出值并将它放入此区域，扫描结束时，CPU 发送计算输出值到输出模块
	输出（字节）	QB	QB0	
	输出（字）	QW	QW0	
	输出（双字）	QD	QD0	
标识位存储区	标识位存储区（位）	M	M0.0	用于存储程序的中间计算结果
	标识位存储区（字节）	MB	MB0	
	标识位存储区（字）	MW	MW0	
	标识位存储区（双字）	MD	MD0	
定时器存储区	定时器（T）	T	T0	为定时器提供存储空间
计数器存储区	计数器（C）	C	C0	为计数器提供存储空间
共享数据块存储区	数据（位）	DBX	DBX 0.0	可以被所有的逻辑块使用
	数据（字节）	DBB	DBB0	
	数据（字）	DBW	DBW0	
	数据（双字）	DBD	DBD0	
局部数据区	局部数据（位）	L	L0.0	当块被执行时，此区域包含块的局部数据
	局部数据（字节）	LB	LB0	
	局部数据（字）	LW	LW0	
	局部数据（双字）	LD	LD0	
I/O 输入区域	I/O 输入位	I:P	I0.0:P	外围设备输入区允许直接访问中央和分布式的输入模块
	I/O 输入字节	IB:P	IB0:P	
	I/O 输入字	IW:P	IW0:P	
	I/O 输入双字	ID:P	ID0:P	
I/O 输出区域	I/O 输出位	Q :P	Q0.0:P	外围设备输出区允许直接访问中央和分布式的输出模块
	I/O 输出字节	QB:P	QB0:P	
	I/O 输出字	QW:P	QW0:P	
	I/O 输出双字	QD:P	QD0:P	

◁【例4-5】 如果 MD0=16#1F，那么，MB0、MB1、MB2、MB3、M0.0 和 M3.0 的数值是多少？

双字、字、字节和位的概念

【解】 根据图 4-11，MB0=0；MB1=0；MB2=0；MB3=16#1F；M0.0=0；M3.0=1。这点不同于三菱 PLC，读者要注意区分。如不理解此知识点，在编写通信程序时，如 DCS 与 S7-1200/1500 PLC 交换数据时，容易出错。

🎯 关键点 在 MD0 中，由 MB0、MB1、MB2 和 MB3 四个字节组成，MB0 是高字节，而 MB3 是低字节，字节、字和双字的起始地址如图 4-11 所示。

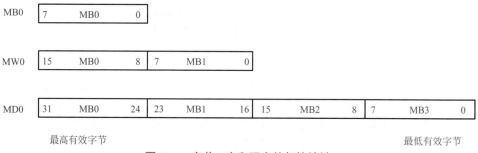

图 4-11 字节、字和双字的起始地址

◁【例4-6】 如图 4-12 所示的原理图，对应的梯形图如图 4-13 所示，是某初学者编写的，请查看有无错误。

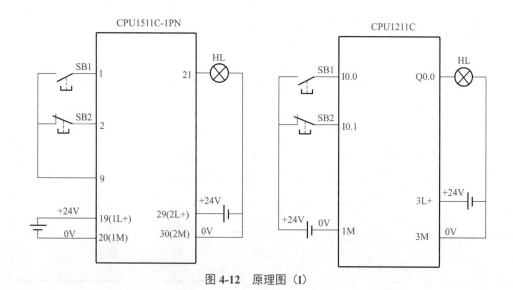

图 4-12 原理图（1）

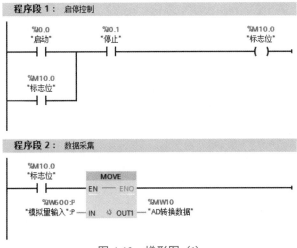

图 4-13　梯形图（1）

【解】　这个程序的逻辑是正确的，但这个程序在实际运行时，并不能采集数据。程序段 1 是启停控制，当 M10.0 常开触点闭合后开始采集数据，而且 AD 转换的结果存放在 MW10 中，MW10 包含 2 个字节 MB10 和 MB11，而 MB10 包含 8 个位，即 M10.0 ～ M10.7。只要采集的数据经过 AD 转换，造成 M10.0 位为 0，整个数据采集过程自动停止。初学者很容易犯类似的错误。读者可将 M10.0 改为 M12.0，只要避开 MW10 中包含的 16 个位（M10.0 ～ M10.7 和 M11.0 ～ M11.7）都可行。

特别说明：由于原理图中 SB2 按钮接的是常闭触点，因此不压下 SB2 按钮时，梯形图中的 I0.1 的常开触点是导通的，当压下 SB1 按钮时，I0.0 的常开触点导通，线圈 M10.0 得电自锁。说明梯形图和原理图是匹配的。而且在工程实践中，设计规范的原理图中的停止和急停按钮都应该接常闭触点。这样设计的好处是当 SB2 按钮意外断线时，会使得设备不能非正常启动，确保设备的安全。

有初学者认为图 4-12 原理图应修改为图 4-14，图 4-13 梯形图应修改为图 4-15，其实图 4-14 原理图和图 4-15 梯形图是匹配的，可以实现功能。但这个设计的问题在于：当 SB2 按钮意外断线时，设备仍然能非正常启动，但压下 SB2 按钮时，设备不能停机，存在很大的安全隐患。这种设计显然是不符合工程规范的。

在后续章节中，如不作特别说明，本书的停止和急停按钮将接常闭触点。

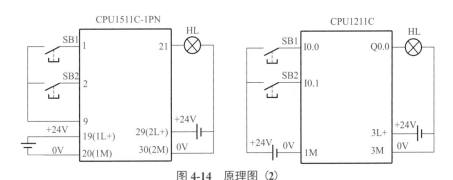

图 4-14　原理图（2）

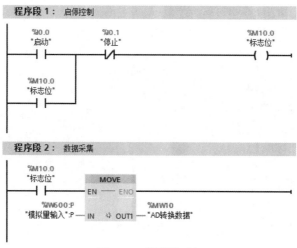

图 4-15　梯形图（2）

4.1.4　全局变量与区域变量

(1) 全局变量

全局变量可以在 CPU 的整个范围内被所有的程序块调用，例如在 OB（组织块）、FC（函数）、FB（函数块）中使用，在某一个程序块中赋值后，在其他的程序块中可以读出，没有使用限制。全局变量包括 I、Q、M、T、C、DB、I:P 和 Q:P 等数据区。

(2) 区域变量

区域变量也称为局部变量。区域变量只能在所属块（OB、FC 和 FB）范围内调用，在程序块调用时有效，程序块调用完成后被释放，所以不能被其他程序块调用，局部数据区（L）中的变量为区域变量，例如每个程序块中的临时变量都属于区域变量。

4.1.5　编程语言

(1) PLC 编程语言的国际标准

IEC 61131 是 PLC 的国际标准，1992—1995 年发布了 IEC 61131 标准中的 1 ～ 4 部分，我国在 1995 年 11 月发布了 GB/T 15969-1/2/3/4（等同于 IEC 61131-1/2/3/4）。

IEC 61131-3 广泛地应用于 PLC、DCS、工控机、"软件 PLC"、数控系统、RTU 等产品。其定义了 5 种编程语言，分别是指令表（Instruction List，IL）、结构文本（Structured Text，ST）、梯形图（Ladder Diagram，LAD）、功能块图（Function Block Diagram，FBD）和 顺序功能图（Sequential Function Chart，SFC）。

(2) TIA 博途软件中的编程语言

TIA 博途软件中有梯形图、语句表、功能块图、SCL 和 Graph，共 5 种基本编程语言。以下简要介绍。

① 顺序功能图（SFC）　 TIA 博途软件中为 S7-Graph，S7-Graph 是针对顺序控制系统进行编程的图形编程语言，特别适合编写顺序控制程序。

② 梯形图（LAD）　 梯形图直观易懂，适用于数字量逻辑控制。梯形图适合于熟悉继

电器电路的人员使用。设计复杂的触点电路时适合用梯形图，梯形图应用广泛。

③ 语句表（STL）　语句表的功能比梯形图或功能块图的功能强。语句表可供擅长用汇编语言编程的用户使用。语句表输入快，可以在每条语句后面加上注释。语句表有被淘汰的趋势。

④ 功能块图（FBD）　"LOGO！"系列微型 PLC 使用功能块图编程。功能块图适合于熟悉数字电路的人员使用。

⑤ 结构文本（ST）　在 TIA 博途软件中称为 S7-SCL（结构化控制语言），它符合 IEC 61131-3 标准。S7-SCL 适用于复杂的公式计算、复杂的计算任务和最优化算法或管理大量的数据等。S7-SCL 编程语言适合于熟悉高级编程语言（例如 PASCAL 或 C 语言）的人员使用。S7-SCL 编程语言的使用将越来越广泛。

⑥ S7-HiGraph 编程语言　图形编程语言 S7-HiGraph 属于可选软件包，它是用状态图（State Graphs）来描述异步、非顺序过程的编程语言。S7-HiGraph 适合于异步非顺序过程的编程。S7-HiGraph 可用于 S7-300/400 PLC，在 S7-1200/1500 PLC 中不能使用。

⑦ S7-CFC 编程语言　可选软件包 CFC（Continuous Function Chart，连续功能图）用图形方式连接程序库中以块的形式提供的各种功能。CFC 适合于连续过程控制的编程。S7-CFC 可用于 S7-300/400 PLC，在 S7-1200/1500 PLC 中不能使用。

在 TIA 博途软件中，如果程序块没有错误，并且被正确地划分为网络，在梯形图和功能块图之间可以相互转换，但梯形图和指令表不可相互转换。注意：在经典 STEP 7 中梯形图、功能块和语句表之间可以相互转换。

4.2　变量表、监控表和强制表的应用

变量表的使用

4.2.1　变量表

(1) 变量表（Tag Table）简介

TIA 博途软件中可定义两类符号：全局符号和局部符号。全局符号利用变量表来定义，可以在用户项目的所有程序块中使用。局部符号是在程序块的变量声明表中定义的，只能在该程序块中使用。

PLC 的变量表包含整个 CPU 范围有效的变量和符号常量的定义。系统会为项目中使用的每个 CPU 创建一个变量表，用户也可以创建其他的变量表用于常量和变量进行归类和分组。

在 TIA 博途软件中添加了 CPU 设备后，会在项目树中 CPU 设备下出现一个"PLC 变量"文件夹，在此文件夹中有三个选项：显示所有变量、添加新变量表和默认变量表，如图 4-16 所示。

"显示所有变量"包含全部的 PLC 变量、用户常量和 CPU 系统常量。该表不能删除或移动。

"默认变量表"是系统创建的，项目的每个 CPU 均有一个标准变量表。该表不能删除、重命名或移动。默认变量表包含 PLC 变量、用户常量和系统常量。可以在默认变量表中声明所有的 PLC 变量，或根据需要创建其他的用户定义变量表。

双击"添加新变量表"，可以创建用户定义变量表，可以根据要求为每个 CPU 创建多个针对组变量的用户定义变量表。可以对用户定义的变量表重命名、整理合并为组或删除。

用户定义变量表包含 PLC 变量和用户常量。

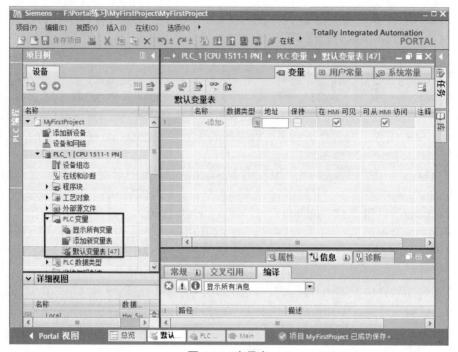

图 4-16　变量表

　　TIA Portal 软件有个方便的功能就是拖拽，灵活应用拖拽功能可以提高工程效率，表格的拖拽功能如图 4-17 所示，选中变量"Start1"，当出现"+"后，向下拖拽就可以自动生成变量"Start2"和"Start3"等，类似于 Excel 中的功能。

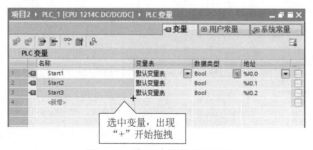

图 4-17　变量表的拖拽功能

　　① 变量表的工具栏　变量表的工具栏如图 4-18 所示，从左到右的含义分别为插入行、新建行、导出、全部监视和保持性。

图 4-18　变量表的工具栏

　　② 变量的结构　每个 PLC 变量表包含变量选项卡和用户常量选项卡。默认变量表和"所有变量"表还均包括"系统常量"选项卡。表 4-11 列出了"常量"选项卡的各列含义，所显示的列编号可能有所不同，可以根据需要显示或隐藏列。

表 4-11 变量表中"常量"选项卡的各列含义

序号	列	说明
1	⬛ⁱ	通过单击符号并将变量拖动到程序中作为操作数
2	名称	常量在 CPU 范围内的唯一名称
3	数据类型	变量的数据类型
4	地址	变量地址
5	保持性	将变量标记为具有保持性 保持性变量的值将保留，即使在电源关闭后也是如此
6	可从 HMI 访问	显示运行期间 HMI 是否可访问此变量
7	HMI 中可见	显示默认情况下，在选择 HMI 的操作数时变量是否显示
8	监视值	CPU 中的当前数据值 只有建立了在线连接并选择"监视所有"按钮时，才会显示该列
9	变量表	显示包含有变量声明的变量表 该列仅存在于"所有变量"表中
10	注释	用于说明变量的注释信息

（2）定义全局符号

在 TIA 博途软件项目视图的项目树中，双击"添加新变量表"，即可生成新的变量表"变量表_1[0]"，选中新生成的变量表，单击鼠标的右键弹出快捷菜单，选中"重命名"命令，将此变量表重命名为"MyTable[0]"。单击变量表中的"添加行"按钮 🖳 2 次，添加 2 行，如图 4-19 所示。

图 4-19 添加新变量表

在变量表的"名称"栏中，分别输入"Start""Stop1""Motor"。在"地址"栏中输入"M0.0""M0.1""Q0.0"。三个符号的数据类型均选为"Bool"，如图 4-20 所示。至此，全局符号定义完成，因为这些符号关联的变量是全局变量，所以这些符号在所有的程序中均可使用。

图 4-20　在变量表中定义全局符号

打开程序块 OB1，可以看到梯形图中的符号和地址关联在一起，且一一对应，如图 4-21 所示。

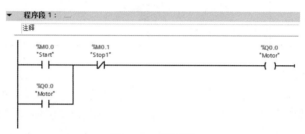

图 4-21　梯形图

（3）导出和导入变量表

① 导出　单击变量表工具栏中的"导出"按钮 ⮥，弹出导出路径界面，如图 4-22 所示，选择适合路径，单击"确定"按钮，即可将变量导出到默认名为"PLCTags.xlsx"的 Excel 文件中。在导出路径中，双击打开导出的 Excel 文件，如图 4-23 所示。

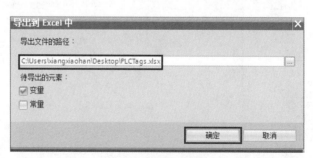

图 4-22　变量表导出路径

	A	B	C	D	E	F	G
1	Name	Path	Data Type	Logical Address	Comment	Hmi Visible	Hmi Accessible
2	Start	默认变量	Bool	%M0.0		True	True
3	Stop1	默认变量	Bool	%M0.1		True	True
4	Motor	默认变量	Bool	%Q0.0		True	True
5							

图 4-23　导出的 Excel 文件

② 导入　单击变量表工具栏中的"导入"按钮 ，弹出导入路径界面，如图 4-24 所示，选择要导入的 Excel 文件"PLCTags.xlsx"的路径，单击"确定"按钮，即可将变量导入到变量表。

图 4-24　变量表导入路径

注意：要导入的 Excel 文件必须符合规范。

监控表的使用

4.2.2　监控表

（1）监控表（Watch Table）简介

接线完成后需要对所接线和输出设备进行测试，即 I/O 设备测试。I/O 设备的测试可以使用 TIA 博途软件提供的监控表实现，TIA 博途软件的监控表相当于经典 STEP 7 软件中变量表的功能。

监控表也称监视表，可以显示用户程序的所有变量的当前值，也可以将特定的值分配给用户程序中的各个变量。使用这两项功能可以检查 I/O 设备的接线情况。

（2）创建监控表

当 TIA 博途软件的项目中添加了 PLC 设备后，系统会自动为该 PLC 的 CPU 生成一个"监控与强制表"文件夹。在项目视图的项目树中，打开此文件夹，双击"添加新监控表"选项，即可创建新的监控表，默认名称为"监控表_1"，如图 4-25 所示。

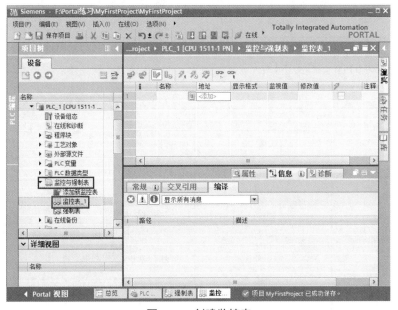

图 4-25　创建监控表

在监控表中输入要监控的变量，创建监控表完成，如图 4-26 所示。

图 4-26　在监控表中定义要监控的变量

（3）监控表的布局

监视表中显示的列与所用的模式有关，即基本模式或扩展模式。扩展模式比基本模式的列数多，扩展模式下会显示两个附加列：使用触发器监视和使用触发器修改。

监控表中的工具条中各个按钮的含义见表 4-12。

表 4-12　监控表中的工具条中各个按钮的含义

序号	按钮	说明
1		在所选行之前插入一行
2		在所选行之后插入一行
3		立即修改所有选定变量的地址一次。该命令将立即执行一次，而不参考用户程序中已定义的触发点
4		参考用户程序中定义的触发点，修改所有选定变量的地址
5		禁用外设输出的输出禁用命令。用户因此可以在 CPU 处于 STOP 模式时修改外设输出
6		显示扩展模式的所有列。如果再次单击该图标，将隐藏扩展模式的列
7		显示所有修改列。如果再次单击该图标，将隐藏修改列
8		开始对激活监控表中的可见变量进行监视。在基本模式下，监视模式的默认设置是"永久"。在扩展模式下，可以为变量监视设置定义的触发点
9		开始对激活监控表中的可见变量进行监视。该命令将立即执行并监视变量一次

监控表中各列的含义见表 4-13。

表 4-13　监控表中各列的含义

模式	列	含义
基本模式	**i**	标识符列
	名称	插入变量的名称
	地址	插入变量的地址
	显示格式	所选的显示格式
	监视值	变量值，取决于所选的显示格式
	修改数值	修改变量时所用的值
		单击相应的复选框可选择要修改的变量
	注释	描述变量的注释

续表

模式	列	含义
扩展模式显示附加列	使用触发器监视	显示所选的监视模式
	使用触发器修改	显示所选的修改模式

此外，在监控表中还会出现的一些其他图标的含义见表 4-14。

表 4-14　监控表中还会出现的一些其他图标的含义

序号	图标	含义
1	▣	表示所选变量的值已被修改为"1"
2	▣	表示所选变量的值已被修改为"0"
3	=	表示将多次使用该地址
4	▯ₓ	表示将使用该替代值。替代值是在信号输出模块故障时输出到过程的值，或在信号输入模块故障时用来替换用户程序中过程值的值。用户可以分配替代值（例如，保留旧值）
5	▱	表示地址因已修改而被阻止
6	⚡	表示无法修改该地址
7	▱	表示无法监视该地址
8	Ｆ	表示该地址正在被强制
9	Ｆ	表示该地址正在被部分强制
10	Ｆ	表示相关的 I/O 地址正在被完全 / 部分强制
11	Ｆ	表示该地址不能被完全强制。示例：只能强制地址 QW0：P，但不能强制地址 QD0：P。这是由于该地址区域始终不在 CPU 上
12	✖	表示发生语法错误
13	⚠	表示选择了该地址但该地址尚未更改

（4）监控表的 I/O 测试

监控表的编辑与编辑 Excel 类似，因此，监控表的输入可以使用复制、粘贴和拖拽等功能，变量可以从其他项目复制和拖拽到本项目。

如图 4-27 所示，单击监控表中工具条的"监视变量"按钮 ▭，可以看到三个变量的监视值。

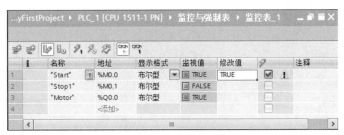

图 4-27　监控表的监控

如图 4-28 所示，选中"M0.1"后面的"修改值"栏的"FALSE"，单击鼠标右键，弹出快捷菜单，选中"修改"→"修改为 1"命令，变量"M0.1"变成"TRUE"，如图 4-29 所示。

图 4-28　修改监控表中的值（1）

强制表的使用

图 4-29　修改监控表中的值（2）

4.2.3　强制表

（1）强制表简介

使用强制表给用户程序中的各个变量分配固定值，该操作称为"强制"。

强制表功能如下。

① 监视变量　通过该功能可以在 PG/PC 上显示用户程序或 CPU 中各变量的当前值。可以使用或不使用触发条件来监视变量。

强制表可监视的变量有：输入、输出和标识位存储器，数据块的内容，外设输入。

② 强制变量　通过该功能可以为用户程序的各个 I/O 变量分配固定值。

强制表可强制的变量有：外设输入和外设输出。

（2）打开强制表

当 TIA 博途软件的项目中添加了 PLC 设备后，系统会自动为该 PLC 的 CPU 生成一个"监控与强制表"文件夹。在项目视图的项目树中，打开此文件夹，双击"强制表"选项，即可打开，不需要创建，输入要强制的变量，如图 4-30 所示。

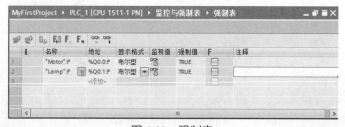

图 4-30　强制表

如图 4-31 所示，选中"强制值"栏中的"TRUE"，单击鼠标的右键，弹出快捷菜单，单击"强制"→"强制为 1"命令，强制表如图 4-32 所示，在第一列出现 F 标识，模块的 Q0.1 指示灯点亮，且 CPU 模块的"MAINT"指示灯变为黄色。

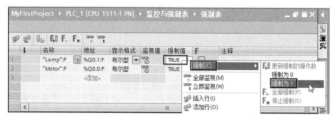

图 4-31　强制表的强制操作（1）

图 4-32　强制表的强制操作（2）

单击工具栏中的"停止强制"按钮 F，停止所有的强制输出，"MAINT"指示灯变为绿色。

4.3　位逻辑运算指令

位逻辑运算指令用于二进制数的逻辑运算。位逻辑运算的结果简称为 RLO。

位逻辑运算指令是最常用的指令之一，主要有与运算指令、与非运算指令、或运算指令、或非运算指令、置位运算指令、复位运算指令、嵌套指令和线圈指令等。

(1) 触点与线圈相关指令

① A（And）：与运算指令表示常开触点的串联。使用"与"运算指令来检查二进制操作数的信号状态是否为"1"，并且将查询结果与该逻辑运算结果（RLO）的信号状态进行"与"运算。因此，查询结果与所检查的操作数信号状态相同。

如果两个相应的信号状态均为"1"，则在执行该指令后，RLO 为"1"。如果其中一个相应的信号状态为"0"，则在指令执行后，RLO 为"0"。

② O（Or）：或运算指令表示常开触点的并联。使用"或"运算指令来检查二进制操作数的信号状态是否为"1"，并且将查询结果与该逻辑运算结果（RLO）的信号状态进行"或"运算。因此，查询结果与所检查的操作数信号状态相同。

如果其中一个相应的信号状态为"1"，则在执行该指令之后，RLO 为"1"。如果这两个相应的信号状态均为"0"，则在执行该指令之后，RLO 也为"0"。

③ AN（And Not）：与运算取反指令表示常闭触点的串联。检测信号 0，与 And Not 关联。

④ ON（Or Not）：或运算取反指令表示常闭触点的并联。

⑤ 赋值指令"="：与线圈相对应。将 CPU 中保存的逻辑运算结果（RLO）的信号状态分配给指定操作数。如果 RLO 的信号状态为"1"，则置位操作数。如果信号状态为"0"，

则操作数复位为"0"。

⑥ "赋值取反"指令：可将逻辑运算的结果（RLO）进行取反，然后将其赋值给指定操作数。线圈输入的 RLO 为"1"时，复位操作数。线圈输入的 RLO 为"0"时，操作数的信号状态置位为"1"。

与、与运算取反及赋值指令示例如图 4-33 所示，图中左侧是梯形图，右侧是与梯形图对应的 SCL 指令。当常开触点 I0.0 和常闭触点 I0.2 都接通时，输出线圈 Q0.0 得电（Q0.0=1），Q0.0=1 实际上就是运算结果 RLO 的数值，I0.0 和 I0.2 是串联关系。

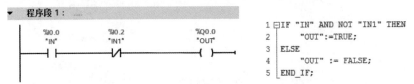

图 4-33　与、与运算取反及赋值指令示例

或、或运算取反及赋值指令示例如图 4-34 所示，当常开触点 I0.0、常开触点 Q0.0 和常闭触点 I0.2 有一个或多个接通时，输出线圈 Q0.0 得电（Q0.0=1），I0.0、Q0.0 和 I0.2 是并联关系。

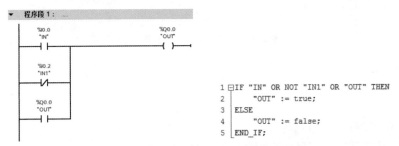

图 4-34　或、或运算取反及赋值指令示例

注意：在 SCL 程序中，关键字"TRUE"大写和小写都是合法的。"TRUE"可以与"1"相互替换，"FALSE"可以与"0"相互替换。

触点和赋值指令的 LAD 和 SCL 指令对应关系见表 4-15。

表 4-15　触点和赋值指令的 LAD 和 SCL 指令对应关系

LAD	SCL 指令	功能说明	说明

"IN"
⊣ ⊢
	IF IN THEN
	　Statement;
	ELSE
	　Statement;
	END_IF;
		常开触点	可将触点相互连接并创建用户自己的组合逻辑

"IN" ⊣/⊢	IF NOT（IN）THEN 　Statement; ELSE 　Statement; END_IF;	常闭触点	
"OUT" ⊣ ⊢	OUT：=<布尔表达式>;	赋值	将 CPU 中保存的逻辑运算结果的信号状态，分配给指定操作数
"OUT" ⊣/⊢	OUT：=NOT<布尔表达式>;	赋值取反	将 CPU 中保存的逻辑运算结果的信号状态取反后，分配给指定操作数

◁【例 4-7】　CPU 上电运行后，对 MB0 ～ MB3 清零复位，请设计此程序。

【解】　S7-1200/1500 PLC 虽然可以设置上电闭合一个扫描周期的特殊寄存器（FirstScan），但可以用如图 4-35 所示程序取代此特殊寄存器。另一种解法要用到启动组织块 OB100，将在后续章节讲解。

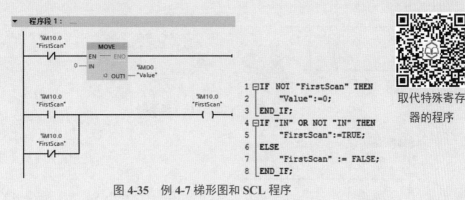

图 4-35　例 4-7 梯形图和 SCL 程序

（2）对 RLO 的直接操作指令

这类指令可直接对逻辑操作结果 RLO 进行操作，改变状态字中 RLO 的状态。对 RLO 的直接操作指令见表 4-16。

表 4-16　对 RLO 的直接操作指令

LAD	SCL 指令	功能说明	说明
—|NOT|—	NOT	取反 RLO	在逻辑串中，对当前 RLO 取反

取反 RLO 指令示例如图 4-36 所示，当 I0.0 为 1 时 Q0.0 为 0，反之当 I0.0 为 0 时 Q0.0 为 1。

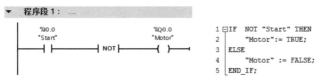

图 4-36　取反 RLO 指令示例

◁【例 4-8】　某设备上有"就地 / 远程"转换开关，当其设为"就地"挡时，就地灯亮，设为"远程"挡时，远程灯亮，请设计此程序。

【解】　梯形图如图 4-37 所示。

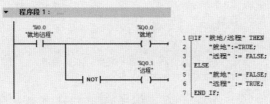

图 4-37　例 4-8 梯形图和 SCL 程序

（3）电路块的嵌套

如图 4-38 所示的或运算嵌套，实际就是把两个虚线框当作两个块，再将两个块作或运算。如图 4-39 所示的与运算嵌套，实际就是把两个虚线框当作两个块，再将两个块作与运算。

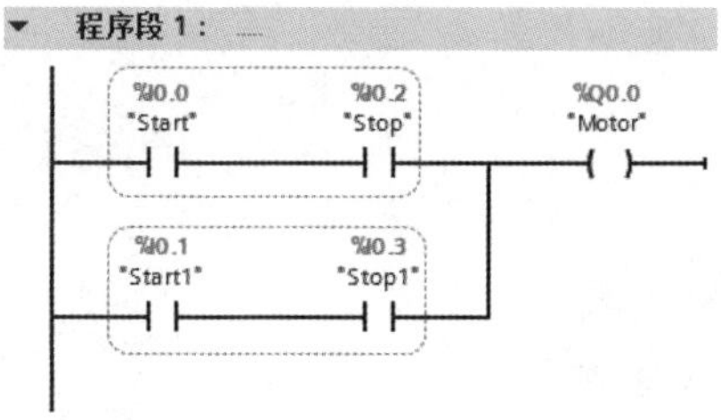

```
IF ("Start" AND "Stop") OR ("Start1" AND "Stop1") THEN
    "Motor":= TRUE;
ELSE
    "Motor" := FALSE;
END_IF;
```

图 4-38　或运算嵌套示例

```
IF ("Start" OR "Start1") AND ("Stop" OR "Stop1") THEN
    "Motor":= TRUE;
ELSE
    "Motor" := FALSE;
END_IF;
```

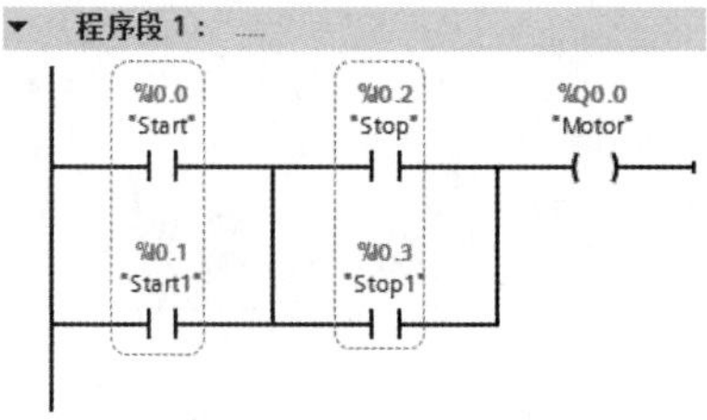

图 4-39　与运算嵌套示例

【例 4-9】　编写程序，实现当压下 SB1 按钮奇数次，灯亮，当压下 SB1 按钮偶数次，灯灭，即单键启停控制，请设计梯形图。

【解】　这个电路是微分电路，但没用到上升沿指令。梯形图和 SCL 程序如图 4-40 所示。

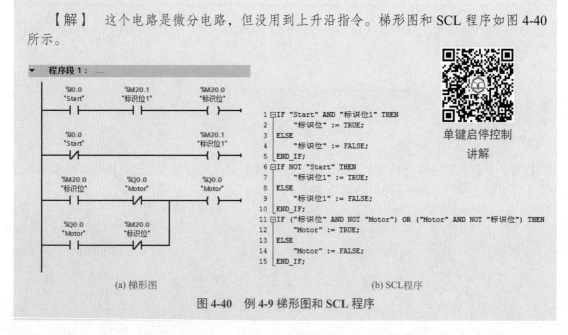

单键启停控制讲解

(a) 梯形图

```
IF "Start" AND "标识位1" THEN
    "标识位" := TRUE;
ELSE
    "标识位" := FALSE;
END_IF;
IF NOT "Start" THEN
    "标识位1" := TRUE;
ELSE
    "标识位1" := FALSE;
END_IF;
IF ("标识位" AND NOT "Motor") OR ("Motor" AND NOT "标识位") THEN
    "Motor" := TRUE;
ELSE
    "Motor" := FALSE;
END_IF;
```

(b) SCL程序

图 4-40　例 4-9 梯形图和 SCL 程序

注意：在经典 STEP 7 中，图 4-40 所示的梯形图需要三个程序段。

（4）置位与复位指令

S：置位指令将指定的地址位置位（变为 1，并保持）。

R：复位指令将指定的地址位复位（变为 0，并保持）。

如图 4-41 所示为置位 / 复位指令示例，当 I0.0 为 1，Q0.0 为 1，之后，即使 I0.0 为 0，Q0.0 保持为 1，直到 I0.1 为 1 时，Q0.0 变为 0。这两条指令非常有用。STEP 7 中没有与 R 和 S 对应的 SCL 指令。

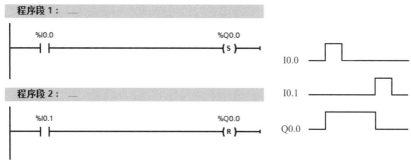

图 4-41　置位 / 复位指令示例

> **关键点**　置位 / 复位指令不一定要成对使用。

◁【例 4-10】　用置位 / 复位指令编写"正转—停—反转"的梯形图，其中 I0.0 与正转按钮关联，I0.1 与反转按钮关联，I0.2 与停止按钮（接常闭触点）关联，Q0.0 是正转输出，Q0.1 是反转输出。

【解】　梯形图如图 4-42 所示，可见使用置位 / 复位指令后，不需要用自锁，程序变得更加简洁。

程序段 1：正转

```
    %I0.0        %Q0.1              %Q0.0
  ---| |---------|/|----------------( S )---
```

程序段 2：反转

```
    %I0.1        %Q0.0              %Q0.1
  ---| |---------|/|----------------( S )---
```

程序段 3：停止

```
    %I0.2                           %Q0.0
  ---|/|------------------------+---( R )---
                                |
                                |   %Q0.1
                                +---( R )---
```

图 4-42　"正转—停—反转"梯形图

◁【例 4-11】　CPU 上电运行后，对 M10.2 置位，并一直保持为 1，请设计梯形图及 SCL 程序。

【解】 S7-1200/1500 PLC 虽然可以设置上电运行后一直闭合的特殊寄存器位（AlwaysTRUE），但设计如图 4-43 和图 4-44 所示程序，可替代此特殊寄存器位。

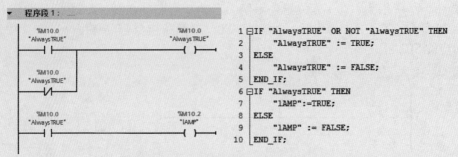

图 4-43 梯形图和 SCL 程序（1）

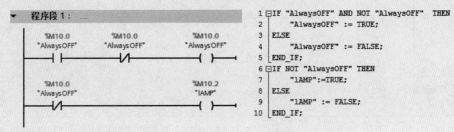

图 4-44 梯形图和 SCL 程序（2）

(5) SET_BF 位域 /RESET_BF 位域

① SET_BF："置位位域"指令，对从某个特定地址开始的多个位进行置位。

② RESET_BF："复位位域"指令，可对从某个特定地址开始的多个位进行复位。

置位位域和复位位域应用如图 4-45 所示，当常开触点 I0.0 接通时，从 Q0.0 开始的 3 个位置位，而当常开触点 I0.1 接通时，从 Q0.1 开始的 3 个位复位。这两条指令很有用，在 S7-300/400 PLC 中没有此指令。

STEP 7 中没有与 SET_BF 和 RESET_BF 对应的 SCL 指令。

(6) RS/SR 触发器

① RS：复位 / 置位触发器（置位优先）。如果 R 输入端的信号状态为 "1"，S1 输入端的信号状态为 "0"，则复位。如果 R 输入端的信号状态为 "0"，S1 输入端的信号状态为 "1"，则置位触发器。如果两个输入端的 RLO 状态均为 "1"，则置位触发器。如果两个输入端的 RLO 状态均为 "0"，保持触发器以前的状态。RS /SR 双稳态触发器示例如图 4-46 所示，用一个表格表示这个例子的输入与输出的对应关系，见表 4-17。

表 4-17 RS /SR 触发器输入与输出的对应关系

复位 / 置位触发器 RS（置位优先）				置位 / 复位触发器 SR（复位优先）			
输入状态		输出状态	说明	输入状态		输出状态	说明
S1 （I0.3）	R （I0.2）	Q （Q0.1）	当各个状态断开后，输出状态保持	S （I0.0）	R1 （I0.1）	Q （Q0.0）	当各个状态断开后，输出状态保持
1	0	1		1	0	1	
0	1	0		0	1	0	
1	1	1		1	1	0	

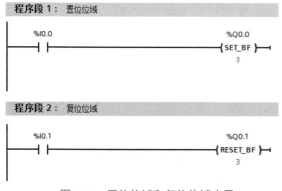

图 4-45　置位位域和复位位域应用

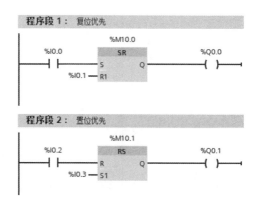

图 4-46　RS/SR 触发器示例

② SR：置位 / 复位触发器 (复位优先)。如果 S 输入端的信号状态为 "1"，R1 输入端的信号状态为 "0"，则置位。如果 S 输入端的信号状态为 "0"，R1 输入端的信号状态为 "1"，则复位触发器。如果两个输入端的 RLO 状态均为 "1"，则复位触发器。如果两个输入端的 RLO 状态均为 "0"，保持触发器以前的状态。

STEP 7 中没有与 RS 和 SR 对应的 SCL 指令。

⊲【例 4-12】　设计一个单键启停控制（乒乓控制）的程序，实现用一个单按钮控制一盏灯的亮和灭，即奇数次压下按钮灯亮，偶数次压下按钮灯灭。

【解】　先设计原理图，如图 4-47 所示。

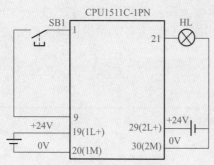

图 4-47　例 4-12 原理图

梯形图如图 4-48 所示，可见使用 SR 触发器指令后，不需要用自锁，程序变得更加简洁。当第一次压下按钮时，Q0.0 线圈得电（灯亮），Q0.0 常开触点闭合，当第二次压下按钮时，S 和 R1 端子同时高电平，由于复位优先，所以 Q0.0 线圈断电（灯灭）。

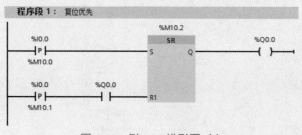

图 4-48　例 4-12 梯形图（1）

这个题目还有另一种解法，就是用 RS 指令，梯形图如图 4-49 所示，当第一次压下按钮时，Q0.0 线圈得电（灯亮），Q0.0 常闭触点断开，当第二次压下按钮时，R 端子高电平，所以 Q0.0 线圈断电（灯灭）。

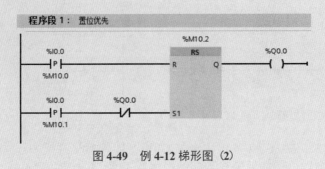

图 4-49 例 4-12 梯形图（2）

（7）上升沿和下降沿指令

扫描操作数的信号下降沿指令 FN 和扫描操作数的信号上升沿指令 FP。STEP 7 中没有与 FP 和 FN 对应的 SCL 指令。

① 扫描操作数的信号下降沿指令 FN 检测 RLO 从 1 调转到 0 时的下降沿，并保持 RLO=1 一个扫描周期。每个扫描周期期间，都会将 RLO 位的信号状态与上一个周期获取的状态比较，以判断是否改变。

下降沿示例的梯形图如图 4-50 所示，由如图 4-51 所示的时序图可知：当按钮 I0.0 按下后弹起时，产生一个下降沿，输出 Q0.0 得电一个扫描周期，这个时间是很短的，肉眼是分辨不出来的，因此若 Q0.0 控制的是一盏灯，肉眼是不能分辨出灯已经亮了一个扫描周期。在后面的章节中多处用到时序图，请读者务必掌握这种表达方式。

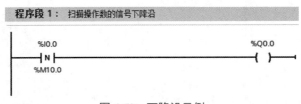

图 4-50 下降沿示例

② 扫描操作数的信号上升沿指令 FP 检测 RLO 从 0 调转到 1 时的上升沿，并保持 RLO=1 一个扫描周期。每个扫描周期期间，都会将 RLO 位的信号状态与上一个周期获取的状态比较，以判断是否改变。

上升沿示例的梯形图如图 4-52 所示，由图 4-53 所示的时序图可知：当按钮 I0.0 按下时，产生一个上升沿，输出 Q0.0 得电一个扫描周期，无论按钮闭合多长的时间，输出 Q0.0 只得电一个扫描周期。

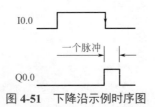

图 4-51 下降沿示例时序图

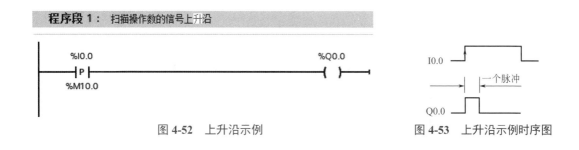

图 4-52 上升沿示例   图 4-53 上升沿示例时序图

【例 4-13】 梯形图如图 4-54 所示，如果压下与 I0.0 关联的按钮，闭合 1s 后弹起，请分析程序运行结果。

【解】 时序图如图 4-55 所示，当压下与 I0.0 关联的按钮时，产生上升沿，触点产生一个扫描周期的时钟脉冲，驱动输出线圈 Q0.1 通电一个扫描周期，Q0.0 也通电，使输出线圈 Q0.0 置位，并保持。

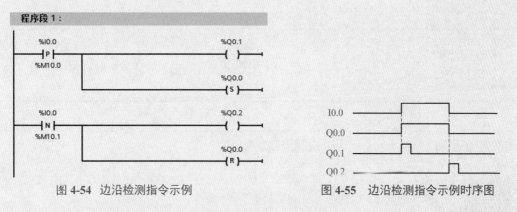

图 4-54 边沿检测指令示例   图 4-55 边沿检测指令示例时序图

当与 I0.0 关联的按钮弹起时，产生下降沿，触点产生一个扫描周期的时钟脉冲，驱动输出线圈 Q0.2 通电一个扫描周期，使输出线圈 Q0.0 复位并保持，Q0.0 得电共 1s。

【例 4-14】 设计一个程序，实现用一个单按钮控制一盏灯的亮和灭，即奇数次压下按钮灯亮，偶数次压下按钮灯灭。

【解】 当 I0.0 第一次合上时，M10.0 接通一个扫描周期，使得 Q0.0 线圈得电一个扫描周期，当下一次扫描周期到达，Q0.0 常开触点闭合自锁，灯亮。

当 I0.0 第二次合上时，M10.0 线圈得电一个扫描周期，使得 M10.0 常闭触点断开，灯灭。梯形图如图 4-56 所示。

上面的上升沿指令和下降沿指令没有对应的 SCL 指令。以下介绍的上升沿指令（R_TRIG）和下降沿指令（F_TRIG），其 LAD 和 SCL 指令对应关系见表 4-18。

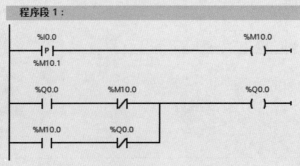

图 4-56 例 4-14 梯形图

表 4-18 上升沿指令（R_TRIG）和下降沿指令（F_TRIG）的 LAD 和 SCL 指令对应关系

LAD	SCL 指令	功能说明	说明

"R_TRIG_DB"
R_TRIG
EN   ENO
CLK   Q
	"R_TRIG_DB"（
	  CLK：=_in_,
	  Q=>_bool_out_）;
		上升沿指令	在信号上升沿置位变量

"F_TRIG_DB_1"
F_TRIG
EN   ENO
CLK   Q
	"F_TRIG_DB"（
	  CLK：=_in_,
	  Q=>_bool_out_）;
		下降沿指令	在信号下降沿置位变量

◁【例 4-15】 设计一个程序，实现点动功能。

【解】 编写点动程序有多种方法，本例利用上升沿指令（R_TRIG）和下降沿指令（F_TRIG），梯形图和 SCL 程序如图 4-57 所示。

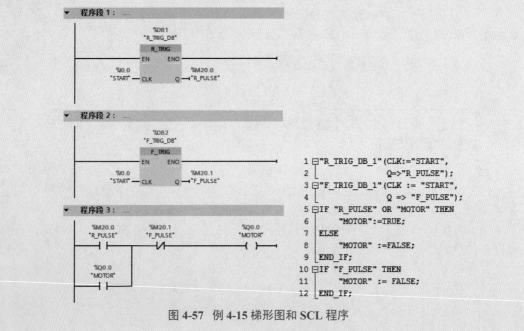

图 4-57 例 4-15 梯形图和 SCL 程序

4.4　定时器和计数器指令

4.4.1　IEC 定时器

TIA 博途软件的定时器指令相当于继电器接触器控制系统的时间继电器的功能。定时器的数量随 CPU 的类型不同，一般而言足够用户使用。SIMATIC 定时器适用于 S7-300/400/1500 PLC，不适用于 S7-1200 PLC。IEC 定时器适用于 S7-1200/1500 PLC。

S7-1200 PLC 不支持 S7 定时器，只支持 IEC 定时器。IEC 定时器集成在 CPU 的操作系统中，有以下定时器：脉冲定时器（TP）、通电延时定时器（TON）、时间累加器定时器（TONR）和断电延时定时器（TOF）。

4.4.1.1　通电延时定时器（TON）

通电延时定时器（TON）有线框指令和线圈指令，以下分别讲解。

（1）通电延时定时器（TON）线框指令

通电延时定时器（TON）的参数见表 4-19。

表 4-19　通电延时定时器指令和参数

LAD	SCL	参数	数据类型	说明
TON Time — IN　　　Q — — PT　　　ET —	"IEC_Timer_0_DB".TON (IN: =_bool_in_, PT: =_time_in_, Q=>_bool_out_, ET=>_time_out_);	IN	BOOL	启动定时器
		Q	BOOL	超过时间 PT 后，置位的输出
		PT	Time	定时时间
		ET	Time/LTime	当前时间值

以下用一个例子介绍通电延时定时器的应用。

◁【例 4-16】　压下启动按钮（与 I0.0 关联），3s 后电动机启动，请设计控制程序。

【解】　先插入 IEC 定时器 TON，弹出如图 4-58 所示界面，单击"确定"按钮，分配数据块，再编写程序如图 4-59 所示。当 I0.0 闭合时，启动定时器，T#3s 是定时时间，3s 后 Q0.0 为 1，MD10 中是定时器定时的当前时间。

图 4-58　插入数据块

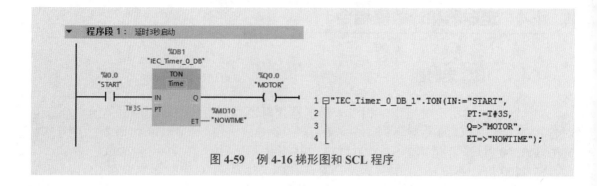

图 4-59　例 4-16 梯形图和 SCL 程序

◁【例 4-17】　设计一段程序，实现一盏灯亮 3s，灭 3s，不断循环，且能实现启停控制。

【解】　PLC 采用 CPU1511C-1PN 或者 CPU1211C，原理图如图 4-60 所示，梯形图如图 4-61 所示。控制过程是：当 SB1 合上，定时器 T0 定时 3s 后 Q0.0 控制的灯灭，与此同时定时器 T1 启动定时，3s 后 M10.1 的常闭触点断开，造成 T0 和 T1 的线圈断电；此时 M10.1 的常闭触点闭合，T0 又开始定时，Q0.0 灯亮，如此周而复始，Q0.0 控制灯闪烁。

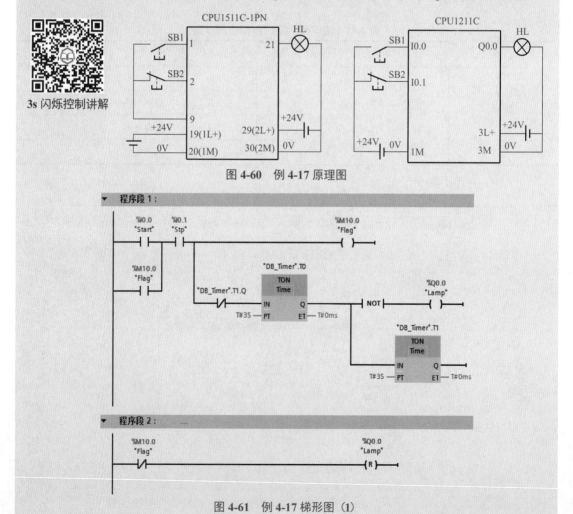

图 4-60　例 4-17 原理图

图 4-61　例 4-17 梯形图（1）

(2)通电延时定时器(TON)线圈指令

通电延时定时器(TON)线圈指令与线框指令类似,但没有 SCL 指令,以下仅用【例 4-16】介绍其用法。

① 先添加数据块 DB1,数据块的类型选定为"IEC_TIMER",单击"确定"按钮,如图 4-62 所示。

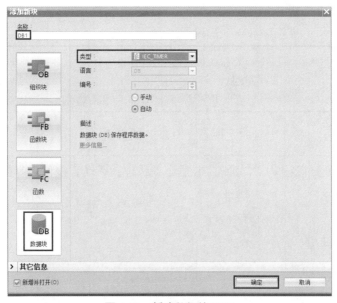

图 4-62　新建数据块 DB1

数据块的参数如图 4-63 所示,各参数的含义与表 4-19 相同,在此不做赘述。

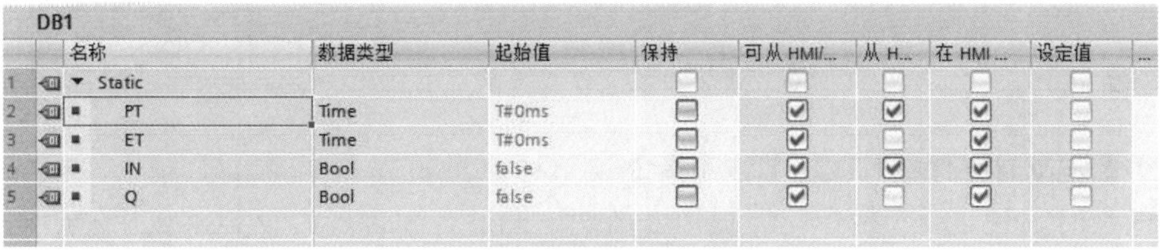

		名称	数据类型	起始值	保持	可从 HMI/…	从 H…	在 HMI …	设定值	…
1		▼ Static			□	□		□	□	
2		■ PT	Time	T#0ms	□	☑	☑	☑	□	
3		■ ET	Time	T#0ms	□	☑	☑	☑	□	
4		■ IN	Bool	false	□	☑	☑	☑	□	
5		■ Q	Bool	false	□	☑	□	☑	□	

图 4-63　数据块 DB1 参数

② 编写程序,如图 4-64 所示。

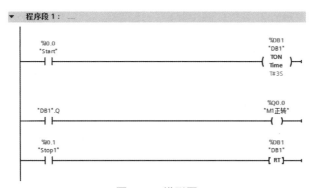

图 4-64　梯形图

4.4.1.2 断电延时定时器（TOF）

（1）断电延时定时器（TOF）线框指令

断电延时定时器（TOF）的参数见表4-20。

表 4-20 断电延时定时器指令和参数

LAD	SCL	参数	数据类型	说明
TOF Time — IN　　Q — — PT　　ET —	"IEC_Timer_0_DB".TOF （ IN：= _bool_in_, PT：= _time_in_, Q=>_bool_out_, ET=>_time_out_ ）;	IN	BOOL	启动定时器
		Q	BOOL	定时器 PT 计时结束后要复位的输出
		PT	Time	关断延时的持续时间
		ET	Time/LTime	当前时间值

以下用一个例子介绍断电延时定时器（TOF）的应用。

⊲【例4-18】　断开按钮I0.0，延时3s后电动机停止转动，设计控制程序。

【解】　先插入 IEC 定时器 TOF，弹出如图 4-58 所示界面，分配数据块，再编写程序如图 4-65 所示，压下 I0.0 按钮 Q0.0 得电，电动机启动。T#3s 是定时时间，断开 I0.0，启动定时器，3s 后 Q0.0 为 0，电动机停转，MD10 中是定时器定时的当前时间。

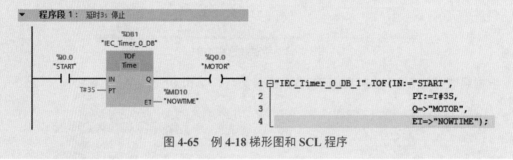

图 4-65　例 4-18 梯形图和 SCL 程序

（2）断电延时定时器（TOF）线圈指令

断电延时定时器线圈指令与线框指令类似，但没有 SCL 指令，以下仅用一个例子介绍其用法。

⊲【例4-19】　某车库中有一盏灯，当人离开车库后，按下停止按钮，5s 后灯熄灭，原理图如图 4-66 所示，要求编写程序。

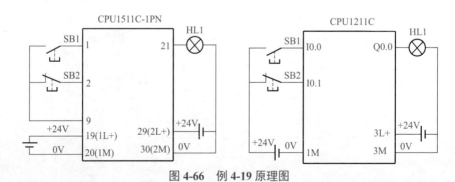

图 4-66　例 4-19 原理图

【解】　①先添加数据块 DB1，数据块的类型选定为"IEC_TIMER"，单击"确定"按钮，如图 4-67 所示。

图 4-67　例 4-19 新建数据块 DB1

数据块的参数如图 4-68 所示，各参数的含义与表 4-20 相同，在此不做赘述。

	名称	数据类型	起始值	保持	可从 HMI/...	从 H...	在 HMI ...	设定值	...
1	▼ Static								
2	■ PT	Time	T#0ms	☐	☑	☑	☑	☐	
3	■ ET	Time	T#0ms	☐	☑	☐	☑	☐	
4	■ IN	Bool	false	☐	☑	☑	☑	☐	
5	■ Q	Bool	false	☐	☑	☐	☑	☐	

图 4-68　例 4-19 数据块 DB1 参数

②编写程序，如图 4-69 所示。当接通 SB1 按钮，灯 HL1 亮；按下 SB2 按钮 5s 后，灯 HL1 灭。

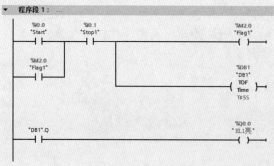

图 4-69　例 4-19 梯形图

【例4-20】 鼓风机系统一般由引风机和鼓风机两级构成。当按下启动按钮之后，引风机先工作，工作5s后，鼓风机工作。按下停止按钮之后，鼓风机先停止工作，5s之后，引风机才停止工作，编写控制程序。

【解】 ①PLC的I/O分配见表4-21。

表4-21 PLC的I/O分配表

输入			输出		
名 称	符 号	输入点	名 称	符 号	输出点
开始按钮	SB1	I0.0	鼓风机	KA1	Q0.0
停止按钮	SB2	I0.1	引风机	KA2	Q0.1

② 控制系统的接线。鼓风机控制系统按照如图4-70所示原理图接线。

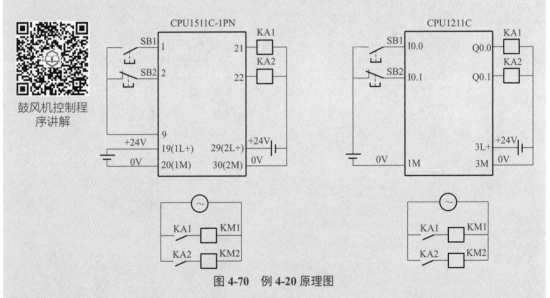

鼓风机控制程序讲解

图4-70 例4-20原理图

③ 编写程序。引风机在按下停止按钮后还要运行5s，容易想到要使用TOF定时器；鼓风机在引风机工作5s后才开始工作，因而用TON定时器。先新建全局数据块DB_Timer，再建变量T0和T1，注意其数据类型为"IEC_TIMER"，如图4-71所示，这样建数据块，和系统自动生成数据块相比，减少了数据块数量，尤其在较大的项目中应用较多。最后编写如图4-72所示的程序。

DB_Timer					
	名称	数据类型	起始值	保持	可从 H...
1	▼ Static				
2	■ ▶ T0	IEC_TIMER			☑
3	■ ▶ T1	IEC_TIMER			☑
4	■ <新增>				

图4-71 全局数据块DB_Timer

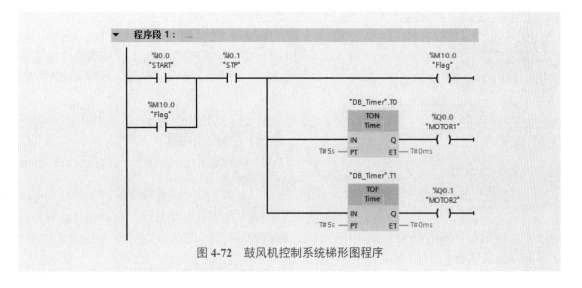

图 4-72　鼓风机控制系统梯形图程序

4.4.1.3　时间累加器定时器（TONR）

时间累加器定时器（TONR）的参数见表 4-22。

表 4-22　时间累加器定时器指令和参数

LAD	SCL	参数	数据类型	说明
TONR Time IN　Q R PT　ET	"IEC_Timer_0_DB".TONR（IN：=_bool_in_, R：=_bool_in_, PT：=_in_, Q=>_bool_out_, ET=>_out_);	IN	BOOL	启动定时器
		Q	BOOL	超过时间 PT 后，置位的输出
		R	BOOL	复位输入
		PT	Time	时间记录的最长持续时间
		ET	Time/LTime	当前时间值

以下用一个例子介绍时间累加器定时器（TONR）的应用。如图 4-73 所示，当 I0.0 闭合的时间累加和大于等于 10 s（即 I0.0 闭合一次或者闭合数次时间累加和大于等于 10 s），Q0.0 线圈得电，如需要 Q0.0 线圈断电，则要 I0.1 闭合。

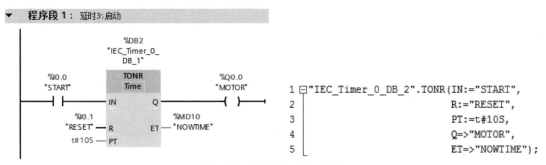

图 4-73　梯形图和 SCL 程序

【例 4-21】 现有一套三级输送机，用于实现货料的传输，每一级输送机由一台交流电机进行控制，电机为 Ml、M2 和 M3，分别由接触器 KM1、KM2、KM3、KM4、KM5 和 KM6 控制电机的正反转运行。

系统的结构示意图如图 4-74 所示。

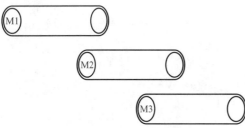

图 4-74 系统的结构示意图

(1) 控制任务描述

① 当装置上电时，系统进行复位，所有电机停止运行。

② 当手 / 自动转换开关 SA1 打到左边时，系统进入自动状态。按下系统启动按钮 SB1 时，电机 M1 首先正转启动，运转 10s 以后，电机 M2 正转启动，当电机 M2 运转 10s 以后，电机 M3 正转启动，此时系统完成启动过程，进入正常运转状态。

③ 当按下系统停止按钮 SB2 时，电机 M1 首先停止，当电机 M1 停止 10s 以后，电机 M2 停止，当 M2 停止 10s 以后，电机 M3 停止。系统在启动过程中按下停止按钮 SB2，电机按启动的顺序反向停止运行。

④ 当系统按下急停按钮 SB9 时三台电机要求停止工作，直到急停按钮取消时，系统恢复到当前状态。

⑤ 当手 / 自动转换开关 SA1 打到右边时系统进入手动状态，系统只能由手动开关控制电机的运行。通过手动开关（ SB3 ～ SB8)，操作者能控制三台电机的正反转运行，实现货物的手动运行。

(2) 编写程序

根据系统的功能要求，编写控制程序。

【解】 电气原理图如图 4-75 所示，梯形图如图 4-76 所示。

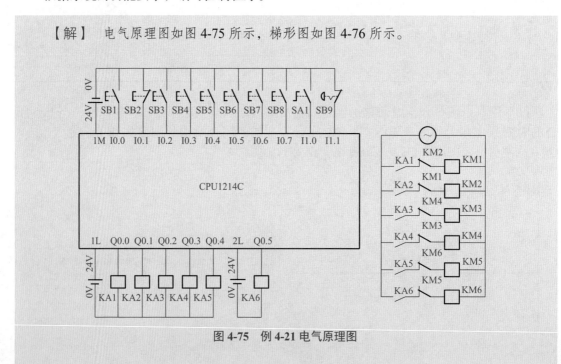

图 4-75 例 4-21 电气原理图

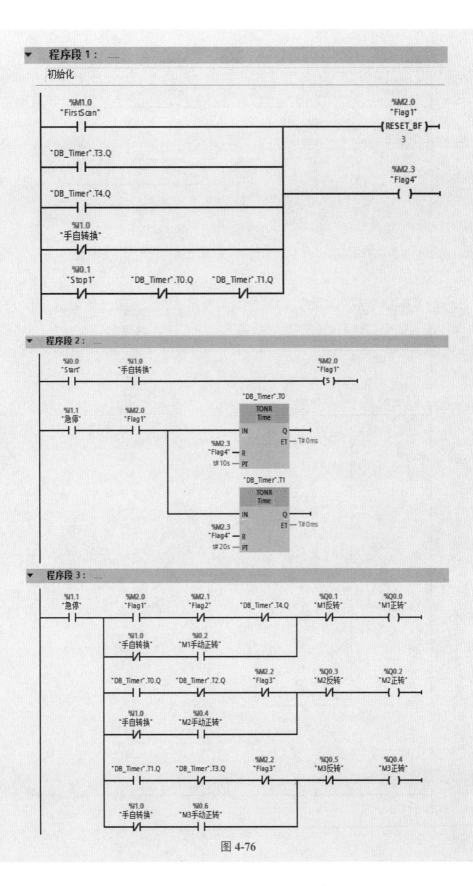

图 4-76

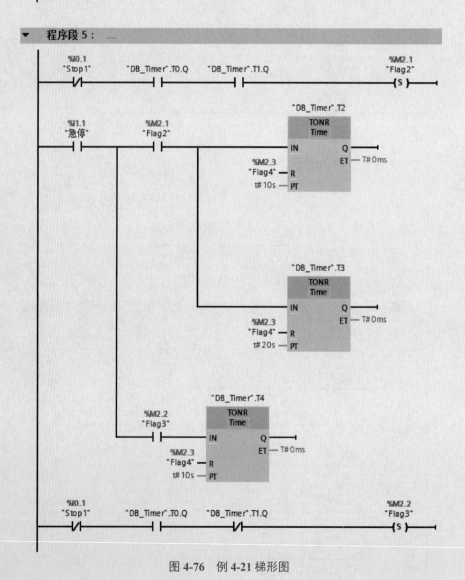

图 4-76　例 4-21 梯形图

4.4.2　SIMATIC 定时器

TIA 博途软件的定时器指令相当于继电器接触器控制系统的时间继电器的功能。定时器的数量根据 CPU 的类型不同而不同，一般而言足够用户使用。SIMATIC 定时器适用于 S7-300/400/1500 PLC，不适用于 S7-1200 PLC。在 STEP 7 中，没有与 SIMATIC 线圈型定时器对应的 SCL 指令，但有与线框型定时器对应的 SCL 指令。

(1) 定时器的种类

TIA 博途软件的 SIMATIC 定时器指令较为丰富，除了常用的接通延时定时器（SD）和断开延时定时器（SF）以外，还有脉冲定时器（SP）、扩展脉冲定时器（SE）和保持型接通延时定时器（SS）共 5 类。

(2) 接通延时定时器（SD）

接通延时定时器（SD）相当于继电器接触器控制系统中的通电延时时间继电器。通电延时继电器的工作原理是：线圈通电，触点延时一段时间后动作。SD 指令是当逻辑位接通时，定时器开始定时，计时过程中，定时器的输出为"0"，在定时时间到，输出为"1"，在整个过程中，逻辑位要接通，只要逻辑位断开，则输出为"0"。接通延时定时器是最为常用的一种定时器。接通延时定时器的线圈指令和参数见表 4-23。

表 4-23　接通延时定时器的线圈指令和参数

LAD	参数	数据类型	存储区	说明
T no. –（SD）	T no.	Timer	T	表示要启动的定时器号
	时间值	S5Time，WORD	I、Q、M、D、L 或常数	定时器时间值

用一个例子来说明 SD 线圈指令的使用，梯形图如图 4-77 所示，对应的时序图如图 4-78 所示。当 I0.0 闭合时，定时器 T0 开始定时，定时 1s 后（I0.0 一直闭合），Q0.0 输出高电平"1"，若 I0.0 的闭合时间不足 1s，Q0.0 输出为"0"，若 I0.0 断开，Q0.0 输出为"0"。无论什么情况下，只要复位输入端起作用，本例为 I0.1 闭合，则定时器复位，Q0.0 输出为"0"。

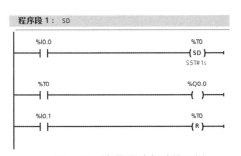

图 4-77　接通延时定时器示例

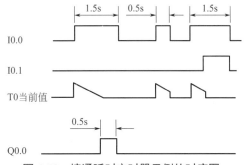

图 4-78　接通延时定时器示例的时序图

TIA 博途软件除了提供接通延时定时器线圈指令外，还提供了更加复杂的方框指令来实现相应的定时功能。接通延时定时器方框指令和参数见表 4-24。

表 4-24　接通延时定时器方框指令和参数

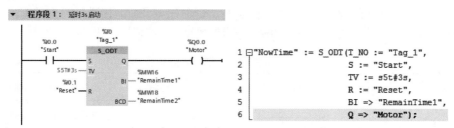

LAD	SCL	参数	数据类型	说明
		T no.	Timer	要启动的定时器号，如 T0
		S	BOOL	启动输入端
		TV	S5Time，WORD	定时时间
		R	BOOL	复位输入端
		Q	BOOL	定时器的状态
		BI	WORD	当前时间（整数格式）
		BCD	WORD	当前时间（BCD 码格式）

接通延时定时器指令应用的梯形图和 SCL 程序如图 4-79 所示。

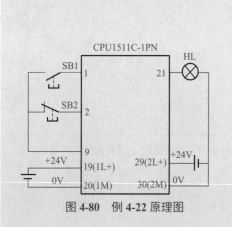

图 4-79　接通延时定时器指令应用的梯形图和 SCL 程序

【例 4-22】　设计一段程序，实现一盏灯灭 3s，亮 3s，不断循环，且能实现启停控制。

【解】　PLC 采用 CPU1511C-1PN，原理图如图 4-80 所示，梯形图如图 4-81 所示。这个梯形图比较简单，但初学者往往不易看懂。控制过程是：当 SB1 合上，定时器 T0 定时 3s 后，Q0.0 控制的灯灭，与此同时定时器 T1 启动定时，3s 后 T1 的常闭触点断开切断 T0，进而 T0 的常开触点切断 T1；此时 T1 的常闭触点闭合 T0 又开始定时，Q0.0 灯亮，如此周而复始，Q0.0 控制灯闪烁。

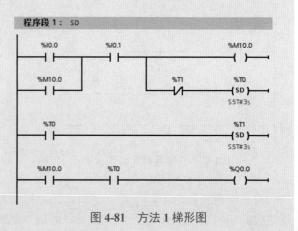

图 4-80　例 4-22 原理图　　　　图 4-81　方法 1 梯形图

本例的第二种解法，梯形图和 SCL 程序如图 4-82 所示，定时器用方框图表示，这种解法更容易理解。

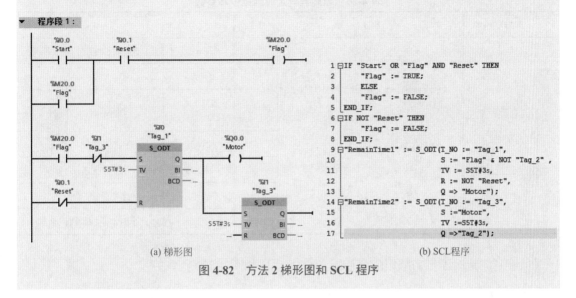

图 4-82　方法 2 梯形图和 SCL 程序

（3）断开延时定时器（SF）

断开延时定时器（SF）相当于继电器控制系统的断电延时时间继电器，是定时器指令中唯一一个由下降沿启动的定时器指令。断开延时定时器的线圈指令和参数见表 4-25。

表 4-25　断开延时定时器的线圈指令和参数

LAD	参数	数据类型	存储区	说明
T no.　－（SF）	T no.	Timer	T	表示要启动的定时器号
	时间值	S5Time，WORD	I、Q、M、D、L 或常数	定时器时间值

用一个例子来说明 SF 线圈指令的使用，梯形图如图 4-83 所示，对应的时序图如图 4-84 所示。当 I0.0 闭合时，Q0.0 输出高电平"1"，当 I0.0 断开时产生一个下降沿，定时器 T0 开始定时，定时 1s 后（无论 I0.0 是否闭合），定时时间到，Q0.0 输出为低电平"0"。任何时候复位有效时，定时器 T0 定时停止，Q0.0 输出为低电平"0"。

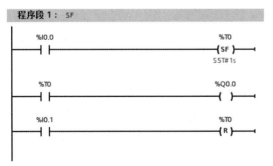

图 4-83　断开延时定时器示例

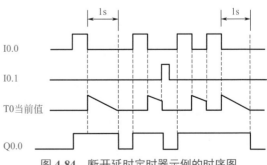

图 4-84　断开延时定时器示例的时序图

TIA 博途软件除了提供断开延时定时器线圈指令外，还提供更加复杂的方框指令来实现相应的定时功能。断开延时定时器方框指令和参数见表 4-26。

表 4-26　断开延时定时器指令和参数

LAD	SCL	参数	数据类型	说明
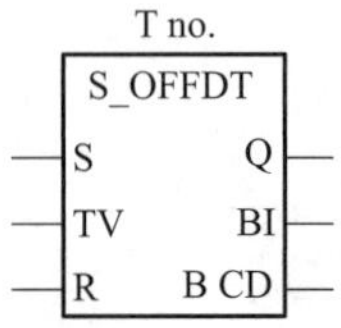		T no.	Timer	要启动的定时器号，如 T0
	"Tag_Result" : =S_OFFDT（T_NO: = "Timer_1"， S : = "Tag_1"， TV : = "Tag_Number"， R : = "Tag_Reset"， Q : = "Tag_Status"， BI : = "Tag_Value"）;	S	BOOL	启动输入端
		TV	S5Time， WORD	定时时间
		R	BOOL	复位输入端
		Q	BOOL	定时器的状态
		BI	WORD	当前时间（整数格式）
		BCD	WORD	当前时间（BCD 码格式）

断开延时定时器指令应用的梯形图和 SCL 程序如图 4-85 所示。

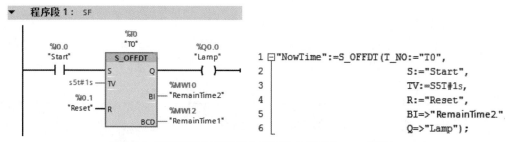

图 4-85　断开延时定时器指令应用的梯形图和 SCL 程序

◁【例 4-23】　某车库中有一盏灯，当人离开车库后，按下停止按钮，5s 后灯熄灭，请编写程序。

【解】　当接通 SB1 按钮，灯 HL 亮；按下 SB2 按钮 5s 后，灯 HL 灭。接线图如图 4-86 所示，梯形图如图 4-87 所示。

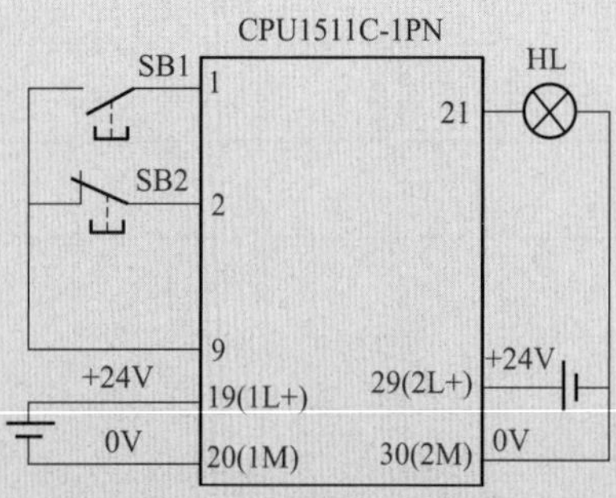

图 4-86　例 4-23 接线图

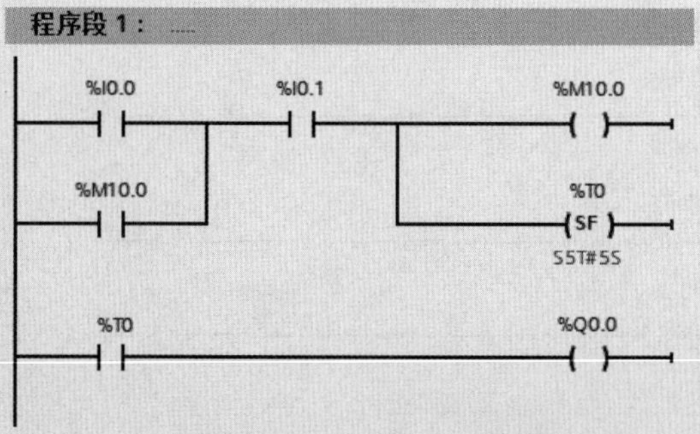

图 4-87　例 4-23 梯形图

4.4.3　IEC 计数器

S7-1200 PLC 不支持 S7 计数器，只支持 IEC 计数器。IEC 计数器集成在 CPU 的操作系统中。在 CPU 中有以下计数器：加计数器（CTU）、减计数器（CTD）和加减计数器（CTUD）。

（1）加计数器（CTU）

加计数器（CTU）的参数见表 4-27。

表 4-27　加计数器（CTU）指令和参数

LAD	SCL	参数	数据类型	说明
		CU	BOOL	计数器输入
		R	BOOL	复位，优先于 CU 端
"IEC_COUNTER_DB".CTU（CU：= "Tag_Start"， R：= "Tag_Reset"， PV：= "Tag_PresetValue"， Q => "Tag_Status"， CV => "Tag_CounterValue"）；		PV	Int	预设值
		Q	BOOL	计数器的状态，CV≥PV，Q输出1，CV<PV，Q输出0
		CV	整数、Char、WChar、Date	当前计数值

注：从指令框的"???"下拉列表中选择该指令的数据类型。

以下以加计数器（CTU）为例介绍 IEC 计数器的应用。

◁【例 4-24】　压下启动按钮（与 I0.0 关联）3 次后，电动机启动，压下复位按钮（与 I0.1 关联），电动机停止，请设计控制程序。

【解】　将 CTU 计数器拖拽到程序编辑器中，弹出如图 4-88 所示界面，单击"确定"按钮，输入梯形图或 SCL 程序如图 4-89 所示。当启动按钮压下 3 次，MW12 中存储的是当前计数值（CV），且为 3，等于预设值（PV），所以 Q0.0 状态变为 1，电动机启动；当压下复位按钮，MW12 中存储的当前计数值变为 0，小于预设值（PV），所以 Q0.0 状态变为 0，电动机停止。

图 4-88　调用选项

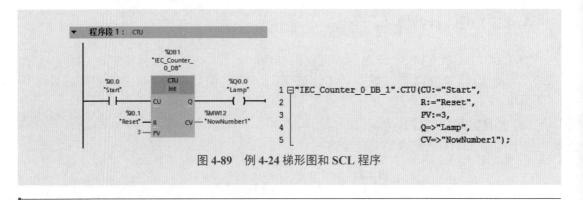

图 4-89　例 4-24 梯形图和 SCL 程序

◁【例 4-25】　设计一个程序，实现用一个单按钮控制一盏灯的亮和灭，即奇数次压下按钮时，灯亮，偶数次压下按钮时，灯灭。

【解】　当 I0.0 第一次合上时，M2.0 接通一个扫描周期，使得 Q0.0 线圈得电一个扫描周期，当下一次扫描周期到达，Q0.0 常开触点闭合自锁，灯亮。

当 I0.0 第二次合上时，M2.0 接通一个扫描周期，当计数器计数为 2 时，M2.1 线圈得电，从而 M2.1 常闭触点断开，Q0.0 线圈断电，使得灯灭，同时计数器复位。梯形图如图 4-90 所示。

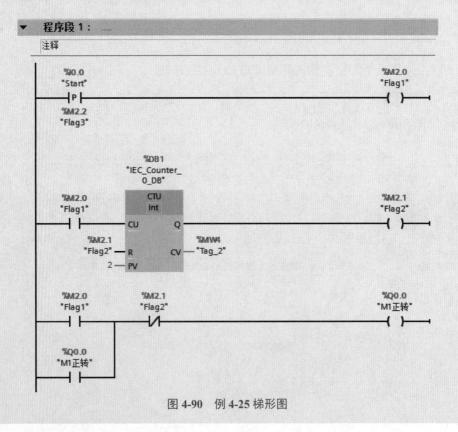

图 4-90　例 4-25 梯形图

（2）减计数器（CTD）

减计数器（CTD）的参数见表 4-28。

表 4-28 减计数器（CTD）指令和参数

LAD	SCL	参数	数据类型	说明
		CD	BOOL	计数器输入
		LD	BOOL	装载输入
	"IEC_Counter_0_DB_1".CTD（CD：=_bool_in_, LD：=_bool_in_, PV：=_in_, Q=>_bool_out_, CV=>_out_ ）;	PV	Int	预设值
		Q	BOOL	使用 LD=1 置位 输出 CV 的目标值
		CV	整数、Char、 WChar、Date	当前计数值

注：从指令框的"???"下拉列表中选择该指令的数据类型。

以下用一个例子说明减计数器（CTD）的用法。

梯形图和 SCL 程序如图 4-91 所示。当 I0.1 闭合 1 次，PV 值装载到当前计数值（CV），且为 3。当 I0.0 闭合一次，CV 减 1，当 I0.0 闭合共 3 次，CV 值变为 0，所以 Q0.0 状态变为 1。

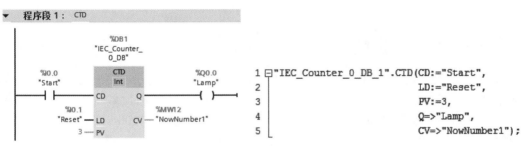

图 4-91 减计数器应用示例梯形图和 SCL 程序

（3）加减计数器（CTUD）

加减计数器指令（CTUD）和参数见表 4-29。

表 4-29 加减计数器指令（CTUD）和参数

LAD	SCL	参数	数据类型	说明
		CU	BOOL	加计数器输入
		CD	BOOL	减计数器输入
	"IEC_Counter_0_DB_1".CTUD（CU：=_bool_in_, CD：=_bool_in_, R：=_bool_in_, LD：=_bool_in_, PV：=_in_, QU=>_bool_out_, QD=>_bool_out_, CV=>_out_ ）;	R	BOOL	复位输入
		LD	BOOL	装载输入
		PV	Int	预设值
		QU	BOOL	加计数器的状态
		QD	BOOL	减计数器的状态
		CV	整数、Char、 WChar、Date	当前计数值

注：从指令框的"???"下拉列表中选择该指令的数据类型。

以下用一个例子说明加减计数器指令（CTUD）的用法。

梯形图和 SCL 程序如图 4-92 所示。如果当前值 PV 为 0，闭合 I0.0 共 3 次，CV 为 3，QU 的输出 Q0.0 为 1，当 I0.1 闭合，复位计数器，Q0.0 为 0。

当 I0.3 闭合 1 次，PV 值装载到当前计数值（CV），且为 3。当 I0.2 闭合 1 次，CV 减 1，I0.2 共 3 次，CV 值变为 0，所以 Q0.1 状态变为 1。

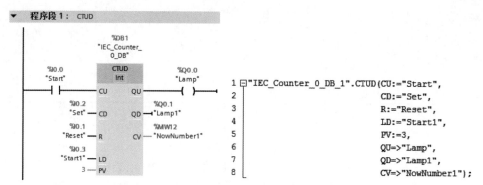

图 4-92 加减计数器应用示例梯形图和 SCL 程序

4.4.4 SIMATIC 计数器

计数器的功能是完成计数功能，可以实现加法计数和减法计数，计数范围是 0 ～ 999，计数器有三种类型：加计数器（S_CU）、减计数器（S_CD）和加减计数器（S_CUD）。SIMATIC 计数器适用于 S7-300/400/1500 PLC，不适用于 S7-1200 PLC。本书未介绍 SIMATIC 计数器的线圈指令。

（1）计数器的存储区

在 CPU 中，为计数器保留了存储区。该存储区为每个计数器地址保留一个 16 位的字。计数器的存储格式如图 4-93 所示，其中 BCD 码格式的计数值占用字的 0 ～ 11 位，共 12 位，而 12 ～ 15 位不使用；二进制格式的计数值占用字的 0 ～ 9 位，共 10 位，而 10 ～ 15 位不使用。

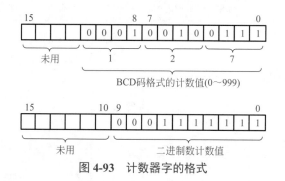

图 4-93 计数器字的格式

（2）加计数器（S_CU）

加计数器（S_CU）在计数初始值预置输入端 S 上有上升沿时，PV 装入预置值，输入端 CU 每检测到一次上升沿，当前计数值 CV 加 1（前提是 CV 小于 999）；当当前计数值大于 0 时，Q 输出为高电平 "1"；当 R 端子的状态为 "1" 时，计数器复位，当前计数值 CV 为 "0"，

输出也为 "0"。加计数器指令和参数见表 4-30。

表 4-30　加计数器指令和参数

LAD	SCL	参数	数据类型	说明
C no. S_CU CU　　Q S PV　　CV 　　CV_BCD R	"Tag_Result" : = S_CU（C_NO: = "Counter_1", 　　CU : = "Tag_Start", 　　S : = "Tag_1", 　　PV : = "Tag_PresetValue", 　　R : = "Tag_Reset", 　　Q => "Tag_Status", 　　CV => "Tag_Value"）;	C no.	Counter	要启动的计数器号, 如 C0
		CU	BOOL	加计数输入
		S	BOOL	计数初始值预置输入端
		PV	WORD	初始值的 BCD 码
		R	BOOL	复位输入端
		Q	BOOL	计数器的状态输出
		CV	WORD, S5Time, Date	当前计数值（整数格式）
		CV_BCD		

用一个例子来说明加计数器指令的使用, 梯形图和 SCL 程序如图 4-94 所示, 与之对应的时序图如图 4-95 所示。当 I0.2 闭合时, 将 2 赋给 CV; 当 I0.0 每产生一个上升沿, 计数器 C0 计数 1 次, CV 加 1; 只要计数值大于 0, Q0.0 输出高电平 "1"。任何时候复位有效时, 计数器 C0 复位, CV 清零, Q0.0 输出为低电平 "0"。

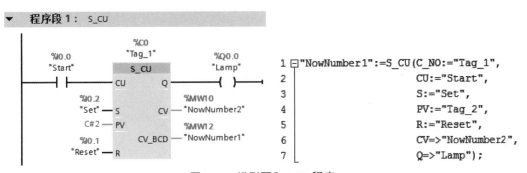

图 4-94　梯形图和 SCL 程序

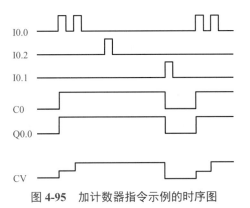

图 4-95　加计数器指令示例的时序图

⏱ **关键点** S7-200 PLC 的加计数器（如 C0），当计数值达到预置值时，C0 的常开触点闭合，常闭触点断开，S7-1500 PLC 的 SIMATIC 计数器无此功能。

◁ **【例 4-26】** 设计一个程序，实现用一个按钮控制一盏灯的亮和灭，即压下按钮奇数次时，灯亮，压下按钮偶数次时，灯灭。

【解】 当 I0.0 第一次合上时，M10.0 接通一个扫描周期，使得 Q0.0 线圈得电一个扫描周期，当下一次扫描周期到达，Q0.0 常开触点闭合自锁，灯亮。

当 I0.0 第二次合上时，M10.0 接通一个扫描周期，C0 计数为 2，Q0.0 线圈断电，使得灯灭，同时计数器复位。梯形图如图 4-96 所示。

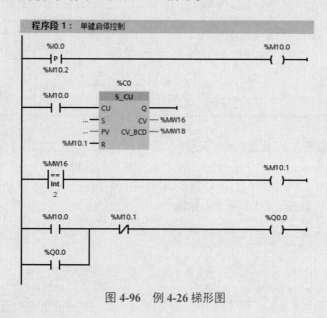

图 4-96 例 4-26 梯形图

■ 4.5 移动操作指令

(1) 移动值指令（MOVE）

当允许输入端的状态为"1"时，启动此指令，将 IN 端的数值输送到 OUT 端的目的地址中，IN 和 OUTx（x 为 1、2、3）有相同的信号状态，移动值指令（MOVE）及参数见表 4-31。

表 4-31 移动值指令（MOVE）及参数

LAD	SCL	参数	数据类型	说明
MOVE — EN — ENO — — IN ⁜ OUT1 —	OUT1 : =IN;	EN	BOOL	允许输入
		ENO	BOOL	允许输出
		OUT1	位字符串、整数、浮点数、定时器、日期时间、Char、WChar、Struct、Array、Timer、Counter、IEC数据类型、PLC数据类型（UDT）	目的地址
		IN		源数据

每点击"MOVE"指令中的 一次，就增加一个输出端。

用一个例子来说明移动值指令（MOVE）的使用，梯形图和 SCL 程序如图 4-97 所示，当 I0.0 闭合，MW20 中的数值（假设为 8）传送到目的地址 MW22 和 MW30 中，结果是 MW20 、MW22 和 MW30 中的数值都是 8。Q0.0 的状态与 I0.0 相同，也就是说，I0.0 闭合时，Q0.0 为"1"；I0.0 断开时，Q0.0 为"0"。

MOVE 指令
使用讲解

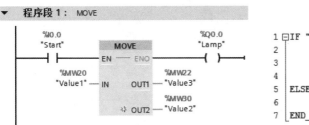

图 4-97　移动值指令应用示例梯形图和 SCL 程序

◁【例 4-27】　根据图 4-98 和图 4-99 所示电动机 Y- △启动的电气原理图，编写控制程序。

【解】　本例 PLC 可采用 CPU1211C。前 10s Q0.0 和 Q0.1 线圈得电，星形启动，从第 8～8.1s 只有 Q0.0 得电，从 8.1s 开始，Q0.0 和 Q0.2 线圈得电，电动机为三角形运行。梯形图程序如图 4-100 所示。这种方法编写程序很简单，但浪费了宝贵的输出点资源。

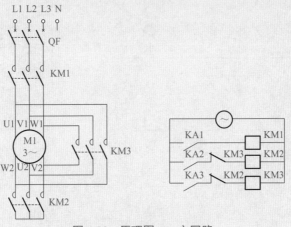

图 4-98　原理图——主回路

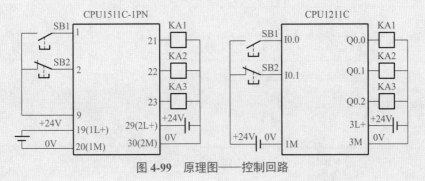

图 4-99　原理图——控制回路

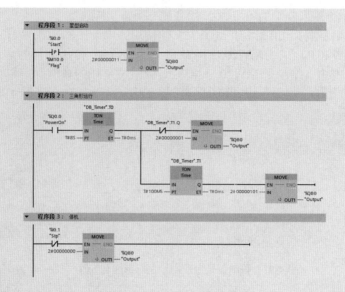

图 4-100　电动机 Y-△启动梯形图

图 4-100 所示梯形图是正确的，但需占用 4 个输出点，而真实使用的输出点却只有 3 个，浪费了 1 个宝贵的输出点，因此从工程的角度考虑，不是一个实用程序。改进的梯形图和 SCL 程序如图 4-101 所示，仍然采用以上方案，但只需要使用 3 个输出点，因此是一个实用程序。

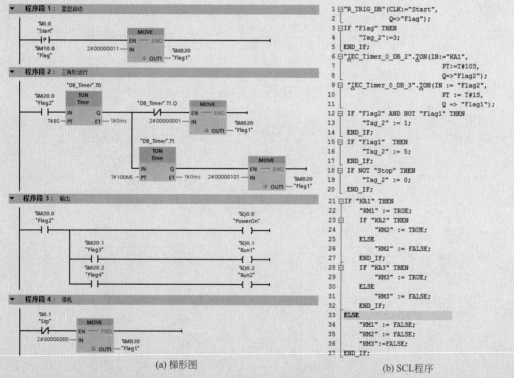

(a) 梯形图　　　　　　　　　　　　　　　　　(b) SCL程序

图 4-101　电动机 Y-△启动梯形图和 SCL 程序（改进后）

（2）存储区移动指令（MOVE_BLK）

将一个存储区（源区域）的数据移动到另一个存储区（目标区域）中。使用输入 COUNT 可以指定将移动到目标区域中的元素个数。可通过输入 IN 中元素的宽度来定义元素待移动的宽度。存储区移动指令（MOVE_BLK）及参数见表 4-32。

表 4-32　存储区移动指令（MOVE_BLK）及参数

LAD	SCL	参数	数据类型	说明
MOVE_BLK EN — ENO IN　OUT COUNT	MOVE_BLK（IN：=_in_, COUNT：=_in_, OUT=>_out_）；	EN	BOOL	使能输入
		ENO	BOOL	使能输出
		IN	二进制数、整数、浮点数、定时器、Date、Char、WChar、TOD、LTOD	待复制源区域中的首个元素
		COUNT	USINT, UINT, UDINT, ULINT	要从源区域移动到目标区域的元素个数
		OUT	二进制数、整数、浮点数、定时器、Date、Char、WChar、TOD、LTOD	源区域内容要复制到的目标区域中的首个元素

用一个例子来说明存储区移动指令的使用，梯形图和 SCL 程序如图 4-102 所示。输入区和输出区必须是数组，将数组 A 中从第 2 个元素起的 6 个元素，传送到数组 B 中第 3 个元素起的数组中去，如果传送结果正确，Q0.0 为 1。

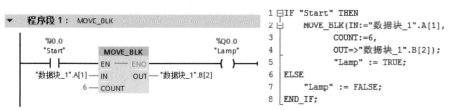

图 4-102　存储区移动指令示例

（3）交换指令（SWAP）

使用交换指令更改输入 IN 中字节的顺序，并在输出 OUT 中查询结果。交换指令（SWAP）及参数见表 4-33。

表 4-33　交换指令（SWAP）及参数

LAD	SCL	参数	数据类型	说明
SWAP ??? EN — ENO IN　OUT	"OUT"：= SWAP （"IN"）；	EN	BOOL	使能输入
		ENO	BOOL	使能输出
		IN	WORD, DWORD, LWORD	要交换其字节的操作数
		OUT	WORD, DWORD, LWORD	结果

注：从指令框的"???"下拉列表中选择该指令的数据类型。

用一个例子来说明交换指令（SWAP）的使用，梯形图和 SCL 程序如图 4-103 所示。当 I0.0 触点闭合，执行交换指令，假设 MW10=16#1188，交换指令执行后，MW12=16#8811，字节的顺序改变。如果传送结果正确，Q0.0 为 1。

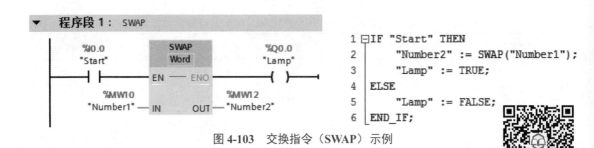

图 4-103　交换指令（SWAP）示例

比较指令使用
讲解

4.6　比较指令

TIA 博途软件提供了丰富的比较指令，可以满足用户的各种需要。TIA 博途软件中的比较指令可以对如整数、双整数、实数等数据类型的数值进行比较。

> **关键点**　一个整数和一个双整数是不能直接进行比较的，因为它们之间的数据类型不同。一般先将整数转换成双整数，再对两个双整数进行比较。

比较指令有等于（CMP==）、不等于（CMP< >）、大于（CMP>）、小于（CMP<）、大于或等于（CMP>=）和小于或等于（CMP<=）。比较指令对输入操作数 1 和操作数 2 进行比较，如果比较结果为真，则逻辑运算结果 RLO 为 "1"，反之则为 "0"。

以下仅以等于比较指令的应用说明比较指令的使用，其他比较指令不再讲述。

（1）等于比较指令

等于比较指令的选择示意如图 4-104 所示，单击标记 "①" 处，弹出标记 "③" 处的比较符（等于、大于等），选择所需的比较符，单击 "②" 处，弹出标记 "④" 处的数据类型，选择所需的数据类型，最后得到标记 "⑤" 处的 "整数等于比较指令"。

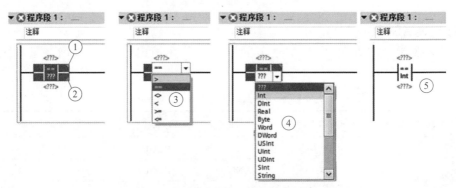

图 4-104　等于比较指令的选择示意

等于比较指令有整数等于比较指令、双整数等于比较指令和实数等于比较指令等。等于比较指令和参数见表 4-34。

表 4-34　等于比较指令和参数

LAD	SCL	参数	数据类型	说明

<???>
==
???
<???>
	OUT：= IN1 = IN2;
	or
	IF IN1 = IN2 THEN
	　OUT：= 1;
	　ELSE
	　out：= 0;
	END_IF;
		操作数 1	位字符串、整数、浮点数、字符串、Time、LTime、Date、TOD、LTOD、DTL、DT、LDT	比较的第一个数值

		操作数 2		比较的第二个数值

注：从指令框的 "???" 下拉列表中选择该指令的数据类型。

用一个例子来说明等于比较指令，梯形图和 SCL 程序如图 4-105 所示。当 I0.0 闭合时，激活比较指令，MW10 中的整数和 MW12 中的整数比较，若两者相等，则 Q0.0 输出为 "1"，若两者不相等，则 Q0.0 输出为 "0"。在 I0.0 不闭合时，Q0.0 的输出为 "0"。操作数 1 和操作数 2 可以为常数。

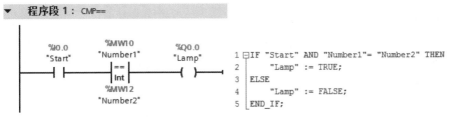

图 4-105　整数等于比较指令示例

双整数等于比较指令和实数等于比较指令的使用方法与整数等于比较指令类似，只不过操作数 1 和操作数 2 的参数类型分别为双整数和实数。

（2）值在范围内指令（IN_RANGE）

"值在范围内" 指令将输入 VAL 的值与输入 MIN 和 MAX 的值进行比较，并将结果发送到功能框输出中。如果输入 VAL 的值满足 MIN ≤ VAL 或 VAL ≤ MAX 的比较条件，则功能框输出的信号状态为 "1"。如果不满足比较条件，则功能框输出的信号状态为 "0"。值在范围内指令和参数见表 4-35。

表 4-35　值在范围内指令（IN_RANGE）和参数

LAD	参数	数据类型	说明
IN_RANGE ??? MIN VAL MAX	功能框输入	BOOL	上一个逻辑运算的结果
	MIN	整数、浮点数	取值范围的下限
	VAL	整数、浮点数	比较值
	MAX	整数、浮点数	取值范围的上限
	功能框输出	BOOL	比较结果

注：从指令框的 "???" 下拉列表中选择该指令的数据类型。

用一个例子来说明值在范围内指令，梯形图和 SCL 程序如图 4-106 所示。当 I0.0 闭合时，激活此指令。比较 MW10 中的整数是否在最大值 198 和最小值 88 之间，若在此两数值之间，则 Q0.0 输出为 "1"，否则 Q0.0 输出为 "0"。在 I0.0 不闭合时，Q0.0 的输出为 "0"。

程序段 1 : IN_RANGE

```
        IN_RANGE
         Int
%I0.0 ──┤          ├──                    %Q0.0
        88 ─ MIN                          ─( )─
     %MW10 ─ VAL
       198 ─ MAX
```

图 4-106 值在范围内指令示例

转换指令使用讲解

■ 4.7 转换指令

转换指令是将一种数据格式转换成另外一种格式进行存储。例如，要让一个整型数据和双整型数据进行算术运算，一般要将整型数据转换成双整型数据。

以下仅以 BCD 码转换成整数指令的应用说明转换值指令（CONV）的使用，其他数据格式转换的转换值指令不再讲述。

(1) 转换值指令（CONV）

BCD 码转换成整数指令的选择示意如图 4-107 所示，单击标记"①"处，弹出标记"③"处的要转换值的数据类型，选择所需的数据类型。单击"②"处，弹出标记"④"处的转换结果的数据类型，选择所需的数据类型，最后得到标记"⑤"处的"BCD 码转换成整数指令"。

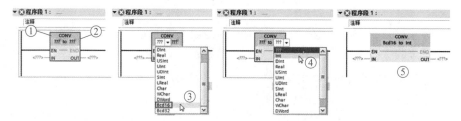

图 4-107 BCD 码转换成整数指令的选择示意

转换值指令将读取参数 IN 的内容，并根据指令框中选择的数据类型对其进行转换。转换值存储在输出 OUT 中，转换值指令应用十分灵活。转换值指令（CONV）和参数见表 4-36。

表 4-36 转换值指令（CONV）和参数

LAD	SCL	参数	数据类型	说明
CONV ??? to ??? ─ EN ─ ENO ─ ─ IN ─ OUT ─	OUT : = <data type in>_TO_<data type out>（IN）;	EN	BOOL	使能输入
		ENO	BOOL	使能输出
		IN	位字符串、整数、浮点数、Char、WChar、BCD16、BCD32	要转换的值
		OUT	位字符串、整数、浮点数、Char、WChar、BCD16、BCD32	转换结果

注：从指令框的"???"下拉列表中选择该指令的数据类型。

BCD 转换成整数指令是将 IN 指定的内容以 BCD 码二～十进制格式读出，并将其转换为整数格式，输出到 OUT 端。如果 IN 端指定的内容超出 BCD 码的范围（例如 4 位二进制数出现 1010 ～ 1111 的几种组合），则执行指令时将会发生错误，使 CPU 进入 STOP 模式。

用一个例子来说明 BCD 转换成整数指令，梯形图和 SCL 程序如图 4-108 所示。当 I0.0 闭合时，激活 BCD 转换成整数指令，IN 中的 BCD 数用十六进制表示为 16#22（就是十进制的 22），转换完成后 OUT 端的 MW10 中的整数的十六进制是 16#16。

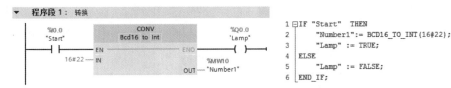

图 4-108　BCD 转换成整数指令示例

（2）取整指令（ROUND）

"取整"指令将输入 IN 的值四舍五入取整为最接近的整数。该指令将输入 IN 的值（为浮点数），转换为一个 DINT 数据类型的整数。取整指令（ROUND）和参数见表 4-37。

表 4-37　取整指令（ROUND）和参数

LAD	SCL	参数	数据类型	说明
ROUND ??? to ??? EN — ENO IN — OUT	OUT：=ROUND（IN）；	EN	BOOL	允许输入
		ENO	BOOL	允许输出
		IN	浮点数	要取整的输入值
		OUT	整数、浮点数	取整的结果

注：可以从指令框的"???"下拉列表中选择该指令的数据类型。

用一个例子来说明取整指令，梯形图和 SCL 程序如图 4-109 所示。当 I0.0 闭合时，激活取整指令，IN 中的实数存储在 MD16 中，假设这个实数为 3.14，进行取整运算后 OUT 端的 MD10 中的双整数是 DINT#3，假设这个实数为 3.88，进行取整运算后 OUT 端的 MD10 中的双整数是 DINT#4。

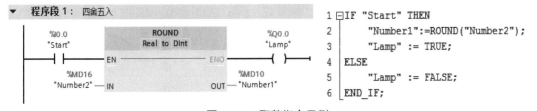

图 4-109　取整指令示例

（3）标准化指令（NORM_X）

使用"标准化"指令，可将输入 VALUE 中变量的值映射到线性标尺对其进行标准化。使用参数 MIN 和 MAX 定义输入 VALUE 值范围的限值。标准化指令（NORM_X）和参数见表 4-38。

表 4-38 标准化指令（NORM_X）和参数

LAD	SCL	参数	数据类型	说明
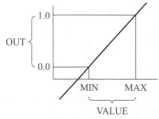	out : =NORM_X（min: =_in_, value: =_in_, max: =_in_）;	EN	BOOL	允许输入
		ENO	BOOL	允许输出
		MIN	整数、浮点数	取值范围的下限
		VALUE	整数、浮点数	要标准化的值
		MAX	整数、浮点数	取值范围的上限
		OUT	浮点数	标准化结果

注：可以从指令框的"???"下拉列表中选择该指令的数据类型。

图 4-110 计算原理图（1）

"标准化"指令的计算公式是：$OUT = (VALUE - MIN) / (MAX - MIN)$，此公式对应的计算原理图如图 4-110 所示。

用一个例子来说明标准化指令（NORM_X），梯形图和 SCL 程序如图 4-111 所示。当 I0.0 闭合时，激活标准化指令，要标准化的 VALUE 值存储在 MW10 中，VALUE的范围是 0 ~ 27648，将 VALUE 标准化的输出范围是 0 ~ 1.0。假设 MW10 中是 13824，那么 MD16 中的标准化结果为 0.5。

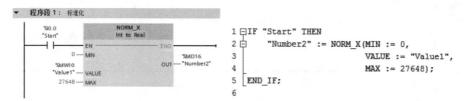

图 4-111 标准化指令示例

（4）缩放指令（SCALE_X）

使用"缩放"指令，通过将输入 VALUE 的值映射到指定的值范围来对其进行缩放。当执行"缩放"指令时，输入 VALUE 的浮点值会缩放到由参数 MIN 和 MAX 定义的值范围。缩放结果为整数，存储在 OUT 输出中。缩放指令（SCALE_X）和参数见表 4-39。

表 4-39 缩放指令（SCALE_X）和参数

LAD	SCL	参数	数据类型	说明
SCALE_X ??? to ??? EN — ENO MIN OUT VALUE MAX	out : =SCALE_X（min: =_ in_, value: =_in_, max: =_ in_）;	EN	BOOL	允许输入
		ENO	BOOL	允许输出
		MIN	整数、浮点数	取值范围的下限
		VALUE	浮点数	要缩放的值
		MAX	整数、浮点数	取值范围的上限
		OUT	整数、浮点数	缩放结果

注：可以从指令框的"???"下拉列表中选择该指令的数据类型。

"缩放"指令的计算公式是：OUT = [VALUE×（MAX - MIN）] + MIN，此公式对应的计算原理图如图 4-112。

用一个例子来说明缩放指令（SCALE_X），梯形图和 SCL 程序如图 4-113 所示。当 I0.0 闭合时，激活缩放指令，要缩放的 VALUE 存储在 MD10 中，VALUE 的范围是 0 ~ 1.0，将 VALUE 缩放的输出范围是 0 ~ 27648。假设 MD10 中是 0.5，那么 MW16 中的缩放结果为 13824。

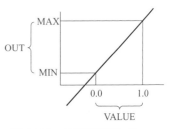

图 4-112　计算原理图（2）

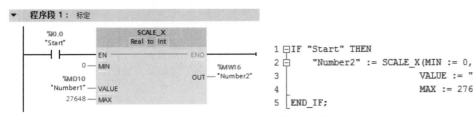

图 4-113　缩放指令示例

◁【例 4-28】　有一个系统，模拟量输入通道地址为 IW64，其测量温度范围是 0 ~ 200℃，要求将实时温度值存入 MD20 中。有一个阀门由模拟量输出通道 QW64 控制，其开度范围是 0 ~ 100，开度在 MD30 中设定，编写程序实现以上功能。

【解】　梯形图如图 4-114 所示。

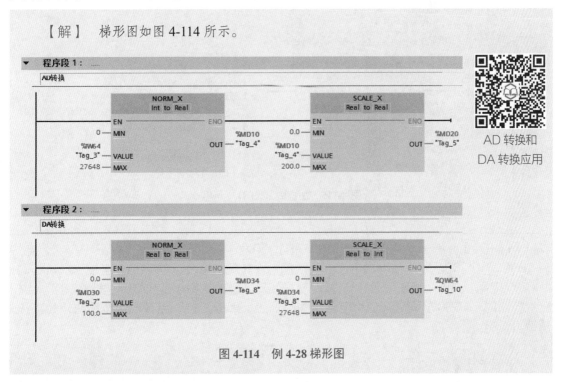

图 4-114　例 4-28 梯形图

4.8　数学函数指令

数学函数非常重要，在模拟量的处理、PID 控制等很多场合都要用到数学函数指令。

(1) 加指令（ADD）

当允许输入端 EN 为高电平 "1" 时，输入端 IN1 和 IN2 中的整数相加，结果送入 OUT 中。加的表达式是：IN1+IN2=OUT。加指令（ADD）和参数见表 4-40。

表 4-40　加指令（ADD）和参数

LAD	SCL	参数	数据类型	说明
ADD Auto (???) ─ EN ENO ─ ─ IN1 OUT ─ ─ IN2 ✱	OUT：=IN1+IN2+⋯INn;	EN	BOOL	允许输入
		ENO	BOOL	允许输出
		IN1	整数、浮点数	相加的第 1 个值
		IN2	整数、浮点数	相加的第 2 个值
		INn	整数、浮点数	要相加的可选输入值
		OUT	整数、浮点数	相加的结果

注：可以从指令框的 "???" 下拉列表中选择该指令的数据类型。单击指令中的 ✱ 图标可以添加可选输入项。

用一个例子来说明加指令（ADD），梯形图和 SCL 程序如图 4-115 所示。当 I0.0 闭合时，激活加指令，IN1 中的整数存储在 MW10 中，假设这个数为 11，IN2 中的整数存储在 MW12 中，假设这个数为 21，整数相加的结果存储在 OUT 端的 MW16 中的数是 42。由于没有超出计算范围，所以 Q0.0 输出为 "1"。

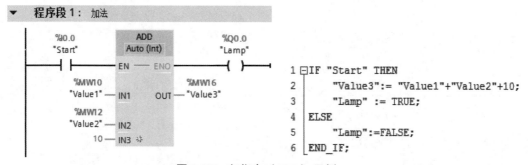

图 4-115　加指令（ADD）示例

◁【例 4-29】　有一个电炉，加热功率有 1000W、2000W 和 3000W 三个挡次，电炉有 1000W 和 2000W 两种电加热丝。要求用一个按钮选择三个加热挡，当按一次按钮时，1000W 电阻丝加热，即第一挡；当按两次按钮时，2000W 电阻丝加热，即第二挡；当按三次按钮时，1000W 和 2000W 电阻丝同时加热，即第三挡；当按四次按钮时停止加热，请编写程序。

【解】　梯形图如图 4-116 所示。

如图 4-116 所示的梯形图程序，没有逻辑错误，但实际上有两处缺陷，一是上电时没有对 Q0.0 ～ Q0.2 复位，二是浪费了多达 14 个输出点，这在实际工程应用中是不允许的。对以上程序进行改进，如图 4-117 所示。

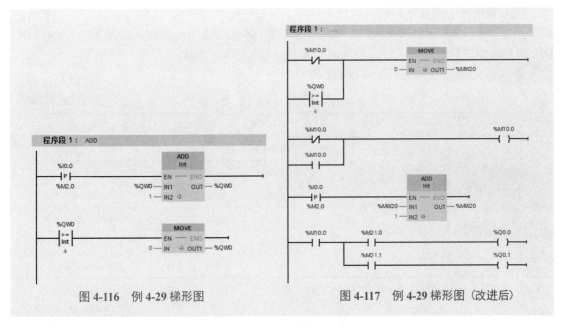

图 4-116　例 4-29 梯形图　　　　　图 4-117　例 4-29 梯形图（改进后）

（2）减指令（SUB）

当允许输入端 EN 为高电平"1"时，输入端 IN1 和 IN2 中的数相减，结果送入 OUT 中。IN1 和 IN2 中的数可以是常数。减指令的表达式是：IN1-IN2=OUT。

减指令（SUB）和参数见表 4-41。

表 4-41　减指令（SUB）和参数

LAD	SCL	参数	数据类型	说明
SUB Auto (???) EN —— ENO IN1　OUT IN2	OUT：=IN1-IN2;	EN	BOOL	允许输入
		ENO	BOOL	允许输出
		IN1	整数、浮点数	被减数
		IN2	整数、浮点数	减数
		OUT	整数、浮点数	差

注：可以从指令框的"???"下拉列表中选择该指令的数据类型。

用一个例子来说明 减指令（SUB），梯形图和 SCL 程序如图 4-118 所示。当 I0.0 闭合时，激活双整数减指令，IN1 中的双整数存储在 MD10 中，假设这个数为 L#28，IN2 中的双整数为 L#8，双整数相减的结果存储在 OUT 端的 MD16 中的数是 L#20。由于没有超出计算范围，所以 Q0.0 输出为"1"。

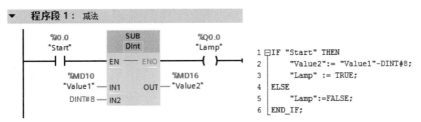

图 4-118　减指令（SUB）示例

（3）乘指令（MUL）

当允许输入端 EN 为高电平"1"时，输入端 IN1 和 IN2 中的数相乘，结果送入 OUT 中。IN1 和 IN2 中的数可以是常数。乘的表达式是：IN1×IN2=OUT。

乘指令（MUL）和参数见表 4-42。

表 4-42 乘指令（MUL）和参数

LAD	SCL	参数	数据类型	说明
MUL Auto (???) EN — ENO IN1 OUT IN2 ✳	OUT：=IN1*IN2*…INn;	EN	BOOL	允许输入
		ENO	BOOL	允许输出
		IN1	整数、浮点数	相乘的第 1 个值
		IN2	整数、浮点数	相乘的第 2 个值
		INn	整数、浮点数	要相乘的可选输入值
		OUT	整数、浮点数	相乘的结果（积）

注：可以从指令框的"???"下拉列表中选择该指令的数据类型。单击指令中的 ✳ 图标可以添加可选输入项。

用一个例子来说明乘指令（MUL），梯形图和 SCL 程序如图 4-119 所示。当 I0.0 闭合时，激活整数乘指令，IN1 中的整数存储在 MW10 中，假设这个数为 11，IN2 中的整数存储在 MW12 中，假设这个数为 11，整数相乘的结果存储在 OUT 端的 MW16 中的数是 242。由于没有超出计算范围，所以 Q0.0 输出为"1"。

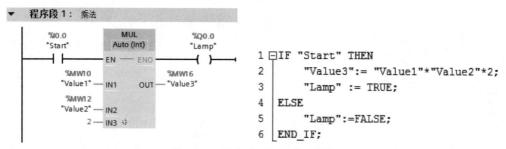

图 4-119 乘指令（MUL）示例

（4）除指令（DIV）

当允许输入端 EN 为高电平"1"时，输入端 IN1 中的双整数除以 IN2 中的双整数，结果送入 OUT 中。IN1 和 IN2 中的数可以是常数。除指令（DIV）和参数见表 4-43。

表 4-43 除指令（DIV）和参数

LAD	SCL	参数	数据类型	说明
DIV Auto (???) EN — ENO IN1 OUT IN2	OUT：=IN1/IN2;	EN	BOOL	允许输入
		ENO	BOOL	允许输出
		IN1	整数、浮点数	被除数
		IN2	整数、浮点数	除数
		OUT	整数、浮点数	除法的结果（商）

注：可以从指令框的"???"下拉列表中选择该指令的数据类型。

用一个例子来说明除指令（DIV），梯形图和 SCL 程序如图 4-120 所示。当 I0.0 闭合时，激活实数除指令，IN1 中的实数存储在 MD10 中，假设这个数为 10.0，IN2 中的双整数存储在 MD14 中，假设这个数为 2.0，实数相除的结果存储在 OUT 端的 MD18 中，这个数是 5.0。由于没有超出计算范围，所以 Q0.0 输出为"1"。

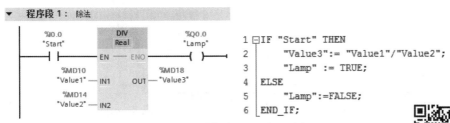

图 4-120　除指令（DIV）示例

（5）计算指令（CALCULATE）

使用"计算"指令定义并执行表达式，根据所选数据类型计算数学运算或复杂逻辑运算。计算指令和参数见表 4-44。

计算指令
（CALCULATE）
使用讲解

表 4-44　计算指令（CALCULATE）和参数

LAD	SCL	参数	数据类型	说明
CALCULATE ??? EN ——— ENO OUT := <???> IN1　OUT IN2	使用标准 SCL 数学表达式创建等式	EN	BOOL	允许输入
		ENO	BOOL	允许输出
		IN1	位字符串、整数、浮点数	第 1 输入
		IN2	位字符串、整数、浮点数	第 2 输入
		INn	位字符串、整数、浮点数	其他插入的值
		OUT	位字符串、整数、浮点数	计算的结果

注：1. 可以从指令框的"???"下拉列表中选择该指令的数据类型。
2. 上方的"计算器"图标可打开该对话框。表达式可以包含输入参数的名称和指令的语法。

用一个例子来说明计算指令，在梯形图中点击"计算器"图标，弹出如图 4-121 所示界面，输入表达式，本例为：OUT=（IN1+IN2-IN3）/IN4。再输入梯形图和 SCL 程序如图 4-122 所示。当 I0.0 闭合时，激活计算指令，IN1 中的实数存储在 MD10 中，假设这个数为 12.0，IN2 中，其实数存储在 MD14 中，假设这个数为 3.0，结果存储在 OUT 端的 MD18 中，其中的数是 6.0。由于没有超出计算范围，所以 Q0.0 输出为"1"。

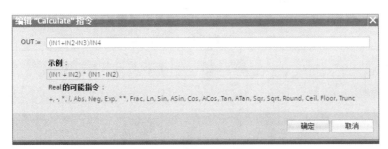

图 4-121　编辑计算指令

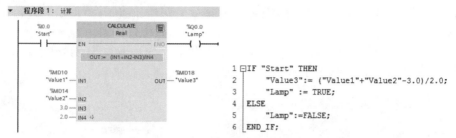

图 4-122 计算指令示例

【例 4-30】 将 53 英寸（in）转换成以毫米（mm）为单位的整数，请设计控制程序。

【解】 1in=25.4mm，涉及实数乘法，先要将整数转换成实数，用实数乘法指令将 in 为单位的长度变为以 mm 为单位的实数，最后四舍五入即可，梯形图和 SCL 程序如图 4-123 所示。

可以明显看出：在进行数学运算时，SCL 的程序更加简洁。

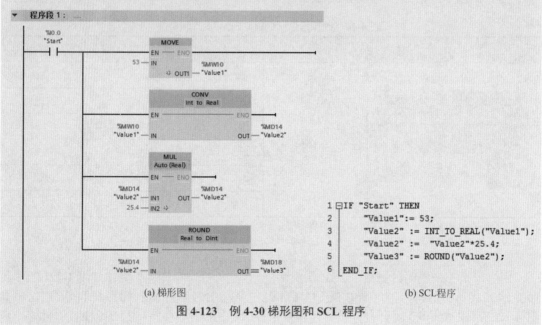

(a) 梯形图　　　　　　　　　　　　　　　　(b) SCL 程序

图 4-123　例 4-30 梯形图和 SCL 程序

(6) 递增指令（INC）

使用"递增"指令将参数 IN/OUT 中操作数的值加 1。递增指令（INC）和参数见表 4-45。

表 4-45　递增指令（INC）和参数

LAD	SCL	参数	数据类型	说明
INC ??? — EN — ENO — IN/OUT	IN_OUT：= IN_OUT+1;	EN	BOOL	允许输入
		ENO	BOOL	允许输出
		IN/OUT	整数	要递增的值

注：可以从指令框的"???"下拉列表中选择该指令的数据类型。

用一个例子来说明递增指令（INC），梯形图和 SCL 程序如图 4-124 所示。当 I0.0 闭合 1 次时，激活递增指令（INC），IN/OUT 中的双整数存储在 MD10 中，假设这个数执行指令前为 10，执行指令后 MD10 加 1，结果变为 11。由于没有超出计算范围，所以 Q0.0 输出为 "1"。

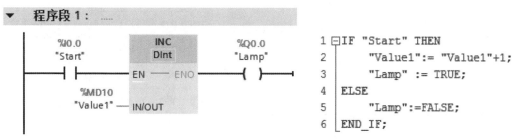

图 4-124　递增指令（INC）示例

(7) 递减指令（DEC）

使用"递减"指令将参数 IN/OUT 中操作数的值减 1。递减指令（DEC）和参数见表 4-46。

表 4-46　递减指令（DEC）和参数

LAD	SCL	参数	数据类型	说明
DEC ??? EN — ENO IN/OUT	IN_OUT: = IN_OUT-1;	EN	BOOL	允许输入
		ENO	BOOL	允许输出
		IN/OUT	整数	要递减的值

注：可以从指令框的 "???" 下拉列表中选择该指令的数据类型。

用一个例子来说明递减指令（DEC），梯形图和 SCL 程序如图 4-125 所示。当 I0.0 闭合 1 次时，激活递减指令（DEC），IN/OUT 中的整数存储在 MW10 中，假设这个数执行指令前为 10，执行指令后 MW10 减 1，结果变为 9。由于没有超出计算范围，所以 Q0.0 输出为 "1"。

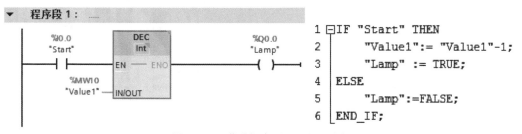

图 4-125　递减指令（DEC）示例

(8) 获取最大值指令（MAX）

获取最大值指令是比较所有输入的值，并将最大的值写入输出 OUT 中。获取最大值指令（MAX）和参数见表 4-47。

表 4-47　获取最大值指令（MAX）和参数

LAD	SCL	参数	数据类型	说明
		EN	BOOL	允许输入
		ENO	BOOL	允许输出
	OUT：=MAX（IN1：=_variant_in_, IN2：=_variant_in_　[，...in32]）;	IN1	整数、浮点数	第一个输入值
		IN2	整数、浮点数	第二个输入值
		INn	整数、浮点数	其他插入值
		OUT	整数、浮点数	结果

注：可以从指令框的"???"下拉列表中选择该指令的数据类型。单击指令中的 ❉ 图标可以添加可选输入项。

　　用一个例子来说明获取最大值指令（MAX），梯形图和 SCL 程序如图 4-126 所示。当 I0.0 闭合 1 次时，激活获取最大值指令，比较输入端三个值的大小，假设 MW10=1，MW12=2，第三个输入值为 3，显然这三个数值中最大的为 3，故运算结果是 MW16=3。由于没有超出计算范围，所以 Q0.0 输出为"1"。

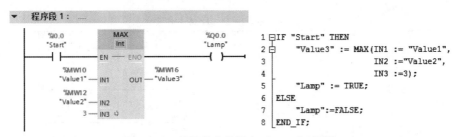

图 4-126　获取最大值指令（MAX）示例

（9）获取最小值指令（MIN）

　　获取最小值指令是比较所有输入的值，并将最小的值写入输出 OUT 中。获取最小值指令（MIN）和参数见表 4-48。

表 4-48　获取最小值指令（MIN）和参数

LAD	SCL	参数	数据类型	说明
		EN	BOOL	允许输入
		ENO	BOOL	允许输出
	OUT：=MIN（IN1：=_variant_in_, IN2：=_variant_in_　[，...in32]）;	IN1	整数、浮点数	第一个输入值
		IN2	整数、浮点数	第二个输入值
		INn	整数、浮点数	其他插入值
		OUT	整数、浮点数	结果

注：可以从指令框的"???"下拉列表中选择该指令的数据类型。单击指令中的 ❉ 图标可以添加可选输入项。

　　用一个例子来说明获取最小值指令（MIN），梯形图和 SCL 程序如图 4-127 所示。当 I0.0 闭合 1 次时，激活获取最小值指令，比较输入端三个值的大小，假设 MD20=1，

MD24=2，MD28=3，显然这三个数值中最小的为 1，故运算结果是 MD32=1。由于没有超出计算范围，所以 Q0.0 输出为 "1"。

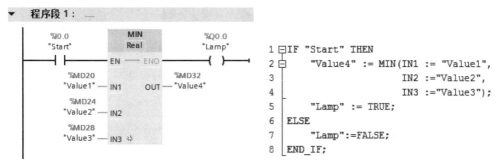

图 4-127 获取最小值指令（MIN）示例

（10）设置限值指令（LIMIT）

使用设置限值指令，将输入 IN 的值限制在输入 MN 与 MX 的值之间。如果 IN 输入的值满足条件 MN ≤ IN ≤ MX，则 OUT 以 IN 的值输出。 如果不满足该条件且输入值 IN 低于下限 MN，则 OUT 以 MN 的值输出。如果超出上限 MX，则 OUT 以 MX 的值输出。设置限值指令（LIMIT）和参数见表 4-49。

表 4-49 设置限值指令（LIMIT）和参数

LAD	SCL	参数	数据类型	说明
		EN	BOOL	允许输入
	LIMIT（MN：=_variant_in_， IN：=_variant_in_， MX：=_variant_in_， OUT：=_variant_out_ ）;	ENO	BOOL	允许输出
		MN		下限
		IN	整数、浮点数、Time、LTime、TOD、LTOD、Date、LDT	输入值
		MX		上限
		OUT		结果

注：可以从指令框的 "???" 下拉列表中选择该指令的数据类型。

用一个例子来说明设置限值指令（LIMIT），梯形图和 SCL 程序如图 4-128 所示。当 I0.0 闭合 1 次时，激活设置限值指令，当 100.0 ≥ MD20 ≥ 0.0 时，MD24= MD20；当 MD20 ≥ 100.0 时，MD24= 100.0；当 MD20 ≤ 0.0 时，MD24=0.0。

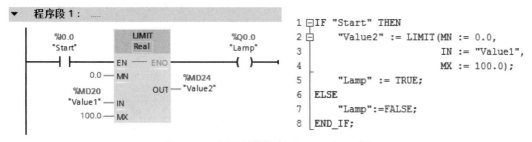

图 4-128 设置限值指令（LIMIT）示例

(11) 计算绝对值指令（ABS）

当允许输入端 EN 为高电平"1"时，对输入端 IN 求绝对值，结果送入 OUT 中。IN 中的数可以是常数。计算绝对值（ABS）的表达式是：OUT= | IN | 。

计算绝对值指令（ABS）和参数见表 4-50。

表 4-50　计算绝对值指令（ABS）和参数

LAD	SCL	参数	数据类型	说明
ABS ??? —EN —— ENO— —IN　OUT—	OUT：=ABS（IN）;	EN	BOOL	允许输入
		ENO	BOOL	允许输出
		IN	SINT、Int、DINT、LINT、浮点数	输入值
		OUT		输出值（绝对值）

注：可以从指令框的"???"下拉列表中选择该指令的数据类型。

用一个例子来说明计算绝对值指令（ABS），梯形图和 SCL 程序如图 4-129 所示。当 I0.0 闭合时，激活计算绝对值指令，IN 中的实数存储在 MD20 中，假设这个数为 10.1，实数求绝对值的结果存储在 OUT 端的 MD24 中，结果是 10.1，假设 IN 中的实数为 -10.1，实数求绝对值的结果存储在 OUT 端的 MD24 中，结果数是 10.1。由于没有超出计算范围，所以 Q0.0 输出为"1"。

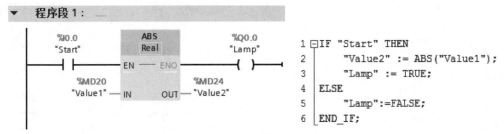

图 4-129　计算绝对值指令（ABS）示例

(12) 计算正弦值指令（SIN）

计算正弦值指令可以计算角度的正弦值，角度大小在 IN 输入处以弧度的形式指定。指令结果由 OUT 输出。计算正弦值指令（SIN）和参数见表 4-51。

表 4-51　计算正弦值指令（SIN）和参数

LAD	SCL	参数	数据类型	说明
SIN ??? —EN —— ENO— —IN　OUT—	OUT：=SIN（IN）;	EN	BOOL	允许输入
		ENO	BOOL	允许输出
		IN	浮点数	角度大小（弧度形式）
		OUT	浮点数	正弦值

注：可以从指令框的"???"下拉列表中选择该指令的数据类型。

用一个例子来说明计算正弦值指令（SIN），梯形图和 SCL 程序如图 4-130 所示。当 I0.0 闭合时，激活计算正弦值指令，IN 中的实数存储在 MD20 中，假设这个数为 0.5（弧度），求绝对值的结果存储在 OUT 端的 MD24 中，此正弦值为 0.479。由于没有超出计算范围，所以 Q0.0 输出为 "1"。

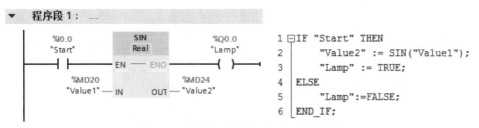

图 4-130　计算正弦值指令（SIN）示例

数学函数中还有计算余弦、计算正切、计算反正弦、计算反余弦、取幂、求平方、求平方根、计算自然对数、计算指数值和提取小数等，由于都比较容易掌握，在此不再赘述。

4.9　移位和循环指令

TIA 博途软件移位指令能将累加器的内容逐位向左或者向右移动。移动的位数由 N 决定。向左移 N 位相当于累加器的内容乘以 2^N，向右移相当于累加器的内容除以 2^N。移位指令在逻辑控制中使用也很方便。

(1) 左移指令（SHL）

当左移指令（SHL）的 EN 位为高电平 "1" 时，将执行移位指令，将 IN 端指定的内容送入累加器 1 低字中，并左移 N 端指定的位数，然后写入 OUT 端指令的目的地址中。左移指令（SHL）和参数见表 4-52。

表 4-52　左移指令（SHL）和参数

LAD	SCL	参数	数据类型	说明
SHL ??? EN — ENO IN — OUT N	OUT：=SHL（IN：=_in_，N：=_in_）	EN	BOOL	允许输入
		ENO	BOOL	允许输出
		IN	位字符串、整数	移位对象
		N	USINT、UINT、UDINT、ULINT	移动的位数
		OUT	位字符串、整数	移动操作的结果

注：可以从指令框的 "???" 下拉列表中选择该指令的数据类型。

用一个例子来说明左移指令，梯形图和 SCL 程序如图 4-131 所示。当 I0.0 闭合时，激活左移指令，IN 中的字存储在 MW10 中，假设这个数为 2#1001 1101 1111 1011，向左移 4 位后，OUT 端的 MW10 中的数是 2#1101 1111 1011 0000，左移指令示意图如图 4-132 所示。

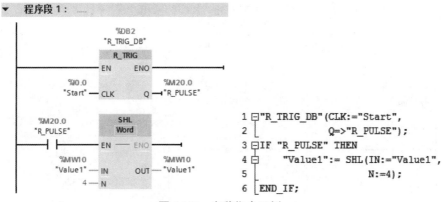

图 4-131　左移指令示例

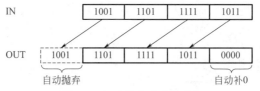

图 4-132　左移指令示意图

关键点　图 4-131 中的程序有一个上升沿，这样 I0.0 每闭合一次，左移 4 位，若没有上升沿，那么闭合一次，可能左移很多次。这点读者要特别注意。

【例 4-31】　有 16 盏灯，PLC 上电时，1～4 盏亮，1s 后 5～8 盏亮，1～4 盏灭，如此不断循环，请编写控制程序。

【解】　M0.5 是设定的 1s 脉冲信号，梯形图和 SCL 程序如图 4-133 所示。可以看出，用移位指令编写程序，很简洁。

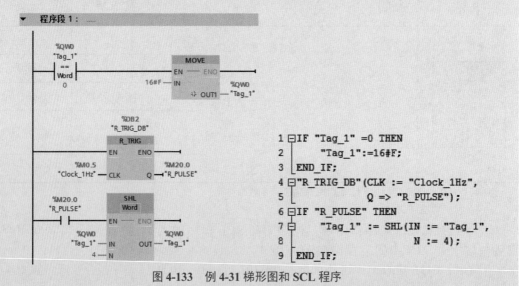

图 4-133　例 4-31 梯形图和 SCL 程序

（2）右移指令（SHR）

当右移指令（SHR）的 EN 位为高电平"1"时，将执行移位指令，将 IN 端指令的内容送入累加器 1 低字中，并右移 N 端指定的位数，然后写入 OUT 端指令的目的地址中。右移指令（SHR）和参数见表 4-53。

表 4-53　右移指令（SHR）和参数

LAD	SCL	参数	数据类型	说明
SHR ??? EN — ENO IN — OUT N	OUT：= SHR（IN：= _variant_in_, N：= _uint_in_）;	EN	BOOL	允许输入
		ENO	BOOL	允许输出
		IN	位字符串、整数	移位对象
		N	USINT、UINT、UDINT、ULINT	移动的位数
		OUT	位字符串、整数	移动操作的结果

注：可以从指令框的"???"下拉列表中选择该指令的数据类型。

用一个例子来说明右移指令，梯形图和 SCL 程序如图 4-134 所示。当 I0.0 闭合时，激活右移指令，IN 中的字存储在 MW10 中，假设这个数为 2#1001 1101 1111 1011，向右移 4 位后，OUT 端的 MW10 中的数是 2#0000 1001 1101 1111，右移指令示意图如图 4-135 所示。

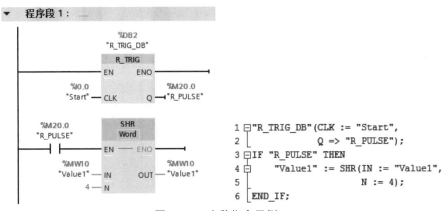

图 4-134　右移指令示例

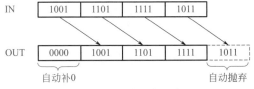

图 4-135　右移指令示意图

（3）循环左移指令（ROL）

当循环左移指令（ROL）的 EN 位为高电平"1"时，将执行循环左移指令，将 IN 端指定的内容循环左移 N 端指定的位数，然后写入 OUT 端指令的目的地址中。循环左移指令（ROL）和参数见表 4-54。

表 4-54　循环左移指令（ROL）和参数

LAD	SCL	参数	数据类型	说明
		EN	BOOL	允许输入
		ENO	BOOL	允许输出
	OUT：= ROL（IN：=_variant_in_, N：=_uint_in）;	IN	位字符串、整数	要循环移位的值
		N	USINT、UINT、UDINT、ULINT	将值循环移动的位数
		OUT	位字符串、整数	循环移动的结果

注：可以从指令框的"???"下拉列表中选择该指令的数据类型。

用一个例子来说明循环左移指令（ROL）的应用，梯形图和 SCL 程序如图 4-136 所示。当 I0.0 闭合时，激活双字循环左移指令，IN 中的双字存储在 MD10 中，假设这个数为 2#1001 1101 1111 1011 1001 1101 1111 1011，除最高 4 位外，其余各位向左移 4 位后，双字的最高 4 位，循环到双字的最低 4 位，结果是 OUT 端的 MD10 中的数，是 2#1101 1111 1011 1001 1101 1111 1011 1001，其示意图如图 4-137 所示。

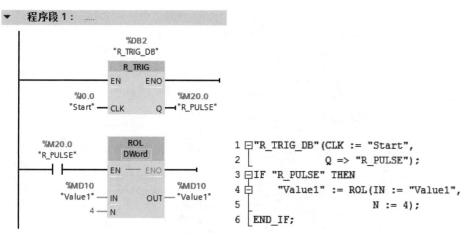

图 4-136　双字循环左移指令示例

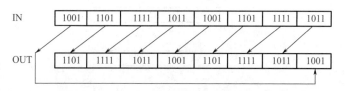

图 4-137　双字循环左移指令示意图

【例 4-32】　有 32 盏灯，PLC 上电时，1～4 盏亮，1s 后 5～8 盏亮，1～4 盏灭，如此不断循环，要求编写控制程序。

【解】　M0.5 是设定的 1s 脉冲信号，M1.0 是首次扫描闭合脉冲，梯形图和 SCL 程序如图 4-138 所示。可以看出，用循环指令编写程序，很简洁。此题还有多种其他解法，请读者自己思考。

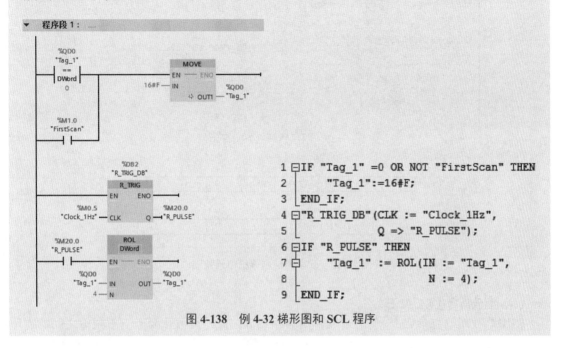

图 4-138　例 4-32 梯形图和 SCL 程序

（4）循环右移指令（ROR）

当循环右移指令（ROR）的 EN 位为高电平"1"时，将执行循环右移指令，将 IN 端指定的内容循环右移 N 端指定的位数，然后写入 OUT 端指令的目的地址中。循环右移指令（ROR）和参数见表 4-55。

表 4-55　循环右移指令（ROR）和参数

LAD	SCL	参数	数据类型	说明
		EN	BOOL	允许输入
		ENO	BOOL	允许输出
	OUT : = ROR（IN: =_variant_in_, N: =_uint_in）;	IN	位字符串、整数	要循环移位的值
		N	USINT、UINT、UDINT、ULINT	将值循环移动的位数
		OUT	位字符串、整数	循环移动的结果

注：可以从指令框的 "???" 下拉列表中选择该指令的数据类型。

用一个例子来说明循环右移指令（ROR）的应用，梯形图如图 4-139 所示。当 I0.0 闭合时，激活双字循环右移指令，IN 中的双字存储在 MD10 中，假设这个数为 2#1001 1101 1111 1011 1001 1101 1111 1011，除最低 4 位外，其余各位向右移 4 位后，双字的最低 4 位，循环到双字的最高 4 位，结果是 OUT 端的 MD10 中的数，是 2#1011 1001 1101 1111 1011 1001 1101 1111，其示意图如图 4-140 所示。

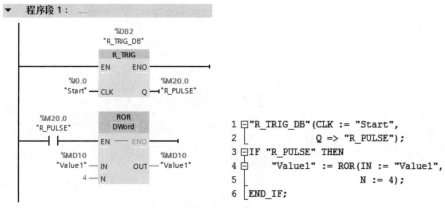

图 4-139 双字循环右移指令示例

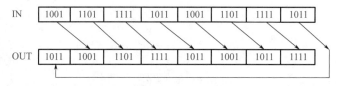

图 4-140 双字循环右移指令示意图

(5) 缩放指令（SCALE）

使用缩放指令将参数 IN 上的整数转换为浮点数，该浮点数在介于上下限值之间的物理单位内进行缩放。通过参数 LO_LIM 和 HI_LIM 来指定缩放输入值取值范围的下限和上限。指令的结果在参数 OUT 中输出。缩放指令（SCALE）和参数见表 4-56。

表 4-56 缩放指令（SCALE）和参数

LAD	SCL	参数	数据类型	说明
		EN	BOOL	允许输入
		ENO	BOOL	允许输出
	RET_VAL：=SCALE（IN：=_int_in_， HI_LIM：=_real_in_， LO_LIM：=_real_in_， BIPOLAR：=_bool_in_， OUT=>_real_out_）;	IN	Int	要缩放的值
		HI_LIM	Real	工程单位上限
		LO_LIM	Real	工程单位下限
		BIPOLAR	BOOL	1：双极性；0：单极性
		RET_VAL	WORD	错误信息
		OUT	Real	缩放结果

缩放指令按以下公式进行计算：

$$OUT = [((FLOAT(IN) - K1)/(K2 - K1)) * (HI\_LIM - LO\_LIM)] + LO\_LIM$$

参数 BIPOLAR 的信号状态将决定常量 "K1" 和 "K2" 的值。参数 BIPOLAR 可能有下列信号状态。

① 信号状态 "1"：此时参数 IN 的值为双极性且取值范围介于 -27648 和 27648 之间。这种情况下，常数 "K1" 的值为 "-27648.0"，"K2" 的值为 "+27648.0"。

② 信号状态 "0"：此时参数 IN 的值为单极性且取值范围介于 0 和 27648 之间。这种情况下，常数 "K1" 的值为 "0.0"，"K2" 的值为 "+27648.0"。

用一个例子来说明缩放指令（SCALE），梯形图和 SCL 程序如图 4-141 所示。当 I0.0 闭合时，激活缩放指令，本例 IW600：P 是模拟量输入通道的地址，其代表 AD 转换的数字量，当 M20.0 为 0 时，是单极性，也就是 IW600：P 的范围是 0 ～ 27648。要缩放到的工程量的范围是 0.0 ～ 20.0。当输入 IW600：P=13824 时，输出 MD10=10.0。

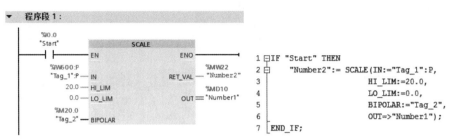

图 4-141　缩放指令示例

缩放指令（SCALE）只用于 S7-300/400/1500 PLC，而不用于 S7-1200 PLC。

（6）取消缩放指令（UNSCALE）

取消缩放指令用于取消缩放参数 IN 中介于下限值和上限值之间以物理单位表示的浮点数，并将其转换为整数。通过参数 LO_LIM 和 HI_LIM 来指定缩放输入值取值范围的下限和上限。指令的结果在参数 OUT 中输出。取消缩放指令（UNSCALE）和参数见表 4-57。

表 4-57　取消缩放指令（UNSCALE）和参数

LAD	SCL	参数	数据类型	说明
		EN	BOOL	允许输入
		ENO	BOOL	允许输出
	RET_VAL: =UNSCALE（IN: =_real_in_, HI_LIM: =_real_in_, LO_LIM: =_real_in_, BIPOLAR: =_bool_in_, OUT=>_int_out_）;	IN	Real	要取消缩放的输入值
		HI_LIM	Real	工程单位上限
		LO_LIM	Real	工程单位下限
		BIPOLAR	BOOL	1：双极性；0：单极性
		RET_VAL	WORD	错误信息
		OUT	Int	缩放结果

取消缩放指令按以下公式进行计算：

$$OUT = [((IN-LO\_LIM)/(HI\_LIM-LO\_LIM))*(K2-K1)] + K1$$

参数 BIPOLAR 的信号状态将决定常量 "K1" 和 "K2" 的值。参数 BIPOLAR 可能有下列信号状态。

① 信号状态 "1"：此时参数 IN 的值为双极性且取值范围介于 −27648 和 27648 之间。这种情况下，常数 "K1" 的值为 "−27648.0"，"K2" 的值为 "+27648.0"。

② 信号状态 "0"：此时参数 IN 的值为单极性且取值范围介于 0 和 27648 之间。这种情况下，常数 "K1" 的值为 "0.0"，"K2" 的值为 "+27648.0"。

用一个控制阀门开度的例子来说明取消缩放指令（UNSCALE），梯形图和 SCL 程序如图 4-142 所示。当 I0.0 闭合时，激活取消缩放指令，本例 QW600：P 是模拟量输出通道的地址，其代表 DA 转换的数字量，当 M20.0 为 0 时，为单极性，也就是 QW600：P 的范围是 0 ～ 27648。要取消缩放到的工程量的范围是 0.0 ～ 100.0。当输入 MD10=50.0 时，表示阀门的开度为 50%，对应模拟量输出 QW600：P=13824。

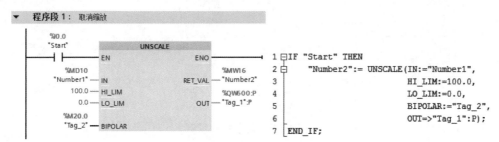

图 4-142　取消缩放指令示例

取消缩放指令（UNSCALE）只用于 S7-300/400/1500 PLC，而不用于 S7-1200 PLC。

4.10　字逻辑运算指令

字的逻辑运算指令包括：与运算（AND）、或运算（OR）、异或运算（XOR）、求反码（INVERT）、解码（DECO）、编码（ENCO）、选择（SEL）、多路复用（MUX）和多路分用（DEMUX）等。

字逻辑指令就是对 16 位字或者 32 位双字等逐位进行逻辑运算，一个操作数在累加器 1，另一个操作数在累加器 2，指令中也允许有立即数（常数）的形式输出。

(1) 与运算指令（AND）

使用 "与" 运算指令将输入 IN1 的值和输入 IN2 的值按位进行 "与" 运算，并把与运算结果输入到 OUT 中。与运算指令（AND）和参数见表 4-58。

表 4-58　与运算指令（AND）和参数

LAD	SCL	参数	数据类型	说明
AND ??? EN — ENO IN1 OUT IN2	OUT ：= IN1 AND IN2；	EN	BOOL	允许输入
		ENO	BOOL	允许输出
		IN1	位字符串	逻辑运算的第一个值
		IN2	位字符串	逻辑运算的第二个值
		INn	位字符串	要进行逻辑运算的其他输入
		OUT	位字符串	指令的结果

注：可以从指令框的 "???" 下拉列表中选择该指令的数据类型。单击指令中的 ⅙ 图标可以添加可选输入项。

以下用一个例子介绍与运算指令（AND）的应用。需要把 MW10 传送到 QW0，但 QW0 的低 4 位要清零。梯形图和 SCL 程序如图 4-143 所示。

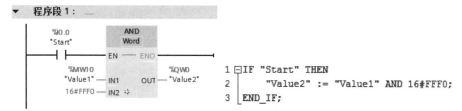

图 4-143 与运算指令（AND）示例

（2）解码指令（DECO）

"解码"指令读取输入 IN 的值，并将输出值中位号与读取值对应的那个位置位。输出值中的其他位以零填充。解码指令（DECO）和参数见表 4-59。

表 4-59 解码指令（DECO）和参数

LAD	SCL	参数	数据类型	说明
DECO UInt to ??? EN — ENO IN — OUT	OUT：= DNCO（_in_）;	EN	BOOL	允许输入
		ENO	BOOL	允许输出
		IN	UINT	输出值中待置位位的位置
		OUT	位字符串	输出值

注：可以从指令框的 "???" 下拉列表中选择该指令的数据类型。

以下用一个例子介绍解码指令（DECO）的应用。梯形图和 SCL 程序如图 4-144 所示，将 3 解码，双字 MD10=2#0000_0000_0000_0000_0000_0000_0000_1000，可见第 3 位置 1。

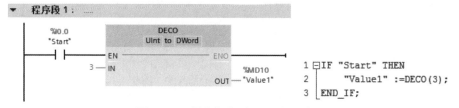

图 4-144 解码指令（DECO）示例

（3）编码指令（ENCO）

"编码"指令选择输入 IN 值的最低有效位，并将该位号写入到输出 OUT 的变量中。编码指令（ENCO）和参数见表 4-60。

表 4-60 编码指令（ENCO）和参数

LAD	SCL	参数	数据类型	说明
ENCO ??? EN — ENO IN — OUT	OUT：= ENCO（_in_）;	EN	BOOL	允许输入
		ENO	BOOL	允许输出
		IN	位字符串	输入值
		OUT	Int	输出值

注：可以从指令框的 "???" 下拉列表中选择该指令的数据类型。

以下用一个例子介绍编码指令（ENCO）的应用。梯形图和 SCL 程序如图 4-145 所示，假设双字 MD10 = 2#0001_0001_0001_0001_0000_0000_0000_1000，编码的结果输出到 MW16 中，因为 MD10 最低有效位在第 3 位，所以 MW16=3。

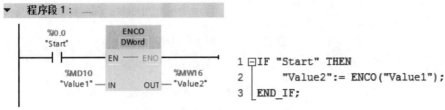

图 4-145　编码指令（ENCO）示例

■ 4.11　实例

至此，读者已经对 S7-1200/1500 PLC 的软硬件有了一定的了解，本节内容将列举一些简单的例子，供读者模仿学习。

4.11.1　电动机的控制

◁【例 4-33】　设计电动机点动控制的原理图和程序。

【解】　（1）方法 1

常规设计方案的原理图如图 4-146 所示，梯形图和 SCL 程序如图 4-147 所示。但如果程序用到置位指令（S Q0.0），则不能采用这种解法。

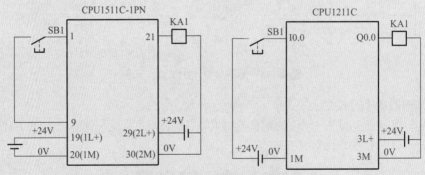

图 4-146　例 4-33 方法 1 原理图

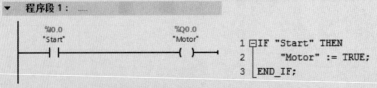

图 4-147　例 4-33 方法 1 梯形图和 SCL 程序

（2）方法 2

梯形图如图 4-148 所示，但没有对应的 SCL 程序。

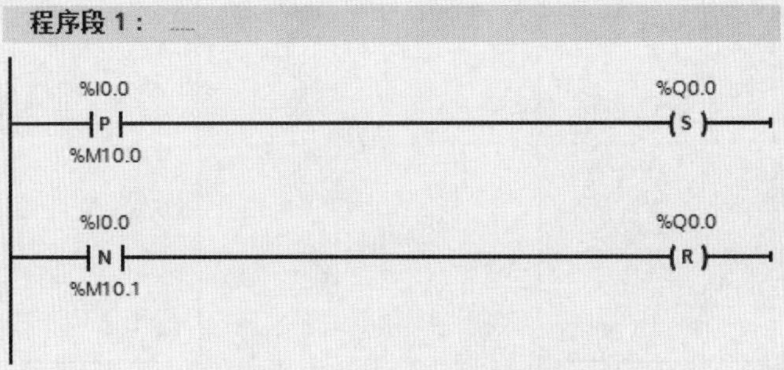

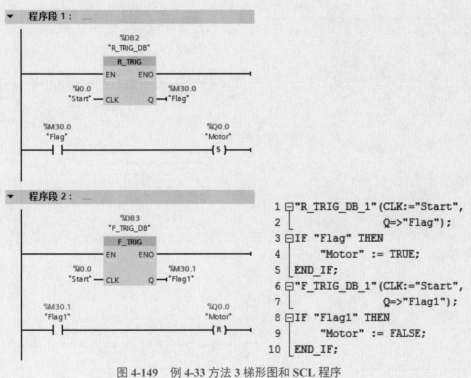

图 4-148　例 4-33 方法 2 梯形图

（3）方法 3

梯形图和 SCL 程序如图 4-149 所示。

```
"R_TRIG_DB_1"(CLK:="Start",
              Q=>"Flag");
IF "Flag" THEN
    "Motor" := TRUE;
END_IF;
"F_TRIG_DB_1"(CLK:="Start",
              Q=>"Flag1");
IF "Flag1" THEN
    "Motor" := FALSE;
END_IF;
```

图 4-149　例 4-33 方法 3 梯形图和 SCL 程序

【例 4-34】　设计两地控制电动机启停的程序和原理图。

【解】（1）方法 1

常规设计方案的原理图、梯形图和 SCL 程序如图 4-150 和图 4-151 所示，这种解法是正确的解法，但不是最优方案，因为这种解法占用了 PLC 较多的 I/O 点。

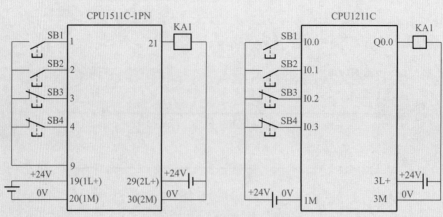

图 4-150　例 4-34 方法 1 原理图

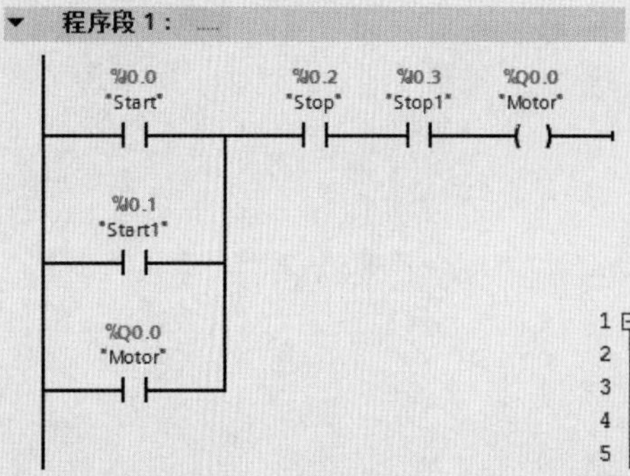

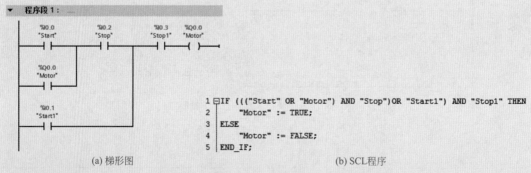

(a) 梯形图

```
IF "Start" OR "Start1" OR "Motor" AND "Stop" AND "Stop1" THEN
     "Motor" := TRUE;
ELSE
     "Motor" := FALSE;
END_IF;
```

(b) SCL程序

图 4-151　例 4-34 方法 1 梯形图和 SCL 程序

（2）方法 2

梯形图和 SCL 程序如图 4-152。

(a) 梯形图

```
IF ((("Start" OR "Motor") AND "Stop")OR "Start1") AND "Stop1" THEN
     "Motor" := TRUE;
ELSE
     "Motor" := FALSE;
END_IF;
```

(b) SCL程序

图 4-152　例 4-34 方法 2 梯形图和 SCL 程序

（3）方法 3

优化后方案的原理图如图 4-153 所示，梯形图和 SCL 程序如图 4-154 所示。可见节省了 2 个输入点，但功能完全相同。

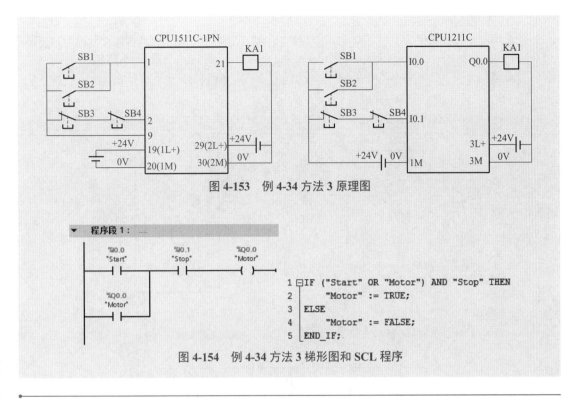

图 4-153　例 4-34 方法 3 原理图

图 4-154　例 4-34 方法 3 梯形图和 SCL 程序

【例 4-35】　编写电动机启动优先的控制程序。

【解】　I0.0 关联的启动按钮接常开触点，I0.1 关联的停止按钮接常闭触点。启动优先于停止的程序如图 4-155 所示。优化后的程序如图 4-156 所示。

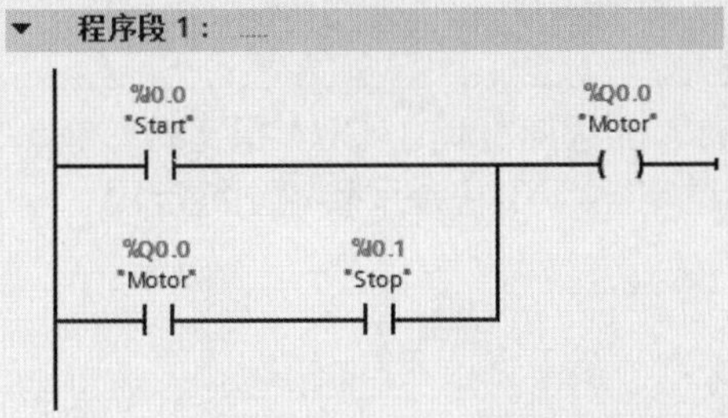

```
程序段 1：
    %I0.0                              %Q0.0
   "Start"                            "Motor"
    ─┤ ├─────────────────────────────( )─

    %Q0.0        %I0.1
   "Motor"      "Stop"
    ─┤ ├─────────┤ ├─
```

```
1 ⊟IF "Start" OR ("Motor" AND "Stop") THEN
2 |     "Motor" := TRUE;
3 | ELSE
4 |     "Motor" := FALSE;
5 └ END_IF;
```

图 4-155　例 4-35 梯形图和 SCL 程序

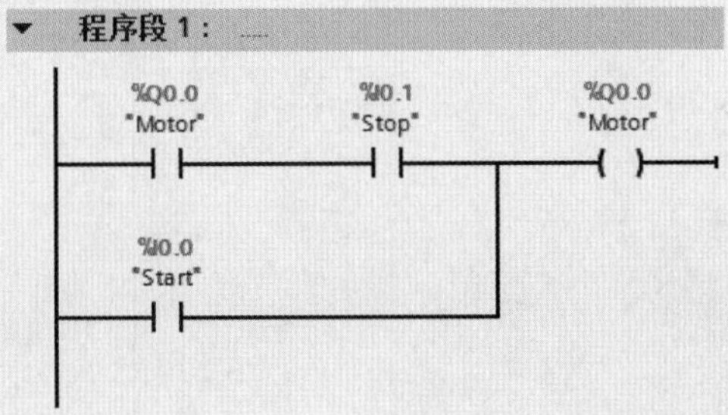

```
程序段 1：
    %Q0.0        %I0.1              %Q0.0
   "Motor"      "Stop"            "Motor"
    ─┤ ├─────────┤ ├──────────────( )─

    %I0.0
   "Start"
    ─┤ ├─
```

```
1 ⊟IF ("Motor" AND "Stop") OR "Start" THEN
2 |     "Motor" := TRUE;
3 | ELSE
4 |     "Motor" := FALSE;
5 └ END_IF;
```

图 4-156　例 4-35 梯形图和 SCL 程序（优化后）

◁【例4-36】　编写程序，实现电动机启停控制和点动控制，要求设计梯形图和原理图。

【解】　输入点：启动—I0.0，停止—I0.2，点动—I0.1，手自转换—I0.3；
输出点：正转—Q0.0。

原理图如图4-157所示，梯形图如图4-158所示，这种编程方法在工程实践中非常常用。

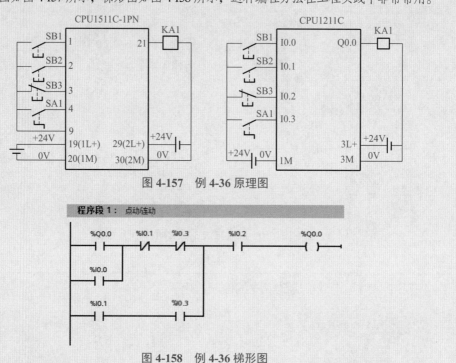

图 4-157　例 4-36 原理图

程序段 1： 点动/连动

图 4-158　例 4-36 梯形图

◁【例4-37】　设计电动机的"正转—停—反转"的程序，其中 SB1 是正转按钮、SB2 是反转按钮、SB3 是停止按钮、KA1 是正转输出继电器、KA2 是反转输出继电器。

【解】　先设计 PLC 的原理图，如图 4-159 所示。

借鉴继电器接触器系统中的设计方法，不难设计"正转—停—反转"程序，如图 4-160 所示。常开触点 Q0.0 和常开触点 Q0.1 起自保（自锁）作用，而常闭触点 Q0.0 和常闭触点 Q0.1 起互锁作用。

电动机正反转控制

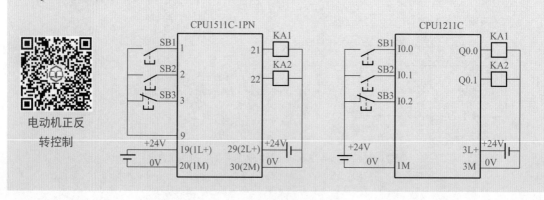

图 4-159　例 4-37 原理图

▼ 程序段 1： ----

```
   %I0.0        %Q0.1        %I0.2        %Q0.0
  "Start"      "Motor1"      "Stop"       "Motor"
 ──┤ ├──────────┤/├──────────┤ ├──────────( )──
   %Q0.0
  "Motor"
 ──┤ ├──
```

▼ 程序段 2： ----

```
   %I0.1        %Q0.0        %I0.2        %Q0.1
  "Start1"      "Motor"      "Stop"      "Motor1"
 ──┤ ├──────────┤/├──────────┤ ├──────────( )──
   %Q0.1
  "Motor1"
 ──┤ ├──
```

(a) 例4-37梯形图

```
1  ⊟IF ((("Start" OR "Motor") AND NOT "Motor1") AND "Stop" THEN
2        "Motor" := TRUE;
3   ELSE
4        "Motor" := FALSE;
5   END_IF;
6  ⊟IF ((("Start1" OR "Motor1") AND NOT "Motor") AND "Stop" THEN
7        "Motor1" := TRUE;
8   ELSE
9        "Motor1" := FALSE;
10  END_IF;
```

(b) SCL程序

图 4-160　"正转—停—反转"梯形图和 SCL 程序

4.11.2　定时器和计数器应用

◁【例 4-38】　编写一段程序，实现分脉冲功能。

【解】　解题思路：先用定时器产生秒脉冲，再用 30 个秒脉冲作为高电平，30 个脉冲作为低电平，秒脉冲用"系统和时钟存储器"的 M0.5 产生，其硬件配置如图 4-161 所示。梯形图和 SCL 程序如图 4-162 所示。

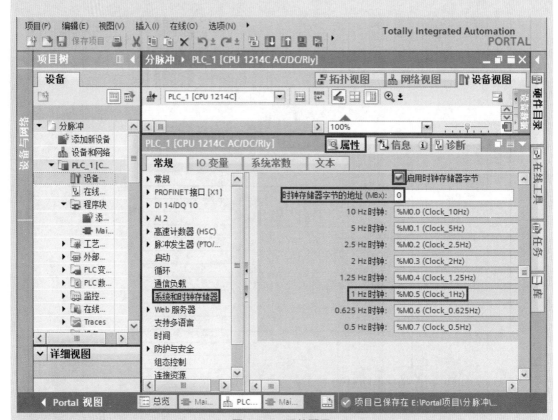

图 4-161　硬件配置

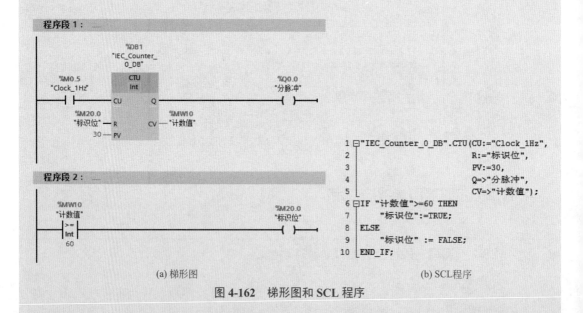

```
1  "IEC_Counter_0_DB".CTU(CU:="Clock_1Hz",
2                          R:="标识位",
3                          PV:=30,
4                          Q=>"分脉冲",
5                          CV=>"计数值");
6  IF "计数值">=60 THEN
7       "标识位":=TRUE;
8  ELSE
9       "标识位" := FALSE;
10 END_IF;
```

(a) 梯形图　　　　　　　　　　　　　　　　　(b) SCL程序

图 4-162　梯形图和 SCL 程序

此题的另一种解法如图 4-163 所示。

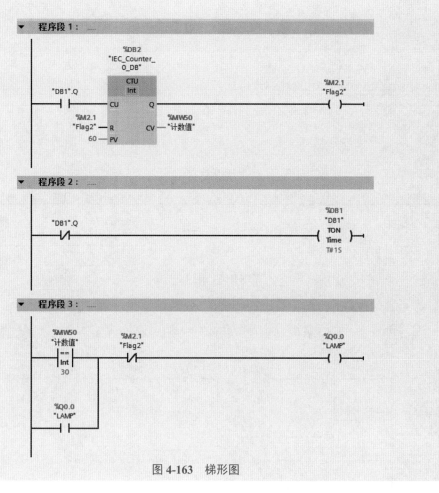

图 4-163 梯形图

◁【例 4-39】 抢答器外形如图 4-164 所示,根据控制要求编写程序,其控制要求如下。

① 主持人按下"开始抢答"按钮后开始抢答,倒计时数码管倒计时 15s,超过时间按下抢答按钮无效。

② 某一抢答按钮被按下后,蜂鸣器随按钮动作发出"嘀"的声音,相应抢答位指示灯亮,倒计时显示器切换到显示抢答位,其余按钮无效。

③ 一轮抢答完毕,主持人按"抢答复位"按钮后,倒计时显示器复位(熄灭),各抢答按钮有效,可以再次抢答。

④ 在主持人按"开始抢答"按钮前抢答属于"违规"抢答,相应抢答位的指示灯闪烁,闪烁周期 1s,倒计时显示器显示违规抢答位,其余按钮无效。主持人按下"抢答复位"按钮清除当前状态后可以开始新一轮抢答。

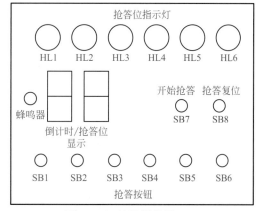

图 4-164 抢答器外形

【解】 电气原理图如图 4-165 所示，因为本项目数码管模块自带译码器，所以 4 个输出点即可显示一个十进制位，如数码管不带译码器，则需要 8 个输出点显示一个十进制位。

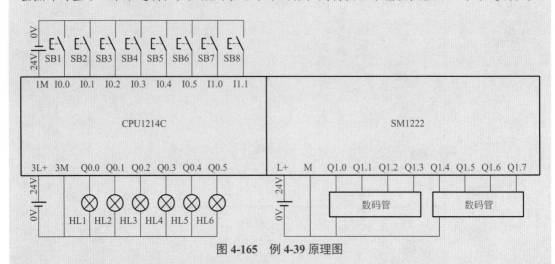

图 4-165 例 4-39 原理图

梯形图如图 4-166 所示。

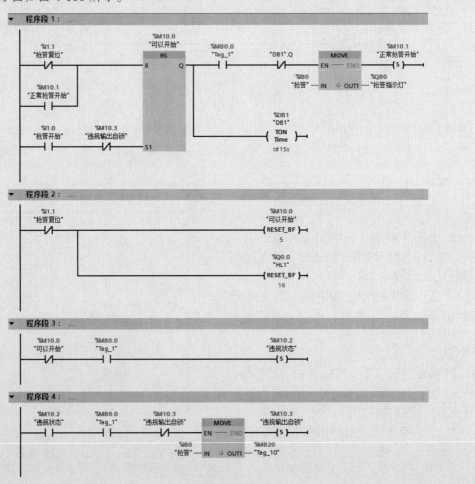

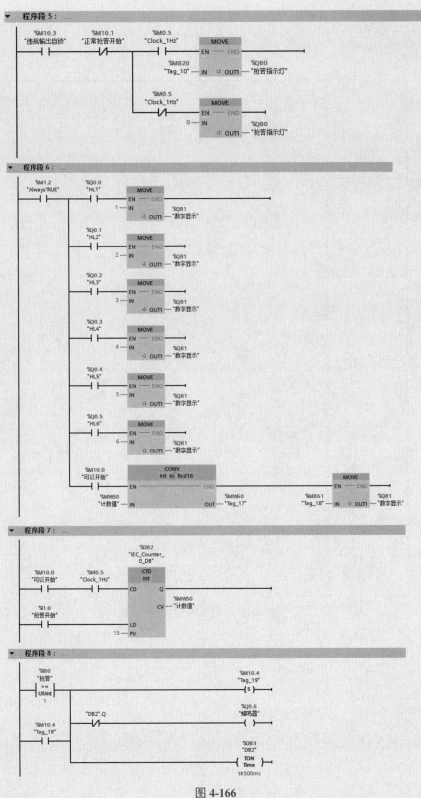

图 4-166

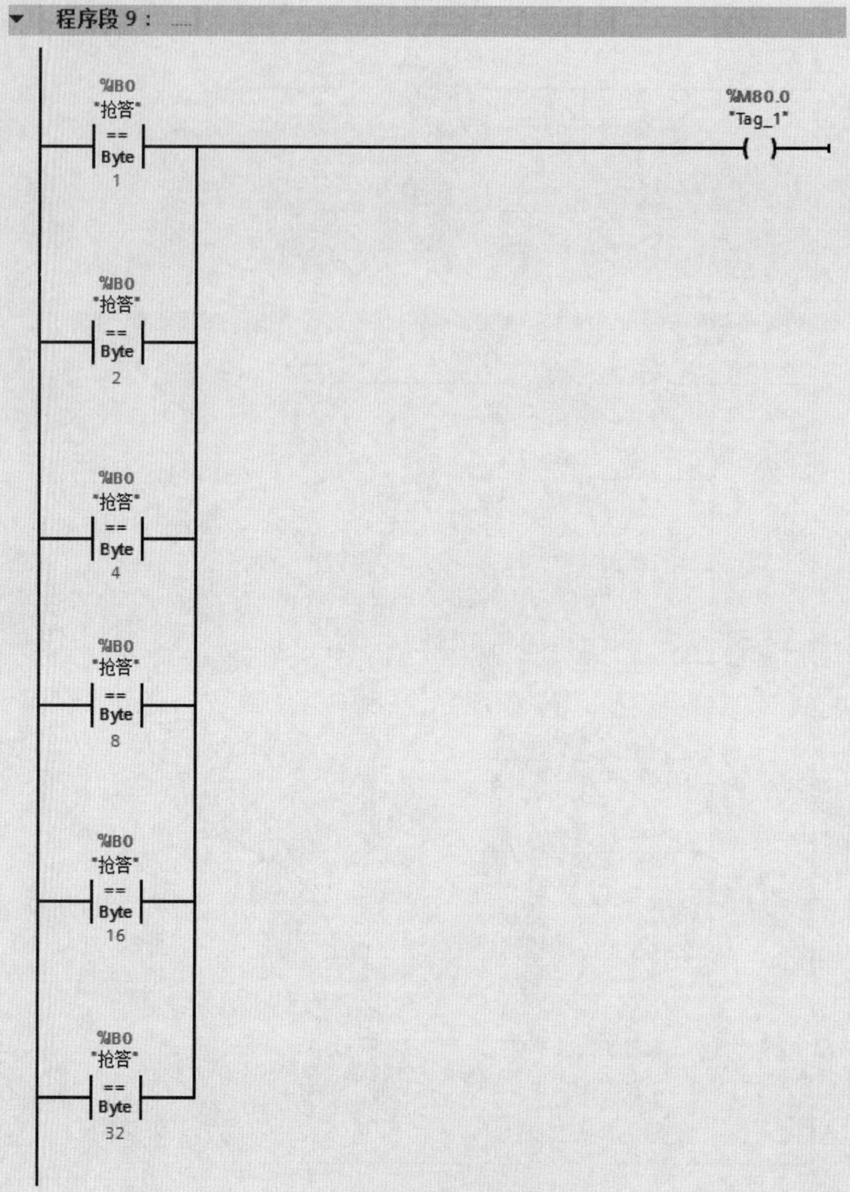

▼ 程序段9：……

图 4-166　例 4-39 梯形图

第 5 章
西门子 S7-1200/1500 PLC 的程序结构

> 本章主要介绍函数、函数块、数据块、中断和组织块等，学习本章内容是阅读他人程序和编写实用工程程序所必备的。

■ 5.1 TIA 博途软件编程方法简介

TIA 博途软件编程方法有三种：线性化编程、模块化编程和结构化编程。以下对这三种方法分别进行介绍。

（1）线性化编程

线性化编程就是将整个程序放在循环控制组织块 OB1 中，CPU 循环扫描执行 OB1 中的全部指令。其特点是结构简单、概念简单，但由于所有指令都在一个块中，程序的某些部分可能不需要多次执行，而扫描时，重复扫描所有的指令，会造成资源浪费、执行效率低。对于大型的程序要避免线性化编程。

（2）模块化编程

模块化编程就是将程序根据功能分为不同的逻辑块，每个逻辑块完成不同的功能，在OB1 中可以根据条件调用不同的功能或者函数块。其特点是易于分工合作、调试方便。由于逻辑块有条件调用，所以提高了 CPU 的效率。

（3）结构化编程

结构化编程就是将过程要求中类似或者相关的任务归类，在功能或者函数块中编程，形成通用的解决方案。通过不同的参数调用相同的功能或者通过不同的背景数据块调用相同的函数块。一般而言，工程上用 S7-1500 PLC 编写的程序都不是小型程序，所以通常采用结构化编程方法。

结构化编程具有如下一些优点。

① 各单个任务块的创建和测试可以相互独立地进行。

② 通过使用参数，可将块设计得十分灵活。比如，可以创建一钻孔循环，其坐标和钻孔深度可以通过参数传递进来。

③ 块可以根据需要在不同的地方以不同的参数数据记录进行调用，也就是说，这些块

能够被再利用。

④ 在预先设计的库中，能够提供用于特殊任务的"可重用"块。

5.2 函数、数据块和函数块

5.2.1 块的概述

(1) 块的简介

在操作系统中包含了用户程序和系统程序，操作系统已经固化在 CPU 中，它提供 CPU 运行和调试的机制。CPU 的操作系统是按照事件驱动扫描用户程序的。用户程序写在不同的块中，CPU 按照执行的条件成立与否执行相应的程序块或者访问对应的数据块。用户程序则是为了完成特定的控制任务，是由用户编写的程序。用户程序通常包括组织块（OB）、函数块（FB）、函数（FC）和数据块（DB）。用户程序中块的说明见表 5-1。

表 5-1　用户程序中块的说明

块的类型	属性
组织块（OB）	用户程序接口 优先级（0 ～ 27） 在局部数据堆栈中指定开始信息
函数（FC）	参数可分配（必须在调用时分配参数） 没有存储空间（只有临时变量）
函数块（FB）	参数可分配（可以在调用时分配参数） 具有（收回）存储空间（静态变量）
数据块（DB）	结构化的局部数据存储（背景数据块 DB） 结构化的全局数据存储（在整个程序中有效）

(2) 块的结构

块由变量声明表和程序组成。每个逻辑块都有变量声明表，变量声明表是用来说明块的局部数据。而局部数据包括参数和局部变量两大类。在不同的块中可以重复声明和使用同一局部变量，因为它们在每个块中仅有效一次。

局部变量包括两种：静态变量和临时变量。

参数是在调用块与被调用块之间传递的数据，包括输入、输出和输入 / 输出变量。表 5-2 为局部数据声明类型。

表 5-2　局部数据声明类型

变量名称	变量类型	说明
输入	Input	为调用模块提供数据，输入给逻辑模块
输出	Output	从逻辑模块输出数据结果
输入 / 输出	InOut	参数值既可以输入，也可以输出

续表

变量名称	变量类型	说明
静态变量	Static	静态变量存储在背景数据块中，块调用结束后，变量被保留
临时变量	Temp	临时变量存储 L 堆栈中，块执行结束后，变量消失

图 5-1 所示为块调用的分层结构的一个例子，组织块 OB1（主程序）调用函数块 FB1，FB1 调用函数块 FB10，组织块 OB1（主程序）调用函数块 FB2，函数块 FB2 调用函数 FC5，函数 FC5 调用函数 FC10。

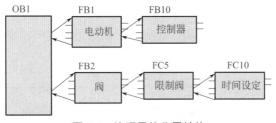

图 5-1　块调用的分层结构

5.2.2　函数（FC）及其应用

（1）函数（FC）简介

① 函数（FC）是用户编写的程序块，是不带存储器的代码块。由于没有可以存储块参数值的数据存储器。因此，调用函数时，必须给所有形参分配实参。

函数（FC）
的应用举例

② FC 里有一个局域变量表和块参数。局域变量表里有：Input（输入参数）、Output（输出参数）、InOut（输入 / 输出参数）、Temp（临时数据）、Return（返回值 RET_VAL）。Input 将数据传递到被调用的块中进行处理。Output 是将结果传递到调用的块中。InOut 将数据传递到被调用的块中，在被调用的块中处理数据后，再将被调用的块中发送的结果存储在相同的变量中。Temp 是块的本地数据，并且在处理块时将其存储在本地数据堆栈。关闭并完成处理后，临时数据就变为不再可访问。Return 包含返回值 RET_VAL。

（2）函数（FC）的应用

函数（FC）类似于 VB 语言中的子程序，用户可以将具有相同控制过程的程序编写在 FC 中，然后在主程序 Main［OB1］中调用。创建函数的步骤是：先建立一个项目，再在 TIA 博途软件项目视图的项目树中选中"已经添加的设备"（如：PLC_1）→"程序块"→"添加新块"，即可弹出要插入函数的界面。以下用 3 个例题讲解函数（FC）的应用。

◁【例 5-1】　用函数 FC 实现电动机的启停控制。

【解】　① 新建一个项目，本例为"启停控制（FC）"。在 TIA 博途软件项目视图的项目树中，选中并单击已经添加的设备"PLC_1"→"程序块"→"添加新块"，如图 5-2 所示，弹出添加块界面。

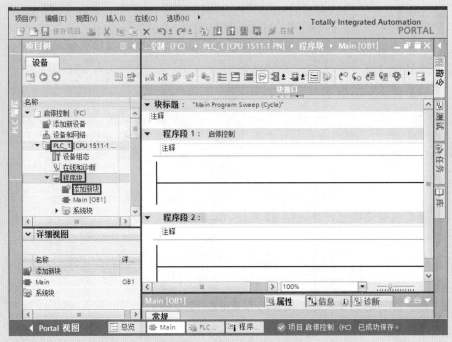

图 5-2　打开"添加新块"

② 如图 5-3 所示，在"添加新块"界面中，选择创建块的类型为"函数"，再输入函数的名称（本例为启停控制），之后选择编程语言（本例为 LAD），最后单击"确定"按钮，弹出函数的程序编辑器界面。

图 5-3　添加新块

③ 在"程序编辑器"中，输入如图 5-4 所示的程序，再保存程序，此程序能实现启停控制。

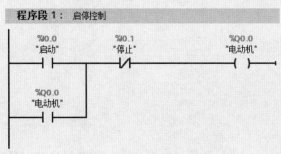

图 5-4　函数 FC1 中的程序

④ 在 TIA 博途软件项目视图的项目树中，双击"Main［OB1］"，打开主程序块"Main［OB1］"，选中新创建的函数"启停控制［FC1］"，并将其拖拽到程序编辑器中，如图 5-5 所示。至此，项目创建完成。

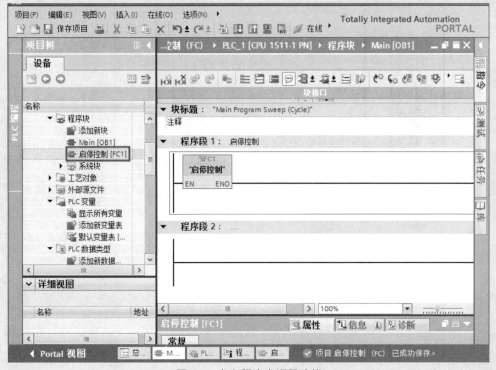

图 5-5　在主程序中调用功能

在例 5-1 中，只能用 I0.0 实现启动，用 I0.1 实现停止，这种功能调用方式是绝对调用，显然灵活性不够，例 5-2 将用参数调用。

【例 5-2】　用函数实现电动机的启停控制。

【解】 本例的①、②步与例 5-1 相同，在此不再重复讲解。

③在 TIA 博途软件项目视图的项目树中，双击"启停控制 1（FC）"，打开函数，弹出"程序编辑器"界面，先选中 Input（输入参数），新建参数"Start"和"Stop1"，数据类型为"Bool"。再选中 InOut（输入 / 输出参数），新建参数"motor"，数据类型为"Bool"，如图 5-6 所示。最后在程序段 1 中输入程序，如图 5-7 所示，注意参数前都要加"#"。

图 5-6 新建输入 / 输出参数

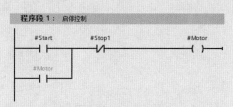

图 5-7 函数 FC1

④ 在 TIA 博途软件项目视图的项目树中，双击"Main［OB1］"，打开主程序块"Main［OB1］"，选中新创建的函数"启停控制［FC1］"，并将其拖拽到程序编辑器中，如图 5-8 所示。如果将整个项目下载到 PLC 中，就可以实现"启停控制"。这个程序的函数"FC1"的调用比较灵活，与例 5-1 不同，启动不只限于 I0.0，停止不只限于 I0.1，在编写程序时，可以灵活分配应用。

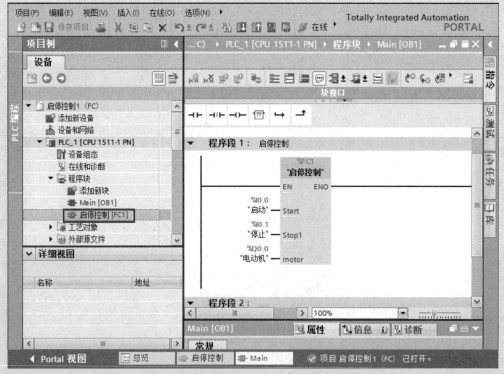

图 5-8 在 Main［OB1］中调用函数 FC1

◁【例 5-3】某系统采集一路模拟量（温度），温度的范围是 0 ～ 200℃，要求对温度值进行数字滤波，算法是：把最新的三次采样数值相加，取平均值，即是最终温度值。

【解】　① 数字滤波的程序是函数 FC1，先创建一个空的函数，打开函数，并创建输入参数"GatherV"，就是采样输入值；创建输出参数"ResultV"，就是数字滤波的结果；创建临时变量参数"Value1"、"TEMP1"，临时变量参数既可以在方框的输入端，也可以在方框的输出端，应用比较灵活，如图 5-9 所示。

FC1		名称	数据类型	默认值
1	▼	Input		
2	■	GatherV	Int	
3	▼	Output		
4	■	ResultV	Real	
5	▼	InOut		
6	■	<新增>		
7	▼	Temp		
8	■	Value1	Int	
9	■	TEMP1	Real	

图 5-9　新建参数

② 在 FC1 中，编写滤波梯形图程序，如图 5-10 所示，也可以编写 SCL 程序，如图 5-11 所示。

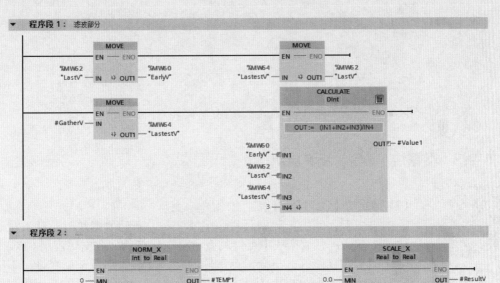

图 5-10　FC1 中的梯形图

```
1    "EarlyV" := "LastV";
2    "LastV" := "LastestV";
3    "LastestV" := #GatherV;
4    #Value1 := ("EarlyV" + "LastV" + "LastestV") / 3;
5    #TEMP1 := NORM_X(MIN := 0, VALUE := #Value1, MAX := 27648);
6    #ResultV := SCALE_X(MIN := 0.0, VALUE := #TEMP1, MAX := 100.0);
```

图 5-11　FC1 中的 SCL 程序

③ 在 OB30 中，编写梯形图程序如图 5-12 所示，SCL 程序如图 5-13 所示。由于温度变化较慢，没有必要每个扫描周期都采集一次，因此温度采集程序在 OB30 中，每100ms 采集一次，更加合适。

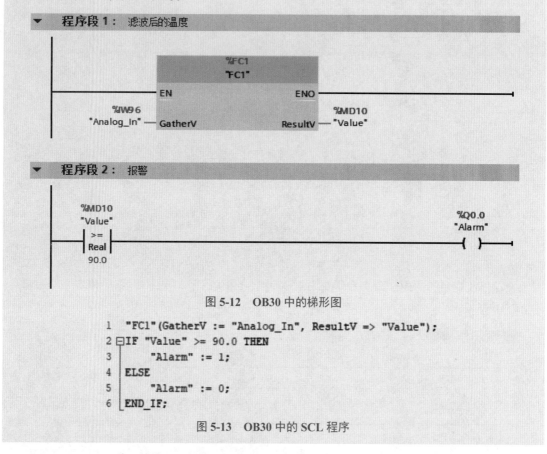

图 5-12　OB30 中的梯形图

```
1   "FC1"(GatherV := "Analog_In", ResultV => "Value");
2  IF "Value" >= 90.0 THEN
3       "Alarm" := 1;
4  ELSE
5       "Alarm" := 0;
6  END_IF;
```

图 5-13　OB30 中的 SCL 程序

5.2.3　数据块（DB）及其应用

数据块（DB）
的应用举例

(1) 数据块（DB）简介

数据块用于存储用户数据及程序中间变量。新建数据块时，默认状态是优化的存储方式，且数据块中存储的变量是非保持的。数据块占用 CPU 的装载存储区和工作存储区，与标识存储器的功能类似，都是全局变量，不同的是，M 数据区的大小在 CPU 技术规范中已经定义，且不可扩展，而数据块存储区由用户定义，大小不能超过工作存储区或装载存储区。S7-1500 PLC 的非优化数据最大数据空间为 64KB。而优化的数据块的存储空间要大得多，但其存储空间与CPU 的类型有关。

有的程序中（如有的通信程序）只能使用非优化数据块，多数的情形可以使用优化和非优化数据块，但应优先使用优化数据块。优化访问有如下特点。

① 优化访问速度快。

② 地址由系统分配。

③ 只能符号寻址，没有具体的地址，不能直接由地址寻址。

④ 功能多。

按照功能分，数据块（DB）可以分为：全局数据块、背景数据块和基于数据类型（用户定义数据类型、系统数据类型和数组类型）的数据块。

（2）数据块的寻址

① 数据块非优化访问用绝对地址访问，其地址访问举例如下。

双字：DB1.DBD0。

字：DB1.DBW0。

字节：DB1.DBB0。

位：DB1.DBX0.1。

② 数据块的优化访问采用符号访问和片段（SLICE）访问，片段访问举例如下。

双字：DB1.a.%D0。

字：DB1.a.%W0。

字节：DB1.a.%B0。

位：DB1.a.%X0。

注意：实数和长实数不支持片段访问。S7-300/400 PLC 的数据块没有优化访问，只有非优化访问。

（3）全局数据块（DB）及其应用

全局数据块用于存储程序数据，因此，数据块包含用户程序使用的变量数据。一个程序中可以创建多个数据块。全局数据块必须创建后才可以在程序中使用。

以下用一个例题来说明数据块的应用。

◁【例 5-4】　用数据块实现电动机的启停控制。

【解】　① 新建一个项目，本例为"块应用"，如图 5-14 所示，在项目视图的项目树中，选中并单击"新添加的设备"（本例为 PLC_1）→"程序块"→"添加新块"，弹出界面"添加新块"。

图 5-14　打开"添加新块"

② 如图 5-15 所示，在"添加新块"界面中，选中"添加新块"的类型为 DB，输入数据块的名称，再单击"确定"按钮，即可添加一个新的数据块，但此数据块中没有数据。

图 5-15 "添加新块"界面

③ 打开"数据块 1"，如图 5-16 所示，在"数据块 1"中，新建一个变量 A，如非优化访问，其地址实际就是 DB1.DBX0.0，优化访问没有具体地址。

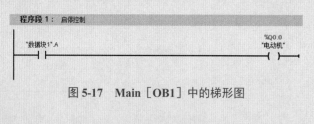

图 5-16 新建变量

④ 在"程序编辑器"中，输入如图 5-17 所示的程序，也可以编写 SCL 程序，如图 5-18 所示，此程序能实现启停控制，最后保存程序。

程序段 1: 启停控制

```
                                              %Q0.0
"数据块1".A                                    "电动机"
  ┤ ├                                          ( )
```

图 5-17 Main［OB1］中的梯形图

```
1 ⊟IF "数据块1".A THEN
2     "电动机":=TRUE;
3 ELSE
4     "电动机" := FALSE;
5 END_IF;
```

图 5-18 Main［OB1］中的 SCL 程序

在数据块创建后，在全局数据块的属性中可以切换存储方式。在项目视图的项目树中，选中并单击 "数据块 1"，右击鼠标，在弹出的快捷菜单中，单击"属性"选项，弹出如图 5-19 所示的界面，选中"属性"，如果取消"优化的块访问"，则切换到"非优化存储方式"，这种存储方式与 S7-300/400 PLC 兼容。

如果是"非优化存储方式"，可以使用绝对方式访问该数据块（如 DB1.DBX0.0），

图 5-19　全局数据块存储方式的切换

如是"优化存储方式"则只能采用符号方式访问该数据块（如 "数据块 1".A）。

（4）数组 DB 及其应用

数组 DB 是一种特殊类型的全局数据块，它包含一个任意数据类型的数组。其数据类型可以为基本数据类型，也可以是 PLC 数据类型。创建数组 DB 时，需要输入数组的数据类型和数组上限，创建完数组 DB 后，可以修改其数组上限，但不能修改数据类型。数组 DB 始终启用 "优化块访问"属性，不能进行标准访问，并且为非保持型属性，不能修改为保持属性。

数组 DB 在 S7-1200/S7-1500 PLC 中较为常用，以下的例子是用数据块创建数组。

◁【例 5-5】　用数据块创建一个数组 ary［0..5］，数组中包含 6 个整数，并编写程序把模拟量通道 IW752:P 采集的数据保存到数组的第 3 个整数中。

【解】　① 新建项目"块应用（数组）"，进行硬件组态，并创建共享数组块 DB1，如图 5-20 所示，双击"DB1"打开数据块"DB1"。

图 5-20　创建新项目和数据块 DB1

②在DB1中创建数组。数组名称ary，数组为 Array［0..5］，表示数组中有6个元素，Int 表示数组的数据为整数，如图 5-21 所示，保存创建的数组。

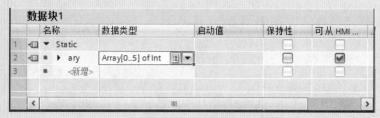

图 5-21　创建数组

③在 Main［OB1］中编写梯形图程序，如图 5-22 所示，也可以编写 SCL 程序，如图 5-23 所示。

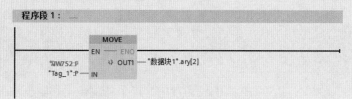

图 5-22　Main［OB1］中的梯形图

```
1    "数据块1".ary[2]:="Tag_1":P;
```

图 5-23　Main［OB1］中的 SCL 程序

5.2.4　PLC 定义数据类型（UDT）及其应用

PLC 定义数据类型是难点，对于初学者更是如此。虽然在前面章节已经提到了 PLC 定义数据类型，但由于前述章节的部分知识点所限，前面章节没有讲解应用。以下用一个例子介绍 PLC 定义数据类型的应用，以便帮助读者进一步理解 PLC 定义数据类型。

◁【例 5-6】　有 10 台电动机，要对其进行启停控制，而且还要采集其温度信号，设计此控制系统，并编写控制程序（要求使用 PLC 定义数据类型）。

【解】　解题思路：每台电动机都有启动、停止、电动机和温度四个参数，因此需要创建 40 个参数，这是一种方案。但更简单的方案是：先创建启动、停止、电动机和温度四个参数，再把这四个参数作为一个自定义的数据类型，每台电动机都可以引用新创建的"自定义"的数据类型，而不必新建 40 个参数，这种方案更加简便。PLC 定义数据类型在工程中较为常用。

①首先新建一个项目，命名为"UDT"，并创建数据块"DB1"和 PLC 定义数据"UDT1"，如图 5-24 所示。

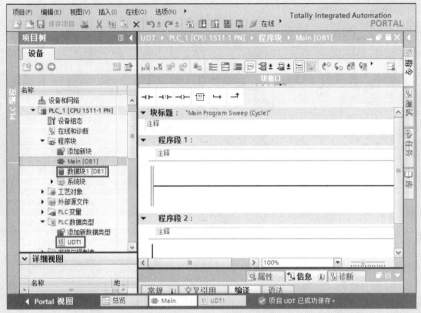

图 5-24　新建项目"UDT"，创建"DB1"和"UDT1"

② 打开 PLC 定义数据"UDT1"，新建结构，将其名称命名为"Motor"，如图 5-25 所示，共有4个参数，这个新自定义的数据类型，可以在程序中使用。

		名称	数据类型	默认值	可从 H...
1	▼	Motor	Struct		☑
2	■	Speed	Real	0.0	☑
3	■	Start	Bool	false	☑
4	■	Temp	Int	0	☑
5	■	Stop1	Bool	false	☑

图 5-25　设置 UDT1 中的参数

③ 将数据块命名为"数据块1"。再打开 DB1，如图 5-26 所示，创建参数"Motor1"，其数据类型为 UDT 的数据类型"UDT1"。

数据块 1

		名称	数据类型	启动值	保持性	可...
1	▼	Static			☐	
2	■ ▶	Motor1	"UDT1"		☐	
3	■ ▶	Motor2	"UDT1"		☐	
4	■ ▶	Motor3	"UDT1"		☐	
5	■ ▶	Motor4	"UDT1"		☐	
6	■ ▶	Motor5	"UDT1"		☐	
7	■ ▶	Motor6	"UDT1"		☐	
8	■ ▶	Motor7	"UDT1"		☐	
9	■ ▶	Motor8	"UDT1"		☐	
10	■ ▶	Motor9	"UDT1"		☐	
11	■ ▶	Motor10	"UDT1"		☐	

图 5-26　设置 DB1 中的参数（声明视图）

展开"Motor1"和"Motor2"，图 5-26 变成如图 5-27 所示的详细视图。

		名称	数据类型	启动值	保持性	...
		数据块1				
1		▼ Static			☐	
2		▼ Motor1	"UDT1"		☐	
3		▼ Motor	Struct			
4		Speed	Real	0.0		
5		Start	Bool	false		
6		Temp	Int	0		
7		Stop1	Bool	false		
8		▼ Motor2	"UDT1"		☐	
9		▼ Motor	Struct			
10		Speed	Real	0.0		
11		Start	Bool	false		
12		Temp	Int	0		
13		Stop1	Bool	false		
14		▶ Motor3	"UDT1"		☐	
15		▶ Motor4	"UDT1"		☐	
16		▶ Motor5	"UDT1"		☐	

图 5-27　设置 **DB1** 中的参数（数据视图，部分）

④ 编写如图 5-28 所示的梯形图程序，梯形图中用到了 PLC 定义数据类型。

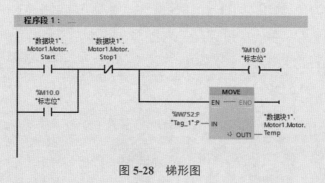

图 5-28　梯形图

5.2.5　函数块（FB）及其应用

函数块（FB）
的应用举例

（1）函数块（FB）的简介

函数块（FB）属于编程者自己编程的块。函数块是一种"带内存"的块。分配数据块作为其内存（背景数据块）。传送到 FB 的参数和静态变量保存在实例 DB 中。临时变量则保存在本地数据堆栈中。执行完 FB 时，不会丢失 DB 中保存的数据。但执行完 FB 时，会丢失保存在本地数据堆栈中的数据。

（2）函数块（FB）的应用

以下用一个例题来说明函数块的应用。

◁【例 5-7】　用函数块实现对一台电动机的星三角启动控制。

【解】　星三角启动电气原理图如图 5-29 和图 5-30 所示。注意停止按钮接常闭触点。

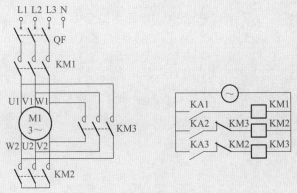

图 5-29　原理图——主回路

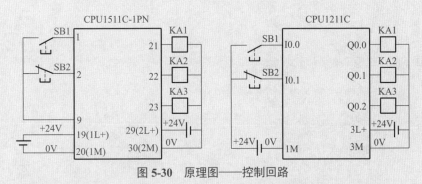

图 5-30　原理图——控制回路

星三角启动的项目创建如下。

① 新建一个项目，本例为"星三角启动"，如图 5-31 所示，在项目视图的项目树中，选中并单击"新添加的设备"（本例为 PLC_1）→"程序块"→"添加新块"，弹出界面"添加新块"。

图 5-31　新建项目"星三角启动"

② 在接口"Input"中，新建 2 个变量，如图 5-32 所示，注意变量的类型。注释内容可以空缺，注释的内容支持汉字字符。

在接口"Output"中，新建 2 个变量，如图 5-32 所示。

在接口"InOut"中，新建 1 个变量，如图 5-32 所示。

在接口"Static"中，新建 4 个静态变量，如图 5-32 所示，注意变量的类型，同时注意初始值不能为 0，否则没有星三角启动效果。

③ 在 FB1 的程序编辑区编写程序，梯形图如图 5-33 所示，SCL 程序如图 5-34 所示。

		名称	数据类型	默认值	保持
1		▼ Input			
2		▪ START	Bool	false	非保持
3		▪ STOP1	Bool	false	非保持
4		▼ Output			
5		▪ KM2	Bool	false	非保持
6		▪ KM3	Bool	false	非保持
7		▼ InOut			
8		▪ KM1	Bool	false	非保持
9		▼ Static			
10		▪ T00_1	Time	T#2s	非保持
11		▪ T01_1	Time	T#2s	非保持
12		▶ T00	TON_TIME		非保持
13		▶ T01	TON_TIME		非保持

图 5-32 在接口中，新建变量

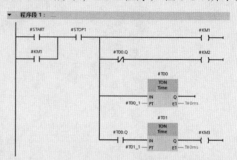

图 5-33 FB1 中的梯形图

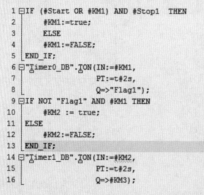

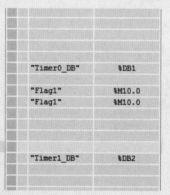

图 5-34 FB1 中的 SCL 程序

④ 在项目视图的项目树中，双击"Main［OB1］"，打开主程序块"Main［OB1］"，将函数块"FB1"拖拽到程序段 1，在 FB1 上方输入数据块 DB3，梯形图如图 5-35 所示，也可以是 SCL 程序如图 5-36 所示。将整个项目下载到 PLC 中，即可实现"电动机星三角启动控制"。

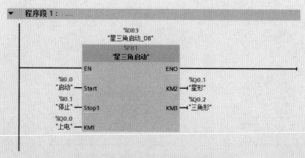

图 5-35 主程序块中的梯形图

```
1
2   "星三角启动_DB"(Start:="启动",          ▶  "星三角启...     %DB3
3           Stop1:="停止",                    "停止"          %I0.1
4           KM2=>"星形",                      "星形"          %Q0.1
5           KM3=>"三角形",                    "三角形"        %Q0.2
6           KM1:="上电");                     "上电"          %Q0.0
7
```

图 5-36　主程序块中的 SCL 程序

■ 5.3　多重背景

5.3.1　多重背景的简介

（1）多重背景的概念

当程序中有多个函数块时，如每个函数块对应一个背景数据块，程序中需要较多的背景数据块，这样在项目中就出现了大量的背景数据"碎片"，影响程序的执行效率。使用多重背景，可以将几个函数块，共用一个背景数据块，这样可以减少数据块的个数，提高程序的执行效率。

图 5-37 所示是一个多重背景结构的实例。FB1 和 FB2 共用一个背景数据块 DB10，但增加了一个函数块 FB10 来调用作为"局部背景"的 FB1 和 FB2，而 FB1 和 FB2 的背景数据存放在 FB10 的背景数据块 DB10 中，如不使用多重背景，则需要 2 个背景数据块，使用多重背景后，则只需要一个背景数据块即可。

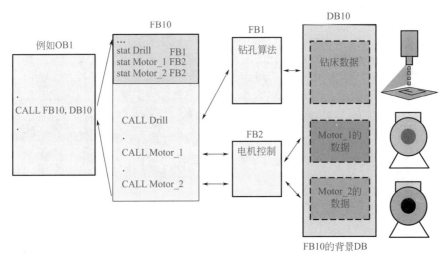

图 5-37　多重背景的结构

（2）多重背景的优点

① 多个实例只需要一个 DB。

② 在为各个实例创建"私有"数据区时，无需任何额外的管理工作。

③ 多重背景模型使得"面向对象的编程风格"成为可能（通过"集合"的方式实现可重用性）。

5.3.2 多重背景的应用

以下用 2 个例子介绍多重背景的应用。

【例 5-8】 使用多重背景实现功能：电动机的启停控制；水位 A/D 转换数值高于 3000 时，报警输出。

【解】 ① 新建项目和 3 个空的函数块如图 5-38 所示，双击并打开 FB1，并在 FB1 中创建启停控制功能的程序，如图 5-39 所示。

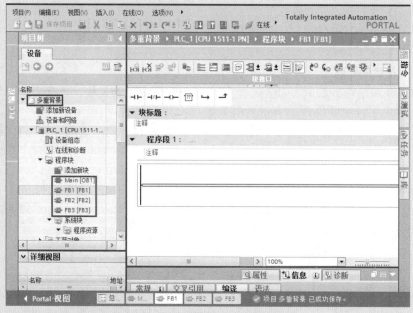

图 5-38　新建项目和 3 个空的函数块

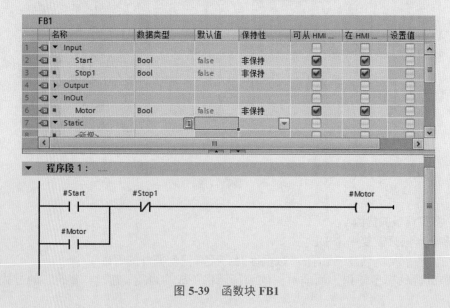

图 5-39　函数块 FB1

② 双击打开函数块 FB2，如图 5-40 所示，FB2 能实现当输入超过 3000 时报警的功能。

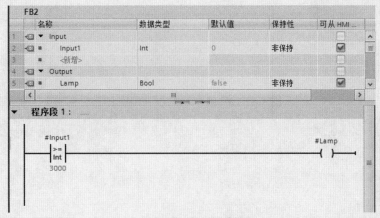

图 5-40　函数块 FB2

③ 双击打开函数块 FB3，如图 5-41 所示，再展开静态变量 "Static"，并创建两个静态变量，静态变量 "Qiting" 的数据类型为 "FB1"，静态变量 "Baojing" 的数据类型为 "FB2"。FB3 中的梯形图如图 5-42 所示。

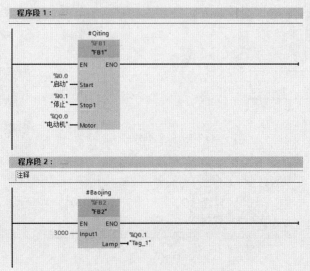

图 5-41　函数块 FB3

图 5-42　函数块 FB3 中的梯形图

④ 双击打开组织块 Main［OB1］，Main［OB1］中的梯形图如图 5-43 所示。

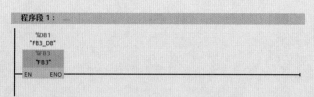

图 5-43　Main［OB1］中的梯形图

当 PLC 的定时器不够用时，可用 IEC 定时器。而 IEC 定时器（如 TON）虽然可以多次调用，但若多次调用则需要消耗较多的数据块，而使用多重背景则可减少 DB 的使用数量。

◁【例 5-9】　编写程序实现，当 I0.0 闭合 2s 后，Q0.0 线圈得电，当 I0.1 闭合 2s 后，Q0.1 线圈得电，要求用 TON 定时器。

【解】　为节省 DB，可使用多重背景，步骤如下。

① 新建项目和 2 个空的函数块 FB1 和 FB2，双击并打开 FB1，并在输入参数 "Input" 中创建 "START" 和 "TT"，如图 5-44 所示。再在 FB1 中编写如图 5-45 所示的梯形图程序。

在拖拽指令 "TON" 时，弹出如图 5-46 所示的界面，选中 "多重背景" 和 "IEC_Timer_0_Instance" 选项，最后单击 "确定" 按钮。

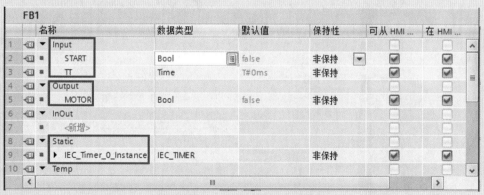

图 5-44　新建函数块 FB1 的参数

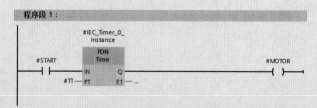

图 5-45　FB1 中的梯形图

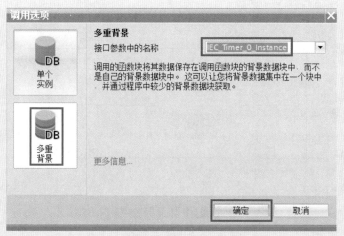

图 5-46 调用块选项

② 双击打开 "FB2"，新建函数块 FB2 的参数，在静态变量 Static 中，创建 TON1 和 TON2，其数据类型是 "FB1"，如图 5-47 所示。

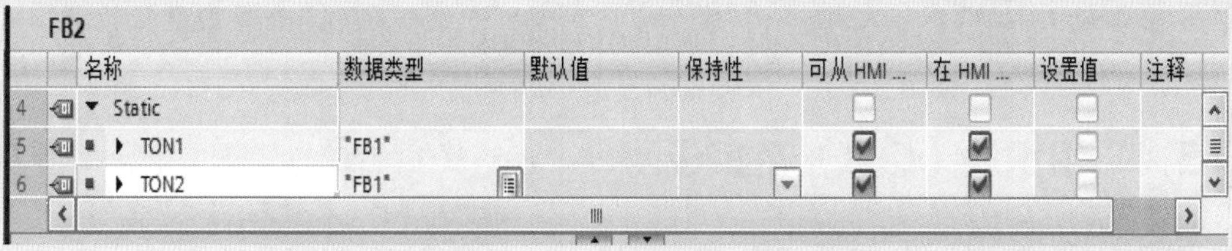

		名称	数据类型	默认值	保持性	可从 HMI ...	在 HMI ...	设置值	注释
4		▼ Static				☐	☐		
5		▶ TON1	"FB1"			☑	☑	☐	
6		▶ TON2	"FB1"		▼	☑	☑	☐	

图 5-47 新建函数块 FB2 的参数

将 FB1 拖拽到程序编辑器中的程序段 1，弹出如图 5-48 所示的界面，选中 "多重背景" 和 "TON1" 选项，最后单击 "确定" 按钮。将 FB1 拖拽到程序编辑器中的程序段 2，弹出如图 5-49 所示的界面，选中 "多重背景" 和 "TON2" 选项，最后单击 "确定" 按钮。FB2 中的梯形图如图 5-50 所示。

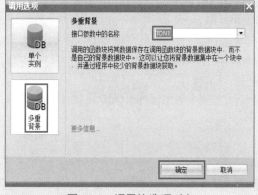

图 5-48 调用块选项（1）

图 5-49 调用块选项（2）

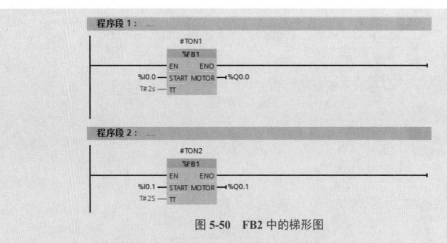

图 5-50　FB2 中的梯形图

③ 在 Main［OB1］中，编写如图 5-51 所示的梯形图程序。

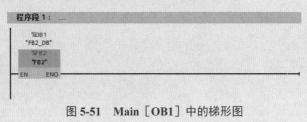

图 5-51　Main［OB1］中的梯形图

■ 5.4　组织块（OB）及其应用

组织块（OB）是操作系统与用户程序之间的接口。组织块由操作系统调用，控制循环中断驱动的程序执行、PLC 启动特性和错误处理。可以对组织块进行编程来确定 CPU 特性。

5.4.1　中断的概述

（1）中断过程

中断处理用来实现对特殊内部事件或外部事件的快速响应。CPU 检测到中断请求时，立即响应中断，调用中断源对应的中断程序，即组织块 OB。执行完中断程序后，返回被中断的程序处继续执行程序。例如在执行主程序块 OB1 时，时间中断块 OB10 可以中断主程序块 OB1 正在执行的程序，转而执行中断程序块 OB10 中的程序，当中断程序块中的程序执行完成后，再转到主程序块 OB1 中，从断点处执行主程序。

事件源就是能向 PLC 发出中断请求的中断事件，例如日期时间中断、延时中断、循环中断和编程错误引起的中断等。

（2）OB 的优先级

执行一个组织块 OB 的调用可以中断另一个 OB 的执行。一个 OB 是否允许另一个 OB 中断取决于其优先级。S7-1500 PLC 支持优先级共有 26 个，1 最低，26 最高。高优先级的 OB 可以中断低优先级的 OB。例如 OB10 的优先级是 2，而 OB1 的优先级是 1，所以 OB10 可以中断 OB1。S7-300/400 PLC 的 CPU 支持优先级有 29 个。

组织块的类型和优先级见表 5-3。

表 5-3　组织块的类型和优先级

事件源的类型	优先级（默认优先级）	可能的 OB 编号	默认的系统响应	支持的 OB 数量
启动	1	100，≥ 123	忽略	100
循环程序	1	1，≥ 123	忽略	100
时间中断	2 ～ 24（2）	10 ～ 17，≥ 123	不适用	20
状态中断	2 ～ 24（4）	55	忽略	1
更新中断	2 ～ 24（4）	56	忽略	1
制造商或配置文件特定的中断	2 ～ 24（4）	57	忽略	1
延时中断	2 ～ 24（3）	20 ～ 23，≥ 123	不适用	20
循环中断	2 ～ 24（8 ～ 17，取决于循环时间）	30 ～ 38，≥ 123	不适用	20
硬件中断	2 ～ 26（16）	40 ～ 47，≥ 123	忽略	50
等时同步模式中断	16 ～ 26（21）	61 ～ 64，≥ 123	忽略	20（每个等时同步接口一个）
MC 伺服中断	17 ～ 31（25）	91	不适用	1
MC 插补器中断	16 ～ 30（24）	92	不适用	1
时间错误	22	80	忽略	1
超出循环监视时间一次			STOP	
诊断中断	2 ～ 26（5）	82	忽略	1
移除 / 插入模块	2 ～ 26（6）	83	忽略	1
机架错误	2 ～ 26（6）	86	忽略	1
编程错误（仅限全局错误处理）	2 ～ 26（7）	121	STOP	1
I/O 访问错误（仅限全局错误处理）	2 ～ 26（7）	122	忽略	1

说明：

① 在 S7-300/400 PLC 的 CPU 中只支持一个主程序块 OB1，而 S7-1500 PLC 最多支持 100 个主程序，但第二个主程序的编号从 123 起，由组态设定，如 OB123 可以组态成主程序。

② 循环中断可以是 OB30 ～ OB38，如不够用还可以通过组态使用 OB123 及以上的组织块。

③ S7-300/400 PLC 的 CPU 的启动组织块有 OB100、OB101 和 OB102，但 S7-1500 PLC 不支持 OB101 和 OB102。

5.4.2　启动组织块及其应用

启动组织块（Startup）在 PLC 的工作模式从 STOP 切换到 RUN 时执行一次。完成启动组织块扫描后，将执行主程序循环组织块（如 OB1）。以下用一个例子说明启动组织块的应用。

【例 5-10】　编写一段初始化程序，将 CPU 1511C-1PN 的 MB20 ～ MB23 单元清零。

【解】　一般初始化程序在 CPU 一启动后就运行，所以可以使用 OB100 组织块。在 TIA 博途软件项目视图的项目树中，双击"添加新块"，弹出如图 5-52 所示的界面，选中"组织块"和"Startup"选项，再单击"确定"按钮，即可添加启动组织块。

图 5-52　添加"启动"组织块 OB100

MB20 ～ MB23 实际上就是 MD20，其程序如图 5-53 所示。

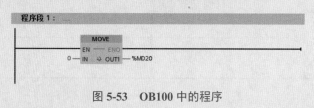

图 5-53　OB100 中的程序

5.4.3　主程序（OB1）

CPU 的操作系统循环执行 OB1。当操作系统完成启动后，将启动执行 OB1。在 OB1 中可以调用函数（FC）和函数块（FB）。

执行 OB1 后，操作系统发送全局数据。重新启动 OB1 之前，操作系统将过程映像输出表写入输出模块中，更新过程映像输入表以及接收 CPU 的任何全局数据。

5.4.4　循环中断组织块及其应用

所谓循环中断就是经过一段固定的时间间隔中断用户程序，循环中断很常用。

循环组织块
（OB30）的应
用举例

(1) 循环中断指令

循环中断组织块是很常用的，TIA 博途软件中有 9 个固定循环中断组织块（OB30 ~ OB38），另有 11 个未指定。激活循环中断（EN_IRT）和禁用循环中断（DIS_IRT）指令的参数见表 5-4。

表 5-4　激活循环中断（EN_IRT）和禁用循环中断（DIS_IRT）指令的参数

参数	声明	数据类型	存储区间	参数说明
OB_NR	INPUT	INT	I、Q、M、D、L、常数	OB 的编号
MODE	INPUT	BYTE	I、Q、M、D、L、常数	指定禁用哪些中断和异步错误
RET_VAL	OUTPUT	INT	I、Q、M、D、L	如果出错，则 RET_VAL 的实际参数将包含错误代码

参数 MODE 指定禁用哪些中断和异步错误，含义比较复杂，MODE=0 表示激活所有的中断和异步错误，MODE=1 表示启用属于指定中断类别的新发生事件，MODE=2 表示启用指定中断的所有新发生事件，可使用 OB 编号来指定中断。具体可参考相关手册或者 TIA 博途软件的帮助。

(2) 循环中断组织块的应用

◁【例 5-11】　每隔 100ms 时间，CPU 1511C-1PN 采集一次通道 0 上的模拟量数据。

【解】　很显然要使用循环组织块，解法如下。
在 TIA 博途软件项目视图的项目树中，双击"添加新块"，弹出如图 5-54 所示的界

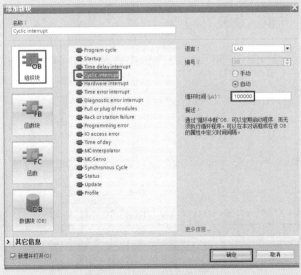

图 5-54　添加组织块 OB30

面，选中"组织块"和"Cyclic interrupt"，循环时间定为"100000μs"，单击"确定"按钮。这个步骤的含义是：设置组织块 OB30 的循环中断时间是 100000μs，再将组态完成的硬件下载到 CPU 中。

打开 OB30，在程序编辑器中，输入程序如图 5-55 所示，运行的结果是每 100ms 将通道 0 采集到的模拟量转化成数字量送到 MW20 中。

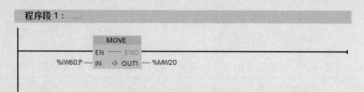

图 5-55　OB30 中的程序

主程序在 OB1 中，如图 5-56 所示。有了主程序，就可以对 OB30 是否循环扫描中断进行控制了。

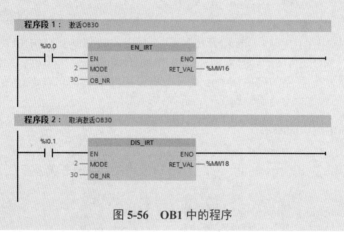

图 5-56　OB1 中的程序

5.4.5　时间中断组织块及其应用

时间中断组织块（如 OB10）可以由用户指定日期时间及特定的周期产生中断。例如，每天 18：00 保存数据。

时间中断最多可以使用 20 个，默认范围是 OB10 ～ OB17，其余可组态 OB 编号 123 以上组织块。

(1) 指令简介

可以用"SET_TINT""CAN_TINT"和"ACT_TINT"设置、取消、激活日期时间中断，参数见表 5-5。

表 5-5　"SET_TINT""CAN_TINT"和"ACT_TINT"的参数

参数	声明	数据类型	存储区间	参数说明
OB_NR	INPUT	INT	I、Q、M、D、L、常数	OB 的编号
SDT	INPUT	DT	D、L、常数	开始日期和开始时间

续表

参数	声明	数据类型	存储区间	参数说明
PERIOD	INPUT	WORD	I、Q、M、D、L、常数	从启动点 SDT 开始的周期： W#16#0000 = 一次 W#16#0201 = 每分钟 W#16#0401 = 每小时 W#16#1001 = 每日 W#16#1202 = 每周 W#16#1401 = 每月 W#16#1801 = 每年 W#16#2001 = 月末
RET_VAL	OUTPUT	INT	I、Q、M、D、L	如果出错，则 RET_VAL 的实际参数将包含错误代码

（2）日期中断组织块的应用

要启用日期中断组织块，必须提前设置并激活相关的时间中断（指定启动时间和持续时间），并将时间中断组织块下载到 CPU 中。设置和激活时间中断有三种方法，分别介绍如下。

① 在时间中断的"属性"中设置并激活时间中断，如图 5-57 所示，这种方法最简单。

图 5-57　设置和激活时间中断

② 在时间中断的"属性"中设置"启动日期"和"时间"，在"执行"文本框内选择"从未"，再通过程序中调用"ACT_TINT"指令激活中断。

③ 通过调用"SET_TINT"指令设置时间中断，再通过程序中调用"ACT_TINT"指令激活中断。

以下用一个例题说明日期中断组织块的应用。

◁【例 5-12】　从 2017 年 8 月 18 日 18 时 18 分起，每小时中断一次，并将中断次数记录在一个存储器中。

【解】　一般有三种解法，在前面已经介绍，本例采用第三种方法解题。

① 添加组织块 OB10。在 TIA 博途软件项目视图的项目树中，双击"添加新块"，弹出如图 5-58 所示的界面，选中"组织块"和"Time of day"选项，单击"确定"按钮，即可添加 OB10 组织块。

图 5-58 添加组织块 OB10

② 主程序在 OB1 中，如图 5-59 所示，中断程序在 OB10 中，如图 5-60 所示。

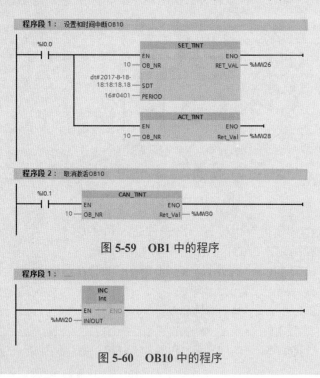

图 5-59 OB1 中的程序

图 5-60 OB10 中的程序

5.4.6 延时中断组织块及其应用

延时中断组织块（如 OB20）可实现延时执行某些操作，调用 "SRT_DINT" 指令时开始计时延时时间（此时开始调用相关延时中断）。其作用类似于定时器，但 PLC 中普通定时器的定时精度要受到不断变化的扫描周期的影响，使用延时中断可以达到以毫秒为单位的高精度延时。

延时中断最多可以使用 20 个，默认范围是 OB20 ～ OB23，其余可组态 OB 编号 123 以上组织块。

(1) 指令简介

可以用 "SRT_DINT" 和 "CAN_DINT" 设置、取消激活延时中断，参数见表 5-6。

表 5-6　"SRT_DINT" 和 "CAN_DINT" 的参数

参数	声明	数据类型	存储区间	参数说明
OB_NR	INPUT	INT	I、Q、M、D、L、常数	延时时间后要执行的 OB 的编号
DTIME	INPUT	DTIME		延时时间（1 ～ 60000 ms）
SIGN	INPUT	WORD	I、Q、M、D、L、常数	调用延时中断 OB 时 OB 的启动事件信息中出现的标识符
RET_VAL	OUTPUT	INT	I、Q、M、D、L	如果出错，则 RET_VAL 的实际参数将包含错误代码

(2) 延时中断组织块的应用

【例 5-13】　当 I0.0 上升沿时，延时 5s 执行 Q0.0 置位，I0.1 为上升沿时，Q0.0 复位。

【解】　① 添加组织块 OB20。在 TIA 博途软件项目视图的项目树中，双击"添加新块"，弹出如图 5-61 所示的界面，选中"组织块"和"Time delay interrupt"选项，单击"确定"按钮，即可添加 OB20 组织块。

图 5-61　添加组织块 OB20

② 中断程序在 OB1 中，如图 5-62 所示，主程序在 OB20 中，如图 5-63 所示。

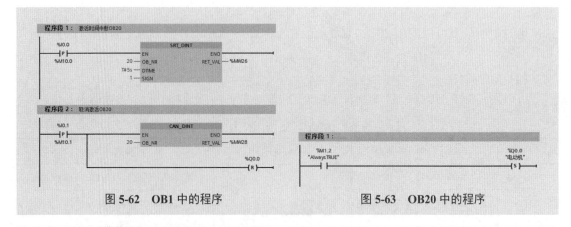

图 5-62　OB1 中的程序　　　　　　　　　　　图 5-63　OB20 中的程序

5.4.7　硬件中断组织块及其应用

硬件中断组织块（如 OB40）用于快速响应信号模块（SM）、通信处理器（CP）和功能模块（FM）的信号变化。

硬件中断被模块触发后，操作系统将自动识别是哪一个槽的模块和模块中哪一个通道产生的硬件中断。硬件中断 OB 执行完成后，将发送通道确认信号。

如果正在处理某一中断事件，又出现了同一模块同一通道产生的完全相同的中断事件，新的中断事件将丢失。

如果正在处理某一中断信号时同一模块中其他通道或其他模块产生了中断事件，当前已激活的硬件中断执行完成后，再处理暂存的中断。

以下用一个例子说明硬件中断组织块的使用方法。

◢【例 5-14】　编写一段指令记录用户使用 I0.0 按钮的次数，做成一个简单的"黑匣子"。

【解】　① 添加组织块 OB40。在 TIA 博途软件项目视图的项目树中，双击"添加新块"，弹出如图 5-64 所示的界面，选中"组织块"和"Hardware interrupt"选项，单击"确定"按钮，即可添加 OB40 组织块。

图 5-64　添加组织块 OB40

② 选中硬件模块"DI 16×24VDC HF"，点击"属性"选项卡，如图 5-65 所示，选中"通道 0"，启用上升沿检测，选择硬件中断组织块为"Hardware interrupt"。

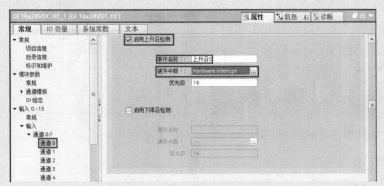

图 5-65　信号模块的属性界面

③ 编写程序。在组织块 OB40 中编写程序如图 5-66 所示，每次压下按钮，调用一次 OB40 中的程序，MW10 中的数值加 1，也就是记录了使用按钮的次数。

图 5-66　OB40 中的程序

> 🎯 关键点　选用的输入模块"DI 16×24VDC HF"必须具有硬件中断功能。

5.4.8　错误处理组织块

（1）错误处理概述

S7-1500 PLC 具有很强的错误（或称故障）检测和处理能力，是指 PLC 内部的功能性错误或编程错误，而不是外部设备的故障。CPU 检测到错误后，操作系统调用对应的组织块，用户可以在组织块中编程，对发生的错误采取相应的措施。对于大多数错误，如果没有给组织块编程，出现错误时 CPU 将进入 STOP 模式。

（2）错误的分类

被 S7 CPU 检测到并且用户可以通过组织块对其进行处理的错误分为两个基本类型。

① 异步错误。是与 PLC 的硬件或操作系统密切相关的错误，与程序执行无关，后果严重。异步错误 OB 具有最高等级的优先级，其他 OB 不能中断它们。同时有多个相同优先级的异步错误 OB 出现，将按出现的顺序处理。

系统程序可以检测下列错误：不正确的 CPU 功能、系统程序执行中的错误、用户程序中的错误和 I/O 中的错误。根据错误类型的不同，CPU 设置为进入 STOP 模式或调用一个错误处理组织块（OB）。

当 CPU 检测到错误时，会调用适当的组织块，见表 5-7。如果没有相应的错误处理 OB，CPU 将进入 STOP 模式。用户可以在错误处理 OB 中编写如何处理这种错误的程序，以减小或消除错误的影响。

表 5-7　错误处理组织块

OB 号	错误类型	优先级
OB80	时间错误	2 ～ 26
OB82	诊断中断	
OB83	插入 / 取出模块中断	
OB86	机架故障或分布式 I/O 的站故障	
OB121	编程错误	引起错误的 OB 的优先级
OB122	I/O 访问错误	

为避免发生某种错误时 CPU 进入停机，可以在 CPU 中建立一个对应的空的组织块。用户可以利用 OB 中的变量声明表提供的信息来判别错误的类型。

② 同步错误（OB121 和 OB122）。是与程序执行有关的错误，其 OB 的优先级与出现错误时被中断的块的优先级相同，即同步错误 OB 中的程序可以访问块被中断时累加器和状态寄存器中的内容。对错误进行处理后，可以将处理结果返回被中断的块。

■ 5.5　实例

至此，读者已经对 S7-1200/1500 PLC 的软硬件有了一定的了解，本节内容将列举一个简单的例子，供读者模仿学习。

◁【例 5-15】　有一个控制系统，控制器是 CPU1511C-1PN，压力传感器测量油压力，油压力的范围是 0 ～ 10MPa，当油压力高于 8MPa 时报警，请设计此系统。

【解】　CPU1511C-1PN 集成有模拟量输入 / 输出和数字量输入 / 输出，其接线如图 5-67 所示，模拟量输入的端子 1 和 2 分别与传感器的电流信号 + 和电流信号 - 相连。

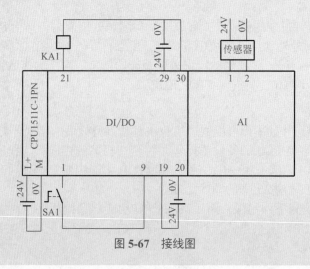

图 5-67　接线图

① 新建项目。新建一个项目"报警"，在 TIA 博途软件项目视图的项目树中，单击"添加新块"，新建程序块，块名称为"压力采集"，把编程语言选中为"LAD"，块的类型是"函数 FC"，再单击"确定"按钮，如图 5-68 所示，即可生成函数 FC1，其编程语言为 LAD。

图 5-68　添加新块，选择编程语言为 LAD

② 定义函数块的变量。打开新建的函数"FC1"，定义函数 FC1 的输入变量（Input）、输出变量（Output）和临时变量（Temp），如图 5-69 所示。注意：这些变量是局部变量，只在本函数内有效。

		名称	数据类型	默认值	注释
		数据采集			
2	■	PV_IN	Int		
3	■	HI_LIM	Real		
4	■	LOW_LIM	Real		
5	▼	Output			
6	■	RVlave	Real		
7	▶	InOut			
8	▼	Temp			
9	■	Temp1	Int		
10	■	Temp2	Real		
11	▼	Constant			
12		<新增>			
13	▼	Return			
14	■	数据采集	Void		

图 5-69　定义函数块的变量（1）

③ 插入指令 SCALE_X 和 NORM_X。单击"指令"→"基本指令"→"转换操作"，插入"SCALE_X"和"NORM_X"指令。

④ 编写函数 FC1 的 LAD 程序如图 5-70 所示，也可以是 SCL 程序如图 5-71 所示。

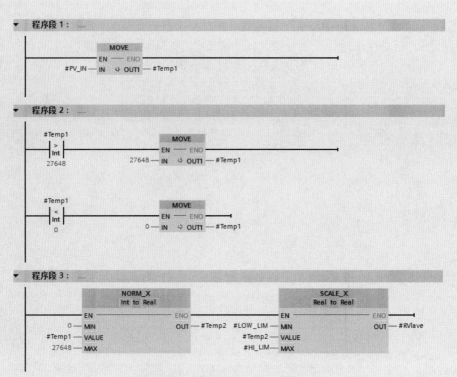

图 5-70 函数 FC1 的 LAD 程序（1）

```
1  #Temp1 := WORD_TO_INT(#PV_IN);
2 ⊟IF #Temp1>27648 THEN
3      #Temp1:=27648;
4  END_IF;
5 ⊟IF #Temp1 < 0 THEN
6      #Temp1 := 0;
7  END_IF;
8  #Temp2:=NORM_X(MIN:=0, VALUE:=#Temp1, MAX:=27648);
9  #RValue := SCALE_X(MIN := 0.0, VALUE := #Temp2, MAX := 10.0);
```

图 5-71 函数 FC1 的 SCL 程序（1）

⑤ 添加循环组织块 OB30，编写 LAD 程序，如图 5-72 所示，也可以是 SCL 程序，如图 5-73 所示。FC1 的管脚与指令中的 SCALE 很类似，而且采集的压力变量范围在 0 ~ 10MPa 内。

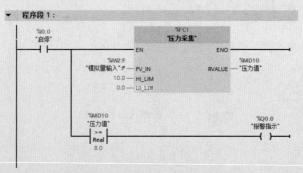

图 5-72 OB30 中的 LAD 程序（1）

此题的另一解题方法如下，但不适用于 S7-1200 PLC。

① 新建项目。新建一个项目"报警"，在 TIA 博途软件项目视图的项目树中，单击"添加新块"，新建程序块，块名称为"压力采集"，把编程语言选中为"LAD"，块的类型是"函数 FC"，再单击"确定"按钮，如图 5-68 所示，即可生成函数 FC1，其编程语言为 LAD。

② 定义函数块的变量。打开新建的函数"FC1"，定义函数 FC1 的输入变量（Input）、输出变量（Output）和临时变量（Temp），如图 5-74 所示。注意：这些变量是局部变量，只在本函数内有效。

③ 插入指令 SCALE。单击"指令"→"基本指令"→"原有"→"SCALE"，插入 SCALE 指令。

④ 编写函数 FC1 的 LAD 程序，如图 5-75 所示，也可以是 SCL 程序，如图 5-76 所示。

```
1    #TEMP1:= WORD_TO_INT(#PV_IN);
2  ┌─IF #TEMP1 > 27648 THEN
3  │      #TEMP1:=27648;
4  └─END_IF;
5  ┌─IF #TEMP1 < 0 THEN
6  │      #TEMP1:=0;
7  └─END_IF;
8  ┌─#RET_VAL1:=SCALE(IN:= #TEMP1,
9  │              HI_LIM:= #HI_LIM,
10 │              LO_LIM:= #LOW_LIM,
11 │              BIPOLAR:=#BIPOLAR,
12 │              OUT => #RVALUE);
```

图 5-73　OB30 中的 SCL 程序（1）

图 5-74　定义函数块的变量（2）

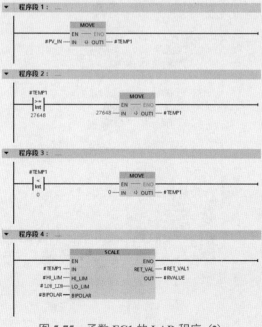

图 5-75　函数 FC1 的 LAD 程序（2）

```
1   #TEMP1:= WORD_TO_INT(#PV_IN);
2   IF #TEMP1 > 27648 THEN
3       #TEMP1:=27648;
4   END_IF;
5   IF #TEMP1 < 0 THEN
6       #TEMP1:=0;
7   END_IF;
8   #RET_VAL1:=SCALE(IN:= #TEMP1,
9                    HI_LIM:= #HI_LIM,
10                   LO_LIM:= #LOW_LIM,
11                   BIPOLAR:=#BIPOLAR,
12                   OUT => #RVALUE);
```

图 5-76　函数 FC1 的 SCL 程序（2）

　　⑤ 添加循环组织块 OB30，编写 LAD 程序，如图 5-77 所示，也可以是 SCL 程序，如图 5-78 所示。FC1 的管脚与指令中的 SCALE 很类似，而且采集的压力变量范围在 0～10MPa 内。

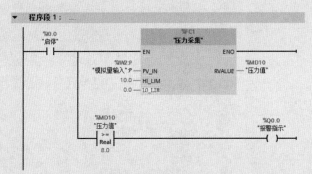

图 5-77　OB30 中的 LAD 程序（2）

```
1   IF "启停" THEN
2       "压力采集1"(PV_IN:="模拟量输入":P,
3           HI_LIM:=10.0,
4           LO_LIM:=0.0,
5           RVALUE=>"压力值");
6   IF "压力值">8.0 THEN
7       "报警指示" := TRUE;
8   ELSE
9       "报警指示" := FALSE;
10  END_IF;
11  ELSE
12      "报警指示" := FALSE;
13      "压力值" := 0.0;
14  END_IF;
```

图 5-78　OB30 中的 SCL 程序（2）

2

第 2 篇

三菱 PLC 编程
及应用

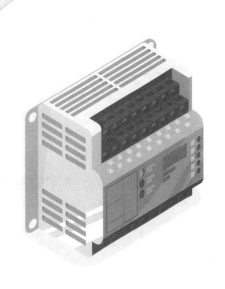

第6章
三菱 FX 系列 PLC 的硬件

> 本章介绍三菱 FX 系列 PLC 的产品系列和硬件接线，由于三菱 FX3U 是三菱
> FX 系列中最具代表性的产品，所以重点介绍三菱 FX3U 系列 PLC，这是学习本书
> 后续内容的必要准备。

■ 6.1 三菱可编程控制器简介

6.1.1 三菱可编程控制器系列

三菱的可编程控制器是比较早进入我国市场的产品，由于三菱 PLC 有较高的性价比，而且易学易用，所以在中国的 PLC 市场上有很大的份额，特别是三菱 FX 系列小型 PLC，有比较大的市场占有率。以下将简介三菱 PLC 的常用产品系列。

（1）针对小规模、单机控制的 PLC

① MELSEC-F 系列。机身小巧，却兼备丰富的功能与扩展性。是一种集电源、CPU、输入输出为一体的一体化可编程控制器。通过连接多种多样的扩展设备，以满足客户的各种需求。

三菱 FX 系列 PLC 是从 F 系列、F1 系列、F2 系列发展起来的小型 PLC 产品，三菱 FX 系列 PLC 包括 FX1S/FX1N/FX2N/FX3U/FX3G/FX3S 类型产品。目前主要使用的是三菱 FX3 系列 PLC。同时，三菱 FX2 系列的扩展模块仍然在使用。

② MELSEC iQ-F 系列。实现了系统总线的高速化，充实了内置功能，支持多种网络，是新一代可编程控制器。从单机使用到涵盖网络的系统提升，强有力地支持客户"制造业先锋产品"的需求。

（2）针对小、中规模控制的 PLC

MELSEC-L 系列。采用无底座构造，节省控制盘内的空间。将现场所需的功能、性能、操作性凝聚在小巧的机身内，轻松地实现更为简便且多样的控制。

（3）针对中、大规模控制的 PLC

① MELSEC-Q 系列。通过多 CPU 功能的并联处理实现高速控制，从而提高客户所持装置及机械的性能。MELSEC-Q 系列 PLC 目前应用较多。

② MELSEC iQ-R 系列。开拓自动化新时代的创新型新一代控制器。搭载新开发的高速系统总线，能够大幅度地削减节拍时间。

6.1.2　三菱 FX 系列可编程控制器的特点

三菱 FX 系列可编程控制器的特点如下：

① 系统配置既固定又灵活；

② 编程简单；

③ 备有可自由选择，丰富的品种；

④ 令人放心的高性能；

⑤ 高速运算；

⑥ 使用于多种特殊用途；

⑦ 外部机器通信简单化；

⑧ 共同的外部设备。

6.2　三菱 FX 系列 PLC 基本单元及其接线

前面已经叙述过三菱 FX 系列 PLC 有五大类基本产品，其中第一代和第二代产品（FX1S/FX1N/FX2N）的使用和接线比较类似，加之限于篇幅，第三代 PLC 有 FX3U/FX3G，本书则主要以使用较为广泛的 FX3U 为例讲解。

6.2.1　三菱 FX 系列 PLC 基本单元介绍

FX3U 是三菱电机公司推出的新型第三代 PLC。其基本性能大幅提升，晶体管输出型的基本单元内置了 3 轴独立最高 100kHz 的定位功能，并且增加了新的定位指令，从而使得定位控制功能更加强大，使用更为方便。

三菱 FX 系列 PLC 基本单元的型号说明如图 6-1 所示。

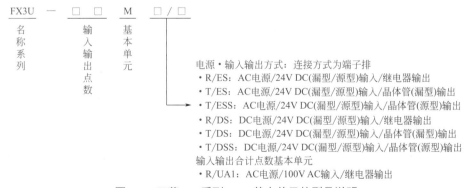

图 6-1　三菱 FX 系列 PLC 基本单元的型号说明

三菱 FX 系列 PLC 的基本单元有多种类型。

按照点数分，有 16 点、32 点、48 点、64 点、80 点和 128 点共六种。

按照供电电源分，有交流电源和直流电源两种。

按照输出形式分，有继电器输出、晶体管输出和晶闸管输出共三种。晶体管输出的 PLC 又分为源型输出和漏型输出。

按照输入形式分，有直流源型输入和漏型输入，没有交流电输入形式。

AC 电源 /24V DC 漏型 / 源型输入通用型基本单元见表 6-1，DC 电源 /24V DC 漏型 / 源型输入通用型基本单元见表 6-2。

表 6-1　AC 电源 /24V DC 漏型 / 源型输入通用型基本单元

型　号	输出形式	输入点数	输出点数	合计点数
FX3U-16MR/ES（-A）	继电器	8	8	16
FX3U-16MT/ES（-A）	晶体管（漏型）	8	8	16
FX3U-16MT/ESS	晶体管（源型）	8	8	16
FX3U-32MR/ES（-A）	继电器	16	16	32
FX3U-32MT/ES（-A）	晶体管（漏型）	16	16	32
FX3U-32MT/ESS	晶体管（源型）	16	16	32
FX3U-32MS/ES	晶闸管	16	16	32
FX3U-48MR/ES（-A）	继电器	24	24	48
FX3U-48MT/ES（-A）	晶体管（漏型）	24	24	48
FX3U-48MT/ESS	晶体管（源型）	24	24	48
FX3U-64MR/ES（-A）	继电器	32	32	64
FX3U-64MT/ES（-A）	晶体管（漏型）	32	32	64
FX3U-64MT/ESS	晶体管（源型）	32	32	64
FX3U-64MS/ES	晶闸管	32	32	64
FX3U-80MR/ES（-A）	继电器	40	40	80
FX3U-80MT/ES（-A）	晶体管（漏型）	40	40	80
FX3U-80MT/ESS	晶体管（源型）	40	40	80
FX3U-128MR/ES（-A）	继电器	64	64	128
FX3U-128MT/ES（-A）	晶体管（漏型）	64	64	128
FX3U-128MT/ESS	晶体管（源型）	64	64	128

表 6-2　DC 电源 /24V DC 漏型 / 源型输入通用型基本单元

型　号	输出形式	输入点数	输出点数	合计点数
FX3U-16MR/DS	继电器	8	8	16
FX3U-16MT/DS	晶体管（漏型）	8	8	16

续表

型 号	输出形式	输入点数	输出点数	合计点数
FX3U-16MT/DSS	晶体管（源型）	8	8	16
FX3U-32MR/DS	继电器	16	16	32
FX3U-32MT/DS	晶体管（漏型）	16	16	32
FX3U-32MT/DSS	晶体管（源型）	16	16	32
FX3U-48MR/DS	继电器	24	24	48
FX3U-48MT/DS	晶体管（漏型）	24	24	48
FX3U-48MT/DSS	晶体管（源型）	24	24	48
FX3U-64MR/DS	继电器	32	32	64
FX3U-64MT/DS	晶体管（漏型）	32	32	64
FX3U-64MT/DSS	晶体管（源型）	32	32	64
FX3U-80MR/DS	继电器	40	40	80
FX3U-80MT/DS	晶体管（漏型）	40	40	80
FX3U-80MT/DSS	晶体管（源型）	40	40	80

关键点 三菱 FX2N 系列 PLC 的直流输入为漏型（即低电平有效），但三菱 FX3U 系列 PLC 直流输入有源型输入和漏型输入可选，也就是说通过不同的接线可选择是源型输入还是漏型输入，这无疑为工程设计带来了极大的便利。三菱 FX3U 系列 PLC 的晶体管输出也有漏型输出和源型输出两种，但在订购设备时就必须确定需要购买哪种输出类型的 PLC。

6.2.2 三菱 FX 系列 PLC 基本单元的接线

在讲解三菱 FX 系列 PLC 基本模块接线前，先要熟悉基本模块的接线端子。三菱 FX 系列的接线端子（以 FX3U-32MR 为例）一般由上下两排交错分布，如图 6-2 所示，这样排列方便接线，接线一般先接下面一排（对于输入端，先接 X0、X2、X4、X6…接线端子，后接 X1、X3、X5、X7…接线端子）。

FX 系列 PLC 基本单元的接线

图 6-2 中，"1" 处的三个接线端子是基本模块的交流电源接线端子，其中 L 接交流电源的火线，N 接交流电源的零线，⏚接交流电源的地线； "2" 处的 24V 是基本模块输出的 24V DC 电源的 +24V，这个电源可供输入器件（如按钮和传感器）使用，也可供扩展模块使用。"3" 处的接线端子是数字量输入接线端子，通常与按钮、开关量的传感器相连。"4" 处的圆点表示此处是空白端子，不使用 。很明显 "5" 处的粗线是分割线，将第三组输出点和第四组输出点分开。"6" 处的 Y5 是数字量输出端子。"7" 处的 COM1 是第一组输出端的公共接线端子，这个公共接线端子是输出点 Y0、Y1、Y2、Y3 的公共接线端子。

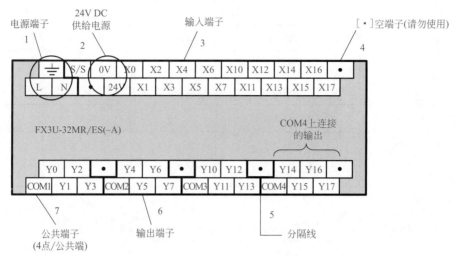

图 6-2　FX3U-32MR 的端子分布

　　三菱 FX 系列 PLC 基本模块的输入端有 NPN（漏型，低电平有效）输入和 PNP（源型，高电平有效）输入可选，只要改变不同的接线即可选择不同的输入形式。当输入端与数字量传感器相连时，能使用 NPN 和 PNP 型传感器，FX3U 的输入端在连接按钮时，并不需要外接电源。三菱 FX 系列 PLC 的输入端的接线示例如图 6-3、图 6-4、图 6-5 和图 6-6 所示。

　　如图 6-3 所示，模块供电电源为交流电，输入端是漏型接法，24V 端子与 S/S 端子短接，0V 端子是输入端的公共端子，这种接法是低电平有效，也叫 NPN 输入。

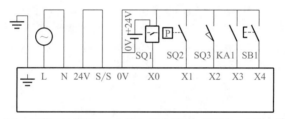

图 6-3　三菱 FX 系列 PLC 输入端的接线（漏型，交流电源）

　　如图 6-4 所示，模块供电电源为交流电，输入端是源型接法，0V 端子与 S/S 端子短接，24V 端子是输入端的公共端子，这种接法是高电平有效，也叫 PNP 输入。

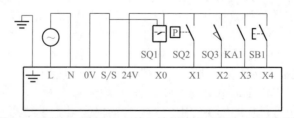

图 6-4　三菱 FX 系列 PLC 输入端的接线（源型，交流电源）

　　如图 6-5 所示，模块供电电源为直流电，输入端是漏型接法，S/S 端子与模块供电电源的 24V 短接，模块供电电源 0V 是输入端的公共端子，这种接法是低电平有效，也叫 NPN 输入。

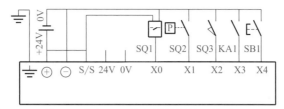

图 6-5　三菱 FX 系列 PLC 输入端的接线（漏型，直流电源）

如图 6-6 所示，模块供电电源为直流电，输入端是源型接法，S/S 端子与模块供电电源的 0V 短接，模块供电电源 24V 是输入端的公共端子，这种接法是高电平有效，也叫 PNP 输入。

三菱 FX3U 系列中还有 100V AC 输入型 PLC，也就是输入端使用不超过 120V 的交流电源，其接线如图 6-7 所示。

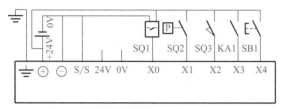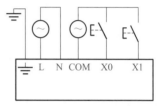

图 6-6　三菱 FX 系列 PLC 输入端的接线（源型，直流电源）　　图 6-7　100V AC 输入型的接线

🎯 关键点　　三菱 FX 系列 PLC 的输入端和 PLC 的供电电源很近，特别是使用交流电源时，注意不要把交流电误接到信号端子。

◁【例 6-1】　有一台三菱 FX3U-32MR，输入端有一只三线 NPN 接近开关和一只二线 NPN 接近开关，应如何接线？

【解】　对于三菱 FX3U-32MR，公共端是 0V 端子。而对于三线 NPN 接近开关，只要将其棕线与 24V 端子相连，蓝线与 0V 端子相连，将信号线与 PLC 的"X1"相连即可；而对于二线 NPN 接近开关，只要将 0V 端子与其蓝色线相连，将信号线（棕色线）与 PLC 的"X0"相连即可，如图 6-8 所示。

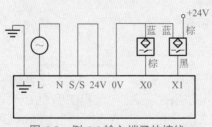

图 6-8　例 6-1 输入端子的接线

三菱 FX 系列 PLC 的输出形式有三种：继电器输出、晶体管输出和晶闸管输出。继电器型输出用得比较多，输出端可以连接直流或者交流电源，无极性之分，但交流电源不超过 220V，三菱 FX3 系列 PLC 的继电器型输出端接线，如图 6-9 所示。

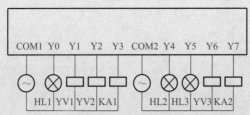

图 6-9　三菱 FX 系列 PLC 输出端的接线（继电器型输出）

　　晶体管输出只有 NPN 输出和 PNP 输出两种形式，用于输出频率高的场合。通常，相同点数的三菱 PLC，三菱 FX 系列晶体管输出形式的 PLC 要比继电器输出形式的贵一点。晶体管输出的 PLC 的输出端只能使用直流电源，对于 NPN 输出形式，其公共端子和电源的 0V 接在一起，三菱 FX 系列 PLC 的晶体管型 NPN 输出的接线示例如图 6-10 所示。晶体管型 NPN 输出是三菱 FX 系列 PLC 的主流形式，在 FX3U 以前的三菱 FX 系列 PLC 的晶体管输出形式中，只有 NPN 输出一种。后来，在三菱 FX3 系列 PLC 中，晶体管输出中增加了 PNP 型输出，其公共端子是 +V，接线如图 6-11 所示。

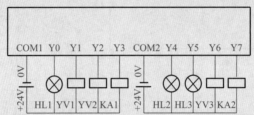

图 6-10　三菱 FX 系列 PLC 输出端的接线（晶体管 NPN 型输出）

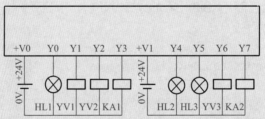

图 6-11　三菱 FX 系列 PLC 输出端的接线（晶体管 PNP 型输出）

　　晶闸管输出的 PLC 的输出端只能使用交流电源，在此不再赘述。

　　◁【例 6-2】　有一台三菱 FX3U-32M，控制两台步进电动机（步进电动机控制端是共阴接法）和一台三相异步电动机的启停，三相电动机的启停由一只接触器控制，接触器的线圈电压为 220V AC，输出端应如何接线（步进电动机部分的接线可以省略）？

　　【解】　因为要控制两台步进电动机，所以要选用晶体管输出的 PLC，而且必须用 Y0 和 Y1 作为输出高速脉冲点控制步进电动机，又由于步进电动机控制端是共阴接法，所以 PLC 的输出端要采用 PNP 输出型。接触器的线圈电压为 220V AC，所以电路要经过转换，增加中间继电器 KA，其接线如图 6-12 所示。

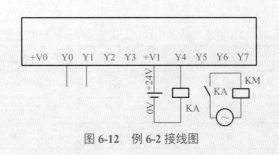

图 6-12 例 6-2 接线图

6.3 三菱 FX 系列 PLC 的扩展单元和扩展模块及其接线

三菱 FX 系列 PLC 的扩展模块有数字量输入模块、数字量输出模块；三菱 FX 系列 PLC 的扩展单元实际上就是数字量输入输出模块，内部集成有 24V 电源，有的 PLC 将这类模块称为混合模块。以下仅介绍常用的几个模块。

6.3.1 三菱 FX 系列 PLC 扩展单元及其接线

在使用三菱 FX 系列 PLC 的基本单元时，如数字量 I/O 点不够用，这种情况下就要使用数字量扩展模块或者扩展单元，以下将对数字量扩展单元进行介绍。

(1) 常用的扩展单元简介

当基本单元的输入输出点不够用时，通常用添加扩展单元的办法解决，FX3U 的数字量模块仍然使用 FX2N 的扩展模块，三菱 FX 系列 PLC 扩展单元型号的说明如图 6-13 所示。

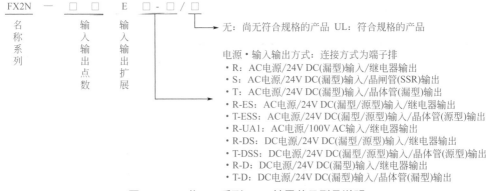

图 6-13 三菱 FX 系列 PLC 扩展单元型号说明

扩展单元也有多种类型，按照点数分，有 32 点和 48 点两种。

按照供电电源分，有交流电源和直流电源两种。

按照输出形式分，有继电器输出、晶闸管输出和晶体管输出共三种。

按照输入形式分，有交流电源和直流电源两种。直流电源输入又可分为源型输入和漏型输入。

AC 电源 /24V DC 漏型 / 源型输入通用型扩展单元见表 6-3、AC 电源 /24V DC 漏型输入专用型扩展单元见表 6-4、DC 电源 /24V DC 漏型 / 源型输入通用型扩展单元见表 6-5、DC 电源 /24V DC 漏型输入专用型扩展单元见表 6-6、AC 电源 /110V 交流输入专用型扩展单元见表 6-7。

表 6-3　AC 电源 /24V DC 漏型 / 源型输入通用型扩展单元

型　号	输出形式	输入点数	输出点数	合计点数
FX2N-32ER-ES/UL	继电器	16	16	32
FX2N-32ET-ESS/UL	晶体管（源型）	16	16	32
FX2N-48ER-ES/UL	继电器	24	24	48
FX2N-48ET-ESS/UL	晶体管（源型）	24	24	48

表 6-4　AC 电源 /24V DC 漏型输入专用型扩展单元

型　号	输出形式	输入点数	输出点数	合计点数
FX2N-32ER	继电器	16	16	32
FX2N-32ET	晶体管（漏型）	16	16	32
FX2N-32ES	晶闸管	16	16	32
FX2N-48ER	继电器	24	24	48
FX2N-48ET	晶体管（漏型）	24	24	48

表 6-5　DC 电源 /24V DC 漏型 / 源型输入通用型扩展单元

型　号	输出形式	输入点数	输出点数	合计点数
FX2N-48ER-DS	继电器	24	24	48
FX2N-48ET-DSS	晶体管（源型）	24	24	48

表 6-6　DC 电源 /24V DC 漏型输入专用型扩展单元

型　号	输出形式	输入点数	输出点数	合计点数
FX2N-48ER-D	继电器	24	24	48
FX2N-48ET-D	晶体管（漏型）	24	24	48

表 6-7　AC 电源 /110V 交流输入专用型扩展单元

型　号	输出形式	输入点数	输出点数	合计点数
FX2N-48ER-UA1/UL	继电器	24	24	48

FX 系列 PLC 扩
展单元的接线

（2）常用扩展单元的接线

　　扩展单元的外形、接线端子的排列和接线方法，与三菱 FX 系列 PLC 基本单元很类似，以下仅举 2 个例子进行简介，其余的都类似。

　　① FX2N-32ER-ES/UL 扩展单元的接线　FX2N-32ER-ES/UL 扩展单元的输入有源型和漏型输入可选，而输出是继电器输出，继电器输出的负载电源可以是交流电也可以是直流电，本例的 FX2N-32ER-ES/UL 是 16 点输入和 16 点输出（本例只画出部分 I/O 点），这个型号也有人称为 "欧洲版" 模块。其接线如图 6-14

和图 6-15 所示。

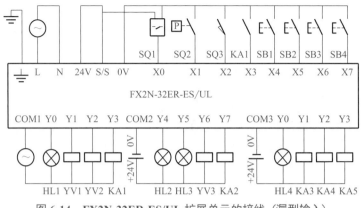

图 6-14　FX2N-32ER-ES/UL 扩展单元的接线（漏型输入）

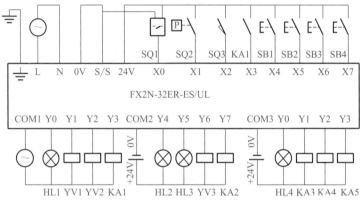

图 6-15　FX2N-32ER-ES/UL 扩展单元的接线（源型输入）

② FX2N-32ET-ESS/UL 扩展单元的接线　FX2N-32ET-ESS/UL 扩展单元的输入有源型和漏型输入可选，而输出是晶体管源型输出，本例的 FX2N-32ET-ESS/UL 是 16 点输入和 16 点输出（本例只画出部分 I/O 点），这个型号也有人称为"欧洲版"模块。其接线如图 6-16 和图 6-17 所示。

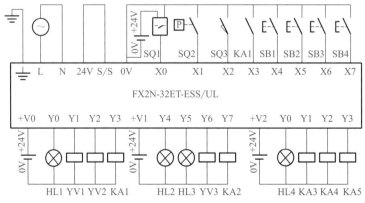

图 6-16　FX2N-32ET-ESS/UL 扩展单元的接线（漏型输入）

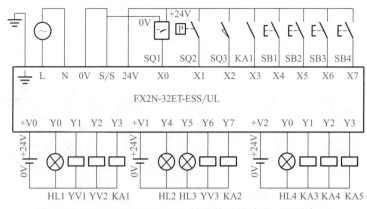

图 6-17　**FX2N-32ET-ESS/UL** 扩展单元的接线（源型输入）

③ FX2N-32ET 扩展单元的接线　FX2N-32ET 扩展单元的输入是漏型输入，输出也是晶体管漏型输出，本例的 FX2N-32ET 是 16 点输入和 16 点输出（本例只画出部分 I/O 点）。其接线如图 6-18 所示。

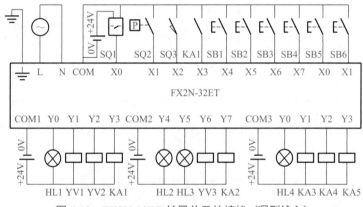

图 6-18　**FX2N-32ET** 扩展单元的接线（漏型输入）

④ FX2N-32ER 扩展单元的接线　FX2N-32ER 扩展单元的输入是漏型输入，继电器输出，本例的 FX2N-32ER 是 16 点输入和 16 点输出（本例只画出部分 I/O 点）。其接线如图 6-19 所示。

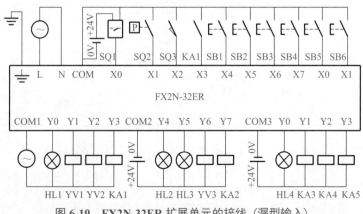

图 6-19　**FX2N-32ER** 扩展单元的接线（漏型输入）

6.3.2　三菱 FX 系列 PLC 扩展模块及其接线

在使用三菱 FX 的基本单元时，如数字量 I/O 点不够用，这种情况下就要使用数字量扩展模块或者扩展单元，以下将对数字量扩展模块进行介绍。

三菱 FX 系列
PLC 扩展模块
及其接线

（1）常用的数字量扩展模块的简介

数字量的扩展模块有数字量输入模块和数字量输出模块，数字量扩展模块中没有 24V 电源，而扩展单元中内置有 24V 电源。三菱 FX2N 系列的扩展模块见表 6-8。但要说明这类模块也可以供三菱 FX3U、FX3G 使用。

表 6-8　三菱 FX2N 系列的扩展模块

型号	总 I/O 数目	输入			输出	
		数目	电压	类型	数目	类型
FX2N-16EX	16	16	24V 直流	漏型		
FX2N-16EYT	16				16	晶体管
FX2N-16EYR	16				16	继电器

（2）常用的数字量扩展模块的接线

① FX2N-8EX 扩展模块的接线　FX2N-8EX 扩展模块的输入是漏型输入，其接线如图 6-20 所示，输入端需要外接 24V 电源。

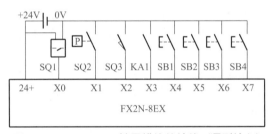

图 6-20　FX2N-8EX 扩展模块的接线（漏型输入）

② FX2N-8EYT 扩展模块的接线　FX2N-8EYT 扩展模块的输出是漏型晶体管输出，其接线如图 6-21 所示，负载电源外接 24V 电源，不能接交流电源。

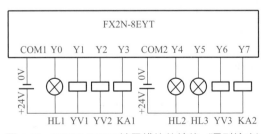

图 6-21　FX2N-8EYT 扩展模块的接线（漏型输出）

③ FX2N-8EYR 扩展模块的接线　FX2N-8EYR 扩展模块的输出是继电器输出，其接线如图 6-22 所示，负载电源既可以外接 24V 电源，也可以接交流电源。

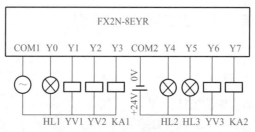

图 6-22　FX2N-8EYR 扩展模块的接线（继电器输出）

　　欧洲版扩展模块（FX2N-8EX-ES/UL、FX2N-8EYR-ES/UL）的接线与 FX2N-32ER-ES/UL 扩展单元类似，在此不作赘述。

6.4　三菱 FX 系列 PLC 的模拟量模块及其接线

　　三菱 FX 系列 PLC 的特殊模块有模拟量输入模块、模拟量输出模块和模拟量输入输出模块（混合模块），三菱 FX2N 的模拟量模块仍然可以用在三菱 FX3 系列 PLC 上，三菱 FX3 系列 PLC 也有专门设计的模拟量模块，其使用更加便捷，以下仅介绍常用的几个模块。

6.4.1　三菱 FX 系列 PLC 模拟量输入模块（A/D）

FX 系列 PLC 模拟量输入模块（A/D）的接线

　　所谓的模拟量输入模块就是将模拟量（如电流、电压等信号）转换成 PLC 可以识别的数字量的模块，在工业控制中应用非常广泛。三菱 FX2N 系列 PLC 的 A/D 转换模块主要有 FX2N-2AD、FX2N-4AD 和 FX2N-8AD 三种。三菱 FX3 系列 PLC 的 A/D 转换模块主要有 FX3U-4AD、FX3UC-4AD、FX3U-4AD-ADP 和 FX3G-2AD-BD。

　　本章只讲解三菱 FX2N-4AD、FX3UC-4AD 和 FX3U-4AD-ADP。由于三菱 FX2N 的模拟量输入模块可以连接在 FX3U PLC 上使用且有产品销售，因此会简要介绍。

6.4.1.1　FX2N-4AD 模块

　　FX2N-4AD 模块有 4 个通道，也就是说最多只能和四路模拟量信号连接，其转换精度为 12 位。FX2N-4AD 与 FX2N-2AD 模块不同的是：FX2N-4AD 模块需要外接电源供电，FX2N-4AD 模块的外接信号可以是双极性信号（信号可以是正信号也可以是负信号）。此模块安装在基本单元的右侧。

　　（1）FX2N-4AD 模块的参数

　　FX2N-4AD 模块的参数见表 6-9。

表 6-9　FX2N-4AD 模块的参数

项目	参数		备注
	电压	电流	
输入通道	4 通道		4 通道输入方式可以不同
输入要求	−10 ～ 10V	4 ～ 20mA，−20 ～ 20mA	
输入极限	−15 ～ 15V	−2 ～ 60mA	

续表

项目	参数		备注
	电压	电流	
输入阻抗	≤ 200kΩ	≤ 250Ω	
数字量输入	12 位		−2048 ～ 2047
分辨率	5mV（−10 ～ 10V）	20μA（−20 ～ 20mA）	
处理时间	15ms/ 通道		
消耗电流	24V/55mA，5V/30mA		24V 由外部供电
编程指令	FROM/TO		

（2）FX2N-4AD 模块的连线

FX2N-4AD 模块可以转换电流信号和电压信号，但其接线有所不同，外部电压信号与 FX2N-4AD 模块的连接如图 6-23 所示（只画了 2 个通道），传感器与模块的连接最好用屏蔽双绞线，当模拟量的噪声或者波动较大时，在图中连接一个 0.1 ～ 4.7μF 的电容，V+ 与电压信号的正信号相连，VI- 与信号的低电平相连，FG 与屏蔽层相连。FX2N-4AD 模块的 24V 供电要外接电源，而 +5V 直接由 PLC 通过扩展电缆提供，并不需要外接电源。

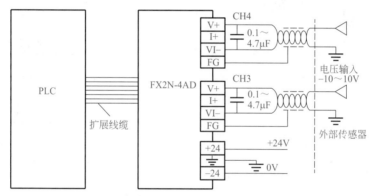

图 6-23　外部电压信号与 **FX2N-4AD** 模块的连接

外部电流信号与 FX2N-4AD 模块的连接如图 6-24 所示，传感器与模块的连接最好用屏蔽双绞线，I+ 与电流信号的正信号相连，VI- 与信号的低电平相连。V+ 和 I+ 短接。

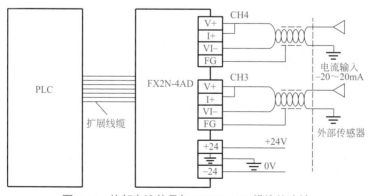

图 6-24　外部电流信号与 **FX2N-4AD** 模块的连接

关键点 此模块不同的通道可以同时连接电压或者电流信号，如通道 1 输入电压信号，而通道 2 输入电流信号。

6.4.1.2 FX3U-4AD 模块

FX3U-4AD 可以连接在 FX3G/FX3GC/FX3U/FX3UC 可编程控制器上，是模拟量特殊功能模块。FX3UC-4AD 不能连接在 FX3G/FX3U 可编程控制器上。FX3U-4AD 模块有如下特性。

① 一台 FX3G/FX3GC/FX3U/FX3UC 可编程控制器上最多可以连接 8 台 FX3U-4AD 模块。

② 可以对 FX3U-4AD 各通道指定电压输入、电流输入。

③ A/D 转换值保存在 4AD 的缓冲存储区（BFM）中。

④ 通过数字滤波器的设定，可以读取稳定的 A/D 转换值。

⑤ 各通道中，最多可以存储 1700 次 A/D 转换值的历史记录。

(1) FX3U-4AD 模块的性能规格

FX3U-4AD 模块的性能规格见表 6-10。

表 6-10　FX3U-4AD 模块的性能规格

项目	规格	
	电压输入	电流输入
模拟量输入范围	−10 ～ +10V DC（输入电阻 200kΩ）	−20 ～ +20mA DC、4 ～ 20mA DC（输入电阻 250Ω）
偏置值	−10 ～ +9V	−20 ～ +17mA
增益值	−9 ～ +10V	−17 ～ +30mA
最大绝对输入	±15V	±30mA
数字量输出	带符号 16 位 二进制	带符号 15 位 二进制
分辨率	0.32mV（20V×1/64000）2.5mV（20V×1/8000）	1.25μA（40mA×1/32000）5.00μA（40mA×1/8000）
综合精度	环境温度 25℃ ±5℃：针对满量程 20V±60mV（±0.3%）环境温度 0 ～ 55℃：针对满量程 20V±100mV（±0.5%）	环境温度 25℃ ±5℃：针对满量程 40mA±200μA（±0.5%）4 ～ 20mA 输入时也相同（±200μA）环境温度 0 ～ 55℃：针对满量程 40mA±400μA（±1%）4 ～ 20mA 输入时也相同（±400μA）
A/D 转换时间	500μs× 使用通道数（在 1 个通道以上使用数字滤波器时，5ms× 使用通道数）	
绝缘方式	模拟量输入部分和可编程控制器之间，通过光耦隔离模拟量输入部分和电源之间，通过 DC/DC 转换器隔离各 ch（通道）间不隔离	
输入输出占用点数	8 点（在输入、输出点数中的任意一侧计算点数）	

(2) FX3U-4AD 模块的输入特性

FX3U-4AD 模块的输入特性分为电压（−10～+10V）、电流（4～20mA）和电流（−20～+20mA）三种，根据各自的输入模式设定，以下分别介绍。

① 电压输入特性（范围为 −10 ～ +10V，输入模式为 0 ～ 2），其模拟量和数字量的对应关系如图 6-25 所示。

输入模式设定：　0
输入形式：　　　电压输入
模拟量输入范围：　-10～+10V
数字量输出范围：　-32000～+32000
偏置、增益调整：　可以

输入模式设定：　1
输入形式：　　　电压输入
模拟量输入范围：　-10～+10V
数字量输出范围：　-4000～+4000
偏置、增益调整：　可以

输入模式设定：　2
输入形式：　　　电压输入(模拟量
　　　　　　　　直接显示)
模拟量输入范围：　-10～+10V
数字量输出范围：　-10000～+10000
偏置、增益调整：　不可以

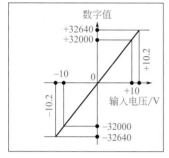 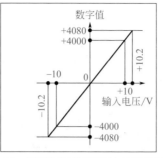 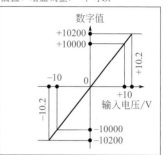

图 6-25　模拟量和数字量的对应关系（1）

② 电流输入特性（范围为 4～20mA，输入模式为 3～5），其模拟量和数字量的对应关系如图 6-26 所示。

输入模式设定：　3
输入形式：　　　电流输入
模拟量输入范围：　4～20mA
数字量输出范围：　0～16000
偏置、增益调整：　可以

输入模式设定：　4
输入形式：　　　电流输入
模拟量输入范围：　4～20mA
数字量输出范围：　0～4000
偏置、增益调整：　可以

输入模式设定：　5
输入形式：　　　电流输入(模拟量
　　　　　　　　直接显示)
模拟量输入范围：　4～20mA
数字量输出范围：　4000～20000
偏置、增益调整：　不可以

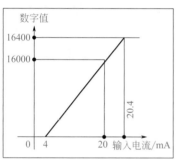 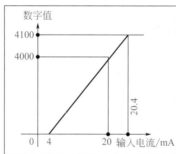 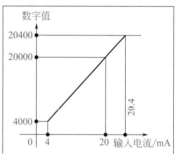

图 6-26　模拟量和数字量的对应关系（2）

③ 电流输入特性（范围为 -20～+20mA，输入模式为 6～8），其模拟量和数字量的对应关系如图 6-27 所示。

输入模式设定：　6
输入形式：　　　电流输入
模拟量输入范围：　-20～+20mA
数字量输出范围：　-16000～+16000
偏置、增益调整：　可以

输入模式设定：　7
输入形式：　　　电流输入
模拟量输入范围：　-20～+20mA
数字量输出范围：　-4000～+4000
偏置、增益调整：　可以

输入模式设定：　8
输入形式：　　　电流输入(模拟量
　　　　　　　　直接显示)
模拟量输入范围：　-20～+20mA
数字量输出范围：　-20000～+20000
偏置、增益调整：　不可以

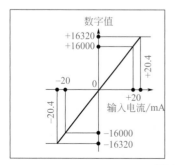 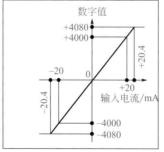 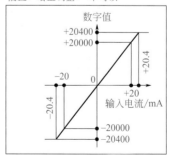

图 6-27　模拟量和数字量的对应关系（3）

(3) FX3U-4AD 模块的接线

FX3U-4AD 模块的接线如图 6-28 所示，图中仅绘制了 2 个通道。注意：当输入信号是电压信号时，仅需要连接 V+ 和 VI- 端子，而信号是电流信号时，V+ 和 I+ 端子应短接。

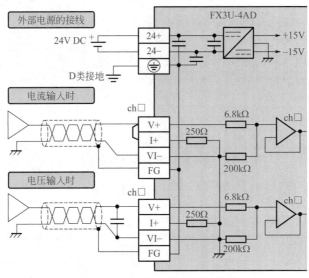

图 6-28　FX3U-4AD 模块的接线

6.4.1.3　FX3U-4AD-ADP 模块

FX3U-4AD-ADP 可连接在 FX3S、FX3G、FX3GC、FX3U、FX3UC 可编程控制器上，是获取 4 通道的电压 / 电流数据的模拟量特殊适配器。

① FX3S 可编程控制器上只能连接 1 台 FX3U-4AD-ADP。FX3G、FX3GC 可编程控制器上最多可连接 2 台 FX3U-4AD-ADP。FX3U、FX3UC 可编程控制器上最多可连接 4 台 FX3U-4AD-ADP。

② 各通道中可以获取电压输入、电流输入。

③ 各通道的 A/D 转换值被自动写入 FX3S、FX3G、FX3GC、FX3U、FX3UC 可编程控制器的特殊数据寄存器中。

(1) FX3U-4AD-ADP 模块的性能规格

FX3U-4AD-ADP 模块的性能规格见表 6-11。

表 6-11　FX3U-4AD-ADP 模块的性能规格

项目	规格	
	电压输入	电流输入
模拟量输入范围	0 ～ 10V DC （输入电阻 194kΩ）	4 ～ 20mA DC （输入电阻 250Ω）
最大绝对输入	-0.5V、+15V	-2mA、+30mA
数字量输出	12 位 二进制	11 位 二进制

续表

项目	规格	
	电压输入	电流输入
分辨率	2.5mV（10V/4000）	10μA（16mA/1600）
综合精度	环境温度 25℃ ±5℃时： 针对满量程 10V±50mV（±0.5%） 环境温度 0 ～ 55℃时： 针对满量程 10V±100mV（±1.0%）	环境温度 25℃ ±5℃时： 针对满量程 16mA±80μA（±0.5%） 环境温度 0 ～ 55℃时： 针对满量程 16mA±160μA（±1.0%）
A/D 转换时间	FX3U/FX3UC 可编程控制器：200μs（每个运算周期更新数据） FX3S/FX3G/FXSGC 可编程控制器：250μs（每个运算周期更新数据）	
输入特性	数字量输出 4080 4000 0　10　10.2　模拟量输入/V	数字量输出 1640 1600 0　4　20　20.4　模拟量输入/mA
绝缘方式	模拟量输入部分和可编程控制器之间，通过光耦隔离 驱动电源和模拟量输入部分之间，通过 DC/DC 转换器隔离 各 ch（通道）间不隔离	
输入输出占用点数	0 点（与可编程控制器的最大输入输出点数无关）	

(2) FX3U-4AD-ADP 模块的接线

FX3U-4AD-ADP 模块的接线如图 6-29 所示，图中仅绘制了 2 个通道。注意：当输入信号是电压信号时，仅需要连接 V+ 和 COM 端子，而信号是电流信号时，V+ 和 I+ 端子应短接。

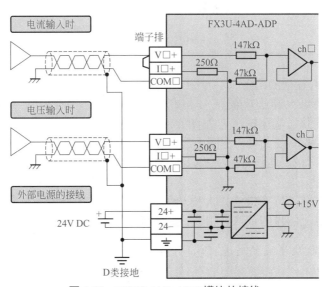

图 6-29　FX3U-4AD-ADP 模块的接线

6.4.2 三菱 FX 系列 PLC 模拟量输出模块（D/A）

FX 系列 PLC
模拟量输出模
块（D/A）的
接线

模拟量输出模块就是将 PLC 可以识别的数字量转换成模拟量（如电流、电压等信号）的模块，在工业控制中应用非常广泛。FX2N 系列 PLC 的 D/A 转换模块主要有 FX2N-2DA 和 FX2N-4DA 两种。其中 FX2N-2DA 是两个通道的模块，FX2N-4DA 是四个通道的模块。FX3 系列 PLC 的 D/A 转换模块主要有 FX3U-4DA、FX3U-4DA-ADP 和 FX3G-1DA-BD。

以下分别介绍 FX2N-4DA 和 FX3U-4DA。由于 FX2N 的模拟量输出模块可以连接在 FX3U PLC 上使用且有产品销售，因此会简要介绍。

6.4.2.1 FX2N-4DA 模块

（1）FX2N-4DA 模块的技术参数

FX2N-4DA 模块的参数表见表 6-12。

表 6-12　FX2N-4DA 模块的参数

项目	参数		备注
	电压	电流	
输出通道	4 通道		4 通道输入方式可以不一致
输出要求	−10 ～ 10V	0 ～ 20mA	
输出阻抗	≥ 2kΩ	≤ 500Ω	
数字量输入	12 位		−2048 ～ 2047
分辨率	5mV	20μA	
处理时间	2.1ms/ 通道		
消耗电流	24V/200mA，5V/30mA		
编程指令	FROM/TO		

（2）FX2N-4DA 模块的连线

FX2N-4DA 模块可以转换电流信号和电压信号，但其接线有所不同，外部控制器与 FX2N-4DA 模块的连接（电压输出）如图 6-30 所示，控制器与模块的连接最好用双绞线，当模拟量的噪声或者波动较大时，在图中连接一个 0.1 ～ 4.7μF 的电容，V+ 与电压信号的正信号相连，VI- 和信号的低电平相连。FX2N-4DA 模块的 5V 电源由 PLC 通过扩展电缆提供，而 24V 需要外接电源。

控制器（电流输出）与 FX2N-4DA 模块的连接如图 6-31 所示，控制器与模块的连接最好用双绞线，I+ 与电流信号的正信号相连，VI- 与信号的低电平相连。

🔔 关键点　　此模块不同的通道可以同时连接电压或者电流信号，如通道 1 输出电压，而通道 2 输出电流信号。

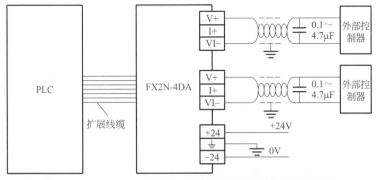

图 6-30　FX2N-4DA 模块与外部控制器的连接（电压输出）

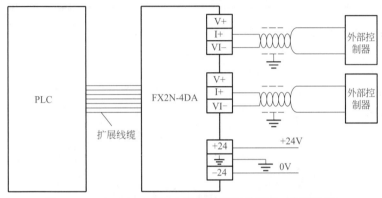

图 6-31　FX2N-4DA 模块与外部控制器的连接（电流输出）

6.4.2.2　FX3U-4DA 模块

FX3U-4DA 可连接在 FX3G/FX3GC/FX3U/FX3UC 可编程控制器上，是将来自可编程控制器的 4 个通道的数字值转换成模拟量值（电压 / 电流）并输出的模拟量特殊功能模块。

① FX3G/FX3GC/FX3U/FX3UC 可编程控制器上最多可以连接 8 台 FX3U-4DA 模块。

② 可以对各通道指定电压输出、电流输出。

③ 将 FX3U-4DA 的缓冲存储区（BFM）中保存的数字值转换成模拟量值（电压、电流），并输出。

④ 可以用数据表格的方式，预先对决定好的输出形式做设定，然后根据该数据表格进行模拟量输出。

(1) FX3U-4DA 模块的性能规格

FX3U-4DA 模块的性能规格见表 6-13。

表 6-13　FX3U-4DA 模块的性能规格

项目	规格	
	电压输出	电流输出
模拟量输出范围	DC −10 ～ +10V （外部负载 1kΩ ～ 1MΩ）	DC 0 ～ 20mA，4 ～ 20mA （外部负载 500Ω 以下）
偏置值	−10 ～ +9V	0 ～ 17mA
增益值	−9 ～ +10V	3 ～ 30mA
数字量输入	带符号 16 位　二进制	15 位　二进制
分辨率	0.32mV（20V/64000）	0.63μA（20mA/32000）

续表

项目	规格	
	电压输出	电流输出
综合精度	环境温度 25℃ ±5℃： 针对满量程 20V±60mV（±3%） 环境温度 0～55℃： 针对满量程 20V±100mV（±0.5%）	环境温度 25℃ ±5℃： 针对满量程 20mA±60μA（±3%） 环境温度 0～55℃： 针对满量程 20mA±100μA（±0.5%）
D/A 转换时间	1ms（与使用的通道数无关）	
绝缘方式	模拟量输出部分和可编程控制器之间，通过光耦隔离 模拟量输出部分和电源之间，通过 DC/DC 转换器隔离 各 ch（通道）间不隔离	
输入输出占用点数	8 点（在输入、输出点数中的任意一侧计算点数）	

（2）FX3U-4DA 模块的输出特性

FX3U-4DA 模块的输出特性分为电压（-10～+10V）、电流（0～20mA）和电流（4～20mA）三种，根据各自的输出模式设定，以下分别介绍。

① 电压输出特性（范围为 -10～+10V，输出模式为 0、1），其模拟量和数字量的对应关系如图 6-32 所示。

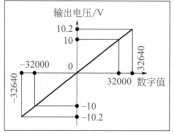
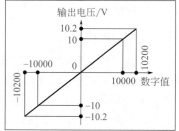

图 6-32 模拟量和数字量的对应关系（1）

② 电流输出特性（范围为 0～20mA，输出模式为 2、4），其模拟量和数字量的对应关系如图 6-33 所示。

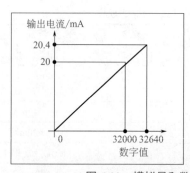
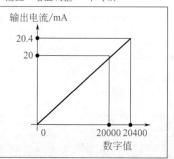

图 6-33 模拟量和数字量的对应关系（2）

③ 电流输出特性（范围为 4 ～ 20mA，输出模式为 3），其模拟量和数字量的对应关系如图 6-34 所示。

（3）FX3U-4DA 模块的接线

FX3U-4DA 模块的接线如图 6-35 所示，图中仅绘制了 2 个通道。

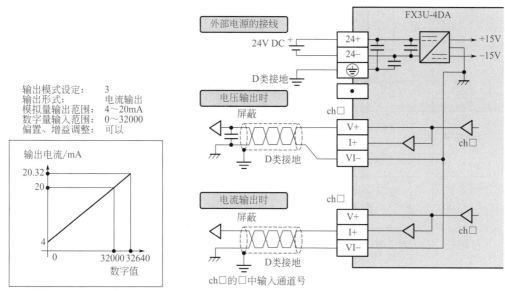

输出模式设定：3
输出形式：电流输出
模拟量输出范围：4～20mA
数字量输入范围：0～32000
偏置、增益调整：可以

图 6-34　模拟量和数字量的对应关系（3）

图 6-35　FX3U-4DA 模块的接线

6.4.3　三菱 FX 系列 PLC 模拟量输入输出模块

模拟量输入输出模块应用比较广泛，以下仅介绍 FX3U-3A-ADP 模块。

FX3U-3A-ADP 模块安装在基本单元的左侧，包含 2 个模拟量输入通道和 1 个模拟量输出通道。

（1）FX3U-3A-ADP 模块的性能规格

FX3U-3A-ADP 模块的性能规格见表 6-14。

表 6-14　FX3U-3A-ADP 模块的性能规格

项目	规格			
	电压输入	电流输入	电压输出	电流输出
输入输出点数	2 通道		1 通道	
模拟量输入输出范围	0 ～ 10V DC（输入电阻 198.7kΩ）	4 ～ 20mA DC（输入电阻 250kΩ）	0 ～ 10V DC（外部负载 5kΩ ～ 1MΩ）	4 ～ 20mA DC（外部负载 500Ω 以下）
最大绝对输入	−0.5V，+15V	−2mA，+30mA	—	—
数字量输入输出	12 位　二进制			

续表

项目		规格			
		电压输入	电流输入	电压输出	电流输出
分辨率		2.5mV（10V×1/4000）	5μA（16mA×1/3200）	2.5mV（10V×1/4000）	4μA（16mA×1/4000）
综合精度	环境温度 25℃±5℃	针对满量程 10V±50mV（±0.5%）	针对满量程 16mA±80μA（±0.5%）	针对满量程 10V±50mV（±0.5%）	针对满量程 16mA±80μA（±0.5%）
	环境温度 0～55℃	针对满量程 10V±100mV（±1.0%）	针对满量程 16mA±160μA（±1.0%）	针对满量程 10V±100mV（±1.0%）	针对满量程 16mA±160μA（±1.0%）
	备注	—	—	外部负载电阻（R_s）不满 5kΩ 时，增加下述计算部分（每 1% 增加 100mV）针对满量程 10V $\left(\dfrac{47×100}{R_s+47}-0.9\right)\%$	—
转换时间		● FX3U/FX3UC 可编程控制器 80μs× 使用输入 ch（通道）数 +40μs× 使用输出 ch（通道）数（每个运算周期更新数据）● FX3S/FX3G/FX3GC 可编程控制器 90μs× 使用输入 ch（通道）数 +50μs× 使用输出 ch（通道）数（每个运算周期更新数据）			
输入输出特性		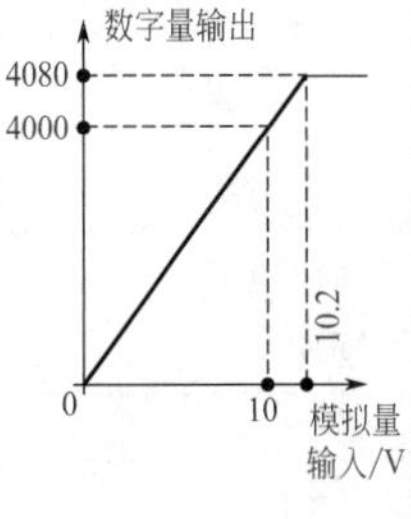	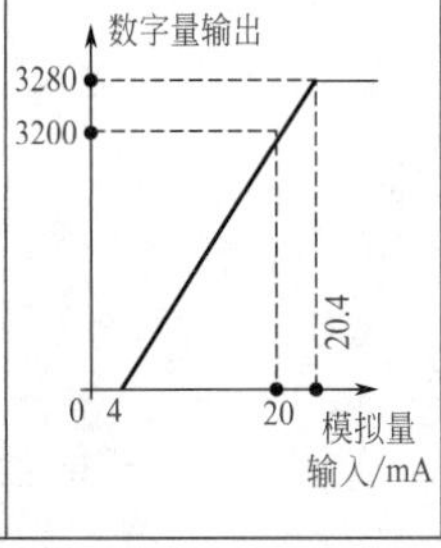	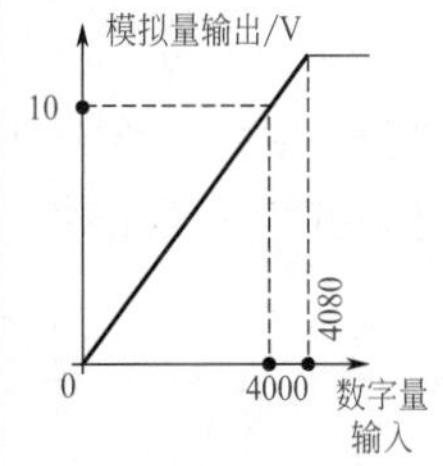	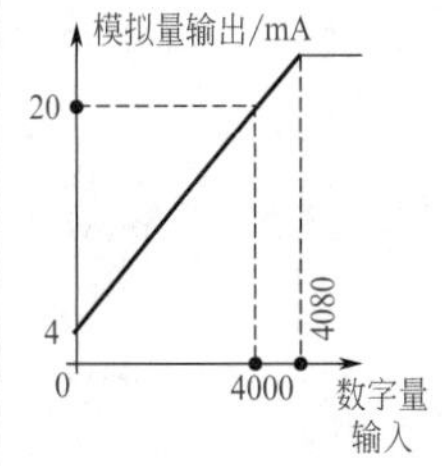
绝缘方式		模拟量输入输出部分和可编程控制器之间，通过光耦隔离 电源和模拟量输入之间，通过 DC/DC 转换器隔离 各 ch（通道）间不隔离			
输入输出占用点数		0 点（与可编程控制器的最大输入输出点数无关）			

(2) FX3U-3A-ADP 模块的接线

FX3U-3A-ADP 模块的模拟量输入通道接线如图 6-36 所示，模拟量输出接线如图 6-37 所示。

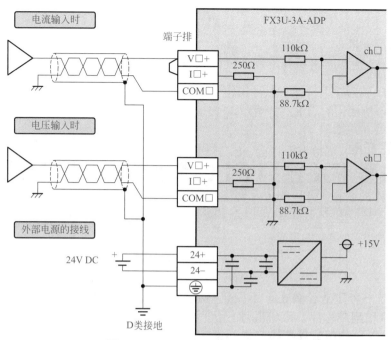

图 6-36 **FX3U-3A-ADP** 的接线（1）

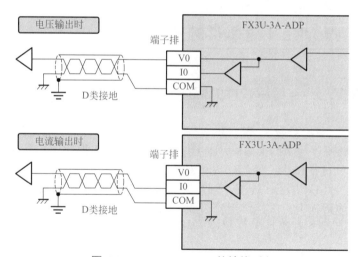

图 6-37 **FX3U-3A-ADP** 的接线（2）

第 7 章
三菱 FX 系列 PLC 的编程软件 GX Works

PLC 是一种工业计算机，不只是有硬件，还必须有软件程序，PLC 的程序分为系统程序和用户程序，系统程序已经固化在 PLC 内部。一般而言用户程序要用编程软件输入，编程软件是编写、调试用户程序不可或缺的软件，本章介绍一款常用于三菱可编程控制器的编程软件的安装、使用，为后续章节奠定学习基础。

■ 7.1 GX Works 编程软件的安装

7.1.1 GX Works 编程软件的概述

目前常用于三菱 FX 系列 PLC 的编程软件有三款，分别是 FX-GP/WIN-C、GX Developer 和 GX Works，其中 FX-GP/WIN-C 是一款简易的编程软件，虽然易学易用，适合初学者使用，但其功能比较少，使用的人相对较少，因此本章不做介绍。GX Developer 编程软件功能比较强大，用法与 GX Works 类似，但现在使用者也不多，因此本章不做介绍。GX Works 编程软件功能最强大，应用广泛，因此本书将重点介绍。

（1）软件简介

GX Works 编程软件可以在三菱电机自动化（中国）有限公司的官方网站上免费下载，并可免费申请安装系列号。

GX Works 编程软件能够完成三菱 Q 系列、QnA 系列、A 系列、FX 系列（含 FX0、FX0S、FX0N 系列，FX1、FX2、FX2C 系列，FX1S、FX1N、FX2N、FX2NC、FX3G、FX3U、FX3UC 和 FX3S 系列）的 PLC 的梯形图、指令表和 SFC 的编辑。该编程软件能将编辑的程序转换成 GPPQ、GPPA 等格式文档，当使用三菱 FX 系列 PLC 时，还能将程序存储为 FXGP（DOS）和 FXGP（WIN）格式的文档。此外，该软件还能将 Excel、Word 文档等软件编辑的说明文字、数据，通过复制等简单的操作导入程序中，使得软件的使用和程序编辑变得更加便捷。

（2）GX Works 编程软件的特点
① 操作简单。

a. 标号编程。用标号，就不需要认识软元件的号码（地址），而能根据标识制成标准程序。

b. 功能块。功能块是提高程序的开发效率而开发的一种功能。把需要反复执行的程序制成功能块，使得顺序程序的开发变得容易。功能块类似于 C 语言的子程序。

c. 使用宏。只要在任意的回路模式上加上名字（宏定义名）登录（宏登录）到文档，然后输入简单的命令，就能读出登录过的回路模式，变更软元件就能灵活利用了。

② 与 PLC 连接的方式灵活。

a. 通过串口（RS-232C、RS-422、RS-485）通信与可编程控制器 CPU 连接。

b. 通过 USB 接口通信与可编程控制器 CPU 连接。

c. 通过 MELSEC NET/10（H）与可编程控制器 CPU 连接。

d. 通过 MELSEC NET（Ⅱ）与可编程控制器 CPU 连接。

e. 通过 CC-Link 与可编程控制器 CPU 连接。

f. 通过 Ethernet 与可编程控制器 CPU 连接。

g. 通过计算机接口与可编程控制器 CPU 连接。

③ 强大的调试功能。

a. 由于运用了梯形图逻辑测试功能，能够更加简单地进行调试作业。通过该软件能进行模拟在线调试，不需要真实的 PLC。

b. 在帮助菜单中有 CPU 的出错信息、特殊继电器 / 特殊存储器的说明内容，所以对于在线调试过程中发生的错误，或者在程序编辑过程中想知道特殊继电器 / 特殊存储器内容的情况下，通过帮助菜单可非常容易查询到相关信息。

c. 程序编辑过程中发生错误时，软件会提示错误信息或者错误原因，所以能大幅度缩短程序编辑的时间。

7.1.2　GX Works 编程软件的安装

（1）计算机的软硬件条件

① 软件：Windows XP /7.0/10；

② 硬件：需要至少 4GB 内存，以及 2.4GB 空余的硬盘。

安装 GX Works3

（2）安装方法

① 安装文件。先单击主目录中的可执行文件 SETUP.EXE，弹出"欢迎使用 GX Works2 安装程序"界面，如图 7-1 所示；单击"下一步"按钮，弹出"用户信息"界面，如图 7-2

图 7-1　欢迎界面

图 7-2　用户信息

所示，在"姓名"中填入操作者的姓名，也可以是任意字符；在"公司名"中填入您公司名称，也可以是系统任意字符；在"产品ID"中输入申请到的ID号即可，最后单击"下一步"按钮即可。

② 确定安装目录。如图 7-3 所示，如需要更改安装目录，则单击"更改"按钮，否则使用默认安装目录，单击"下一步"按钮。

图 7-3　确定安装目录

③ 安装进行。如图 7-4 所示，单击"下一步"按钮，开始进行安装，安装进行各个阶段画面如图 7-5 ～图 7-7 所示，这个过程不需要人为干预，为自动完成。

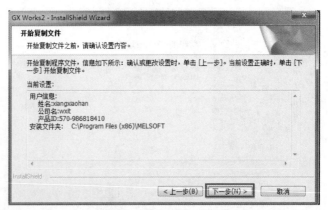

图 7-4　开始复制安装文件

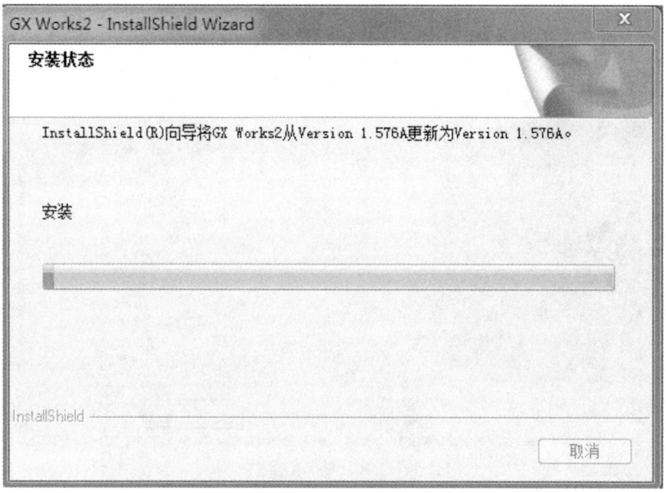

图 7-5　安装正在进行（1）

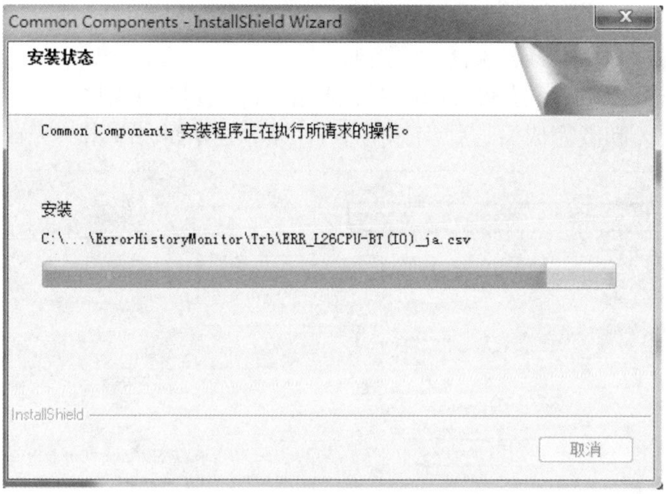

图 7-6　安装正在进行（2）

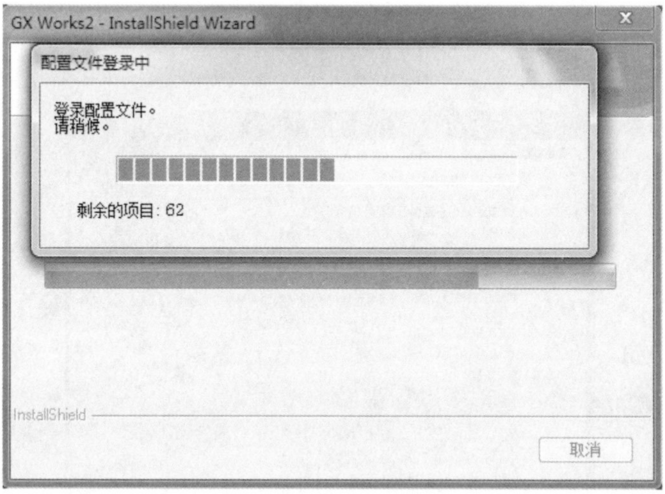

图 7-7　安装正在进行（3）

④安装完成。弹出如图7-8所示的界面表示软件已经安装完成，单击"完成"按钮即可。

图7-8　安装完成

7.1.3　GX Works 编程软件的卸载

在打开 Windows 操作系统的控制面板，再打开"程序和功能"选项，选中"GX Works2"，最后单击"卸载"按钮，如图7-9所示。卸载过程如图7-10所示，此过程自动完成，无需人为干预。卸载完成后，弹出如图7-11所示的界面，单击"完成"按钮即可。

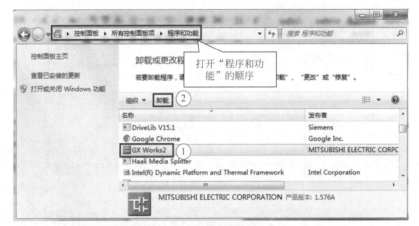

图7-9　开始卸载（1）

图7-10　开始卸载（2）

图 7-11　卸载完成

7.2　GX Works 编程软件的使用

编辑工程

7.2.1　GX Works 编程软件工作界面的打开

打开工作界面通常有三种方法，一是从开始菜单中打开，二是直接双击桌面上的快捷图标打开，三是通过双击已经创建完成的程序打开，以下先介绍前两种方法。

① 用鼠标左键单击"所有程序"→"MELSOFT"→"GX Works2"→"GX Works2"，如图 7-12 所示，弹出 GX Works2 工作界面，如图 7-13 所示。

② 如图 7-14 所示，双击桌面上的"GX Works2"图标，弹出 GX Works2 工作界面，如图 7-13 所示。

图 7-12　选中软件图标

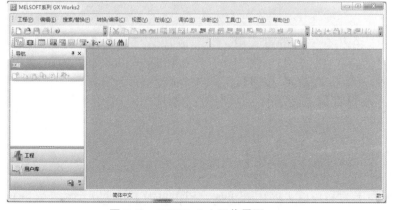

图 7-13　GX Works2 工作界面

图 7-14　用鼠标左键
双击"GX Works2"

7.2.2 创建新工程

在创建新工程前，先将对话框中的内容简要说明一下。

① 系列：选择 PLC 的 CPU 类型，三菱的 CPU 类型有 Q、A、FX 和 QnA 等系列。

② 机型：根据已经选择的 PLC 系列，选择 PLC 的型号，例如三菱的 FX 系列有 FX3U、FX3G、FX2N 和 FX1S 等型号。

③ 程序语言：编写程序可选择使用梯形图、SFC（顺序功能图）等。

④ 工程类型：生成简单工程还是结构化工程。

⑤ 标签设定：默认为"不设定"。

单击工具栏上的"新建"按钮 ▯（标记"①"处），弹出"新建"对话框，如图 7-15 所示。先点击下三角，选中"系列"（标记"②"处）中的选项，本例为：FXCPU，再选中"机型"（标记"③"处）中的选项，本例为：FX3U/FX3UC，工程类型（标记"④"处）为"简单工程"，在程序语言（标记"⑤"处）栏中选择"梯形图"，再单击"确定"（标记"⑥"处）按钮，就创建了一个新项目。

图 7-15　创建新工程

7.2.3 保存工程

保存工程是至关重要的，在构建工程的过程中，要养成常保存工程的好习惯。保存工程很简单，如果一个工程已经存在，只要单击"保存"按钮 🖫 即可，如图 7-16 所示。如果这个工程没有保存过，那么单击"保存"按钮后会弹出"工程另存为"界面，如图 7-17 所示，在"文件名"中输入要保存的工程名称，本例为：MOTOR，单击"保存"按钮即可。

7.2.4 打开工程

打开工程就是读取已保存工程的程序。操作方法是在编程界面上点击"工程"→"打开"，如图 7-18 所示，之后弹出"打开工程"对话框，如图 7-19 所示，先选取要打开的工程，再单击"打开"按钮，被选取的工程（本例为"MOTOR"）便可打开。

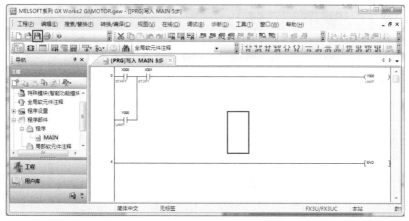

图 7-16　保存工程

图 7-17　工程另存为

图 7-18　打开工程

图 7-19　"打开工程"对话框

7.2.5 改变程序类型

可以把梯形图程序的类型改为 SFC 程序，或者把 SFC 程序改为梯形图程序。操作方法是：点击"工程"→"工程类型更改"，如图 7-20 所示，之后弹出"工程类型更改"对话框，选择"更改程序语言类型"选项，单击"确定"按钮即可，如图 7-21 所示。

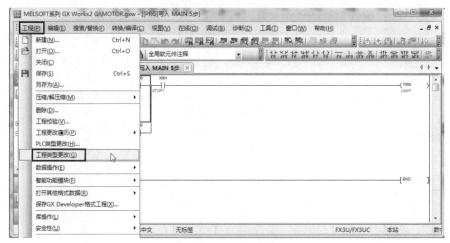

图 7-20　改变程序类型

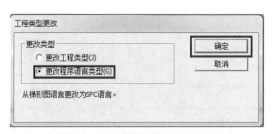

图 7-21　工程类型更改对话框

7.2.6 程序的输入方法

要编译程序，必须要先输入程序，程序的输入有四种方法，以下分别进行介绍。

(1) 直接从工具栏输入

在软元件工具栏中选择要输入的软元件，假设要输入"常开触点 X0"，则单击工具栏中的"　"（图 7-22 标记"①"处）按钮，弹出"梯形图输入"对话框，输入"X0"（图 7-22 标记"②"处），单击"确定"（图 7-22 标记"③"处）按钮，如图 7-22 所示。之后，常开触点出现在相应位置，如图 7-23 所示，不过此时的触点是灰色的。

(2) 直接双击输入

如图 7-23 所示，双击"①"处，弹出"梯形图输入"对话框，单击下拉按钮，选择输出线圈，如图 7-24 所示。之后在"梯形图输入"对话框中输入"Y0"，单击"确定"按钮。如图 7-25 所示，一个输出线圈"Y0"输入完成。

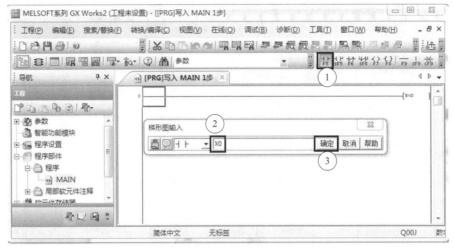

图 7-22 "梯形图输入"对话框

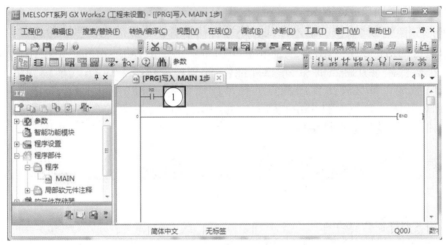

图 7-23 梯形图输入（1）

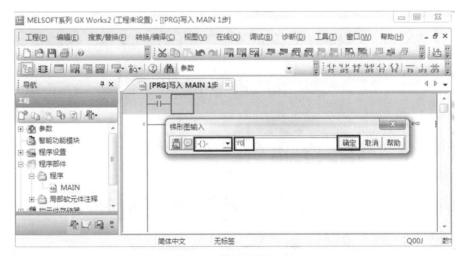

图 7-24 梯形图输入（2）

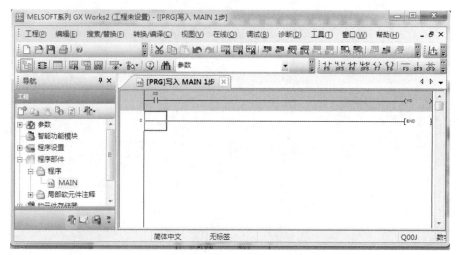

图 7-25 梯形图输入（3）

（3）用键盘上的功能键输入

用功能键输入是比较快的输入方式，不适合初学者，一般被比较熟练的编程者使用。软元件和功能键的对应关系如图 7-26 所示，单击键盘上的 F5 功能键和单击按钮 ╫ 的作用是一致的，都会弹出常开触点的梯形图对话框，同理单击键盘上的 F6 功能键和单击按钮 ╫ 的作用是一致的，都会弹出常闭触点的梯形图对话框。sF5、cF9、aF7、caF10 中的 s、c、a、ca 分别表示按下键盘上的 Shift、Ctrl、Alt、Ctrl+Alt。caF10 的含义是同时按下键盘上的 Ctrl、Alt 和 F10，就是运算结果取反。

╫ ╫ ╫ ╫ ○ [] ─ │ ╳ ╳ ╫ ╫ ╫ ╫ ↑ ↓ ╱ ╤ ╫
F5 sF5 F6 sF6 F7 F8 F9 sF9 cF9 cF10 sF7 sF8 aF7 aF8 aF5 csF5 caF10 F10 aF9

图 7-26 软元件和功能键的对应关系

（4）指令直接输入对话框

指令直接输入对话框方式如图 7-27 所示，只要在空白处输入 "and x2"（指令表），则自动弹出梯形图对话框，单击 "确定" 按钮即可。指令直接输入对话框方式是很快的输入方式，适合对指令表比较熟悉的用户。

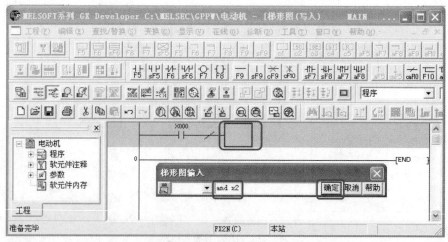

图 7-27 指令直接输入对话框

7.2.7　连线的输入和删除

在 GX Works 的编程软件中，连线的输入用 ⟨F9⟩ 和 ⟨sF9⟩ 功能键，而删除连线用 ⟨cF9⟩ 和 ⟨cF10⟩ 功能键。⟨F9⟩ 是输入水平线功能键，⟨sF9⟩ 是输入垂直线功能键，⟨cF9⟩ 是删除水平线功能键，⟨cF10⟩ 是删除垂直线功能键。⟨F10⟩ 用于画规则线，而 ⟨aF9⟩ 用于删除规则线。以下用一个例子说明连接竖线的方法。要在如图 7-28 的"①"处加一条竖线，先把光标移到"①"处，单击功能键 F9，弹出竖线输入对话框，输入"1"，单击"确定"（标记"②"处）按钮即可。

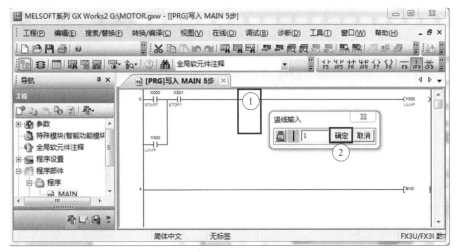

图 7-28　连接竖线

7.2.8　注释

一个程序，特别是比较长的程序，要容易被别人读懂，做好注释是很重要的。注释编辑的实现方法是：单击"编辑"→"文档创建"→"注解编辑"，如图 7-29 所示，梯形图的间距加大。

图 7-29　注释编辑的方法（1）

双击要注释的软元件，弹出"注解输入"对话框，如图 7-30 所示，输入 Y001 的注释（本例为"MOTOR"），单击"确定"按钮，弹出如图 7-31 所示的界面，可以看到 Y001 上方有"MOTOR"字样，其他的软元件的注释方法类似。

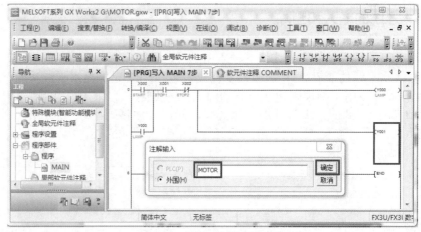

图 7-30　注释编辑的方法（2）

图 7-31　注释编辑的方法（3）

如图 7-32 所示，在导航窗口，双击"全局软元件注释"，在软元件名 X000 后输入"START"，在软元件名 X001 后输入"STOP1"，在软元件名 X002 后输入"STOP2"。

图 7-32　注释编辑的方法（4）

　　声明和注解编辑的方法与软元件注释类似，主要用于大程序的注释说明，以利于读懂程序和运行监控。具体做法是：单击"编辑"→"文档创建"→"声明 / 注解批量编辑"，如图 7-33 所示，之后弹出"声明 / 注解批量编辑"界面，如图 7-34 所示，输入每一段程序的说明，单击"确定"按钮，最终程序的注释如图 7-35 所示。

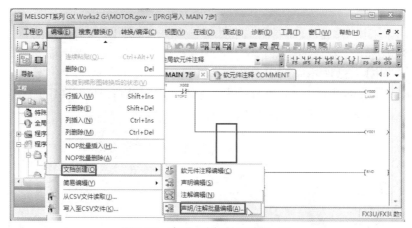

图 7-33　声明 / 注解批量编辑（1）

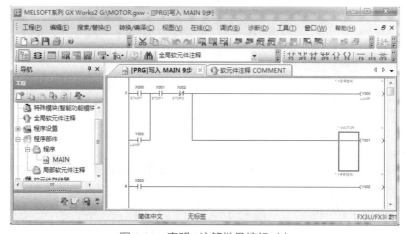

图 7-34　声明 / 注解批量编辑（2）

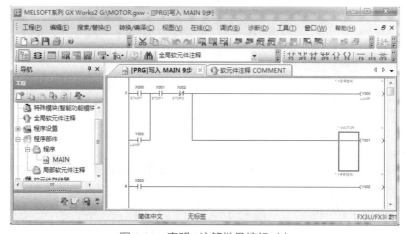

图 7-35　声明 / 注解批量编辑（3）

7.2.9 程序的复制、修改与清除

程序的复制、修改与清除的方法与 Office 中的文档的编辑方法是类似的，以下分别介绍。

(1) 复制

用一个例子来说明，假设要复制一个常开触点。先选中图 7-36 所示的常开触点 X000，再单击工具栏中的"复制"按钮，接着选中将要粘贴的地方，最后单击工具栏中的"粘贴"按钮，如图 7-37 所示，这样常开触点 X000 就复制到另外一个位置了。当然以上步骤也可以使用快捷键的方式实现，此方法类似 Office 中的复制和粘贴操作。

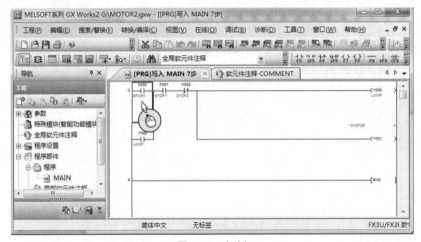

图 7-36　复制

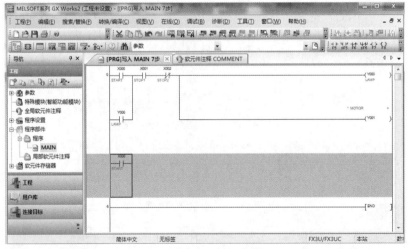

图 7-37　粘贴

(2) 修改

编写程序时，修改程序是不可避免的，如行插入和列插入等。例如要在如图 7-38 所示的 END 的上方插入一行，先选中最后一行，再单击"编辑"→"行插入"，如图 7-39 所示，可以看到 END 上方插入了一行，如图 7-40 所示。列插入和行插入是类似的，在此不再赘述。

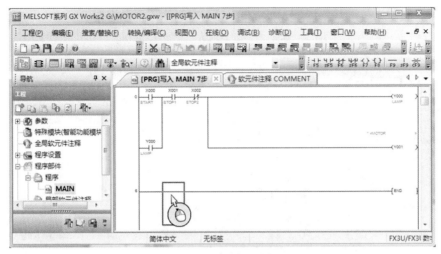

图 7-38　行插入（1）

图 7-39　行插入（2）

图 7-40　行插入（3）

行删除。例如要在如图7-40所示的Y001的下方删除一行，先选中Y001下方的一行（标记①处），再单击"编辑"（标记②处）→"行删除"（标记③处），如图7-41所示。

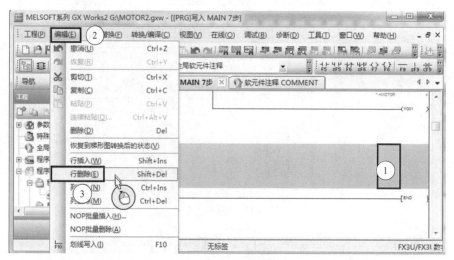

图7-41 行删除

撤销操作。撤销操作就是把上一步的操作撤销。操作方法是：单击"操作返回到原来"按钮 ，如图7-42所示。

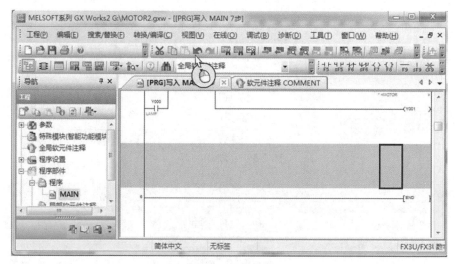

图7-42 撤销操作

7.2.10 软元件查找与替换

软元件查找与替换与Office中的"查找与替换"的功能和使用方法一致，以下分别介绍。

（1）软元件的查找

如果一个程序比较长，肉眼查找一个软元件是比较困难的，但使用GX Works软件中的查找功能可以很方便。使用方法是：单击"搜索/替换"（标记①处）→"软元件搜索"（标记②处），如图 7-43 所示。弹出软元件查找对话框，在方框中输入要查找的软元件（本例为 X000）（标记①处），单击"搜索下一个"按钮（标记②处），可以看到，光标移到要查找的软元件上（标记③处），如图 7-44 所示。

图 7-43　软元件查找（1）

图 7-44　软元件查找（2）

（2）软元件的替换

如果一个程序比较长，要将一个软元件替换成另一个软元件，使用 GX Works 软件中的替换功能就很方便，而且不容易遗漏。操作方法是：单击"搜索/替换"（标记①处）→"软元件替换"（标记②处），如图 7-45 所示，弹出软元件替换对话框，在"搜索软元件"方框中输入被替换的软元件（本例为 Y000），在"替换软元件"对话框中输入新软元件（本例为 Y002），单击"替换"按钮一次，则新的软元件 Y002 替换程序中一个旧的软元件 Y000，如图 7-46 所示。如果要所有旧的软元件 Y000 被新的软元件 Y002 替换，则单击"全部替换"按钮。

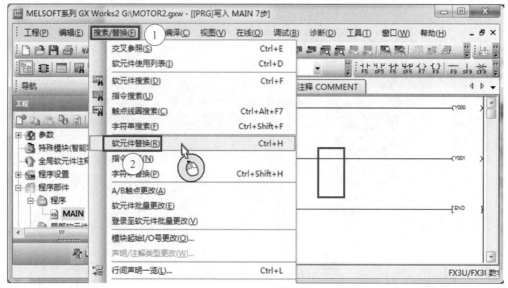

图 7-45　软元件替换（1）

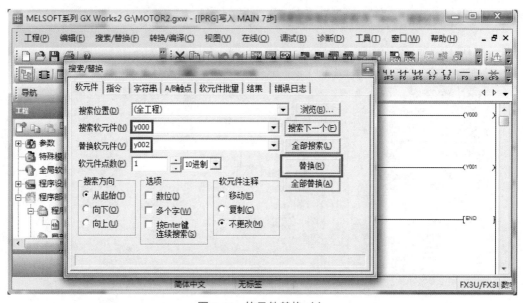

图 7-46　软元件替换（2）

7.2.11　常开常闭触点互换

在许多编程软件中常开触点称为 A 触点，常闭触点称为 B 触点，所以有的资料上将常开常闭触点互换称为 A/B 触点互换。操作方法是：单击"搜索 / 替换"（标记①处）→"软元件替换"（标记②处），如图 7-47 所示，弹出搜索 / 替换对话框，选择"指令"（标记①处），在"搜索指令"选项中输入"X000"（标记②处），在"替换指令"选项中输入"X003"（标记③处）单击"全部替换"（标记④处）按钮，如图 7-48 所示，则图中的 X000 常开触点替换成 X003 常闭触点。替换完成后弹出如图 7-49 所示的界面。

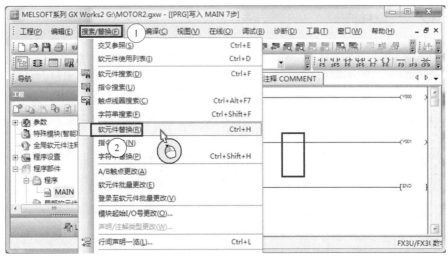

图 7-47　常开常闭触点互换（1）

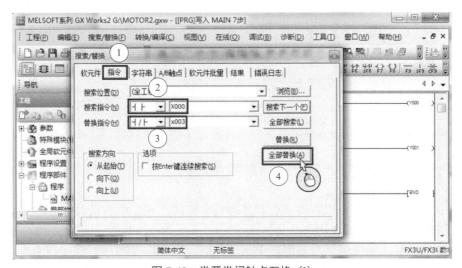

图 7-48　常开常闭触点互换（2）

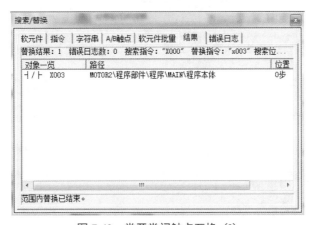

图 7-49　常开常闭触点互换（3）

7.2.12 程序转换

程序输入完成后，程序转换是必不可少的，否则程序既不能保存，也不能下载。当程序没有经过转换时，程序编辑区是灰色的，但经过转换后，程序编辑区则是白色的。程序转换有三种方法。第一种方法最简单，只要单击键盘上的 F4 功能键即可。第二种方法是单击"转换"按钮 或者单击"全部转换"按钮 即可。第三种方法是：单击"转换/编译"（标记①处）→"转换"（标记②处），如图 7-50 所示。

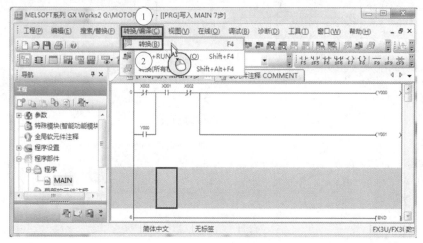

图 7-50　程序转换

> **关键点**　当程序有语法错误时，程序转换是不能被执行的。

7.2.13 程序检查

在程序下载到 PLC 之前最好要进行程序检查，以防止程序中的错误造成 PLC 无法正常运行。程序检查的方法是：单击"工具"（标记①处）→"程序检查"（标记②处），如图 7-51 所示，之后弹出"程序检查"对话框，单击"执行"按钮，开始执行程序检查，如图 7-52 所示，如果没有错误则在界面中显示"没有错误"字样。

图 7-51　程序检查（1）

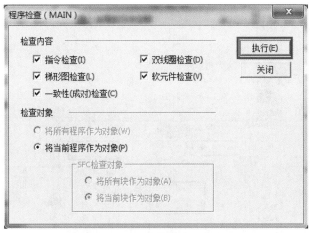

图 7-52 程序检查（2）

7.2.14 程序的下载和上传

程序下载是把编译好的程序写入到 PLC 内部，而上传（也称上载）是把
PLC 内部的程序读出到计算机的编程界面中。在上传和下载前，先要将 PLC
的编程口和计算机的通信口用编程电缆进行连接，三菱 FX 系列 PLC 常用的
编程电缆是 USB-SC09-FX。

**FX 系列 PLC
程序的下载和
上传**

（1）下载程序

如图 7-53 所示的界面，先双击导航栏的"Connection1"按钮，弹出如
图 7-54 所示的界面，单击"Serial USB"图标（标记①处），弹出"计算机侧 I/F 串行详细设
置"界面，按照读者自己的计算机设置（本例设置如图 7-54 标记②、③处所示），单击"确
定"（标记④处）按钮，再次单击"确定"（标记⑤处）按钮，目标连接建立。有多种下载
程序的方法，本例采用串口下载。

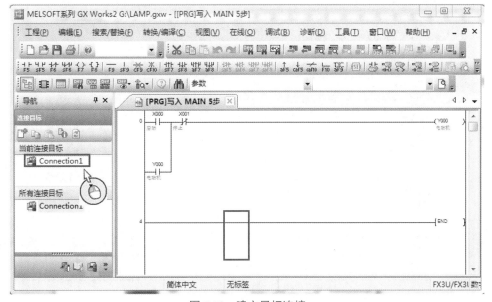

图 7-53 建立目标连接

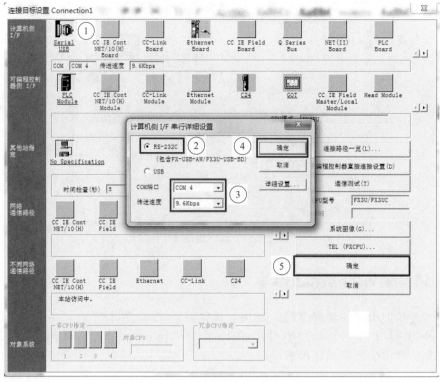

图 7-54　建立目标连接设置

如图 7-55 所示，选择"参数＋程序"（标记①处）按钮，或者"勾选"标记②处的选项，单击"执行"（标记③处）按钮，弹出是否执行写入界面，如图 7-56 所示，单击"是"按钮。程序开始写入，当程序写入完成，弹出如图 7-57 所示的界面，单击"关闭"按钮，之后弹出如图 7-58 所示的是否执行远程运行界面，单击"是"按钮。程序下载完成。

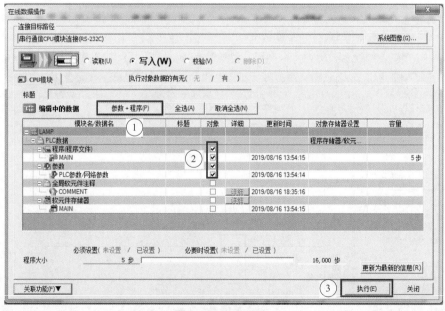

图 7-55　PLC 写入

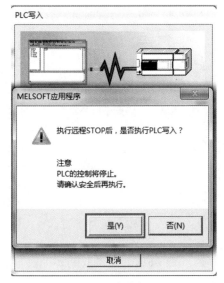

图 7-56　是否执行写入

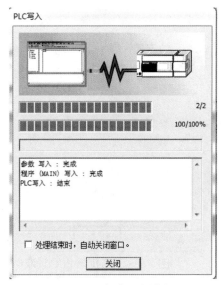

图 7-57　程序写入结束

（2）上传程序

先单击工具栏中的"PLC 读取"按钮，弹出 PLC 读取界面如图 7-59 所示，选择"参数＋程序"（标记①处）按钮，或者"勾选"标记②处的选项，单击"执行"（标记③处）按钮，弹出"是否执行读取"界面，如图 7-60 所示，单击"全部是"按钮。程序开始读取，当程序读取完成，弹出如图 7-61 所示的界面，单击"关闭"按钮。程序上传完成。

图 7-58　是否执行远程运行

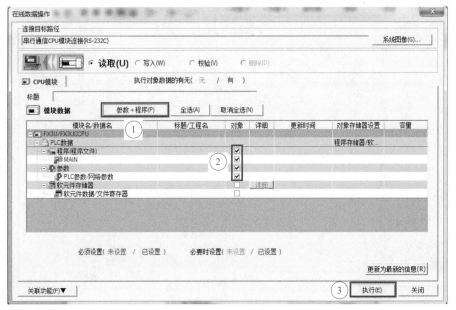

图 7-59　PLC 读取

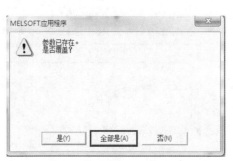

图 7-60 是否执行 PLC 读取

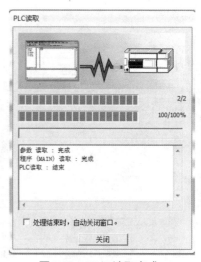

图 7-61 PLC 读取完成

7.2.15 远程操作（RUN/STOP）

三菱 FX 系列 PLC 上有拨指开关，可以将拨指开关拨到 RUN 或者 STOP 状态，当 PLC 安装在控制柜中时，用手去拨动拨指开关就显得不那么方便，GX Works 编程软件提供了 RUN/STOP 相互切换的远程操作功能，具体做法是：单击"在线"（标记①处）→"远程操作"（标记②处），如图 7-62 所示，弹出远程操作界面，如图 7-63 所示，要将目前的"STOP"状态改为"RUN"状态，再单击"RUN"按钮，弹出是否要执行远程操作界面，如图 7-64 所示，单击"是"按钮，PLC 的由目前的"STOP"状态改为"RUN"状态。

图 7-62 远程操作（1）

图 7-63　远程操作（2）

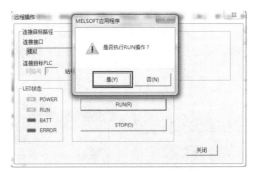
图 7-64　远程操作（3）

7.2.16　在线监视

在线监视是通过电脑界面，实时监视 PLC 的程序执行情况。操作方法是单击"监视模式"按钮 ，可以看到如图 7-65 的界面中弹出监视状态的小窗，所有的闭合状态的触点显示为蓝色方块（如 M8000 常开触点），实时显示所有的字中所存储数值的大小（如 D100 中的数值为 888）

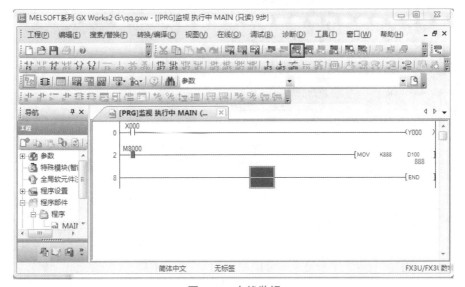

图 7-65　在线监视

7.2.17　当前值更改

当前值更改的作用是：通过 GX Works 的界面强制执行 PLC 中的位软元件的 ON/OFF 操作和变更字软元件的当前值。操作方法是：单击"调试"→"当前值更改"，如图 7-66 所示，弹出当前值更改界面如图 7-67 所示，先改变数据类型为"Word"（标记①处），在字软元件的方框中输入软元件"D200"（标记②处），在设置值方框中输入"188"（标记③处），最后单击"设置"（标记④处）按钮，可以看到 D200 中的数值为 188。

**FX 系列 PLC
程序的调试——
更改当前值**

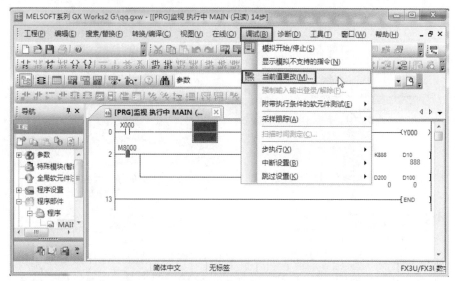

图 7-66　当前值更改（1）

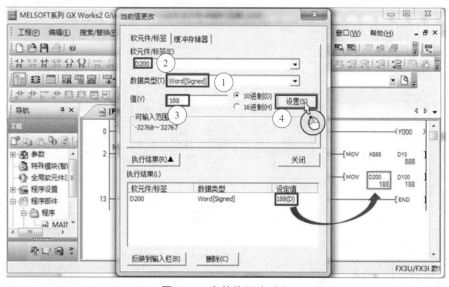

图 7-67　当前值更改（2）

7.2.18　设置密码

（1）设置密码的操作方法

为了保护知识产权和设备的安全运行设置密码是有必要的。操作方法是：单击"在线"（图 7-68 标记①处）→ "口令 / 关键字"（图 7-68 标记②处）→ "登录 / 更改"（图 7-68 标记③处），如图 7-68 所示，弹出"新建关键字登录"界面如图 7-69 所示，在保护类型中选择"关键字保护"，选择"16 位"（图 7-69 标记①处）在"关键字输入"（图 7-69 标记②处）中输入 8 位或者 16 位由数字和 A ～ F 字母组成的密码，单击"执行"（图 7-69 标记③处）按钮，弹出"关键字确认"界面，密码设置完成，弹出如图 7-70 所示的界面。

（2）取消密码的操作方法

如果 PLC 的程序进行了加密，如果要查看和修改程序，首先要取消密码，取消密码的方法是：单击"在线"（标记①处）→"口令/关键字"（标记②处）→"取消"（标记③处），如图 7-71 所示，弹出关键字取消对话框如图 7-72 所示，在"关键字"中输入 8 位或者 16 位由数字和 A ～ F 字母组成的密码，单击"执行"按钮，密码取消完成。

图 7-68　设置密码

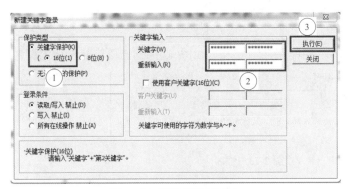

图 7-69　新建关键字登录

图 7-70　关键字确认

图 7-71　取消关键字（1）

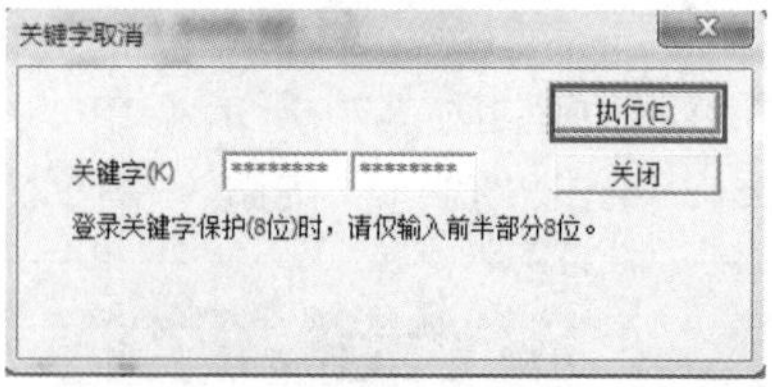

图 7-72　取消关键字（2）

[![关键点]] 设置密码并不能完全保证程序的安全，很多网站上都提供 PLC 的解密软件，可以很轻易地破解三菱 FX 系列 PLC 的密码，在此强烈建议读者要尊重他人的知识产权。

7.2.19　仿真

FX 系列 PLC
程序的调
试——仿真

安装了 GX Works 软件，就具有了仿真功能，此仿真功能可以在计算机中模拟可编程控制器运行和测试程序。仿真器提供了简单的用户界面，用于监视和修改在程序中使用的各种参数（如开关量输入和开关量输出）。可以在 GX Works 软件中使用各种软件功能，如使用变量表监视、修改变量和断点测试功能。

GX Works 软件仿真功能使用比较简单，以下用一个简单的例子介绍其使用方法。

◁【例 7-1】　将如图 7-73 所示的程序，用 GX Works 软件的仿真功能进行仿真。

```
    X000    X001
    ┤├──────┤/├─────────────────────（Y000  ）┤
    启动    停止                       电动机
    Y000
    ┤├
    电动机
```

图 7-73　程序

【解】　如图 7-71 所示，单击工具栏中的"开始仿真按钮"💻，打开当前值更改界面，如图 7-74 所示，在软元件方框中输入"X000"，再单击"ON"按钮，可以看到梯形图中的常开触点 X000 闭合，线圈 Y000 得电，自锁后 Y000 线圈持续得电输出，如图 7-75 所示。

图 7-74　当前值更改

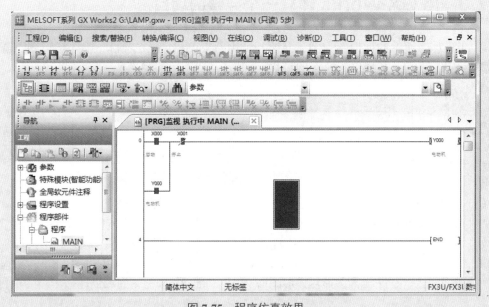

图 7-75 程序仿真效果

7.2.20 PLC 诊断

PLC 诊断主要是通过 "PLC 诊断" 窗口来检测 PLC 是否出错、扫描周期时间以及运行 / 中止状态等相关信息。其关键做法是：在编程界面中点击 "诊断" → "PLC 诊断"，弹出如图 7-76 所示的对话框，诊断结束，单击 "关闭" 按钮即可。

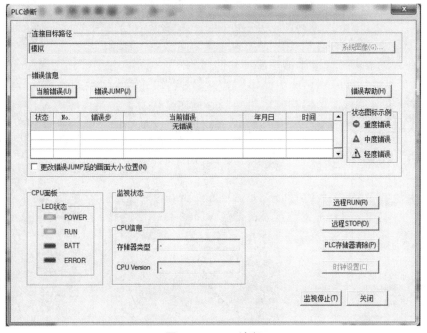

图 7-76 PLC 诊断

7.3 用 GX Works 建立一个完整的项目

用 **GX Works2** 建立一个完整的项目

以如图 7-77 所示的梯形图为例，介绍一个用 GX Works 建立项目、输入梯形图、调试程序和下载程序的完整的过程。

图 7-77　梯形图

(1) 新建项目

先打开 GX Works 编程软件，如图 7-78 所示。单击"工程"（标记①处）→"新建"（标记②处）菜单，如图 7-79 所示，弹出"新建工程（2）"，如图 7-80 所示，在系列中选择所选用的 PLC 系列，本例为"FXCPU"；机型中输入具体类型，本例为"FX3U/ FX3UC"；工程类型选择"简单工程"；程序语言选择"梯形图"，单击"确定"按钮，完成创建一个新的项目。

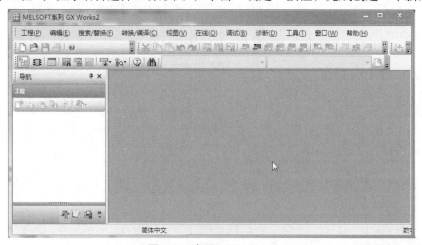

图 7-78　打开 GX Works

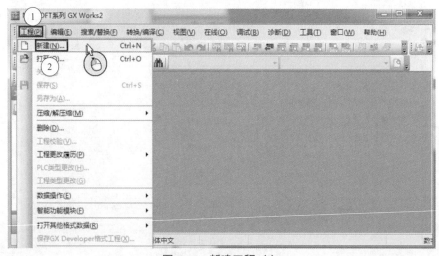

图 7-79　新建工程（1）

（2）输入梯形图

如图 7-81 所示，将光标移到"①"处，单击工具栏中的常开触点按钮 ⊥ （标记②处）（或者单击功能键 F5），弹出"梯形图输入"，在中间输入"X0"，单击"确定"按钮。如图 7-82 所示，将光标移到"①"处，单击工具栏中的线圈按钮 ⊥ （标记②处）（或者单击功能键 F7），弹出"梯形图输入"，在中间输入"Y0"，单击"确定"按钮，梯形图输入完成。

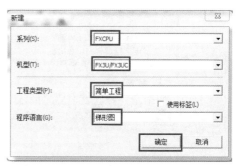

图 7-80　新建工程（2）

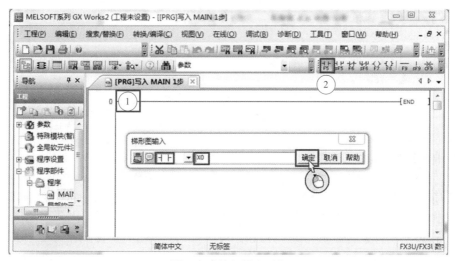

图 7-81　输入程序（1）

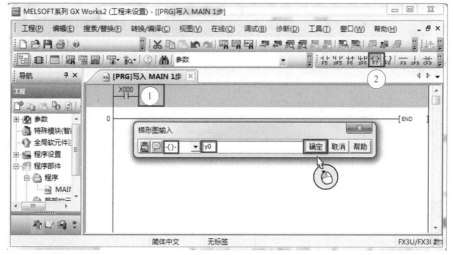

图 7-82　输入程序（2）

（3）程序转换

如图 7-83 所示，刚输入完成的程序，程序区是灰色的，是不能下载到 PLC 中去的，还必须进行转换。如果程序没有语法错误，只要单击转换按钮 ，即可完成转换。转换成功后，程序区变成白色，如图 7-84 所示。

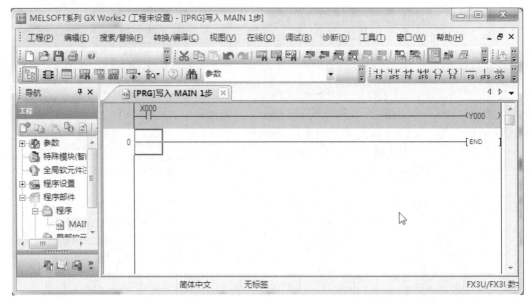

图 7-83 程序转换

（4）梯形图逻辑测试（仿真）

如图 7-84 所示，单击梯形图逻辑测试启动 / 停止按钮🖳，启动梯形图逻辑测试功能。如图 7-85 所示，选中梯形图中的常开触点 "X000"（标记①处），单击鼠标右键，弹出快捷菜单，单击 "调试"（标记②处）→ "当前值更改"（标记③处），弹出 "当前值更改" 界面，如图 7-86 所示，单击强制 "ON" 按钮，可以看到，界面 7-87 中的常开触点 X000 接通，线圈 Y000 得电。如图 7-88 所示，单击强制 "OFF" 按钮，可以看到梯形图中的常开触点 X000 断开，线圈 Y000 断电。

图 7-84 梯形图逻辑测试（1）

图 7-85　梯形图逻辑测试（2）

图 7-86　当前值更改（1）

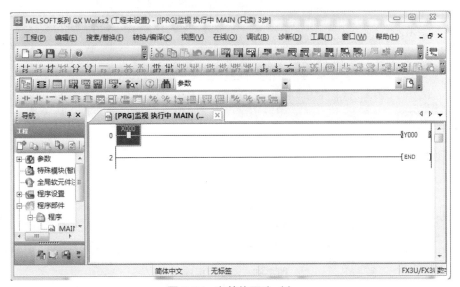

图 7-87　当前值更改（2）

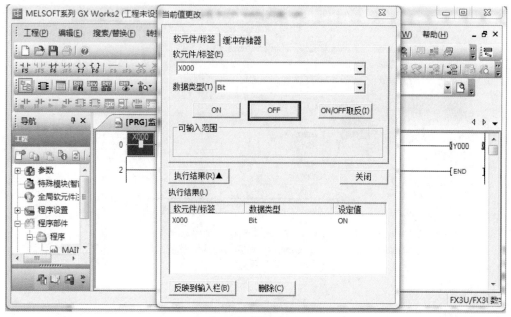

图 7-88　当前值更改（3）

（5）下载程序

如图 7-89 所示的界面，先双击导航栏的"Connection1"按钮，弹出如图 7-90 所示的界面，单击"Serial USB"图标（标记①处），弹出"计算机侧 I/F 串行详细设置"界面，按照读者自己的计算机设置（本例设置如图 7-90 标记②、③处所示），单击"确定"（标记④处）按钮，再次单击"确定"（标记⑤处）按钮，目标连接建立。有多种下载程序的方法，本例采用串口下载。

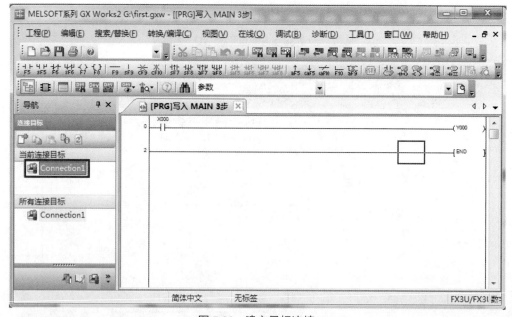

图 7-89　建立目标连接

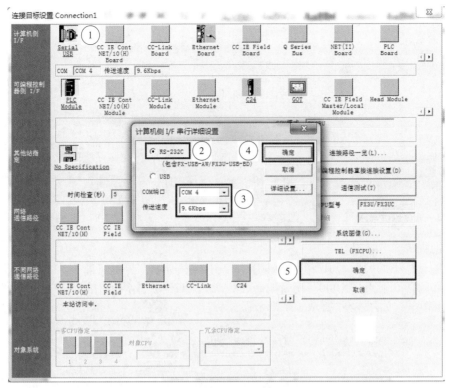

图 7-90　建立目标连接设置

如图 7-91 所示，选择"参数＋程序"（标记①处）按钮，或者"勾选"标记②处的选项，单击"执行"（标记③处）按钮，弹出是否执行写入界面，如图 7-92 所示，单击"是"按钮。程序开始写入，当程序写入完成，弹出如图 7-93 所示的界面，单击"关闭"按钮，之后弹出如图 7-94 所示的是否执行远程运行界面，单击"是"按钮。程序卜载完成。

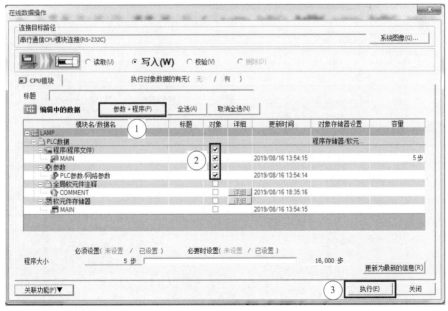

图 7-91　PLC 写入

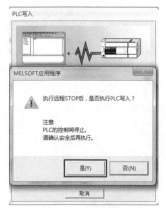

图 7-92　是否执行写入

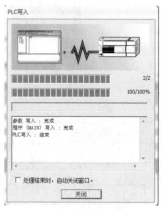

图 7-93　程序写入结束

图 7-94　是否执行远程运行

（6）监视

单击工具栏中的"监视开始"按钮 <img>，如图 7-95 所示，界面可监视 PLC 的软元件和参数。当外部的常开触点"X000"闭合时，GX Works 编程软件界面中的"X000"闭合，线圈"Y000"也得电，如图 7-96 所示。

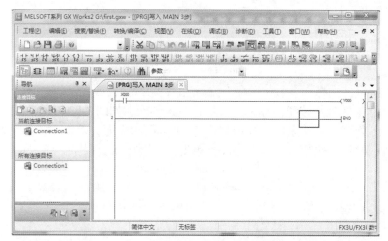

图 7-95　监视开始

图 7-96　监视中

第 8 章
三菱 FX 系列 PLC 的指令及其应用

用户程序是用户根据控制要求，利用 PLC 厂家提供的程序编辑语言编写的应用程序。因此，所谓编程就是编写用户程序。本章将对编程语言、存储区分配和指令系统进行介绍。

■ 8.1 三菱 FX 系列 PLC 的编程基础

8.1.1 数制

数制相关内容请阅读 4.1.1 节。

8.1.2 编程语言简介

PLC 的控制作用是靠执行用户程序来实现的，因此须将控制系统的控制要求用程序的形式表达出来。程序编制就是通过 PLC 的编程语言将控制要求描述出来的过程。

国际电工委员会（IEC）规定的 PLC 编程语言有 5 种，分别是梯形图编程语言、指令语句表编程语言、顺序功能图编程语言（也称状态转移图）、功能块图编程语言、结构文本编程语言，其中最为常用的是前 3 种，下面将分别介绍。

（1）梯形图编程语言

梯形图编程语言是目前用得最多的 PLC 编程语言。梯形图是在继电器接触器控制电路的基础上简化符号演变而来的，也就是说，它是借助类似于继电器的常开、常闭触点，线圈及串联与并联等术语和符号，根据控制要求连接而成的表示 PLC 输入与输出之间逻辑关系的图形，在简化的同时还增加了许多功能强大、使用灵活的基本指令和功能指令等，同时将计算机的特点结合进去，使得编程更加容易，而实现的功能却大大超过传统继电器控制电路。梯形图形象、直观、实用。触点、线圈的表示符号见表 8-1。

表 8-1　触点、线圈的表示符号

符号	说明	符号	说明
─┤├─	常开触点	▭▭▭	功能指令用
─┤/├─	常闭触点	(　　)	编程软件的线圈
○	输出线圈	[　　]	编程软件中功能指令用

三菱 FX 系列 PLC 的一个梯形图例子如图 8-1 所示。

图 8-1　梯形图

（2）指令语句表编程语言

指令语句表编程语言是一种类似于计算机汇编语言的助记符编程方式，用一系列操作指令组成的语句将控制流程表达出来，并通过编程器送到 PLC 中去。需要指出的是，不同厂家的 PLC 的指令语句表使用助记符有所不同。以下用图 8-1 所示的梯形图来说明指令语句表语言，指令语句表编程语言见表 8-2。

表 8-2　指令语句表编程语言

助记符	编程软元件	说明
LD	X000	逻辑行开始，输入 X000 常开触点
OR	Y000	并联常开触点
ANI	X001	串联常闭触点
OUT	Y000	输出线圈 Y000
END		结束程序

指令语句表是由若干个语句组成的程序。语句是程序的最小独立单元。PLC 的指令语句表的表达式与一般的微机编程语言的表达式类似，也是由操作码和操作数两部分组成。操作码由助记符表示如 LD、ANI 等，用来说明要执行的功能。操作数一般由标识符和参数组成。标识符表示操作数的类型，例如表明输入继电器、输出继电器、定时器、计数器和数据寄存器等。参数表明操作数的地址或一个预先设定值。指令语句表使用将越来越少。

（3）顺序功能图编程语言

顺序功能图编程语言是一种比较通用的流程图编程语言，主要用于编制比较复杂的顺序控制程序。顺序功能图提供了一种组织程序的图形方法，在顺序功能图中可以用别的语言嵌套编程。其最主要的部分是步、转换条件和动作三种元素，如图 8-2 所示。顺序功能图是用来描述开关量控制系统的功能，根据它可以很容易地画出顺序控制梯形图。

（4）功能块图编程语言

功能块图编程语言是一种类似于数字逻辑门的编程语言，用类似与门、或门的方框表示逻辑运算关系，方框的左侧为逻辑运算输入变量，右侧为输出变量，输入、输出端的小圆圈表示"非"运算，方框被"导线"连接在一起，信号从左向右流动。西门子系列的 PLC 把功能块图作为三种最常用的编程语言之一，在其编程软件中配置，如图 8-3 所示，是西门子 S7-200 PLC 的功能块图。

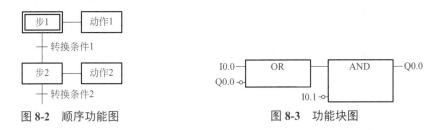

图 8-2 顺序功能图   图 8-3 功能块图

（5）结构文本编程语言

随着 PLC 的飞速发展，如果很多高级的功能还用梯形图表示，会带来很大的不便。为了增强 PLC 的数字运算、数据处理、图标显示和报表打印等功能，为了方便用户的使用，许多大中型 PLC 配备了 PASCAL、BASIC 和 C 等语言。这些编程方式叫做结构文本，与梯形图相比，结构文本有很大的优点。

① 能实现复杂的数学运算，编程逻辑也比较容易实现。

② 编写的程序简洁和紧凑。

除了以上的编程语言外，有的 PLC 还有状态图、连续功能图等编程语言。有的 PLC 允许一个程序中有多种语言，如西门子的指令表功能比梯形图功能强大，所以其梯形图中允许有不能被转化成梯形图的指令表。

8.1.3 三菱 FX 系列 PLC 内部软组件

在三菱 FX 系列的 PLC 中，对于继电器和寄存器都用一定的字母来表示，X 表示输入继电器，Y 表示输出继电器，M 表示辅助继电器，D 表示数据寄存器，T 表示时间继电器，S 表示状态继电器等。对这些软继电器进行编号，X 和 Y 的编号用八进制表示。本节主要对 FX3U 的内部继电器进行说明。

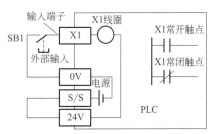

图 8-4 输入继电器 X1 的等效电路

（1）输入继电器（X）

输入继电器与输入端相连，它是专门用来接收 PLC 外部开关信号的元件。PLC 通过输入接口将外部输入信号状态（接通时为"1"，断开时为"0"）读入并存储在输入映像寄存器中。如图 8-4 所示，当按钮闭合时，硬件线路中的 X1 线圈得电，经过 PLC 内部电路一系列的变换，使得梯形图（软件）中 X1 常开触点闭合，而常闭触点 X1 断开。正确理解这一点是十分关键的。

输入继电器是用八进制编号的，如 X0 ~ X7，不可出现 X8 和 X9，FX3U 系列 PLC 输

入 / 输出继电器编号见表 8-3，可见输入最多扩展到 248 点，输出最多到 248 点。但 Q 系列用十六进制编号，则可以有 X8 和 X9。

关键点 在三菱 FX 系列 PLC 的梯形图中不能出现输入继电器 X 的线圈，否则会出错，但有的 PLC 的梯形图中允许输入线圈。

表 8-3　FX3U 系列 PLC 输入 / 输出继电器编号

型号	FX3U-16M	FX3U-32M	FX3U-48M	FX3U-64M	FX3U-80M	FX3U-128M	扩展单元
输入继电器 X	X000 ～ X007	X000 ～ X017	X000 ～ X027	X000 ～ X037	X000 ～ X047	X000 ～ X077	X000 ～ X267
输出继电器 Y	Y000 ～ Y007	Y000 ～ Y017	Y000 ～ Y027	Y000 ～ Y037	Y000 ～ Y047	Y000 ～ Y077	Y000 ～ Y267

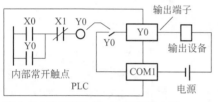

图 8-5　输出继电器 Y0 的等效电路

（2）输出继电器（Y）

输出继电器是用来将 PLC 内部信号输出传送给外部负载（用户输出设备）。输出继电器线圈是由 PLC 内部程序的指令驱动，其线圈状态传送给输出单元，再由输出单元对应的硬触点来驱动外部负载，其等效电路如图 8-5 所示。简单地说，当梯形图的 Y0 线圈（软件）得电时，经过 PLC 内部电路的一系列转换，使得继电器 Y0 常开触点（硬件，即真实的继电器，不是软元件）闭合，从而使得 PLC 外部的输出设备得电。正确理解这一点是十分关键的。

输出继电器是用八进制编号的，如 Y0 ～ Y7，不可以出现 Y8 和 Y9。但 Q 系列用十六进制编号，则可以有 Y8 和 Y9。

以下将对 PLC 是怎样读入输入信号和输出信号的做一个完整的说明，输入输出继电器的等效电路如图 8-6 所示。当按钮闭合时，硬件线路中的 X0 线圈得电，经过 PLC 内部电路一系列的转换，使得梯形图（软件）中 X0 常开触点闭合，从而 Y0 线圈得电，自锁。由于梯形图的 Y0 线圈（软件）得电时，经过 PLC 内部电路的一系列转换，使得继电器 Y0 常开触点（硬件，即真实的继电器，不是软元件）闭合，从而使得 PLC 外部的输出设备得电。这实际就是信号从输入端送入 PLC，经过 PLC 逻辑运算，把逻辑运算结果送到输出设备的一个完整的过程。

PLC 的工作原理

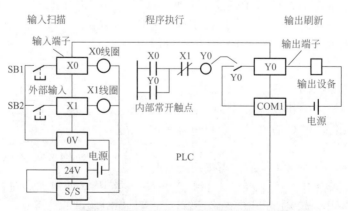

图 8-6　输入输出继电器的等效电路

关键点　如图 8-6 所示，左侧的 X0 线圈和右侧的 Y0 触点都是真实硬件，而中间的梯形图是软件，弄清楚这点十分重要。

（3）辅助继电器（M）

辅助继电器是 PLC 中数量最多的一种继电器，一般的辅助继电器与继电器控制系统中的中间继电器相似。辅助继电器不能直接驱动外部负载，负载只能由输出继电器的外部触点驱动。辅助继电器的常开与常闭触点在 PLC 内部编程时可无限次使用。辅助继电器采用 M 与十进制数共同组成编号（只有输入 / 输出继电器才用八进制数）。PLC 内部常用继电器见表 8-4。

表 8-4　PLC 内部常用继电器

软元件名		内容	
输入 / 输出继电器			
输入继电器	X000 ～ X367	248 点	软元件的编号为 8 进制编号 输入输出合计为 256 点
输出继电器	Y000 ～ Y367	248 点	
辅助继电器			
一般用［可变］	M0 ～ M499	500 点	通过参数可以更改保持 / 非保持的设定
保持用［可变］	M500 ～ M1023	524 点	
保持用［固定］	M1024 ～ M7679	6656 点	
特殊用	M8000 ～ M8511	512 点	
状态			
初始化状态 （一般用［可变］）	S0 ～ S9	10 点	通过参数可以更改保持 / 非保持的设定
一般用［可变］	S10 ～ S499	490 点	
保持用［可变］	S500 ～ S899	400 点	
信号报警器用 （保持用［可变］）	S900 ～ S999	100 点	
保持用［固定］	S1000 ～ S4095	3096 点	
定时器（ON 延迟定时器）			
100ms	T0 ～ T191	192 点	0.1 ～ 3276.7s
100ms［子程序、中断子程序用］	T192 ～ T199	8 点	0.1 ～ 3276.7s
10ms	T200 ～ T245	46 点	0.01 ～ 327.67s
1ms 累计型	T246 ～ T249	4 点	0.001 ～ 32.767s
100ms 累计型	T250 ～ T255	6 点	0.1 ～ 3276.7s
1ms	T256 ～ T511	256 点	0.001 ～ 32.767s

续表

软元件名		内容	
计数器			
一般用增计数 （16位）［可变］	C0 ～ C99	100 点	0 ～ 32767 的计数器 通过参数可以更改保持 / 非保持的设定
保持用增计数 （16位）［可变］	C100 ～ C199	100 点	
一般用双方向 （32位）［可变］	C200 ～ C219	20 点	−2147483648 ～ +2147483647 的计数器，通过参数可以更改保持 / 非保持的设定
保持用双方向 （32位）［可变］	C220 ～ C234	15 点	
高速计数器			
单相单计数的输入 双方向（32位）	C235 ～ C245	C235 ～ C255 中最多可以使用 8 点［保持用］ 通过参数可以更改保持 / 非保持的设定 −2147483648 ～ +2147483647 的计数器硬件计数器 单相：100kHz×6 点，10kHz×2 点 双相：50kHz（1 倍）、50kHz（4 倍）	
单相双计数的输入 双方向（32位）	C246 ～ C250		
双相双计数的输入 双方向（32位）	C251 ～ C255	软件计数器 单相：40kHz 双相：40kHz（1 倍）、10kHz（4 倍）	

① 通用辅助继电器（M0 ～ M499）　FX3U 系列共有 500 点通用辅助继电器。通用辅助继电器在 PLC 运行时，如果电源突然断电，则全部线圈均断电（OFF）。当电源再次接通时，除了因外部输入信号而变为通电（ON）的以外，其余的仍将保持断电状态，它们没有断电保护功能。通用辅助继电器常在逻辑运算中作为辅助运算、状态暂存、移位等。根据需要可通过程序设定，将 M0 ～ M499 变为断电保持辅助继电器。

【例 8-1】　图 8-7 的梯形图，Y0 控制一盏灯，试分析：当系统上电后接通 X0 和系统断电后接着系统又上电，灯的明暗情况。

【解】　当系统上电后接通 X0，M0 线圈带电，并自锁，灯亮；系统断电后接着系统又上电，M0 线圈断电，灯不亮。

图 8-7　例 8-1 梯形图

② 断电保持辅助继电器（M500 ～ M7679）　FX3U 系列有 M500 ～ M7679 共 7180 个断电保持辅助继电器。它与普通辅助继电器不同的是具有断电保护功能，即能记忆电源中断瞬时的状态，并在重新通电后再现其状态。它之所以能在电源断电时保持其原有的状态，是因为电源中断时用 PLC 中的锂电池保持它们映像寄存器中的内容。其中 M500 ～ M1023 可由软件将其设定为通用辅助继电器。

【例 8-2】　图 8-8 的梯形图，Y0 控制一盏灯，试分析：当系统上电后合上按钮 X0 和系统断电后接着系统又上电，灯的明暗情况。

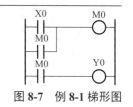

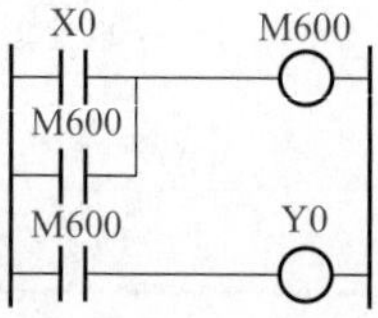

图 8-8　例 8-2 梯形图

【解】　当系统上电后接通 X0，M600 线圈带电，并自锁，灯亮；系统断电后，Y0 线圈断电，灯不亮，但系统内的电池仍然使线圈 M600 带电；接着系统又上电，即使 X0 不接通，Y0 线圈也会因为 M600 的闭合而上电，所以灯亮。

一旦 M600 上电，要 M600 断电，应使用复位指令，关于这点将在后续课程中讲解。

将以上两个例题对比，不难区分通用辅助继电器和断电保持辅助继电器。

③ 特殊辅助继电器　PLC 内有大量的特殊辅助继电器，它们都有各自的特殊功能。FX3U 系列中有 512 个特殊辅助继电器，可分成触点型和线圈型两大类。

a.触点型。其线圈由 PLC 自动驱动，用户只可使用其触点。例如：

M8000：运行监视器（在 PLC 运行中接通），M8001 与 M8000 相反逻辑。

M8002：初始脉冲（仅在运行开始时瞬间接通），M8003 与 M8002 相反逻辑。

M8011、M8012、M8013 和 M8014 分别是产生 10ms、100ms、1s 和 1min 时钟脉冲的特殊辅助继电器。

M8000、M8002 和 M8012 的波形图如图 8-9 所示。

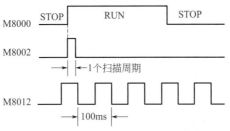

图 8-9　M8000、M8002 和 M8012 的波形图

【例 8-3】　图 8-10 的梯形图，Y0 控制一盏灯，试分析：当系统上电后灯的明暗情况。

图 8-10　例 8-3 的梯形图

【解】　因为 M8013 是周期为 1s 的脉冲信号，所以灯亮 0.5s，然后暗 0.5s，以 1s 为周期闪烁。

M8013 常用于报警灯的闪烁。

b.线圈型 。由用户程序驱动线圈后 PLC 执行特定的动作。例如：

M8033：若使其线圈得电，则 PLC 停止时保持输出映像寄存器和数据寄存器内容。

M8034：若使其线圈得电，则将 PLC 的输出全部禁止。

M8039：若使其线圈得电，则 PLC 按 D8039 中指定的扫描时间工作。

(4) 状态继电器（S）

状态继电器用来记录系统运行中的状态，是编制顺序控制程序的重要编程元件，它与后述的步进顺控指令 STL 配合应用。

状态继电器有五种类型：初始状态继电器 S0 ～ S9 共 10 点；回零状态继电器 S10 ～ S19 共 10 点；通用状态继电器 S1000 ～ S4095 共 3096 点；具有状态断电保持的状态继电器有

S10 ～ S899，共 890 点；供报警用的状态继电器（可用作外部故障诊断输出）S900 ～ S999 共 100 点。

在使用状态继电器时应注意：

① 状态继电器与辅助继电器一样有无数的常开和常闭触点；

② 状态继电器不与步进顺控指令 STL 配合使用时，可作为辅助继电器 M 使用；

③ 三菱 FX3U 系列 PLC 可通过程序设定将 S1000 ～ S4095 设置为有断电保持功能的状态器。

（5）定时器（T）

PLC 中的定时器 T 相当于继电器控制系统中的通电型时间继电器。它可以提供无限对常开常闭延时触点，这点有别于中间继电器，中间继电器的触点通常少于 8 对。定时器中有一个设定值寄存器（一个字长），一个当前值寄存器（一个字长）和一个用来存储其输出触点的映像寄存器（一个二进制位），这三个量使用同一地址编号。但使用场合不一样，意义也不同。

三菱 FX3U 系列中定时器可分为通用定时器、累积型定时器两种。它们是通过对一定周期的时钟脉冲进行累计而实现定时的，时钟脉冲有周期为 1ms、10ms 和 100ms 三种，当所计数达到设定值时触点动作。设定值可用常数 K 或数据寄存器 D 的内容来设置。

① 通用定时器　通用定时器的特点是不具备断电保持功能，即当输入电路断开或停电时定时器复位。通用定时器有 100ms 和 10ms 通用定时器两种。

a. 100ms 通用定时器（T0 ～ T199）共 200 点。其中，T192 ～ T199 为子程序和中断服务程序专用定时器。这类定时器是对 100ms 时钟累积计数，设定值为 1 ～ 32767，所以其定时范围为 0.1 ～ 3276.7s。

b. 10ms 通用定时器（T200 ～ T245）共 46 点。这类定时器是对 10ms 时钟累积计数，设定值为 1 ～ 32767，所以其定时范围为 0.01 ～ 327.67s。

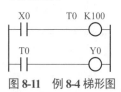

图 8-11　例 8-4 梯形图

◁【例 8-4】　如图 8-11 所示的梯形图，Y0 控制一盏灯，当输入 X0 接通时，试分析：灯的明暗状况。若当输入 X0 接通 5s 时，输入 X0 突然断开，接着又接通，灯的明暗状况如何？

【解】　当输入 X0 接通后，T0 线圈上电，延时开始，此时灯并不亮，10s（100× 0.1=10s）后 T0 的常开触点闭合，灯亮。

当输入 X0 接通 5s 时，输入 X0 突然断开，接着再接通 10s 后灯亮。

◁【例 8-5】　当压下启动按钮 SB1 后电动机 1 启动，2s 后电动机 1 停止，电动机 2 启动，任何时候压下按钮 SB2 时，电动机 1 和 2 都停止运行。

【解】　原理图如图 8-12 所示，梯形图如图 8-13 所示。

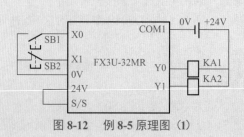

图 8-12　例 8-5 原理图（1）

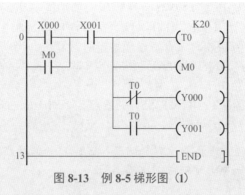

图 8-13　例 8-5 梯形图 (1)

特别说明：由于原理图中 SB2 按钮接的是常闭触点，因此不压下 SB2 按钮时，梯形图中的 X001 的常开触点是导通的，当压下 SB1 按钮时，X000 的常开触点导通，线圈 M0 得电自锁。说明梯形图和原理图是匹配的。而且在工程实践中，设计规范的原理图中的停止和急停按钮都应该接常闭触点。这样设计的好处是当 SB2 按钮意外断线时，会使得设备不能非正常启动，确保设备的安全。

有初学者认为图 8-12 原理图应修改为图 8-14，图 8-13 梯形图应修改为图 8-15，其实图 8-14 原理图和图 8-15 梯形图是匹配的，可以实现功能。但这个设计的问题在于：当 SB2 按钮意外断线时，设备仍然能非正常启动，但压下 SB2 按钮时，设备不能停机，存在很大的安全隐患。这种设计显然是不符合工程规范的。

在后续章节中，如不作特别说明，本书的停止按钮和急停按钮将接常闭触点。

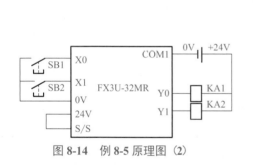

图 8-14　例 8-5 原理图 (2)

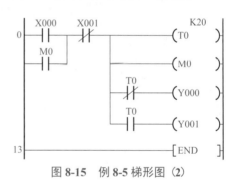

图 8-15　例 8-5 梯形图 (2)

【例 8-6】　当按钮 SA1 闭合时灯亮，断电后，过一段时间灯灭。

【解】　原理图如图 8-16 所示，梯形图如图 8-17 所示。

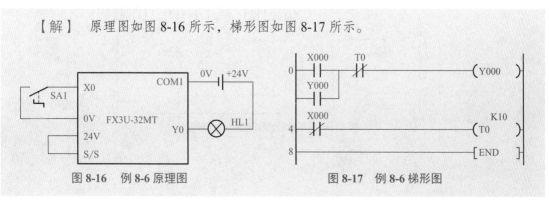

图 8-16　例 8-6 原理图　　　　　　　图 8-17　例 8-6 梯形图

② 累积型定时器　累积型定时器具有计数累积的功能。在定时过程中如果断电或定时器线圈 OFF，累积型定时器将保持当前的计数值（当前值），通电或定时器线圈 ON 后继续累积，即其当前值具有保持功能，只有将累积型定时器复位，当前值才变为 0。

a. 1ms 累积型定时器（T246 ～ T249）共 4 点，是对 1ms 时钟脉冲进行累积计数的，定时的时间范围为 0.001 ～ 32.767s。

b. 100ms 累积型定时器（T250 ～ T255）共 6 点，是对 100ms 时钟脉冲进行累积计数的，定时的时间范围为 0.1 ～ 3276.7s。

关键点　初学者经常会提出这样的问题：定时器如何接线？ PLC 中的定时器是不需要接线的，这点不同于 J-C 系统中的时间继电器。

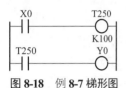

图 8-18　例 8-7 梯形图

◁【例 8-7】　如图 8-18 所示的梯形图，Y0 控制一盏灯，当输入 X0 接通时，试分析：灯的明暗状况。若当输入 X0 接通 5s 时，输入 X0 突然断开，接着又接通，灯的明暗状况如何。

【解】　当输入 X0 接通后，T250 线圈上电，延时开始，此时灯并不亮，10s（100×0.1=10s）后 T250 的常开触点闭合，灯亮。

当输入 X0 接通 5s 时，输入 X0 突然断开，接着再接通 5s 后灯亮。

通用定时器和累积型定时器的区别从例 8-4 和例 8-7 很容易看出。

(6) 计数器（C）

FX3U 系列计数器分为内部计数器和高速计数器两类。

① 内部计数器

a. 16 位增计数器（C0 ～ C199）共 200 点。其中 C0 ～ C15 为通用型，C16 ～ C199 共 184 点为断电保持型（断电保持型即断电后能保持当前值待通电后继续计数）。这类计数器为递加计数，应用前先对其设置设定值，当输入信号（上升沿）个数累加到设定值时，计数器动作，其常开触点闭合、常闭触点断开。计数器的设定值为 1 ～ 32767（16 位二进制），设定值除了用常数 K 设定外，还可间接通过指定数据寄存器设定。

◁【例 8-8】　如图 8-19 所示的梯形图，Y0 控制一盏灯，试分析：当输入 X11 接通 10 次时，灯的明暗状况？若当输入 X10 接通 10 次后，再将 X10 接通，灯的明暗状况如何？

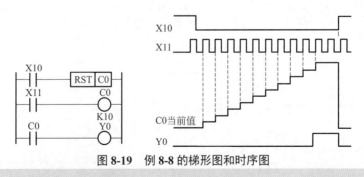

图 8-19　例 8-8 的梯形图和时序图

【解】　当输入 X11 接通 10 次时，C0 的常开触点闭合，灯亮。当输入 X11 接通 10 次后，灯先亮，再将 X10 接通，灯灭。

b. 32 位增、减计数器（C200 ～ C234）共有 35 点 32 位加、减计数器，其中，C200 ～ C219（共 20 点）为通用型，C220 ～ C234（共 15 点）为断电保持型。这类计数器与 16 位增计数器除了位数不同外，还在于它能通过控制实现加、减双向计数。设定值范围均为 −214783648 ～ +214783647（32 位）。

C200 ～ C234 是增计数还是减计数，分别由特殊辅助继电器 M8200 ～ M8234 设定。对应的特殊辅助继电器被置为 ON 时为减计数，置为 OFF 时为增计数。

计数器的设定值与 16 位计数器一样，可直接用常数 K 或间接用数据寄存器 D 的内容作为设定值。在间接设定时，要用编号紧连在一起的两个数据计数器。

🎯 **关键点** ┃ 初学者经常会提出这样的问题：计数器如何接线？ PLC 中的计数器是不需要接线的，这点不同于 J-C 系统中的计数器。

◁ 【例 8-9】　指出如图 8-20 所示的梯形图有什么功能？

【解】　如图 8-20 所示的梯形图实际是一个乘法电路，表示当 100×10=1000 时，Y000 得电。

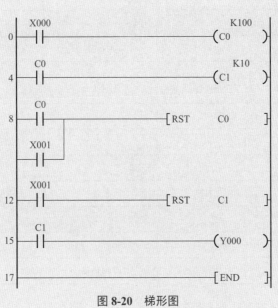

图 8-20　梯形图

② 高速计数器（C235 ～ C255）　高速计数器与内部计数器相比除了允许输入频率高之外，应用也更为灵活，高速计数器均有断电保持功能，通过参数设定也可变成非断电保持。FX3U 有 C235 ～ C255 共 21 点高速计数器。适合用来作为高速计数器输入的 PLC 输入端口有 X0 ～ X7。X0 ～ X7 不能重复使用，即某一个输入端已被某个高速计数器占用，它就不能再用于其他高速计数器，也不能另作他用。

（7）数据寄存器（D）
PLC 在进行输入输出处理、模拟量控制、位置控制时，需要许多数据寄存器存储数据和参数。数据寄存器为 16 位，最高位为符号位。可用两个数据寄存器来存储 32 位数据，最高位仍为符号位。PLC 内部常用继电器见表 8-5。

表 8-5　PLC 内部常用继电器

软元件名		内容	
数据寄存器（成对使用时 32 位）			
一般用（16 位）[可变]	D0 ～ D199	200 点	通过参数可以更改保持 / 非保持的设定
保持用（16 位）[可变]	D200 ～ D511	312 点	
保持用（16 位）[固定] ＜文件寄存器＞	D512 ～ D7999 ＜D1000 ～ D7999＞	7488 点 ＜7000 点＞	通过参数可以将寄存器 7488 点中 D1000 以后的软元件以每 500 点为单位设定为文件寄存器
特殊用（16 位）	D8000 ～ D8511	512 点	
变址用（16 位）	V0 ～ V7，Z0 ～ Z7	16 点	
扩展寄存器·扩展文件寄存器			
扩展寄存器（16 位）	R0 ～ R32767	32768 点	通过电池进行停电保持
扩展文件寄存器（16 位）	ER0 ～ ER32767	32768 点	仅在安装存储器盒时可用
指针			
JUMP、CALL 分支用	P0 ～ P4095	4096 点	CJ 指令、CALL 指令用
输入中断 输入延迟中断	I0 □□～ I5 □□	6 点	
定时器中断	I6 □□～ I8 □□	3 点	
计数器中断	I010 ～ I060	6 点	HSCS 指令用
嵌套			
主控用	N0 ～ N7	8 点	MC 指令用
常数			
十进制数（K）	16 位	−32768 ～ +32767	
	32 位	−2147483648 ～ +2147483647	
十六进制数（H）	16 位	0 ～ FFFF	
	32 位	0 ～ FFFFFFFF	
实数（E）	32 位	-1.0×2^{128} ～ -1.0×2^{-125}，0，1.0×2^{-126} ～ 1.0×2^{128} 可以用小数点和指数形式表示	
字符串（" "）	字符串	用 " " 框起来的字符进行指定 指令上的常数中，最多可以使用到半角的 32 个字符	

① 通用数据寄存器（D0 ～ D199）　通用数据寄存器（D0 ～ D199）共 200 点。当 M8033 为 ON 时，D0 ～ D199 有断电保护功能；当 M8033 为 OFF 时则它们无断电保护，这种情况 PLC 由 RUN → STOP 或停电时，数据全部清零。数据寄存器是 16 位的，最高位是符号位，数据范围 −32768 ～ +32767。2 个数据寄存器合并使用可达 32 位，数据范围是 −2147483648 ～ +2147483647。数据寄存器通常在输入输出处理、模拟量控制和位置控制

的情况下使用。数据寄存器的内容将在后面章节进行讲解。

② 断电保持数据寄存器（D200 ～ D7999）　断电保持数据寄存器（D200 ～ D7999）共 7800 点，其中 D200 ～ D511（共 312 点）有断电保持功能，可以利用外部设备的参数设定改变通用数据寄存器与有断电保持功能数据寄存器的分配；D490 ～ D509 供通信用；D512 ～ D7999 的断电保持功能不能用软件改变，但可用指令清除它们的内容。根据参数设定可以将 D1000 以上作为文件寄存器。

③ 特殊数据寄存器（D8000 ～ D8511）　特殊数据寄存器（D8000 ～ D8511）共 512 点。特殊数据寄存器的作用是用来监控 PLC 的运行状态。例如扫描时间、电池电压等。未加定义的特殊数据寄存器，用户不能使用。具体可参见用户手册。

④ 变址寄存器（V、Z）　FX3U 系列 PLC 有 V0 ～ V7 和 Z0 ～ Z7 共 16 个变址寄存器，它们都是 16 位的寄存器。变址寄存器 V、Z 实际上是一种特殊用途的数据寄存器，其作用相当于计算机中的变址寄存器，用于改变元件的编号（变址）。例如 V0=5，则执行 D20V0 时，被执行的编号为 D25（D20+5）。变址寄存器可以像其他数据寄存器一样进行读/写，需要进行 32 位操作时，可将 V、Z 串联使用（Z 为低位，V 为高位）。

(8) 指针（P、I）

在三菱 FX 系列 PLC 中，指针用来指示分支指令的跳转目标和中断程序的入口标号。分为分支用指针、输入中断指针及定时器中断指针和计数器中断指针。后三种属于中断用指针，中断指针是用来指示某一中断程序的入口位置。执行中断后遇到 IRET（中断返回）指令，则返回主程序。

① 分支用指针（P0 ～ P127）　FX3U 有 P0 ～ P4095 共 4096 点分支用指针。分支用指针用来指示跳转指令（CJ）的跳转目标或子程序调用指令（CALL）调用子程序的入口地址。

② 输入中断指针（I00 □ ～ I50 □）　输入中断指针（I00 □ ～ I50 □）共 6 点，它是用来指示由特定输入端的输入信号而产生中断的中断服务程序的入口位置，这类中断不受 PLC 扫描周期的影响，可以及时处理外界信息。

例如：I101 为当输入 X1 从 OFF → ON 变化时，执行以 I101 为标号后面的中断程序，并根据 IRET 指令返回。

③ 定时器中断指针（I6 □□ ～ I8 □□）　定时器中断指针（I6 □□ ～ I8 □□）共 3 点，是用来指示周期定时中断的中断服务程序的入口位置，这类中断的作用是 PLC 以指定的周期定时执行中断服务程序，定时循环处理某些任务。处理的时间也不受 PLC 扫描周期的限制。□□ 表示定时范围，可在 10 ～ 99ms 中选取。

④ 计数器中断指针（I010 ～ I060）　计数器中断指针（I010 ～ I060）共 6 点，它们用在 PLC 内置的高速计数器中。根据高速计数器的计数当前值与计数设定值的关系确定是否执行中断服务程序。它常用于利用高速计数器优先处理计数结果的场合。

(9) 常数（K、H、E）

K 是表示十进制整数的符号，主要用来指定定时器或计数器的设定值及应用功能指令操作数中的数值；H 表示十六进制数，主要用来表示应用功能指令的操作数值。例如，20 用十进制表示为 K20，用十六进制则表示为 H14。E123 表示实数，用于三菱 FX3 系列 PLC，也可以用 E1.23+2 表示。

(10) 模块访问软元件

模块访问软元件是从 CPU 模块直接访问连接在 CPU 模块上的智能功能模块的缓冲存储

器的软元件。

① 指定方法　通过 U［智能功能模块的模块编号］\［缓冲存储器地址］指定。例：U5\G11。

② 处理速度　通过模块访问软元件进行的读取 / 写入比通过 FROM/TO 指令进行的读取 / 写入的处理速度高（例：MOV U2\G11 D0）。从模块访问软元件的缓冲存储器中的读取与通过 1 个指令执行其他的处理时，应以 FROM/TO 指令下的处理速度与指令的处理速度的合计值作为参考值（例：+U2\G11 D0 D10）。

(11) 文件寄存器（R/ER）

文件寄存器是可存储数值数据的软元件。文件寄存器可分为文件寄存器（R）及扩展文件寄存器（ER）。主要用于数据采集和统计数据。

SD 存储卡插入 CPU 模块时才可使用扩展文件寄存器（ER）。存储在扩展文件寄存器（ER）的数据掉电后可以保持。

文件寄存器（R/ER）是十六进制的，可以部分代替数据寄存器（D）使用。

8.1.4　存储区的寻址方式

PLC 将数据存放在不同的存储单元，每个存储单元都有唯一确定地址编号，要想根据地址编号找到相应的存储单元，这就需要 PLC 的寻址。根据存储单元在 PLC 中数据存取方式的不同，三菱 FX 系列 PLC 存储器常见的寻址方式有直接寻址和间接寻址，具体如下。

(1) 直接寻址

直接寻址可分为位寻址、字寻址和位组合寻址。

① 位寻址　位寻址是针对逻辑变量存储的寻址方式。三菱 FX 系列 PLC 中输入继电器、输出继电器、辅助继电器、状态继电器、定时器和计数器在一般情况下都采用位寻址。位寻址方式地址中含存储器的类型和编号，如 X001、Y006、T0 和 M600 等。

② 字寻址　字寻址在数字数据存储时用。三菱 FX 系列 PLC 中的字长一般为 16 位，地址可表示成存储区类别的字母加地址编号组成。如 D0 和 D200 等。三菱 FX 系列 PLC 可以双字寻址。在双字寻址的指令中，操作数地址的编号（低位）一般用偶数表示，地址加 1（高位）的存储单元同时被占用，双字寻址时存储单元为 32 位。

③ 位组合寻址　三菱 FX 系列 PLC 中，为了编程方便，使位元件联合起来存储数据，提供了位组合寻址方式，位组合寻址是以 4 个位软元件为一组组合单元，其通用的表示方法是 Kn 加起始软元件的软元件号组成，起始软元件有输入继电器、输出继电器和辅助继电器等，n 为单元数，16 位数为 K1 ～ K4，32 位数为 K1 ～ K8。例如 K2M10 表示有 M10 ～ M17 组成的两个位元件组，它是一个 8 位的数据，M10 是最低位。K4X0 表示有 X0 ～ X17 组成的 4 个位元件组，它是一个 16 位数据，X0 是最低位。

当一个 16 位的数据传送到 K1M0、K2M0、K3M0 时，只传送相应的低位数据，较高位的数据不传送，32 位数据也一样。在作 16 位操作时，参与操作的位元件由 K1 ～ K4 指定。若仅由 K1 ～ K3 指定，不足部分的高位均作 0 处理。

(2) 间接寻址

间接寻址是指数据存放在变址寄存器（V、Z）中，在指令只出现所需数据的存储单元内存地址即可。间接寻址的详细介绍在功能指令章节再进行讲解。

8.2 三菱 FX 系列 PLC 的基本指令

FX2N 共有 27 条基本逻辑指令，FX2N 的指令 FX3U 都可使用，其中包含了有些子系列 PLC 的 20 条基本逻辑指令。

8.2.1 输入指令与输出指令（LD、LDI、OUT）

输入指令与输出指令（LD、LDI、OUT）的含义见表 8-6。

表 8-6 输入指令与输出指令（LD、LDI、OUT）含义

助记符	名称	软元件	功能
LD	取	X、Y、M、S、T、C	常开触点的逻辑开始
LDI	取反		常闭触点的逻辑开始
OUT	输出	Y、M、S、T、C	线圈驱动

LD 是取指令，LDI 是取反指令，LD 和 LDI 指令主要用于将触点连接到母线上。其他用法将在后面讲述 ANB 和 ORB 指令时介绍，在分支点也可以使用。其目标元件是 X、Y、M、S、T 和 C。

OUT 指令是对输出继电器、辅助继电器、状态器、定时器、计数器的线圈驱动的指令，对于输入继电器不能使用。其目标软件是 Y、M、S、T 和 C。并列的 OUT 指令能多次使用。对于定时器的计时线圈或计数器的计数线圈，使用 OUT 指令后，必须设定常数 K。此外，也可以用数据寄存器编号间接指定。

用如图 8-21 所示的例子来解释输入与输出指令，当常开触点 X0 闭合时（如果与 X0 相连的按钮是常开触点，则需要压下按钮），中间继电器 M0 线圈得电。当常闭触点 X1 闭合时（如果与 X1 相连的按钮是常开触点，则不需要压下按钮），输出继电器 Y0 线圈得电。

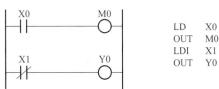

图 8-21 输入输出指令的示例

关键点 PLC 中的中间继电器并不需要接线，它通常只参与中间运算，而输入输出继电器是要接线的，这一点请读者注意。

8.2.2 触点的串联指令（AND、ANI）

触点的串联指令（AND、ANI）含义见表 8-7。

表 8-7 触点的串联指令（AND、ANI）含义

助记符	名称	软元件	功能
AND	与	X、Y、M、S、T、C	与常开触点串联
ANI	与非		与常闭触点串联

AND 是与指令，用于一个常开触点串联连接指令，完成逻辑"与"运算。

ANI 是与非指令，用于一个常闭触点串联连接指令，完成逻辑"与非"运算。

触点串联指令的使用说明：

① AND、ANI 都是指单个触点串联连接的指令，串联次数没有限制，可反复使用；

② AND、ANI 的目标元件为 X、Y、M、T、C 和 S。

用如图 8-22 所示的例子来解释触点串联指令。当常开触点 X0、常闭触点 X1 闭合，而常开触点 X2 断开时，线圈 M0 得电，线圈 Y0 断电；当常开触点 X0、常闭触点 X1、常开触点 X2 都闭合时，线圈 M0 和线圈 Y0 得电；只要常开触点 X0 或者常闭触点 X1 有一个或者两个断开，则线圈 M0 和线圈 Y0 断电。注意如果与 X0、X1 相连的按钮是常开触点，那么按钮不压下时，常开触点 X0 是断开的，而常闭触点 X1 是闭合的，读者务必要搞清楚这点。

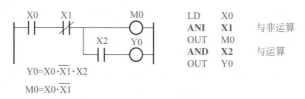

图 8-22　触点串联指令的示例

8.2.3　触点并联指令（OR、ORI）

触点的并联指令（OR、ORI）含义见表 8-8。

表 8-8　触点的并联指令（OR、ORI）含义

助记符	名称	软元件	功能
OR	或	X、Y、M、S、T、C	与常开触点并联
ORI	或非		与常闭触点并联

OR 是或指令，用于单个常开触点的并联，实现逻辑"或"运算。

ORI 是或非指令，用于单个常闭触点的并联，实现逻辑"或非"运算。

触点并联指令的使用说明：

① OR、ORI 指令都是指单个触点的并联，并联触点的左端接到 LD、LDI，右端与前一条指令对应触点的右端相连。触点并联指令连续使用的次数不限；

② OR、ORI 指令的目标元件为 X、Y、M、T、C、S。

用如图 8-23 所示的例子来解释触点并联指令。当常开触点 X0、常闭触点 X1 或者常开触点 X2 有一个或者多个闭合时，线圈 Y0 得电。

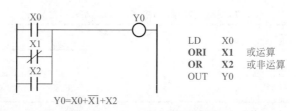

图 8-23　触点并联指令的使用

8.2.4　脉冲式触点指令（LDP、LDF、ANDP、ANDF、ORP、ORF）

脉冲式触点指令（LDP、LDF、ANDP、ANDF、ORP、ORF）的含义见表 8-9。

表 8-9　脉冲式触点指令（LDP、LDF、ANDP、ANDF、ORP、ORF）含义

助记符	名称	软元件	功能
LDP	取脉冲上升沿	X、Y、M、S、T、C	上升沿检出运算开始
LDF	取脉冲下降沿	X、Y、M、S、T、C	下降沿检出运算开始
ANDP	与脉冲上升沿	X、Y、M、S、T、C	上升沿检出串联连接
ANDF	与脉冲下降沿	X、Y、M、S、T、C	下降沿检出串联连接
ORP	或脉冲上升沿	X、Y、M、S、T、C	上升沿检出并联连接
ORF	或脉冲下降沿	X、Y、M、S、T、C	下降沿检出并联连接

用一个例子来解释 LDP、ANDP、ORP 操作指令，梯形图（左侧）和时序图（右侧）如图 8-24 所示，当 X0 或者 X1 的上升沿时，线圈 M0 得电；当 X2 上升沿时，线圈 Y0 得电。

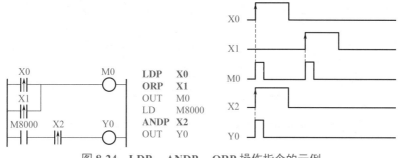

图 8-24　LDP、ANDP、ORP 操作指令的示例

LDP、LDF、ANDP、ANDF、ORP、ORF 指令使用注意事项如下。

① LDP、ANDP、ORP 是上升沿检出的触点指令，仅在指定的软元件的上升沿（OFF → ON 变化时）接通一个扫描周期。

② LDF、ANDF、ORF 是下降沿检出的触点指令，仅在指定的软元件的下降沿（ON → OFF 变化时）接通一个扫描周期。

8.2.5　脉冲输出指令（PLS、PLF）

脉冲输出指令（PLS、PLF）的含义见表 8-10。

表 8-10　脉冲输出指令（PLS、PLF）含义

助记符	名称	软元件	功能
PLS	上升沿脉冲输出	Y、M（特殊 M 除外）	产生脉冲
PLF	下降沿脉冲输出	Y、M（特殊 M 除外）	产生脉冲

PLS 是上升沿脉冲输出指令，在输入信号上升沿产生一个扫描周期的脉冲输出。PLF 是下降沿脉冲输出指令，在输入信号下降沿产生一个扫描周期的脉冲输出。

PLS、PLF 指令的使用说明：

① PLS、PLF 指令的目标元件为 Y 和 M；

② 使用 PLS 时，仅在驱动输入为 ON 后的一个扫描周期内目标元件 ON。如图 8-25 所示，M0 仅在 X0 的常开触点由断到通时的一个扫描周期内为 ON；使用 PLF 指令时只是利用输入信号的下降沿驱动，其他与 PLS 相同。

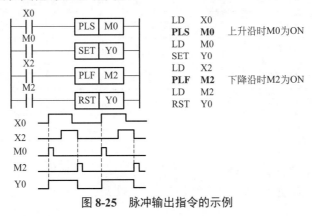

图 8-25　脉冲输出指令的示例

◁【例 8-10】　已知两个梯形图及 X0 的波形图，要求绘制 Y0 的输出波形图。

图 8-26　例 8-10 梯形图及 X0 波形图

【解】　图 8-26 中的两个梯形图的回路的动作相同，Y0 的波形图如图 8-27 所示。

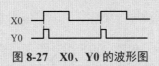

图 8-27　X0、Y0 的波形图

◁【例 8-11】　一个按钮控制一盏灯，当压下按钮灯立即亮，按钮弹起后 1s 后灯熄灭，要求编写程序实现此功能。

【解】　梯形图如图 8-28 所示。

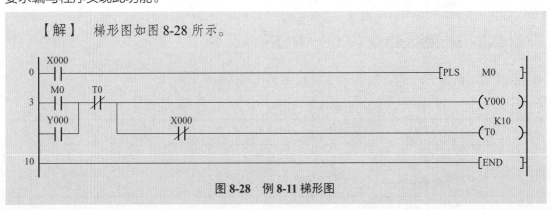

图 8-28　例 8-11 梯形图

8.2.6　置位与复位指令（SET、RST）

SET 是置位指令，它的作用是使被操作的目标元件置位并保持。RST 是复位指令，使被操作的目标元件复位，并保持清零状态。用 RST 指令可以对定时器、计数器、数据存储器和变址存储器的内容清零。对同一软元件的 SET、RST 可以使用多次，并不是双线圈输出，但有效的是最后一次。置位与复位指令（SET、RST）的含义见表 8-11。

表 8-11　置位与复位指令（SET、RST）含义

助记符	名称	软元件	功能
SET	置位	Y、M、S	动作保持
RST	复位	Y、M、S、D、V、Z、T、C	清除动作保持，当前值及寄存器清零

置位指令与复位指令的使用如图 8-29 所示。当 X0 的常开触点接通时，Y0 变为 ON 状态并一直保持该状态，即使 X0 断开 Y0 的 ON 状态仍维持不变；只有当 X1 的常开触点闭合时，Y0 才变为 OFF 状态并保持，即使 X1 的常开触点断开，Y0 也仍为 OFF 状态。

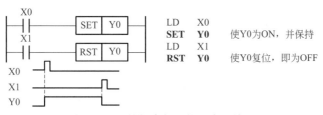

图 8-29　置位指令与复位指令的使用

◁【例 8-12】　梯形图如图 8-30 所示，试指出此梯形图的含义。

【解】　即当 X000 关联的按钮压下时，Y000 得电，而当 X000 关联的按钮松开时，Y000 断电，其功能就是点动。

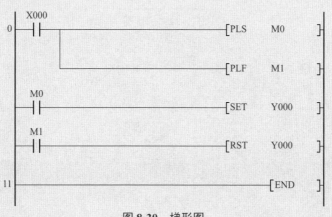

图 8-30　梯形图

8.2.7 逻辑反、空操作与结束指令（INV、NOP、END）

① INV 是反指令，执行该指令后将原来的运算结果取反。反指令没有软元件，因此使用时不需要指定软元件，也不能单独使用，反指令不能与母线相连。图 8-31 中，当 X0 断开，则 Y0 为 ON，当 X0 接通，则 Y0 断开。

图 8-31　反指令的使用

② NOP 是空操作指令，不执行操作，但占一个程序步。执行 NOP 时并不做任何事，有时可用 NOP 指令短接某些触点或用 NOP 指令将不要的指令覆盖。空操作指令有两个作用：一个作用是当 PLC 执行了清除用户存储器操作后，用户存储器的内容全部变为空操作指令；另一个作用是用于修改程序。

③ END 是结束指令，表示程序结束。若程序的最后不写 END 指令，则 PLC 不管实际用户程序多长，都从用户程序存储器的第一步执行到最后一步。

■ 8.3　基本指令应用

至此，读者对三菱 FX 系列 PLC 的基本指令有了一定的了解，以下举几个例子供读者模仿学习，以巩固前面所学的知识。

8.3.1　单键启停控制（乒乓控制）

◁【例 8-13】　编写程序，实现当压下 SB1 按钮奇数次，灯亮，当压下 SB1 按钮偶数次，灯灭，即单键启停控制，原理图如图 8-32 所示。

实例讲解

图 8-32　原理图

【解】　（1）方法 1

梯形图如图 8-33 所示。这个程序在有的文献上也称为"微分电路"。微分电路一般要用到微分指令 PLS。

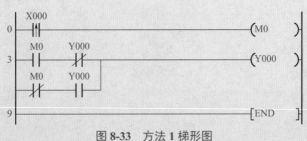

图 8-33　方法 1 梯形图

（2）方法 2

从前面的例子得知：一般"微分电路"要用微分指令，如果有的 PLC 没有微分指令该怎样解决呢？梯形图如图 8-34 所示。

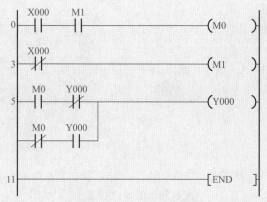

图 8-34　方法 2 梯形图

（3）方法 3

这种方法相对容易想到，但梯形图相对复杂。主要思想是用计数器计数，当计数为 1 时，灯亮，当计数为 2 时，灯灭，同时复位。梯形图如图 8-35 所示。

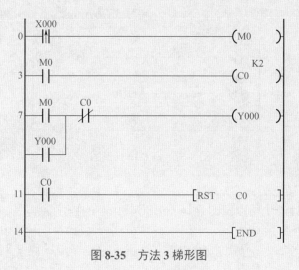

图 8-35　方法 3 梯形图

这个题目还有其他的解法，在后续章节会介绍。

8.3.2　定时器和计数器应用

定时器和计数器在工程中十分常用，特别是定时器，更是常用，以下用几个例子介绍定时器和计数器的应用。

◁【例 8-14】　设计一个可以定时 12h 的程序。

【解】 FX 上的定时器最大定时时间是 3276.7s，所以要长时间定时不能只简单用一个定时器。本例的方案是用一个定时器定时 1800s（半小时），要定时 12h，实际就是要定时 24 个半小时，梯形图如图 8-36 所示。

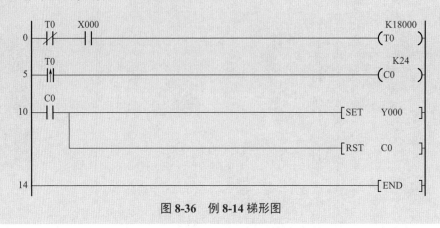

图 8-36 例 8-14 梯形图

【例 8-15】 设计一个可以定时 32767min 的程序。

【解】 这是长时间定时的典型例子，用上面的方法也可以解题，现利用特殊继电器 M8014，当特殊继电器开关 32767 次时，定时 32767min，梯形图如图 8-37 所示。

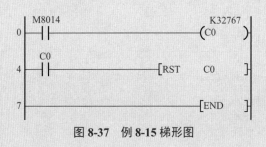

图 8-37 例 8-15 梯形图

【例 8-16】 设计一个可以定时 2147483647min 的程序。

【解】 这是超长延时程序。X001 控制定时方向。梯形图如图 8-38 所示。

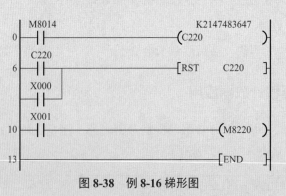

图 8-38 例 8-16 梯形图

◁【例 8-17】　十字路口的交通灯控制，当合上启动按钮，东西方向绿灯亮 4s，闪烁 2s 后灭；黄灯亮 2s 后灭；红灯亮 8s 后灭；绿灯亮 4s，如此循环，而对应东西方向绿灯、黄灯、红灯亮时，南北方向红灯亮 8s 后灭；接着绿灯亮 4s，闪烁 2s 后灭；黄灯亮 2s；红灯又亮，如此循环。

【解】　首先根据题意画出东西南北方向三种颜色灯的亮灭的时序图，再进行 I/O 分配。

输入：启动—X0；停止—X1。

输出（东西方向）：红灯—Y4，黄灯—Y5；绿灯—Y6。

输出（南北方向）：红灯—Y0，黄灯—Y1；绿灯—Y2。

东西方向和南北方向各有 3 盏，从时序图容易看出，共有 6 个连续的时间段，因此要用到 6 个定时器，这是解题的关键，用这 6 个定时器控制两个方向 6 盏灯的亮或灭，不难设计梯形图。交通灯时序图、原理图和交通灯梯形图如图 8-39、图 8-40 所示。

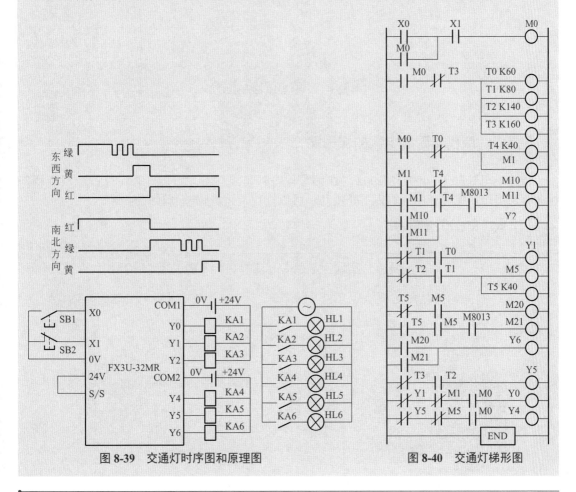

图 8-39　交通灯时序图和原理图　　　图 8-40　交通灯梯形图

◁【例 8-18】　编写一段程序，实现分脉冲功能。

【解】　解题思路：先用定时器产生秒脉冲，再用 30 个秒脉冲作为高电平，30 个脉冲作为低电平，梯形图如图 8-41 所示。

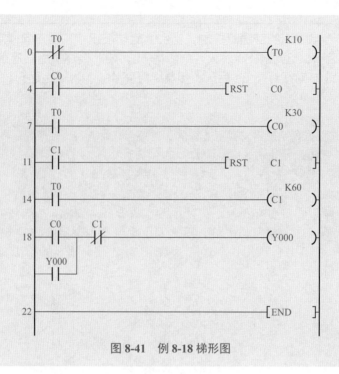

图 8-41　例 8-18 梯形图

8.3.3　取代特殊继电器的梯形图

特殊继电器如 M8000、M8002 等在编写程序时非常有用，那么如果有的 PLC 没有特殊继电器，将怎样编写程序呢，以下介绍几个可以取代常用特殊继电器的例子。

（1）取代 M8002 的例子

◁【例 8-19】　编写一段程序，实现上电后 M0 清零，但不能使用 M8002。

【解】　梯形图如图 8-42 所示。

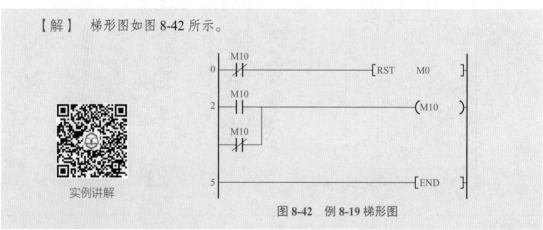

实例讲解

图 8-42　例 8-19 梯形图

（2）取代 M8000 的例子

◁【例 8-20】　编写一段程序，实现上电后一直使 M0 清零，但不能使用 M8000。

【解】 梯形图如图 8-43 所示。

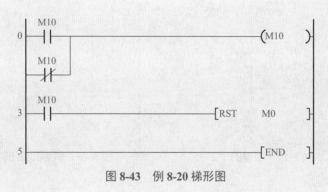

图 8-43 例 8-20 梯形图

（3）取代 M8013 的例子

【例 8-21】 编写一段程序，实现上电后，使 Y000 以 1s 为周期闪烁，但不能使用 M8013。

【解】 梯形图如图 8-44 所示。

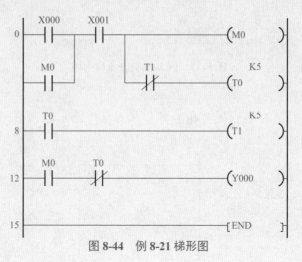

图 8-44 例 8-21 梯形图

8.3.4 电动机的控制

【例 8-22】 设计两地控制电动机启停的梯形图和原理图。

【解】 （1）方法 1
最容易想到的原理图和梯形图如图 8-45 和图 8-46 所示。这种解法是正确的解法，但不是最优方案，因为这种解法占用了较多的 I/O 点。

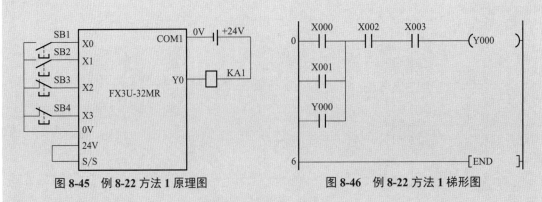

图 8-45 例 8-22 方法 1 原理图

图 8-46 例 8-22 方法 1 梯形图

（2）方法 2

梯形图如图 8-47 所示。

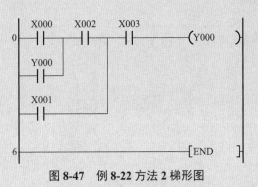

图 8-47 例 8-22 方法 2 梯形图

（3）方法 3

优化后的方案的原理图如图 8-48 所示，梯形图如图 8-49 所示。可见节省了 2 个输入点，但功能完全相同。

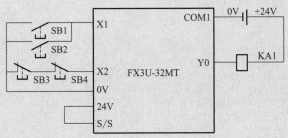

图 8-48 例 8-22 方法 3 原理图

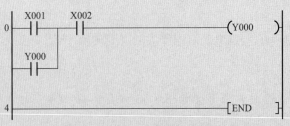

图 8-49 例 8-22 方法 3 梯形图

◁【例 8-23】　电动机的正反转控制，要求设计梯形图和原理图。

【解】　输入点：正转—X0，反转—X1，停止—X2；
输出点：正转—Y0，反转—Y1。

原理图如图 8-50 所示，梯形图如图 8-51 所示，梯形图中虽然有 Y0 和 Y1 常闭触点互锁，但由于 PLC 的扫描速度极快，Y0 的断开和 Y1 的接通几乎是同时发生的，若 PLC 的外围电路无互锁触点，就会使正转接触器断开，其触点间电弧未灭时，反转接触器已经接通，可能导致电源瞬时短路。为了避免这种情况的发生，外部电路需要互锁，图 8-50 用 KM1 和 KM2 实现这一功能。

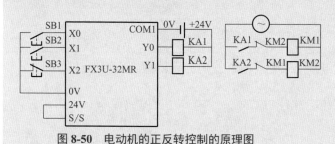

图 8-50　电动机的正反转控制的原理图

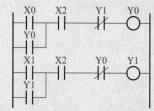

图 8-51　电动机的正反转控制的梯形图

◁【例 8-24】　编写电动机的启动优先的控制程序。

【解】　X000 关联的启动按钮接常开触点，X001 关联的停止按钮接常闭触点。启动优先于停止的程序如图 8-52 所示。优化后的程序如图 8-53 所示。

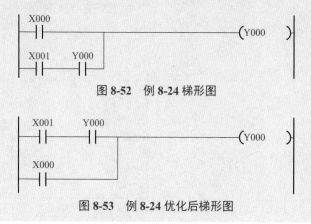

图 8-52　例 8-24 梯形图

图 8-53　例 8-24 优化后梯形图

◁【例 8-25】　编写程序，实现电动机的启 / 停控制和点动控制，要求设计出梯形图和原理图。

【解】　输入点：启动—X1，停止—X2，点动—X3，手自转换—X4；
输出点：正转—Y0。

原理图如图 8-54 所示，梯形图如图 8-55 所示，这种编程方法在工程实践中非常常用。

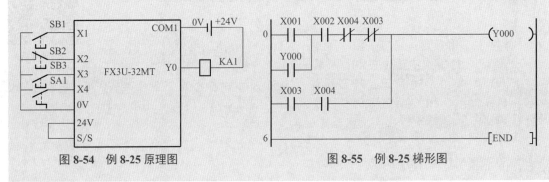

图 8-54 例 8-25 原理图   图 8-55 例 8-25 梯形图

最后用一个例子，介绍用三菱 PLC 创建一个项目的完整过程。

◁【例 8-26】 编写三相异步电动机的 Y-△（星-三角）启动控制程序。

【解】 为了让读者对用三菱 FX 系列 PLC 的工程有一个完整的了解，本例比较详细地描述了整个控制过程。

（1）软硬件的配置
① 1 套 GX Works2；
② 1 台 FX3U-32MR；
③ 1 根编程电缆；
④ 电动机、接触器和继电器等。
（2）硬件接线
电动机 Y-△减压启动原理图如图 8-56 所示。FX3U-32MR 虽然是继电器输出形式，但 PLC 要控制接触器，最好加一级中间继电器。

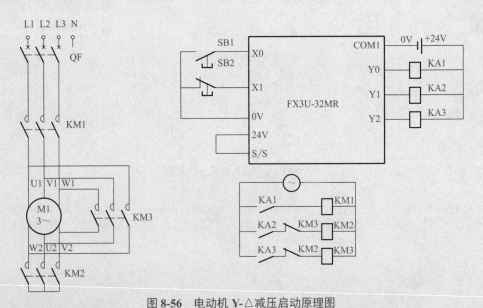

图 8-56 电动机 Y-△减压启动原理图

（✪ 关键点）　停止和急停按钮一般使用常闭触点，若使用常开触点，单从逻辑上是可行的，但在某些极端情况下，当接线意外断开时，急停按钮是不能起停机作用的，容易发生事故。这一点请读者务必注意。

（3）编写程序

① 新建工程。先打开 GX Works 编程软件，如图 8-57 所示。单击"工程"（标记①处）→"新建"（标记②处）菜单，如图 8-58 所示。弹出"新建"窗口，如图 8-59所示，在系列中选择所选用的 PLC 系列，本例为"FXCPU"；机型中输入具体类型，本例为"FX3U/ FX3UC"；工程类型选择"简单工程"；程序语言选择"梯形图"，单击"确定"按钮，完成创建一个新的工程。

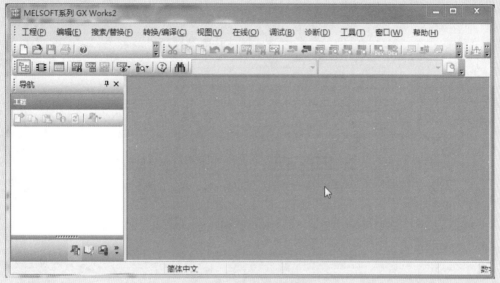

图 8-57　打开 GX Works

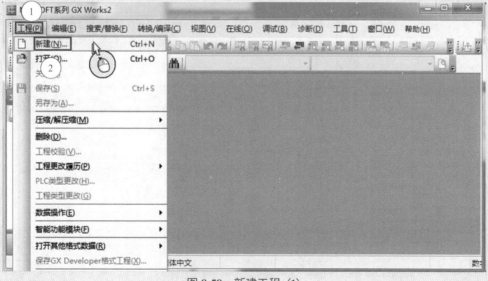

图 8-58　新建工程（1）

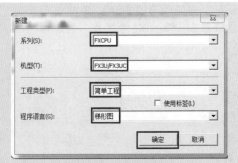

图 8-59　新建工程（2）

② 输入梯形图。如图 8-60 所示，将光标移到"①"处，单击工具栏中的常开触点按钮┤┝ （标记②处）（或者单击功能键 F5），弹出"梯形图输入"，在中间输入"X0"，单击"确定"按钮。如图 8-61 所示，将光标移到"①"处，单击工具栏中的线圈按钮 ◇ （标记②处）（或者单击功能键 F7），弹出"梯形图输入"，在中间输入"Y0"，单击"确定"按钮，梯形图输入完成。

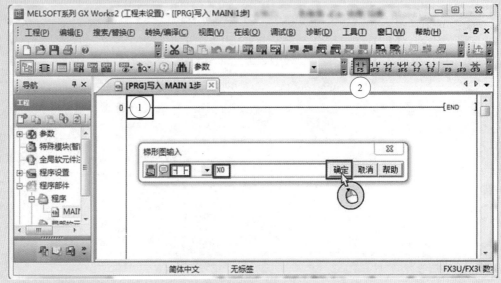

图 8-60　输入程序（1）

图 8-61　输入程序（2）

③ 程序转换。如图 8-62 所示，刚输入完成的程序，程序区是灰色的，是不能下载到 PLC 中去的，还必须进行转换。如果程序没有语法错误，只要单击转换按钮即可完成转换，转换成功后，程序区变成白色，如图 8-63 所示。

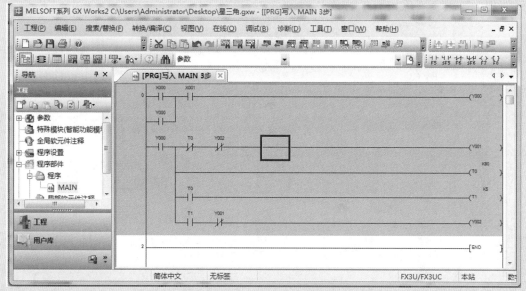

图 8-62　程序转换

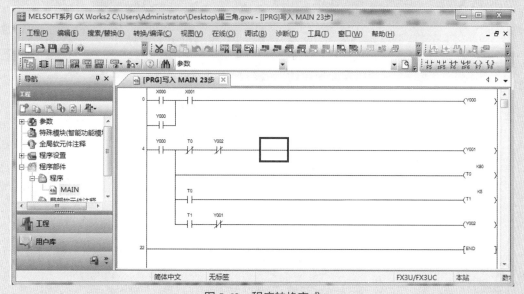

图 8-63　程序转换完成

④ 下载程序。先单击工具栏中的"PLC 写入"按钮，弹出如图 8-64 所示的界面，单击"全选"按钮，选择下载所有的选项，单击"执行"按钮，弹出"是否停止 PLC 运行"界面，如图 8-65 所示，单击"是"按钮，PLC 停止运行；程序、参数开始向 PLC 中下载，下载过程如图 8-66 所示；当下载完成后，弹出如图 8-67 所示的界面，最后单击"是"按钮，运行 PLC。

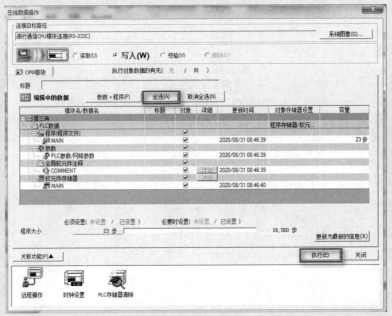

图 8-64 PLC 写入

图 8-65 是否停止 PLC 运行

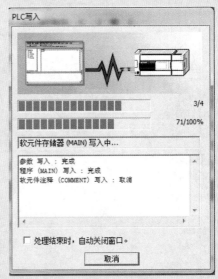

图 8-66 程序、参数下载过程（1）

图 8-67 程序、参数下载过程（2）

⑤ 监视。单击工具栏中的"监视"按钮 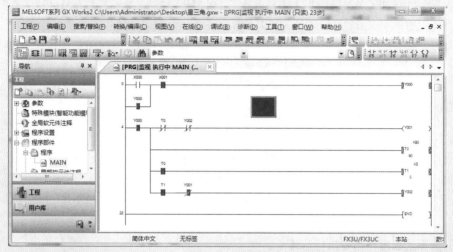，如图 8-68 所示，界面可监视 PLC 的软元件和参数。当外部的常开触点"X000"闭合时，GX Works2 编程软件界面中的"X000"闭合，随后产生一系列动作都可以在 GX Works2 编程软件界面中监控到。

图 8-68　监视

梯形图如图 8-69 所示。

图 8-69　电动机 Y- △减压启动梯形图

■ 8.4　三菱 FX 系列 PLC 的功能指令

功能指令主要可分为传送指令与比较指令、程序流指令、四则逻辑运算指令、循环指令、数据处理指令、高速处理指令、方便指令、外围设备指令、浮点数指令、定位指令、接点比较、外围设备 I/O 指令和外围设备 SER 指令。本章仅介绍常用的功能指令，其余可以参考三菱公司的应用指令说明书。

8.4.1 功能指令的格式

(1) 指令与操作数

三菱 FX 系列 PLC 的功能指令从 FNC0 ～ FNC299（不同型号，数量不同），每条功能指令应该用助记符或功能编号（FNC NO.）表示，有些助记符后有 1 ～ 4 个操作数，这些操作数的形式如下。

① 位元件 X、Y、M 和 S，它们只处理 ON/OFF 状态。

② 常数 T、C、D、V、Z，它们可以处理数字数据。

③ 常数 K、H 或指针 P。

④ 由位软元件 X、Y、M 和 S 的位指定组成的字软元件。

K1X000：表示 X000 ～ X003 的 4 位数，X000 是最低位。

K4M10：表示 M10 ～ M25 的 16 位数，M10 是最低位。

K8M100：表示 M100 ～ M131 的 32 位数，M100 是最低位。

⑤ [S] 表示源操作数，[D] 表示目标操作数，若使用变址功能，则用 [S·] 和 [D·] 表示。

(2) 数据的长度和指令执行方式

处理数据类指令时，数据的长度有 16 位和 32 位之分，带有 [D] 标号的是 32 位，否则为 16 位数据。但高速计数器 C235 ～ C254 本身就是 32 位的，因此不能使用 16 位指令操作数。有的指令要脉冲驱动获得，其操作符后要有 [P] 标记，如图 8-70 所示。

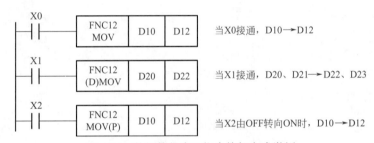

图 8-70 数据的长度和指令执行方式举例

(3) 变址寄存器的处理

V 和 Z 都是 16 位寄存器，变址寄存器在传送、比较中用来修改操作对象的元件号。变址寄存器的应用如图 8-71 所示。

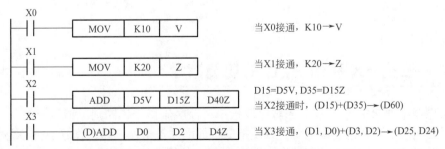

图 8-71 变址寄存器的应用

8.4.2 传送指令

(1) 传送指令（MOV）

传送指令的 MOV 的功能编号是 FNC12，其功能是把源操作数送到目标元件中去，其目标元件格式及指令格式如图 8-72、图 8-73 所示。

图 8-72 传送指令的目标元件

图 8-73 传送指令的格式

用一个例子说明传送指令的使用方法，如图 8-74 中，当 X0 闭合后，将源操作数 10 传送到目标元件 D10 中，一旦执行传送指令，即使 X0 断开，D10 中的数据仍然不变，有的资料称这个指令是复制指令。

图 8-74 传送指令应用示例

使用应用 MOV 指令时应注意：

① 源操作数可取所有数据类型，目标操作数可以是 KnY、KnM、KnS、T、C、D、V、Z，如图 8-72 所示；

② 16 位运算时占 5 个程序步，32 位运算时则占 9 个程序步。

以上介绍的是 16 位数据传送指令，还有 32 位数据传送指令，格式与 16 位传送指令类似，以下用一个例子说明其应用。如图 8-75 所示，当 X2 闭合，源数据 D1 和 D0 分别传送到目标地址 D11 和 D10 中去。

图 8-75 32 位传送指令应用示例

◁【例 8-27】 将如图 8-76 所示的梯形图简化成一条指令的梯形图。

图 8-76 例 8-27 梯形图

【解】 简化后的梯形图如图 8-77 所示，其执行效果完全相同。

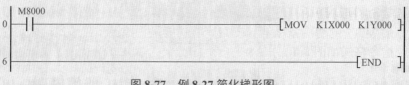

图 8-77 例 8-27 简化梯形图

（2）块传送指令（BMOV）

块传送指令（BMOV）是将源操作数指定的元件开始的 n 个数组成的数据块，传送到目标指定的软元件为开始的 n 个软元件中。

用一个例子来说明块传送指令的应用，如图 8-78 所示，当 X2 闭合执行块传送指令后，D0 开始的 3 个数（即 D0、D1、D2），分别传送到 D10 开始的 3 个数（即 D10、D11、D12）中去。

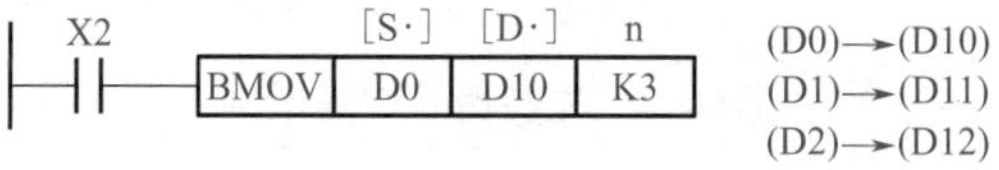

图 8-78 块传送指令应用示例

（3）多点传送指令（FMOV）

多点传送指令（FMOV）是将源元件中的数据传送到指定目标开始的 n 个目标单元中，这 n 个目标单元中的数据完全相同。此指令用于初始化时清零较方便。

用一个例子来说明多点传送指令的应用，如图 8-79 所示，当 X2 闭合执行多点传送指令后，0 传送到 D10 开始的 3 个数（D10、D11、D12）中，D10、D11、D12 中的数为 0，当然就相等。

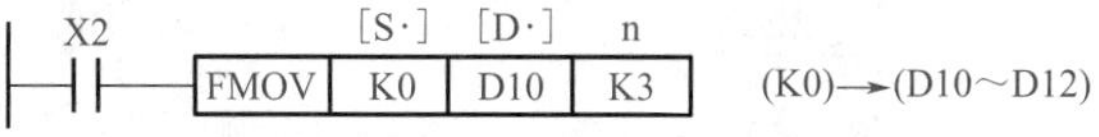

图 8-79 多点传送指令应用示例

（4）BCD 与 BIN 指令

BCD 指令的功能编码是 FNC18，其功能是将源元件中的二进制数转换成 BCD 数据，并送到目标元件中。转换成的 BCD 码可以驱动 7 段码显示。BIN 的功能编码是 FNC19，其功能是将源元件中的 BCD 码转换成二进制数，数据送到目标元件中。BCD 指令目标元件及指令格式如图 8-80、图 8-81 所示。BCD 指令的应用示例如图 8-82 所示。

图 8-80 BCD 指令的目标元件　　　图 8-81 BCD 指令的格式　　　图 8-82 BCD 指令的应用示例

使用 BCD、BIN 指令时应注意：

① 源操作数可取 KnX、KnY、KnM、KnS、T、C、D、V 和 Z，目标操作数可取 KnY、KnM、KnS、T、C、D、V 和 Z；

② 16 位运算占 5 个程序步，32 位运算占 9 个程序步。

8.4.3　程序流指令

程序流指令（FNC00 ～ FNC09）主要用于程序的结构及流程控制，这类功能指令包括跳转、子程序、中断和循环等指令。

(1) 条件跳转指令（CJ、CJP）

条件跳转指令的功能代码是 FNC00，其操作元件指针是 P0 ～ P127，P× 为标号。条件跳转指令的应用如图 8-83 所示，当 X0 接通，程序跳转到 CJ 指令指定的标号 P8 处，CJ 指令与标号之间的程序被跳过，不执行。如果 X0 不接通，则程序不发生跳转，所以 X0 就是跳转的条件。CJ 指令类似于 BASIC 语言中的"GOTO"语句。

使用跳转指令时应注意以下问题。

① CJP 指令表示为脉冲执行方式，如图 8-83 所示，当 X0 由 OFF 变成 ON 时执行跳转指令。

② 在一个程序中一个标号只能出现一次，否则将出错。

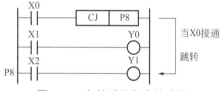

图 8-83　条件跳转指令的应用

③ 在跳转执行期间，即使被跳过程序的驱动条件改变，但其线圈（或结果）仍保持跳转前的状态，因为跳转期间根本没有执行这段程序。

④ 如果在跳转开始时，定时器和计数器已在工作，则在跳转执行期间它们将停止工作，到跳转条件不满足后又继续工作。但对于正在工作的定时器 T192 ～ T199 和高速计数器 C235 ～ C255 不管有无跳转仍连续工作。

⑤ 若积算定时器和计数器的复位指令 RST 在跳转区外，即使它们的线圈被跳转，但对它们的复位仍然有效。

(2) 循环指令

循环指令的功能代码是 FNC08、FNC09，分别对应 FOR 和 NEXT，其功能是对"FOR-NEXT"间的指令执行 n 次处理后，再进行 NEXT 后的步处理。循环指令的目标元件及指令格式如图 8-84、图 8-85 所示。

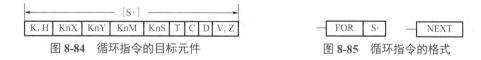

图 8-84　循环指令的目标元件　　　　图 8-85　循环指令的格式

使用注意事项：

① 循环指令最多可以嵌套 5 层其他循环指令；

② NEXT 指令不能在 FOR 指令之前；

③ NEXT 指令不能用在 FEND 或 END 指令之后；

④ 不能只有 FOR，而没有 NEXT 指令；

⑤ NEXT 指令数量要与 FOR 相同，即必须成对使用；

⑥ NEXT 没有目标元件。

用一个例子说明循环指令的应用，如图 8-86 所示，当 X1 接通时，连续动作 8 次将 X0 ～ X15 的数据传送到 D10 数据寄存器中。

(3) 子程序调用和返回指令（CALL、SRET）

子程序应该写在主程序之后，即子程序的标号应写在指令 FEND 之后，且子程序必须以 SRET 指令结束。子程序的格式如图 8-87 所示。把经常使用的程序段做成子程序，可以提高程序的运行效率。

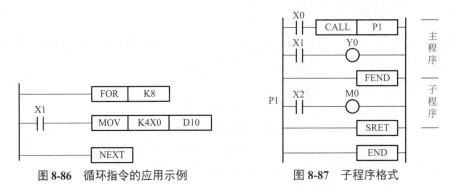

图 8-86　循环指令的应用示例　　　　图 8-87　子程序格式

子程序中再次使用 CALL 子程序，形成子程序嵌套。包括第一条 CALL 指令在内，子程序的嵌套不大于 5。

用一个例子说明子程序的应用，如图 8-88 所示，当 X000 接通时，调用子程序，K10 传送到 D0 中，然后返回主程序，D0 中的 K10 传送到 D2 中。

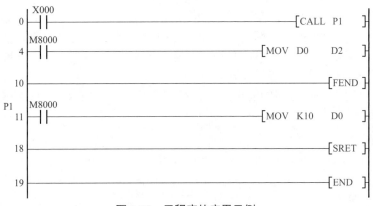

图 8-88　子程序的应用示例

(4) 允许中断程序、禁止中断程序和返回指令（EI、DI、IRET）

中断是计算机特有的工作方式，指在主程序的执行过程中中断主程序，去执行中断子程序。中断子程序是为某些特定的控制功能而设定的。与前述的子程序不同，中断是为随机发生的且必须立即响应的事件安排的，其响应时间应小于机器周期。引发中断的信号叫中断源。

三菱 FX 系列 PLC 中断事件可分为三大类，即输入中断、定时器中断和计数器中断。以下分别予以介绍。

① 输入中断　外部输入中断通常是用来引入发生频率高于机器扫描频率的外部控制信号，或者用于处理那些需要快速响应的信号。输入中断和特殊辅助继电器（M8050～M8055）相关，M8050～M8055 的接通状态（1 或者 0）可以实现对应的中断子程序是否允许响应的选择，其对应关系见表 8-12。

表 8-12 M8050 ～ M8055 与指针编号、输入编号的对应关系

序号	输入编号	指针编号		禁止中断指令
		上升沿	下降沿	
1	X000	I001	I000	M8050
2	X001	I101	I100	M8051
3	X002	I201	I200	M8052
4	X003	I301	I300	M8053
5	X004	I401	I400	M8054
6	X005	I501	I500	M8055

用一个例子来解释输入中断的应用，如图 8-89 所示，主程序在前面，而中断程序在后面。当 X010=OFF（断开）时，特殊继电器 M8050 为 OFF，所以中断程序不禁止，也就是说与之对应的标号为 I001 的中断程序允许执行，即每当 X000 接收到一次上升沿中断申请信号时，就执行中断子程序一次，使 Y001=ON；从而使 Y002 每秒接通和断开一次，中断程序执行完成后返回主程序。

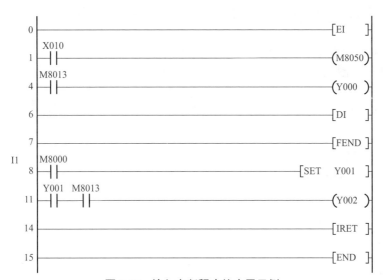

图 8-89 输入中断程序的应用示例

② 定时器中断 定时器中断就是每隔一段时间（10 ～ 99ms）执行一次中断程序。特殊继电器 M8056 ～ M8058 与输入编号的对应关系见表 8-13。

表 8-13 M8056 ～ M8058 与输入编号的对应关系

序号	输入编号	中断周期（ms）	禁止中断指令
1	I6 □□		M8056
2	I7 □□	在指针名称的□□部分中，输入 10 ～ 99 的整数，I610 = 每 10ms 执行一次定时器中断。	M8057
3	I8 □□		M8058

用一个例子来解释定时器中断的应用，如图 8-90 所示，主程序在前面，而中断程序在后面。当 X001 闭合，M0 置位，每 10ms 执行一次定时器中断程序，D0 的内容加 1，当 D0=100 时，M1=ON，M1 常闭触点断开，D0 的内容不再增加。

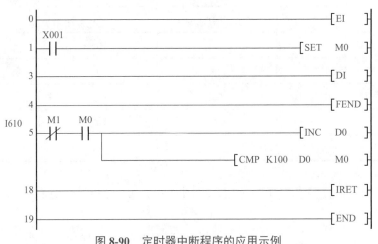

图 8-90　定时器中断程序的应用示例

③ 计数器中断　计数器中断是用 PLC 内部的高速计数器对外部脉冲计数，若当前计数值与设定值相等时，执行子程序。计数器中断子程序常用于利用高速计数器计数进行优先控制的场合。

计数器中断指针为 I0□0（□=1～6）共六个，它们的执行与否会受到 PLC 内特殊继电器 M8059 状态控制。

8.4.4　四则运算指令

(1) 加法运算指令

加法运算指令的功能代码为 FNC20，其功能是将两个源数据的二进制相加，并将结果送入目标元件中，其目标元件及指令格式如图 8-91、图 8-92 所示。如图 8-93 所示，当 X1 接通，将 D5 与 D15 的内容相加结果送入 D40 中。

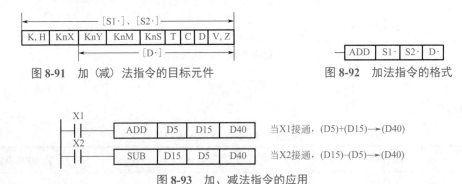

使用加法和减法指令时应该注意如下。

① 操作数可取所有数据类型，目标操作数可取 KnY、KnM、KnS、T、C、D、V 和 Z，如图 8-91 所示。

② 16 位运算占 7 个程序步，32 位运算占 13 个程序步。

③ 数据为有符号二进制数，最高位为符号位（0 为正，1 为负）。

④ 数据的最高位是符号位，0 为正，1 为负。如果运算，结果为 0，则 0 标志 M8020 置 ON，若为 16 位运算，结果大于 32767，或 32 位运算，结果大于 2147483647 时，则进位标志位 M8022 为 ON。如果为 16 位运算，结果小于 –32767，或 32 位运算，结果小于 –2147483648 时，则借位标志位 M8021 为 ON。

⑤ ADDP 的使用与 ADD 类似，为脉冲加法，用一个例子说明其使用方法，如图 8-94 所示。当 X2 从 OFF 到 ON，执行一次加法运算，此后即使 X2 一直闭合也不执行加法运算。

图 8-94　ADDP 指令的应用

⑥ 32 位加法运算的使用方法，用一个例子进行说明，如图 8-95 所示。

图 8-95　DADD 指令的应用

（2）加 1 指令 / 减 1 指令

加 1 指令的功能代码是 FNC24，减 1 指令的功能代码是 FNC25，加 1 指令 / 减 1 指令的功能是使目标元件中的内容加（减）1，其目标元件及指令格式如图 8-96、图 8-97 所示。

图 8-96　加（减）1 指令的目标元件　　　　图 8-97　加（减）1 指令的格式

加（减）1 指令的应用如图 8-98 所示，每次 X0 接通产生一个使 M0 接通的脉冲，从而使 D10 的内容加 1，同时使 D12 的内容减 1。加（减）1 指令与 MCS–51 单片机中加（减）1 指令类似。

使用加 1 指令 / 减 1 指令时应注意：

① 指令的操作数可为 KnY、KnM、KnS、T、C、D、V、Z，如图 8-96 所示。

② 当进行 16 位操作时为 3 个程序步，32 位操作时为 5 个程序步。

③ 在 INC 运算时，如数据为 16 位，则由 +32767 再加 1 变为 –32768，但标志不置位；同样，32 位运算由 +2147483647 再加 1 就变为 –2147483648，标志也不置位。

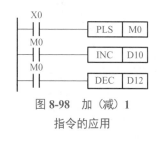

图 8-98　加（减）1 指令的应用

④ 在 DEC 运算时，16 位运算由 –32768 减 1 变为 +32767，且标志不置位；32 位运算由 –2147483648 减 1 变为 2147483647，标志也不置位。

（3）乘法和除法指令（MUL、DIV）

① 乘法指令　乘法指令是将两个源元件中的操作数的乘积送到指定的目标元件。如果是 16 位的乘法，乘积是 32 位，如果是 32 位的乘法，乘积是 64 位，数据的最高位是符号位。

用两个例子讲解乘法指令的应用方法。如图 8-99 所示,是 16 位乘法,若 D0=2,D2=3,执行乘法指令后,乘积为 32 位占用 D5 和 D4,结果是 6。如图 8-100 所示,是 32 位乘法,若(D1,D0)=2,(D3,D2)=3,执行乘法指令后,乘积为 64 位占用 D7、D6、D5 和 D4,结果是 6。

$$X2 \quad [S1\cdot] \; [S2\cdot] \; [D\cdot]$$
$$\dashv\vdash \boxed{MUL \;|\; D0 \;|\; D2 \;|\; D4} \quad (D0)\times(D2)\rightarrow(D5, D4)$$

图 8-99　16 位乘法指令的应用示例

$$X2 \quad [S1\cdot] \; [S2\cdot] \; [D\cdot]$$
$$\dashv\vdash \boxed{DMUL \;|\; D0 \;|\; D2 \;|\; D4} \quad (D1, D0)\times(D3, D2)\rightarrow(D7, D6, D5, D4)$$

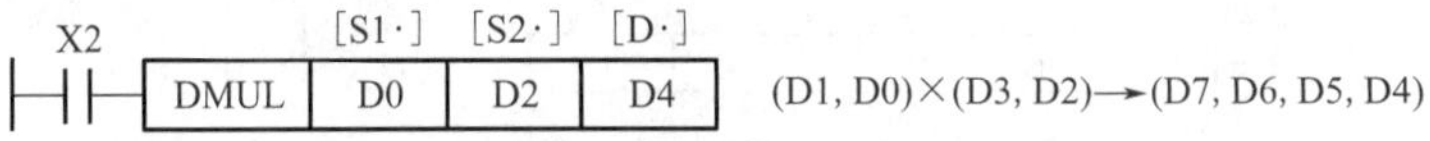

图 8-100　32 位乘法指令的应用示例

② 除法指令　除法也有 16 位和 32 位除法,得到商和余数。如果是 16 位除法,商和余数都是 16 位,商在低位,而余数在高位。

用两个例子讲解除法指令的应用方法。如图 8-101 所示,是 16 位除法,若 D0=7,D2=3,执行除法指令后,商为 2,在 D4 中,余数为 1,在 D5 中。如图 8-102 所示,是 32 位除法,若(D1,D0)=7,(D3,D2)=3,执行除法指令后,商为 32 位在(D5,D4)中,余数为 1,在(D7,D6)中。

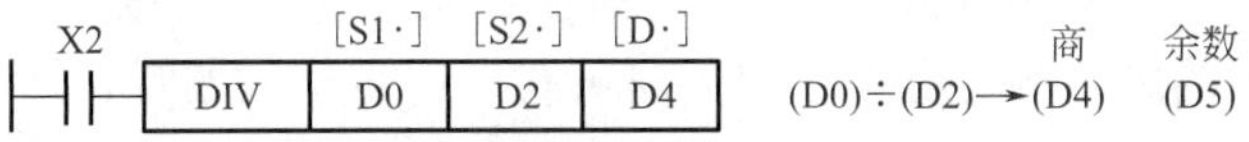

$$X2 \quad [S1\cdot] \; [S2\cdot] \; [D\cdot] \qquad 商 \quad 余数$$
$$\dashv\vdash \boxed{DIV \;|\; D0 \;|\; D2 \;|\; D4} \quad (D0)\div(D2)\rightarrow(D4) \;\; (D5)$$

图 8-101　16 位除法指令的应用示例

$$X2 \quad [S1\cdot] \; [S2\cdot] \; [D\cdot] \qquad\qquad 商 \quad 余数$$
$$\dashv\vdash \boxed{DDIV \;|\; D0 \;|\; D2 \;|\; D4} \quad (D1, D0)\div(D3, D2)\rightarrow(D5, D4) \;\; (D7, D6)$$

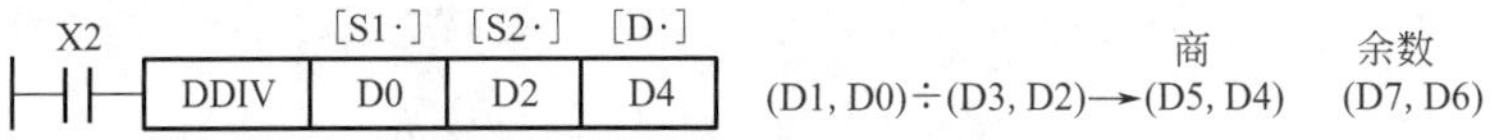

图 8-102　32 位除法指令的应用示例

(4) 字逻辑运算指令 (WAND、WOR、WXOR、NEG)

字逻辑运算指令(WAND、WOR、WXOR、NEG)是以位为单位作相应运算的指令,其逻辑运算关系见表 8-14。

表 8-14　字逻辑运算关系

与（WAND）			或（WOR）			异或（WXOR）		
$C = A \cdot B$			$C = A + B$			$C = A \oplus B$		
A	B	C	A	B	C	A	B	C
0	0	0	0	0	0	0	0	0
0	1	0	0	1	1	0	1	1
1	0	0	1	0	1	1	0	1
1	1	1	1	1	1	1	1	0

① 与（WAND）指令 用一个例子解释逻辑字与指令的使用方法，如图 8-103 所示，若 D0=0000000000000101，D2=0000000000000100，每个对应位进行逻辑与运算，结果为 0000000000000100（即 4）。

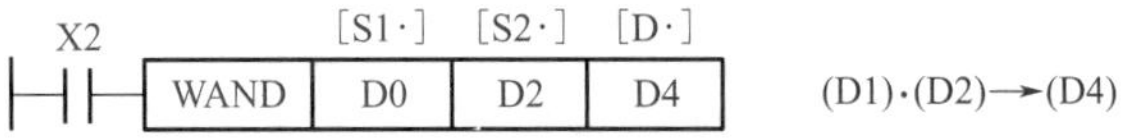

图 8-103 逻辑字与运算指令的应用示例

② 或（WOR） 用一个例子解释逻辑字或指令的使用方法，如图 8-104 所示，若 D0=0000000000000101，D2=0000000000000100，每个对应位进行逻辑或运算，结果为 0000000000000101（即 5）。

X2
┤├── | WOR | D0 | D2 | D4 | (D1)+(D2)→(D4)

图 8-104 逻辑字或指令的应用示例

③ 异或（WXOR）指令 用一个例子解释逻辑字异或指令的使用方法，如图 8-105 所示，若 D0=0000000000000101，D2=0000000000000100，每个对应位进行逻辑异或运算，结果为 0000000000000001（即 1）。

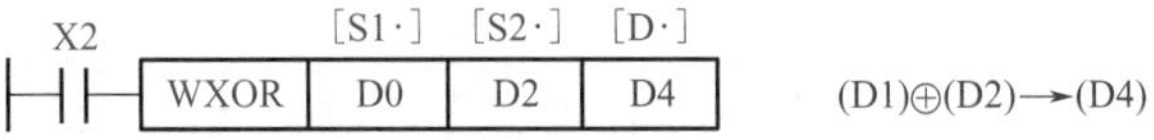

X2
┤├── | WXOR | D0 | D2 | D4 | (D1)⊕(D2)→(D4)

图 8-105 逻辑字异或指令的应用示例

8.4.5 移位和循环指令

(1) 左移位和右移位指令（SFTL、SFTR）

左移位指令的功能代码是 FNC35，其功能是使元件中的状态向左移位，由 n1 指定移位元件的长度，由 n2 指定移位的位数。一般将驱动输入换成脉冲。若连续执行移位指令，则在每个运算周期都要移位 1 次，其指令格式及目标元件如图 8-106、图 8-107 所示。左移位指令的应用如图 8-108 所示，当 X6 接通后，M15～M12 输出，M11～M8 的内容送入 M15～M12，M7～M4 的内容送入 M11～M8，M3～M0 的内容送入 M7～M4，X3～X0 的内容送入 M3～M0。其功能示意图如图 8-109 所示。

图 8-106 左移位指令的格式   图 8-107 左移位指令的目标元件

图 8-108 左移位指令的应用

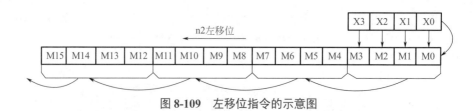

图 8-109　左移位指令的示意图

使用右移位和左移位指令时应注意：

① 源操作数可取 X 、Y 、M 和 S ，目标操作数可取 Y 、M 、S ；

② 只有 16 位操作，占 9 个程序步；

③ 右移位指令除了移动方向与左移位指令相反外，其他的使用规则与左移位指令相同。

（2）左循环和右循环指令（ROL、ROR）

左循环指令 ROL 和左移位指令 SFTL 类似，只不过 SFTL 高位数据会溢出，而循环则不会。用一个例子说明 ROL 的使用方法，如图 8-110 所示，当 X2 闭合一次，D0 中的数据向左移动 4 位，最高 4 位移到最低 4 位。ROLP 中的"P"是上升沿激发的意思。

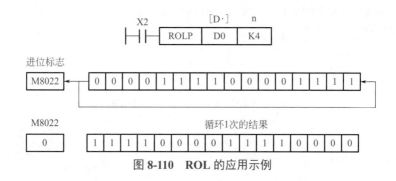

图 8-110　ROL 的应用示例

8.4.6　数据处理指令

数据处理指令（FNC40 ～ FNC49、FNC147）用于处理复杂数据或作为满足特殊功能的指令。

（1）区间复位指令（ZRST）

区间复位指令（ZRST）的功能是使［D1·］～［D2·］区间的元件复位，［D1·］～［D2·］指定的应该是同类元件，一般［D1·］的元件号小于［D2·］的元件号，若［D1·］的元件号大于［D2·］的元件号，则只对［D1·］复位。区间复位指令参数见表 8-15。

表 8-15　区间复位指令参数表

指令名称	FNC NO.	［D1·］	［D2·］
区间复位	FNC40	Y、M、S、T、C、D（D1 ≤ D2）	

用一个例子解释区间复位指令（ZRST）的使用方法，如图 8-111 所示，PLC 上电后，将 M0 ～ M10 共 11 点继电器整体复位。

图 8-111　区间复位指令的应用示例

（2）解码和编码指令（DECO、ENCO）

① 解码指令（DECO）　解码指令（DECO）也称为译码指令，把目标元件的指定位置位。解码指令参数见表 8-16。

表 8-16　解码指令参数表

指令名称	FNC NO.	[S·]	[D·]	n
解码	FNC41	K、H、X、Y、M、S、T、C、D、VZ	Y、M、S、T、C、D	K、H n 为 1～8

用一个例子解释解码指令（DECO）的使用方法，如图 8-112 所示，源操作数（X2，X1，X0）=2 时，从 M0 开始的第 2 个元件置位，即 M2 置位，注意 M0 是第 0 个元件。

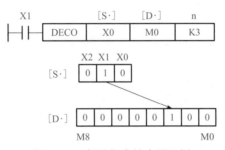

图 8-112　解码指令的应用示例

② 编码指令（ENCO）　编码指令（ENCO）把源元件 ON 的位最高位存放在目标元件中。编码指令参数见表 8-17。

表 8-17　编码指令参数表

指令名称	FNC NO.	[S·]	[D·]	n
编码	FNC42	X、Y、M、S、T、C、D、VZ	T、C、D、VZ	K、H n 为 1～8

用一个例子解释编码指令（ENCO）的使用方法，如图 8-113 所示，当源操作数的第三位为 1（从第 0 位算起），经过编码后，将 3 存放在 D0 中，所以 D0 的最低两位都为 1，即为 3。

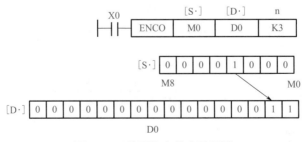

图 8-113　编码指令的应用示例

（3）7 段解码指令（SEGD）

7 段解码指令（SEGD）是数码译码后点亮 7 段数码管（1 位数）的指令。具体为将源地址 S 的低 4 位（1 位数）的 0 ～ F（16 位进制数）译码成 7 段码显示用的数据，并保存到目标地址 D 的低 8 位中，7 段解码指令的应用示例如图 8-114 所示。

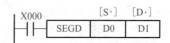

图 8-114　7 段解码指令的应用示例

（4）浮点数转换指令（FLT）

浮点数转换指令（FLT）就是把 BIN 整数转换为二进制浮点数。浮点数转换指令参数见表 8-18。

表 8-18　浮点数转换指令参数表

指令名称	FNC NO.	[S·]	[D·]
浮点数转换	FNC49	D	D

用一个例子解释浮点数转换指令的使用方法，如图 8-115 所示，当 X0 闭合时，把 D0 中的数转化成浮点数存入（D3，D2）。而为双整数时，把（D11，D10）中的数转化成浮点数存入（D13，D12）。

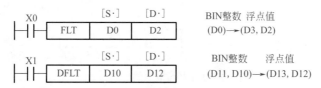

图 8-115　浮点数转换指令的应用示例

8.4.7　高速处理指令

高速处理指令（FNC50 ～ FNC59）用于利用最新的输入输出信息进行顺序控制，还能有效利用 PLC 的高速处理能力进行中断处理。

（1）脉冲输出指令

脉冲输出指令的功能代号是 FNC57，其功能是以指定的频率产生定量的脉冲，其指令格式及目标元件如图 8-116、图 8-117 所示。［S1·］指定频率，［S2·］指定定量脉冲个数，［D］指定 Y 的地址。FX3U 系列有 Y0、Y1、Y2 三个高速输出，并且为晶体管输出形式。当定量输出执行完成后，标志 M8029 置 ON。如图 8-118，当 X0 接通，在 Y0 上输出频率为 1000Hz 的脉冲 D0 个。这个指令用于控制步进电动机很方便。

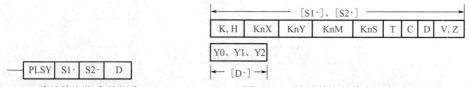

图 8-116　脉冲输出指令的格式　　　　图 8-117　脉冲输出指令的目标元件

使用脉冲输出指令时应注意：

①［S1·］、［S2·］可取所有的数据类型，［D·］为 Y0、Y1 和 Y2；

②该指令可进行 16 位和 32 位操作，分别占用 7 个和 13 个程序步；

③该指令在程序中只能使用一次。

（2）脉宽调制指令（PWM）

脉宽调制指令（PWM）就是按照要求指定宽度、周期，［S1·］指定脉冲宽度，［S2·］指定脉冲周期，产生脉宽可调的脉冲输出，控制变频器实现电机调速。脉宽调制输出波形如图 8-119 所示，t 是脉冲宽度，T 是周期。

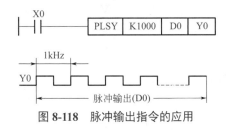

图 8-118　脉冲输出指令的应用

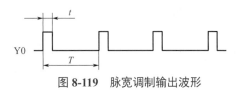

图 8-119　脉宽调制输出波形

脉宽调制指令（PWM）参数见表 8-19。

表 8-19　脉宽调制指令（PWM）参数表

指令名称	FNC NO.	［S1·］	［S2·］	［D·］
脉宽调制	FNC58	K、H、KnX、KnY、KnM、KnS、T、C、D、VZ		Y0、Y1

用一个例子解释脉宽调制指令（PWM）的使用方法，如图 8-120 所示，当 X10 闭合时，D0 中是脉冲宽度，本例小于 100ms，K100 是周期，为 100ms，波形图如图 8-119 所示，由 Y0 输出。

图 8-120　脉宽调制指令（PWM）的应用示例

8.4.8　方便指令

方便指令（FNC60 ～ FNC69）用于将复杂的控制程序简单化。该类指令有状态初始化、数据查找、示教、旋转工作台和列表等十几种，以下仅介绍交替输出指令。

交替输出指令的功能代码是 FNC66，其功能以图 8-121 说明，每次由 OFF 到 ON 时，M0 就翻转动作一次，如果连续执行指令 ALT 时，M1 的状态在每个周期改变一次。例题中每次 X0 有上升沿时，M0 与 M1 交替动作。

图 8-121　交替输出指令的应用

8.4.9 外部 I/O 设备指令

外部 I/O 设备指令（FNC70 ~ FNC79）用于 PLC 输入输出与外部设备进行数据交换。该类指令可简化处理复杂的控制，以下仅介绍最常用的 2 个。

(1) 读特殊模块指令（FROM）

读特殊模块指令（FROM）可以将指定的特殊模块号中指定的缓冲存储器（BFM）的内容读到可编程控制器的指定元件。FX2N 系列 PLC 最多可以连接 8 台特殊模块，并且赋予模块号，编号从靠近基本单元开始，编号顺序为 0 ~ 7。有的模块内有 16 位 RAM（如四通道的 FX2N-4DA、FX2N-4AD），称为缓冲存储器（BFM），缓冲存储器的编号范围是 0 ~ 31，其内容根据各模块的控制目的而设定。读特殊模块指令（FROM）参数见表 8-20。

表 8-20　读特殊模块指令（FROM）参数表

指令名称	FNC NO.	m1	m2	[D·]	n
读特殊模块	FNC78	K、H 模块号	K、H BFM 号	KnX、KnY、KnM、KnS、 T、C、D、VZ	K、H 传送字数

用一个例子解释读特殊模块指令（FROM）的使用方法，如图 8-122 所示。当 X10 为 ON 时，将模块号为 1 的特殊模块 29 号缓冲存储器（BFM）内的 16 位数据，传送到可编程控制器的 K4M0 存储单元中，每次传送一个字长。

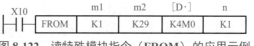

图 8-122　读特殊模块指令（FROM）的应用示例

(2) 写特殊模块指令（TO）

写特殊模块指令（TO）可以对步进梯形图中的状态初始化和一些特殊辅助继电器进行自行切换控制。写特殊模块指令（TO）参数见表 8-21。

表 8-21　写特殊模块指令（TO）参数表

指令名称	FNC NO.	m1	m2	[S·]	n
写特殊模块	FNC79	K、H 模块号	K、H BFM 号	K、H、KnX、KnY、KnM、 KnS、T、C、D、VZ	K、H、D

用一个例子解释写特殊模块指令（TO）的使用方法，如图 8-123 所示。当 X10 为 ON 时，将可编程控制器的 D0 存储单元中的数据传送到模块号为 1 的特殊模块 12 号缓冲存储器（BFM）中，每次传送一个字长。

图 8-123　写特殊模块指令（TO）的应用示例

8.4.10 外部串口设备指令

外部串口设备指令（FNC80～FNC89）用于对连接串口的特殊附件进行控制的指令。使用 RS-232、RS-422/RS-485 接口，可以很容易配置一个与外部计算机进行通信的局域网系统，PLC 接收各种控制信息，处理后转化为 PLC 中软元件的状态和数据，PLC 又将处理后的软元件的数据送到计算机，计算机对这些数据进行分析和监控。以下介绍 PID 运算指令。

PID 运算指令即比例、积分、微分运算，该指令的功能是进行 PID 运算，指令在达到采样时间后扫描时进行 PID 运算。PID 运算指令参数见表 8-22。

表 8-22   PID 运算指令参数表

指令名称	FNC NO.	[S1·]	[S2·]	[S3·]	[D·]
PID 运算	FNC88	D 目标值 SV	D 测定值 PV	D0～D975 参数	D 输出值 MV

用一个例子解释 PID 运算指令的使用方法，如图 8-124 所示。

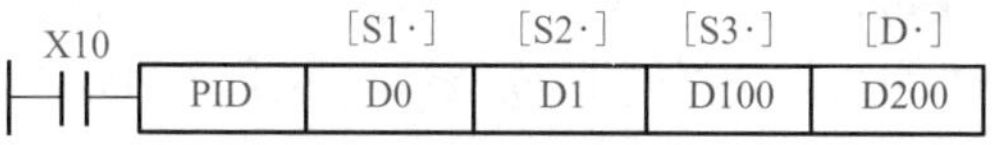

图 8-124   PID 运算指令的应用示例

[S3·] 中的参数表的各参数的含义见表 8-23。

表 8-23   [S3·] 中的参数表的各参数的含义

参数	名称	设定范围和说明
[S3·]+0	采样时间	1～32767ms
[S3·]+1	动作方向（ACT）	Bit0：0 正动作，1 反动作 Bit1：0 无输入变化量报警，1 输入变化量报警有效 Bit2：0 无输出变化量报警，1 输出变化量报警有效 Bit3：不可使用 Bit4：0 不执行自动调节，1 执行自动调节 Bit5：0 不设定输出值上下限，1 设定输出值上下限 Bit6～Bit15：不使用
[S3·]+2	输入滤波常数	0～99%
[S3·]+3	比例增益（Kp）	1～32767
[S3·]+4	积分时间（TI）	0～32767，单位是 100ms
[S3·]+5	微分增益（KD）	0～100%
[S3·]+6	微分时间（KI）	0～32767，单位是 10ms
[S3·]+7 …… [S3·]+19	PID 内部使用	
[S3·]+20	输入变化量（增加方向）报警值设定	0～32767，动作方向的 Bit1=1

续表

参数	名称	设定范围和说明
[S3·]+21	输入变化量(减小方向)报警值设定	−32768 ～ 32767，动作方向的 Bit1=1
[S3·]+22	输出变化量(增加方向)报警值设定 输出下限设定	0 ～ 32767，动作方向的 Bit2=1，Bit5=0 −32768 ～ 32767，动作方向的 Bit2=0，Bit5=1
[S3·]+23	输出变化量(减小方向)报警值设定 输出下限设定	0 ～ 32767，动作方向的 Bit2=1，Bit5=0 −32768 ～ 32767，动作方向的 Bit2=0，Bit5=1
[S3·]+24	报警输出	输入变化量(增加方向)溢出 输入变化量(减小方向)溢出 输出变化量(增加方向)溢出 输出变化量(减小方向)溢出 (动作方向的 Bit1=1 或者 Bit2=1)

8.4.11 浮点数运算指令

三菱 FX 系列 PLC 不仅可以进行整数运算，还可以进行二进制比较运算、四则运算、开方运算、三角运算，而且还能将浮点数转换成整数。以下介绍几个常用的指令。

(1) 二进制浮点数加法和二进制浮点数减法指令(DEADD、DESUB)

二进制浮点数加法(DEADD)：将两个源操作数 [S·] 的二进制浮点数进行加法运算，再将结果存入 [D·]。二进制浮点数减法(DESUB)：将两个源操作数 [S·] 的二进制浮点数进行减法运算，再将结果存入 [D·]。二进制浮点数加法和二进制浮点数减法指令(DEADD、DESUB)参数见表 8-24。

表 8-24　二进制浮点数加法和二进制浮点数减法指令(DEADD、DESUB)参数表

指令名称	FNC NO.	[S1·]	[S2·]	[D·]
二进制浮点数加法	FNC120	K、H、D	K、H、D	D
二进制浮点数减法	FNC121			

用一个例子解释二进制浮点数加法和二进制浮点数减法指令(DEADD、DESUB)的使用方法，如图 8-125 所示。

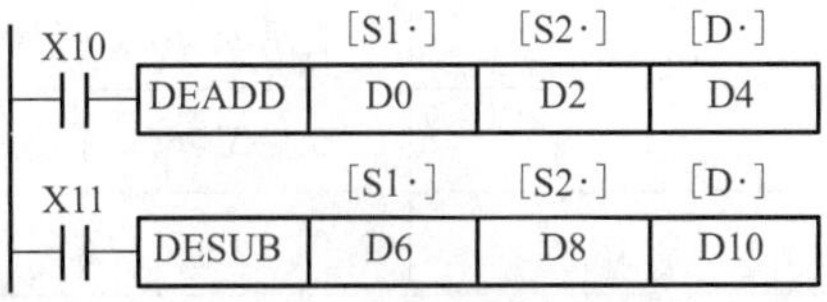

图 8-125　二进制浮点数加法和二进制浮点数减法指令(DEADD、DESUB)的应用示例

(2) 二进制浮点数和十进制浮点数转换指令(DEBCD、DEBIN)

二进制浮点数转换成十进制浮点数指令(DEBCD)可以将源操作数 [S·] 的二进制浮点数转换成十进制浮点数，结果存入 [D·]。十进制浮点数转换成二进制浮点数指令(DEBIN)可以将源操作数 [S·] 的十进制浮点数转换成二进制浮点数，结果存入 [D·]。二进制浮点数和十进制浮点数转换指令(DEBCD、DEBIN)见表 8-25。

表 8-25 二进制浮点数和十进制浮点数转换指令（DEBCD、DEBIN）参数表

指令名称	FNC NO.	[S·]	[D·]
二进制浮点数转换成十进制	FNC118	D	D
十进制浮点数转换成二进制	FNC119		

用一个例子解释二进制浮点数和十进制浮点数转换指令（DEBCD、DEBIN）的使用方法，如图 8-126 所示。

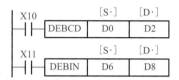

图 8-126 二进制浮点数和十进制浮点数转换指令（DEBCD、DEBIN）的应用示例

（3）二进制浮点数乘法和二进制浮点数除法指令（DEDIV、DEMUL）

二进制浮点数乘法指令（DEDIV）是将两个源操作数［S·］的二进制浮点数进行乘法运算，再将结果存入［D·］。二进制浮点数除法指令（DEMUL）是将两个源操作数［S·］的二进制浮点数进行除法运算，再将结果存入［D·］。二进制浮点数乘法和二进制浮点数除法指令（DEDIV、DEMUL）见表 8-26。

表 8-26 二进制浮点数乘法和二进制浮点数除法指令（DEDIV、DEMUL）参数表

指令名称	FNC NO.	[S1·]	[S2·]	[D·]
二进制浮点数乘法	FNC122	K、H、D	K、H、D	D
二进制浮点数除法	FNC123			

用一个例子解释二进制浮点数乘法和二进制浮点数除法指令（DEDIV、DEMUL）的使用方法，如图 8-127 所示。

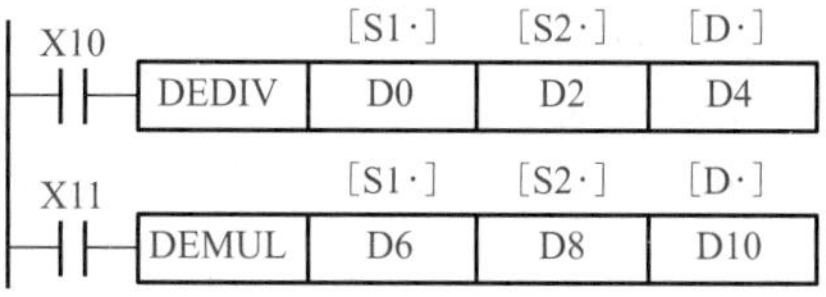

图 8-127 二进制浮点数乘法和二进制浮点数除法指令（DEDIV、DEMUL）的应用示例

（4）二进制浮点数转换成 BIN 整数指令

二进制浮点数转换成 BIN 整数指令是将二进制浮点数转换成 BIN 数，舍去小数点后的值，取其 BIN 整数存入目标数据［D·］。二进制浮点数转换成 BIN 整数指令见表 8-27。

表 8-27 二进制浮点数转换成 BIN 整数指令参数表

指令名称	FNC NO.	[S·]	[D·]
二进制浮点数转换成 BIN 整数	FNC129	D	D

用一个例子解释二进制浮点数转换成 BIN 整数指令的使用方法，如图 8-128 所示。

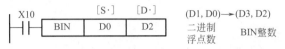

图 **8-128** 二进制浮点数转换成 **BIN** 整数指令的应用示例

◁【例 8-28】 将 53 英寸（in）转换成以毫米（mm）为单位的整数，要求设计梯形图。

【解】 1in=25.4mm，涉及浮点数乘法，先要将整数转换成浮点数，用实数乘法指令将以 in 为单位的长度变为以 mm 为单位的浮点数，最后浮点数取整即可，梯形图如图 8-129 所示。

```
    M8000
0 ──┤├──────────────────────────────────[MOV   K53    D0 ]
    │                                     [FLT   D0     D10]
    │                                     [DEMOV E25.4  D20]
    │                                     [DEMUL D10    D20  D30]
    │                                     [INT   D30    D40]
38                                                      [END]
```

图 **8-129** 梯形图

8.4.12 触点比较指令

三菱 FX 系列 PLC 触点比较指令相当于一个有比较功能的触点，执行比较两个源操作数 [S1·] 和 [S2·]，满足条件则触点闭合。以下介绍触点比较指令。

（1）触点比较指令（LD）

触点比较指令（LD）可以对源操作数 [S1·] 和 [S2·] 进行比较，满足条件则触点闭合。触点比较指令（LD）参数见表 8-28。

表 **8-28** 触点比较指令（LD）参数表

助记符		导通条件	[S1·]	[S2·]	功能
16 位	32 位				
LD=	DLD=	[S1·] = [S2·]	K、H、KnX、KnY、KnM、KnS、T、C、D、VZ	K、H、KnX、KnY、KnM、KnS、T、C、D、VZ	触点比较指令运算开始 [S1·] = [S2·] 导通
LD>	DLD>	[S1·] > [S2·]			触点比较指令运算开始 [S1·] > [S2·] 导通
LD<	DLD<	[S1·] < [S2·]			触点比较指令运算开始 [S1·] < [S2·] 导通
LD<>	DLD<>	[S1·] ≠ [S2·]			触点比较指令运算开始 [S1·] ≠ [S2·] 导通
LD≤	DLD≤	[S1·] ≤ [S2·]			触点比较指令运算开始 [S1·] ≤ [S2·] 导通
LD≥	DLD≥	[S1·] ≥ [S2·]			触点比较指令运算开始 [S1·] ≥ [S2·] 导通

用一个例子解释触点比较指令（LD）的使用方法，如图 8-130 所示。当 D2<K200 时，触点比较导通，Y0 得电，否则 Y0 断电。

图 8-130　触点比较指令（LD）的应用示例

（2）触点比较指令（OR）

触点比较指令（OR）与其他的触点或者回路并联。触点比较指令（OR）参数见表 8-29。

表 8-29　触点比较指令（OR）参数表

助记符		导通条件	[S1・]	[S2・]	功能
16 位	32 位				
OR=	DOR=	[S1・] = [S2・]	K、H、KnX、KnY、KnM、KnS、T、C、D、VZ	K、H、KnX、KnY、KnM、KnS、T、C、D、VZ	触点比较指令并联连接 [S1・] = [S2・] 导通
OR>	DOR>	[S1・] > [S2・]			触点比较指令并联连接 [S1・] > [S2・] 导通
OR<	DOR<	[S1・] < [S2・]			触点比较指令并联连接 [S1・] < [S2・] 导通
OR<>	DOR<>	[S1・] ≠ [S2・]			触点比较指令并联连接 [S1・] ≠ [S2・] 导通
OR ≤	DOR ≤	[S1・] ≤ [S2・]			触点比较指令并联连接 [S1・] ≤ [S2・] 导通
OR ≥	DOR ≥	[S1・] ≥ [S2・]			触点比较指令并联连接 [S1・] ≥ [S2・] 导通

用一个例子解释触点比较指令（OR）的使用方法，如图 8-131 所示。当（D1, D0)＝K200 或者 X10 闭合时，Y0 得电。

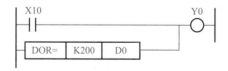

图 8-131　触点比较指令（OR）的应用示例

（3）触点比较指令（AND）

触点比较指令（AND）与其他触点或者回路串联。触点比较指令（AND）参数见表 8-30。

表 8-30 触点比较指令（AND）参数表

助记符		导通条件	[S1·]	[S2·]	功能
16 位	32 位				
AND=	DAND=	[S1·] = [S2·]			触点比较指令串联连接 [S1·] = [S2·] 导通
AND>	DAND>	[S1·] > [S2·]			触点比较指令串联连接 [S1·] > [S2·] 导通
AND<	DAND<	[S1·] < [S2·]	K、H、KnX、KnY、KnM、KnS、T、C、D、VZ	K、H、KnX、KnY、KnM、KnS、T、C、D、VZ	触点比较指令串联连接 [S1·] < [S2·] 导通
AND<>	DAND<>	[S1·] ≠ [S2·]			触点比较指令串联连接 [S1·] ≠ [S2·] 导通
AND ≤	DAND ≤	[S1·] ≤ [S2·]			触点比较指令串联连接 [S1·] ≤ [S2·] 导通
AND ≥	DAND ≥	[S1·] ≥ [S2·]			触点比较指令串联连接 [S1·] ≥ [S2·] 导通

用一个例子解释触点比较指令（AND）的使用方法，如图 8-132 所示。当 D2=K200 时，触点比较导通，Y0 得电，否则 Y0 断电。

图 8-132 触点比较指令（AND）的应用示例

8.5 功能指令应用实例

（1）步进电动机控制——高速输出指令的应用
高速输出指令在运动控制中要用到，以下用一个简单的例子介绍。

实例讲解

【例 8-29】 有一台步进电动机，其脉冲当量是 3(°)/ 脉冲，此步进电动机转速为 250r/min 时，转 10 圈，若用 FX3U–32MT PLC 控制，要求设计原理图，并编写梯形图程序。

【解】 ① 设计原理图 用 FX3U–32MT PLC 控制步进电动机，可以用 Y0、Y1 或 Y2 高速输出，本例用 Y0。原理图和梯形图如图 8-133 和图 8-134 所示。

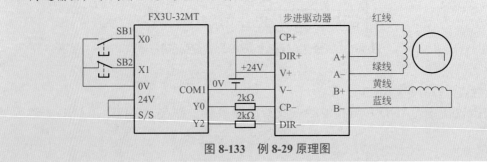

图 8-133 例 8-29 原理图

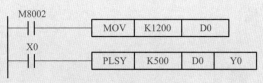

图 8-134　例 8-29 梯形图

② 求脉冲频率和脉冲数　FX3U-32MT PLC 控制步进电动机,首先要确定脉冲频率和脉冲数。步进电动机脉冲当量就是步进电动机每收到一个脉冲时,步进电动机转过的角度。步进电动机的转速为:

$$n = \frac{250 \times 360}{60} 1500(°)/s$$

所以电动机的脉冲频率为:

$$f = \frac{1500(°)/s}{3(°)/脉冲} = 500脉冲/s$$

10 圈就是 $10 \times 360° = 3600°$,因此步进电动机转动 10 圈,步进电动机需要收到 $\frac{3600°}{3°} = 1200$ 个脉冲。

注意:当 Y2 有输出时步进电动机反转,如何控制请读者自己思考。

(2) 交通灯控制——比较指令的应用

比较指令虽然不像基本指令那么常用,但在以下的"交通控制"实例中,使用比较指令解题就显得非常容易。

【例 8-30】　十字路口的交通灯控制,当合上启动按钮,东西方向绿灯亮 4s,闪烁 2s 后灭;黄灯亮 2s 后灭;红灯亮 8s 后灭;绿灯亮 4s,如此循环。而对应东西方向绿灯、黄灯、红灯亮时,南北方向红灯亮 8s 后灭;接着绿灯亮 4s,闪烁 2s 后灭;黄灯亮 2s;红灯又亮,如此循环。

【解】　首先根据题意画出东西南北方向三种颜色灯亮灭的时序图,再进行 I/O 分配。
输入:启动—X0;停止—X1。
输出(东西方向):红灯—Y4,黄灯—Y5;绿灯—Y6。
输出(南北方向):红灯—Y0,黄灯—Y1;绿灯—Y2。
交通灯时序图、原理图和交通灯梯形图如图 8-135、图 8-136 所示。

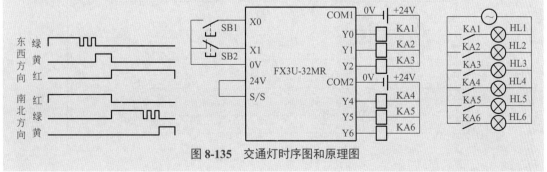

图 8-135　交通灯时序图和原理图

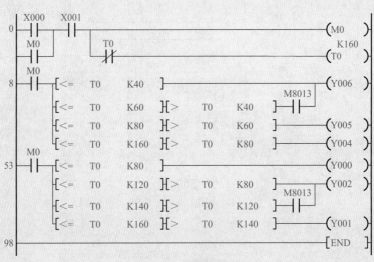

图 8-136 交通灯程序

（3）彩灯的控制——编码指令和移位指令的应用

在前面的例子中，已经介绍了移位指令在逻辑控制中的应用，以下再举一个例子，介绍其在逻辑控制中的应用，用好移位指令，程序会变得很简洁。

◁【例 8-31】 有 4 盏灯，有两种运行模式，模式 1，按照 Y20 → Y20、Y21 → Y21、Y22 → Y22、Y23 → Y20、Y23，循环闪亮，亮的时间为 1s；模式 2，按照 Y20 → Y20、Y21 → Y20、Y21、Y22 → Y20、Y21、Y22、Y23 → Y21、Y22、Y23 → Y22、Y23 → Y23，循环闪亮，亮的时间为 1s，要求编写控制程序。

【解】 彩灯控制梯形图如图 8-137 所示，本例用移位指令编写。

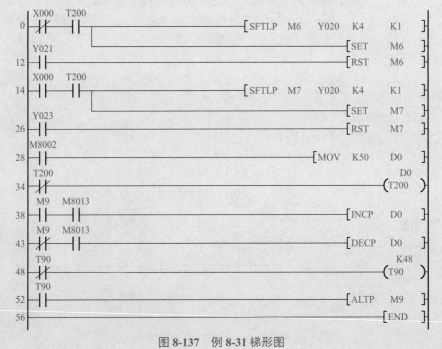

图 8-137 例 8-31 梯形图

◁【例 8-32】　按钮 SB1 是手动/自动按钮，SB2 是交替按钮，自动挡时，灯的状态是：Y4、Y5 亮 3s 之后灭 2s → Y5、Y6 亮 3s 之后灭 2s → Y4、Y6 亮 3s 之后灭 2s，如此循环。而在手动挡时，灯亮灭的顺序按照以上执行，但时间完全人为掌握。请设计此程序。

【解】　彩灯控制原理图如图 8-138 所示，梯形图如图 8-139 所示，本例用编码指令编写。

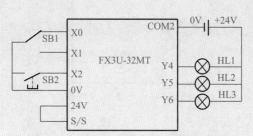

图 8-138　编码指令应用示例的原理图

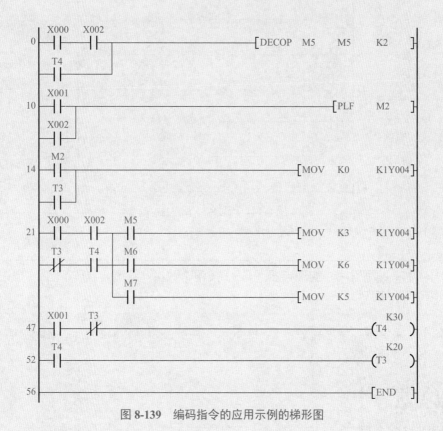

图 8-139　编码指令的应用示例的梯形图

（4）单键启停控制——译码指令和翻转指令的应用

单键启停控制的梯形图，在前面的章节已经介绍过多种方法，以下再用 3 种方法介绍，第一种用译码指令编写程序较难想到，后两种方法是最简单的方法。

◁【例8-33】 当压下按钮SB1第1次，电动机正转，按第2次电动机停转，按第3次电动机反转，按第4次电动机停转，如此循环，要求设计梯形图程序。

【解】 单键启停原理图如图8-140所示，梯形图如图8-141所示，本例用译码指令编写。

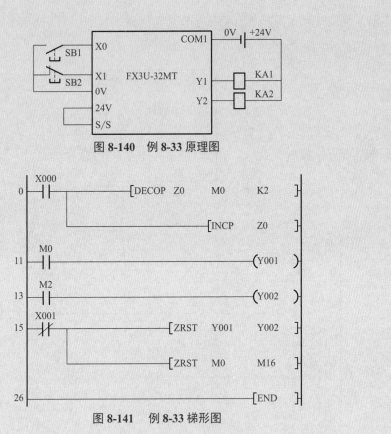

图8-140 例8-33原理图

图8-141 例8-33梯形图

◁【例8-34】 编写程序，实现当压下SB1按钮奇数次，灯亮，当压下SB1按钮偶数次，灯灭，即单键启停控制。

【解】 单键启停原理图如图8-140所示，梯形图如图8-142所示，此梯形图的另一种表达方式如图8-143所示。

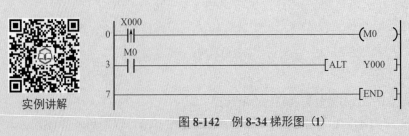

实例讲解

图8-142 例8-34梯形图（1）

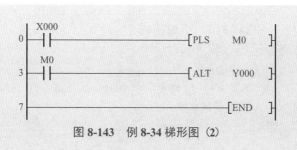

图 8-143　例 8-34 梯形图（2）

（5）自动往复运动控制——多个功能指令的综合应用

用一种方法编写小车的自动往复运行梯形图程序，对多数入门者来说并不是难事，但如果需要用 3 种以上的方法编写梯形图程序，恐怕就不那么容易了，以下介绍 4 种方法实现自动往复运动。

◁【例 8-35】　压下 SB1 按钮，小车自动往复运行，正转 3s，停 1.5s，反转 3s，停 1.5s，压下 SB2 按钮，停止运行。

【解】　自动往复运行的解题方法很多，以下用 ALT 解题，原理图如图 8-144 所示，梯形图如图 8-145 所示。

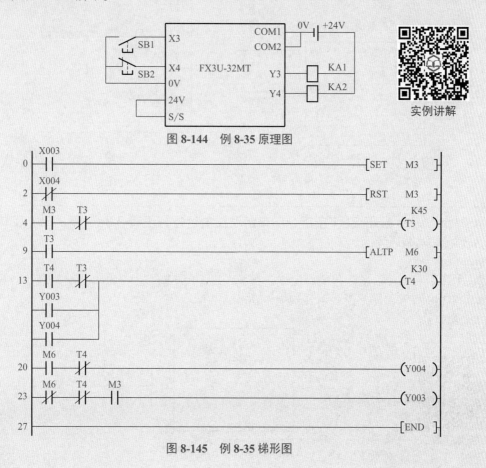

图 8-144　例 8-35 原理图

图 8-145　例 8-35 梯形图

◁ 【例 8-36】 当压下 SB1 按钮，小车正转 2s，停 2s，再反转 2s，如此往复运行，当压下 SB2 按钮，小车停止运行，要求编写程序。

【解】 这个题目的解法很多，有超过十种解法。其原理图如图 8-146 所示，用 MOV 指令，梯形图如图 8-147 所示。

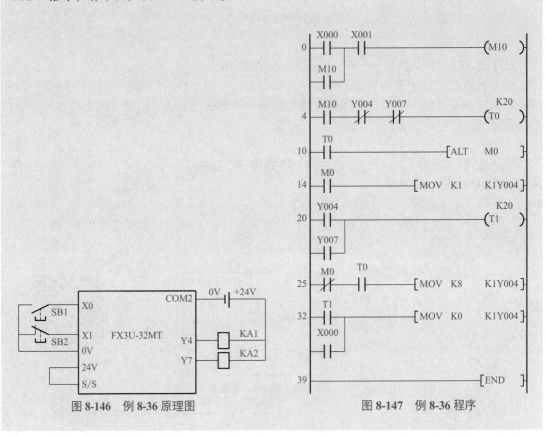

图 8-146 例 8-36 原理图

图 8-147 例 8-36 程序

◁ 【例 8-37】 压下 SB1 按钮，小车自动往复运行，正转 3.3s，停 3.3s，反转 3.3s，停 3.3s，如此循环运行。

【解】 自动往复运行的解题方法很多，以下用 SFTL 和 ZRST 指令解题，其原理图如图 8-148 所示，梯形图如图 8-149 所示。

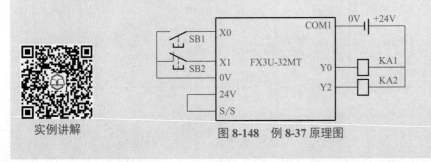

实例讲解

图 8-148 例 8-37 原理图

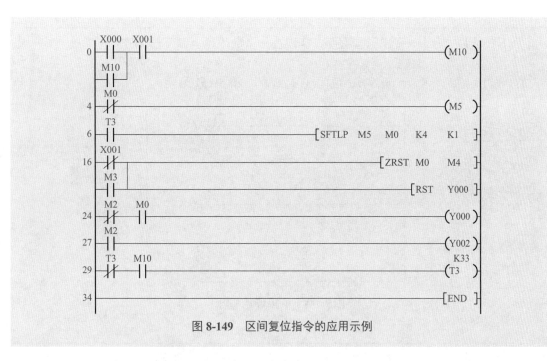

图 8-149 区间复位指令的应用示例

◁【例 8-38】 压下 SB1 按钮，小车自动往复运行，正转 3s，停 3s，反转 3s，停 3s，如此循环，压下 SB2 按钮，停止运行。

【解】 自动往复运行的解题方法很多，以下用 SFTL 解题，其梯形图程序如图 8-150 所示。

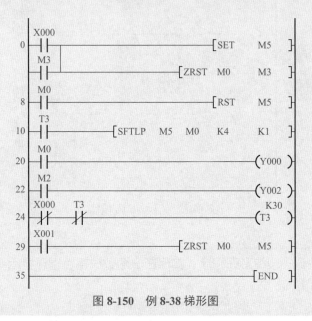

图 8-150 例 8-38 梯形图

（6）数码管显示控制——多个功能指令的综合应用
数码管的显示对于初学者并不容易，以下给出了几个数码管显示的例子。

◁【例8-39】 设计一段梯形图程序，实现在一个数码管上循环显示 0 ～ F。

【解】 用 Y000 ～ Y007 驱动数码管，程序如图 8-151 所示。

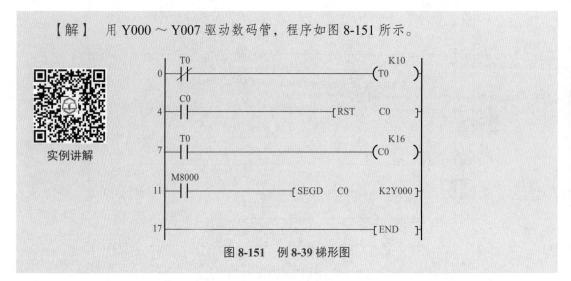

图 8-151 例 8-39 梯形图

◁【例8-40】 设计一段梯形图程序，实现在 1 个数码管上循环显示 0 ～ 9s，采用倒计时模式。

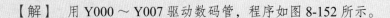

【解】 用 Y000 ～ Y007 驱动数码管，程序如图 8-152 所示。

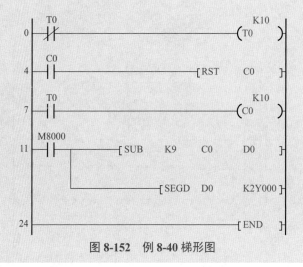

图 8-152 例 8-40 梯形图

◁【例8-41】 设计一段梯形图程序，实现在 2 个数码管上循环显示 0 ～ 59s，采用倒计时模式。

【解】 用 Y000～Y007 显示个位，用 Y010～Y017 显示十位，梯形图程序如图8-153所示。

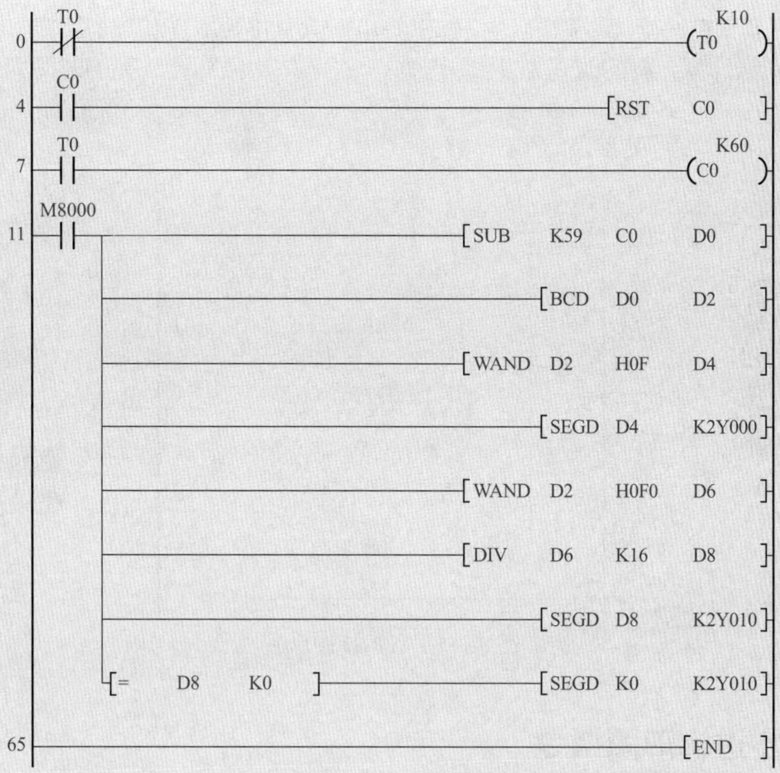

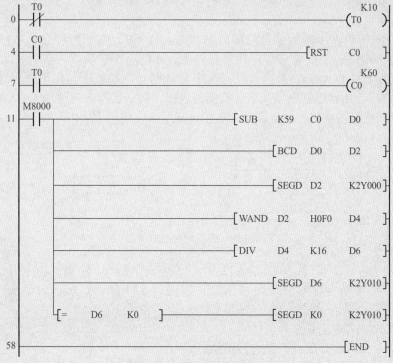

图 8-153 例 8-41 梯形图（1）

还有另外一种解法，如图 8-154 所示。

图 8-154 例 8-41 梯形图（2）

◁【例 8-42】 有一组霓虹灯，由 FX3U-48MR 控制，Y0 和 Y1 每隔 1s 交替闪烁，Y4 ～ Y7 依次循环亮，亮的时间为 1s，Y20 ～ Y27 依次循环亮，亮的时间为 1s。

【解】 梯形图如图 8-155 所示。

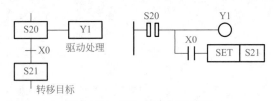

```
      M8013
  0   ├┤├─────────────[DEC0  D0     Y000   K1 ]
      │
      │                    ───────[INCP  D0      ]
      │
      │                    ───────[INCP  D200    ]
      │
      │                ────[DEC0  D200   Y004   K2 ]
      │
      │                    ───────[INCP  Z0      ]
      │
      │                ────[DEC0  Z0     Y020   K3 ]
      │
 31   ├──────────────────────────────────[END ]
```

实例讲解

图 8-155 例 8-42 梯形图

8.6 步进梯形图指令

三菱的步进指令又称 STL 指令。三菱 FX3U 系列 PLC 有两条步进指令，分别是 STL（步进触点指令）和 RET（步进返回指令）。步进指令只有与状态继电器 S 配合使用才有步进功能，状态继电器见表 8-31。

根据 SFC 的特点，步进指令是使用内部状态元件（S）在顺控程序上进行工序步进控制。也就是说，步进顺控指令只有与状态元件配合才能有步进功能。使用 STL 指令的状态继电器的常开触点，称为 STL 触点，没有 STL 常闭触点，功能图与梯形图有对应关系，从图 8-156 可以看出。用状态继电器代表功能图的各步，每一步都有三种功能：负载驱动处理、指定转换条件和指定转换目标。且在语句表中体现了 STL 指令的用法。

```
   ┌─────┐   ┌─────┐        S20              Y1
   │ S20 │───│ Y1  │        ├┤├┤├─────────────( )
   └─────┘   └─────┘             │
      │X0         驱动处理        │X0
      ┼                          ├┤├──[SET │ S21]
   ┌─────┐
   │ S21 │
   └─────┘
      │
      转移目标
```

图 8-156 STL 指令与功能图

当前步 S20 为活动步时，S20 的 STL 触点导通，负载 Y1 输出，若 X0 也闭合（即转换条件满足），后续步 S21 被置位变成活动步，同时 S20 自动变成不活动步，输出 Y1 随之断开。

步进梯形图编程时应注意：

① STL 指令只有常开触点，没有常闭触点；

② 与 STL 相连的触点用 LD、LDI 指令，即产生母线右移，使用完 STL 指令后，应该

用 RET 指令使 LD 点返回母线；

③ 梯形图中同一元件可以被不同的 STL 触点驱动，也就说使用 STL 指令允许双线圈输出；

④ STL 触点之后不能使用主控指令 MC/MCR；

⑤ STL 内可以使用跳转指令，但比较复杂，不建议使用；

⑥ 规定步进梯形图必须有一个初始状态（初始步），并且初始状态必须在最前面。初始状态的元件必须是 S0 ～ S9，否则 PLC 无法进入初始状态。其他状态的元件参见表 8-31。

表 8-31　FX3U 系列 PLC 状态继电器一览表

类　别	状态继电器号	点数	功能
初始状态继电器	S0 ～ S9	10	初始化
返回状态继电器	S10 ～ S19	10	用 ITS 指令时原点返还
普通状态继电器	S20 ～ S499	480	用在 SFC 中间状态
掉电保护型继电器	S500 ～ S899	400	具有停电记忆功能
诊断、保护继电器	S900 ～ S999	100	用于故障、诊断或报警

◁【例 8-43】　根据图 8-157（a）的状态图，编写步进梯形图程序。

【解】　状态转移图和步进梯形图的对应关系如图 8-157 所示。

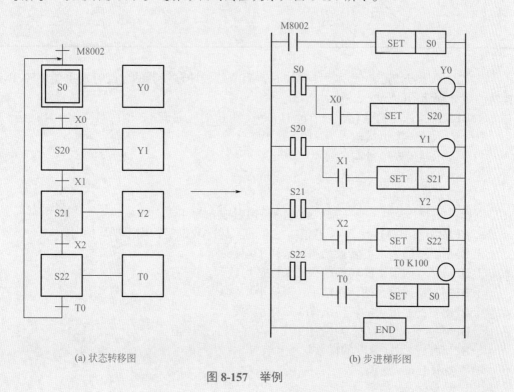

(a) 状态转移图　　　(b) 步进梯形图

图 8-157　举例

■ 8.7 模拟量模块相关指令应用实例

8.7.1 FX2N-4AD 模块

FX2N-4AD 模块有 4 个通道,也就是说最多只能和四路模拟量信号连接,其转换精度为 12 位。与 FX2N-2AD 模块不同的是:FX2N-4AD 模块需要外接电源供电,FX2N-4AD 模块的外接信号可以是双极性信号(信号可以是正信号也可以是负信号)。此模块可以与三菱 FX2 和 FX3 系列 PLC 配套使用。

如果读者是第一次使用 FX2N-4AD 模块,很可能会以为此模块的编程和 FX2N-2AD 模块是一样的,如果这样想那就错了,两者的编程是有区别的。FX2N-4AD 模块的 A/D 转换的输出特性见表 8-32。

表 8-32 FX2N-4AD 模块 A/D 转换的输出特性

项目	电压输入	电流输入
输出特性		

从前面的学习知道,使用特殊模块时,搞清楚缓冲存储器的分配特别重要,FX2N-4AD 模块的缓冲存储器的分配如下。

① BFM#0:通道初始化,缺省值 H0000,低位对应通道 1,依次对应 1 ～ 4 通道。

"0" 表示通道模拟量输入为 -10 ～ 10V。

"1" 表示通道模拟量输入为 4 ～ 20mA。

"2" 表示通道模拟量输入为 -20 ～ 20mA。

"3" 表示通道关闭。

例如:H1111 表示 1 ～ 4 每个通道的模拟量输入为 4 ～ 20mA。

② BFM#1 ～ BFM#4:对应通道 1 ～ 4 的采样次数设定,用于平均值时。

③ BFM#5:通道 1 的转换结果(采样平均数)。

④ BFM#6:通道 2 的转换结果(采样平均数)。

⑤ BFM#7:通道 3 的转换结果(采样平均数)。

⑥ BFM#8:通道 4 的转换结果(采样平均数)。

⑦ BFM#9 ～ BFM#12:对应通道 1 ～ 4 的当前采样值。

⑧ BFM#15:采样速度的设置。

"0" 表示 15ms/ 通道。

"1" 表示 60ms/ 通道。

⑨ BFM#20:通道控制数据初始化。

"0"表示正常设定。

"1"表示恢复出厂值。

⑩ BFM#29：模块工作状态信息，以二进制形式表示。

BFM#29 的 bit0：为"0"时表示模块正常工作，为"1"表示模块有报警。

BFM#29 的 bit1：为"0"时表示模块偏移/增益调整正确，为"1"表示模块偏移/增益调整有错误。

BFM#29 的 bit2：为"0"时表示模块输入电源正确，为"1"表示模块输入电源有错误。

BFM#29 的 bit3：为"0"时表示模块硬件正常，为"1"表示模块硬件有错误。

BFM#29 的 bit10：为"0"时表示数字量输出正常，为"1"表示数字量超过正常范围。

BFM#29 的 bit11：为"0"时表示采样次数设定正确，为"1"表示模块采样次数设定超过允许范围。

BFM#29 的 bit12：为"0"时表示模块偏移/增益调整允许，为"1"表示模块偏移/增益调整被禁止。

◁【例 8-44】　特殊模块 FX2N-4AD 的通道 1 和通道 2 为电压输入，模块连接在 0 号位置，平均数设定为 4，将采集到的平均数分别存储在 PLC 的 D0 和 D1 中。请根据描述设计程序。

【解】　梯形图如图 8-158 所示。

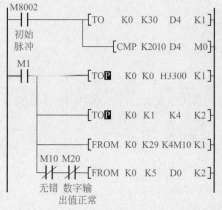

在"0"位置的特殊功能模块的 ID 号由 BFM#30 中读出，并保存在主单元的 D4 中。比较该值以检查模块是否是 FX2N-4AD，如是则 M1 变为 ON。这两个程序步对完成模拟量的读入来说不是必需的，但它们确实是有用的检查，因此推荐使用

将 H3300 写入 FX2N-4AD 的 BFM#0，建立模拟输入通道 (CH1, CH2)

分别将 4 写入 BFM#1 和 #2，将 CH1 和 CH2 的平均采样数设为 4

FX2N-4AD 的操作状态由 BFM#29 中读出，并作为 FX2N 主单元的位设备输出

如果操作 FX2N-4AD 没有错误，则读取 BFM 的平均数据
此例中，BFM#5 和 6 被读入 FX2N 主单元，并保存在 D0 到 D1 中。这些设备中分别包含了 CH1 和 CH2 的平均数据

图 8-158　例 8-44 梯形图

FX2N-2AD 和 FX2N-4AD 的编程是有差别的。FX2N-8AD 与 FX2N-4AD 模块类似，但前者的功能更加强大，它可以与热电偶连接，用于测量温度信号。

8.7.2　FX2N-4DA 模块

相对于其他的 PLC（如西门子 S7-200 PLC），FX2N-4DA 模块的使用相对复杂，要使用 FROM/TO 指令，如要使用 TO 指令启动 D/A 转换。此模块可以与三菱 FX2 和 FX3 系列 PLC 配套使用。FX2N-4DA 模块 D/A 转换的输出特性见表 8-33。

表 8-33　FX2N-4DA 模块 D/A 转换的输出特性

项目	电压输出	电流输出
输出特性	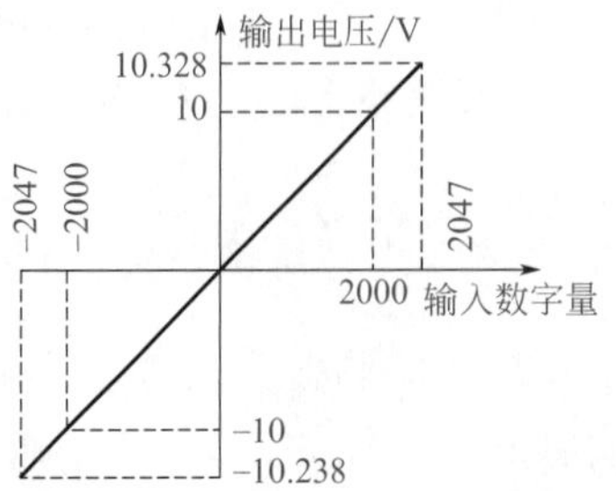 输出电压/V，10.328、10、−10、−10.238，−2047、−2000、2000、2047，2047，输入数字量	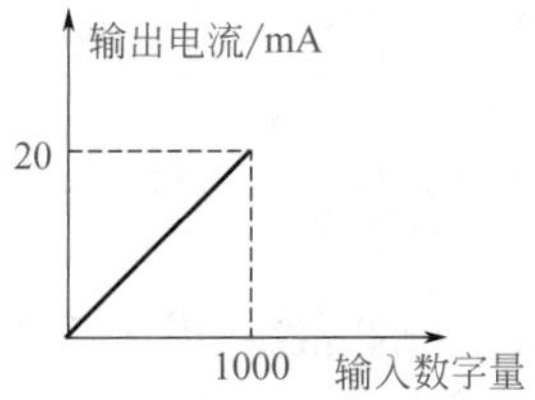 输出电流/mA，20，1000，输入数字量
	每个通道的输出特性可以不相同	

转换结果数据在模块缓冲存储器（BFM）中的存储地址如下。

① BFM#0：通道选择与启动控制字，控制字共 4 位，每一位对应一个通道，其对应关系如图 8-159 所示。每一位中的数值含义如下。

"0" 表示通道模拟量输出为 −10 ～ 10V。

"1" 表示通道模拟量输出为 4 ～ 20mA。

"2" 表示通道模拟量输出为 0 ～ 20mA。

例如：H0022 表示通道 1 和 2 输出为 0 ～ 20mA；而通道 3 和 4 输出为 −10 ～ 10V。

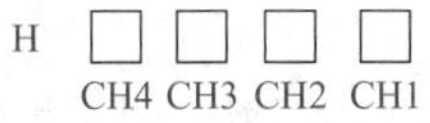

H □ □ □ □
CH4 CH3 CH2 CH1

图 8-159　控制字与通道的对应关系

② BFM#1 ～ 4：通道 1 ～ 4 的转换数值。

③ BFM#5：数据保持模式设定，其对应关系如图 8-159 所示。每一位中的数值的含义如下。

"0" 表示转换数据在 PLC 停止运行时，仍然保持不变。

"1" 表示转换数据复位，成为偏移设置值。

④ BFM#8/#9：偏移 / 增益设定指令。

⑤ BFM#10 ～ 17：偏移 / 增益设定值。

⑥ BFM#29：模块的工作状态信息，以二进制的状态表示。

BFM#29 的 bit0：为 "0" 时表示没有报警，为 "1" 表示有报警。

BFM#29 的 bit1：为 "0" 时表示模块偏移 / 增益调整正确，为 "1" 表示模块偏移 / 增益调整有错误。

BFM#29 的 bit2：为 "0" 时表示模块输入电源正确，为 "1" 表示模块输入电源有错误。

BFM#29 的 bit3：为 "0" 时表示模块硬件正常，为 "1" 表示模块硬件有错误。

BFM#29 的 bit10：为 "0" 时表示数字量输出正常，为 "1" 表示数字量超过正常范围。

BFM#29 的 bit11：为 "0" 时表示采样次数设定正确，为 "1" 表示模块采样次数设定超过允许范围。

BFM#29 的 bit12：为 "0" 时表示模块偏移 / 增益调整允许，为 "1" 表示模块偏移 / 增益调整被禁止。

【例 8-45】 某系统上的控制器为 FX2N-32MR，特殊模块 FX2N-4DA，要求：将 D100 和 D101 中的数字量转换成 -10 ～ 10V 模拟量，在通道 1 和 2 中输出；将 D102 中的数字量转换成 4 ～ 20mA 模拟量，在通道 3 中输出；将 D103 中的数字量转换成 0 ～ 20mA 模拟量，在通道 4 中输出。

【解】 梯形图如图 8-160 所示。

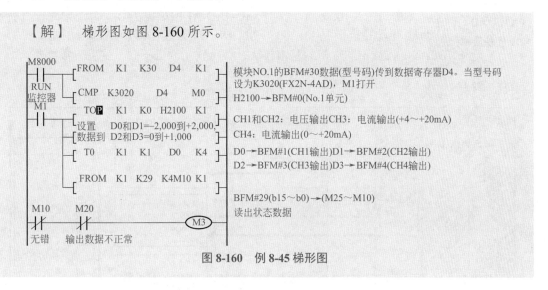

图 8-160 例 8-45 梯形图

【例 8-46】 压力变送器的量程为 0 ～ 20MPa，输出信号为 0 ～ 10V，FX2N-2AD 的模拟量输入模块的量程为 0 ～ 10V，转换后的数字量为 0 ～ 4000，设转换后的数字为 N，试求以 kPa 为单位的压力值。

【解】 0 ～ 20MPa（0 ～ 20000kPa）对应于转换后的数字 0 ～ 4000，转换公式为：
$$P = 20000N/4000 = 5N（\text{kPa}）\tag{8-1}$$
本例采用的 PLC 是 FX2N-16MR，AD 转换模块是 FX2N-2AD，图 8-161 是实现式（8-1）中运算的梯形图程序。D2 中数据是压力值。

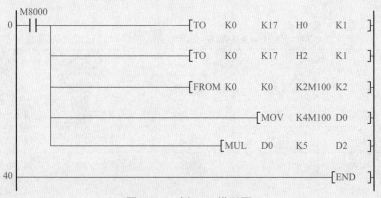

图 8-161 例 8-46 梯形图

8.7.3 FX3U-4AD-ADP 模块

FX3U-4AD-ADP 模块应用

FX3U-4AD-ADP 模块有 4 个通道，也就是说最多只能和四路模拟量信号连接，FX3U-4AD-ADP 模块需要外接电源供电，FX3U-4AD-ADP 模块的外接信号可以是双极性信号（信号可以是正信号也可以是负信号）。

FX3U-4AD-ADP 安装在不同的位置，其对应的特殊软元件就不同，具体对应关系如图 8-162 所示，当 FX3U-4AD-ADP 安装在第一个位置时，其特殊辅助继电器的范围是 M8260～M8269，特殊数据寄存器的范围是 D8260～D8269。注意不同规格的基本模块，特殊软元件也不同，这点非常重要。

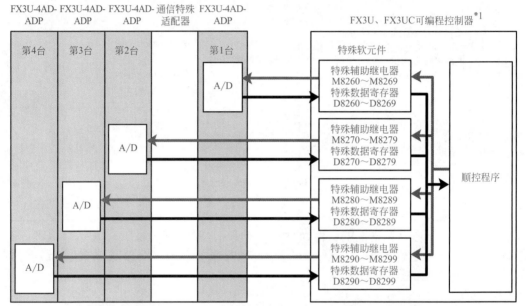

图 8-162 FX3U-4AD-ADP 安装位置与特殊软元件对应关系的示意图

FX3U-4AD-ADP 安装位置与特殊软元件对应关系，见表 8-34。例如 FX3U-4AD-ADP 安装第一个位置，其第 1 通道的特殊辅助继电器是 M8260，当输入信号为电压信号时，M8260 设置为 0。当输入信号为电流信号时，M8260 设置为 1。A/D 转换的结果直接采集在特殊寄存器 D8260 中。

表 8-34　FX3U-4AD-ADP 安装位置与特殊软元件对应关系

特殊软元件	软元件编号				内容
	第 1 台	第 2 台	第 3 台	第 4 台	
特殊辅助继电器	M8260	M8270	M8280	M8290	通道 1 输入模式切换
	M8261	M8271	M8281	M8291	通道 2 输入模式切换
	M8262	M8272	M8282	M8292	通道 3 输入模式切换
	M8263	M8273	M8283	M8293	通道 4 输入模式切换
	M8264～M8269	M8274～M8279	M8284～M8289	M8294～M8299	未使用（请不要使用）

续表

特殊软元件	软元件编号				内容
	第1台	第2台	第3台	第4台	
特殊数据寄存器	D8260	D8270	D8280	D8290	通道 1 输入数据
	D8261	D8271	D8281	D8291	通道 2 输入数据
	D8262	D8272	D8282	D8292	通道 3 输入数据
	D8263	D8273	D8283	D8293	通道 4 输入数据
	D8264	D8274	D8284	D8294	通道 1 平均次数（设定范围：1 ～ 4095）
	D8265	D8275	D8285	D8295	通道 2 平均次数（设定范围：1 ～ 4095）
	D8266	D8276	D8286	D8296	通道 3 平均次数（设定范围：1 ～ 4095）
	D8267	D8277	D8287	D8297	通道 4 平均次数（设定范围：1 ～ 4095）
	D8268	D8278	D8288	D8298	错误状态
	D8269	D8279	D8289	D8299	机型代码 =1

【例 8-47】 传感器输出信号范围为 0 ～ 10V，连接在 FX3U-4AD-ADP 的第 1 个通道上，FX3U-4AD-ADP 安装在 FX3U-16MR 的左侧第 1 个槽位上，原理图如图 8-163 所示，将 A/D 转换值保存在 D100 中，要求编写此程序。

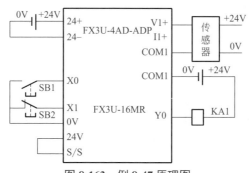

图 8-163 例 8-47 原理图

【解】 梯形图如图 8-164 所示。

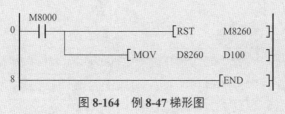

图 8-164 例 8-47 梯形图

8.7.4 FX3U-3A-ADP 模块

FX3U-3A-ADP 模块应用

FX3U-3A-ADP 模块有 3 个通道，2 个模拟量输入通道和 1 个模拟量输出通道，FX3U-3A-ADP 模块需要外接电源供电，FX3U-3A-ADP 模块的外接信号可以是双极性信号（信号可以是正信号也可以是负信号）。

FX3U-3A-ADP 安装在不同的位置，其对应的特殊软元件就不同，具体对应关系如图 8-165 所示，当 FX3U-3A-ADP 安装在第一个位置时，其特殊辅助继电器的范围是 M8260 ～ M8269，特殊数据寄存器的范围是 D8260 ～ D8269。注意不同规格的基本模块，特殊软元件也不同，这点非常重要。

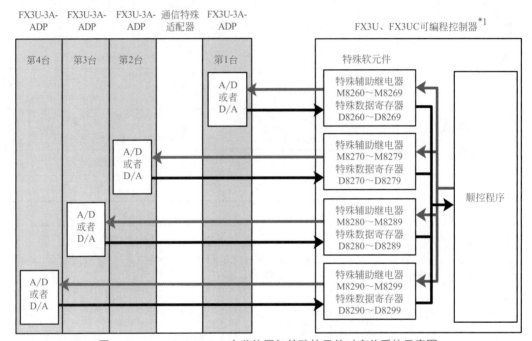

图 8-165　FX3U-3A-ADP 安装位置与特殊软元件对应关系的示意图

FX3U-3A-ADP 安装位置与特殊软元件对应关系，见表 8-35。例如 FX3U-3A-ADP 安装第一个位置，其第 1 通道的特殊辅助继电器是 M8260，当输入信号为电压信号时，M8260 设置为 0。当输入信号为电流信号时，M8260 设置为 1。A/D 转换的结果直接采集在特殊寄存器 D8260 中。第 3 通道是 D/A 转换通道，其特殊辅助继电器是 M8262，当输出信号为电压信号时，M8262 设置为 0。当输出信号为电流信号时，M8262 设置为 1。要 D/A 转换的数值保存在特殊寄存器 D8262 中。

表 8-35　FX3U-3A-ADP 安装位置与特殊软元件对应关系

特殊软元件	软元件编号				内容
	第 1 台	第 2 台	第 3 台	第 4 台	
特殊辅助继电器	M8260	M8270	M8280	M8290	通道 1 输入模式切换
	M8261	M8271	M8281	M8291	通道 2 输入模式切换
	M8262	M8272	M8282	M8292	输出模式切换

续表

特殊软元件	软元件编号				内容
	第 1 台	第 2 台	第 3 台	第 4 台	
特殊辅助继电器	M8263	M8273	M8283	M8293	未使用（请不要使用）
	M8264	M8274	M8284	M8294	
	M8265	M8275	M8285	M8295	
	M8266	M8276	M8286	M8296	输出保持解除设定
	M8267	M8277	M8287	M8297	设定输入通道 1 是否使用
	M8268	M8278	M8288	M8298	设定输入通道 2 是否使用
	M8269	M8279	M8289	M8299	设定输出通道是否使用
特殊数据寄存器	D8260	D8270	D8280	D8290	通道 1 输入数据
	D8261	D8271	D8281	D8291	通道 2 输入数据
	D8262	D8272	D8282	D8292	输出设定数据
	D8263	D8273	D8283	D8293	未使用（请不要使用）
	D8264	D8274	D8284	D8294	通道 1 平均次数（设定范围：1 ～ 4095）
	D8265	D8275	D8285	D8295	通道 2 平均次数（设定范围：1 ～ 4095）
	D8266	D8276	D8286	D8296	未使用（请不要使用）
	D8267	D8277	D8287	D8297	
	D8268	D8278	D8288	D8298	错误状态
	D8269	D8279	D8289	D8299	机型代码 =50

◁【例 8-48】　传感器输出信号范围为 4 ～ 20mA，连接在 FX3U-3A-ADP 的第 1 个通道上，变频器连接在 FX3U-3A-ADP 模拟量输出通道上，FX3U-3A-ADP 安装在 FX3U-16MT 的左侧第 1 个槽位上，将 A/D 转换值保存在 D100 中，变频器的频率保存在 D101 中，设计原理图并编写此程序。

【解】　设计原理图如图 8-166 所示，二线式电流传感器接在第 1 通道上，电流输出信号连接在变频器的模拟量输入端子上。

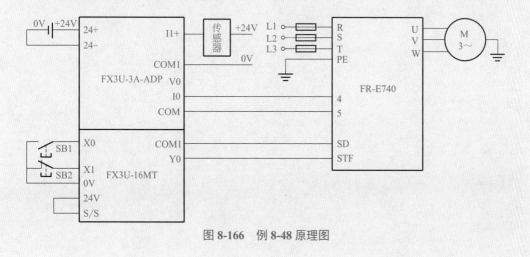

图 8-166　例 8-48 原理图

梯形图如图 8-167 所示。

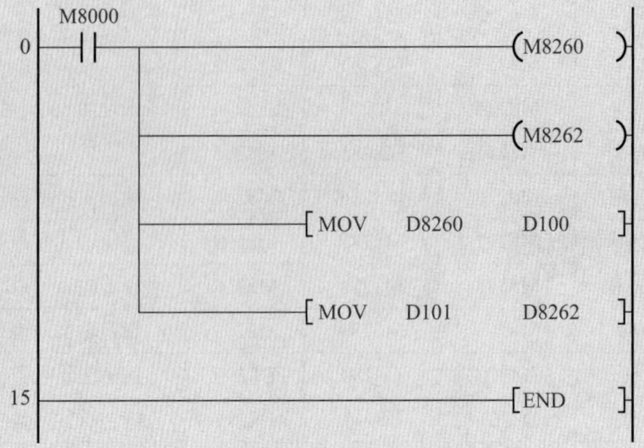

图 8-167   例 8-48 梯形图

3

第 3 篇

欧姆龙 PLC 编程及应用

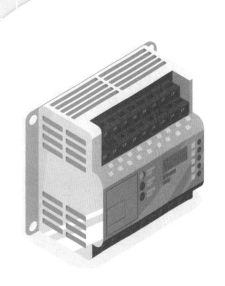

欧姆龙 CP1 系列 PLC 的硬件

> 本章主要介绍欧姆龙 CP1 系列 PLC 的 CPU 模块及其扩展模块的技术性能和接线方法，电源的需求计算。本章的内容非常重要。

9.1 欧姆龙 CP1 系列 PLC

欧姆龙的 CP1 系列 PLC 的硬件包括 CP1E、CP1L 和 CP1H 三个子类型，其中 CP1E 是经济型 PLC，价格便宜，但功能较为精简，适合简单逻辑应用场合，CP1L 是标准型 PLC，CP1H 是高功能型 PLC，功能相对强大。这三个子类型的 PLC 使用方法基本相同，因此本书将以 CP1L 标准型为主，以 CP1H 高功能型为辅进行介绍。

9.1.1 欧姆龙 CP1 系列 PLC 模块简介

日本的欧姆龙（OMRON）公司生产的可编程控制器在世界上有很高的知名度，特别是在我国有一定量的用户，是日系品牌 PLC 的佼佼者。

欧姆龙系列产品分为 CP1 系列、CJ1 系列、CJ2 系列、CS1 系列和 CS1D 系列等。其中欧姆龙 CP1 系列 PLC 是在 CPM 系列 PLC 的基础上发展而来的，目前 CPM 系列 PLC 的主机已经停产。欧姆龙 CP1 系列 PLC 主要产品系列的定位见表 9-1。

表 9-1　欧姆龙 CP1 系列 PLC 的定位

序号	子系列	定位和特色
1	CP1E	经济型 特点是经济、易用、高效，PLC 没有高速输入和高速输出功能，也不能连接扩展模块
2	CP1L	标准型 脉冲输出（2 轴）；高速计数器，四轴为单相；内置了六个中断输入；指令的更快处理让整个系统都得到提速；串行通信两个端口，选择 RS-232C 或 RS-485 通信的选件板；"CP1L-M" 和 "CP1L-L" 具备外围 USB 端口；ST 语言文字；可扩展性卓越

续表

序号	子系列	定位和特色
3	CP1H	高功能型 脉冲输出（4 轴）；高速计数器，相差（4 轴）；内置了八个中断输入；大约 500 个指令的更快处理让整个系统都得到提速；串行通信两个端口，选择 RS-232C 或 RS-485 通信的选件板；Ethernet 通信，可以用两个端口作为 Ethernet 端口；内置模拟量 I/O；USB 外围端口；ST 语言文字；可用于 CP1W 系列和 CJ 系列单元，可扩展性卓越；有 LCD 显示和设定；使用选件板启用

9.1.2　欧姆龙 CP1 系列 PLC 的性能特点

欧姆龙 CP1 系列 PLC 适用于各行各业，各种场合中的检测、监测及控制的自动化。欧姆龙 CP1 系列 PLC 的强大功能使其无论在独立运行中，或相连成网络皆能实现复杂控制功能。因此欧姆龙 CP1 系列 PLC 具有极高的性能价格比。从目前中国小型 PLC 的应用情况看，欧姆龙 CP1 系列 PLC 的市场占有率占据领先地位。

欧姆龙 CP1 系列 PLC 出色表现在以下几个方面：

① 丰富的高速计数器功能；
② 多样的脉冲控制；
③ 原点搜索；
④ 快速响应功能；
⑤ 可扩展的串行端口和内置 USB 通信端口；
⑥ 无电池运行；
⑦ 丰富的指令系统；
⑧ 丰富的扩展模块。

9.2　欧姆龙 CP1 系列 PLC 的 CPU 模块及其接线

9.2.1　欧姆龙 CP1 系列 PLC 的 CPU 模块

欧姆龙 CP1 系列 PLC 的 CPU 将微处理器、集成电源和多个数字量 I/O 点集成在一个紧凑的盒子中，形成功能比较强大的欧姆龙 CP1 系列微型 PLC，其外形如图 9-1 所示，其面板上各部分名称如图 9-2 所示。CP1 系列包含 CP1E、CP1L 和 CP1H 三个子类型，为了节省篇幅，以下将主要介绍 CP1L 系列。

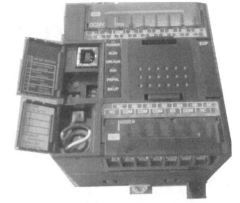

（1）欧姆龙 CP1L 系列 PLC 的型号含义

欧姆龙 CP1L 系列 PLC 的型号含义如图 9-3 所示。例如 CP1L-L14DT-D 的含义是：CP1L 系列；L 型（开关量程序以 5K 步为限度）；14 点 I/O；直流输入；漏型（NPN 型，低电平有效）晶体管输出；PLC 的电源是直流 24V 电源。

图 9-1　欧姆龙 CP1 系列 PLC 的外形

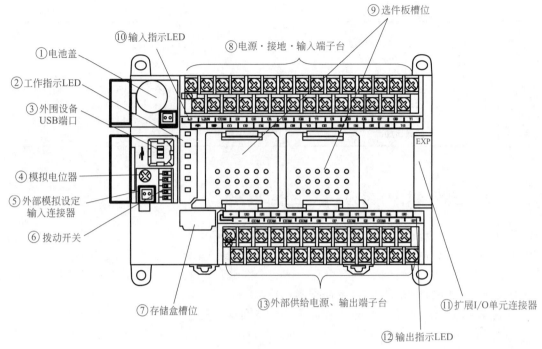

图 9-2 欧姆龙 CP1 系列 PLC 面板的各部分名称

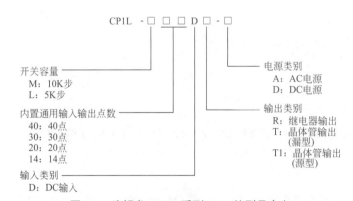

图 9-3 欧姆龙 CP1L 系列 PLC 的型号含义

（2）欧姆龙 CP1L 系列 PLC 的 CPU 的技术性能

欧姆龙公司提供多种类型的 CPU，以适用各种应用要求，不同的 CPU 有不同的技术参数，其一般规格（节选）见表 9-2。读懂这个性能表是很重要的，设计者在选型时，必须要参考这个表格，例如晶体管输出时，输出电流为 0.3A，若这个点控制一台电动机的启 / 停，设计者必须考虑这个电流是否足够驱动接触器，从而决定是否增加一个中间继电器。

表 9-2 欧姆龙 CP1L 系列 PLC 的 CPU 一般规格表

电源种类		AC 电源	DC 电源
型号	40 点输入 输出	CP1L-M40DR-A	CP1L-M40DR-D/ CP1L-M40DT-D/
			CP1L-M40DT1-D

续表

型号	**30 点输入 输出**	CP1L-M30DR-A	CP1L-M30DR-D/ CP1L-M30DT-D/
			CP1L-M30DT1-D
	20 点输入 输出	CP1L-L20DR-A	CP1L-L20DR-D/ CP1L-L20DT-D/
			CP1L-L20DT1-D
	14 点输入 输出	CP1L-L14DR-A	CP1L-L14DR-D/ CP1L-L14DT-D/
			CP1L-L14DT1-D
电源		100 ～ 240V AC 50/60Hz	24V DC
允许电源电压		85 ～ 264V AC	20.4 ～ 26.4V DC
消耗功率		50V·A 以下（CP1L-M □ DR-A）；30V·A 以下（CP1L-L □ DR-A）	20W 以下（CP1L-M □ DT □ -D）；13W 以下（CP1L-L □ DT □ -D）
浪涌电流		100 ～ 120V AC 输入时 20A 以下（常温下冷启动时）8ms 以下 200 ～ 240V AC 输入时 40A 以下（常温下冷启动时）8ms 以下	30A 以下（冷启动时）20ms 以下
外部供应电源		DC 24V 300mA（CP1L-M □ DR-A）DC 24V 200mA（CP1L-L □ DR-A）	无
绝缘电阻		AC 外部端子与 GR 端子间 20MΩ 以上（500V DC 绝缘电阻）	DC 一次电源与 DC 二次电源间为不隔离
绝缘强度		AC 外部端子总体与 GR 端子间 AC 2300V 50/60Hz 1 min 漏电流 5mA 以下	DC 一次电源与 DC 二次电源间为不隔离
抗干扰性		根据 IEC 61000-4-4 2kV（电源线）	
使用环境温度		0 ～ 55℃	
使用环境湿度		10% ～ 90%RH（不应结露）	
使用环境大气		无腐蚀性气体	
保存环境温度		−20 ～ +75℃（电池除外）	
端子螺钉规格		M3	
电源保持时间		10ms 以上	2ms 以上

　　表 9-2 还没有完整描述 CPU 的具体的技术性能，而这些技术性能往往在设计时是必需的，欧姆龙 CP1L 系列 PLC 的详细性能规格见表 9-3。

表 9-3 欧姆龙 CP1L 系列 PLC 详细性能规格

类型		M 型		L 型	
型号		CP1L-M40DR-A	CP1L-M30DR-A	CP1L-L20DR-A	CP1L-L14DR-A
		CP1L-M40DR-D	CP1L-M30DR-D	CP1L-L20DR-D	CP1L-L14DR-D
		CP1L-M40DT-D	CP1L-M30DT-D	CP1L-L20DT-D	CP1L-L14DT-D
		CP1L-M40DT1-D	CP1L-M30DT1-D	CP1L-L20DT1-D	CP1L-L14DT1-D
程序容量		10K 步		5K 步	
程序语言		梯形图方式			
功能块		功能块定义的最大数 128、实例最大数 256，功能块定义中可使用语言：梯形图、结构文本（ST）			
指令语句长度		1～7 步 /1 指令			
指令种类		约 500 种（FUN No. 为 3 位）			
指令执行时间		基本命令 0.55μs～			
		应用命令 4.1μs～			
共同处理时间		0.4ms			
可连接扩展 I/O 数		3 台（CP 系列 /CPM1A 系列扩展 I/O 单元）		1 台（CP 系列 /CPM1A 系列扩展 I/O 单元）	
最大输入输出点数		160 点（内置 40 点＋扩展 40 点×3 台）	150 点（内置 30 点＋扩展 40 点×3 台）	60 点（内置 20 点＋扩展 40 点×1 台）	54 点（内置 14 点＋扩展 40 点×1 台）
内置输入端子（可选择分配功能）	内置输入输出		40 点（输入：24 点；输出：16 点）	30 点（输入：18 点；输出：12 点）	20 点（输入：12 点；输出：8 点）	14 点（输入：8 点；输出：6 点）
	输入中断	直接模式	6 点		4 点	
			响应时间：0.3ms			
		计数器模式	6 点		4 点	
			响应频率合计在 5kHz 以下 16 位 16 位加法计数或减法计数			
	快速响应输入		6 点		4 点	
			最小脉冲输入：50μs 以上			
	高速计数器		4 点 /2 轴（DC 24V 输入） ● 单相（脉冲＋方向、加减法、加法）100kHz ● 相位差（4 倍增）50kHz 数值范围：32 位 线性模式 / 环形模式中断：目标值一致比较 / 区域比较			

续表

脉冲输出（仅限晶体管输出型）	脉冲输出	2 点 /2 轴 1Hz ～ 100kHz（CCW/CW 或脉冲 + 方向）台形 /S 字加减速（占空比 50% 固定）
	PWM 输出	2 点 0.1 ～ 6553.5Hz 或 1 ～ 32800Hz 占空比 0.0 ～ 100.0% 可变（指定 0.1% 单位或 1% 单位）（精度 ±5%：1kHz 时）
模拟设定	模拟电位器	1 点（设定范围：0 ～ 255）
	外部模拟设定输入	1 点（分辨率：1/256；输入范围：0 ～ 10V）不隔离
串行端口	外围设备 USB 端口	有（1 端口 USB 连接器·B 型）：CX-Programmer 等电脑用外围工具专用（由外围工具的 PLC 机型设定，将网络类型 =USB） 串行通信标准：USB1.1
	RS-232C 端口、RS-422A/485 端口	无标准端口 可安装以下的选件板（M 型最大有 2 个端口、L 型最大有 1 个端口）： CP1W-CIF01：RS-232C×1 端口 CP1W-CIF11：RS-422A/485×1 端口相应串行通信模式（上述端口共同），上位链接、NT 链接（1：N）、无协议、串行 PLC 连接从站、串行 PLC 连接主站、串行网关（向 CompoWay/F 的转换，向 Modbus RTU 转换）、工具总线、NT 链接（1：1）、1：1 链接
子程序编号最大值		256 个
转移编号最大值		256 个
定时中断		1 点
时钟功能		精度：每月误差 -4.5 ～ -0.5min（环境温度 55℃）、-2.0 ～ +2.0min（环境温度 25℃）、-2.5 ～ +1.5min（环境温度 0℃）
任务数		288 个（周期执行任务 32 个、中断任务 256 个）
	定时中断任务	1 个
	输入中断任务	6 个
	子程序最大编号	256 个

　　模块的电流消耗是 CPU 模块的电流需求计算中的重要参数，欧姆龙 CP1L 系列 PLC 的电流消耗见表 9-4。

表 9-4　欧姆龙 CP1L 系列 PLC 的电流消耗

输入输出点数	型号	消耗电流		外部供应电源
		5V DC	24V DC	24V DC
40 点输入输出	CP1L-M40DR-A	0.22A	0.08A	最大 0.3A
	CP1L-M40DR-D	0.22A	0.08A	—
	CP1L-M40DT-D	0.31A	0.03A	—
	CP1L-M40DT1-D	0.31A	0.03A	—

续表

输入输出点数	型号	消耗电流		外部供应电源
		5V DC	**24V DC**	**24V DC**
30 点输入输出	CP1L-M30DR-A	0.21A	0.07A	最大 0.3A
	CP1L-M30DT-D	0.21A	0.07A	—
	CP1L-M30DT-D	0.28A	0.03A	—
	CP1L-M30DT1-D	0.28A	0.03A	—
20 点输入输出	CP1L-L20DR-A	0.20A	0.05A	最大 0.2A
	CP1L-L20DR-D	0.20A	0.05A	—
	CP1L-L20DT-D	0.24A	0.03A	—
	CP1L-L20DT1-D	0.24A	0.03A	—
14 点输入输出	CP1L-L14DR-A	0.18A	0.04A	最大 0.2A
	CP1L-L14DR-D	0.18A	0.04A	—
	CP1L-L14DT-D	0.21A	0.03A	—
	CP1L-L14DT1-D	0.21A	0.03A	—

9.2.2 欧姆龙 CP1L 系列 PLC 的 CPU 的接线

(1) 欧姆龙 CP1L 系列 PLC 的 CPU 的输入端子的接线

欧姆龙 CP1L 系列 PLC 的 CPU 的输入端接线与三菱 FX 系列 PLC 的输入端接线不同，后者不需要接入直流电源，其电源由系统内部提供，而欧姆龙 CP1L 系列 PLC 的 CPU 的输入端则必须接入直流电源。

下面以 CP1L-L14DT-D 为例介绍输入端的接线。"COM"是输入端的公共端子，与 24V DC 电源相连，电源有两种连接方法对应 PLC 的 NPN 型（也称漏性）和 PNP 型（也称源型）接法。当电源的负极与公共端子相连时，为 PNP 型接法，如图 9-4 所示；而当电源的正极与公共端子相连时，为 NPN 型接法，如图 9-5 所示。"+"和"-"这对端子是电源输入端子，为 24V DC。

关键点 ①图 9-4 中只画出了一排端子的接线，另一排的接线完全相同，没有画出。② CP1L 并没有向传感器供电的输出端子。

初学者往往不容易区分 PNP 型和 NPN 型的接法，经常混淆，若读者记住以下的方法，就不会出错：把 PLC 作为负载，以输入开关（通常为接近开关）为对象，若信号从开关流出（信号从开关流出，向 PLC 流入），则 PLC 的输入为 PNP 型接法；把 PLC 作为负载，以输入开关（通常为接近开关）为对象，若信号从开关流入（信号从 PLC 流出，向开关流入），则 PLC 的输入为 NPN 型接法。三菱的 FX 系列（FX3U 除外）PLC 只支持 NPN 型接法。

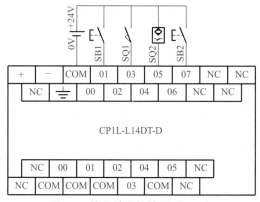

图 9-4　输入端子的接线（PNP）

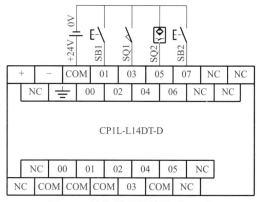

图 9-5　输入端子的接线（NPN）

【关键点】　CPU 模块的输入点只可以接 24V DC 信号，只需将两种信号供电电源的公共端都连接到 COM 端子。但这两种信号必须同时为漏型或源型输入信号。

还有一点要指出，本书所指的 PNP 型和 NPN 型，对象为接近开关（传感器），这样便于与接近开关统一起来，很多大的 PLC 厂商都以这种方法讲解。而西门子 S7-200 PLC 手册上的讲解刚好与本书相反，原因在于 S7-200 PLC 手册上的 PNP 型（或者 NPN 型）是以 PLC 为对象说明。请读者务必注意这一点。

◁【例 9-1】　有一台 CP1L-L14DT-D，输入端有一只三线 PNP 接近开关和一只二线 PNP 接近开关，应如何接线？

【解】　对于 CP1L-L14DT-D，公共端接电源的负极。而对于三线 PNP 接近开关，只要将其正、负极分别与电源的正、负极相连，将信号线与 PLC 的 "0.01" 相连即可；而对于二线 PNP 接近开关，只要将电源的正极分别与其正极相连，将信号线与 PLC 的 "0.03" 相连即可，如图 9-6 所示。

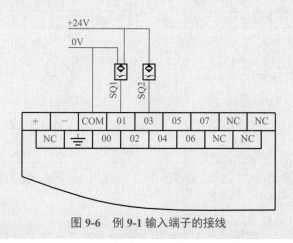

图 9-6　例 9-1 输入端子的接线

（2）欧姆龙 CP1L 系列 CPU 的输出端子的接线

欧姆龙 CP1L 系列 CPU 模块的数字量输出有两种形式，一种是 24V 直流输出（即晶体

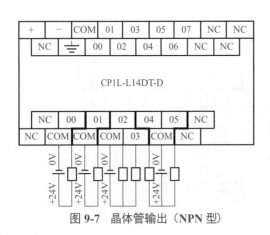

图 9-7　晶体管输出（NPN 型）

管输出），另一种是继电器输出。其中晶体管输出中又有源型（PNP 型输出，高电平有效）输出和漏型（NPN 型输出，低电平有效）输出 2 种。通常使用欧姆龙的 PLC 漏型输出较多。

晶体管输出（NPN 型输出）的接线如图 9-7 所示。CP1L-L14DT-D 的输出有 4 组，每组可以单独供电，也可以用一个 24V DC 电源供电，图中由粗实线将不同组分开，00 输出是一组，01 输出是一组，02 和 03 输出是一组，04 和 05 输出是一组。当 PLC 输出低电平信号时，图中的线圈得电导通。

晶体管输出（PNP 型输出）的接线如图 9-8 所示。CP1L-L14DT1-D 的输出有 4 组，每组可以单独供电，也可以用一个 24V DC 电源供电，图中由粗实线将不同组分开，00 输出是一组，01 输出是一组，02 和 03 输出是一组，04 和 05 输出是一组。当 PLC 输出高电平信号时，图中的线圈得电导通。

继电器输出没有方向性，可以是交流信号，也可以是直流信号，负载电压不超过 220V（不能使用 380V 的交流电）。继电器输出如图 9-9 所示。可以看出，输出是分组安排的（图中由粗实线将不同组分开，00 输出是一组，01 输出是一组，02 和 03 输出是一组，04 和 05 输出是一组），每组既可以是直流电源，也可以是交流电源，而且每组电源的电压大小可以不同，接直流电源时，没有方向性。在接线时，务必看清接线图。

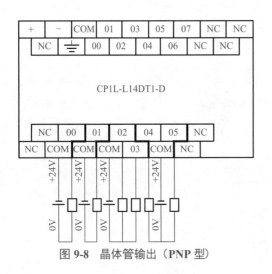

图 9-8　晶体管输出（PNP 型）

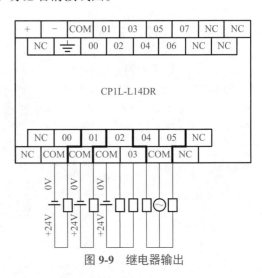

图 9-9　继电器输出

◁【例 9-2】　有一台欧姆龙 CP1L 系列 PLC，控制一只 24V DC 的电磁阀和一只 220V AC 的电磁阀，输出端应如何接线？

【解】　因为两个电磁阀的线圈电压不同，而且有直流和交流两种电压，所以如果不经过转换，只能用继电器输出的 CPU，而且两个电磁阀分别在两个组中。其接线如图 9-10 所示。

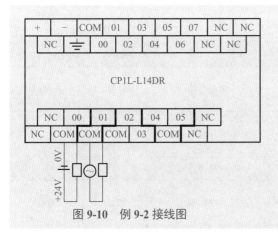

图 9-10　例 9-2 接线图

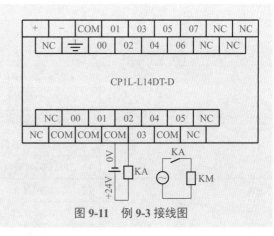

图 9-11　例 9-3 接线图

◁ 【例 9-3】　　有一台欧姆龙 CP1L 系列 PLC，控制两台步进电动机和一台三相异步电动机的启 / 停，三相电动机的启 / 停由一只接触器控制，接触器的线圈电压为 220V AC，输出端应如何接线（步进电动机部分的接线可以省略）？

【解】　　因为要控制两台步进电动机，所以要选用晶体管输出的 CPU，而且必须用 0.00 和 0.01 作为输出高速脉冲点控制步进电动机，但接触器的线圈电压为 220V AC，所以电路要经过转换，增加中间继电器 KA，其接线如图 9-11 所示。

9.3　欧姆龙 CP1 系列 PLC 的扩展模块

通常欧姆龙 CP1 系列 PLC 的 CPU 有数字量输入和数字量输出，部分型号的 CPU 模块自带模拟量输入输出，但很多情况要完成模拟量的输入、模拟量输出和现场总线通信以及当数字量输入输出点不够时，都应该选用扩展模块来解决。欧姆龙 CP1 系列有丰富的扩展模块供用户选用。虽然 CPM1A 的 CPU 模块已经停产，但 CPM1A 的扩展模块仍然可以被 CP1L 使用。

9.3.1　数字量 I/O 扩展模块

（1）数字量 I/O 扩展模块的规格

数字量 I/O 扩展模块包括数字量输入模块、数字量输出模块和数字量输入输出混合模块，当数字量输入或者输出点不够时可选用。部分数字量 I/O 扩展模块的规格见表 9-5。

表 9-5　数字量 I/O 扩展模块规格表

单元名称	型号	说明	消耗电流	
			DC 5V	DC 24V
40 点输入输出，输入 24 点、输出 16 点	CP1W-40EDR	继电器输出	0.080A	0.090A
	CPM1A-40EDR			
	CP1W-40EDT	NPN 晶体管输出	0.160A	—
	CPM1A-40EDT			
	CPM1A-40EDT1	PNP 晶体管输出		

续表

单元名称	型号	说明	消耗电流	
			DC 5V	DC 24V
20 点输入输出，输入 12 点、输出 8 点	CP1W-20EDR1	继电器输出	0.103A	0.044A
	CPM1A-20EDR1			
	CP1W-20EDT	NPN 晶体管输出	0.130A	—
	CPM1A-20EDT			
	CPM1A-20EDT1	PNP 晶体管输出		
16 点输出	CP1W-16ER	继电器输出	0.042A	0.090A
	CPM1A-16ER			
8 点输入	CP1W-8ED	—	0.018A	—
	CPM1A-8ED			
8 点输出	CP1W-8ER	继电器输出	0.026A	0.044A
	CPM1A-8ER			
	CP1W-8ET	NPN 晶体管输出	0.075A	—
	CPM1A-8ET			
	CPM1A-8ET1	PNP 晶体管输出		

（2）数字量 I/O 扩展模块的接线

数字量 I/O 模块有专用的扁平电缆与 CPU 通信，并通过此电缆由 CPU 向扩展 I/O 模块提供 5V DC 的电源。CP1W-8ED/CPM1A-8ED 数字量输入模块的接线如图 9-12 所示，CP1W-8ET/CPM1A-8ET（漏型输出）数字量输出模块的接线如图 9-13 所示。可以发现，数字量 I/O 扩展模块的接线与 CPU 的数字量输入输出端子的接线是类似的。

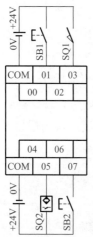
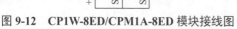

图 9-12　CP1W-8ED/CPM1A-8ED 模块接线图

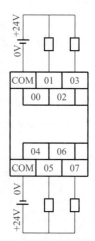

图 9-13　CP1W-8ET/CPM1A-8ET 模块接线图

数字量混合 I/O 模块 CP1W-20EDT/CPM1A-20EDT 的接线如图 9-14 所示。

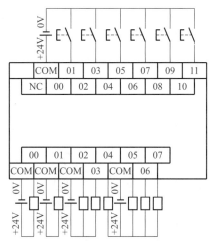

图 9-14　CP1W-20EDT/CPM1A-20EDT 模块接线图

9.3.2　模拟量 I/O 扩展模块

（1）模拟量 I/O 扩展模块的规格

模拟量 I/O 扩展模块包括模拟量输入模块、模拟量输出模块和模拟量输入输出混合模块。部分模拟量 I/O 扩展模块的规格见表 9-6。

表 9-6　模拟量 I/O 扩展模块规格表

单元名称	说明	型号	消耗电流	
			DC 5V	DC 24V
模拟输入单元	4 点输入	CP1W-AD041	0.1A	0.09A
		CPM1A-AD041		
模拟输出单元	4 点输出	CP1W-DA041	0.080A	0.124A
		CPM1A-DA041		
模拟输入输出单元	2 点 A/D，1 点 D/A	CPM1A-MAD01	0.066A	0.066A
		CP1W-MAD11	0.083A	0.110A
		CPM1A-MAD11		

（2）模拟量 I/O 扩展模块的接线

欧姆龙 CP1 系列 PLC 的模拟量模块用于输入 / 输出电流或者电压信号。模拟量输入模块的接线如图 9-15 所示，当模拟量是电压信号时，只要将电压信号 + 与 VIN1（或者 VIN2/VIN3/VIN4）连接，电压信号 – 与 COM1 相连（或者 COM2/COM3/COM4）。当模拟量是电流信号时，只要将电压信号 + 与 VIN1 和 IIN1（或者 VIN2/VIN3/VIN4）连接，电流信号 –与 COM1（或者 COM2/COM3/COM4）相连。

模拟量输出模块的接线如图 9-16 所示。当模拟量是电压信号时，只要将模块的 VOUT1（或者 VOUT2/VOUT3/VOUT4）与对象的电压信号 + 连接，对象电压输出信号 – 与 COM1

（或者 COM2/COM3/COM4）相连。当模拟量是电流信号时，只要将模块的 IOUT1（或者 VOUT2/VOUT3/VOUT4）与对象的电流输出信号＋相连，对象的电流信号－与 COM1（或者 COM2/COM3/COM4）相连。

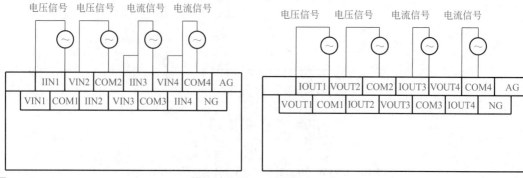

图 9-15　CP1W-AD041/CPM1A-AD041 模块接线图　　图 9-16　CP1W-DA041/CPM1A-DA041 模块接线图

　　模拟量输入模块有两个参数容易混淆，即模拟量转换的分辨率和模拟量转换的精度（误差）。分辨率是 A/D 模拟量转换芯片的转换精度，即用多少位的数值来表示模拟量。若模拟量模块的转换分辨率是 12 位，能够反映模拟量变化的最小单位是满量程的 1/4096。模拟量转换的精度除了取决于 A/D 转换的分辨率，还受到转换芯片的外围电路的影响。在实际应用中，输入的模拟量信号会有波动、噪声和干扰，内部模拟电路也会产生噪声、漂移，这些都会对转换的最后精度造成影响。这些因素造成的误差要大于 A/D 芯片的转换误差。

CP1W-AD041/CPM1A-AD041 模块的技术参数见表 9-7。

表 9-7　CP1W-AD041/CPM1A-AD041 模块的技术参数

项目		电压输入	电流输入
模拟输入点数		4 点（占用通道数为 4CH，即占用 4 通道）	
输入信号量程		0 ～ 5V/1 ～ 5V/0 ～ 10V/-10 ～ +10V	0 ～ 20mA/4 ～ 20mA
最大额定值输入		±15V	±30mA
外部输入阻抗		1MΩ 以上	约 250Ω
分辨率		6000（FS：满量程值）	
综合精度	25℃	±0.3%FS	±0.4%FS
	0 ～ 55℃	±0.6%FS	±0.8%FS
A/D 转换数据		二进制数据（16 进制 4 位） -10 ～ +10V 时：满刻度 F448 ～ 0BB8 Hex（-3000 ～ 3000） 其余：满刻度 0000 ～ 1770 Hex（0 ～ 6000）	
平均化处理		有［设定输出（n+1)/(n+2)CH］	
断线检测功能		有	
转换时间		2ms/ 点（8ms/ 所有点）	
隔离方式		模拟式输入和内部电路间：光耦合器隔离（但是模拟输入输出间不隔缘）	
消耗电流		DC 5V 100mA 以下 /DC 24V　90mA 以下	

使用模拟量模块时，要注意以下问题。

① 双极性就是信号在变化的过程中要经过"零"，单极性不过零。由于模拟量转换为数字量是有符号整数，所以双极性信号对应的数值会有负数。在 CP1 中，单极性模拟量输入 /输出信号的数值范围是 0 ～ 6000；双极性模拟量信号的数值范围是 -3000 ～ 3000。

② 对于模拟量输入模块，传感器电缆线应尽可能短，而且应使用屏蔽双绞线，导线应避免弯成锐角。靠近信号源屏蔽线的屏蔽层应单端接地。

③ 不使用的输入，需将输入端子的 + 和 - 进行短接。

④ 一般电压信号比电流信号容易受干扰，应优先选用电流信号。电压型的模拟量信号由于输入端的内阻很高（CP1 的模拟量模块为 1MΩ），极易引入干扰。一般电压信号是用在控制设备柜内电位器设置，或者距离非常近、电磁环境好的场合。电流型信号不容易受到传输线沿途的电磁干扰，因而在工业现场获得广泛的应用。电流信号可以传输比电压信号远得多的距离。

⑤ 对于模拟量输出模块，电压型和电流型信号的输出接线不同，各自的负载接到各自的端子上。

⑥ 模拟式输入和内部电路间有光耦合器隔离，但是模拟输入输出间不隔缘。

⑦ 电源线载有噪声时，请在电源、输入部插入噪声滤波器。

⑧ 电源线（AC 电源线、动力线等）分离布线。

⑨ 平均化处理功能和断线检测功能。

a. 平均化处理功能。在模拟输入中，设定平均化处理位为 1 时，平均化处理功能开始工作。在平均化处理功能中，把过去 8 次的输入平均值（移动平均值）作为转换数据来输出。输入有细小变动的时候，由平均化处理功能将其处理为平滑的输入。

b. 断线检测功能。输入量程在 1 ～ 5V 或者 4 ～ 20mA 时，输入信号不到 0.8V 或者不到 3.2mA 的时候，判断为输入布线断线，断线检测功能开始工作。断线检测功能一开始工作，转换数据就成为 8000。断线检测功能工作时间、解除时间与转换时间相同。输入再次返回到可转换的范围时，断线检测功能自动解除，返回到通常的转换数据。

◁【例 9-4】　有一个系统，配置了一台 CP1W-AD041，用于测量压力，压力传感器输出的是 0 ～ 20mA 的信号，请画出接线图？

【解】　压力传感器上有两个接线端子，正接线端子和 +24V 电源相连，负接线端子和 IIN1 及 VIN1 相连，电源的 0V 和 COM1 相连。不用的通道要短接，IIN2 和 COM2 端子短接，IIN3 和 COM3 端子短接，IIN4 和 COM4 端子短接，接线图如图 9-17 所示。这个传感器是典型的二线式电流传感器。

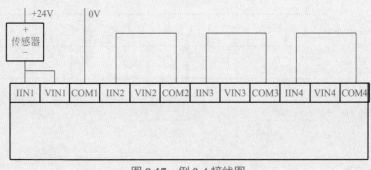

图 9-17　例 9-4 接线图

9.3.3 其他扩展模块

(1) 温度测量模块

欧姆龙 CP1 系列 PLC 的温度模块不同于常规的 CP1W-AD041 模拟量输入模块，它有冷端补偿电路，可以对测量数值作必要的修正，以补偿基准温度与模块温度差，同时，该模块的放大倍数较大，因此它能直接与热电偶相连，从而测量温度。欧姆龙的温度测量模块分为热电偶模块和热电阻模块，可以将温度转换成华氏度或者摄氏度，而且其量程可以手动设定，功能较为强大。欧姆龙 PLC 的温度测量模块能和 J、K 热电偶相连以及 Pt100、JPt100 热电阻相连，并测量温度。欧姆龙 PLC 的温度测量模块的规格见表 9-8。

表 9-8　欧姆龙 PLC 的温度测量模块的规格

单元名称	说明	型号	消耗电流	
			DC 5V	DC 24V
热电偶输入 K/J	2 点（通道）	CP1W-TS001	0.040A	0.059A
		CPM1A-TS001		
	4 点（通道）	CP1W-TS002		
		CPM1A-TS002		
热电阻输入 Pt/JPt	2 点（通道）	CP1W-TS101	0.054A	0.073A
		CPM1A-TS101		
	4 点（通道）	CP1W-TS102		
		CPM1A-TS102		

关键点　但是各输入端子必须用同类型，举例说明：当使用 CP1W-TS001 模块时，若通道 1 使用的是 K 型热电偶，那么通道 2 也只能使用 K 型热电偶。

以下用一个例子简要介绍 CP1W-TS001 热电偶模块的使用。

① CP1W-TS001 热电偶模块的接线如图 9-18 所示。

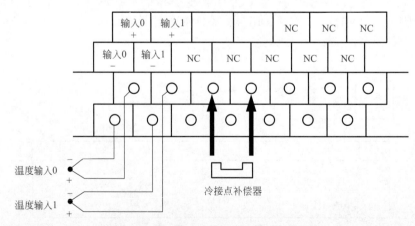

图 9-18　CP1W-TS001 热电偶模块的接线

② 拨动开关的设定。CP1W-TS001 热电偶模块上有 2 个 DIP 拨动开关，可以设定温度测量后需要保留小数点后 1 位还是 2 位以及温度是华氏温度还是摄氏温度。DIP 设定方法如图 9-19 所示

开关	设定内容			
SW1	温度单位	OFF	℃	
		ON	°F	
SW2	小数点以下2位显示模式(0.01的显示)	OFF	通常模式(根据输入为小数点以下0位或者1位)	
		ON	小数点以下2位显示模式	

图 9-19　CP1W-TS001 热电偶模块的 DIP 设定

图 9-19 中的 DIP 的 SW1 和 SW2 都设定为 0，表明测量温度单位是摄氏度，测量后只保留小数点后 1 位。

③ 旋转开关设定。温度测量模块的旋转开关主要用于设定量程。旋转开关上有 0 ~ F 共十六个挡位，不同的挡位对应不同的量程。旋转开关设定方法如图 9-20 所示。

设定	CP1W-TS001/TS002			CP1W-TS101/TS102		
	输入类别	量程/℃	量程/°F	输入类别	量程/℃	量程/°F
0	K	−200~1300	−300~2300	Pt100	−200.0~650.0	−300.0~1200.0
1		0.0~500.0	0.0~900.0	JPt100	−200.0~650.0	−300.0~1200.0
2	J	−100~850	−100~1500	—	不可设定	
3		0.0~400.0	0.0~750.0	—		
4~F	—	不可设定				

图 9-20　CP1W-TS001 热电偶模块的旋转开关设定

如果设定为 0，那么连接的热电偶是 K 型热电偶，其温度测量范围是 −200 ~ 1300℃。

(2) 通信模块

欧姆龙 CP1L 系列 PLC 的 CPU 单元通过连接 CompoBus/S I/O 链接单元（CP1W-SRT21、CPM1A-SRT21），成为 CompoBus/S 主单元（或者 SRM1CompoBus/S 主控单元）的从单元。此时，与主单元间进行输入 8 点及输出 8 点的 I/O 链接。

通过连接作为 DeviceNet 从单元（输入 32 点 / 输出 32 点作为内部输入 / 输出）发挥功能的 DeviceNet I/O 链接单元（CPM1A-DRT21），欧姆龙 CP1L 系列 PLC 的 CPU 单元能作为 DeviceNet 的从单元装置使用。DeviceNet I/O 链接单元最多能连接 7 台，因此欧姆龙 CP1L 系列 PLC 的 CPU 单元与 DeviceNet 主单元间的最大 192 点（IN：96 点；OUT：96 点）的 I/O 链接是可能的。通信模块的规格见表 9-9。

表 9-9　通信模块的规格

单元名称	说明	型号	消耗电流	
			DC 5V	DC 24V
CompoBus/S I/O 链接单元	输入 8 点	CP1W-SRT21	0.029A	—
	输出 8 点	CPM1A-SRT21		
DeviceNet I/O 链接单元	输入 32 点	CPM1A-DRT21	0.048A	—

■ 9.4 电源需求计算

9.4.1 最大 I/O 配置

最大 I/O 的限制条件如下。

① CPU 的 I/O 映像区的大小限制。

② CPU 本体的 I/O 点数的不同。

③ CPU 所能扩展的模块数目，如 CP1L-M40 能扩展 3 个模块，CP1L-L14 只能扩展 1 个模块。

④ CPU 内部 +5V 电源是否满足所有扩展模块的需要，扩展模块的 +5V 电源不能外接电源，只能由 CPU 供给。

⑤ CPU 智能模块对 I/O 点地址的占用。

在以上因素中，CPU 的供电能力对扩展模块的个数起决定因素，因此最为关键。

9.4.2 电源需求计算

电源计算就是用 CPU 所能提供的电源容量减去各模块所需要的电源消耗量。欧姆龙 CP1 系列的 CPU 模块提供 5V DC 和 24V DC 电源。当有扩展模块时，CPU 通过 I/O 总线为其提供 5V 电源，所有扩展模块的 5V 电源消耗之和不能超过该 CPU 提供的电源额定值。若不够用，不能外接 5V 电源。

下面举例说明电源的需求计算。

◁【例 9-5】 某系统上有 1 个 CP1L-M40、3 个 CP1WDA041 模块，计算由 CP1L-M40 供电，电源是否足够？应选择多大的供电电源？

【解】 首先查表 9-2 可知，CP1L-M40 可以带 3 个扩展模块，其 CPU 的供电应足够。以下计算其耗电量。各模块的耗电见表 9-10。

表 9-10 各模块的耗电

系统构成	CPU 单元	扩展（I/O）单元			合计
		1 台	2 台	3 台	
	CP1L-M40DR-D	CP1W-DA041	CP1W-DA041	CP1W-DA041	
5V	0.220A	0.130A	0.040A	0.000A	0.390A
24V	0.080A	0.000A	0.059A	0.000A	0.139A

CP1L-M40 的消耗功率 = (0.39A×5V/70% + 0.139A×24V) ×1.1=6.73W

第 10 章
欧姆龙 CP1 系列 PLC 编程软件 CX-One

本章主要介绍 CX-One 软件包、CX-Programmer 软件安装和使用方法，以及仿真软件 CX-Simulator 的使用，学会本章内容是欧姆龙 PLC 编程必备的。

■ 10.1 CX-One 软件包的介绍

CX-One 软件包继承了欧姆龙 PLC 和 Components 的支持软件，提供了一个基于 CPS（Component and Networks Profile Sheet）的集成开发环境。欧姆龙公司把以前对应不同 PLC 的编程软件、特殊 I/O 单元、CPU 总线单元的应用支持软件、HMI 软件、运动控制软件和过程控制软件整合成一个软件，这样用户只需要一次购头，一次注册，即可使用多个软件。而不需要像以前分别购买不同功能的软件，再分别安装。这种集成安装包已经成为大型工控公司的一种方向，例如西门子 Portal 和 GE 的 CimplicityMachine Edition 都是类似于 CX-One 软件包的集成开发环境。CX-One 软件包的软件组成见表 10-1。

表 10-1　CX-One 软件包的软件组成

序号	CX-One 中的支持软件		说明
1	PLC 软件	CX-Programmer	SYSMAC CS/CJ/CP 系列，C 系列和 CVM1/CV 系列的 CPU 程序的编译和调试的应用软件
		CX-Simulator	在计算机上模拟仿真 SYSMAC CS/CJ/CP 系列 CPU 程序的编译和调试的应用软件
		SwitchBox Utility	帮助调试的 PLC 应用软件
2	网络软件	CX-Integrator	创建和设置 FA 网络的应用软件，如 Controller Link、Devicenet、CompoWay/F 和以太网
		CX-Protocol	SYSMAC CS/CJ 系列，C200H/HG/HE 系列的串行通信板/单元/附加板和通用外部设备间创建协议的应用软件
		CX-Profibus	配置 Profibus 主站的软件

序号	CX-One 中的支持软件		说明
3	HMI 软件	CX -Designer	创建 NS 系列 PT 屏幕数据的应用软件
		CX-FLnet	用于 SYSMAC CS/CJ/CP 系列 FLnet 单元系统设定和监控的应用软件
4	运动控制软件	CX-Position	对 NC 单元的参数和数据进行设置传送以及定位序列的编写
		CX-Motion-MCH	主要针对运动控制单元 MCH 进行系统参数的设定、监控，可以创建和编辑位置数据并进行 MCH 专用语句的编写
		CX-Motion-NCF	主要针对运动控制单元 NCF 进行系统参数的设定、监控，可以创建和编辑位置数据
		CX-Motion	主要针对运动控制单元 MC 进行系统参数的设定、编辑和监控，创建和编辑位置数据并进行 G 语言程序的编写
		CX-DriveV	用于变频器和伺服设定和控制数据的应用软件
5	过程控制软件	CX-Process Tool	用于 SYSMAC CS/CJ 系列回路控制器，创建和调试功能块程序的应用软件
		Faceplate Auto-Builder for NS	将 CX-Process Tool 创建的功能块程序中的 tag 信息自动转换成 NS 系列触摸屏数据项目文件的应用软件
		CX-Thermo	在器件中，如温度控制器设定和控制参数的应用软件

■ 10.2 CX-Programmer 编程软件的安装

10.2.1 CX-Programmer 编程软件概述

CX-Programmer 是一款功能比较强大的软件，此软件易学易用，用于 SYSMAC CS/CJ/CP 系列，C 系列和 CVM1/CV 系列的 CPU 程序的编译和调试的应用软件，支持 3 种模式：LAD（梯形图）、FBD（功能块图）和 STL（语句表，也称为指令表或者助记符）。CX-Programmer 可提供程序的在线编辑、监控和调试。

如果读者没有安装此软件，可以在欧姆龙自动化（中国）有限公司的网站上下载软件安装使用，此软件是免费的，但读者下载软件前需要注册用户。

> 📌 **关键点** 单独的 CX-Programmer 软件是免费的，但 CX-One 软件包是收费软件，CX-One 软件包包含 CX-Programmer 软件，免费的 CX-Programmer 软件不包含仿真软件。

安装此软件对计算机的要求见表 10-2。安装 CX-One 需要至少 4GB 的安装空间。

表 10-2　CX-Programmer 软件的安装条件

项目	要求		
操作系统	Windows 2003	Windows XP	Windows7

续表

项目	要求		
主频	2.4GHz	600MHz	2.4GHz
内存	1GB	512MB	1GB
硬盘	1.8GB		
显示分辨率	800×600 或更高分辨率，至少 256 色		
驱动器	CD/DVD-ROM 驱动器		
通信口	至少一个 RS-232C 通信口		

计算机与 PLC 的通信连接图如图 10-1 所示。

图 10-1　计算机的 **RS-232C** 接口与 **PLC** 的通信连接图

10.2.2　CX-Programmer 编程软件的安装步骤

由于 CX-Programmer V7.3 可直接在欧姆龙网站下载，而且不需要授权，故本书的软件安装介绍的是 CX-Programmer V7.3 版本。但后续的案例以 CX-Programmer V9.4（CX-One 软件包的一部分）讲解，二者的使用方法相同。

① 打开 CX-Programmer 编程软件的安装包，单击 "OK" 按钮，把程序文件解压到一个目录中，本例为 "d：\CXP730_SCHI" 中，如图 10-2 所示。

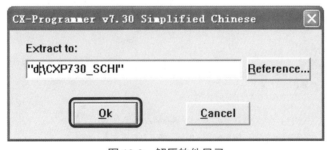

图 10-2　解压软件目录

② 在软件解压的目录 "d：\CXP730_SCHI" 中，双击 图标，弹出如图 10-3 所示的安装界面。单击 "下一步" 按钮，如图 10-4 所示。

③ 如图 10-5 所示，选中 "我接受许可证协议中的条款" 选项，单击 "下一步" 按钮，弹出文件安装目标目录界面，如图 10-6 所示，单击 "下一步" 按钮。单击 "安装" 按钮，软件开始安装，如图 10-7 所示。安装软件过程如图 10-8 所示。单击 "完成" 按钮，软件安装完成，如图 10-9 所示。此时软件可以用于编译程序了。

图 10-3　安装界面（1）

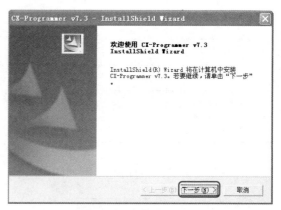

图 10-4　安装界面（2）

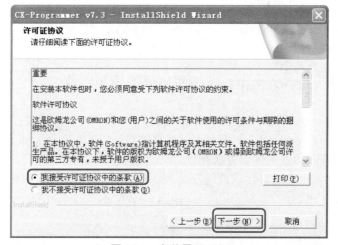

图 10-5　安装界面（3）

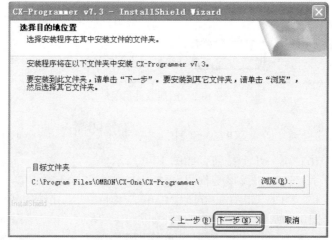

图 10-6　文件安装目标目录

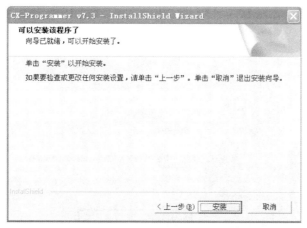

图 10-7　开始安装软件

图 10-8　安装软件过程

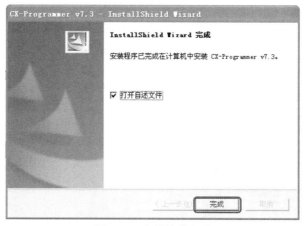

图 10-9　安装软件完成

④ 安装驱动软件。欧姆龙 CP1 系列 PLC 配有 USB 接口，以上软件安装并没有安装 USB 驱动程序，因此要使用 USB 接口，还要安装 USB 驱动程序。首先通过 USB 先将计算机和 PLC 连接上（计算机侧的是扁头 USB 接口，而 PLC 侧是方头 USB 接口）。PLC 上电后计算机上自动弹出"找到新的硬件向导"界面，如图 10-10 所示，单击"下一步"按钮。如图 10-11

所示，勾选"在搜索中包括这个位置"，单击"下一步"按钮，驱动程序开始安装。当驱动程序安装完成后，弹出"完成找到新硬件向导"界面，如图 10-12 所示，单击"完成"即可。

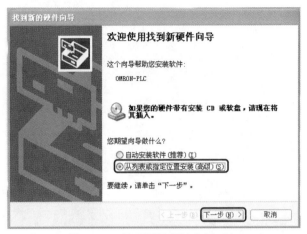

图 10-10　找到新的硬件向导（1）

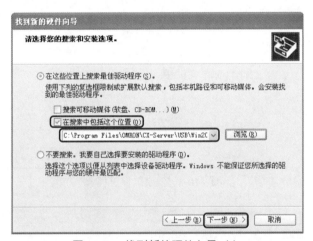

图 10-11　找到新的硬件向导（2）

图 10-12　完成找到新的硬件向导

⑤ 卸载软件。欧姆龙公司专门设计了专用的卸载 CX-One 软件的软件"CXOneRemover"。先打开软件文件"CXOneRemover"，双击  图标，弹出"选择安装语言"界面，选择"英语（美国）"，单击"OK"按钮，如图 10-13 所示。单击"NEXT"（下一步）按钮，如图 10-14 所示，弹出如图 10-15 所示的界面，单击"是"按钮，软件开始卸载。当卸载完成时，单击"Finish"按钮，如图 10-16 所示。

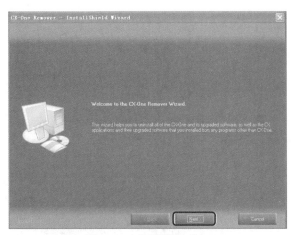

图 10-13　选择安装语言　　　　　　　　　图 10-14　卸载程序（1）

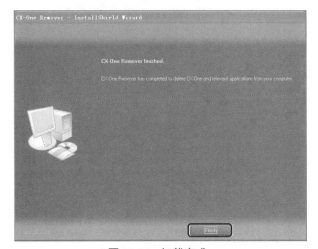

图 10-15　卸载程序（2）　　　　　　　　　图 10-16　卸载完成

■ 10.3　CX-Programmer 的使用

10.3.1　CX-Programmer 软件的打开

打开 CX-Programmer 软件通常有三种方法，分别介绍如下。

① 单击"所有程序"→"OMRON"→"CX-One"→"CX-Programmer"，如图 10-17 所示，即可打开软件。

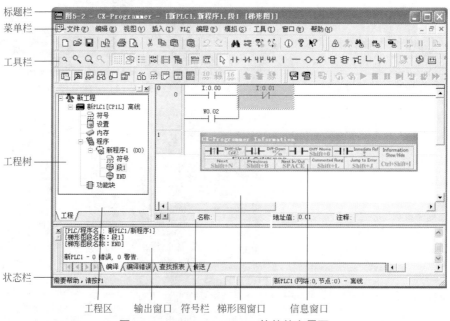

图 10-17 打开 CX-Programmer 软件界面

② 直接双击桌面上的 CX-Programmer 软件快捷方式 也可以打开软件，这是较快捷的打开方法。

③ 在电脑的任意位置，双击以前保存的程序，即可打开软件。

10.3.2 CX-Programmer 软件的界面介绍

CX-Programmer 软件的主界面如图 10-18 所示。其中包含标题栏、菜单栏、工程树、工具栏、状态栏、符号栏、输出窗口、信息窗口和梯形图窗口等。

图 10-18 CX-Programmer 软件的主界面

CX-Programmer 软件的主界面的各部分的含义见表 10-3。

表 10-3 CX-Programmer 软件的主界面的各部分的含义

序号	名称	内容 / 功能
1	标题栏	显示 CX-Programmer 中创建保存的文件名
2	菜单栏	选择菜单中的选项
3	工具栏	点击图标选择功能。选"视图"→"工具栏"，显示要选的工具图标
4	段	把一个程序分割成给定的几段。每一段都能创建和显示
5	工程区工程树	控制程序和数据。在不同工程或同一工程内执行鼠标拖动

续表

序号	名称	内容 / 功能
6	梯形图窗口	创建和编辑梯形图程序的屏幕
7	输出窗口	编辑程序时显示错误信息（错误检查）。显示在列表中搜索触点 / 线圈的结果。装载工程文件出错时显示错误内容
8	状态栏	显示有关 PLC 名称、在线 / 离线、激活单元的位置等信息
9	信息窗口	弹出小窗口显示 CX-Programmer 中使用的基本快捷键。选中"视图"→"信息窗口"来显示或隐藏信息窗口
10	符号栏	显示当前光标所指的符号的名称、地址或数值和注释

(1) 标题栏

显示 CX-Programmer 中创建保存的文件名。图 10-18 中的显示为"图 5-2"。

(2) 菜单栏

菜单栏包括文件、编辑、视图、插入、PLC、编程、模拟、工具、窗口和帮助 10 个菜单项。用户可以用热键和鼠标进行选择。

① 文件栏如图 10-19 所示，包含新建、打开、关闭、保存、另存为、打印和退出等，文件栏的用法与 Office 的用法类似。

② 编辑栏如图 10-20 所示，包含复制、剪切、粘贴、删除、全选、查找和替换，这些功能的用法与 Office 的用法类似，此外，还有一些功能：编辑、条（进行梯形图和助记符的转换）、微分（触头加上升沿或者下降沿）和删除未使用的符号等。

图 10-19　文件栏

图 10-20　编辑栏

③ 视图栏如图 10-21 所示，包含梯形图、助记符、交叉引用表、内存视图、显示条注释表、工具栏、窗口、状态栏、显示、放大、缩小和属性等。点击梯形图则程序显示为梯形图；点击助记符则程序显示助记符；交叉引用表则可以查看程序中用到的所有的变量及其位置，在调试时很有用；点击工具栏，工具栏消失，再次点击则工具栏显示；单击窗口中的"输出窗口"或者"工作区"可以显示或者将其关闭。

④ 插入栏如图 10-22 所示，包含条、行、列、触点、水平、垂直和线圈等。条在有的PLC 中也称为程序段或者网络，插入条，就是插入一个新的程序段。

图 10-21　视图栏

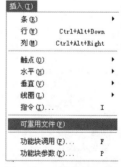

图 10-22　插入栏

⑤ PLC 栏如图 10-23 所示，包含 PLC 在线 /PLC 离线、操作模式、监视、传送、保护、编辑、改变机型、强制和设置等。这些功能是至关重要的，以下分别解释：

a. PLC 在线、PLC 离线就是将 CX-Programmer 与 PLC 联机或者断开连接；

b. 操作模式包括编程、调试、监视和运行几个模式，只有 PLC 在线时才有效；

c. 传送就是上传和下载程序，只有 PLC 在线时才有效；

d. 保护就是设置密码和释放密码，用于保护知识产权；

e. 改变机型就是当机型选择不符合时，重新更改正确的型号；

f. 强制和设置主要用在调试程序时，例如当按钮等硬件没有接入时，可以用强制或者设置的方法改变参数。

⑥ 编程栏如图 10-24 所示，包含编译、在线编辑、段 / 条管理器等。

图 10-23　PLC 栏

图 10-24　编程栏

⑦ 模拟栏如图 10-25 所示，包含在线模拟、退出模拟、PLC 错误模拟、断点设置和断点清除（在断点子菜单中）、运行和停止（在模式子菜单中）和单步操作等。

⑧ 工具栏如图 10-26 所示，PLC 备份工具、网络设置、PROM 写入器、Switch Box 工具、更改输入模式、键盘映像、选项等。

图 10-25　模拟栏

图 10-26　工具栏

（3）工具栏

CX-Programmer 的工具栏提供了便捷的鼠标操作访问方式，菜单栏中的功能在工具栏中基本都能找到，而且使用更加便捷。常用的工具栏介绍如下：

① 标准工具栏。标准工具栏如图 10-27 所示，包含新建、打开、保存、打印等按钮。

图 10-27　标准工具栏

② PLC 工具栏。PLC 工具栏如图 10-28 所示，包含在线、直接在线、从 PLC 传送任务、传送任务到 PLC、数据跟踪、设置密码和翻译密码等常用功能。

图 10-28　PLC 工具栏

③ 梯形图工具栏。梯形图工具栏如图 10-29 所示，包含缩放、切换网格、输入模式、新接点、选择模式和新 PLC 指令等按钮，是输入程序最为常用的工具。

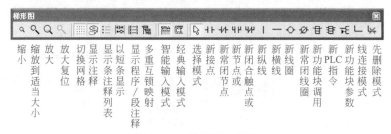

图 10-29　梯形图工具栏

④ 程序工具栏。程序工具栏如图 10-30 所示，包含切换窗口监视、编译程序、编译 PLC 程序、开始在线编辑等按钮。

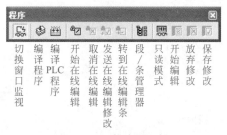

图 10-30　程序工具栏

⑤ 查看工具栏。查看工具栏如图 10-31 所示，包含切换工程工作区、切换输出窗口、切换查看窗口、显示地址引用工具、交叉引用表、查看梯形图（以梯形图显示程序）、查看记忆（以助记符显示程序）等按钮。

图 10-31　查看工具栏

⑥ SFC 工具栏。SFC 工具栏如图 10-32 所示，包含增加步、增加子图步、增加入口步、增加返回步、增加分支、增加汇流等按钮。

（4）工程区工程树

一般而言工程树在界面的左侧，工程树如图 10-33 所示，工程树的使用比较灵活。以下介绍几个常见的用法。

① 在新工程处，可以进行插入 PLC、粘贴、重命名等操作。插入 PLC 的操作方法是，先选中"新工程"→单击右键→单击"插入 PLC"即可，如图 10-34 所示。

② 在图 10-35 的"新 PLC1"处，可以进行修改、插入程序、离线工作、在线工作、重命名、剪切、复制和更改 PLC 类型等操作，双击"新 PLC1"处，弹出"变更 PLC"界面如图 10-35 所示。

图 10-33　工程区工程树

图 10-32　SFC 工具栏

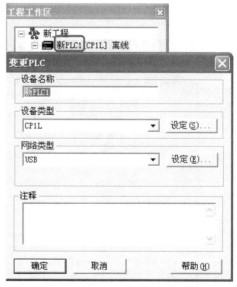

图 10-35　变更 PLC

图 10-34　插入 PLC

③ 全局符号表。在图 10-33 的上方有"符号"，双击此处，弹出一个符号表，如图 10-36 所示。这个符号表显示了常用的特殊继电器。

名称	数据类型	地址 / 值	机架位置	使用	注释
P_0_02s	BOOL	CF103		工作	0.02秒时钟脉冲位
P_0_1s	BOOL	CF100		工作	0.1秒时钟脉冲位
P_0_2s	BOOL	CF101		工作	0.2秒时钟脉冲位
P_1s	BOOL	CF102		工作	1.0秒时钟脉冲位
P_1分钟	BOOL	CF104		工作	1分钟时钟脉冲位
P_AER	BOOL	CF011		工作	访问错误标志
P_CI0	WORD	A450		工作	CI0区参数
P_CY	BOOL	CF004		工作	进位(CY)标志
P_Cycle_Time_Error	BOOL	A401.08		工作	循环时间错误标志
P_Cycle_Time_Value	UDINT	A264		工作	当前扫描时间
P_DM	WORD	A460		工作	DM区参数
P_EM0	WORD	A461		工作	EM0区参数
P_EM1	WORD	A462		工作	EM1区参数
P_EM2	WORD	A463		工作	EM2区参数
P_EM3	WORD	A464		工作	EM3区参数
P_EM4	WORD	A465		工作	EM4区参数
P_EM5	WORD	A466		工作	EM5区参数
P_EM6	WORD	A467		工作	EM6区参数
P_EM7	WORD	A468		工作	EM7区参数
P_EM8	WORD	A469		工作	EM8区参数
P_EM9	WORD	A470		工作	EM9区参数
P_EMA	WORD	A471		工作	EMA区参数
P_EMB	WORD	A472		工作	EMB区参数
P_EMC	WORD	A473		工作	EMC区参数
P_EQ	BOOL	CF006		工作	等于(EQ)标志
P_ER	BOOL	CF003		工作	指令执行错误(ER)标志
P_First_Cycle	BOOL	A200.11		工作	第一次循环标志
P_First_Cycle_Task	BOOL	A200.15		工作	第一次任务执行标志
P_GE	BOOL	CF000		工作	大于或等于(GE)标志
P_GT	BOOL	CF005		工作	大于(GT)标志
P_HR	WORD	A452		工作	HR区参数
P_IO_Verify_Error	BOOL	A402.09		工作	I/O确认错误标志

图 10-36　全局符号表

④ PLC 设置。在图 10-33 的上方有"设置"，双击此处，弹出 PLC 设定界面，如图 10-37 所示。对于不同的 PLC 都有各自的系统设置区，用于设置各种系统参数。这些参数包括启动、设置、时序、输入常数、串口 1、外部服务等。

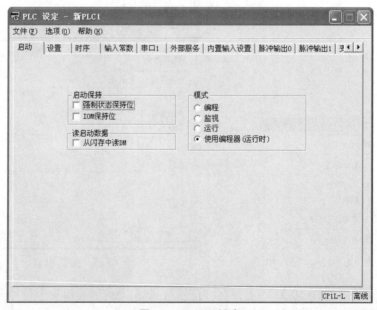

图 10-37　PLC 设定

⑤ PLC 内存。在图 10-33 的上方有"内存"，双击此处，弹出一个内存窗口，可以通过这个窗口监控 PLC 的实时数据。举例说明监控如图 10-38 所示的梯形图中的 100.00 的方法。先将梯形图下载到 PLC 中并运行；再双击图 10-33 上方的"内存"选项，弹出 PLC 内存窗口，如图 10-39 所示，选中 CIO，首地址中输入"100"，单击"监视"按钮 <img>，可以看到 100.0 在"0000"和"0001"之间跳变。

图 10-38　梯形图 (1)

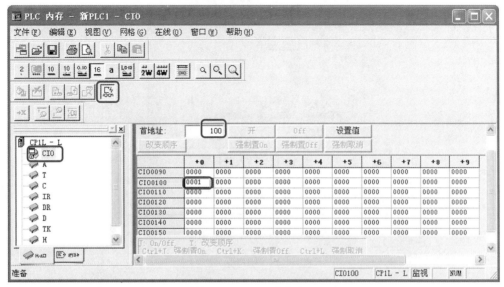

图 10-39　PLC 内存窗口

PLC 的内存窗口的应用比较灵活，除数据监控外，还可以修改数据、向 PLC 传送和比较数据、强制和设置数据、数据的清除和填充等。

⑥ PLC 程序。在图 10-33 的中间有"程序"，选中"程序"，单击右键，弹出快捷菜单，单击"插入程序"→"梯形图"，如图 10-40 所示，即可插入一段新程序。此外，在此还可以进行打开、复制、粘贴、删除和重命名等操作。

⑦ 符号表。在图 10-33 的下部有"符号"，双击此处，弹出一个符号表窗口。符号表中有名称、地址或值、注释、数据类型等栏目。在该窗口可以进行插入符号、复制、粘贴、删除和重命名等操作。以下

图 10-40　插入程序

介绍一个应用。如图 10-41 所示，选中"符号"，单击右键，弹出快捷菜单，单击"插入符号"，弹出如图 10-42 所示界面，把名称"Motor"和地址"100.00"对应，单击"确定"按钮，这样"Motor"就是地址"100.00"。做以上操作后，图 10-38 所示的程序变成如图 10-43 所示的程序。有的 PLC 中把经过这种设置后的寻址称为"符号寻址"。

图 10-41　插入符号表

图 10-42　插入符号表

图 10-43　梯形图（2）

⑧ 程序段。在图 10-33 的下部有"段 1"，双击此处，可以弹出程序编辑区域的界面。

⑨ 功能块。在图 10-33 的下部有"功能块"，欧姆龙的 CJ1、CS1、CP1H、CP1L 系列 PLC 可以使用功能块图编程。功能块图可以从欧姆龙的标准功能库或者其他的库文件中调入，用户可以用梯形图或者结构文本编写各种功能块。

（5）程序编辑窗口

正常情况下，程序编辑窗口的区域最大，是编写和调试程序的窗口。

（6）输出窗口

单击工具栏中的"切换输出窗口"按钮 ，可以关闭或者打开输出窗口。还可以单击菜单栏中的"视图"→"窗口"→"输出"关闭或者打开输出窗口。输出窗口有编译、编译错误、查找报表和传送四种不同的视图，如图 10-44 所示。

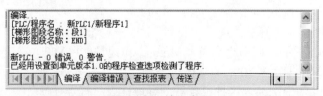

图 10-44　输出窗口

（7）查看窗口

单击工具栏中的"切换查看窗口"按钮 ，可以关闭或者打开查看窗口。还可以单击菜单栏中的"视图"→"窗口"→"查看"关闭或者打开查看窗口。该窗口可以同时监控多个 PLC 中指定的内存区域内容，如图 10-45 所示。图中监控到 100.00 的瞬时值为 1。这个功能在调试时比较有用。

图 10-45　查看窗口

（8）状态栏

状态栏在界面的最下面，如图 10-46 所示，状态栏上显示了模拟器处于监视模式、扫描周期为 2ms、当前处于智能输入模式等信息。

图 10-46　状态栏

10.3.3　创建新工程

新建工程有 2 种方法，一种方法是单击菜单栏中的"文件"→"新建"，如图 10-47 所示，弹出变更 PLC 界面，选择读者使用的设备类型（本例为 CP1L），再单击"设定"按钮，如图 10-48 所示，弹出设备类型设置界面，选择读者使用的 CPU 类型（本例为 M），如图 10-49 所示。另一种方法是单击工具栏中的 图标。

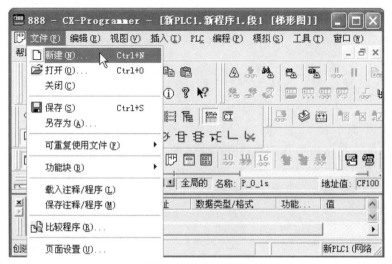

图 10-47　新建工程

图 10-48　变更 PLC　　　　　　　　　　图 10-49　设备类型设置

10.3.4　保存工程

保存工程有两种方法，一种方法是单击菜单栏中的"文件"→"保存"，即可保存工程，如图 10-50 所示。另一种方法是单击工具栏中的 ■ 图标即可。

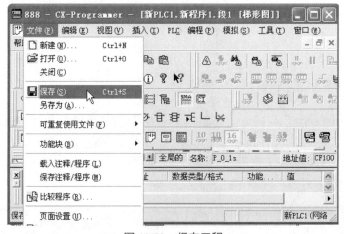

图 10-50　保存工程

10.3.5　打开工程

打开工程有三种方法，第一种方法是单击菜单栏中的"文件"→"打开"，如图 10-51所示，弹出图 10-52 所示窗口找到要打开的文件的位置，选中要打开的文件，单击"打开"按钮即可打开工程。第二种方法是单击工具栏中的 ■ 图标即可打开工程。第三种方法是直接在工程的存放目录下双击该工程，也可以打开此工程。

10.3.6　程序调试

程序调试是工程中的一个重要步骤，因为初步编写完成的程序不一定正确，有时虽然逻辑正确，但需要修改参数，因此程序调试十分重要。CX-Programmer 提供了丰富的程序调试工具供用户使用，下面分别介绍。

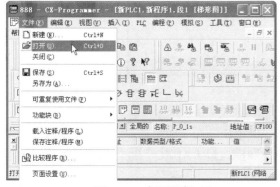

图 10-51 打开工程（1）

图 10-52 打开工程（2）

（1）查看窗口

使用查看窗口可以监控数据，各种参数（如 CPU 的 I/O 开关状态、模拟量的当前数值等）都在状态表中显示。此外，配合"强制"功能还能将相关数据写入 CPU，改变参数的状态，例如可以改变 I/O 开关状态。以下以如图 10-53 所示的梯形图为例，介绍查看窗口的使用。

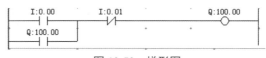

图 10-53 梯形图

单击工具栏中的"切换查看窗口"按钮，可以关闭或者打开查看窗口。还可以单击菜单栏中的"视图"→"窗口"→"查看"关闭或者打开查看窗口。在如图 10-54 所示的查看窗口中输入梯形图中的三个地址，先双击"地址"下面的空白，弹出如图 10-55 所示的编辑对话框，输入要监控的地址，输入完成后如图 10-56 所示。

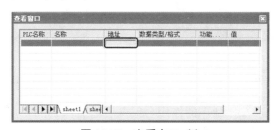

图 10-54 查看窗口（1）

图 10-55 编辑对话框

图 10-56 查看窗口（2）

（2）强制

CX-Programmer 提供了强制功能，以方便调试工作。在现场不具备某些外部条件的情况下模拟工艺状态。用户可以对数字量（DI/DO）和模拟量（AI/AO）进行强制。强制时，运行状态指示灯变成黄色，取消强制后指示灯变成绿色。

如果在没有实际的 I/O 连线时，可以利用强制功能调试程序。先下载程序，在"查看窗口"中，选中"0.00"，单击右键，弹出快捷菜单，再单击"强制"→"On"，如图 10-57 所示，则输入继电器"0.00"为 1。如单击"强制"→"Off"，则输入继电器"0.00"为 0，单击"强制"→"取消"，则取消强制。当然强制功能也可以直接在梯形图中使用。有的 PLC 对于输入继电器，不能使用强制功能。

（3）设置

CX-Programmer 提供了数据写入功能，以方便调试工作。先下载程序，在"查看窗口"中，选中"0.00"，单击右键，弹出快捷菜单，单击"设置"→"On"，如图 10-58 所示，则输入继电器"0.00"为 1。如单击"设置"→"Off"，则输入继电器"0.00"为 0。

图 10-57 使用强制功能

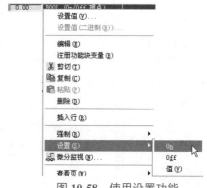

图 10-58 使用设置功能

"设置"的作用类似于"强制"的作用。但两者是有区别的：强制功能的优先级别要高于"设置"，"设置"的数据可能改变参数状态，但当与逻辑运算的结果抵触时，写入的数值也可能不起作用。

【例 10-1】 如图 10-59 所示的梯形图，100.00 状态为 1，问分别用"设置""强制"功能，是否能将 100.00 的数值变成 0？

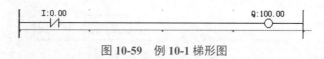

图 10-59 例 10-1 梯形图

【解】　用"设置"功能不能将 100.00 的数值变成 0，因为图 10-59 的梯形图逻辑运算的结果造成 100.00 为 1，与"设置"结果抵触，最后输出结果以逻辑运算的结果为准。

用"强制"功能将 100.00 的数值变成 0，因为强制的作用高于逻辑运算的作用。

强制后的梯形图和查看窗口如图 10-60 所示。

图 10-60　强制后的梯形图和查看窗口

（4）数据跟踪图

前面提到查看窗口可以监控 PLC 的状态数据，数据跟踪图同样可以监控数据，只不过使用查看窗口监控数据时的结果是以表格的形式展示的，而使用数据跟踪图时则以曲线的形式表达。利用后者能够更加直观地观察数字量信号变化的逻辑时序或者模拟量的变化趋势。

单击调试工具栏上的"数据跟踪"按钮，打开数据跟踪图，在数据跟踪图的菜单中单击"操作"→"监控"→"时间模式"，数据跟踪图如图 10-61 所示，再单击"读跟踪数据"按钮，读取跟踪数据，再单击"执行跟踪 / 时间图"按钮，图上显示的是参数 100.00 的时序图，如图 10-62 所示。

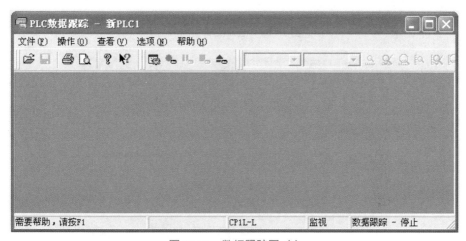

图 10-61　数据跟踪图（1）

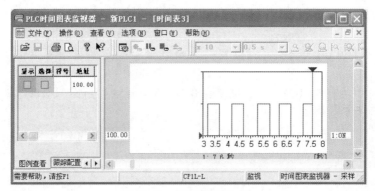

图 10-62 数据跟踪图（2）

10.3.7 交叉引用表

交叉引用表能显示程序中元件使用的详细信息。交叉引用表对查找程序中数据地址十分有用。在菜单中单击“视图”→“交叉引用表”，或者直接在工具栏中单击“交叉引用表”按钮，可弹出如图 10-63 所示的界面，单击“生成”按钮，弹出交叉引用表，如图 10-64 所示。当双击交叉引用表中某个元素时，界面立即切换到程序编辑器中显示交叉引用对应元件的程序段。例如，双击“交叉引用表”中第二行的“100.00”，界面切换到程序编辑器中，而且光标（方框）停留在“100.00”上，如图 10-65 所示。

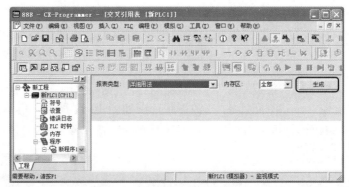

图 10-63 生成交叉引用表

报表类型：详细用法 内存区：全部 生成

空闲的 5483 步
总 UM: 6144 步

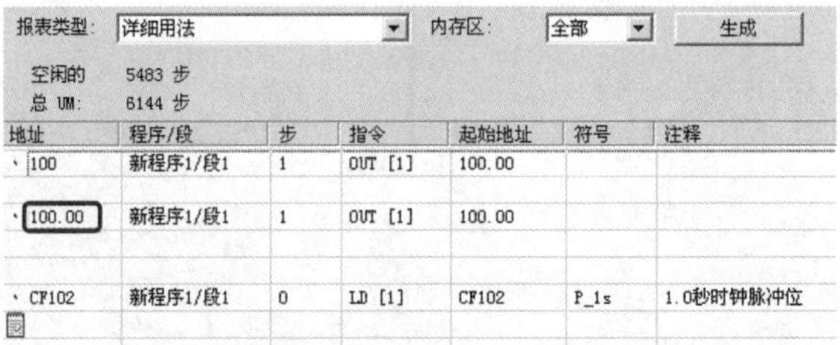

地址	程序/段	步	指令	起始地址	符号	注释
100	新程序1/段1	1	OUT [1]	100.00		
100.00	新程序1/段1	1	OUT [1]	100.00		
CF102	新程序1/段1	0	LD [1]	CF102	P_1s	1.0秒时钟脉冲位

图 10-64 交叉引用表

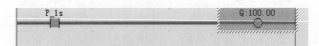

图 10-65 交叉引用表对应的程序

10.3.8　地址引用

地址引用工具用来完成如何在 PLC 程序中集中显示 PLC 地址，以及在哪里使用 PLC 地址。在 CX-Programmer 的菜单中单击"视图"→"窗口"→"地址引用工具"，或者直接在工具栏中单击"显示地址引用工具"按钮，可弹出如图 10-66 所示界面。

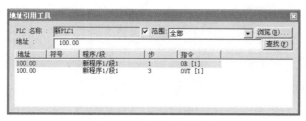

图 10-66　地址引用工具

10.3.9　帮助菜单

CX-Programmer 软件虽然界面友好，比较容易使用，但遇到问题也是难免的。CX-Programmer 软件提供了详尽的帮助。使用菜单栏中的"帮助"→"帮助内容"命令，可以打开如图 10-67 所示的"帮助"对话框。其中有四个选项卡，分别是"目录""索引""搜索"和"书签"。"目录"选项卡中显示的是 CX-Programmer 软件的帮助主题，单击帮助主题可以查看详细内容。而在"索引"选项卡中，可以根据关键字查询帮助主题。目前 CX-Programmer 提供的帮助是英文版，还没有汉化，对读者的英文水平有一定的要求，如读者看不懂英文，则建议读者参考相关的中文手册。

图 10-67　使用 CX-Programmer 的帮助

■ 10.4　用 CX-Programmer 创建一个完整的工程

下面以图 10-68 所示的启 / 停控制梯形图为例，完整地介绍一个程序从输入到下载、运行和监控的全过程，说明 CX-Programmer 软件的使用方法。

图 10-68　启 / 停控制梯形图

(1) 打开 CX-Programmer 软件

打开 CX-Programmer 软件，弹出如图 10-69 所示的界面。

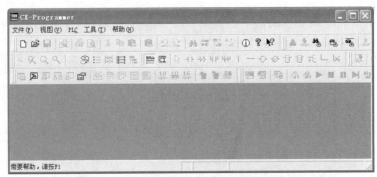

图 10-69　CX-Programmer 软件初始界面

(2) 新建工程

新建工程有两种方法。一种方法是单击菜单栏中的"文件"→"新建"，如图 10-70 所示，弹出变更 PLC 界面，选择读者使用的设备类型（本例为 CP1L），再单击"设定"按钮，如图 10-71 所示，弹出设备类型设置界面，选择读者使用的 CPU 类型（本例为 L），如图 10-72 所示，单击"确定"按钮。另一种方法是单击工具栏中的□图标。

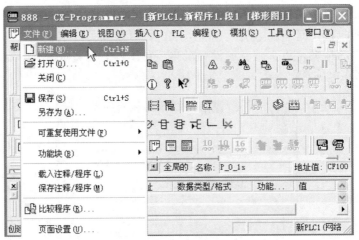

图 10-70　新建工程

图 10-71　变更 PLC

图 10-72　设备类型设置

（3）保存工程

保存工程有两种方法，一种方法是单击菜单栏中的"文件"→"保存"，输入保存工程的名称，即可保存工程，如图 10-73 所示。另一种方法是单击工具栏中的 ⊟ 图标即可。

图 10-73　保存工程

（4）输入程序

展开工程树，选中"段 1"，单击常开触点按钮"⊣⊢"，弹出常开触点，将触点移到"条 0"处，单击鼠标左键，如图 10-74 所示，弹出新接点界面，如图 10-75 所示，在左侧框中输入启动按钮地址 0.00，单击"确定"按钮，之后显示如图 10-76 所示界面。用同样的方法输入常闭触点按钮"⊣⁄⊢"（0.01）、输出线圈按钮"⟶○⟵"（100.00），换行后再双击常开触点按钮"⊣⊢"（100.00），输入完毕后如图 10-77 所示。

图 10-74　输入程序（1）

图 10-75　输入程序（2）

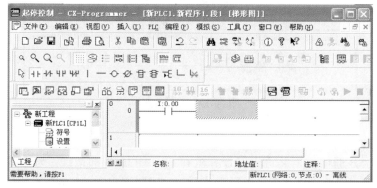

图 10-76　输入程序（3）

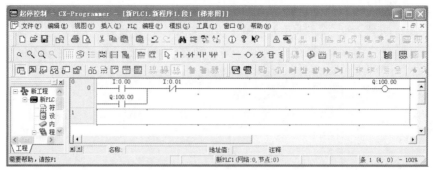

图 10-77　输入程序（4）

关键点　　有的初学者在输入时会犯这样的错误，将"100.00"错误地输入成"100.0o"，此时"100.0o"为红色的字体，左母线也变成红色，提示错误。错误输入的梯形图如图 10-78 所示。因此，以后只要梯形图中有红色字体出现，读者要特别注意。

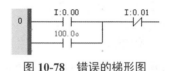

图 10-78　错误的梯形图

（5）编译程序

单击工具栏的"编译 PLC 程序"按钮🎛进行编译，若程序有错误，则查看窗口会显示错误信息。

编译后如果有错误，可在下方的查看窗口查看错误，双击该错误即跳转到程序中该错误的所在处，根据系统手册中的指令要求进行修改，如图 10-79 所示。将图中的错误修改后重新编译。

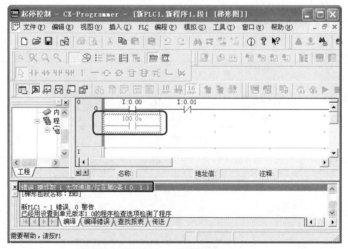

图 10-79　编译程序

（6）连机通信

本例采用 USB 通信，因此首先将计算机和 PLC 用 USB 通信线（与打印机上的 USB 通信线相同）连接，如图 10-80 所示，PLC 上电，单击 CX-Programmer 工具栏上的"在线工作"按钮⚖️，或者单击菜单栏中的"PLC"→"在线工作"，弹出如图 10-81 所示界面，单击"是"按钮，建立 PLC 与计算机上的 CX-Programmer 软件的联系。

图 10-80　PC 与 PLC 的连线图　　　　　图 10-81　连机通信

（7）下载程序

单击标准工具栏中的"下载"按钮⚖️，或者单击菜单栏中的"PLC"→"传送"→"到PLC"，弹出"下载选项"对话框，如图 10-82 所示，单击"确定"按钮，弹出如图 10-83 所示界面，单击"是"按钮，弹出 10-84 所示的界面，单击"是"按钮，则程序自动下载到PLC 中。下载成功后，输出窗口中有"下载成功"字样的提示，单击"完成"按钮即可，如图 10-85 所示。最后在如图 10-86 所示的界面，单击"是"按钮，PLC 处于运行状态。

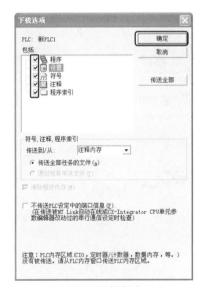

图 10-82　下载程序（1）

图 10-83　下载程序（2）

图 10-84　下载程序（3）

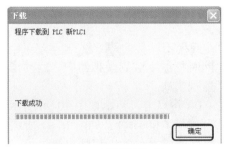

图 10-85　下载程序（4）

图 10-86　下载程序（5）

①如果实际 PLC 的类型和程序中的 PLC 类型不一致，程序不能下载。②没有安装 USB 驱动之前，程序不能用 USB 电缆下载。

(8) 程序状态监控和调试

做完以上操作后，程序实际就处于监控状态，如图 10-87 所示，被绿色填满的触点和线圈，其状态为 1（接通或者得电）。压上 PLC 上的硬件按钮（0.00），则梯形图中的触点 0.00 闭合，线圈 100.00 得电自锁。也可以选中梯形图中的触点 0.00，单击鼠标右键，弹出快捷菜单，将触点 0.00 设置为 "On"，梯形图编辑器界面也能显示如图 10-87 所示的效果，当然也可以用强制的方法。

图 10-87　程序状态监控

■ 10.5　CX-Simulator 仿真软件

10.5.1　仿真软件简介

仿真软件可以在计算机或者编程设备（如 Power PG）中模拟 PLC 运行和测试程序，就像运行在真实的硬件上一样。欧姆龙公司为 CP1 系列 PLC 设计了仿真软件 CX-Simulator，遗憾的是欧姆龙公司网站上可以免费下载的 CX-Programmer 软件中并不包含仿真软件 CX-Simulator，但收费软件 CX-One 中包含 CX-Programmer 和 CX-Simulator。下面将介绍仿真软件 CX-Simulator 的应用。

10.5.2　仿真软件 CX-Simulator 的使用

CX-Simulator 仿真软件的界面友好，使用非常简单，下面以如图 10-88 所示的程序的仿真为例介绍 CX-Simulator 的使用。

① 在 CX-Programmer 软件中输入如图 10-88 所示的梯形图。

图 10-88　示例程序

② 在 CX-Programmer 的工具栏中单击 "在线模拟" 按钮🖲，或者在菜单中，单击 "模拟" → "在线模拟"，启动在线模拟器，与此同时程序下载到模拟器中，启动模拟器后的界面如图 10-89 所示。状态栏上显示模拟器处于监视模式。

③ 仿真程序。选中梯形图中的常开触点 0.00 并双击，弹出如图 10-90 所示的界面，将其值设定为 "1"，单击 "设置" 按钮，这样常开触点 0.00 闭合，如图 10-91 所示。

仿真软件为学习 PLC 的读者提供了一个很好的工具，为工程师也提供了一个很好的模拟辅助调试的工具，但仿真软件不可能模仿现成所有的实际情况，因此编写的程序最终还是要以现场调试为准,特别是大型软件,都要在现场进行修改。

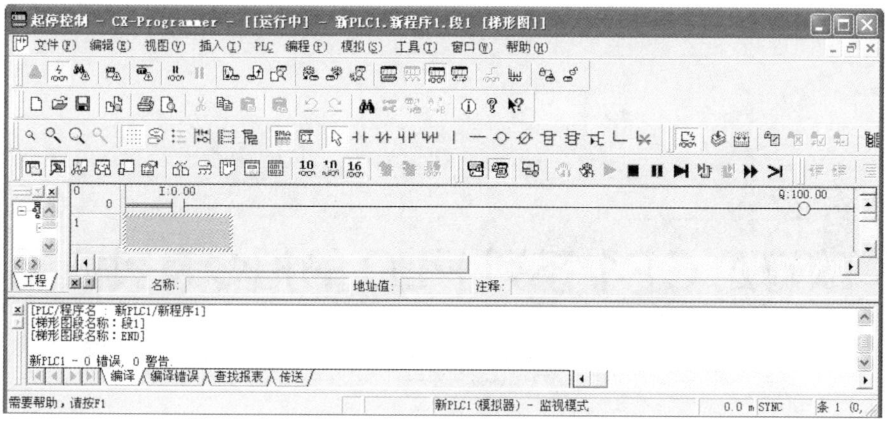

图 10-89 模拟器

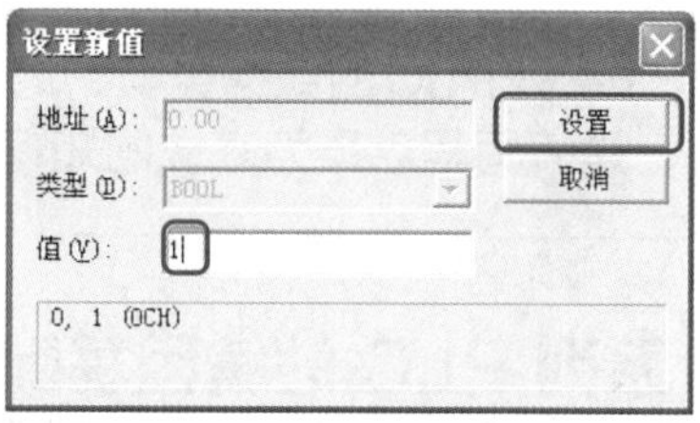

图 10-90 设置新值

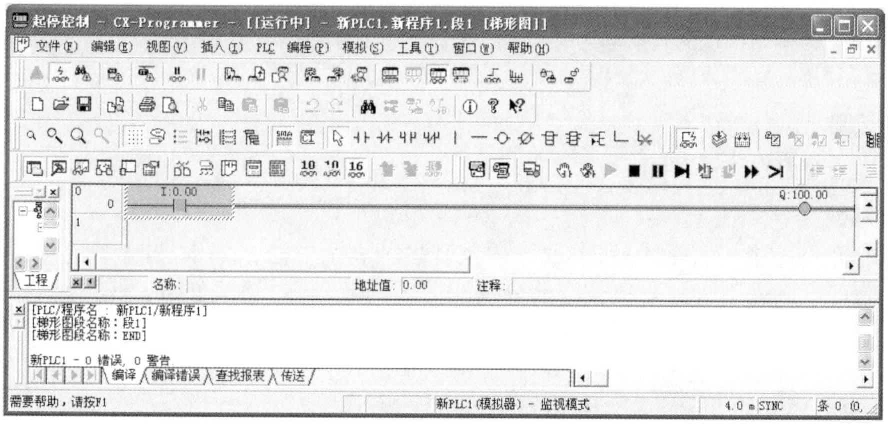

图 10-91 程序仿真效果

第 11 章
欧姆龙 CP1 系列 PLC 的指令及其应用

本章主要介绍欧姆龙 CP1 系列 PLC 的数据类型、地址分配，CP1 的编程语言。本章内容多，而且非常重要，是编写程序最为基础的知识准备。

■ 11.1 欧姆龙 CP1 系列 PLC 的编程基础知识

11.1.1 数据的存储类型

(1) 数制
数制内容参看本书 4.1.1 节。

(2) 常数
在 CP1 的许多指令中都用到常数，常数有多种表示方法，如十进制和十六进制等。在表述十进制和十六进制时，要在数据前分别加 "&" 或 "#"，格式如下：

十进制常数：&1100；十六进制常数：#234B1。

11.1.2 I/O 存储器区域地址的指定方法

以下的地址都是针对 CP1L 的。

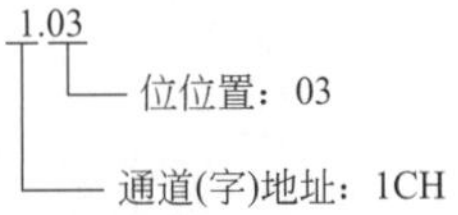

```
1.03
 └── 位位置: 03
 └── 通道(字)地址: 1CH
```
图 11-1 位寻址的例子

位地址的指定方法如下：

若要存取存储区的某一位，则必须指定地址，包括存储器通道和位号。图 11-1 是一个位寻址的例子。其中，1 表示通道字是 "1"，位是 "03"，通道和位地址之间用点号（.）隔开。

(1) 输入继电器
输入继电器与输入端相连，它是专门用来接收 PLC 外部开关信号的元件。在每次扫描周期的开始，CPU 对物理输入点进行采样，并将采样值写入输入继电器中。可以按位、字或双字来存取输入继电器中的数据，输入继电器等效电路如图 11-2 所示，真实的回路中当按钮闭合，线圈 0.00 得电，经过 PLC 内部电路的转化，使得梯形图中常开触点 0.00 闭合，理解这一点很重要。

位格式：[字地址].[位地址]，如 0.00。

字格式：0，即输入继电器 0 通道。CP1L 的 00 ～ 99CH 通道是输入通道，共 1600 点。

（2）输出继电器

输出继电器是用来将 PLC 内部信号输出传送给外部负载（用户输出设备）。输出继电器线圈是由 PLC 内部程序的指令驱动，其线圈状态传送给输出单元，再由输出单元对应的硬触点来驱动外部负载，输出继电器等效电路如图 11-3 所示。当梯形图中的线圈 100.00 得电，经过 PLC 内部电路的转化，使得真实回路中的常开触头 100.00 闭合，从而使得外部设备线圈得电，理解这一点很重要。

在每次扫描周期的结尾，CPU 将输出继电器中的数值复制到物理输出点上。可以按位、字或双字来存取输出继电器。CP1L 的输出通道为 100 ～ 199CH，共 1600 点。

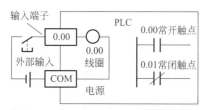

图 11-2　输入继电器 0.00 的等效电路

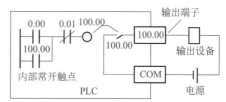

图 11-3　输出继电器 100.00 的等效电路

（3）1：1 链接继电器

在 1：1 链接主站 / 从站使用的继电器区域。用于 CP1L CPU 单元或 CPM2 □等的数据链接。共 1024 点（64 CH），通道范围为 3000 ～ 3063CH。

（4）串行 PLC 链接区

它是串行 PLC 链接中使用的继电器区域，用于与其他的 PLC、CP1L CPU 单元或 CP1H CPU 单元等进行的数据链接。共 1440 点（90 CH），通道范围为 3100 ～ 3189CH。

（5）内部辅助继电器 W

内部辅助继电器是 PLC 中数量较多的一种继电器，一般的辅助继电器与继电器控制系统中的中间继电器相似。内部辅助继电器不能直接驱动外部负载，负载只能由输出继电器的外部触点驱动。内部辅助继电器的常开与常闭触点在 PLC 内部编程时可无限次使用。可以用位存储区作为控制继电器来存储中间操作状态和控制信息。其范围是 W0 ～ W511CH，共 8192 点。

◁【例 11-1】　图 11-4 所示的梯形图中，100.00 控制一盏灯，请分析当系统上电后接通 0.00 和系统断电后又上电时灯的明暗情况。

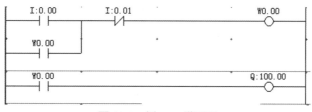

图 11-4　例 11-1 梯形图

【解】 当系统上电后接通 0.00，W0.00 线圈带电，并自锁，灯亮；系统断电后又上电，100.00 线圈处于断电状态，灯不亮。

（6）保持继电器（HR）

它是仅可在程序上使用的继电器区域。PLC 上电（OFF → ON）或模式切换（程序模式 ←→ 运行模式/监视模式间的切换）时也保持 ON/OFF 状态。其范围是 H0 ~ H511CH，共 8192 点。此外，H512 ~ H1535 CH 为功能块专用保持继电器。

（7）数据存储器（DM）

以字（16 位）单位来读写的通用数据区域。PLC 上电（OFF → ON）或 PLC 动作模式切换（程序模式 ←→ 运行模式/监视模式间的切换）时也可保持数据。数据存储器在 PLC 中十分常用，其数目根据 PLC 的型号而不同，对于 30/40 的 CPU，其范围是 D0 ~ D32767，而对于 14/20 的 CPU，其范围是 D0 ~ D9999 和 D32000 ~ D32767。

（8）特殊辅助继电器（AR）

其是系统中被分配特定功能的继电器。其范围为 A0 ~ A959。特殊辅助继电器代表一些特殊功能，在编写程序时非常常用，例如使用高速输入、高速输出、通信和使用中断功能时，必然要用到特殊辅助继电器。几个常用特殊辅助继电器见表 11-1。

表 11-1　几个常用特殊辅助继电器

名称	符号名称	地址	含义
出错标志	P_ER	CF003	各指令的操作数的数据为非法时（发生指令处理出错时）为 ON。表示指令的异常结束 如通过 PLC 系统设定将"发生指令出错时的动作设定"设定为"停止"则出错（ER）标志为 ON 时停止运行，同时指令处理出错标志（A295.08）转为 ON
访问出错标志	P_AER	CF011	"无效区域访问出错"发生时为 ON。无效区域访问出错是指对不应用原来指令访问的区域进行了访问 在 PLC 系统设定中将"指令错误发生时动作设定"设定为"停止"时，本访问出错标志（AER）的运行停止，同时无效区域访问出错标志（A295.10）为 ON
进位标志	P_CY	CF004	运算的结果存在进位或退位的情况下、位被移位的情况下等为 ON 在数据移位指令、四则运算（带 CY 加减法）指令中，是运算对象的一种
＞标志	P_GT	CF005	在 2 个数据的比较结果为"＞"的情况下、某数据超过指定范围上限的情况下等为 ON
＝标志	P_EQ	CF006	在 2 个数据的比较结果为"＝"的情况下、运算结果为 0 的情况下等为 ON
＜标志	P_LT	CFOO7	在 2 个数据的比较结果为"＜"的情况下、某数据超过指定范围下限的情况下等为 ON
负数标志	P_N	CF008	在运算结果的最高位为 1 的情况下等为 ON
上溢标志	P_OF	CF009	在运算结果为上溢的情况下为 ON

续表

名称	符号名称	地址	含义
下溢标志	P_UF	CF010	在运算结果为下溢的情况下为 ON
≥标志	P_GE	CF000	在 2 个数据的比较结果为"≥"情况下为 ON
≠标志	P_NE	CF001	在 2 个数据的比较结果为"≠"情况下为 ON
≤标志	P_LE	CF002	在 2 个数据的比较结果为"≤"情况下为 ON
常时 ON 标志	P_On	CF113	平常为 ON 状态的标志［Always 1（ON）的含义］
常时 OFF 标志	P_Off	CF114	平常为 OFF 状态的标志［Always 0（OFF）的含义］
0.1s 的脉冲位	P_0_1s	CF100	周期为 0.1s 的脉冲位
1s 的脉冲位	P_1s	CF102	周期为 1s 的脉冲位
1min 的脉冲位	P_1min	CF104	周期为 1min 的脉冲位
第一次循环标志	P_First_Cycle	A200.11	第一次循环时，接通一个扫描周期

　　特殊继电器数量较多，把所有的都记住是一件很困难的事情，也没有必要，读者可以查询《CP1L 硬件手册》的附录，学习任何 PLC，学会阅读手册是非常关键的。

　　P_On、P_First_Cycle 和 P_1s 的时序图如图 11-5 所示。

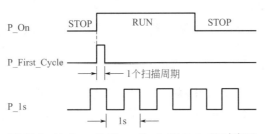

图 11-5　P_On、P_First_Cycle 和 P_1s 的时序图

◁【例 11-2】　图 11-6 所示的梯形图中，100.00 控制一盏灯，请分析当系统上电后灯的明暗情况。

图 11-6　例 11-2 梯形图

　　【解】　因为 P_1s 是周期为 1s 的脉冲信号，所以灯亮 0.5s，然后暗 0.5s，以 1s 为周期闪烁。

　　P_1s 常用于报警灯的闪烁。

(9) 定时器（TIM）

定时器分为定时完成标志（触点）及定时器当前值区域。可使用 T0～T4095 的 4096 个定时器。定时器非常重要。

① 定时完成标志（T）　以触点（1 位）为单位来读取的区域。经过设定时间后，定时器转为 ON。

② 定时器当前值（T）　以字（16 位）为单位来读取的区域。当定时器工作时，PV 值增加 / 减少。

(10) 计数器（CNT）

计数器分为计数完成标志（触点）和计数器当前值区域。可使用 C0～C4095 的 4096 个计数器。

① 计数完成标志（C）　以触点（1 位）为单位来读取的区域。经过设定值后，计数器转为 ON。

② 计数器当前值（C）　以字（16 位）为单位来读取的区域。当定时器工作时，PV 值增加 / 减少。

(11) 状态标志

表示指令执行结果的标志，及通常为 ON 或 OFF 的标志。不是用地址而是用标签（名称）来指定。

(12) 时钟脉冲

根据 CPU 单元内置定时器置为 ON/OFF。不是用地址而是用标签（名称）来指定。

(13) 任务标志（TK）

周期执行任务为执行状态（RUN）时置于 1（ON），未执行状态（INI）或待机状态（WAIT）时置于 0（OFF）的标志。

(14) 索引寄存器（IR）

保存 I/O 存储器的有效地址（RAM 上的地址）的专用寄存器。用该寄存器间接指定 I/O 存储器使用。可以在每个任务中个别使用，或者在所有任务共享。

11.1.3　欧姆龙 PLC 的编程语言

1993 年国际电工委员会（IEC）发布了 IEC 61131-3 标准，这个标准规范了 5 种 PLC 的编程语言，即梯形图（LAD）、指令表（IL）、结构文本（ST）、功能块图（FBD）和顺序功能图表（SFC）。

欧姆龙的 PLC 支持以上编程语言，以下简要介绍。

(1) 梯形图（LAD）

梯形图由电气原理图发展演变而来，直观易懂，适合于数字量逻辑控制。"能流"（power flow）与程序执行的方向一致。梯形图适合于熟悉继电器电路的人员使用。设计复杂的触点电路时最好用梯形图。其应用最为广泛。

(2) 指令表（IL）

指令表也称助记符或者语句表，指令表可以和梯形图相互转化（有的 PLC 的指令表功能比梯形图强大）。指令表可供喜欢用汇编语言编程的用户使用。指令表输入快，可以在每条语句后面加上注释。设计高级应用程序时建议使用指令表。

(3)功能块图(FBD)

功能块图是将 PLC 编程模块化，可以将具有一定功能的程序构成一个模块，这个模块可以在程序中多次调用。功能块图适合于熟悉数字电路的人使用。

(4)顺序功能图表(SFC)

顺序功能图表类似于工艺流程图，是针对顺序控制系统进行编程的图形编程语言，特别适合顺序控制程序编写。

(5)结构文本(ST)

结构化文本是为了完成梯形图难以完成的工作，适合于复杂的公式计算、复杂的计算任务和最优化算法，或管理大量的数据等。

不同的编程语言适用于不同的场合和不同的编程人员。

11.2 基本逻辑指令

基本逻辑指令是指构成基本逻辑运算功能指令的集合，包括基本时序输入、时序输出、置位/复位、边沿触发、逻辑栈、定时、计数、时序控制指令等。

11.2.1 时序输入指令

(1)读及读非指令

LD：表示逻辑起始，读取指定触点的 ON/OFF 内容。

LD NOT：表示逻辑起始，将指定触点的 ON/OFF 内容取反后读入。

图 11-7 所示梯形图及语句表表示上述两条指令的用法。

LD	I:0.00
OUT	Q:100.00
LD NOT	I:0.01
OUT	W0.00

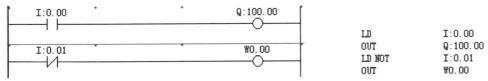

图 11-7 LD、LD NOT 指令应用举例

读及读非指令使用说明。

① LD：读指令，对应梯形图从左侧母线开始，连接常开触点。

② LD NOT：读非指令，对应梯形图从左侧母线开始，连接常闭触点。

③ LD、LD NOT 的操作数：CIO、H、TK、IR、W、A、T、C 等。

图 11-7 中梯形图的含义解释。当常开触点 0.00 接通，则线圈 100.00 得电，当常闭触点 0.01 接通，则线圈 W0.00 得电。此梯形图的含义与以前学过的电气控制中的电气图类似。

(2)与 AND、与非 AND NOT 指令

AND：取指定触点的 ON/OFF 内容与前面的输入条件之间的逻辑积，就是常开触点串联。

AND NOT：对指定触点的 ON/OFF 内容取反，取与前面的输入条件之间的逻辑积，就是常闭触点串联。

图 11-8 所示梯形图及指令表表示了上述两条指令的用法。

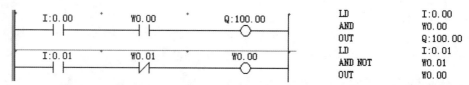

图 11-8　AND、AND NOT 指令应用举例

与 AND、与非 AND NOT 指令使用说明。

① AND、AND NOT：是单个触点串联指令，可连续使用。

② AND、AND NOT 的操作数：CIO、H、TK、IR、W、A、T、C 等。

图 11-8 中梯形图的含义解释。当常开触点 0.00、W0.00 同时接通，则线圈 100.00 得电，常开触点 0.00、W0.00 都不接通，或者只有一个接通，线圈 100.00 不得电，常开触点 0.00、W0.00 是串联（与）关系。当常开触点 0.01、常闭触点 W0.01 同时接通，则线圈 W0.00 得电，常开触点 0.01 和常闭触点 W0.01 是串联（与非）关系。

（3）或 OR/或非 OR NOT 指令

OR：取指定触点的 ON/OFF 内容与前面的输入条件之间的逻辑和。就是常开触点并联。

OR NOT：对指定触点的 ON/OFF 内容取反，取与前面的输入条件之间的逻辑和。就是常闭触点并联。

图 11-9 所示梯形图及指令表表示了上述两条指令的用法。

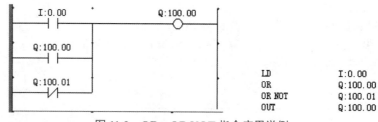

图 11-9　OR、OR NOT 指令应用举例

或 OR、或非 OR NOT 指令使用说明。

① OR、OR NOT：是单个触点并联指令，可连续使用。

② OR、OR NOT 的操作数：CIO、H、TK、IR、W、A、T、C 等。

图 11-9 中梯形图的含义解释。当常开触点 0.00、100.00，常闭触点 100.01 有一个或者多个接通，则线圈 100.00 得电，常开触点 0.00、100.00 和常闭触点 100.01 是并联（或、或非）关系。

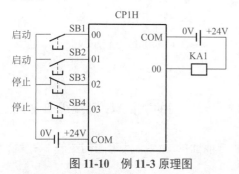

图 11-10　例 11-3 原理图

◁【例 11-3】　请设计两地控制电动机的启停的梯形图和接线图。

【解】　最容易想到的原理图和梯形图如图 11-10 和图 11-11 所示。这种解法是正确的解法，但不是最优方案，因为这种解法占用了较多的 I/O 点。

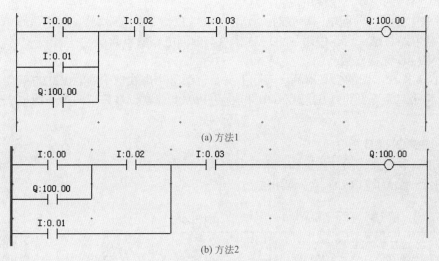

图 11-11 例 11-3 梯形图

优化后的方案原理图如图 11-12 所示，梯形图如图 11-13 所示。可见节省了 2 个输入点，但功能完全相同。

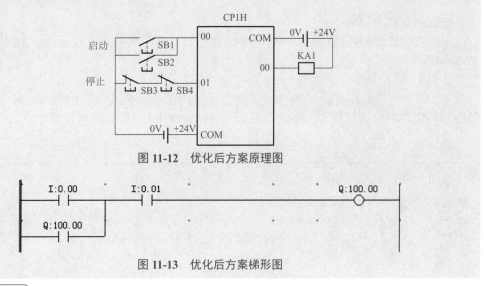

图 11-12 优化后方案原理图

图 11-13 优化后方案梯形图

关键点 一般在多地启停控制中，启动按钮为并联，停止按钮为串联。

（4）块与 AND LD 指令

AND LD：取电路块间的逻辑积。即并联电路块的串联连接。

图 11-14 展示了 AND LD 指令的用法。

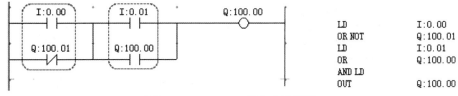

LD	I:0.00
OR NOT	Q:100.01
LD	I:0.01
OR	Q:100.00
AND LD	
OUT	Q:100.00

图 11-14 AND LD 指令应用举例

并联电路块的串联指令使用说明：

① 并联电路块与前面电路串联时，使用 AND LD 指令。电路块的起点用 LD 或 LD NOT 指令，并联电路块结束后，使用 AND LD 指令与前面电路块串联。

② AND LD 无操作数。

图 11-14 中梯形图的含义解释。实际上就是把第一个虚线框中的触点 0.00 和触点 100.01 并联，再将第二个虚线框中的触点 0.01 和触点 100.00 并联，最后把两个虚线框中并联后的结果串联。

(5) 块或 OR LD 指令

OR LD：取电路块间的逻辑和，串联电路块的并联连接。

图 11-15 展示了 OR LD 指令的用法。

```
LD        I:0.00
AND       I:0.01
LD NOT    Q:100.01
AND       Q:100.00
OR LD
OUT       Q:100.00
```

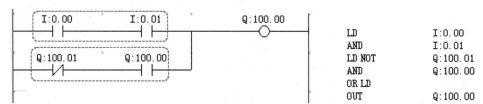

图 11-15 OR LD 指令应用举例

块或指令使用说明：

① 串联电路块并联连接时，其支路的起点均以 LD 或 LD NOT 开始，终点以 OR LD 结束。

② OR LD 无操作数。

图 11-15 中梯形图的含义解释。实际上就是把第一个虚线框中的触点 0.00 和触点 0.01 串联，再将第二个虚线框中的触点 100.01 和触点 100.00 串联，最后把两个虚线框中串联后的结果并联。

【例 11-4】 请编写电动机的启动优先的控制程序。

【解】 0.00 是启动按钮接常开触点，0.01 是停止按钮接常闭触点。启动优先于停止的程序如图 11-16 所示。优化后的程序如图 11-17 所示。

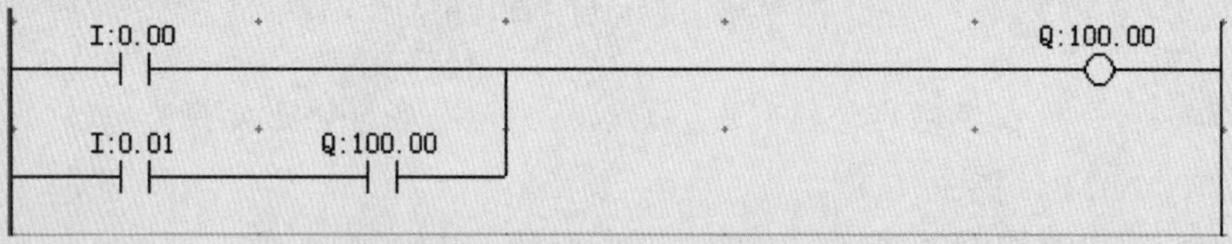

图 11-16 例 11-4 梯形图

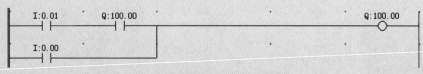

图 11-17 例 11-4 优化后梯形图

（6）上升沿微分 UP 和下降沿微分 DOWN 指令

上升沿微分 UP 指令就是输入信号的上升沿（OFF → ON）时，1 周期内为 ON，连接到下一段。下降沿微分 DOWN 指令就是输入信号的下降沿（ON → OFF）时，1 周期内为 ON，连接到下一段以后。微分指令格式见表 11-2。

表 11-2 微分指令格式

LAD	STL	功能
┤ UP ├	UP	正跳变，无操作元件
┤ DOWN ├	DOWN	负跳变，无操作元件

用一个例子说明上升沿微分的含义，梯形图如图 11-18 所示，其时序图如图 11-19 所示。触点 0.00 闭合，线圈 100.00 仅仅得电一个扫描周期。

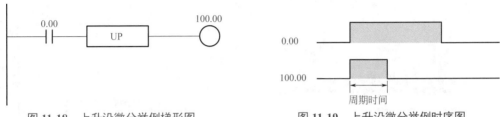

图 11-18 上升沿微分举例梯形图　　　　图 11-19 上升沿微分举例时序图

用一个例子说明下降沿微分的含义，梯形图如图 11-20 所示，其时序图如图 11-21 所示。触点 0.00 断开后，线圈 100.01 仅仅得电一个扫描周期。

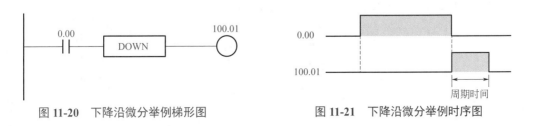

图 11-20 下降沿微分举例梯形图　　　　图 11-21 下降沿微分举例时序图

◁【例 11-5】　设计一个程序，实现用一个单按钮控制一盏灯的亮和灭，即按奇数次按钮灯亮，按偶数次按钮灯灭。

【解】　当 0.00 第一次合上时，W0.00 接通一个扫描周期，使得 100.00 线圈得电一个扫描周期，当下一次扫描周期到达，100.00 常开触点闭合自锁，灯亮。

当 0.00 第二次合上时，W0.00 接通一个扫描周期，使得 100.00 线圈闭合一个扫描周期，切断 100.00 的常开触点和 W0.00 的常开触点，使得灯灭。梯形图如图 11-22（a）所示。

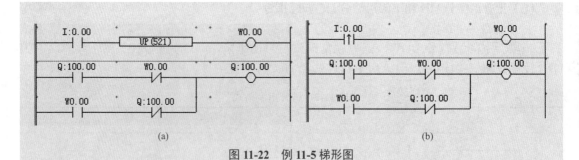

图 11-22　例 11-5 梯形图

图 11-22（a）与图 11-22（b）是等价的。那么，"⬆↑⬆" 是怎样出来的呢？先单击新触点选项卡中的 "详细资料" 如图 11-23 所示，弹出如图 11-24 所示的界面，再选中 "上升"，单击 "确定" 按钮即可。

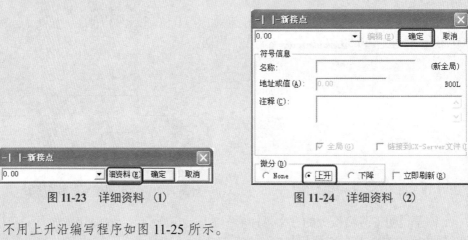

图 11-23　详细资料 (1)　　　　　　　　图 11-24　详细资料 (2)

不用上升沿编写程序如图 11-25 所示。

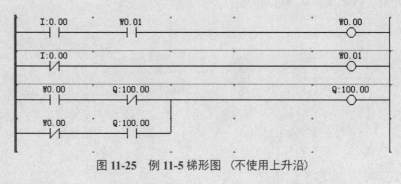

图 11-25　例 11-5 梯形图（不使用上升沿）

关键点　单键启停控制的方法很多，后续还要介绍其他方法，这说明同一问题可以有多种程序编写方法。

11.2.2　时序输出指令

(1) 输出 OUT 和输出非 OUT NOT 指令
① OUT：将逻辑运算处理结果（输入条件）输出到指定触点。

② OUT NOT：将逻辑运算处理结果（输入条件）取反，输出到指定触点。

如图 11-26 所示，当触点 0.00 闭合，那么 W0.00 线圈得电（为 1，也称为 ON），W0.01 线圈断电（为 0，也称为 OFF），当触点 0.00 断开，那么 W0.01 线圈得电（为 1，也称为 ON），W0.00 线圈断电（为 0，也称为 OFF）。

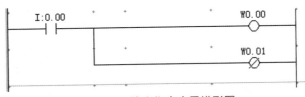

图 11-26　输出指令应用梯形图

（2）保持 KEEP 指令

置位输入（输入条件）为 ON 时，保持 R 所指定的继电器的 ON 状态。复位输入为 ON 时，进入 OFF 状态。保持指令格式见表 11-3。

表 11-3　保持指令格式

LAD	STL	功　　能
置位 ┌─────┐ 复位 │KEEP │ └─────┘ │ R │ R: 继电器编号	KEEP	进行保持继电器（自保持）的动作

保持指令的应用如图 11-27 所示，当触点 0.00 闭合，而触点 0.01 断开，线圈 100.00 得电保持，直到 0.01 闭合，线圈 100.00 失电。

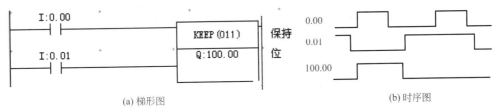

(a) 梯形图　　　　　　　　　　　　(b) 时序图

图 11-27　保持指令应用

> 🎯关键点　置位输入（输入条件）和复位输入同时为 ON 时，复位输入优先，即复位有效，置位无效。

◁【例 11-6】　设计一个程序，实现用一个单按钮控制一盏灯的亮和灭，即按奇数次按钮灯亮，按偶数次按钮灯灭。

【解】　最简单的方法是用保持指令编写程序，程序如图 11-28 所示。当第一次压下 0.00 按钮时，100.00 置位，当第二次压下 0.00 按钮时，100.00 复位，灯灭。

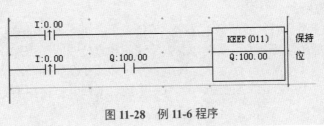

图 11-28　例 11-6 程序

◁【例11-7】 用欧姆龙CP1L系列PLC对一台三相异步电动机进行"正—停—反"控制，请设计电气原理图，编写梯形图指令。

【解】 三相异步电动的"正—停—反"控制，类似于使用两次三相异步电动机的"启停"控制，不难进行设计，电气原理图和梯形图如图11-29和图11-30所示。

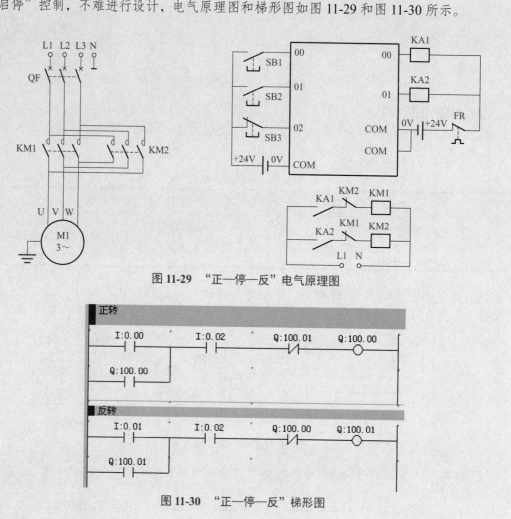

图11-29 "正—停—反"电气原理图

图11-30 "正—停—反"梯形图

🎯**关键点** SB3是停止按钮，应该接常闭触点，这主要是基于安全考虑，这点读者务必注意。由于SB3接常闭触点，所以在梯形图中，0.02要用常开触点，这点初学者容易出错。

（3）置位 / 复位指令

普通线圈获得能量流时，线圈通电（存储器位置1），能量流不能到达时，线圈断电（存储器位置0）。置位 / 复位指令将线圈设计成置位线圈和复位线圈两大部分。置位线圈受到脉冲前沿触发时，线圈通电锁存（存储器位置1），复位线圈受到脉冲前沿触发时，线圈断电锁存（存储器位置0），下次置位、复位操作信号到来前，线圈状态保持不变（自锁）。置位 / 复位指令格式见表11-4。

表 11-4 置位／复位指令格式

LAD	STL	功 能
SET R	SET, R	输入条件为 ON 时，将 R 所指定的触点置于 ON。无论输入条件是 OFF 还是 ON，指定触点 R 将始终保持 ON 状态
RSET R	RSET, R	输入条件为 ON 时，将 R 所指定的触点置于 OFF。无论输入条件是 OFF 还是 ON，指定触点 R 将始终保持 OFF 状态

RSET、SET 指令的使用如图 11-31 所示，当 PLC 首次扫描时，100.00 得电，当 0.01 接通时，100.00 断电。

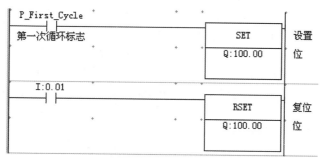

图 11-31 RSET、SET 指令的使用

关键点 编程时，置位、复位线圈之间间隔的段个数可以任意设置，置位、复位线圈通常成对使用，也可单独使用。

【例 11-8】 如图 11-32（a）所示的程序，若 0.00 上电一段时间后再断开，请画出 0.00、100.00、100.01 和 100.02 的时序图。

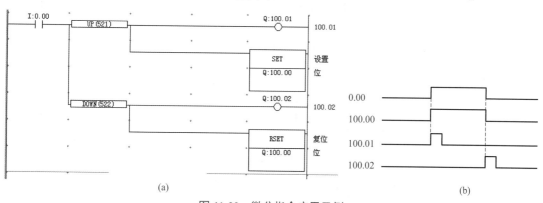

图 11-32 微分指令应用示例

【解】 如图 11-32（b）所示，在 0.00 的上升沿，触点产生一个扫描周期的时钟脉冲，驱动输出线圈 100.01 通电一个扫描周期，100.00 通电，使输出线圈 100.00 置位并保持。

在 0.00 的下降沿，触点产生一个扫描周期的时钟脉冲，驱动输出线圈 100.02 通电一个扫描周期，使输出线圈 100.00 复位并保持。

11.3 定时器与计数器指令

11.3.1 定时器指令

欧姆龙 CP1 系列 PLC 的定时器种类较多，主要有 TIM（BCD 定时器）、TIMH（BCD 高速定时器）、TIMHH（BCD 超高速定时器）、TTIM（BCD 累计定时器）、MTIM（BCD 多输出定时器）、TIML（BCD 长时间定时器）和 CNR（BCD 定时器/计数器复位）。

(1) 工作方式

在欧姆龙 CP1 系列 PLC 中，可以选择"BCD 方式（模式）"或"BIN 方式（模式）"作为定时器/计数器相关指令的当前值更新方式。通过设定"BIN 方式（模式）"，可以将定时器/计数器的设定时间从之前的 0 ～ 9999 扩展到 0 ～ 65535。同时，也可以将通过其他指令计算出的 BIN 数据作为定时器/计数器的设定值使用。此外，即使对定时器/计数器的设定值进行通道（间接）指定时，该定时器/计数器的当前值更新方式也有效 [无论被间接指定的值为 BCD 还是 BIN，"BCD 方式（模式）"/"BIN 方式（模式）"均有效]。

CP1 系列细分类方法见表 11-5。

表 11-5　定时器工作方式及类型

指令分类	指令名	助记符	
		BCD 方式	BIN 方式
定时器/计数器指令	定时器（100ms）	TIM	TIMX（550）
	高速定时器（10ms）	TIMH（015）	TIMHX（551）
	超高速定时器（1ms）	TIMHH（540）	TIMHHX（552）
	累计定时器（100ms）	TTIM（087）	TTIMX（555）
	长时间定时器（100ms）	TIML（542）	TIMLX（553）
	多输出定时器（100ms）	MTIM（543）	MTIMX（554）
块程序指令	定时器/计数器复位	CNR（545）	CNRX（547）
	定时器等待（100ms）	TIMW（813）	TIMWX（816）
	高速定时器等待（10ms）	TMHW（815）	TMHWX（817）

(2) 工作原理分析

欧姆龙的定时器用减法更新当前值。以定时器 TIM 为例说明，当预置值为 #100（BCD 码，实际就是十进制的 100），其单位是 0.1s，所以定时时间为：100×0.1s=10s。

理解这一点是很重要的。当前值是定时开始后剩下的时间，假如说预置值为 #100，定时开始了 2s，那么当前值为：100-2×10=80，因为当前值表示的是定时剩下的时间，而不是定时时间。欧姆龙 CP1 系列的定时器的基本功能见表 11-6。

表 11-6　定时器基本功能一览

指令名称	指令语句	更新	单位	最大设定值	定时器点数/指令	定时器编号	时间到时标志更新定时	定时器当前值更新时序	复位时	
									向上标志	当前值
定时器	TIM	减法	0.1s	999.9s	1 点	使用	执行指令时	执行指令时每 100ms 更新一次（仅限 T0000 ～ T0015）	OFF	设定值
	TIMX			6553.5s						
高速定时器	TIMH	减法	0.01s	99.99s	1 点	使用	执行指令时	执行指令时每 10ms 更新一次（仅限 T0000 ～ T0015）	OFF	设定值
	TIMHX			655.35s						
超高速定时器	TIMHH	减法	0.001s	9.999s	1 点	使用	每 1ms 中断一次	每 1ms 更新一次	OFF	设定值
	TIMHHX			65.535s						
累计定时器	TTIM	累计	0.1s	999.9s	1 点	使用	执行指令时	仅在执行指令时	OFF	0
	TTIMX			6553.5s						
长时间定时器	TIML	减法	0.1s	115d	1 点	不使用		仅在执行指令时	OFF	设定值
	TIMLX		1s	49710d						
多输出定时器	MTIM	累计	0.1s	999.9s	8 点	不使用		仅在执行指令时	OFF	0
	MTIMX			6553.5s						

① TIM 定时器　当输入端有效时，定时器开始计时，当前值从设定开始递减，当预置值为 0 时，定时器输出状态位置 1。任何时候，当输入端断开，定时器输出为 0，即定时器线圈断开。TIM 定时器实际就是通电延时型定时器，类似于继电器 - 接触器系统中的通电延时型时间继电器。欧姆龙 CP1L 系列只有 BCD 更新模式。

◁【例 11-9】　已知梯形图和 0.00 时序如图 11-33 所示，请画出 100.00 的时序图。

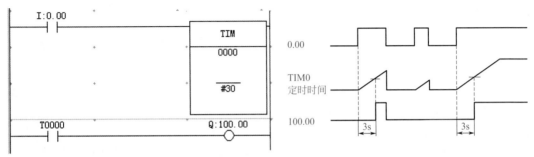

图 11-33　TIM 定时器应用示例

【解】 当接通 0.00，延时 3s 后，100.00 得电。

◁【例 11-10】 设计一段程序，实现一盏灯亮 3s，灭 3s，不断循环，且能实现启停控制。

【解】 当接通 SB1 按钮，灯 HL1 亮，T0 延时 3s 后，灯 HL1 灭，T1 延时 3s 后，切断 T0，灯 HL1 亮，如此循环。接线图如图 11-34 所示，梯形图如图 11-35 所示。

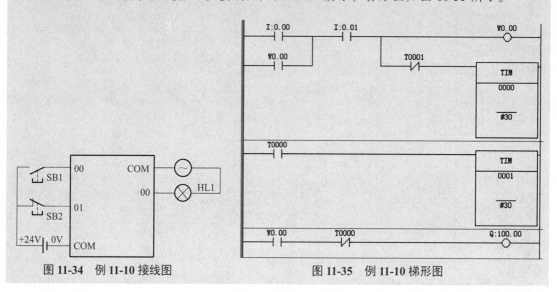

图 11-34　例 11-10 接线图　　　　图 11-35　例 11-10 梯形图

◁【例 11-11】 设计一段程序，启动时可自锁和立即停止，到停机时，要报警 1s。

【解】 原理图如图 11-36 所示，程序如图 11-37 所示。

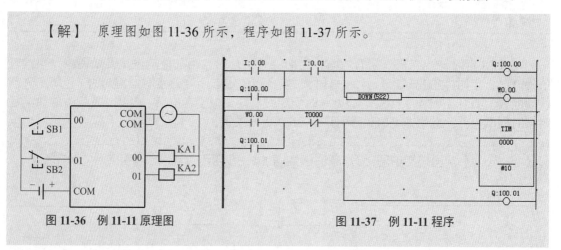

图 11-36　例 11-11 原理图　　　　图 11-37　例 11-11 程序

② 累计定时器 TTIM　输入段有效（接通）时，定时器开始计时，当前值递增，当前值大于或等于预置值时，输出状态位置 1。使能端输入无效（断开）时，当前值保持（记忆），使能端再次接通有效时，在原记忆值的基础上递增计时。有记忆通电延时型定时器采用线圈的复位指令进行复位操作，当复位线圈有效时，定时器当前值清 0，输出状态位置 0。

【例 11-12】　已知梯形图以及 0.00 和 0.01 的时序如图 11-38 所示，请画出 100.00 的时序图。

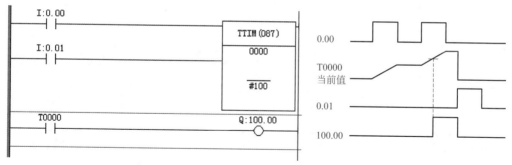

图 11-38　有记忆的通电延时型定时器应用示例

【解】　当接通 0.00，延时 10s 后，100.00 得电；0.00 断电后，100.00 仍然保持得电，当 0.01 接通时，定时器复位，100.00 断电。

关键点　有记忆的通电延时型定时器的线圈带电后，必须复位才能断电。

③长时间定时器 TIML　长时间定时器 TIML 的参数含义如图 11-39 所示。

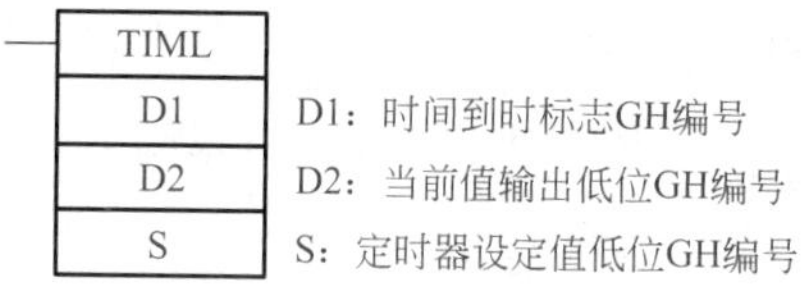

TIML	
D1	D1：时间到时标志 GH 编号
D2	D2：当前值输出低位 GH 编号
S	S：定时器设定值低位 GH 编号

图 11-39　长时间定时器 TIML 的参数含义

【例 11-13】　已知梯形图如图 11-40 所示，请解释其含义。

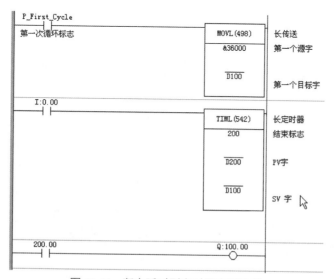

图 11-40　断电延时型定时器应用示例

【解】　当上电后，将36000传送到D101和D100中，接通0.00后，定时开始，3600s后，200.00闭合，所以100.00也得电。任何时候0.00断开，则200.00的常开触点断开，100.00也随之断电。这是长定时的例子，在后面还会介绍长定时的例子，但比这个例子复杂。

很多PLC都有断电延时型定时器，欧姆龙的CP1系列PLC没有断电延时型定时器，但这并不影响PLC的应用，其实欧姆龙的TIM可以实现断电延时型定时器的功能，以下用2个例子进行讲解。

◁【例11-14】　某车库中有一盏灯，当人离开车库后，按下停止按钮，5s后灯熄灭，请编写程序。

【解】　当接通SB1按钮，灯HL1亮；按下SB2按钮5s后，灯HL1灭。接线图如图11-41所示，梯形图如图11-42所示。

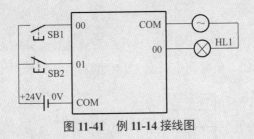

图11-41　例11-14接线图

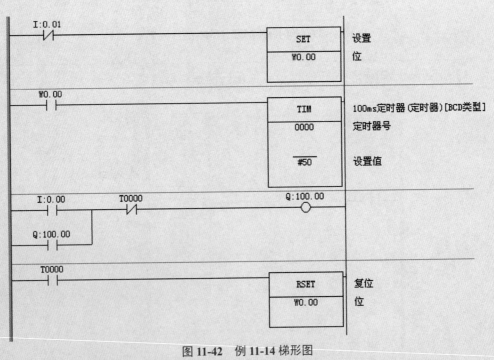

图11-42　例11-14梯形图

◁ 【例 11-15】　鼓风机系统一般由引风机和鼓风机两级构成。当按下启动按钮之后,引风机先工作,工作 5s 后,鼓风机工作。按下停止按钮之后,鼓风机先停止工作,5s 之后,引风机才停止工作。

【解】　a. PLC 的 I/O 分配见表 11-7。

表 11-7　例 11-15 PLC 的 I/O 分配表

输　入			输　出		
名　称	符　号	输入点	名　称	符　号	输出点
开始按钮	SB1	0.00	鼓风机	KA1	100.00
停止按钮	SB2	0.01	引风机	KA2	100.01

b. 控制系统的接线。鼓风机控制系统的接线比较简单,如图 11-43 所示。

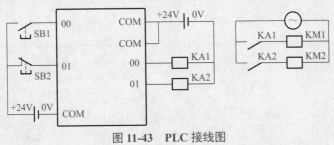

图 11-43　PLC 接线图

c. 编写程序。引风机在按下停止按钮后还要运行 5s,鼓风机在引风机工作 5s 后才开始工作,因而容易想到用两个定时器,不难设计梯形图,如图 11-44 所示。

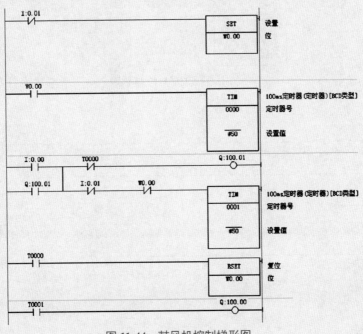

图 11-44　鼓风机控制梯形图

◁ 【例 11-16】　常见的小区门禁，用来阻止陌生车辆直接出入。要求编写门禁系统控制程序实现如下控制功能。小区保安可以手动控制门开，到达门开限位开关时，停止 20s 后自动关闭，在关闭过程中如果检测到有人通过（用一个按钮模拟），则停止 5s，然后继续关闭，到达关门限位时停止。

【解】　a. PLC 的 I/O 分配。PLC 的 I/O 分配见表 11-8。

表 11-8　例 11-16 PLC 的 I/O 分配表

输　入			输　出		
名　称	符　号	输入点	名　称	符　号	输出点
开始按钮	SB1	0.00	开门	KA1	100.00
停止按钮	SB2	0.01	关门	KA2	100.01
行人通过	SB3	0.02			
开门限位开关	SQ1	0.03			
关门限位开关	SQ2	0.04			

b. 系统的接线图。系统的接线图如图 11-45 所示。

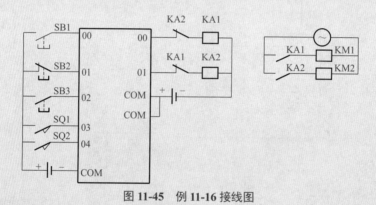

图 11-45　例 11-16 接线图

c. 编写程序。梯形图如图 11-46 所示。

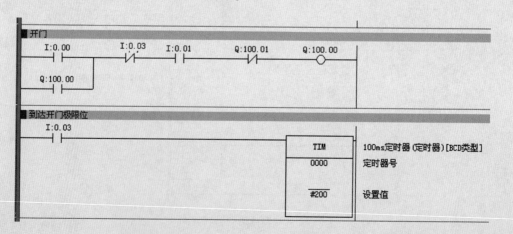

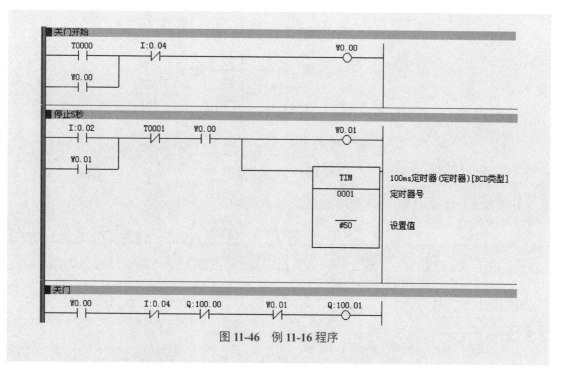

图 11-46 例 11-16 程序

11.3.2 计数器指令

计数器利用输入脉冲上升沿累计脉冲个数，欧姆龙 CP1 系列 PLC 有计数器（CNT）、可逆计数器（CNTR）、定时器 / 计数器复位（CNR）和计数等待（CNTW）共四类计数指令。有的资料上将"可逆计数器"称为"加 / 减计数器"。计数器的使用方法和基本结构与定时器基本相同，主要由预置值寄存器、当前值寄存器和状态位等组成。计数器的种类见表 11-9。

表 11-9 计数器的种类

指令分类	指令名	助记符	
		BCD 方式	BIN 方式
计数器指令	计数器	CNT	CNTX（546）
	可逆计数器	CNTR（012）	CNTRX（548）
	定时器 / 计数器复位	CNR（545）	CNRX（547）
块程序指令	计数等待	CNTW（814）	CNTWX（818）

(1) 计数器（CNT/CNTX）

每次计数输入上升时，计数器当前值将进行减法计数。计数器当前值 =0 时，计数结束标志为 ON。计数结束后，如果不使用复位输入 ON 或 CNR/CNRX 指令进行计数器复位，将不能进行重启。复位输入为 ON 时被复位（当前值 = 设定值、计数结束标志 =OFF），计数输入无效，这种计数器也称为减计数器。计数原理如图 11-47 所示。

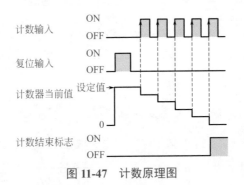

图 11-47　计数原理图

计数器（CNT/CNTX）指令和参数见表 11-10。

表 11-10　计数器指令和参数

LAD	参数	类型	说明	存储区
计数器输入 CNT N S 复位输入	N	BCD	计数器编号，0 ～ 4095	常数
		BIN		
	S	BCD	计数器设定值，0 ～ 9999	CIO，W，H，A，T，C，D，常数
		BIN	计数器设定值，0 ～ 65535	

◁ 【例 11-17】　设计一个程序，实现用一个单按钮控制一盏灯的亮和灭，即按奇数次按钮时，灯亮，按偶数次按钮时，灯灭。

【解】　当 0.00 第一次合上时，W0.00 接通一个扫描周期，使得 100.00 线圈得电一个扫描周期，当下一次扫描周期到达，100.00 常开触点闭合自锁，灯亮。

当 0.00 第二次合上时，W0.00 接通一个扫描周期，C0 计数为 2，100.00 线圈断电，使得灯灭，同时计数器复位。梯形图如图 11-48 所示。

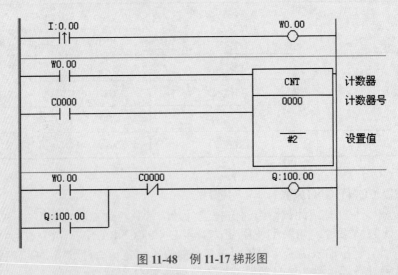

图 11-48　例 11-17 梯形图

◁【例 11-18】 请编写一段程序，实现延时 6h 后，点亮一盏灯，要求有启停控制。

【解】 欧姆龙 CP1 系列 PLC 的定时器的长延时可以用长定时定时器，另一种做法是用一个定时器 TIM 定时 60min，每次定时 60min，计数器计数增加 1，直到计数 6 次，定时时间就是 6h。梯形图如图 11-49 所示。

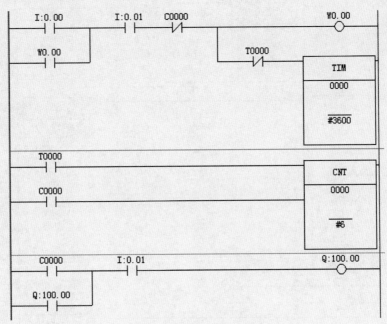

图 11-49 例 11-18 梯形图

◁【例 11-19】 密码锁控制系统有 5 个按钮 SB1～SB5，其控制要求如下。

① SB1 为开锁按钮，按下 SB1 按钮，才可以开锁。

② SB2、SB3 为可按压按钮，开锁条件是：SB2 压 3 次，SB3 压 2 次，同时，按下 SB2、SB3 有顺序要求，先压 SB2，后压 SB3。

③ SB5 为不可按压的按钮，一旦按压，则系统报警。

④ SB4 为复位按钮，按压 SB4 后，可重新进行开锁作业，所有计数器被清零。

【解】 输入点分配：SB1—0.00，SB2—0.01，SB3—0.02，SB4—0.03，SB5—0.05；输出点分配：开锁—100.00，报警—100.01。

程序如图 11-50 所示。

图 11-50

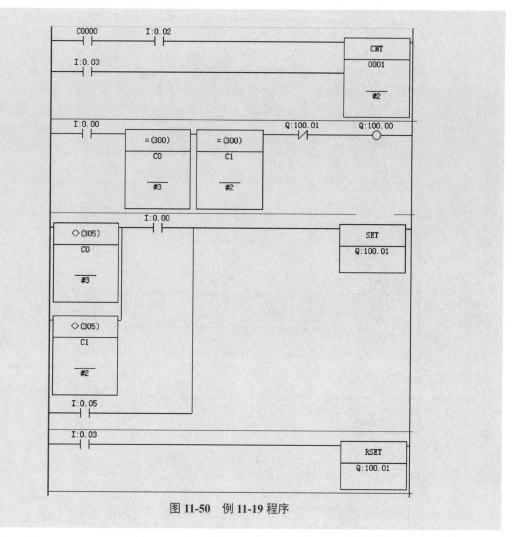

图 11-50 例 11-19 程序

（2）可逆计数器（CNTR）

可逆计数器（CNTR）有 3 个脉冲输入端，进行加减法计数的动作，在加法计数输入的上升沿进行加法运算、在减法计数输入的上升沿进行减法运算。通过加法使当前值从设定值升位至 0 时，计数结束标志为 ON，从 0 加至 1 时为 OFF。同时通过减法使当前值从 0 降位至设定值时为 ON，从设定值进行 1 次减法时为 OFF。可逆计数器（CNTR）的原理图如图 11-51 所示。

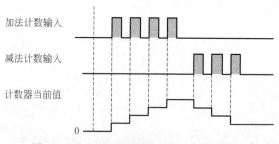

图 11-51 可逆计数器（CNTR）的原理图

可逆计数器（CNTR）指令和参数见表 11-11。

表 11-11 可逆计数器（CNTR）指令和参数

LAD	参数	类型	说明	存储区
加法计数 减法计数 复位输入 CNTR N S	N	BCD	计数器编号，0 ～ 4095	常数
		BIN		
	S	BCD	计数器设定值，0 ～ 9999	CIO，W，H，A，T， C，D，常数
		BIN	计数器设定值，0 ～ 65535	

◁【例 11-20】 对某一端子上输入的信号进行计数，当计数达到某个变量存储器的设定值 10 时，PLC 控制灯发光，同时对该端子的信号进行减计数，当计数值小于另外一个变量存储器的设定值 5 时，PLC 控制灯熄灭，同时计数值清零。请编写以上程序。

【解】 梯形图如图 11-52 所示。

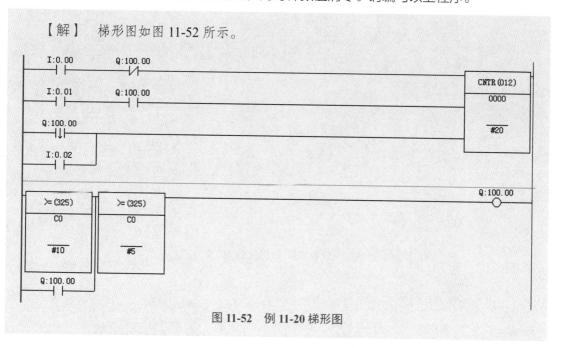

图 11-52 例 11-20 梯形图

11.3.3 基本指令的应用实例

◁【例 11-21】 用 PLC 来控制电机的正转、停止、反转（3 个按钮），不可以在运行当中改变方向。无论是正转还是反转，都必须用 Y- △启动，从 Y 形到△形的延时时间为 3s，Y 形和△形绝对不能同时导通。

【解】 （1）PLC 的 I/O 分配
PLC 的 I/O 分配见表 11-12。

表 11-12 例 11-21 PLC 的 I/O 分配表

输 入			输 出		
名称	符号	输入点	名称	符号	输出点
正转按钮	SB1	0.00	正转	KA1	100.00
反转按钮	SB2	0.01	反转	KA2	100.01
停止按钮	SB3	0.02	星形启动	KA3	100.02
			三角形运行	KA4	100.03

（2）系统的接线图

系统的接线图如图 11-53 所示。

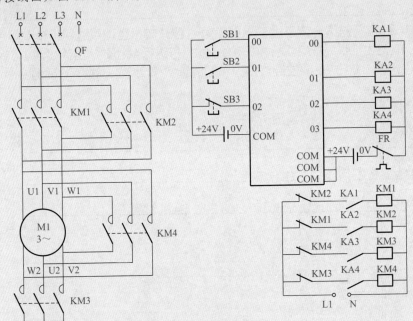

图 11-53 系统接线图

（3）编写程序

梯形图如图 11-54 所示。

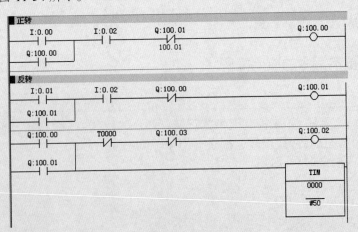

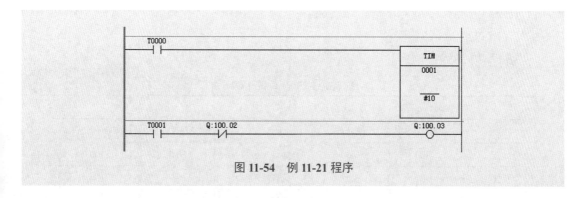

图 11-54　例 11-21 程序

◁【例 11-22】　某十字路口的交通灯，如图 11-55 所示。其中，R、Y、G 分别代表红、黄、绿的交通灯。要完成如下功能。

① 设置启动按钮、停止按钮。正常启动情况下，东西向绿灯亮 30s，转东西向绿灯以 0.5s 闪烁 4s，转东西向黄灯亮 3s，转南北向绿灯亮 30s，转南北向绿灯以 0.5s 闪烁 4s，转南北向黄灯亮 3s，再转东西向绿灯亮 30s，以此类推。

② 在东西向绿灯和黄灯时，南北向应显示红灯。同理，南北向绿灯和黄灯时，东西向应显示红灯。

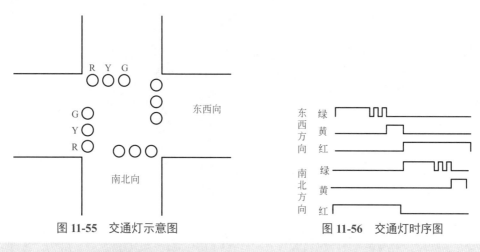

图 11-55　交通灯示意图　　　　　图 11-56　交通灯时序图

【解】　(1) 绘制时序图

由于十字路口的交通灯的逻辑比较复杂，为了方便编写程序，可先根据题意绘制时序图，如图 11-56 所示。

把不同颜色灯的亮灭情况罗列出来，具体如下：

① 东西方向：

$T < 30s$，绿灯亮，$30s \leqslant T < 34s$ 绿灯闪烁；

$34s \leqslant T < 37s$，黄灯亮；

$37s \leqslant T \leqslant 74s$，红灯亮。

② 南北方向：

$T < 37s$，红灯亮；

$37s \leqslant T < 67s$，绿灯亮，$67s \leqslant T < 71s$ 绿灯闪烁；

$71s \leqslant T \leqslant 74s$ 黄灯亮。

（2）PLC 的 I/O 分配

PLC 的 I/O 分配见表 11-13。

表 11-13 例 11-22 PLC 的 I/O 分配表

输 入			输 出		
名 称	符 号	输入点	名 称	符 号	输出点
开始按钮	SB1	0.00	绿灯（东西）	HL1	100.00
停止按钮	SB2	0.01	黄灯（东西）	HL2	100.01
			红灯（东西）	HL3	100.02
			绿灯（南北）	HL4	100.03
			黄灯（南北）	HL5	100.04
			红灯（南北）	HL6	100.05

（3）控制系统的接线

交通灯控制系统的接线比较简单，如图 11-57 所示。

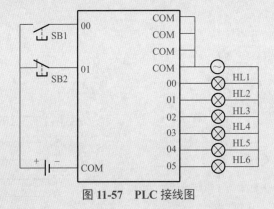

图 11-57 PLC 接线图

（4）编写控制程序

交通灯控制系统的梯形图程序，如图 11-58 所示。

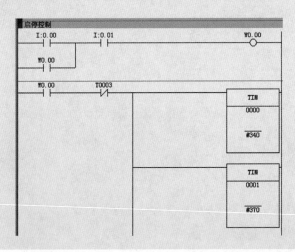

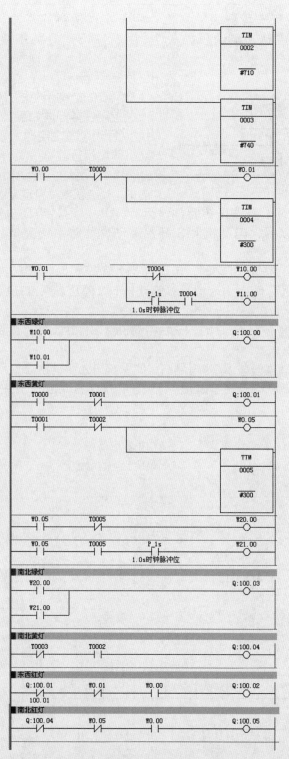

图 11-58　交通灯梯形图（基本指令）

◁【例 11-23】 现有一套三级输送机，用于实现货料的传输，每一级输送机由一台交流电动机进行控制，电动机为 M1、M2、M3，分别由接触器 KM1、KM2、KM3、KM4、KM5、KM6 控制电动机的正反转运行。

系统的结构示意图如图 11-59 所示。

控制任务描述如下。

① 当装置上电时，系统进行复位，所有电动机停止运行。

② 当手动 / 自动转换开关 SA1 打到左边时，系统进入自动状态。按下系统启动按钮 SB1 时，电动机 M1 首先正转启动，运转 10s 以后，电动机 M2 正转启动，当电动机 M2 运转 10s 以后，电动机 M3 开始转动，此时系统完成启动过程，进入正常运转状态。

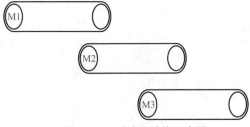
图 11-59 系统的结构示意图

③ 当按下系统停止按钮 SB2 时，电动机 M1 首先停止，当电动机 M1 停止 10s 以后，电动机 M2 停止，当 M2 停止 10s 以后，电动机 M3 停止。系统在启动过程中按下停止按钮 SB2，电动机按启动的顺序正向停止运行。

④ 当系统按下急停按钮 SB9 时，三台电动机要求停止工作，直到急停按钮取消时，系统恢复到当前状态。

⑤ 当手动 / 自动转换开关 SA1 打到右边时系统进入手动状态，系统只能由手动开关控制电动机的运行。通过手动开关（SB3 ～ SB8），操作者能控制三台电动机的正反转运行，实现货物的手动传输。

【解】 根据系统的功能要求，完成程序编写任务。

电气原理图如图 11-60 所示，梯形图如图 11-61 所示。

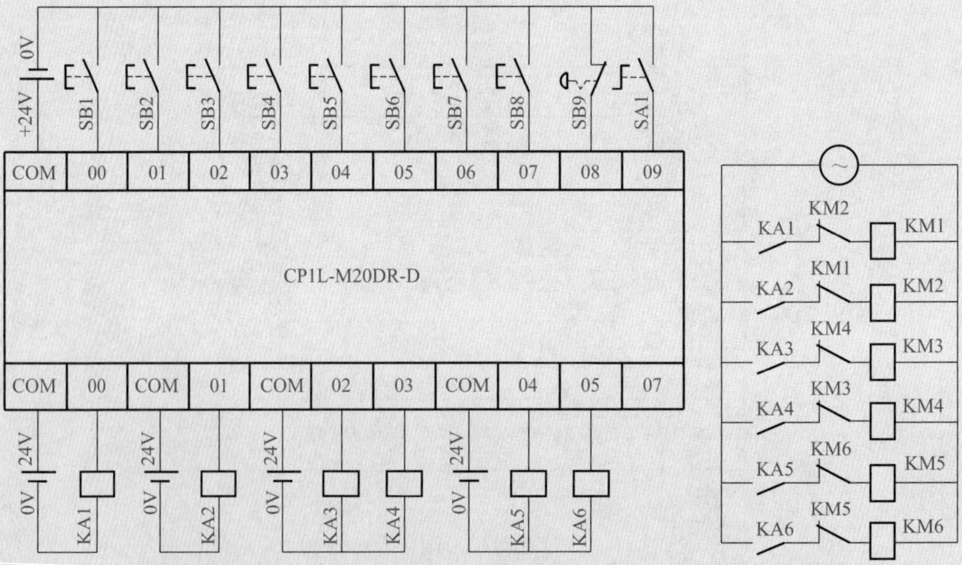

图 11-60 例 11-23 电气原理图

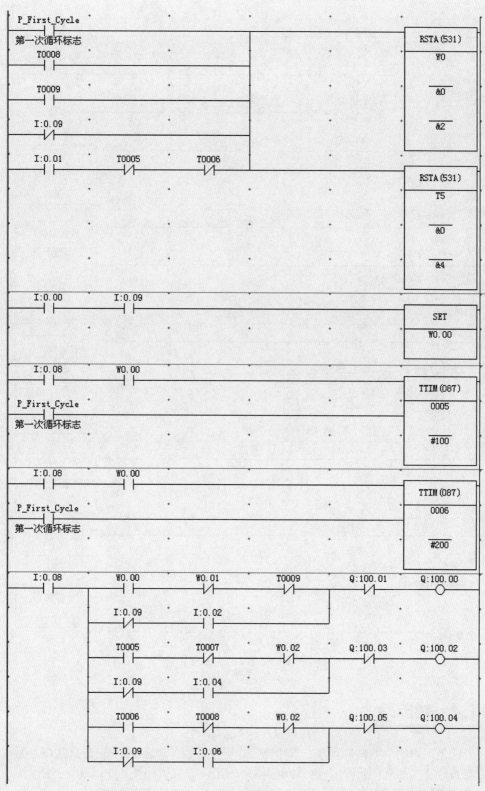

图 11-61

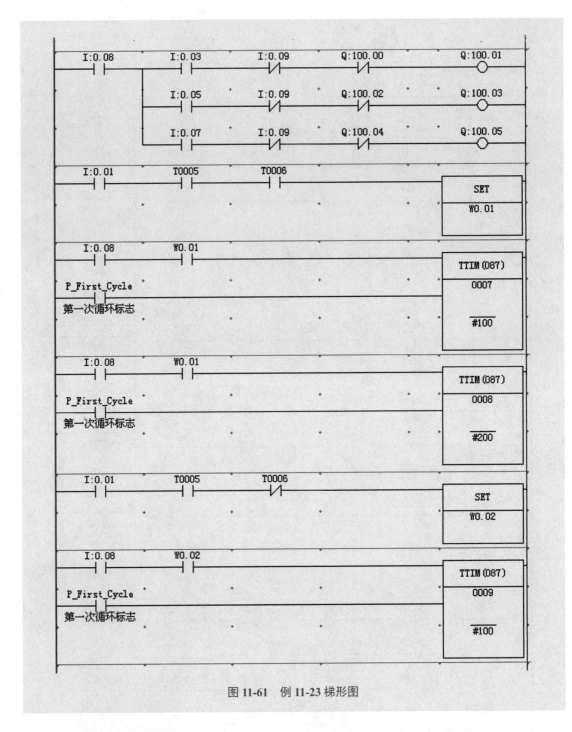

图 11-61 例 11-23 梯形图

■ 11.4 功能指令

为了满足用户的一些特殊要求，20 世纪 80 年代开始，众多 PLC 制造商就在小型机上加入了功能指令（或称应用指令）。这些功能指令的出现，大大拓宽了 PLC 的应用范围。欧姆龙 CP1 系列 PLC 的功能指令极其丰富，主要包括算术运算（含浮点运算）、数据处理、数据传送和移位、高速输入输出、PID、中断、实时时钟、子程序和通信等指令。PLC 在处理模拟量时，一般要进行数据处理。

11.4.1　比较指令

欧姆龙 CP1 系列 PLC 提供了丰富的比较指令，可以满足用户的多种需要。欧姆龙 CP1 系列 PLC 中的比较指令可以对下列数据类型的数值进行比较。比较指令一览表见表 11-14。

表 11-14　比较指令一览表

序号	指令语句	助记符	说明
1	符号比较	＝、＜＞、＜、＜＝、＞、＞＝（S、L）（LD/AND/OR 型）	含无符号字型比较、无符号倍长比较、有符号字型比较、有符号倍长等比较指令
2	时刻比较	＝DT、＜＞DT、＜DT、＜＝DT、＞DT、＞＝DT（LD/AND/OR 型）	
3	无符号比较	CMP	
	无符号倍长比较	CMPL	
4	带符号 BIN 比较	CPS	
	带符号 BIN 倍长比较	CPSL	
5	多通道比较	MCMP	
6	表格一致	TCMP	
7	无符号表格比较	BCMP	
8	扩展表格间比较	BCMP2	
9	区域比较	ZCP	
	倍长区域比较	ZCPL	

以下举例介绍符号比较指令。

（1）等于比较指令

等于比较指令有无符号字型等于比较、无符号倍长等于比较、有符号字型等于比较、有符号倍长等于比较指令共四种。无符号字型等于比较指令和参数见表 11-15。

表 11-15　无符号字型等于比较指令和参数

LAD	参数	数据类型	说明	存储区
＝ S1 S2	S1	无符号字型	比较的第一个数值	CIO（输入输出继电器），W，H，A，T，C，D，DR，IR，常数
	S2		比较的第二个数值	

用一个例子来说明无符号字型等于比较指令，梯形图和指令表如图 11-62 所示。当 0.00 闭合时，激活比较指令，D1 中的整数和 D2 中的整数比较，若两者相等，则 100.00 输出为 "1"，若两者不相等，则 100.00 输出为 "0"。在 0.00 不闭合时，100.00 的输出为 "0"。D1

和 D2 可以为常数。

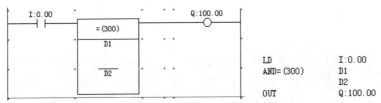

图 11-62 无符号字型等于比较指令举例

图 11-62 中，若无常开触点 0.00，则每次扫描时都要进行整数比较运算。

无符号倍长等于比较、有符号字型等于比较、有符号倍长等于比较指令的使用方法与无符号字型等于比较指令类似，只不过 S1 和 S2 参数的数据类型不同罢了。

（2）不等于比较指令

不等于比较指令有无符号字型不等于比较、无符号倍长不等于比较、有符号字型不等于比较、有符号倍长不等于比较指令共四种。无符号倍长不等于比较指令和参数见表 11-16。

表 11-16 无符号倍长不等于比较指令和参数

LAD	参数	数据类型	说明	存储区
`<>L` S1 S2	S1	无符号倍长	比较的第一个数值	CIO（输入输出继电器），W，H，A，T，C，D，DR，IR，常数
	S2		比较的第二个数值	

无符号字型不等于比较、有符号字型不等于比较、有符号倍长不等于比较指令的使用方法与无符号倍长不等于比较指令类似。使用比较指令的前提是数据类型必须相同。

（3）小于比较指令

小于比较指令有无符号字型小于比较、无符号倍长小于比较、有符号字型小于比较、有符号倍长小于比较指令四种。有符号字型小于比较指令和参数见表 11-17。

表 11-17 有符号字型小于比较指令和参数

LAD	参数	数据类型	说明	存储区
`<S` S1 S2	S1	有符号字型	比较的第一个数值	CIO（输入输出继电器），W，H，A，T，C，D，DR，IR，常数
	S2		比较的第二个数值	

无符号倍长小于比较、无符号字型小于比较、有符号倍长小于比较指令与有符号字型小于比较指令类似，只不过参数类型不同。使用比较指令的前提是数据类型必须相同。

（4）大于等于比较指令

大于等于比较指令有无符号字型大于等于比较、无符号倍长大于等于比较、有符号字型大于等于比较、有符号倍长大于等于比较指令四种。有符号倍长大于等于比较指令和参数见表 11-18。

表 11-18 有符号倍长大于等于比较指令和参数

LAD	参数	数据类型	说明	存储区
>=SL S1 S2	S1	有符号 倍长型	比较的第一个数值	CIO（输入输出继电器）， W，H，A，T，C，D， DR，IR，常数
	S2		比较的第二个数值	

用一个例子来说明有符号倍长大于等于比较指令，梯形图和指令表如图 11-63 所示。当 0.00 闭合时，激活比较指令，（D2，D1）中的实数和（D4，D3）中的有符号倍长数比较，若前者大于或者等于后者，则 100.00 输出为"1"。否则，100.00 输出为"0"。在 0.00 不闭合时，100.00 的输出为"0"。S1 和 S2 可以为常数。

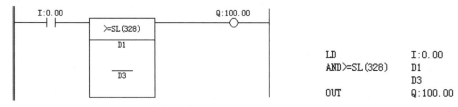

```
LD          I:0.00
AND>=SL(328) D1
             D3
OUT         Q:100.00
```

图 11-63 有符号倍长大于等于比较指令举例

无符号倍长大于等于比较、无符号字型大于等于比较、有符号字型大于等于比较指令与有符号倍长大于等于比较指令类似，只不过参与比较的数据类型不同。使用比较指令的前提是数据类型必须相同。

小于等于比较指令和小于比较指令类似，大于比较指令和大于等于比较指令类似，在此不再讲述小于等于比较指令和大于比较指令。

◁【例 11-24】 题目为例 11-22，用比较指令编写交通灯程序。

【解】 前面用基本指令编写了交通灯的程序，相对比较复杂，初学者不易掌握，但对照例 11-22 的时序图，用比较指令编写程序就非常容易了，程序如图 11-64 所示。

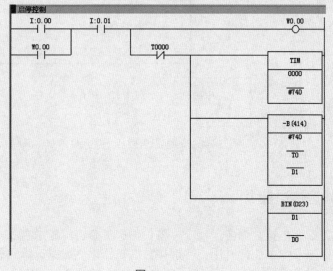

图 11-64

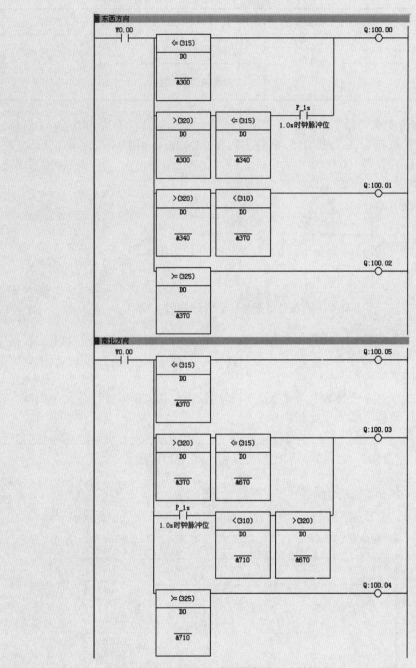

图 11-64　交通灯程序（比较指令）

11.4.2　数据传送指令

数据处理相关指令包括数据传送指令、倍长传送指令、位传送指令、数据交换指令及块传送指令等。数据传送指令非常有用，特别在数据初始化、数据运算和通信时经常用到。欧姆龙的传送指令特别丰富。

(1) 传送指令 (MOV)

传送指令将字型数据从源地址传送到目标地址，从而用以实现各存储器单元之间的数据传送和复制。传送指令格式见表 11-19。

表 11-19　传送指令格式

LAD	参数	数据类型	说明	存储区
MOV S D	S	字型	要传送的数据	CIO（输入输出继电器），W，H，A，T，C，D，DR，IR，常数
	D		传送的目的地址	CIO（输入输出继电器），W，H，A，T，C，D，DR，IR

当使能端输入有效时，将输入端 S 中的数据传送至指定的存储器 D 输出。

【例 11-25】　图 11-65 所示为电动机 Y- △ 启动的电气原理图，请编写程序。

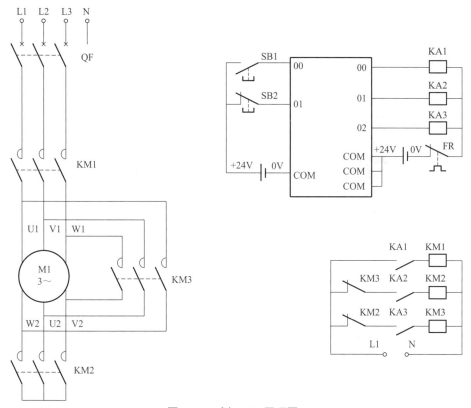

图 11-65　例 11-25 原理图

【解】　前 10s，100.00 和 100.01 线圈得电，星形起动，从第 10 ～ 11s 只有 100.00 得电，从 11s 开始，100.00 和 100.02 线圈得电，电动机为三角形运行。程序如图 11-66 所示。使用这种方法编写程序很简单，但浪费了宝贵的输出点资源。

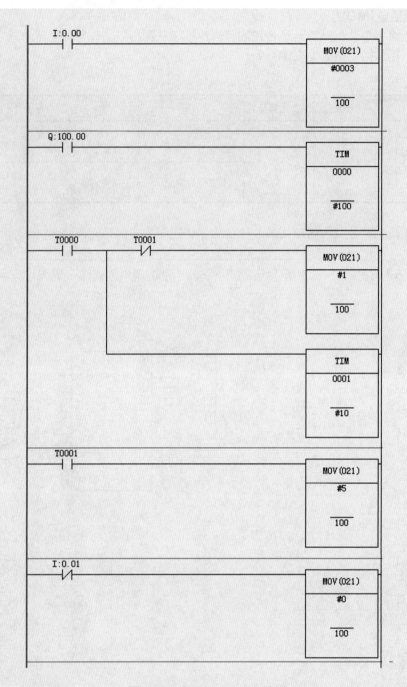

图 11-66 电动机 Y- △启动程序

（2）数据块传送指令（XFER）

数据块传送指令一次完成 N 个数据的成组传送，数据块传送指令是一个效率很高的指令，应用很方便。有时，使用一条数据块传送指令可以取代多条传送指令，将 S 中起始通道开始的 W 个数据传送到 D 开始的通道中。数据块的传送指令格式见表 11-20。

表 11-20　数据块的传送指令格式

LAD	参数	数据类型	说明	存储区
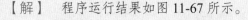	W	字型	要传送的数据的通道个数	CIO（输入输出继电器），W，H，A，T，C，D，DR，IR，常数
	S		要传送的数据起始通道	CIO（输入输出继电器），W，H，A，T，C，D，DR，IR
	D		传送的目的地址起始通道	

◁【例 11-26】　编写一段程序，将 D0 开始的 3 个字节的内容传送至 D10 开始的 3 个字节存储单元中，D0 ～ D2 的数据分别为 5、6、7。

【解】　程序运行结果如图 11-67 所示。

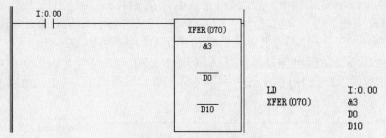

图 11-67　字节块传送程序示例

数组 1 的数据：5　　　　6　　　　7
数据地址：　　D0　　　D1　　　D2
数组 2 的数据：5　　　　6　　　　7
数据地址：　　D10　　　D11　　　D12

（3）数字传送指令（MOVD）

数字传送指令是指以 1 数位作为 4 位，将从 S 的指定传送开始位（C 的 m）到指定传送位数（C 的 n）的内容传送到 D 的指定输出开始位（C 的 l）以后。数字传送指令梯形图如图 11-68 所示。数字传送指令的操作数说明如图 11-69 所示。数字传送指令的执行示意图如图 11-70 所示。

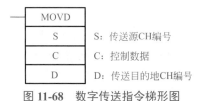

图 11-68　数字传送指令梯形图

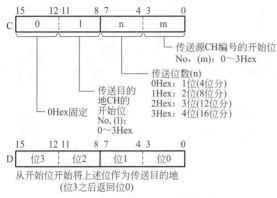

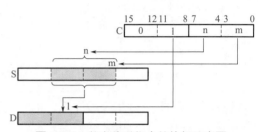

图 11-69　数字传送指令的操作数说明

图 11-70　数字传送指令的执行示意图

以下用一个例子说明数字传送指令（MOVD）的应用。如图 11-71 所示的梯形图中，当 0.00 闭合后执行数字传送指令，假设 D0 中的数据是 #1188，第一条传送指令中的 "#0010" 的含义是将 D0 中的数据从 0 位开始的 2 位（8 位分）传送到 D2 从 0 位开始的一个字中，简单说就是把 D0 的第一个字节（低字节）传送到字 D2 中，所以 D2=#88。第二条传送指令中的 "#0012" 的含义是将 D0 中的数据从 2 位开始的 2 位（8 位分）传送到 D4 从 0 位开始的一个字中，简单说就是把 D0 的第二个字节（高字节）传送到字 D4 中，所以 D4=#11。

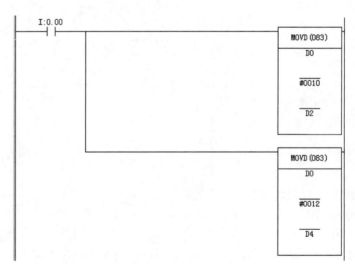

图 11-71　数字传送指令的应用梯形图

（4）多位传送指令（XFRB）

多位传送指令就是从 S 指定的传送源低位 CH 编号所指定的开始位位置（C 的 l）开始，将指定位数（C 的 n）的数据，传送到 D 所指定的传送目的地低位 CH 编号所指定的开始位位置（C 的 m）之后。多位传送指令梯形图如图 11-72 所示。多位传送指令的操作数说明如图 11-73 所示。

XFRB	
C	C: 控制数据
S	S: 传送源低位CH编号
D	D: 传送目的低位CH编号

图 11-72　多位传送指令梯形图

多位传送指令的执行示意图如图 11-74 所示。

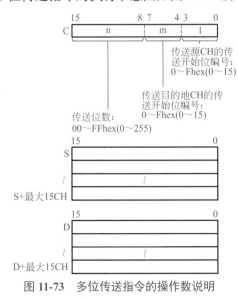

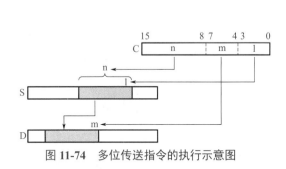

图 11-73　多位传送指令的操作数说明　　　　图 11-74　多位传送指令的执行示意图

【例 11-27】　编写一段程序，实现将 D1=#0010 的低 8 位传送到 D10 的高 8 位，D1=#0022 的低 8 位传送到 D10 的低 8 位。

【解】　梯形图如图 11-75 所示，当 0.00 闭合后，执行第 1 条多位传送指令，"#0880" 的含义是传送位数是 8 位，源地址 D1 的起始位是 0，传送到目标地址 D10 的起始位是 8，所以 #10 传送到 D10 的高 8 位；接着执行第 2 条多位传送指令，"#0800" 的含义是传送位数是 8 位，源地址 D2 的起始位是 0，传送到目标地址 D10 的起始位是 0，所以 #22 传送到 D10 的低 8 位。最后的结果是 D10=#1022。

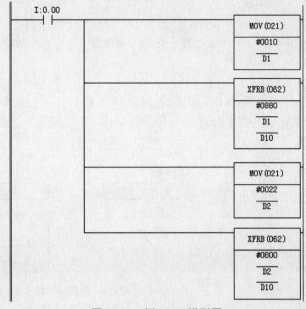

图 11-75　例 11-27 梯形图

（5）块设定指令（BSET）

块设定指令就是将 S 输出到从 D1 所指定的传送目的地低位 CH 编号到 D2 所指定的传送目的地高位 CH 编号。块设定指令的运行示意图如图 11-76 所示。

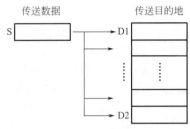

图 11-76　块设定指令的执行示意图

使用块设定指令注意事项如下：

① 用于设定（复制）同一数据；

② 必须为 D1 ≤ D2。D1 ＞ D2 时，将发生错误。ER 标志为 ON。

◁【例 11-28】　编写一段程序，实现将 PLC 上电后 D10 ～ D20 的所有字清零。

【解】　这个题目解法很多，以下使用块设定指令（BSET），梯形图如图 11-77 所示。

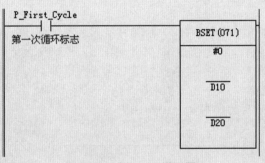

图 11-77　例 11-28 梯形图

（6）数据分配指令（DIST）

数据分配指令就是将 S1 从 D 指定的传送对象基准 CH 号，传送到按由 S2 指定的偏移数据长度进行移位的地址中。数据分配指令梯形图如图 11-78 所示。数据分配指令的执行示意图如图 11-79 所示。

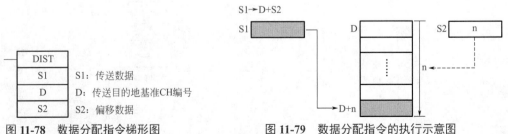

图 11-78　数据分配指令梯形图　　　　图 11-79　数据分配指令的执行示意图

以下用一个例子说明数据分配指令（DIST）的应用。如图 11-80 所示的梯形图中，假设 D0=#88，D2=5，那么当 0.00 闭合后，将 D0 中的数据 #88 传送到 D1 然后偏移 D2（即 5）的存储单元，也就是 D6 中。

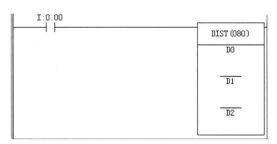

图 11-80　梯形图

11.4.3　移位与循环指令

欧姆龙 CP1 系列 PLC 提供的移位指令能将存储器的内容逐位向左或者向右移动。移动的位数由 N 决定。向左移 N 位相当于累加器的内容乘 2^N，向右移相当于累加器的内容除以 2^N。移位指令在逻辑控制中使用也很方便。移位与循环指令汇总见表 11-21。

表 11-21　移位与循环指令汇总

序号	指令语句	助记符	FUN 编号
1	移位寄存器	SFT	010
2	左右移位寄存器	SFTR	084
3	非同步移位寄存器	ASFT	017
4	字移位	WSFT	016
5	算术左移	ASL	025
	倍长左移 1 位	ASLL	570
6	算术右移	ASR	026
	倍长右移 1 位	ASRL	571
7	带 CY 左循环 1 位	ROL	027
	带 CY 倍长左循环 1 位	ROLL	572
8	无 CY 左循环 1 位	RLNC	574
	无 CY 倍长左循环 1 位	RLNL	576
9	带 CY 右循环 1 位	ROR	028
	带 CY 倍长右循环 1 位	RORL	573
10	无 CY 右循环 1 位	RRNC	575
	无 CY 倍长右循环 1 位	RRNL	577
11	一个数位左移	SLD	074

续表

序号	指令语句	助记符	FUN 编号
12	一个数位右移	SRD	075
13	N 位数据左移	NSFL	578
14	N 位数据右移	NSFR	579
15	N 位左移	NASL	580
	N 位倍长左移	NSLL	582
16	N 位右移	NASR	581
	N 位倍长右移	NSRL	583

(1) 移位寄存器指令（SFT）

移位寄存器的移位信号输入上升（OFF → ON）时，从 D1 到 D2 均向左（最低位→最高位）移 1 位，在最低位中反映数据输入的 ON/OFF 内容。使用该指令应注意以下几点。

① 删除溢出移位范围的位的内容。

② 复位输入为 ON 时，对从 D1 所指定的移位低位 CH 编号到 D2 所指定的移位高位 CH 编号为止进行复位（=0）。复位输入优先于其他输入。

③ 移位范围的设定基本上为 D1 ≤ D2，也不会出错，仅 D1 进行 1 个通道（字）的移位。

④ D1、D2 在间接变址寄存器指定中，该 I/O 存储器有效地址不为数据内容所指定的区域种类的地址时，将会发生错误，ER 标志为 ON。

◁【例 11-29】　梯形图和指令表如图 11-81 所示。请画出指令运行示意图。

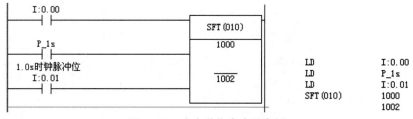

图 11-81　字左移指令应用举例

【解】　使用 1000 ～ 1002 CH 的 48 位的移位寄存器。如果在移位信号输入中使用时钟脉冲 1s，每 1s 输入继电器 0.00 的内容将移位到 1000.00 ～ 1002.15。当 0.01 闭合时，1000、1001 和 1002 中的内容清零。移位寄存器指令示意图如图 11-82 所示。

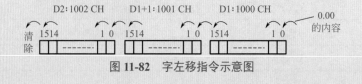

图 11-82　字左移指令示意图

（2）左移 1 位指令（ASL）

左移 1 位指令（ASL）就是将 D 中的数据向左（最低位→最高位）移 1 位。在最低位上设置 0。最高位移位到进位标志（CY）。使用该指令时要注意以下几点。

① 指令执行时，将 ER 标志置于 OFF。

② 根据移位结果，D 的内容为 0000 Hex 时，＝标志为 ON。

③ 根据移位结果，D 的内容的最高位为 1 时，N 标志为 ON。

左移 1 位指令（ASL）的示意图如图 11-83 所示。

图 11-83　左移 1 位指令（ASL）示意图

以下用一个例子对左移 1 位指令进行讲解。

【例 11-30】　梯形图和指令表如图 11-84 所示。假设 D0 为 1001 0001 0001 0001（二进制），当 0.00 闭合时，D0 中的数是多少？

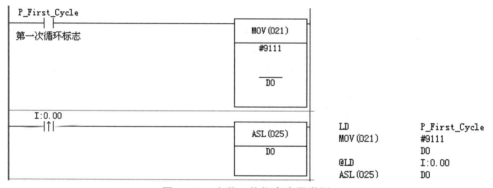

图 11-84　左移 1 位指令应用举例

【解】　当 0.00 闭合时，激活左移 1 位指令，D0 中数为 1001 0001 0001 0001（#9111），向左移 1 位后，D0 中的数是 2#0010 0010 0010 0010，左移 1 位指令示意图如图 11-85 所示。

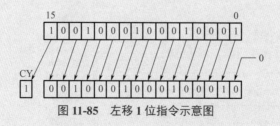

图 11-85　左移 1 位指令示意图

【例 11-31】　设计一个程序，100.00 ～ 100.07 的指示灯以 1s 的周期依次点亮，当第八盏灯亮 1s 后八盏灯全部熄灭，周而复始重复以上动作。

【解】 程序如图 11-86 所示。

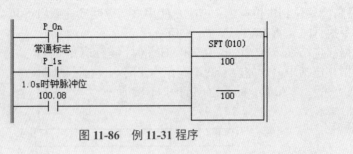

图 11-86 例 11-31 程序

（3）带 CY 左循环 1 位指令（ROL）

带 CY 左循环 1 位指令对 D 包括进位（CY）标志在内向左（最低位→最高位）循环 1 位。标志位的变化如下。

① 指令执行时，将 ER 标志置于 OFF。

② 根据移位结果，D 的内容为 0000 Hex 时，= 标志为 ON。

③ 根据移位结果，D 的内容的最高位为 1 时，N 标志为 ON。

带 CY 左循环 1 位指令示意图如图 11-87。

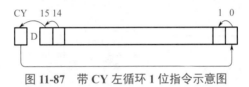

图 11-87 带 CY 左循环 1 位指令示意图

【例 11-32】 梯形图和指令表如图 11-88 所示。假设，字 D0 为 #9111（二进制数 1001 0001 0001 0001），当 0.00 闭合时，D0 中的数是多少？并解释线圈 100.00、100.01 和 100.02 的变化。

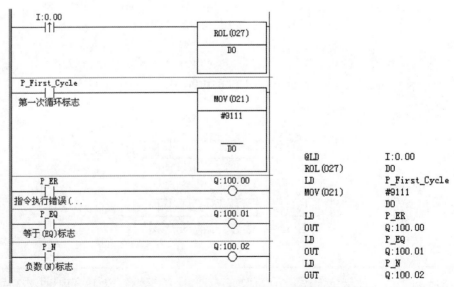

图 11-88 带 CY 左循环 1 位指令应用举例

【解】 当上电一瞬间，最高位为 1，所以 P_N 闭合，线圈 100.02 得电一个扫描周期。当 0.00 闭合一次时，激活带 CY 左循环 1 位指令，D0 中的数是 #2222（二进制数 0010 0010 0010 0010），带 CY 左循环 1 位指令示意图如图 11-89 所示。如果 D0 为 0 时，线圈 100.01 得电。当有错误时，线圈 100.00 得电。

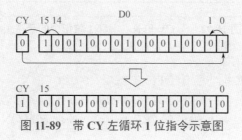

图 11-89　带 CY 左循环 1 位指令示意图

（4）无 CY 左循环 1 位指令（RLNC）

无 CY 左循环 1 位指令就是将 D 向左（最低位→最高位）循环 1 位。D 的最高位的数据移位到最低位，同时输出到 CY 标志。标志位的变化如下。

① 指令执行时，将 ER 标志置于 OFF。

② 根据移位结果，D 的内容为 0000 Hex 时，= 标志为 ON。

③ 根据移位结果，D 的内容的最高位为 1 时，N 标志为 ON。

无 CY 左循环 1 位指令示意图如图 11-90。

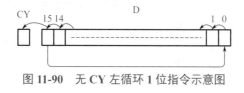

图 11-90　无 CY 左循环 1 位指令示意图

◁【例 11-33】 设计一个程序，100.00 ～ 100.07 的指示灯以 1s 的周期依次点亮，然后熄灭，重复以上动作。

【解】 程序如图 11-91 所示。

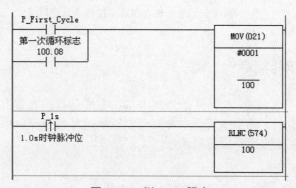

图 11-91　例 11-33 程序

(5) 无 CY 倍长右循环 1 位指令（RRNL）

无 CY 倍长右循环 1 位指令就是将 D 作为倍长数据，全部向右（最高位→最低位）移 1 位。无 CY 倍长右循环 1 位指令的示意图如图 11-92 所示。

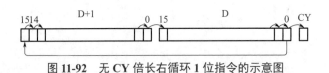

图 11-92 无 CY 倍长右循环 1 位指令的示意图

该指令的标志位的变化如下。

① 指令执行时，将 ER 标志置于 OFF。

② 根据移位结果，D+1、D 的内容为 00000000 Hex 时，= 标志为 ON。

③ 根据移位结果，D+1 的内容的最高位为 1 时，N 标志为 ON。

【例 11-34】 梯形图和指令表如图 11-93 所示。假设倍长字（D1, D0）为二进制数 1001 1101 1111 1011 1001 1101 1111 1011，当 0.00 闭合 4 次时，倍长字（D1, D0）中的数是多少？

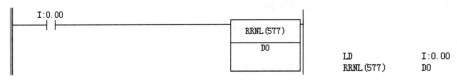

图 11-93 无 CY 倍长右循环 1 位指令应用举例

【解】 当 0.00 闭合 4 次时，激活无 CY 倍长右循环 1 位指令 4 次。倍长字（D1, D0）中的数 2#1001 1101 1111 1011 1001 1101 1111 1011，除最低 4 位外，其余各位向右移 4 位后，倍长字（D1, D0）的最低 4 位循环到双字的最高 4 位，最后倍长字（D1, D0）中的数是二进制数 1011 1001 1101 1111 1011 1001 1101 1111，其示意图如图 11-94 所示。

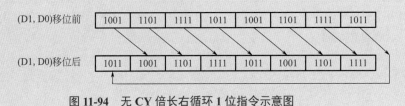

图 11-94 无 CY 倍长右循环 1 位指令示意图

11.4.4 算术运算指令

欧姆龙 CP1 系列 PLC 的算术运算指令很丰富，主要包含自加减指令、四则运算指令、数据转换指令、特殊指令、浮点运算指令和双精度转换运算指令等。尽管使用难度不大，但使用不当容易出错，因此使用时要特别注意。

(1) 四则运算指令

欧姆龙 CP1 系列 PLC 的四则运算指令分为加法运算、减法运算、乘法运算和除法运算，其中每种运算方式又有字型、双字型、有 CY 型、无 CY 型、BIN 型和 BCD 型。四则运算指令汇总见表 11-22。

表 11-22 四则运算指令汇总

序号	指令语句	助记符	FUN 编号
1	带符号·无 CY BIN 加法运算	+	400
	带符号·无 CY BIN 双字加法运算	+L	401
2	带符号·CY BIN 加法运算	+C	402
	带符号·CY BIN 双字加法运算	+CL	403
3	无 CY BCD 加法运算	+B	404
	无 CY BCD 双字加法运算	+BL	405
4	带 CY BCD 加法运算	+BC	406
	带 CY BCD 双字加法运算	+BCL	407
5	带符号·无 CY BIN 减法运算	−	410
	带符号·无 CY BIN 双字减法运算	−L	411
6	带符号·CY BIN 减法运算	−C	412
	带符号·CY BIN 双字减法运算	−CL	413
7	无 CY BCD 减法运算	−B	414
	无 CY BCD 双字减法运算	−BL	415
8	带 CY BCD 减法运算	−BC	416
	带 CY BCD 双字减法运算	−BCL	417
9	带符号 BIN 乘法运算	*	420
	带符号 BIN 双字乘法运算	*L	421
10	无符号 BIN 乘法运算	*U	422
	无符号 BIN 双字乘法运算	*UL	423
11	BCD 乘法运算	*B	424
	BCD 双字乘法运算	*BL	425
12	带符号 BIN 除法运算	/	430
	带符号 BIN 双字除法运算	/L	431
13	无符号 BIN 除法运算	/U	432
	无符号 BIN 双字除法运算	/UL	433
14	BCD 除法运算	/B	434
	BCD 双字除法运算	/BL	435

① BIN 加法运算指令（＋） BIN 加法运算指令就是对 S1 所指定的数据与 S2 所指定的数据进行 BIN 加法运算，将结果输出到 D。BIN 加法运算指令的表达式是：S1+S2=D。其运算示意图如图 11-95 所示。

图 11-95 **BIN** 加法运算
指令示意图

使用 BIN 加法运算指令注意事项如下。

a. 指令执行时，将 ER 标志置于 OFF。

b. 加法运算的结果，D 的内容为 0000Hex 时，= 标志为 ON。

c. 加法运算的结果，有进位时，进位（CY）标志为 ON。

d. 正数 + 正数的结果位于负数范围（8000 ～ FFFF Hex）内时，OF 标志为 ON。

e. 负数 + 负数的结果位于正数范围（0000 ～ 7FFF Hex）内时，UF 标志为 ON。

f. 加法运算的结果，D 的内容的最高位为 1 时，N 标志为 ON。

g. 计算的结果是用十六进制表示的，不是十进制。

◁【例 11-35】 梯形图和指令表如图 11-96 所示。D0 中的整数为 1，D1 中的整数为 2，则当 0.00 闭合时，整数相加，D2 中的数是多少？

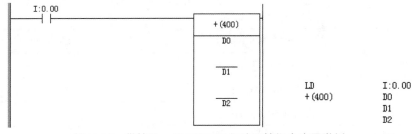

图 11-96 带符号·无 **CY BIN** 加法运算指令应用举例

【解】 当 0.00 闭合时，激活 BIN 加法运算指令，D0 为 1，D1 为 2，整数相加的结果存储在 D2 中，数值是 3。结果没有超出计算范围。假设 D0 中的整数为 30000，D1 中的整数为 40000，则超过整数相加的范围。由于超出计算范围，计算出错。

② 带符号·无 CY BIN 双字减法运算指令（−L） 带符号·无 CY BIN 双字减法运算指令就是将 S1 所指定的数据和 S2 所指定的数据作为双字数据进行 BIN 减法运算，将结果输出到 D+1、D。结果转成负数时，以 2 的补数输出到 D+1、D。其运算示意图如图 11-97 所示。

使用带符号·无 CY BIN 双字减法运算指令注意事项如下。

a. 指令执行时，将 ER 标志置于 OFF。

b. 减法运算的结果，D+1、D 的内容为 00000000 Hex 时，= 标志为 ON。

S1+1	S1	(BIN)
S2+1	S2	(BIN)
CY	D+1	D	(BIN)

有借位时 ON

图 11-97 带符号·无 **CY BIN**
双字减法运算指令示意图

c. 减法运算的结果，有借位时，进位（CY）标志为 ON。

d. 正数 − 负数的结果位于负数（80000000 ～ FFFFFFFFHex）的范围内时，OF 标志为 ON。

e. 负数 − 正数的结果位于正数（00000000 ～ 7FFFFFFFHex）的范围内时，UF 标志为 ON。

f. 减法运算的结果，D+1、D 的内容的最高位为 1 时，N 标志为 ON。

g. 计算的结果是用十六进制表示的，不是十进制。

◁【例 11-36】　梯形图和指令表如图 11-98 所示，减数存储在（D1,D0）中，数值为 #8，被减数存储在（D3,D2）中，数值为 #2，当 0.00 闭合时，双字相减的结果存储在（D5,D4）中，其结果是多少？

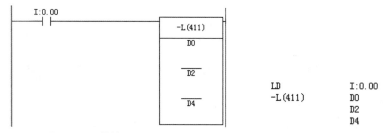

图 11-98　带符号·无 CY BIN 双字减法运算指令应用举例

【解】　当 0.00 闭合时，激活双字减法指令，结果为 8-2=6。

③ BCD 乘法运算指令（*B）　BCD 乘法运算指令就是对 S1 所指定的数据和 S2 所指定的数据进行 BCD 乘法运算，将结果输出到 D+1、D。其运算示意图如图 11-99 所示。

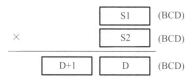

图 11-99　BCD 乘法运算指令示意图

使用 BCD 乘法运算指令注意事项如下。
a. S1 或 S2 的内容不为 BCD 时，将发生错误，ER 标志为 ON。
b. 乘法运算的结果，D+1、D 的内容为 0000Hex 时，= 标志为 ON。
c. 计算的结果是用十进制表示的，不是十六进制。

◁【例 11-37】　梯形图和指令表如图 11-100 所示。乘数 D0 数值为 #11（BCD 码），被乘数 D2 数值为 #11（BCD 码），当 0.00 闭合时，相乘的结果存储在（D5,D4）中，其结果是多少？

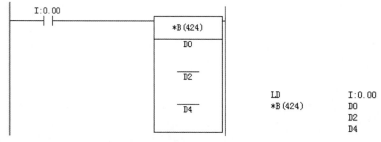

图 11-100　BCD 乘法运算指令应用举例

【解】　当 0.00 闭合时，激活 BCD 乘法运算指令，结果是 121。

④ 带符号 BIN 双字除法运算指令（/L） 带符号 BIN 双字除法运算指令就是作为带符号 BIN 数据（32 位），计算（S1+1、S1）÷（S2+1、S2），将商（32 位）输出到 D+1、D，将余数（32 位）输出到 D+3、D+2。其运算示意图如图 11-101 所示。

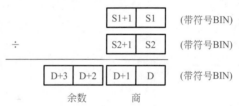

图 11-101 带符号 BIN 双字除法运算指令示意图

使用带符号 BIN 双字除法运算指令注意事项如下。

a. 除法运算数据 S2+1、S2 为 0 时，将发生错误，ER 标志为 ON。

b. 除法运算的结果，D+1、D 的内容为 00000000Hex 时，= 标志为 ON。

c. 除法运算的结果，D+1、D 的内容的最高位为 1 时，N 标志为 ON。

◁【例 11-38】 梯形图和指令表如图 11-102 所示。双字被除数存储在（D1,D0）中，数值为 11，双字除数存储在（D3,D2）中，数值为 2，当 0.00 闭合时，问商和余数数值分别是多少？存储在哪里？

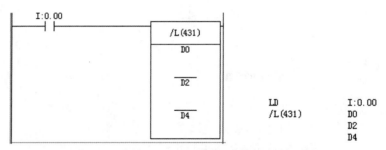

图 11-102 带符号 BIN 双字除法运算指令应用举例

【解】 当 0.00 闭合时，激活除法运算，商存储在（D5,D4）中，余数存储在（D7,D6）中，商为 5，余数为 1。

◁【例 11-39】 用模拟电位器调节定时器 T0 的设定值为 5～20s，设计此程序。

【解】 CP1L 的 CPU 有模拟电位器。CPU 将电位器的位置转换为 0～255 的数值，然后存入 A642 中，电位器的位置用小螺丝刀调整，对应大小不同的数值存储在 A642 中。

由于设定时间的范围是 5～20s，电位器上对应的数字是 0～255，设读出的数字为 X，则 100ms 定时器（单位是 0.1ms）的设定值为：
$$(200-50)\times X/255+50=150\times X/255+50$$
为了保证精度，要先乘法后除法，梯形图如图 11-103 所示。

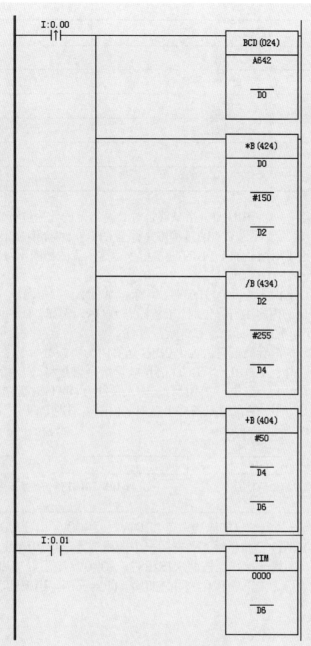

图 11-103 例 11-39 梯形图

（2）自加减运算指令

自加减运算指令比较容易，使用方便。自加减运算指令汇总见表 11-23。

表 11-23 自加减运算指令汇总

项目号	指令语句	助记符	FUN 编号
1	BIN 增量	++	590
	BIN 倍长增量	++L	591

项目号	指令语句	助记符	FUN 编号
2	BIN 减量	--	592
	BIN 倍长减量	--L	593
3	BCD 增量	++B	594
	BCD 倍长增量	++BL	595
4	BCD 减量	--B	596
	BCD 倍长减量	--BL	597

① BIN 增量指令（++）　BIN 增量指令就是对 D 所指定的数据进行 BIN 加 1 运算（+1）。加 1 运算（++）时，输入条件为 ON 的过程中（直至 OFF），每周期加 1。但 @++ 时，仅在输入条件上升时（仅限 1 周期）加 1。BIN 增量指令运算示意图如图 11-104 所示。

使用 BIN 增量指令注意事项如下。

a. 增量的结果，D 的内容为 0000 Hex 时，= 标志为 ON。

b. 增量的结果，D 的内容中有进位时，CY 标志为 ON。例如，D 的内容为 "FFFF" 时，+1 后结果转成 "0000"。此时 = 标志及 CY 标志为 ON。

c. 增量的结果，D 的内容的最高位为 1（BIN 运算时为负）时 N 标志为 ON。

② BCD 倍长减量指令（--BL）　BCD 倍长减量指令就是将 D 所指定的数据作为倍长数据，进行 BCD 运算（-1）。当执行 --BL 时，输入条件为 ON 的过程中（直至 OFF），每周期减 1。当执行 @--BL 时，仅在输入条件上升时（仅限 1 周期）减 1。BCD 倍长减量指令运算示意图如图 11-105 所示。

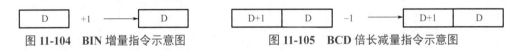

图 11-104　BIN 增量指令示意图　　　图 11-105　BCD 倍长减量指令示意图

【例 11-40】　有一个电炉，加热功率有 1000W、2000W 和 3000W 三个挡次，电炉有 1000W 和 2000W 两种电加热丝。要求用一个按钮选择三个加热挡，当按一次按钮时，1000W 电阻丝加热，即第一挡；当按两次按钮时，2000W 电阻丝加热，即第二挡；当按三次按钮时，1000W 和 2000W 电阻丝同时加热，即第三挡；当按四次按钮时停止加热，请编写程序。

【解】　程序如图 11-106 所示。

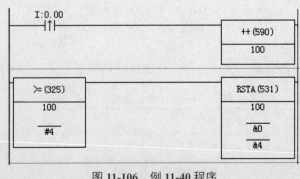

图 11-106　例 11-40 程序

◁【例 11-41】 设计记录一台设备的运行的时间, 当设备运行时, 0.00 为 1, 停止时 0.00 为 0, 测量的小时存放在 W2 中, 分存放在 W1, 秒存放在 W0 中, 当前的秒显示在数码管上。

【解】 程序如图 11-107 所示。

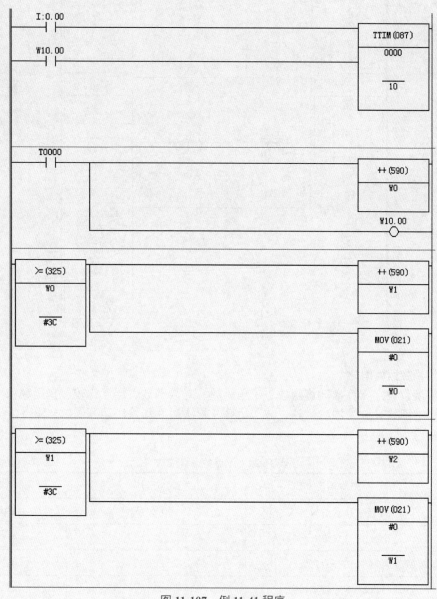

图 11-107 例 11-41 程序

◁【例 11-42】 编写一段程序, 实现将 PLC 首次扫描时, D10 ~ D20 的数值赋值为 1、2、3、…、10。

【解】 梯形图程序如图 11-108 所示。

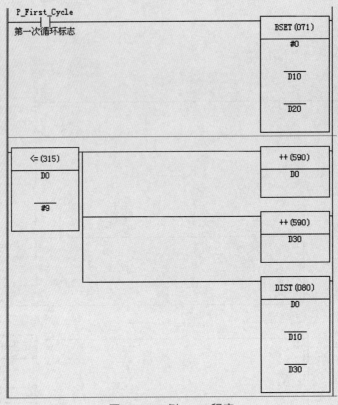

图 11-108　例 11-42 程序

（3）浮点数运算指令

浮点数函数有浮点算术运算函数、三角函数、对数函数、浮点比较、幂函数和浮点转化等。浮点算术函数又分为加法运算、减法运算、乘法运算和除法运算函数。浮点数运算函数见表 11-24。

表 11-24　浮点数运算函数

序号	指令语句	助记符	FUN 编号
1	浮点→16 位 BIN 转换	FIX	450
2	浮点→32 位 BIN 转换	FIXL	451
3	16 位 BIN→浮点转换	FLT	452
4	32 位 BIN→浮点转换	FLTL	453
5	浮点加法运算	+F	454
6	浮点减法运算	−F	455
7	浮点乘法运算	*F	456
8	浮点除法运算	/F	457

续表

序号	指令语句	助记符	FUN 编号
9	角度→弧度转换	RAD	458
10	弧度→角度转换	DEG	459
11	SIN 运算	SIN	460
12	COS 运算	COS	461
13	TAN 运算	TAN	462
14	SIN^{-1} 运算	ASIN	463
15	COS^{-1} 运算	ACOS	464
16	TAN^{-1} 运算	ATAN	465
17	平方根运算	SQRT	466
18	指数运算	EXP	467
19	对数运算	LOG	468
20	乘方运算	PWR	840
21	单精度浮点数据比较	=F、<>F、<F、<=F、>F、>=F（LD/AND/OR 型）	329 ～ 334
22	浮点（单）→字符串转换	FSTR	448
23	字符串→浮点（单）转换	FVAL	449

① 浮点→ 16 位 BIN 转换指令（FIX）　将 S 所指定的单精度浮点数据（32 位）的整数部转换为带符号 BIN（16 位），将结果输出到 D。浮点→ 16 位 BIN 转换指令运算示意图如图 11-109 所示。

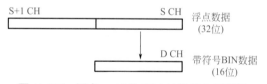

图 11-109　浮点→ 16 位 BIN 转换指令示意图

使用浮点→ 16 位 BIN 转换指令注意事项如下。

a. S 的内容不能视为浮点数据时，会发生错误，ER 标志为 ON。

b. S+1，S 的内容不在 -32768 ～ +32767 的范围内时，会发生错误，ER 标志为 ON。

c. 转换的结果，D 的内容为 0000 Hex 时，= 标志为 ON。

d. 转换的结果，D 的内容的最高位为 1 时，N 标志为 ON。

② 浮点→ 32 位 BIN 转换指令（FIXL）　将 S 所指定的单精度浮点数据（32 位）的整数部转换为带符号 BIN（32 位），将结果输出到 D+1，D。将浮点数据的整数部转换为带符号 BIN 数据，将结果输出到指定通道。小数点之后舍去。浮点→ 32 位 BIN 转换指令运算示意图如图 11-110 所示。

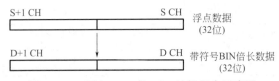

图 11-110　浮点→ 32 位 BIN 转换指令示意图

使用浮点→ 32 位 BIN 转换指令注意事项如下。

a. S 的内容不能视为浮点数据时，会发生错误，ER 标志为 ON。

b. S+1，S 的内容不在 -2147483648 ～ +2147483647 的范围内时，会发生错误，ER 标志为 ON。

c. 转换的结果，D+1，D 的内容为 00000000Hex 时，= 标志为 ON。

d. 转换的结果，D+1，D 的内容的最高位为 1 时，N 标志为 ON。

③ 32 位 BIN →浮点转换指令（FLTT）　将 S 所指定的带符号 BIN 数据（32 位）转换为单精度浮点数据（32），将结果输出到 D+1，D。浮点数据在小数点之后变为 1 位的 0。32 位 BIN →浮点转换指令运算示意图如图 11-111 所示。

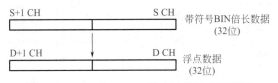

图 11-111　32 位 BIN →浮点转换指令示意图

④ 浮点加法运算指令（+F）　将 S1 所指定的数据和 S2 所指定的数据作为单精度浮点数据（32 位）进行加法运算，结果输出到 D+1，D。浮点加法运算指令运算示意图如图 11-112 所示。

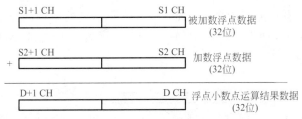

图 11-112　浮点加法运算指令示意图

用一个例子来说明浮点加法运算指令，梯形图和指令表如图 11-113 所示。当 0.00 闭合时，激活浮点加法指令，加数为 3.1，被加数 3.2，存储在（D1，D0）中的浮点数相加的结果是 6.3。

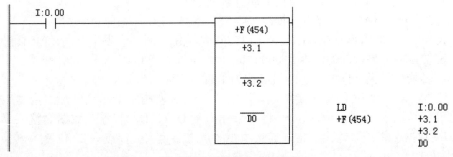

图 11-113　浮点加法运算指令应用举例

浮点减法运算（−F）、浮点乘法运算（*F）和浮点除法运算（/F）指令的使用方法与前面的指令用法类似，在此不再赘述。

【关键点】 浮点数的算术指令的输入端可以是常数，但必须是带符号的常数，如+5.0，不能为 5 或者 5.0，否则会出错。

（4）转换指令

转换指令是将一种数据格式转换成另外一种格式进行存储。例如，要让一个整型数据和双整型数据进行算术运算，一般要将整型数据转换成双整型数据。欧姆龙 CP1 系列 PLC 的转换指令见表 11-25。

表 11-25 欧姆龙 CP1 系列 PLC 的转换指令

序号	指令语句	助记符	FUN 编号
1	BCD → BIN 转换	BIN	023
1	BCD → BIN 双字转换	BINL	058
2	BIN → BCD 转换	BCD	024
2	BIN → BCD 双字转换	BCDL	059
3	2 的补数转换	NEG	160
3	2 的补数双字转换	NEGL	161
4	符号扩展	SIGN	600
5	4 → 16/8 → 256 解码器	MLPX	076
6	16 → 4/256 → 8 编码器	DMPX	077
7	ASCII 代码转换	ASC	086
8	ASCII → HEX 转换	HEX	162
9	位列 → 位行转换	LINE	063
10	位行 → 位列转换	COLM	064
11	带符号 BCD → BIN 转换	BINS	470
12	带符号 BCD → BIN 双字转换	BISL	472
13	带符号 BIN → BCD 转换	BCDS	471
14	带符号 BIN → BCD 双字转换	BDSL	473
15	格雷码转换	GRY	474

① BCD → BIN 转换指令（BIN） BCD → BIN 转换指令就是对 S 的 BCD 数据进行 BIN 转换，输出到 D。BCD → BIN 转换指令运算示意图如图 11-114 所示。

图 11-114 BCD → BIN 转换指令示意图

BCD → BIN 转换指令使用注意事项如下。

a. S 的内容不为 BCD 时，ER 标志为 ON。

b. 转换的结果，D 的内容为 0000Hex 时，= 标志为 ON。

c. 指令执行时，N 标志置于 OFF。

BCD → BIN 转换指令应用举例如图 11-115 所示。当 0.00 闭合后，执行 BIN 指令，T0（定时器 T0 剩余的 BCD 时间）中的 BCD 码数转换成二进制数存入 D2 中。

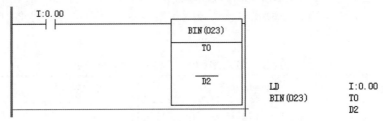

图 11-115　BCD → BIN 转换指令应用举例

② BIN → BCD 转换指令（BCD）　BIN → BCD 转换指令就是对 S 所指定的 BIN 数据进行 BCD 转换，将结果输出到 D。BIN → BCD 转换指令运算示意图如图 11-116 所示。

图 11-116　BIN → BCD 转换指令示意图

BIN → BCD 转换指令使用注意事项如下。

a. S 的内容不在 0000 ～ 270FHex 的范围内时，ER 标志为 ON。

b. 转换的结果，D 的内容为 0000Hex 时，= 标志为 ON。

BIN → BCD 转换指令应用举例如图 11-117。当 0.00 闭合后，执行 BCD 指令，D0 中的 BIN 数（二进制数）转换成 BCD 码数存入 D2 中。

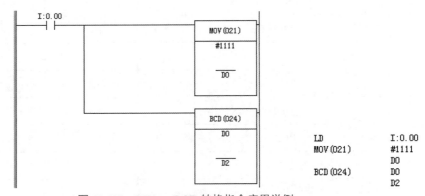

图 11-117　BIN → BCD 转换指令应用举例

其他数据转换指令的使用比较容易，请读者参考有关手册。

◢【例 11-43】　将英寸转换成厘米，已知单位为英寸的长度保存在 D0 中，数据类型为整数，英寸和厘米的转换单位为 2.54，数据类型为浮点数，要将最终单位为厘米的结果保存在 D6 中，且结果为整数。编写程序实现这一功能。

【解】　要将单位为英寸的长度转化成单位为厘米的长度，必须要用到浮点数乘法，因此乘数必须为浮点数，最后将乘积取整就得到结果。程序如图 11-118 所示。此程序未考虑四舍五入，请读者自己思考改写。

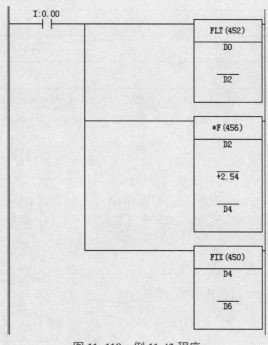

图 11 -118　例 11-43 程序

算术运算指令很多，特别在处理模拟量时，最常用到算术运算指令。限于篇幅，只介绍了部分常用的指令，其余指令读者可以参考相关手册。

11.4.5　时钟及相关指令

欧姆龙 CP1 系列 PLC 与时钟相关的指令有时钟比较指令、时钟运算指令、时钟修正指令和时钟转换指令等，使用比较方便，以下介绍几个常用的时钟相关指令。

（1）读取时钟

欧姆龙 CP1 系列 PLC 的时钟存储在特殊辅助继电器中，只要取出来即可使用。时间的存储相关特殊辅助继电器地址见表 11-26。

表 11-26　时间的存储相关特殊辅助继电器地址

序号	地址	内容
1	A351.00 ～ A351.07	秒（00 ～ 59）（BCD）
2	A351.08 ～ A351.15	分（00 ～ 59）（BCD）
3	A352.00 ～ A352.07	时（00 ～ 23）（BCD）
4	A352.08 ～ A352.15	日（01 ～ 31）（BCD）

续表

序号	地址	内容
5	A353.00 ～ A353.07	月（01 ～ 12）（BCD）
6	A353.08 ～ A353.15	年（00 ～ 99）（BCD）
7	A354.00 ～ A354.07	星期（00 ～ 06）（00Hex：星期日 ～ 06Hex：星期六）
8	A354.08 ～ A354.15	00Hex 固定

【例 11-44】 有一台 HMI 读取 CP1L-L14DT-D 的实时时间，并显示在 HMI 上，HMI 读取地址为：小时在 D10、分在 D11、秒在 D12，请编写此程序。

【解】 首先查询表 11-26，可以看到小时存储在 A352.00 ～ A352.07 中，分存储在 A351.08 ～ A351.15 中，秒存储在 A351.00 ～ A351.07 中，且都为 BCD 码。程序如图 11-119 所示。程序中 D2 读取到的是秒的 BCD 码，转换成 BIN 存储在 D12 中。同理，D1 读取到的是分的 BCD 码，转换成 BIN 存储在 D11 中，D0 读取到的是小时的 BCD 码，转换成 BIN 存储在 D10 中。

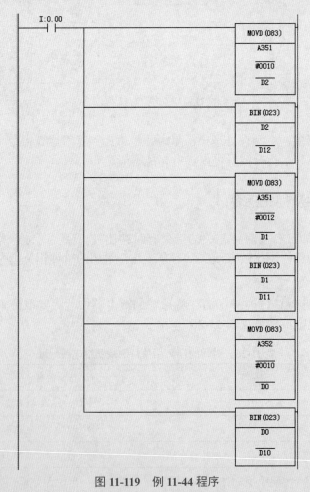

图 11-119 例 11-44 程序

关键点　从特殊辅助继电器中读取出来的日期是用 BCD 码表示的，这点要特别注意。

（2）时钟补正指令（DATE）

时钟补正指令就是按照指定的时钟数据，变更内部时钟的值。具体为：按照用 S ～ S+3 指定的时钟数据（4 通道），变更内部时钟的值。变更后的值将立即反映在特殊辅助继电器的时钟数据区域（A351 ～ A354CH）中。时钟补正指令的梯形图如图 11-120 所示，时钟补正指令的操作数说明如图 11-121 所示。

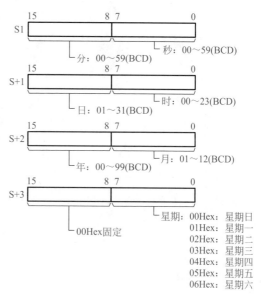

图 11-120　时钟补正指令梯形图

DATE
S　S：计时器数据低位 CH 编号

图 11-121　时钟补正指令的操作数说明示意图

用一个例子说明时钟补正指令的应用。

【例 11-45】 把 2014 年 2 月 22 日 20 时 40 分 09 秒设置成 PLC 的当前时间。

【解】 本例只设置分和秒，年月日时的设置类似。梯形图如图 11-122 所示。

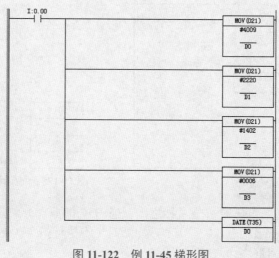

图 11-122　例 11-45 梯形图

设置时钟还有一个简单的方法，不需要编写程序。只要进行简单设置即可，设置方法如下：

先把 PLC 与 CX-ONE 在线连接，如图 11-123 所示，双击"PLC 时钟"，弹出如图 11-124 所示的界面，单击"同步"按钮，即把 2014 年 2 月 22 日 20 时 40 分 09 秒设置成 PLC 的当前时间。

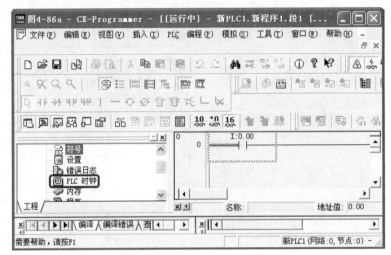

图 11-123 时钟补正（1）

(3) 时刻比较指令

时刻比较指令就是比较 2 个时刻数据（BCD 数据），比较结果为真时，连接到下一段之后。时刻比较指令与前面提到的比较指令使用方法类似，有时刻大于比较指令（＞DT）、时刻等于比较指令（＝DT）、时刻不等于比较指令（＜＞DT）、时刻小于比较指令（＜DT）、时刻小于等于比较指令（＜＝DT）和时刻大于等于比较指令（＞＝DT）。时刻比较指令的梯形图如图 11-125 所示。

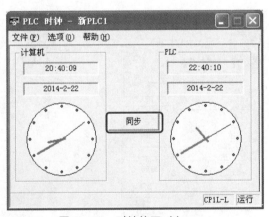

图 11-124 时钟补正（2）

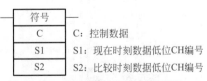

符号	
C	C：控制数据
S1	S1：现在时刻数据低位CH编号
S2	S2：比较时刻数据低位CH编号

图 11-125 时刻比较指令的梯形图

操作数 C 在年·月·日·时·分·秒之内，通过位 00 ～ 05 来分别指定将哪一个作为比较屏蔽（对象外）。全屏蔽（位 00 ～ 05 均为 1）时，不执行指令，不被连接至下一段以后。C 的说明示意图如图 11-126 所示。

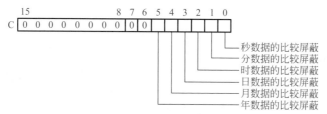

图 11-126　C 的说明示意图

操作数 S1 将当前时刻（年·月·日·时·分·秒）数据保存在 S1 ～ S1+2 中，S1 的说明示意图如图 11-127 所示。操作数 S2 将比较时刻（年·月·日·时·分·秒）数据保存在 S2 ～ S2+2 中，S2 的说明示意图如图 11-128 所示。

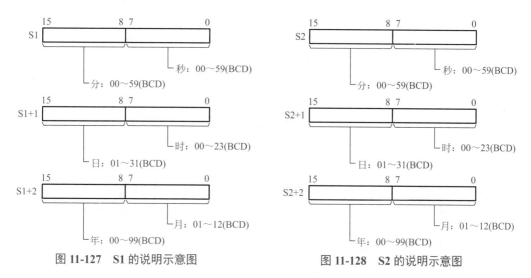

图 11-127　S1 的说明示意图　　　　　图 11-128　S2 的说明示意图

◁【例 11-46】　某实验室的一个房间，要求每天 16：30 ～ 18：00 开启一个加热器，请用 PLC 实现此功能。

【解】　这个题目有 2 个思路解决，先用时刻比较指令，即时刻介于 16：30 ～ 18：00 开启一个加热器，另一种方法不需要使用时刻比较指令，以下分别介绍。

方法一，用时刻比较指令，梯形图如图 11-129 所示。图中 D50 中 #0039 的含义是：时刻比较中，只比较小时和分钟。

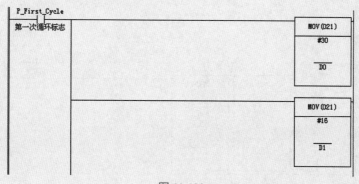

图 11-129

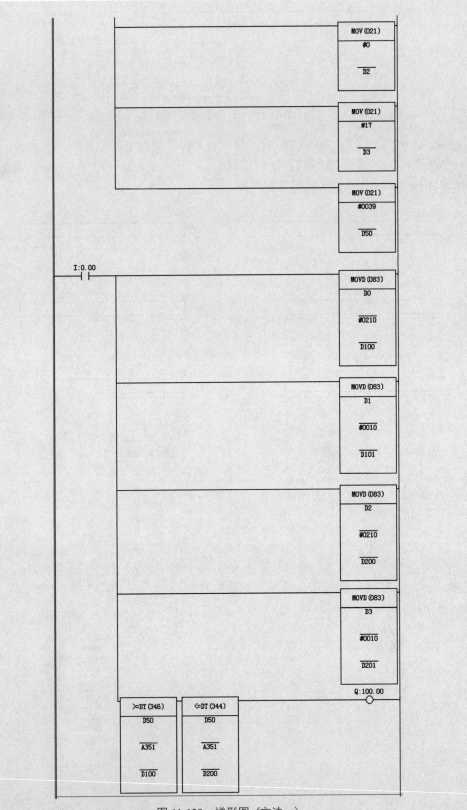

图 11-129　梯形图（方法一）

　　方法二：先读取 PLC 实时时间，读取的时间是 BCD 码格式，D100 中是分钟，D101 中是小时，如果实时时间在 16：30 ～ 18：00，那么则开启加热器，梯形图如图 11-130 所示。

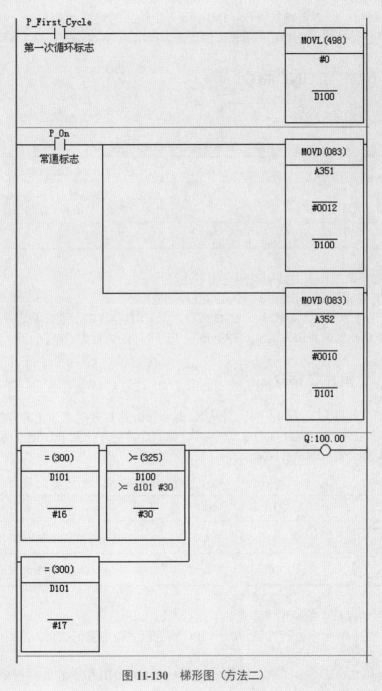

图 11-130　梯形图（方法二）

　　关键点　这道题目不难，但解题时容易出错。核心有两点：一是要理解 BCD 码，二是要会用 MOVD 指令。

■ 11.5 欧姆龙 CP 系列 PLC 的时序控制指令及其应用

时序控制指令包含程序结束指令（END）、空操作指令（NOP）、联锁指令（IL）、联锁清除指令（ILC）、多重联锁指令（MILH）、多重联锁清除指令（MILC）、跳转指令（JMP）、跳转结束指令（JME）、多重跳转指令（JMP0）、多重跳转结束指令（JME0）、条件转移指令（CJP）、条件不转移指令（CJPN）、重复开始指令（FOR）、重复结束指令（NEXT）等。

11.5.1 NOP 和 END 指令

空操作和程序结束指令格式见表 11-27。

表 11-27 空操作和程序结束指令格式

LAD	STL	操作数	功　能
—[END]	END	无	对于一个程序，通过本指令的执行，结束该程序的执行。因此，END 指令后的其他指令不被执行
无符号表示	NOP	无	无动作

空操作和程序结束指令的使用要注意如下几点。

① 全部程序被清除时，全部指令变成空操作。

② 在一个程序的最后，必须输入 END 指令。无 END 指令时，将出现程序错误。

③ 执行 END 指令时，ER、CY、GR、EQ、LE 等标注被置为 OFF。

11.5.2 IL 和 ILC 指令

当 IL 指令的输入条件为 OFF 时，对从 IL 指令开始到 ILC 指令为止的各指令的输出进行互锁。IL 指令的输入条件为 ON 时，照常执行从 IL 指令开始到 ILC 指令为止的各指令。联锁和联锁清除指令格式见表 11-28。

表 11-28 联锁和联锁清除指令格式

LAD	STL	操作数	功　能
—[IL]	IL	无	公共串联触点的连接
—[ILC]	ILC	无	公共串联触点的复位

联锁和联锁清除指令的使用要注意如下几点。

① 即使已通过 IL 指令进行互锁，IL ～ ILC 间的程序在内部仍执行，所以周期时间不会缩短。

② IL 指令和 ILC 指令请 1 对 1 使用。不是 1 对 1 时（IL 指令和 ILC 指令之间有 IL 指令时），程序检测时会出现 IL-ILC 错误。

③ 联锁和联锁清除指令是专门为分支电路设计的。IL 指令相当于分支电路的总开关，IL 指令和 ILC 指令之间的梯形图相当于各分支电路。

④ IL 指令和 ILC 指令内部再使用 IL 指令就是嵌套。

以下用一个例子来讲解 IL 指令和 ILC 指令的应用，程序如图 11-131 所示。当 0.00 断开时，程序不运行 IL ～ ILC 间程序，因此无论 0.01 是否闭合 100.00 线圈也不会得电，定时器不会启动定时。而当 0.00 闭合后，程序开始运行 IL ～ ILC 间程序，因此当 0.01 闭合时 100.00 线圈得电，100.00 常开触点闭合，定时器启动定时，10s 后，100.01 线圈得电。

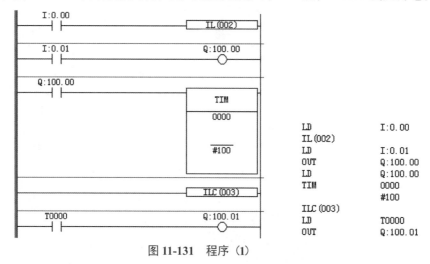

图 11-131 程序（1）

分支电路也可以用图 11-132 所示的程序处理，但助记符程序中要用到暂存继电器 TR0，梯形图中不用暂存继电器 TR0。

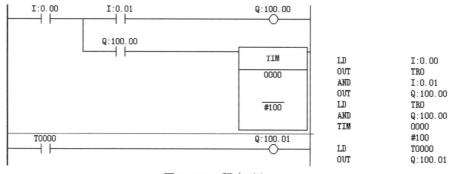

图 11-132 程序（2）

11.5.3 JMP 和 JME 指令

跳转和跳转结束指令格式和功能描述见表 11-29。

表 11-29 跳转和跳转结束指令格式和功能

LAD	STL	操作数	功　能
— JMP N	JMP N	CIO（输入输出继电器），W，H，A，T，C，D，DR，IR，常数	当驱动触点断开，跳转到 JME 处
— JME N	JME N	CIO（输入输出继电器），W，H，A，T，C，D，DR，IR，常数	解除跳转指令

跳转和跳转结束指令的使用要注意如下几点。

① JMP 和 JME 指令主要是控制程序流向，当 JMP 的驱动触点断开时，跳过 JMP 和 JME 指令之间的程序，转向执行 JME 后面的程序。

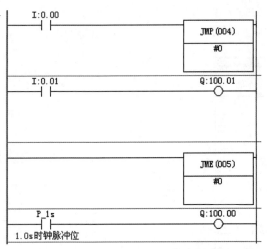

② JMP 的执行条件为 OFF 时，所有的输出条件、计数器的状态保持不变。

③ 具有相同编号的 JME 指令有 2 个以上时，程序地址较小的 JME 指令有效。此时，地址较大的 JME 指令将被忽略。

④ 向程序地址较小的一方转移时，JMP 的输入条件为 OFF 期间，在 JMP-JME 间重复执行。JMP 的输入条件为 ON 时，重复结束。此外，在这种情况下，只要 JMP 的输入条件不为 ON，就不执行 END 指令，有可能出现周期超时现象。

以下用一个例子来讲解 JMP 指令和 JME 指令的应用，梯形图如图 11-133 所示。当 0.00 断开时，程序跳转到 JME 处，无论 0.01

图 11-133　JMP 和 JME 指令应用举例

是否闭合，100.01 线圈也不会得电，当 0.00 闭合时，程序不跳转，当 0.01 闭合，100.01 线圈得电输出。

11.5.4　循环指令

循环指令（FOR-NEXT）就是无条件的重复执行 FOR ～ NEXT 间的程序 N 次后，执行 NEXT 指令以后的指令。中断重复时，使用 BREAK 指令。在 N 中指定 0 后，对 FOR ～ NEXT 间的指令进行 NOP 处理。循环指令格式见表 11-30。

表 11-30　循环指令格式

LAD	STL	操作数	功　能
FOR N	FOR　N	CIO（输入输出继电器），W，H，A，T，C，D，DR，IR，常数	重复循环开始
NEXT	NEXT	无	循环返回

使用循环指令（FOR-NEXT）要注意如下事项。

① 请将 FOR 指令和 NEXT 指令编在同一任务内。编在不同的任务中时，不执行循环。

② FOR ～ NEXT 的嵌套（例：FOR n ～ FOR m ～ NEXT ～ NEXT）层数最大为 15 个。使能输入无效时，循环体程序不执行。

◁【例 11-47】　如图 11-134 所示的程序，问单击 1 次按钮 0.00 后，D0 中的数值是多少？

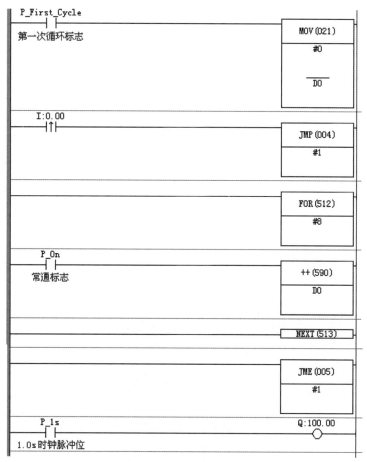

图 11-134　循环指令应用举例

【解】　单击 1 次按钮，执行 8 次循环程序，D0 执行 8 次加 1 运算，所以 D0 的数值为 8。

关键点　0.00 后面要有一个上升沿（或者下降沿），否则压下一次按钮，运行 ++ 指令的次数是不确定数。

11.5.5　工序步进控制指令

工序步进控制指令简称步进控制指令，有的 PLC 上称为顺控指令，步进控制指令与顺序控制密切相关，它是专门为顺序控制设计的指令。

步进控制指令是一组功能很强的指令，包括控制领域定义（STEP）和步进控制（SNXT）指令，步进控制指令的格式见表 11-31。

表 11-31　步进控制指令格式

LAD	STL	操作数	功　能
─ STEP	STEP	无	步进控制的结束

续表

LAD	STL	操作数	功　能
STEP S	STEP　S	W0.00 ~ 511.15 及变址存储器	步进控制的开始
SNXT S	SNXT　S		前一步复位，后一步开始

以下用一个简单的例子说明步进控制指令的应用，详细应用见第 5 章。

【例 11-48】　用 PLC 控制一盏灯亮 3s 后熄灭，再控制另一盏灯亮 3s 后熄灭，周而复始重复以上过程，要求根据图 11-135 所示的功能图，使用顺控指令编写程序。

【解】　在已知功能图的情况下，用顺控指令编写程序是很容易的，程序如图 11-136 所示。

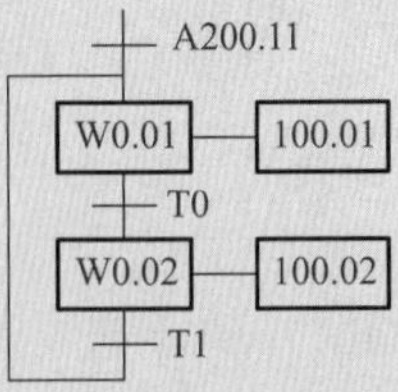

图 11-135　功能图

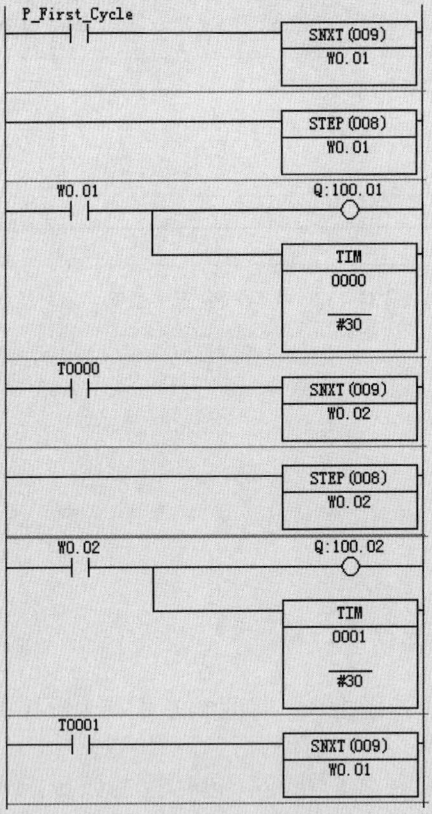


```
LD          P_First_Cycle
SNXT (009)  W0.01
STEP (008)  W0.01
LD          W0.01
OUT         Q:100.01
TIM         0000
            #30
LD          T0000
SNXT (009)  W0.02
STEP (008)  W0.02
LD          W0.02
OUT         Q:100.02
TIM         0001
            #30
LD          T0001
SNXT (009)  W0.01
```

图 11-136　例 11-48 程序

11.6　欧姆龙 CP1 系列 PLC 的子程序及其应用

本节主要介绍欧姆龙 CP1 系列 PLC 子程序和中断程序及其应用，重复使用的程序做成子程序可以提高程序运行效率和程序的可读性，中断是难点和重点。

11.6.1　子程序指令

子程序有子程序调用（SBS）、子程序进入（SBN）、子程序返回（RET）和宏（MCRO）等指令。

(1) SBS、SBN、RET 指令

SBS、SBN、RET 指令的使用比较容易。SBS 是调用编号 N 所指定的编号的子程序的指令；SBN 是显示子程序区域的开始的指令；RET 的功能是结束子程序区域的执行，返回调用源 SBS 指令或者 MCRO 指令的下一指令，RET 无操作数。SBS、SBN 和 RET 指令的格式见表 11-32。

表 11-32　SBS、SBN 和 RET 指令格式

指令	LAD	STL	功能
SBS	SBS N	SBS　N	子程序调用，子程序的编号 N 的范围是 0 ～ 255
SBN	SBN N	SBN　N	子程序开始于编号 N，N 的范围是 0 ～ 255
RET	RET	RET	子程序返回

使用说明如下。

① SBS 指令必须与 SBN、RET 指令配合使用。SBS 指令可以多次调用同一子程序，该子程序的调用指令 SBS 和子程序进入 SBN 指令必须在同一任务内。

② 子程序可以嵌套使用，但嵌套最多不能超过 16 层。

③ SBS 指令与 SBN、RET 指令使用时，执行过程的示意如图 11-137 所示。

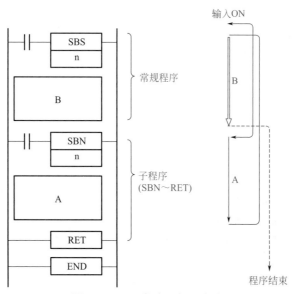

图 11-137　子程序运行示意图

◁【例 11-49】 设计一段程序，每次压下按钮时，W0 中的内容加 2，并要求 PLC 每次启动时，W0 中的数据变为 0。

【解】 这个题目可以使用子程序，程序如图 11-138 所示。

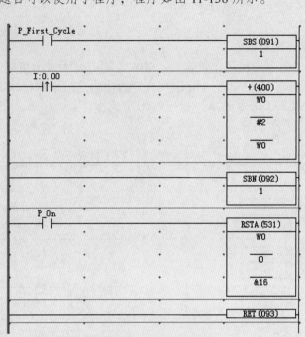

图 11-138 例 11-49 程序

(2) MCRO 指令

MCRO 指令的使用相对比较麻烦，但很有用。MCRO 是带参数的子程序指令，调用编号为 N 的子程序区域的程序。MCRO 指令格式见表 11-33。

表 11-33 MCRO 指令格式

指令	LAD	STL	功　能
MCRO	MCRO N S D	MCRO N S D	子程序的编号 N 的范围是 0～255。S 为参数的低位号；D 为返回数据低位号

使用说明如下。

① MCRO 指令必须与 SBN、RET 指令配合使用。MCRO 指令与 SBS 指令不同，根据 S 指定的参数和 D 指定的返回数据，可以进行与子程序区域程序的数据传递。执行 MCRO 指令时，将 S～S+3 通道的数据复制到 A600～A603 区域，调用指定编号的子程序。将 A600～A603 区域的数据作为输出，将它传送到 A604～A607 区域，而 A604～A607 区域原来的数值通过 RET 指令复制到 D～D+3 区域。

② MCRO 指令与 SBN、RET 指令的执行过程示意如图 11-139 所示。

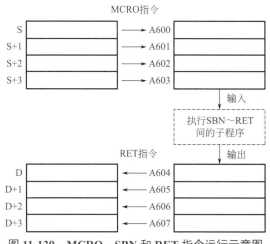

图 11-139 MCRO、SBN 和 RET 指令运行示意图

以下用一个简单的例子介绍 MCRO 指令的应用。

【例 11-50】 设计一段程序，每次压下按钮时 D100 中的内容加 2，并要求 PLC 每次启动时，D100 中的数据为 0。

【解】 这个题目可以使用子程序，程序如图 11-140 所示。

这个程序的运行过程是先把 D100 ～ D103 中的数据传送到 A600 ～ A603 中（即 D100 传送到 A600，D101 传送到 A601），然后执行加法运算，就是将 A600 加 A601，和存储在 A604 中，当执行 RET 指令后 A604 ～ A607 传送到 D200 ～ D203（即 A604 传送到 D200）。

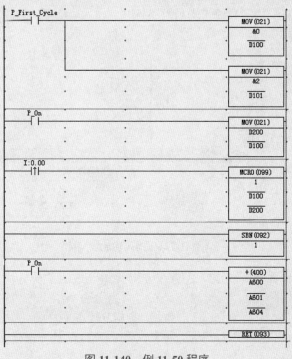

图 11-140 例 11-50 程序

11.6.2 功能块及其应用

(1) 功能块概述

功能块（FB）是一个包含标准处理功能的基本程序单元。该标准处理功能事先已定义好。一旦功能块已定义好，用户即可将功能块嵌入程序中，设置 I/O。这样，即可使用功能。功能块实际就是子程序。

由于是标准处理功能，因此，功能块不包含实际地址，是变量。用户在变量中设置地址或常数。这些地址或常数称作参数。变量自身所使用的地址则由 CX-Programmer 自动分配于每个程序。

采用 CX-Programmer 将单个功能块保存为单个文件，而且单个功能块还可用于其他 PLC 程序中。因此，标准处理功能可做成库。

(2) 功能块的特点

功能块便于复杂的编程设备反复使用。一旦在功能块中创建了标准编程并将其保存为文件，便可将功能块嵌入程序中并设置功能块 I/O 参数，即可反复使用。当创建和调试程序时，反复使用现有功能块将节省大量的时间并且减少编码错误。此外，还可以使程序更易于理解。

(3) 功能块的创建方法及应用

以下用两个例子介绍功能块的创建方法。

✐【例 11-51】 设计一段程序，压下奇数次按钮 SB1，灯亮；压下偶数次按钮 SB1 时，灯灭。

【解】 ① 插入功能块。选中"工程树"，单击"插入功能块"→"梯形图"，如图 11-141 所示，弹出功能块程序编辑器界面。

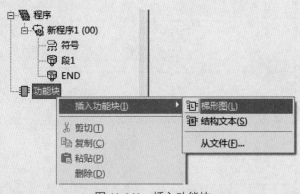

图 11-141 插入功能块

② 打开功能块，并创建变量。先双击"工程树"中的"功能块 1"，如图 11-142 所示，打开功能块。选中"内部"选项卡，在"内部"选项卡上方的空白处右击鼠标，弹出快捷菜单，单击"插入变量"，弹出如图 11-143 所示的界面，做如图 11-143 所示的设置，单击"确定"按钮。插入"输入参数"和"输出参数"的方法类似，如图 11-144 和图 11-145 所示。

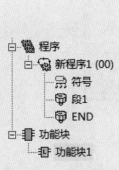

图 11-142 打开功能块

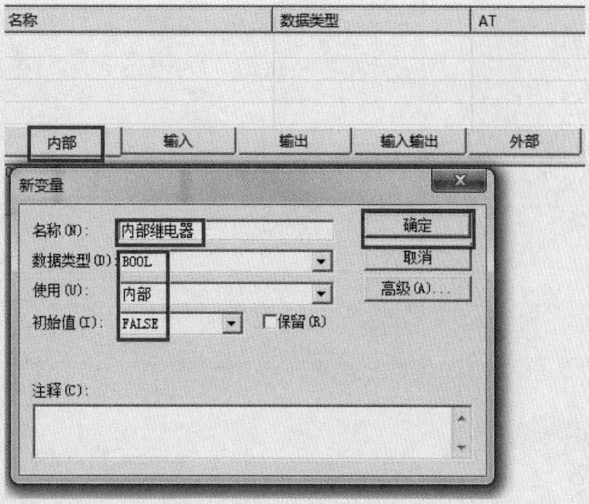

图 11-143 插入内部参数

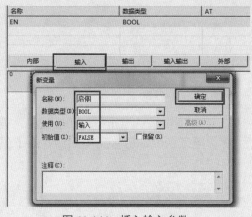

图 11-144 插入输入参数

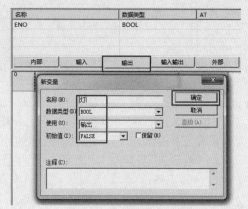

图 11-145 插入输出参数

③ 编写功能块程序，如图 11-146 所示。

图 11-146 功能块程序

④ 把功能块程序保存在库中。选中"功能块 1"，右击鼠标，弹出快捷菜单，单击"功能块保存到文件"选项，弹出如图 11-147 所示界面，单击"保存"按钮，功能块程序的后缀是 cxf。

图 11-147 保存功能块

⑤ 在主程序中调用功能块。主程序如图 11-148 所示。

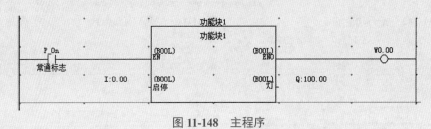

图 11-148 主程序

【例 11-52】 有 2 台电动机，用 CP1H 控制，控制逻辑是：当压下启动按钮时，第一台电动机星三角启动，第一台电动机启动完成后 2s，第二台电动机星三角启动，压下停止按钮，2 台电动机同时停止，请设计原理图，并编写控制程序。

【解】 前面的章节已讲解星三角启动，但只有 1 台电动机，现控制 2 台电动机的星三角启动，因此把星三角启动的程序作为功能块，2 次调用，节约程序编写时间。

① I/O 分配。I/O 分配表见表 11-34。

表 11-34　I/O 分配表

输　入			输　出		
名称	符号	输入点	名称	符号	输出点
开始按钮	SB1	0.00	通电	KA1	100.00
停止按钮	SB2	0.01	星形启动	KA2	100.01
			三角形运行	KA3	100.02
			通电	KA4	100.03
			星形启动	KA5	100.04
			三角形运行	KA6	100.05

② 绘制电气原理图。电气原理图如图 11-149 所示。

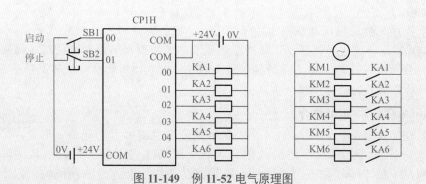

图 11-149　例 11-52 电气原理图

③ 编写程序。先编写功能块程序，如图 11-150 所示。

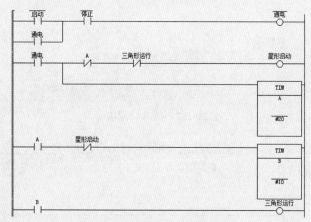

图 11-150　例 11-52 功能块程序

再编写主程序，如图 11-151 所示。

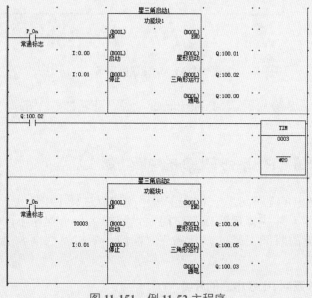

图 11-151　例 11-52 主程序

[关键点] ① 以上程序中的"功能块1"是指功能块名称，其功能是实现星三角启动。而由于程序中两次调用功能块1，所以有两个功能块实例，分别是"星三角启动1"和"星三角启动2"，功能块实例在以上程序中不能重名，否则得不出正确的逻辑结果。

② 功能块经过修改后，需要重新插入到主程序（或者调用此功能块的子程序）中，主程序中原来的功能块不能继续使用，否则要出错。

（4）功能块库（FBL）简介

上面的功能块是编程者编写的，此外欧姆龙公司也编写了功能块，形成一个功能块库（FBL），这样读者可以非常方便地调用。功能块库的优点很多，可以简化编程、使用简单、无需测试、易于编程和有可扩展性。欧姆龙功能块库有大量的功能块。以下介绍调用方法。

① 插入功能块。选中"工程树"，单击"插入功能块"→"从文件"，如图 11-152 所示，在相应的位置找到读者需要的功能块。

图 11-152　插入功能块库

② 功能块库的目录。一般存放目录如图 11-153 所示（左侧），把"omronlib"展开，即可看到如图 11-153 所示（右侧）的功能块的文件夹。例如，和变频器相关的功能块在"Inverter"中。

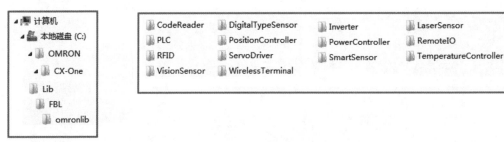

图 11-153　功能块库目录

[关键点] 如果只安装了 CX-Programmer 软件，计算机中没有此功能块库；如果安装的是 CX-One，则有此功能块库。

11.6.3　欧姆龙 CP1 系列 PLC 的中断功能

中断是计算机特有的工作方式，即在主程序的执行过程中中断主程序，而执行中断子程序。中断子程序是为某些特定的控制功能而设定的。与子程序不同，中断是为随机发生的且必须立即响应的时间安排的，其响应时间应小于机器周期。引发中断的信号称为中断源。

（1）欧姆龙 CP1 系列 PLC 中断的分类

欧姆龙 CP1 系列 PLC 中断的种类主要有：直接模式中断、计数器模式中断、定时器模式中断、高速计数器模式中断和外部中断共 5 种，其中直接模式中断和计数器模式中断又被统称为输入中断。以下分别介绍。

①　直接模式中断。欧姆龙 CP1 系列 PLC 的 CPU 单元的内置输入发生 OFF → ON 的变化，或 ON → OFF 的变化时，执行中断任务的处理。根据中断接点中断任务 140 ～ 145 被固定分配。

②　计数器模式中断。通过对向欧姆龙 CP1 系列 PLC 的 CPU 单元的内置输入的输入脉冲进行计数及计数达到执行中断任务的处理。输入频率作为所使用的输入中断（计数器模式）合计为 5kHz 以下。

③　定时器模式中断。通过欧姆龙 CP1 系列 PLC 的 CPU 单元的内置定时器，按照一定的时间间隔执行中断任务的处理。间隔的单位可从 10ms、1ms、0.1ms 中选择。另外，可设定的最小间隔为 0.5ms。中断任务 2 被固定地分配在定时中断中。

④　高速计数器模式中断。用欧姆龙 CP1 系列 PLC 的 CPU 单元内置的高速计数器来对输入脉冲进行计数，根据当前值与目标值一致或通过区域比较来执行中断任务的处理。可通过指令语言分配中断任务 0 ～ 255。

（2）欧姆龙 CP1 系列 PLC 中断的优先级

中断的优先级是指当 PLC 同时有多个中断需要处理时中断被响应先后顺序，最先响应的中断的优先级最高，最后响应的中断优先级最低。

欧姆龙 CP1 系列 PLC 的优先级分三个级别，从高到低按照顺序排列为：输入中断（含直接模式和计数器模式）、高速计数器模式中断、定时器模式中断。也就是说直接模式中断和计数器模式中断的优先级相同，且为最高级别，高速计数器模式中断优先级别次之，定时器模式中断的优先级别最低。直接模式中断和计数器模式中断的处理顺序是先发生中断的 CPU 先响应。

此外，注意级别低的中断可以被级别高的中断所中断，例如在执行定时器模式中断程序时发生了高速计数器中断，那么 CPU 先处理高速计数器模式中断，完成后再接着处理定时中断。

（3）欧姆龙 CP1 系列 PLC 的中断建立

要使用欧姆龙 CP1 系列 PLC 的中断功能，必须先建立并编写中断程序，建立中断程序的过程如下。

①　鼠标右击工程树的"新 PLC1［CP1L］联机"，在下拉菜单中选择"插入程序（I）"→"梯形图（L）"，如图 11-154 所示，则在树的下方出现"新程序 2（未指定）"，如图 11-155 所示。

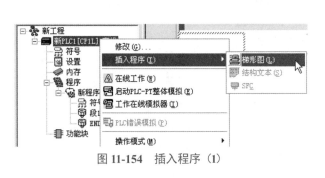

图 11-154　插入程序（1）

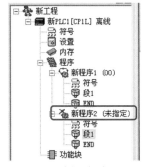

图 11-155　插入程序（2）

②　在工程树的下方选中"新程序 2（未指定）"，右击鼠标弹出快捷菜单，单击"属性"，弹出如图 11-156 所示的界面，在对话框中选中"通用"选项卡，然后在下拉对话框中选中相应的中断任务，这样就创建了一个中断程序。

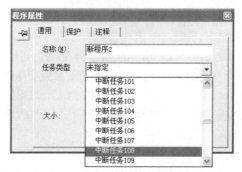

图 11-156　程序属性对话框

③ 中断程序创建之后，在"段 1"中输入所需的中断程序代码即可，其编写方法与普通程序的编写方法相同。

11.6.4　欧姆龙 CP1 系列 PLC 的中断指令

欧姆龙 CP1 系列 PLC 的中断指令主要包括 MSKS、MSKR、CLR、DI 和 EI 等指令。

MSKS 是中断屏蔽设置指令，可以屏蔽或允许输入中断或设定定时中断的定时间隔。MSKS 指令的格式见表 11-35。

表 11-35　MSKS 指令的格式

指　令	LAD	STL	功　　能
MSKS	— MSKS N S	MSKS N S	N 为控制数据 1，用于指定输入中断编号 S 为控制数据 2，用于设定动作

MSKS 的 N 和 S 的含义见表 11-36。

表 11-36　MSKS 的 N 和 S 的含义

数据		数据内容	
		中断输入的上升沿 / 下降沿指定时	中断输入的屏蔽解除 / 屏蔽指定时
N	输入中断 0（中断任务 No.140）	110（或 10）	100（或 6）
	输入中断 1（中断任务 No.141）	111（或 11）	101（或 7）
	输入中断 2（中断任务 No.142）	112（或 12）	102（或 8）
	输入中断 3（中断任务 No.143）	113（或 13）	103（或 9）
	输入中断 4（中断任务 No.144）	114	104
	输入中断 5（中断任务 No.145）	115	105
	输入中断 6（中断任务 No.146）	116	106
	输入中断 7（中断任务 No.147）	117	107

续表

数据	数据内容	
	中断输入的上升沿 / 下降沿指定时	中断输入的屏蔽解除 / 屏蔽指定时
S	0000 Hex：检测上升沿（初始值） 0001 Hex：检测下降沿	0000 Hex：中断任务解除（直接模式） 0001 Hex：中断任务屏蔽 0002 Hex：中断任务解除（计数模式、开始减法计数） 0003 Hex：中断任务解除（计数模式、开始加法计数）

　　MSKR 是中断屏蔽前导指令，可读取通过 MSKS 指令指定的中断控制的设定。MSKR 指令的格式见表 11-37。

表 11-37　MSKR 指令的格式

指令	LAD	STL	功　　能
MSKR	┤ MSKR ├ N D	MSKR N D	N 为控制数据，用于指定输入中断编号 D 为输出通道编号，用于读取设定内容

　　CLR 是中断解除指令。进行输入中断要因的记忆解除 / 保持、定时中断的初次中断开始时间的设定或高速计数中断要因的记忆解除 / 保持。CLR 指令的格式见表 11-38。

表 11-38　CLR 指令的格式

指令	LAD	STL	功　　能
CLR	┤ CLR ├ N S	CLR N S	N 为控制数据 1，用于指定输入中断编号 S 为控制数据 2，用于设定动作

　　CLR 指令的 N 和 S 的含义见表 11-39。

表 11-39　CLR 指令的 N 和 S 的含义

数据	输入中断时的数据内容	定时中断时的数据内容	高速计数器中断时的数据内容
N	100（或 6）：输入中断 0（中断任务 No.140）	定时中断编号 4：定时中断 0（中断任务 No.2）	10：高速计数器中断 0
	101（或 7）：输入中断 1（中断任务 No.141）		11：高速计数器中断 1
	102（或 8）：输入中断 2（中断任务 No.142）		12：高速计数器中断 2
	103（或 9）：输入中断 3（中断任务 No.143）		13：高速计数器中断 3
	104：输入中断 4（中断任务 No.144）		
	107：输入中断 7（中断任务 No.147）		
S	0001 Hex：记忆解除 0000 Hex：记忆保持	0000 ～ 270F Hex：初次中断开始时间（0 ～ 9999） 单位时间可通过 PLC 系统设定（定时中断单位时间设定）来设定 10ms/ 1.0ms/ 0.1ms 中的任何一个	0001 Hex：记忆解除 0000 Hex：记忆保持

DI 是中断任务执行禁止指令，在周期执行任务中使用，禁止所有中断任务（输入中断任务、定时中断任务、高速计数器中断任务、外部中断任务）的执行。在执行解除禁止中断任务执行（EI）之前的时间段内，在中断任务的执行暂时停止时使用。

EI 是解除中断任务执行禁止指令，在周期执行任务内使用，解除通过 DI（禁止执行中断任务）指令被禁止执行的所有中断任务（输入中断任务、定时中断任务、高速计数器中断任务、外部中断任务）的执行禁止。

DI 和 EI 指令的格式见表 11-40。

表 11-40 DI 和 EI 指令的格式

指令	LAD	STL	功　能
DI	—[DI]	DI	无操作数，中断任务执行禁止
EI	—[EI]	EI	无操作数，解除中断任务执行禁止

11.6.5　欧姆龙 CP1 系列 PLC 的定时模式中断

通过 CPU 单元的内置定时器，按照一定的时间间隔执行中断任务。中断任务 2 被固定地分配在定时中断中。定时模式中断的使用步骤如下。

(1) 定时中断单位时间设定

在 CX-Programmer 软件中，双击工程树中的"设置"选项，如图 11-157 所示，弹出"PLC 设定"对话框，选中"时序"选项卡，设定时间间隔如图 11-158 所示。时间间隔应比中断处理时间长，否则会影响下个定时中断的请求响应。即使到了定时中断时间（周期）的时间，其他原因（输入中断、高速计数器中断）导致中断任务被执行的情况下，定时任务的执行要等到这些处理结束为止。

图 11-157　工程树　　　　　　　　　图 11-158　PLC 设定

另外，即使在该情况下，定时中断时间的测算状态也会继续，因此不存在定时中断任务的执行时间变长。

（2）建立定时中断程序

在 CX-Programmer 软件中，选中工程树中的"新 PLC［CP1L］离线"，右击鼠标，弹出快捷菜单，单击"插入程序"→"梯形图"，弹出"程序属性"对话框，在"通用"选项卡的"任务类型"中选定"中断任务 02（间隔定时器 0）"，如图 11-159 所示，此时工程树中增加了"新程序 2（未指定）"项，在这个项目的"段 1"中编写的就是中断程序。

图 11-159　程序属性

（3）定时中断时间间隔的设定

使用 MSKS 指令（中断屏蔽设置）可以对定时中断的时间间隔进行设定。MSKS 指令（中断屏蔽设置）在定时中断模式中，其操作数 N、S 的含义见表 11-41。MSKS 指令使用方法如图 11-160 所示。

表 11-41　MSKS 指令操作数 N、S 的含义

MSKS 指令的操作数		中断时间间隔（周期）	
N，定时中断编号	S，中断时间	PLC 系统设定中的单位时间设定 /ms	中断时间间隔 /ms
定时中断 0（中断任务 2） 4：指定非复位开始	#0000 ～ #270F （十进制 0 ～ 9999）	10	10 ～ 99990
		1	1 ～ 9999
		0.1	0.5 ～ 999.9

图 11-160　MSKS 指令使用方法

【例 11-53】　设计一段程序，每隔 100ms，D0 中的数值增加 2。

【解】　图 11-161 所示为梯形图。设置的时间间隔为 10ms，而定时中断时间间隔为 10×10ms=100ms。

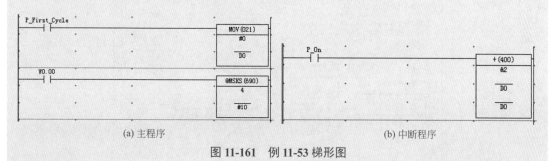

图 11-161　例 11-53 梯形图

11.6.6　欧姆龙 CP1 系列 PLC 的直接输入模式中断

在 CPU 单元的内置输入发生 OFF → ON 变化或 ON → OFF 变化时，执行相应的中断任务。以中断 0 为例，介绍直接输入模式中断的使用步骤，具体如下。

(1) 输入端子与中断任务编号

不同系列的 PLC 支持直接模式输入点的个数不同，输入端子与中断任务编号对应关系也不同，例如 CP1L-L14 的 CPU 单元输入端子台 0.04 ～ 0.07 的 4 点可作为输入中断使用，输入端子与中断任务编号对应中断关系如图 11-162 所示，可见输入点 0.04 对应输入中断 0。

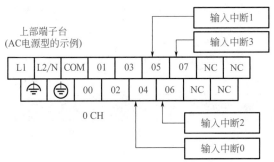

图 11-162　输入端子与中断任务编号对应中断关系

> (🎯 关键点)　输入点和中断的对应关系请参考硬件手册，例如 CP1H 系列的 0.00 与输入中断 0 对应。

(2) PLC 系统设定

在 CX-Programmer 软件中，双击工程树中的"设置"选项，弹出"PLC 设定"对话框，如图 11-163 所示，选中"内置输入设置"选项卡，并在"中断输入"中，将作为中断输入的 IN0 输入的用途设定为"中断"。

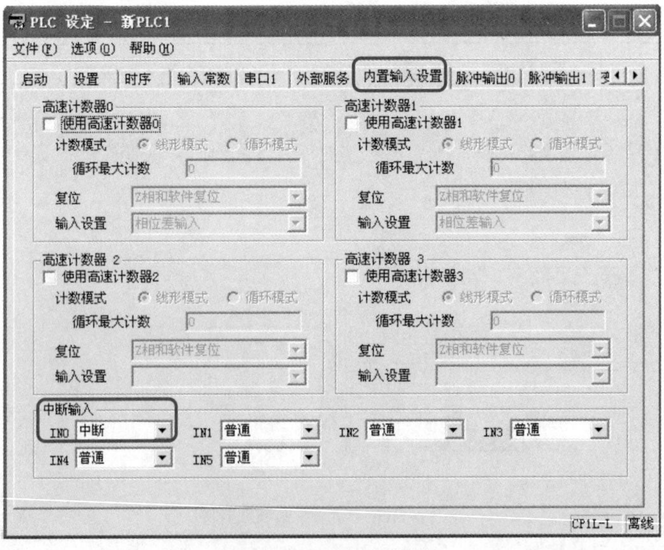

图 11-163　PLC 设定

（3）中断条件设定

直接模式下，中断条件的设置包括设置中断输入方式和设置中断允许 / 禁止的操作。使用 MSKS 指令可以进行中断条件的设置，MSKS 指令在直接控制模式中的操作数 N、S 的功能见表 11-42，其使用方法如图 11-164 所示。

表 11-42　MSKS 指令在直接控制模式中的操作数 N、S 的功能

输入中断编号	中断任务 No.	①指定输入的上升沿 / 下降沿时		②输入中断的允许 / 禁止设定	
		N，输入中断 No.	S，执行条件	N，输入中断 No.	S，允许 / 禁止设定
输入中断 0	140	110（或 10）		下降指定	
输入中断 1	141	111（或 11）	#0000：上升沿指定 #0001：下降沿指定	101（或 7）	#0000：中断允许 #0001：中断禁止
输入中断 2	142	112（或 12）		102（或 8）	
输入中断 3	143	113（或 13）		103（或 9）	
输入中断 4	144	114		104	
输入中断 5	145	115		105	

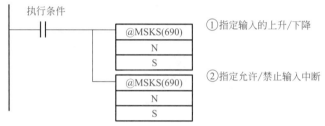

图 11-164　MSKS 指令使用方法

（4）直接输入模式中断的使用

① 将输入设备连接到输入 0.04。

② 通过 CX-Programmer 用 PLC 系统设定将输入 0 设定到中断输入。

③ 通过 CX-Programmer 编制中断处理用的程序，并分配到中断任务 140。

④ 通过 CX-Programmer 软件用 MSKS 指令编写主程序，如图 11-165 所示。执行条件 W0.00 为 ON 时，通过 MSKS 指令的执行，可对 0.04 的上升沿进行输入中断动作。如输入 0.04 从 OFF 向 ON 变化（上升沿），则将执行中的周期执行任务的处理暂时中断，开始中断任务 140 的处理。如中断任务的处理结束，则再次开始已中断的梯形图程序的处理。

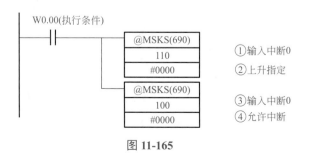

图 11-165

图 11-165　直接输入模式的程序与时序图

【例 11-54】　在 0.04 的上升沿，通过中断使 100.00 立即置位，在 0.05 的上升沿，通过中断使 100.00 立即复位。

【解】　图 11-166 所示为梯形图。

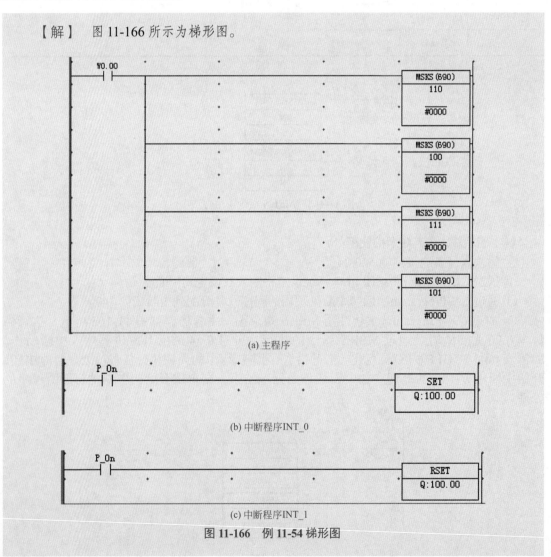

图 11-166　例 11-54 梯形图

第 4 篇

PLC 编程高级应用

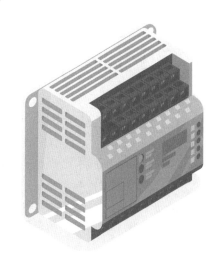

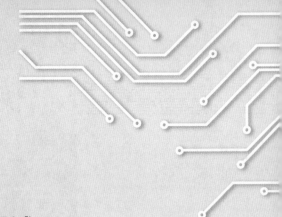

第12章
PLC 的编程方法与调试

> 本章介绍功能图的画法、梯形图的禁忌以及如何根据功能图用基本指令、功能指令和复位置位指令编写顺序控制梯形图程序。另一个重要的内容是程序的调试方法。

■ 12.1 功能图与编程原则

12.1.1 功能图的画法

功能图转换成
梯形图

功能图（SFC）是描述控制系统的控制过程、功能和特征的一种图解表示方法。它具有简单、直观等特点，不涉及控制功能的具体技术，是一种通用的语言，是国际电工委员会（IEC）首选的编程语言，近年来在 PLC 的编程中已经得到了普及。在 IEC 60848 中称顺序功能图，在国家标准 GB/T 6988.1—2008 中称功能表图。西门子称为图形编程语言 S7-Graph。

顺序功能图是设计 PLC 顺序控制程序的一种工具，适合于系统规模较大、程序关系较复杂的场合，特别适合于对顺序操作的控制。在编写复杂的顺序控制程序时，采用 S7-Graph 比梯形图更加直观。

功能图的基本思想是：设计者按照生产要求，将被控设备的一个工作周期划分成若干个工作阶段（简称"步"），并明确表示每一步要执行的输出，"步"与"步"之间通过转换条件进行转换，在程序中只要通过正确连接进行"步"与"步"之间的转换，就可以完成被控设备的全部动作。

PLC 执行功能图程序的基本过程是：根据转换条件选择工作"步"，进行"步"的逻辑处理。组成功能图程序的基本要素是步、转换条件和有向连线，如图 12-1 所示。

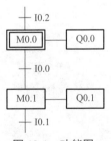

图 12-1 功能图

（1）步

一个顺序控制过程可分为若干个阶段，也称为步或状态。系统初始状态对应的步称为初始步，初始步一般用双线框表示。在每一步中施控系统要发出某些"命令"，而被控系统要完成某些"动作"，"命令"和"动作"都称为动作。当系统处于某一工作阶段时，则该步处于激活状态，称为活动步。

（2）转换条件

使系统由当前步进入下一步的信号称为转换条件。顺序控制设计法用转换条件控制代表各步的编程元件，让它们的状态按一定的顺序变化，然后用代表各步的编程元件去控制输出。不同状态的"转换条件"可以不同，也可以相同。当"转换条件"各不相同时，在功能图程序中每次只能选择其中一种工作状态（称为"选择分支"），当"转换条件"都相同时，在功能图程序中每次可以选择多个工作状态（称为"选择并行分支"）。只有满足条件状态，才能进行逻辑处理与输出。因此，"转换条件"是功能图程序选择工作状态（步）的"开关"。

（3）有向连线

步与步之间的连接线称为"有向连线"，"有向连线"决定了状态的转换方向与转换途径。在有向连线上有短线，表示转换条件。当条件满足时，转换得以实现，即上一步的动作结束而下一步的动作开始，因而不会出现动作重叠。步与步之间必须要有转换条件。

图 12-1 中的双框为初始步，M0.0 和 M0.1 是步名，I0.0、I0.1 为转换条件，Q0.0、Q0.1 为动作。当 M0.0 有效时，输出指令驱动 Q0.0。步与步之间的连线称为有向连线，它的箭头省略未画。

（4）功能图的结构分类

根据步与步之间的进展情况，功能图分为以下几种结构。

① 单一顺序。单一顺序动作是一个接一个地完成，完成每步只连接一个转移，每个转移只连接一个步，如图 12-2 和图 12-3 所示的功能图和梯形图是一一对应的。以下用"启保停电路"来讲解功能图和梯形图的对应关系。

为了便于将顺序功能图转换为梯形图，采用代表各步的编程元件的地址（比如 M0.2）作为步的代号，并用编程元件的地址来标注转换条件、各步的动作和命令，当某步对应的编程元件置 1，代表该步处于活动状态。

a. 启保停电路对应的布尔代数式。标准的启保停梯形图如图 12-4 所示，图中 I0.0 为 M0.2 的启动条件，当 I0.0 置

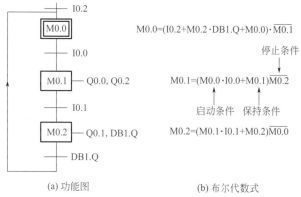

$$M0.0 = (I0.2 + M0.2 \cdot DB1.Q + M0.0) \cdot \overline{M0.1}$$

停止条件

$$M0.1 = (M0.0 \cdot I0.0 + M0.1)\overline{M0.2}$$

启动条件　保持条件

$$M0.2 = (M0.1 \cdot I0.1 + M0.2)\overline{M0.0}$$

(a) 功能图　　　　(b) 布尔代数式

图 12-2　顺序功能图和对应的布尔代数式

1 时，M0.2 得电；I0.1 为 M0.2 的停止条件，当 I0.1 置 1 时，M0.2 断电；M0.2 的辅助触点为 M0.2 的保持条件。该梯形图对应的布尔代数式为：

$$M0.2 = (I0.0 + M0.2) \cdot \overline{I0.1}$$

b. 顺序控制梯形图储存位对应的布尔代数式。如图 12-2（a）所示的功能图，M0.1 转换为活动步的条件是 M0.1 步的前一步是活动步，相应的转换条件（I0.0）得到满足，即 M0.1 的启动条件为 M0.0·I0.0。当 M0.2 转换为活动步后，M0.1 转换为不活动步，因此，M0.2 可以看成 M0.1 的停止条件。由于大部分转换条件都是瞬时信号，即信号持续的时间比他激活的后续步的时间短，因此应当使用有记忆功能的电路控制代表步的储存位。在这种情况下：启动条件、停止条件和保持条件全部具备，就可以采用"启保停"方法设计顺序功能图的布尔代数式和梯形图。顺序控制功能图中储存位对应的布尔代数式如图 12-2（b）所示，参照图 12-4 所示的标准"启保停"梯形图，就可以轻松地将图 12-2 所示的顺序功能图转换

为图 12-3 所示的梯形图。

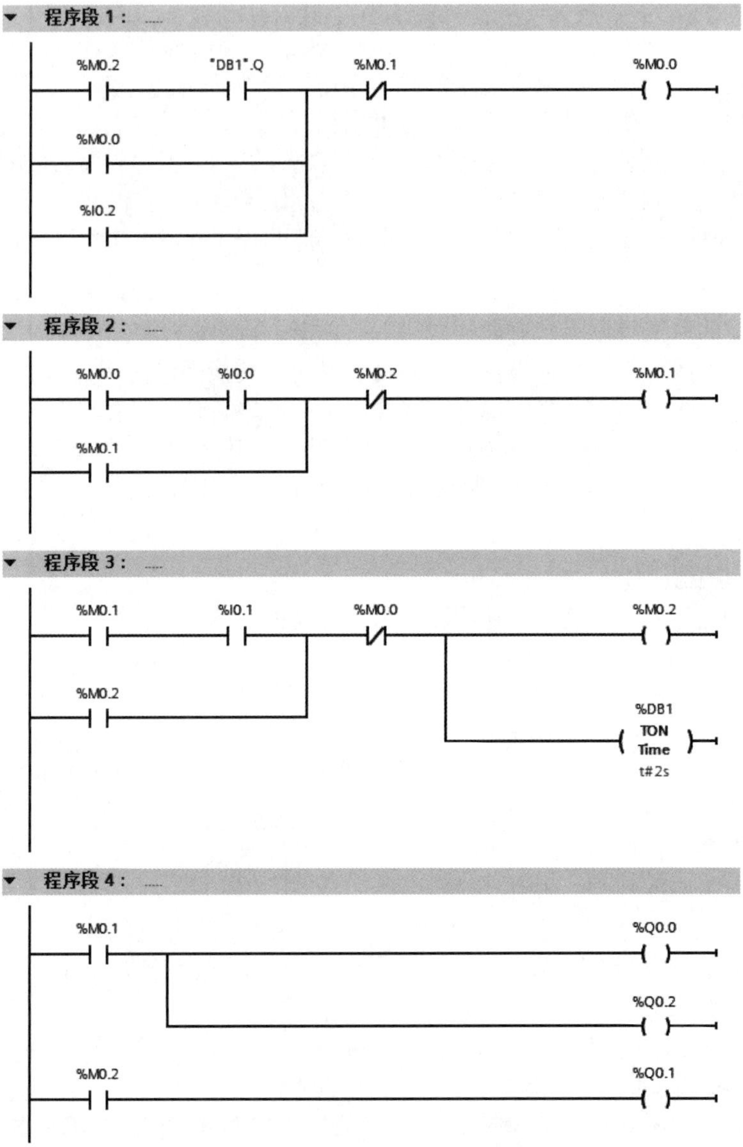

图 12-3　图 12-2 功能图对应的梯形图

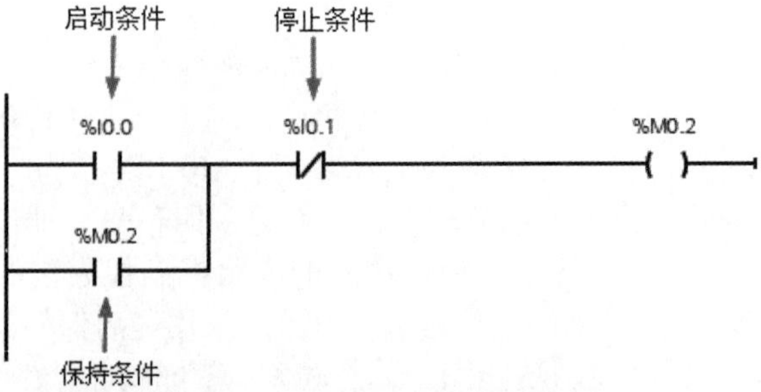

图 12-4　标准的启保停梯形图

② 选择顺序。选择顺序是指某一步后有若干个单一顺序等待选择，称为分支，一般只允许选择进入一个顺序，转换条件只能标在水平线之下。选择顺序的结束称为合并，用一条水平线表示，水平线以下不允许有转换条件，如图 12-5 所示。

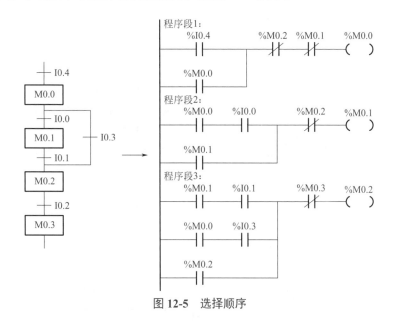

图 12-5　选择顺序

③ 并行顺序。并行顺序是指在某一转换条件下同时启动若干个顺序，也就是说转换条件的实现导致几个分支同时激活。并行顺序的开始和结束都用双水平线表示，如图 12-6 所示。

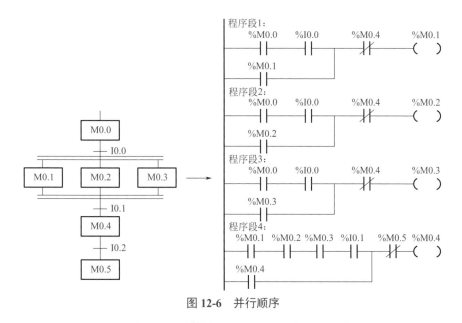

图 12-6　并行顺序

④ 选择序列和并行序列的综合。如图 12-7 所示，步 M0.0 之后有一个选择序列的分支，设 M0.0 为活动步，当它的后续步 M0.1 或 M0.2 变为活动步时，M0.0 变为不活动步，即 M0.0 为 0 状态，所以应将 M0.1 和 M0.2 的常闭触点与 M0.0 的线圈串联。

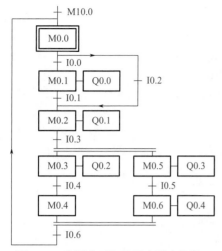

图 12-7 选择序列和并行序列功能图

步 M0.2 之前有一个选择序列合并，当步 M0.1 为活动步（即 M0.1 为 1 状态），并且转换条件 I0.1 满足，或者步 M0.0 为活动步，并且转换条件 I0.2 满足，步 M0.2 变为活动步，所以该步的存储器 M0.2 的启保停电路的启动条件为 M0.1 · I0.1+M0.0 · I0.2，对应的启动电路由两条并联支路组成。

步 M0.2 之后有一个并行序列分支，当步 M0.2 是活动步并且转换条件 I0.3 满足时，步 M0.3 和步 M0.5 同时变成活动步，这是用 M0.2 和 I0.3 常开触点组成的串联电路，分别作为 M0.3 和 M0.5 的启动电路来实现的，与此同时，步 M0.2 变为不活动步。

步 M0.0 之前有一个并行序列的合并，该转换实现的条件是所有的前级步（即 M0.4 和 M0.6）都是活动步和转换条件 I0.6 满足。由此可知，应将 M0.4、M0.6 和 I0.6 的常开触点串联，作为控制 M0.0 的启保停电路的启动电路。图 12-7 所示的功能图对应的梯形图如图 12-8 所示。

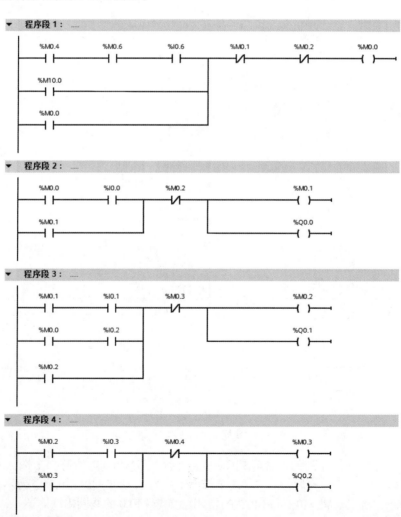

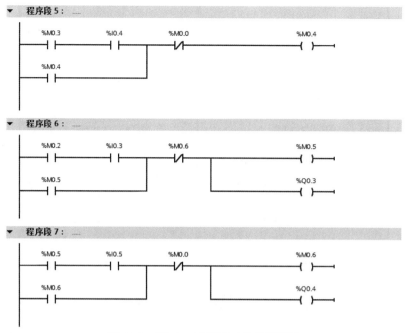

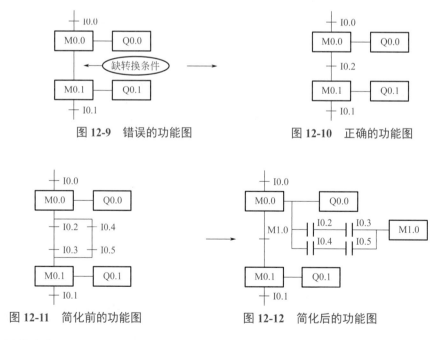

图 12-8　图 12-7 功能图对应的梯形图

（5）功能图设计的注意点

① 状态之间要有转换条件。如图 12-9 所示，状态之间缺少"转换条件"是不正确的，应改成如图 12-10 所示的功能图。必要时转换条件可以简化，如将图 12-11 简化成图 12-12。

图 12-9　错误的功能图　　　　　图 12-10　正确的功能图

图 12-11　简化前的功能图　　　　图 12-12　简化后的功能图

② 转换条件之间不能有分支。例如，图 12-13 应该改成图 12-14 所示的合并后的功能图，合并转换条件。

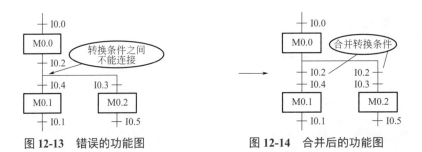

图 12-13　错误的功能图　　　　　　图 12-14　合并后的功能图

③ 顺序功能图中的初始步对应于系统等待启动的初始状态，初始步是必不可少的。

④ 顺序功能图中一般应有由步和有向连线组成的闭环。

12.1.2　梯形图编程的原则

尽管梯形图与继电器电路图在结构形式、元件符号及逻辑控制功能等方面类似，但它们又有许多不同之处，梯形图有自己的编程规则。

① 每一逻辑行总是起于左母线，最后终止于线圈或右母线（右母线可以不画出），如图 12-15 所示。

图 12-15　梯形图（1）

② 无论选用哪种机型的 PLC，所用元件的编号必须在该机型的有效范围内。例如 CPU1511-1PN 最大 I/O 范围是 32KB。

③ 触点的使用次数不受限制。例如，辅助继电器 M0.0 可以在梯形图中出现无限制的次数，而实物继电器的触点一般少于 8 对，只能用有限次。

④ 在梯形图中同一线圈只能出现一次。如果在程序中，同一线圈使用了两次或多次，称为"双线圈输出"。对于"双线圈输出"，有些 PLC 将其视为语法错误，绝对不允许（如三菱 FX 系列 PLC）；有些 PLC 则将前面的输出视为无效，只有最后一次输出有效（如西门子 PLC）；而有些 PLC 在含有跳转指令或步进指令的梯形图中允许双线圈输出。

⑤ 对于不可编程的梯形图必须经过等效变换，变成可编程梯形图，如图 12-16 所示。

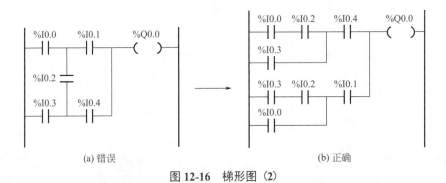

图 12-16　梯形图（2）

⑥ 在有几个串联电路相并联时，应将串联触点多的回路放在上方，归纳为"上多下少"

的原则，如图 12-17 所示。在有几个并联电路相串联时，应将并联触点多的回路放在左方，归纳为"左多右少"原则，如图 12-18 所示。因为这样所编制的程序简洁明了，语句较少。但要注意图 12-17（a）和图 12-18（a）的梯形图逻辑上是正确的。

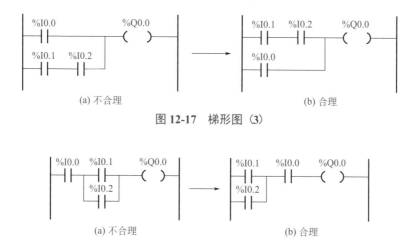

图 12-17　梯形图（3）

图 12-18　梯形图（4）

⑦ 为了安全考虑，PLC 输入端子上接入的停止按钮和急停按钮应使用常闭触点，而不应使用常开触点。

12.2　逻辑控制的梯形图编程方法

相同的硬件系统，由不同的人设计，可能设计出不同的程序，有的人设计的程序简洁而且可靠，而有的人设计的程序虽然能完成任务但较复杂。PLC 程序设计是有规律可遵循的，下面将介绍两种方法：经验设计法和功能图设计法。

12.2.1　经验设计法

经验设计法就是在一些典型梯形图的基础上，根据具体的对象对控制系统的具体要求，对原有的梯形图进行修改和完善。这种方法适合有一定工作经验的人，这些人有现成的资料，特别在产品更新换代时，使用这种方法比较节省时间。下面举例说明这种方法的思路。

◁【例 12-1】　图 12-19 为小车运输系统的示意图，图 12-20 为原理图，SQ1、SQ2、SQ3 和 SQ4 是限位开关，小车先左行，在 SQ1 处装料，10s 后右行，到 SQ2 后停下卸料，10s 后左行，碰到 SQ1 后停下装料，就这样不停循环工作，限位开关 SQ3 和 SQ4 的作用是当 SQ2 或者 SQ1 失效时，SQ3 和 SQ4 起保护作用，SB1 和 SB2 是启动按钮，SB3 是停止按钮。

图 12-19　小车运输系统的示意图

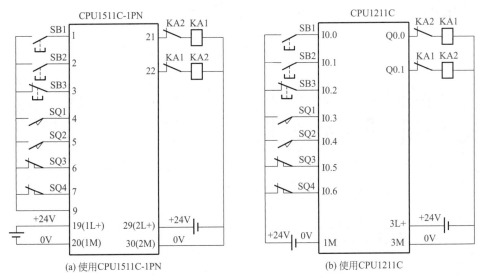

(a) 使用CPU1511C-1PN (b) 使用CPU1211C

图 **12-20** 小车运输系统的原理图

【解】 小车左行和右行是不能同时进行的，因此有联锁关系，与电动机正、反转的梯形图类似，因此先画出电动机正、反转控制的梯形图，如图 12-21 所示，再在这个梯形图的基础上进行修改，增加 4 个限位开关的输入，增加 2 个定时器，就变成了图 12-22 所示的梯形图。

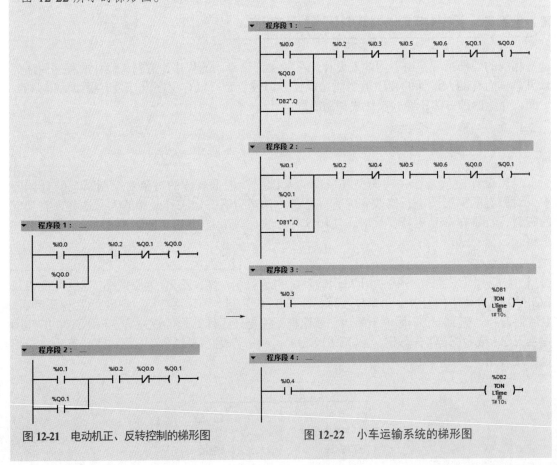

图 **12-21** 电动机正、反转控制的梯形图　　图 **12-22** 小车运输系统的梯形图

12.2.2　功能图设计法

功能图设计法也称为"启保停"设计法。对于比较复杂的逻辑控制，用经验设计法就不合适了，适合用功能图设计法。功能图设计法无疑是应用最为广泛的设计方法。功能图就是顺序功能图，功能图设计法就是先根据系统的控制要求画出功能图，再根据功能图画梯形图，梯形图可以是基本指令梯形图，也可以是顺控指令梯形图和功能指令梯形图。因此，设计功能图是整个设计过程的关键，也是难点。

（1）启保停设计方法的基本步骤

① 绘制出顺序功能图　要使用"启保停"设计方法设计梯形图时，先要根据控制要求绘制出顺序功能图，其中顺序功能图的绘制在前面章节中已经详细讲解，在此不再重复。

② 写出储存器位的布尔代数式　对应于顺序功能图中的每一个储存器位都可以写出如图 12-23 所示的布尔代数式。图中等号左边的 M_i 为第 i 个储存器位的状态，等号右边的 M_i 为第 i 个储存器位的常开触点，X_i 为第 i 个工步所对应的转换信号，M_{i-1} 为第 $i-1$ 个储存器位的常开触点，M_{i+1} 为第 $i+1$ 个储存器位的常闭触点。

$$M_i = (X_i \cdot M_{i-1} + M_i) \cdot \overline{M_{i+1}}$$

图 12-23　存储器位的布尔代数式

③ 写出执行元件的逻辑函数式　执行元件为顺序功能图中的储存器位所对应的动作。一个步通常对应一个动作，输出和对应步的储存器位的线圈并联或者在输出线圈前串接一个对应步的储存器位的常开触点。当功能图中有多个步对应同一动作时，其输出可用这几个步对应的储存器位的"或"来表示，如图 12-24所示。

④ 设计梯形图　在完成前 3 个步骤的基础上，可以顺利设计出梯形图。

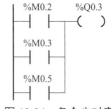

图 12-24　多个步对应同一动作时的梯形图

（2）利用基本指令编写梯形图程序

用基本指令编写梯形图程序是最常规的设计方法，不必掌握过多的指令。采用这种方法编写程序的过程是：先根据控制要求设计正确的功能图，再根据功能图写出正确的布尔表达式，最后根据布尔表达式编写基本指令梯形图。以下用一个例子讲解利用基本指令编写梯形图程序的方法。

功能图编程应用举例

【例 12-2】　步进电机是一种将电脉冲信号转换为电动机旋转角度的执行机构。当步进驱动器接收到一个脉冲，驱动步进电动机按照设定的方向旋转一个固定的角度（称为步距角）。步进电机是按照固定的角度一步一步转动的。因此可以通过脉冲数量控制步进电机的运行角度，并通过相应的装置控制运动的过程。对于四相八拍步进电动机。其控制要求如下。

① 按下启动按钮，定子磁极 A 通电，1s 后 A、B 同时通电；再过 1s B 通电，同时 A 失电；再过 1s，B、C 同时通电……，以此类推。其通电过程如图 12-25 所示。

② 有两种工作模式。工作模式 1 时，按下"停止"按钮，完成一个工作循环后，停止工作；工作模式 2 时，具有锁相功能，当压下"停止"按钮后，停止在通电的绕组上，下次压下"启动"按钮时，从上次停止的线圈开始通电工作。

③ 无论何种工作模式，只要压下"急停"按钮，系统所有线圈立即断电。

图 12-25　通电过程

【解】　原理图如图 12-26 所示，CPU 可采用 CPU1511C-1PN 或者 CPU1211C，根据题意很容易画出功能图，图 12-27 所示。图 12-28 为初始化程序，根据功能图编写梯形图程序如图 12-29 所示。

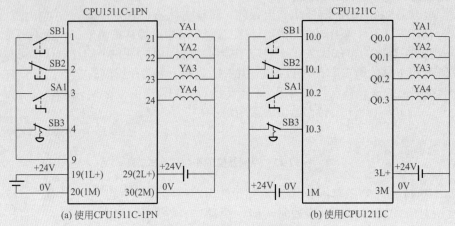

(a) 使用 CPU1511C-1PN　　　　(b) 使用 CPU1211C

图 12-26　例 12-2 原理图

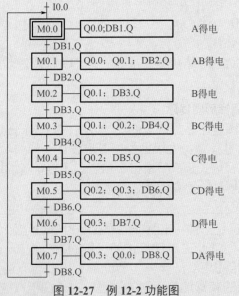

图 12-27　例 12-2 功能图

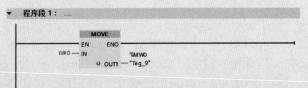

图 12-28　例 12-2 OB100 中的程序

程序段 1：模式1

```
%I0.1      %I0.0      %I0.2                    %M100.1
─┤/├───┬───┤/├───────┤/├─────────────────────( )──
        │
%M100.1 │
─┤ ├────┘
```

程序段 2：模式2

```
%I0.1      %I0.0      %I0.2                    %M100.0
─┤/├───┬───┤/├───────┤/├─────────────────────( )──
        │
%M100.0 │
─┤ ├────┘
```

程序段 3：急停和模式转换

```
%I0.3                              ┌──MOVE──┐
─┤/├───────┬──────────────────────┤EN   ENO├─────
           │                   w#0─┤IN ⇥ OUT1├─%MW0
%I0.2      ┌──P_TRIG──┐             └────────┘
─┤ ├───────┤CLK     Q├─┐
           └──────────┘ │
            %M100.2     │
%I0.2      ┌──N_TRIG──┐ │
─┤/├───────┤CLK     Q├─┤
           └──────────┘ │
            %M100.3     │
"DB8".Q     %M100.1     │
─┤ ├─────────┤ ├────────┘
```

程序段 4：……

```
%I0.0    %MW0    %M0.1    %M100.1    %M0.0
─┤ ├──┬──┤==├────┤/├──────┤ ├────────( )──
      │  │Word│                 │
      │  │ 0  │                 │  %M100.0      %DB1
      │                         └───┤/├─────────TON──
%M0.7 │ "DB8".Q                              Time ┤ ├
─┤ ├──┤──┤ ├─┘                               T#1s
      │
%M0.0 │
─┤ ├──┘
```

程序段 5：……

```
%M0.0    "DB1".Q    %M0.2                %M0.1
─┤ ├──┬───┤ ├───────┤/├────┬─────────────( )──
      │                    │
%M0.1 │                    │  %M100.0      %DB2
─┤ ├──┘                    └───┤/├─────────TON──
                                        Time ┤ ├
                                        T#1s
```

程序段 6：……

```
%M0.1    "DB2".Q    %M0.3                %M0.2
─┤ ├──┬───┤ ├───────┤/├────┬─────────────( )──
      │                    │
%M0.2 │                    │  %M100.0      %DB3
─┤ ├──┘                    └───┤/├─────────TON──
                                        Time ┤ ├
                                        T#1s
```

图 12-29

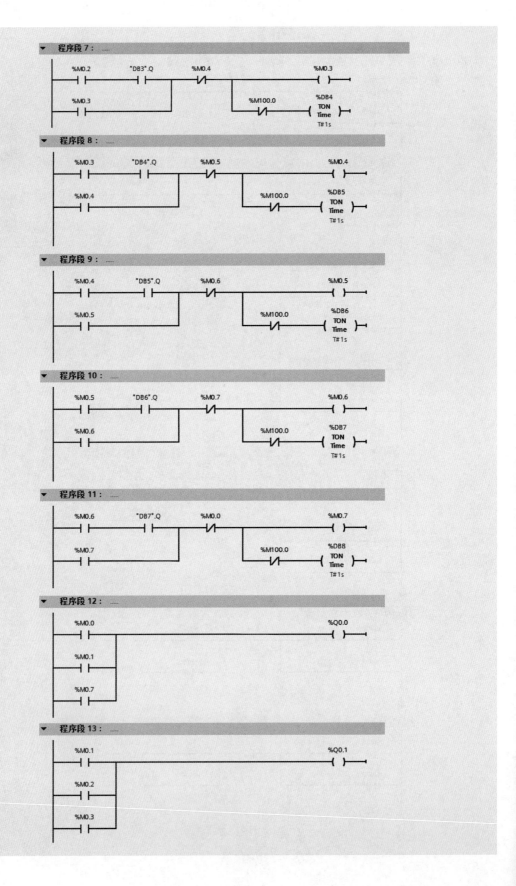

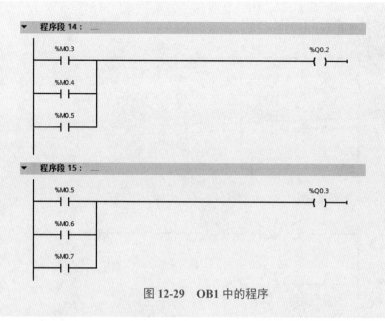

图 12-29　OB1 中的程序

（3）利用功能指令编写逻辑控制程序

西门子的功能指令有许多特殊功能，其中移位指令和循环指令非常适合用于顺序控制，用这些指令编写程序，程序简洁而且可读性强。以下用一个例子讲解利用功能指令编写逻辑控制程序。

◁【例 12-3】　用功能指令编写例 12-2 的程序。

【解】　梯形图如图 12-30 和图 12-31 所示。

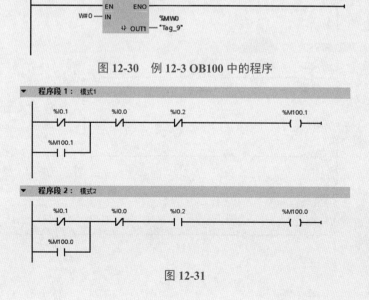

图 12-30　例 12-3 OB100 中的程序

图 12-31

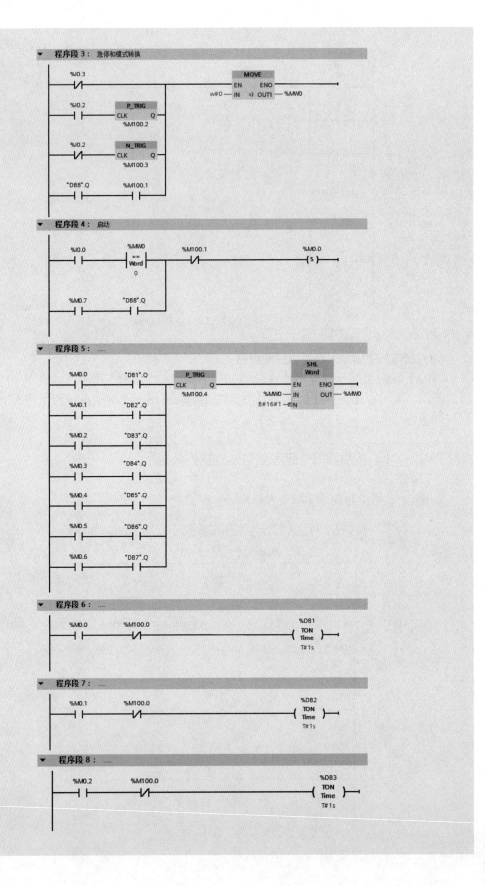

▼ 程序段 9 : ....

```
    %M0.3        %M100.0                              %DB4
    ┤ ├          ┤/├                                  TON
                                                    ( Time )
                                                      T#1s
```

▼ 程序段 10 : ....

```
    %M0.4        %M100.0                              %DB5
    ┤ ├          ┤/├                                  TON
                                                    ( Time )
                                                      T#1s
```

▼ 程序段 11 : ....

```
    %M0.5        %M100.0                              %DB6
    ┤ ├          ┤/├                                  TON
                                                    ( Time )
                                                      T#1s
```

▼ 程序段 12 : ....

```
    %M0.6        %M100.0                              %DB7
    ┤ ├          ┤/├                                  TON
                                                    ( Time )
                                                      T#1s
```

▼ 程序段 13 : ....

```
    %M0.7        %M100.0                              %DB8
    ┤ ├          ┤/├                                  TON
                                                    ( Time )
                                                      T#1s
```

▼ 程序段 14 : ....

```
    %M0.0                                             %Q0.0
    ┤ ├───┐                                         ─( )─
    %M0.1 │
    ┤ ├───┤
    %M0.7 │
    ┤ ├───┘
```

▼ 程序段 15 : ....

```
    %M0.1                                             %Q0.1
    ┤ ├───┐                                         ─( )─
    %M0.2 │
    ┤ ├───┤
    %M0.3 │
    ┤ ├───┘
```

图 12-31

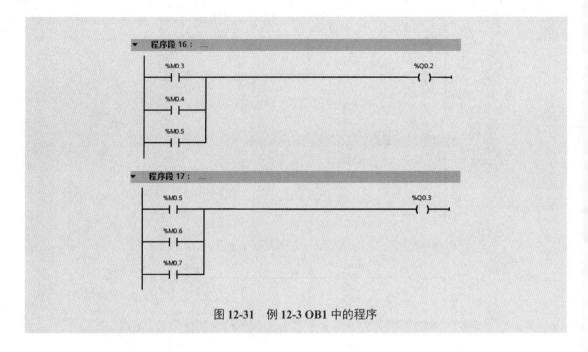

图 12-31 例 12-3 OB1 中的程序

（4）利用复位和置位指令编写逻辑控制程序

复位和置位指令是常用指令，用复位和置位指令编写程序，程序简洁而且可读性强。以下用一个例子讲解利用复位和置位指令编写逻辑控制程序。

◁【例 12-4】 用复位和置位指令编写例 12-2 的程序。

【解】 梯形图如图 12-32 和图 12-33 所示。

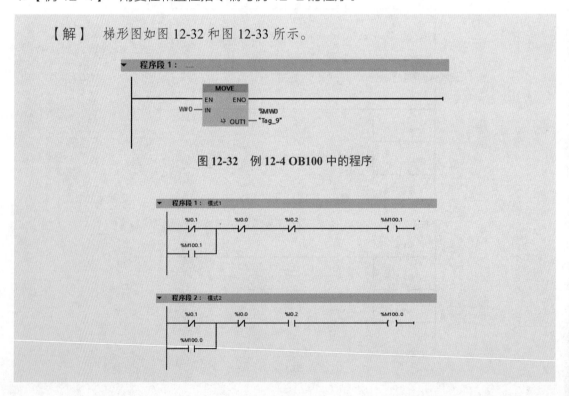

图 12-32 例 12-4 OB100 中的程序

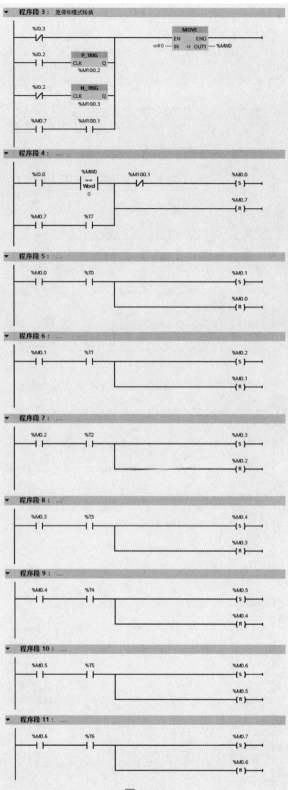

图 12-33

▼ 程序段 12 : ....

```
    %M0.0        %M100.0                                    %DB1
    ┤ ├          ┤/├                                        TON
                                                           ( Time )┤
                                                            T#1s
```

▼ 程序段 13 : ....

```
    %M0.1        %M100.0                                    %DB2
    ┤ ├          ┤/├                                        TON
                                                           ( Time )┤
                                                            T#1s
```

▼ 程序段 14 : ....

```
    %M0.2        %M100.0                                    %DB3
    ┤ ├          ┤/├                                        TON
                                                           ( Time )┤
                                                            T#1s
```

▼ 程序段 15 : ....

```
    %M0.3        %M100.0                                    %DB4
    ┤ ├          ┤/├                                        TON
                                                           ( Time )┤
                                                            T#1s
```

▼ 程序段 16 : ....

```
    %M0.4        %M100.0                                    %DB5
    ┤ ├          ┤/├                                        TON
                                                           ( Time )┤
                                                            T#1s
```

▼ 程序段 17 : ....

```
    %M0.5        %M100.0                                    %DB6
    ┤ ├          ┤/├                                        TON
                                                           ( Time )┤
                                                            T#1s
```

▼ 程序段 18 : ....

```
    %M0.6        %M100.0                                    %DB7
    ┤ ├          ┤/├                                        TON
                                                           ( Time )┤
                                                            T#1s
```

▼ 程序段 19 : ....

```
    %M0.7        %M100.0                                    %DB8
    ┤ ├          ┤/├                                        TON
                                                           ( Time )┤
                                                            T#1s
```

▼ 程序段 20 : ....

```
    %M0.0                                                   %Q0.0
    ┤ ├─────┬─────────────────────────────────────────────( )┤
            │
    %M0.1   │
    ┤ ├─────┤
            │
    %M0.7   │
    ┤ ├─────┘
```

▼ 程序段 21 : ....

```
    %M0.1                                                   %Q0.1
    ┤ ├─────┬─────────────────────────────────────────────( )┤
            │
    %M0.2   │
    ┤ ├─────┤
            │
    %M0.3   │
    ┤ ├─────┘
```

▼ 程序段 22 : ....

```
    %M0.3                                                   %Q0.2
    ┤ ├─────┬─────────────────────────────────────────────( )┤
            │
    %M0.4   │
    ┤ ├─────┤
            │
    %M0.5   │
    ┤ ├─────┘
```

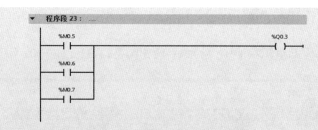

图 12-33　例 12-4 OB1 中的程序

至此，同一个顺序控制的问题使用了基本指令、复位置位指令和功能指令，共三种解决方案编写程序。三种解决方案的编程都有各自几乎固定的步骤，但有一步是相同的，那就是首先都要画功能图。3 种解决方案没有优劣之分，读者可以根据自己的实际情况选用。

12.3　西门子 S7-1200/1500 PLC 的调试方法

12.3.1　程序信息

程序信息用于显示用户程序中已经使用地址的分配表、程序块的调用关系、从属结构和资源信息。在 TIA 博途软件项目视图的项目树中，双击"程序信息"标签，即可弹出程序信息视窗，如图 12-34 所示。以下将详细介绍程序信息中的各个标签。

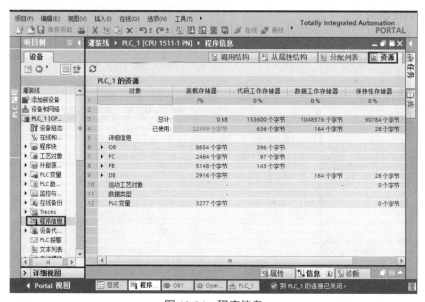

图 12-34　程序信息

(1) 调用结构

"调用结构"描述了 S7 程序中块的调用层级。点击图 12-34 所示的"调用结构"标签，弹出如图 12-35 所示的视窗。

"调用结构"提供了以下项目的概况。

① 所使用的块，如 OB1 中使用 FC1、FB1 和 FB2，共 3 个块。

② 跳转到块使用位置，如双击图 12-35 所示的 "OB1 NW1"，自动跳转到 OB1 的程序段 1 的 FC1 处。

③ 块之间的关系，如组织块 OB1 包含 FC1、FB1 和 FB2，而 FB2 又包含 FB1 和 FB3。

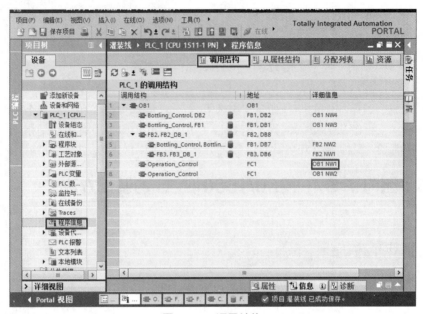

图 12-35　调用结构

（2）从属性结构

从属性结构显示程序中每个块与其他块的从属关系，与调用结构相反，可以很快看出其上一级的层次，例如 FC1 的上一级是 OB1，而且被 OB1 的两处调用，如图 12-36 所示。

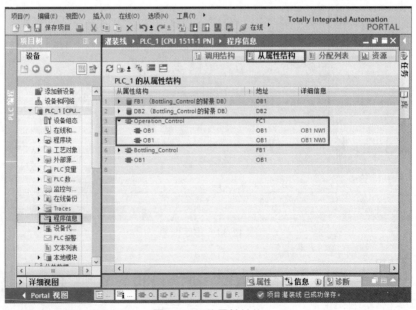

图 12-36　从属性结构

（3）分配列表

分配列表用于显示用户程序对输入（I）、输出（O）、位存储器（M）、定时器（T）和计数器（C）的占用情况。显示被占用的地址区长度可以是位、字节、字、双字和长字。在调试程序时，查看分配列表，可以避免地址冲突。从图 12-37 所示的分配列表视图，可以看出程序中使用了字节 IB0，同时也使用了 IB0 的 I0.0 ～ I0.4，共 5 位，这并不违反 PLC 的语法规定，但很可能会有冲突，调试程序时应该特别注意。

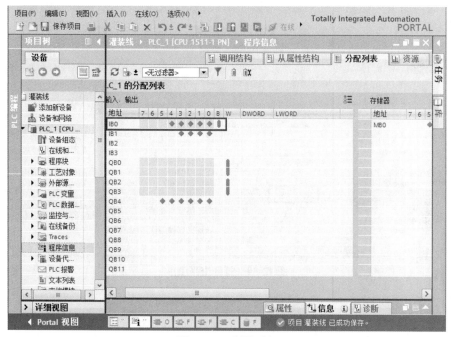

图 12-37　分配列表

（4）资源

资源显示 CPU 对象，包含：

① OB、FC、FB、DB、用户自定义数据类型和 PLC 变量。

② CPU 存储区域。包含装载存储器、代码工作存储器、数据工作存储器、保持型存储器。

③ 现有 I/O 模块的硬件资源。

资源视图如图 12-38 所示。

图 12-38　资源视图

12.3.2 交叉引用

TIA Portal 的
交叉引用功能

交叉引用列表提供用户程序中操作数和变量的使用概况。

(1) 交叉引用的总览

创建和更改程序时，保留已使用的操作数、变量和块调用的总览。在 TIA 博途软件项目视图的工具栏中，单击"工具"→"交叉引用"，弹出交叉引用列表，如图 12-39 所示。在图中显示了块及其所在的位置，例如，块 FB1 在 OB1 的程序段 3（OB1 NW3）中使用。

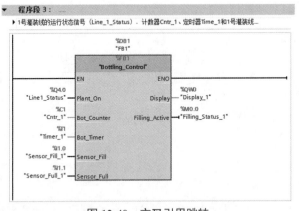

图 12-39　打开交叉引用

(2) 交叉引用的跳转

从交叉引用可直接跳转到操作数和变量的使用位置。双击如图 12-39 所示的"使用点"列下面的"OB1 NW3"，则自动跳转到 FB1 的使用位置 OB1 的程序段 3，如图 12-40 所示。

图 12-40　交叉引用跳转

(3) 交叉引用在故障排查中的应用

程序测试或故障排除期间，系统将提供以下信息。

① 哪个块中的哪条命令处理了哪个操作数。

② 哪个画面使用了哪个变量。

③ 哪个块被其他哪个块调用。

12.3.3　比较功能

比较功能可用于比较项目中具有相同标识对象的差异，可分为离线 / 在线和离线 / 离线两种比较方式。

TIA Portal 中的离线 / 在线比较

（1）离线 / 在线比较

在 TIA 博途软件项目视图的工具栏中，单击"在线"按钮 ⚡ 在线，切换到在线状态，可以通过程序块、PLC 变量以及硬件等对象的图标，获得在线与离线的比较情况。在线程序块图标的含义见表 12-1。

表 12-1　在线程序块图标的含义

序号	图标	说明
1	❗（红色）	下一级硬件中至少有一个对象的在线和离线内容不同
2	❗（橙色）	下一级软件中至少有一个对象的在线和离线内容不同
3	●（绿色）	对象的在线和离线内容相同
4	◗	对象仅离线存在
5	◖	对象仅在线存在
6	◐	对象的在线和离线内容不同

如果需要获得更加详细的在线和离线比较信息，先选择整个项目的站点，然后在项目视图的工具栏中，点击"工具"→"离线 / 在线比较"，即可进行比较，界面如图 12-41所示。

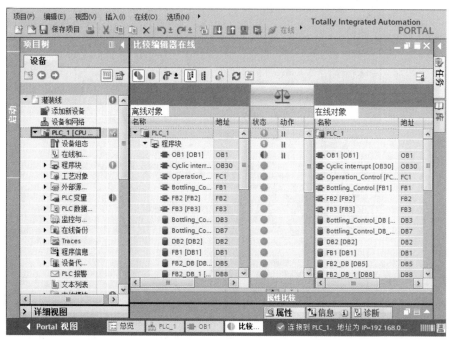

图 12-41　离线 / 在线比较

通过工具栏中的按钮，可以过滤比较对象、更改显示视图及对有差异的对象进行详细比较和操作。如果程序块在线和离线之间有差异，可以在操作区选择需要执行的动作。执行动作与状态有关，状态与执行动作的关系见表 12-2。

表 12-2　状态与执行动作的关系

状态符号	可执行的动作	状态符号	可执行的动作
◑	═ 无动作	◑	← 删除
	← 从设备中上传		→ 下载到设备
	→ 下载到设备		═ 无动作
◐	═ 无动作	◐	← 从设备中上传

当程序块有多个版本时，特别是经过多个人修改时，如何获知离线／在线版本的差别有时也很重要。具体操作方法是：如图 12-42 所示，在比较编辑器中，选择离线／在线内容不同的程序块，本例为 OB1，再选中状态下面的图标◑，单击比较编辑器工具栏中的"开始详情比较"按钮🐾，弹出如图 12-43 所示的界面，程序差异处有颜色标识。

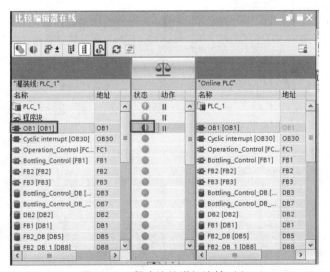

图 12-42　程序块的详细比较（1）

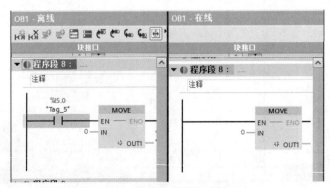

图 12-43　程序块的详细比较（2）

（2）离线 / 离线比较

离线 / 离线比较可以对软件和硬件进行比较。软件比较可以比较不同项目或者库中的对象，而进行硬件比较时，则可比较当前打开项目和参考项目的设备。

离线 / 离线比较时，要将整个项目拖到比较器的两边，如图 12-44 所示，选中"OB1"，再单击"详细比较"按钮，弹出如图 12-45 所示的界面，程序差异处有颜色标识。

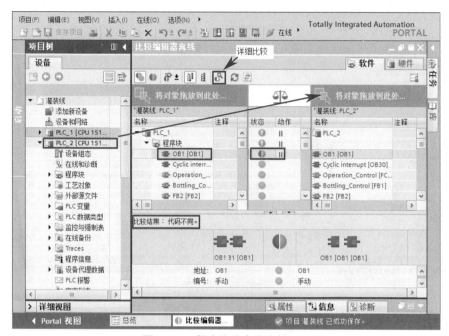

图 12-44　程序块的离线比较（1）

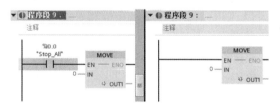

图 12-45　程序块的离线比较（2）

12.3.4　用变量监控表进行调试

（1）变量表简介

TIA 博途软件中可定义两类符号：全局符号和局部符号。全局符号利用变量表来定义，可以在用户项目的所有程序块中使用。局部符号是在程序块的变量声明表中定义的，只能在该程序块中使用。

PLC 的变量表包含整个 CPU 范围有效的变量和符号常量的定义。系统会为项目中使用的每个 CPU 创建一个变量表，用户也可以创建其他的变量表用于常量和变量进行归类和分组。

在 TIA 博途软件中添加了 CPU 设备后，会在项目树中 CPU 设备下出现一个"PLC 变量"文件夹，在此文件夹中有三个选项：显示所有变量、添加新变量表和默认变量表，如

图 12-46 所示。

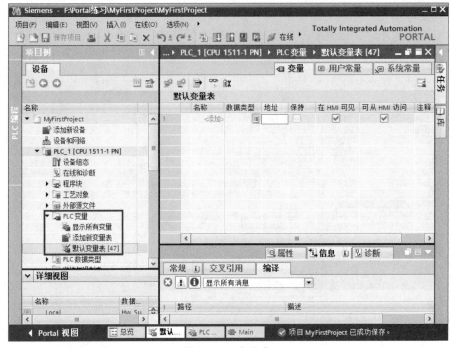

图 12-46　变量表

"所有变量"表包含全部的 PLC 变量、用户常量和 CPU 系统常量。该表不能删除或移动。

"默认变量表"是系统创建，项目的每个 CPU 均有一个标准变量表。该表不能删除、重命名或移动。默认变量表包含 PLC 变量、用户常量和系统常量。可以在默认变量表中声明所有的 PLC 变量，或根据需要创建其他的用户定义变量表。

双击"添加新变量表"，可以创建用户定义变量表，可以根据要求为每个 CPU 创建多个针对组变量的用户定义变量表。可以对用户定义的变量表重命名、整理合并为组或删除。用户定义变量表包含 PLC 变量和用户常量。

① 变量表的工具栏　变量表的工具栏如图 12-47 所示，从左到右含义分别为插入行、新建行、导出、全部监视和保持性。

图 12-47　变量表的工具栏

② 变量的结构　每个 PLC 变量表包含变量选项卡和用户常量选项卡。默认变量表和"所有变量"表还包括"系统常量"选项卡。表 12-3 列出了"常量"选项卡的各列含义，所显示的列编号可能有所不同，可以根据需要显示或隐藏列。

表 12-3　变量表中"常量"选项卡的各列含义

序号	列	说明
1	🔲	通过单击符号并将变量拖动到程序中作为操作数

续表

序号	列	说明
2	名称	常量在 CPU 范围内的唯一名称
3	数据类型	变量的数据类型
4	地址	变量地址
5	保持性	将变量标记为具有保持性 保持性变量的值将保留，即使在电源关闭后也是如此
6	可从 HMI 访问	显示运行期间 HMI 是否可访问此变量
7	HMI 中可见	显示默认情况下，在选择 HMI 的操作数时变量是否显示
8	监视值	CPU 中的当前数据值 只有建立了在线连接并选择"监视所有"按钮时，才会显示该列
9	变量表	显示包含有变量声明的变量表 该列仅存在于"所有变量"（All tags）表中
10	注释	用于说明变量的注释信息

（2）定义全局符号

在 TIA 博途软件项目视图中的项目树中，双击"添加新变量表"，即可生成新的变量表 "变量表_1 [0]"，选中新生成的变量表，右击鼠标弹出快捷菜单，选中"重命名"命令，将此变量表重命名为"MyTable [0]"。单击变量表中的"添加行"按钮 2 次，添加 2 行，如图 12-48 所示。

图 12-48　添加新变量表

在变量表的"名称"栏中，分别输入"Start""Stop1""Motor"。在"地址"栏中输入"M0.0""M0.1""Q0.0"。三个符号的数据类型均选为"Bool"，如图 12-49 所示。至此，全局符号定义完成，因为这些符号关联的变量是全局变量，所以这些符号在所有的程序中均可使用。

图 12-49　在变量表中定义全局符号

打开程序块 OB1，可以看到梯形图中的符号和地址关联在一起，且一一对应，如图 12-50 所示。

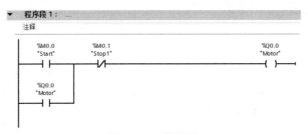

图 12-50　梯形图

(3) 导出和导入变量表

① 导出　单击变量表工具栏中的"导出"按钮 ，弹出导出路径界面，如图 12-51 所示，选择合适路径，单击"确定"按钮，即可将变量导出到默认名为"PLCTags.xlsx"的 Excel 文件中。在导出路径中，双击打开导出的 Excel 文件，如图 12-52 所示。

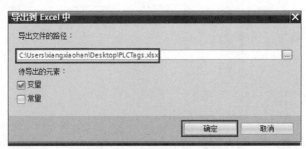

图 12-51　变量表导出路径

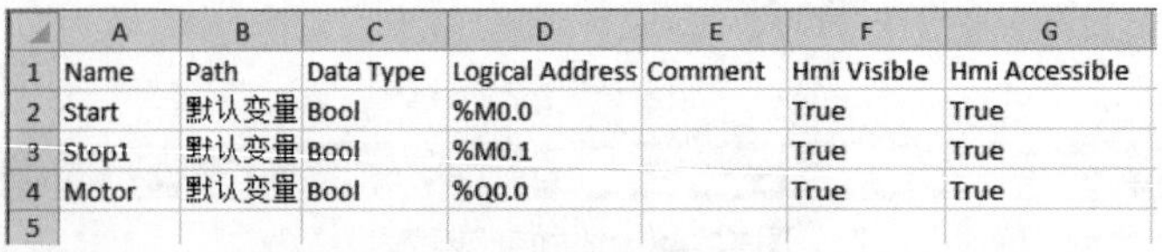

	A	B	C	D	E	F	G
1	Name	Path	Data Type	Logical Address	Comment	Hmi Visible	Hmi Accessible
2	Start	默认变量	Bool	%M0.0		True	True
3	Stop1	默认变量	Bool	%M0.1		True	True
4	Motor	默认变量	Bool	%Q0.0		True	True
5							

图 12-52　导出的 Excel 文件

② 导入　单击变量表工具栏中的"导入"按钮 ，弹出导入路径界面，如图 12-53 所示，选择要导入的 Excel 文件"PLCTags.xlsx"的路径，单击"确定"按钮，即可将变量导入到变量表。注意：要导入的 Excel 文件必须符合规范。

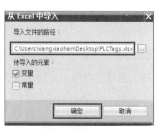

图 12-53　变量表导入路径

用监控表调试
TIA Portal 程序

12.3.5　用监控表进行调试

(1) 监控表（Watch Table）简介

接线完成后需要对所接线和输出设备进行测试，即 I/O 设备测试。I/O 设备测试可以使用 TIA 博途软件提供的监控表实现，TIA 博途软件的监控表相当于经典 STEP 7 软件中的变量表的功能。

监控表也称监视表，可以显示用户程序的所有变量的当前值，也可以将特定的值分配给用户程序中的各个变量。使用这两项功能可以检查 I/O 设备的接线情况。

(2) 创建监控表

当 TIA 博途软件的项目中添加了 PLC 设备后，系统会自动为该 PLC 的 CPU 生成一个"监控与强制表"文件夹。在项目视图的项目树中，打开此文件夹，双击"添加新监控表"选项，即可创建新的监控表，默认名称为"监控表_1"，如图 12-54 所示。

在监控表中输入要监控的变量，创建监控表完成，如图 12-55 所示。

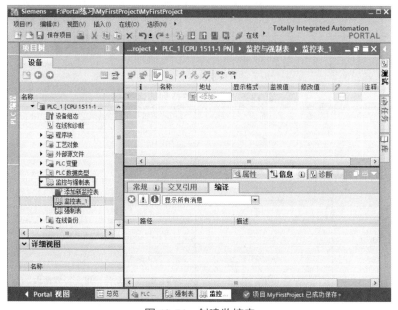

图 12-54　创建监控表

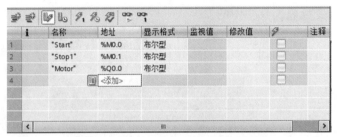

图 12-55　在监控表中定义要监控的变量

（3）监控表的布局

监控表中显示的列与所用的模式有关，即基本模式或扩展模式。扩展模式比基本模式的列数多，扩展模式下会显示两个附加列，即使用触发器监视和使用触发器修改。

监控表中的工具条中各个按钮的含义见表 12-4。

表 12-4　监控表中的工具条中各个按钮的含义

序号	按钮	说明
1		在所选行之前插入一行
2		在所选行之后插入一行
3		立即修改所有选定变量的地址一次。该命令将立即执行一次，而不参考用户程序中已定义的触发点
4		参考用户程序中定义的触发点，修改所有选定变量的地址
5		禁用外设输出的输出禁用命令。用户因此可以在 CPU 处于 STOP 模式时修改外设输出
6		显示扩展模式的所有列。如果再次单击该图标，将隐藏扩展模式的列
7		显示所有修改列。如果再次单击该图标，将隐藏修改列
8		开始对激活监控表中的可见变量进行监视。在基本模式下，监视模式的默认设置是"永久"。在扩展模式下，可以为变量监视设置定义的触发点
9		开始对激活监控表中的可见变量进行监视。该命令将立即执行并监视变量一次

监控表中各列含义见表 12-5。

表 12-5　监控表中各列的含义

模式	列	含义
基本模式	**i**	标识符列
	名称	插入变量的名称
	地址	插入变量的地址
	显示格式	所选的显示格式
	监视值	变量值，取决于所选的显示格式
	修改数值	修改变量时所用的值
		单击相应的复选框可选择要修改的变量
	注释	描述变量的注释

续表

模式	列	含义
扩展模式显示附加列	使用触发器监视	显示所选的监视模式
	使用触发器修改	显示所选的修改模式

此外，在监控表中还会出现一些其他图标含义，见表 12-6。

表 12-6　监控表中出现一些其他图标的含义

序号	图标	含义
1	▣	表示所选变量的值已被修改为 "1"
2	▢	表示所选变量的值已被修改为 "0"
3	=	表示将多次使用该地址
4	▣	表示将使用该替代值。替代值是在信号输出模块故障时输出到过程的值，或在信号输入模块故障时用来替换用户程序中过程值的值。用户可以分配替代值（例如，保留旧值）
5	▣	表示地址因已修改而被阻止
6	▣	表示无法修改该地址
7	▣	表示无法监视该地址
8	F	表示该地址正在被强制
9	F	表示该地址正在被部分强制
10	F	表示相关的 I/O 地址正在被完全 / 部分强制
11	▣	表示该地址不能被完全强制。示例：只能强制地址 QW0：P，但不能强制地址 QD0：P。这是由于该地址区域始终不在 CPU 上
12	✖	表示发生语法错误
13	⚠	表示选择了该地址但该地址尚未更改

（4）监控表的 I/O 测试

监控表的编辑与编辑 Excel 类似，因此监控表的输入可以使用复制、粘贴和拖拽等功能，变量可以从其他项目复制和拖拽到本项目。

如图 12-56 所示，单击监控表中工具条的 "监视变量" 按钮 ◱，可以看到三个变量的监视值。

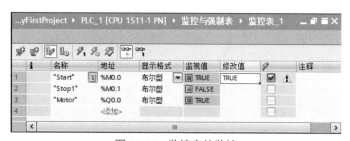

图 12-56　监控表的监控

如图 12-57 所示，选中 "M0.1" 后面的 "修改值" 栏的 "FALSE"，单击鼠标右键，弹出快捷菜单，选中"修改"→"修改为 1"命令，变量"M0.1"变成"TRUE"，如图 12-58 所示。

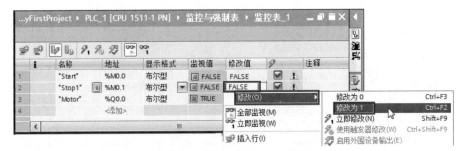

图 12-57　修改监控表中的值（1）

图 12-58　修改监控表中的值（2）

12.3.6　用强制表进行调试

（1）强制表简介
使用强制表给用户程序中的各个变量分配固定值，该操作称为"强制"。

强制表功能如下。

① 监视变量　通过该功能可以在 PG/PC 上显示用户程序或 CPU 中各变量的当前值。可以使用或不使用触发条件来监视变量。

强制表可监视的变量有输入、输出和位存储器，数据块的内容，外设输入。

② 强制变量　通过该功能可以为用户程序的各个 I/O 变量分配固定值。

强制表可强制的变量有外设输入和外设输出。

（2）打开强制表
当 TIA 博途软件的项目中添加了 PLC 设备后，系统会自动为该 PLC 的 CPU 生成一个"监控与强制表"文件夹。在项目视图的项目树中，打开此文件夹，双击"强制表"选项，即可打开，不需要创建，输入要强制的变量，如图 12-59 所示。

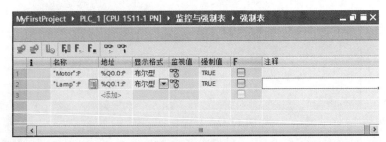

图 12-59　强制表

如图 12-60 所示，选中"强制值"栏中的"TRUE"，右击鼠标，弹出快捷菜单，选中"强制"→"强制为 1"命令，强制表如图 12-61 所示，在第一列出现 **F** 标识，而且模块的 Q0.1 指示灯点亮，且 CPU 模块的"MAINT"指示灯变为黄色。

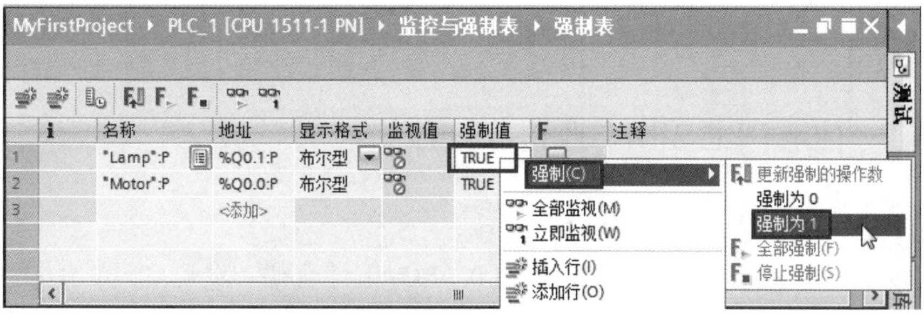

图 12-60　强制表的强制操作（1）

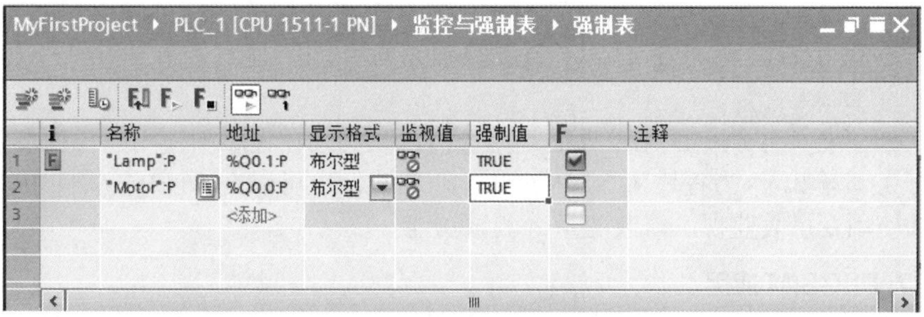

图 12-61　强制表的强制操作（2）

点击工具栏中的"停止强制"按钮 **F.**，停止所有的强制输出，"MAINT"指示灯变为绿色。

> 关键点
> ① 利用"修改变量"功能可以同时输入几个数据。"修改变量"的作用类似于"强制"的作用。但两者是有区别的。
> ② 强制功能的优先级别要高于"修改变量"，"修改变量"的数据可能改变参数状态，但当与逻辑运算的结果抵触时，写入的数值也可能不起作用。
> ③ 修改变量不能改变输入继电器（如 I0.0）的状态，而强制可以改变。
> ④ 仿真器中可以模拟"修改变量"，但不能模拟"强制"功能，强制功能只能在真实的 S7-1500 PLC 中实现。
> ⑤ 此外，PLC 处于强制状态时，LED 指示灯为黄色，正常运行状态时，不应使 PLC 处于强制状态，强制功能仅用于调试。

◁【例 12-5】　如图 12-62 所示的梯形图，Q0.0 状态为 1，在"监控表"中分别用"修改变量""强制"功能，是否能将 Q0.0 的数值变成 0？

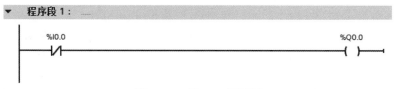

图 12-62　例 12-5 梯形图

【解】　用"修改变量"功能不能将Q0.0的数值变成0，因为图12-62的梯形图的逻辑运算的结果造成Q0.0为1，与"修改"结果抵触，最后输出结果是逻辑运算结果覆盖修改结果，因此最终以逻辑运算的结果为准。

用"强制"功能可以将Q0.0的数值变成0，因为强制的结果可以覆盖逻辑运算的结果。

12.3.7　使用PLCSIM软件进行调试

TIA Portal 中仿真软件的使用

(1) S7-PLCSIM 简介

西门子为S7-1200/1500 PLC设计了一款可选仿真软件包PLC Simulation（本书简称S7-PLCSIM），此仿真软件包可以在计算机或者编程设备中模拟可编程控制器运行和测试程序，它不能脱离TIA博途软件中的STEP 7独立运行。如果STEP 7中已经安装仿真软件包，工具栏中的"开始仿真"按钮🔲是亮色的，否则是灰色的，只有"开始仿真"按钮是亮色才可以用于仿真。

S7-PLCSIM提供了简单的用户界面，用于监视和修改在程序中使用的各种参数（如开关量输入和开关量输出）。当程序由S7-PLCSIM处理时，也可以在STEP 7软件中使用各种软件功能，如使用变量表监视、修改变量等测试功能。

(2) S7-PLCSIM 应用

S7-PLCSIM仿真软件使用比较简单，以下用一个简单的例子介绍其使用方法。

◁【例12-6】　将如图12-63所示的程序，用S7-PLCSIM进行仿真。

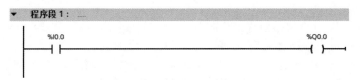

图12-63　用于仿真的程序

【解】　具体步骤如下。

① 新建一个项目，并进行硬件组态，在组织块OB1中输入如图12-63所示的程序，保存项目。

② 开启仿真。在TIA博途软件项目视图界面中，单击工具栏上的"开始仿真"按钮🔲，如图12-64所示。

③ 下载程序。在TIA博途软件项目视图界面中，单击工具栏的"下载"按钮⬇️，将硬件组态和程序下载到仿真器S7-PLCSIM中，仿真器的标记"1"处出现黄色横条，表示仿真器处于连接状态，如图12-65所示。

④ 进行仿真。如图12-65所示，单击仿真器S7-PLCSIM工具栏上的"将CPU置于RUN模式"按钮▶️，也就是将仿真器置于运行模式状态。展开SIM表，双击并打开SIM表1，在SIM表1中输入需要仿真和监控的地址，本例为"I0.0"和"Q0.0"，在I0.0上选取为"√"，也就是将I0.0置于"ON"，这时Q0.0也显示为"ON"；当去掉I0.0上"√"，也就是将I0.0置于"OFF"，这时Q0.0上的"√"消失，即显示为"OFF"。

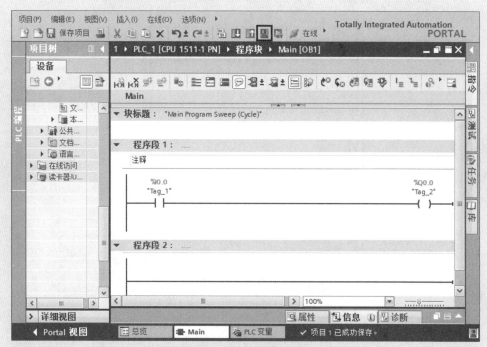

图 12-64　开启仿真

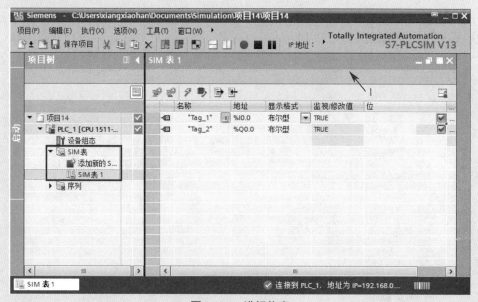

图 12-65　进行仿真

⑤ 监视运行。在 TIA 博途软件项目视图界面中，打开程序编辑器，在工具栏中单击
"启用 / 禁用监视" 按钮 ，可以看到：若仿真器上的 I0.0 和 Q0.0 都是 "ON"，则程序
编辑器界面上的 I0.0 和 Q0.0 也都是 "ON"，如图 12-66 所示。这个简单例子的仿真效果
与下载程序到 PLC 中的效果相同，相比之下前者实施要容易得多。

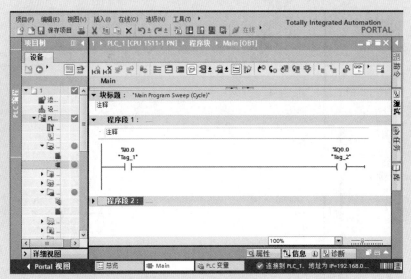

图 12-66　监视运行

(3) S7-PLCSIM 通信仿真

不是所有的通信都可以仿真，通信功能只限于仿真 PUT/GET、BSEND/BRCV 和 USEND/URCV 指令，而且只能仿真 2 个站点的通信。以下用一个例子介绍通信仿真的实施过程。

【例 12-7】 有两台 CPU1511-1PN，从第一台 PLC（PLC_1）的 MB0 上发送信息到另一台 PLC（PLC_2）的 QB0 中，每秒发送一次，请用仿真器仿真通信。

【解】 ① 新建项目命名为：PLCSIM，创建以太网的 S7 连接，如图 12-67 所示。

图 12-67　新建项目和连接

② 在 PLC_1 的主程序中编写如图 12-68 所示的程序，PLC_2 中无需编写程序。

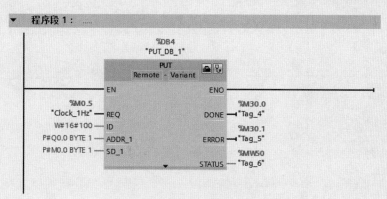

图 12-68　程序

③ 打开仿真器 1，将项目视图中的站点 PLC_1 中的项目下载到仿真器 1 中，并运行仿真器，如图 12-69 所示。打开仿真器 2，将项目视图中的站点 PLC_2 中的项目下载到仿真器 2 中，并运行仿真器，如图 12-70 所示。可以看到仿真器 2 中 QB0 随着仿真器 1 中的 MB0 变化，这表明通信成功了。但 MB0 和 QB0 的数据变化并不同步，原因在于 MB0 是每秒变化 10 次，而通信是每秒进行一次，因此 QB0 变化较慢。

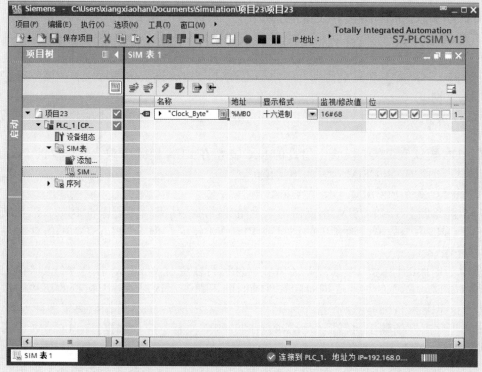

图 12-69　仿真器 1

图 12-70　仿真器 2

(4) S7-PLCSIM 与真实 PLC 的区别

S7-PLCSIM 提供了方便、强大的仿真模拟功能。与真实的 PLC 相比，它的灵活性高，提供了许多 PLC 硬件无法实现的功能，使用也更加方便。但是仿真软件毕竟不能完全取代真实的硬件，不可能实现完全仿真。用户利用 S7-PLCSIM 进行仿真时，还应该了解它与真实 PLC 的差别。

① I/O 设备支持。由于性能限制，S7-PLCSIM 可仿真的设备数量不能超过物理网络中的设备数量。

② RUN 模式和 STOP 模式。仿真的 PLC 支持在 RUN 模式下载。将仿真的 PLC 置于 STOP 模式下时，S7-PLCSIM 会写入输出值。

③ WinAC。S7-PLCSIM 不支持 WinAC。

④ 故障诊断。S7-PLCSIM 不支持写入诊断缓冲区的所有错误消息。例如，S7-PLCSIM 不能仿真 CPU 中与故障电池相关的消息或 EPROM 错误。但 S7-PLCSIM 可仿真大多数的 I/O 和程序错误。

⑤ 基于时间的性能。由于 S7-PLCSIM 软件运行在装有 Windows 操作系统的 PC 上，因此 S7-PLCSIM 中操作的扫描周期时间和准确时间不同于在物理硬件上执行的那些操作所需的时间。这是因为 PC 的处理资源"竞争"产生了额外开销，具体开销取决于多种因素。

如果程序高度依赖于执行操作所需的时间，则需注意不应仅根据 S7-PLCSIM 仿真的时间结果来评估程序。

⑥ 不能仿真受保护的块。S7-PLCSIM V15.1 不支持受专有技术或密码保护的块。在对 S7-PLCSIM 执行下载操作前，必须删除保护。

S7-PLCSIM 不能对访问保护或复制保护进行仿真。

⑦ 通信仿真。不是所有的通信都可以进行仿真。S7-PLCSIM 支持仿真实例间的通信。

实例可以是 S7-PLCSIM 仿真或 WinCC 运行系统仿真。

可以运行 S7-PLCSIM V15.1 的两个实例，而且它们之间可相互通信。

可以运行 S7-PLCSIM V15.1 的一个实例和 S7-PLCSIM V5.4.6 或更高版本的一个实例，而且它们之间可相互通信。通信的限制条件如下。

a. 所有仿真实例必须在同一 PC 上运行才能相互通信。每个实例的 IP 地址都不得重复。

b. S7-PLCSIM 支持 TCP/IP 和 PROFINET 连接。

c. 对于 S7-1200 和 S7-1200F PLC，可使用 PUT/GET 和 TSEND/TRCV（T-block）指令来仿真通信。

d. 对于 S7-1500、S7-1500C、S7-1500F、ET 200SP 和 ET 200SPF PLC，用户可以仿真 PUT/GET、BSEND/BRCV 和 TSEND/TRCV（T-block）指令。

⑧ LED 闪烁。可在 STEP 7 的"扩展的下载到设备"（Extended download to device）对话框中使 PLC 上的 LED 灯闪烁，但 S7-PLCSIM 无法仿真此功能。

⑨ S7-PLCSIM 不能仿真 SD 存储卡。S7-PLCSIM 不能仿真 SD 存储卡。因此，不能仿真需要存储卡的 CPU 功能。例如，数据记录功能会将所有输出都写入 SD 卡，这样 S7-PLCSIM 便无法仿真数据记录功能。

⑩ S7-PLCSIM 不支持使用配方。

⑪ S7-PLCSIM 不支持 Web 服务器功能。

⑫ 版本与是否能仿真的关系。不是所有的硬件版本的 CPU 或者模块都可以仿真。

a. S7-PLCSIM 只能仿真固件版本为 4.0 或更高版本的 S7-1200 PLC 和固件版本为 4.12 或更高版本的 S7-1200F PLC。

b. S7-PLCSIM V15.1 支持 S7-1500、S7-1500C 和 S7-1500F CPU 的所有固件版本。

⑬ 模块类型与是否能仿真的关系。

a. S7-PLCSIM 目前不支持 S7-1200 的工艺模块有计数模块、PID 控制模块和运动控制模块。

b. 对于 S7-1500、S7-1500C 和 S7-1500F，S7-PLCSIM 支持的工艺模块有计数和测量模块、PID 控制模块、基于时间的 IO 模块和运动控制模块。

⑭ 指令与是否能仿真的关系。

a. S7-PLCSIM 几乎支持仿真的 S7-1200 和 S7-1200F 的所有指令（系统函数和系统函数块），支持方式与物理 PLC 相同。S7-PLCSIM 将不支持的块视为非运行状态。

b. S7-PLCSIM 支持 S7-1200 和 S7-1200F PLC 的通信指令有：PUT 和 GET；TSEND 和 TRCV。

c. S7-PLCSIM 几乎支持仿真的 S7-1500、S7-1500C 和 S7-1500F 的所有指令（系统函数和系统函数块），支持方式与物理 PLC 相同。S7-PLCSIM 将不支持的块视为非运行状态。

d. 对于 S7-1500、S7-1500C 和 S7-1500F，S7-PLCSIM PLC 支持的通信指令有：PUT 和 GET；BSEND 和 BRCV；USEND 和 URCV。

12.3.8　使用 Trace 跟踪变量

S7-1500 集成了 Trace 功能，可以快速跟踪多个变量的变化。变量的采样通过 OB 块触发，也就是说只有 CPU 能够采样的点才能记录。一个 S7-1500 CPU 集成的 Trace 的数量与 CPU 的类型有关，CPU1511 集成 4 个，而 CPU1518 则集成 8 个。每个 Trace 中最多可定义 16 个变量，每次最多可跟踪 512KB 数据。

(1) 配置 Trace

① 添加新 Trace　在项目视图中，如图 12-71 所示，选中 S7-1500 CPU 站点的"Traces"目录，双击"添加新 Trace"，即可添加一个新的 Trace，如图 12-72 所示。

TIA Portal 中
Trace 功能的
使用

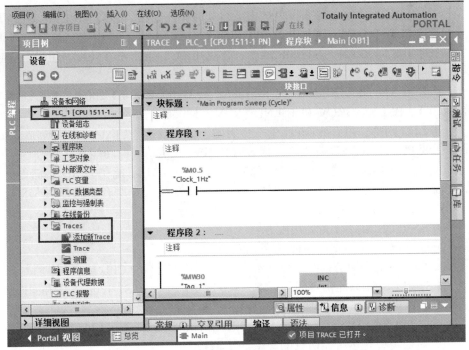

图 12-71　添加新 Trace

② 配置 Trace 信号　如图 12-72 所示，单击"配置"→"信号"，在"信号"标签的表格中，添加需要跟踪的变量，本例添加了 3 个变量。

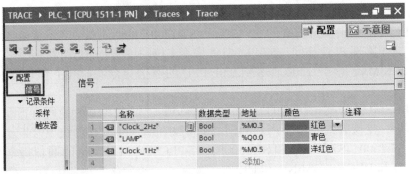

图 12-72　配置 Trace 信号

在"记录条件"标签中，设定采样和触发器参数，如图 12-73 所示。

对配置参数的说明如下。

a. 记录时间点。使用 OB 块触发采样，处理完用户程序后，在 OB 块的结尾处记录所测量的数值。

b. 记录频率。就是几个循环记录一次，例如记录点是 OB30 块，OB30 的循环扫描时间是 100ms，如果记录频率是 10，那么每秒记录一次。

c. 记录时长。定义测量点的个数或者使用的最大测量点。

d. 触发模式。触发模式包括立即触发和变量触发，具体说明如下。

立即触发：点击工具栏中的"开始记录"按钮，立即开始记录，达到记录的测量个数后，停止记录并将轨迹保存。

变量触发：点击工具栏中的"开始记录"按钮，直到触发记录满足条件后，开始记录，达到记录的测量个数后，停止记录并将轨迹保存。

e. 触发变量和事件。触发模式的条件。

f. 预触发。设置记录触发条件满足之前需要记录的测量点数目。

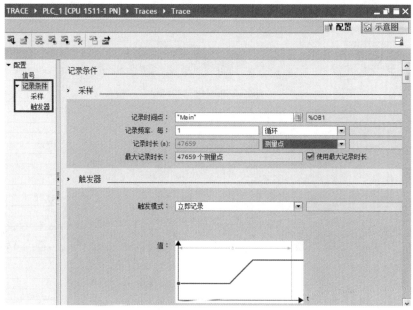

图 12-73　配置 Trace 记录条件

(2) Trace 的操作

Trace 工具栏如图 12-74 所示，其在 Trace 操作过程中非常重要。Trace 的具体操作过程如下。

① 将整个项目下载到 CPU 中，将 CPU 置于运行状态，可以使用仿真器。

② 在 Trace 视图的工具栏中，单击"在设备中安装轨迹"按钮，弹出如图 12-75 所示的界面，单击"是"按钮，再单击"激活记录"按钮，信号轨迹开始显示在画面中，如图 12-76 所示。当记录数目到达后，停止记录。

图 12-74　Trace 工具栏

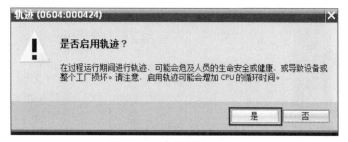

图 12-75　启用轨迹

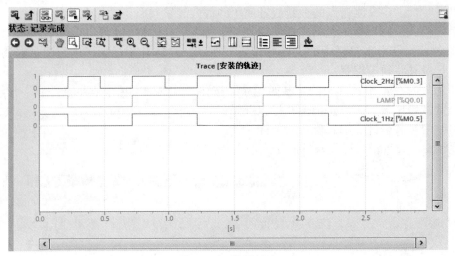

图 12-76 信号轨迹

第13章
PLC 的通信及其应用

本章介绍 S7-1200/1500 PLC 的通信基础知识，并用实例介绍 S7-1500 PLC 与 ET200MP 和 S7-1500 PLC 之间的 PROFIBUS 通信，S7-1500 PLC 与 S7-1500 PLC、S7-1200 PLC 之间的 OUC 和 S7 以太网通信，S7-1500 PLC 与 S7-1500 PLC、ET200MP 之间的 PROFINET IO 通信，S7-1500 PLC 与 S7-1500 PLC、S7-1200 PLC 之间的 Modbus TCP 以太网通信，S7-1200 PLC 与 G120 的 USS 通信，S7-1200 PLC 之间的 Modbus RTU 串行通信。

13.1 通信基础知识

PLC 的通信包括 PLC 与 PLC 之间的通信、PLC 与上位计算机之间的通信以及 PLC 和其他智能设备之间的通信。PLC 与 PLC 之间通信的实质就是计算机的通信，使得众多独立的控制任务构成一个控制工程整体，形成模块控制体系。PLC 与计算机连接组成网络，将 PLC 用于控制工业现场，计算机用于编程、显示和管理等任务，构成"集中管理、分散控制"的分布式控制系统（DCS）。

13.1.1 通信的基本概念

（1）串行通信与并行通信

串行通信和并行通信是两种不同的数据传输方式。

串行通信就是通过一对导线将发送方与接收方进行连接，传输数据的每个二进制位，按照规定顺序在同一导线上依次发送与接收，如图 13-1 所示。例如，常用的优盘 USB 接口就是串行通信接口。串行通信的特点是通信控制复杂，通信电缆少，因此与并行通信相比，成本低。

图 13-1 串行通信

图 13-2　并行通信

并行通信就是将一个 8 位数据（或 16 位、32 位）的每一个二进制位采用单独的导线进行传输，并将传送方和接收方进行并行连接，一个数据的各二进制位可以在同一时间内一次传送，如图 13-2 所示。例如，老式打印机的打印口和计算机的通信就是并行通信。并行通信的特点是一个周期内可以一次传输多位数据，其连线的电缆多，因此长距离传送时成本高。

（2）异步通信与同步通信

异步通信与同步通信也称为异步传送与同步传送，这是串行通信的两种基本信息传送方式。从用户的角度上说，两者最主要的区别在于通信方式的"帧"不同。

异步通信方式又称起止方式。它在发送字符时，要先发送起始位，然后是字符本身，最后是停止位，字符之后还可以加入奇偶校验位。异步通信方式具有硬件简单、成本低的特点，主要用于传输速率低于 19.2Kbit/s 以下的数据通信。

同步通信方式在传递数据的同时，也传输时钟同步信号，并始终按照给定的时刻采集数据。其传输数据的效率高，硬件复杂，成本高，一般用于传输速率高于 20Kbit/s 以上的数据通信。

（3）单工、全双工与半双工

单工、全双工与半双工是通信中描述数据传送方向的专用术语。

① 单工（simplex）：指数据只能实现单向传送的通信方式，一般用于数据的输出，不可以进行数据交换，如图 13-3 所示。

图 13-3　单工通信

② 全双工（full duplex）：也称双工，指数据可以进行双向数据传送，同一时刻既能发送数据，也能接收数据，如图 13-4 所示。通常需要两对双绞线连接，通信线路成本高。例如，RS-422 就是"全双工"通信方式。

③ 半双工（half duplex）：指数据可以进行双向数据传送，同一时刻只能发送数据或者接收数据，如图 13-5 所示。通常需要一对双绞线连接，与全双工相比，其通信线路成本低。例如，RS-485 只用一对双绞线时就是"半双工"通信方式。

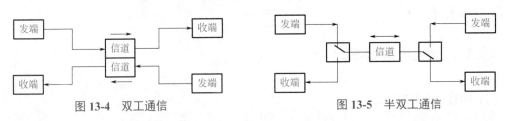

图 13-4　双工通信　　　　　　　　图 13-5　半双工通信

13.1.2　PLC 网络的术语解释

PLC 网络中的名词、术语很多，现将常用的予以介绍。

① 站（station）：在 PLC 网络系统中，将可以进行数据通信、连接外部输入 / 输出的物理设备称为"站"。例如，由 PLC 组成的网络系统中，每台 PLC 可以是一个"站"。

② 主站（master station）：PLC 网络系统中进行数据连接的系统控制站，主站上设置了控制整个网络的参数，每个网络系统只有一个主站，站号实际就是 PLC 在网络中的地址。

③ 从站（slave station）：PLC 网络系统中，除主站外，其他的站称为"从站"。

④ 远程设备站（remote device station）：PLC 网络系统中，能同时处理二进制位、字的从站。

⑤ 本地站（local station）：PLC 网络系统中，带有 CPU 模块并可以与主站以及其他本地站进行循环传输的站。

⑥ 站数（number of station）：PLC 网络系统中，所有物理设备（站）所占用的"内存站数"的总和。

⑦ 网关（gateway）：又称网间连接器、协议转换器。网关在传输层上以实现网络互联，是最复杂的网络互联设备，仅用于两个高层协议不同的网络互联。如图 13-6 所示，CPU1511-1PN 通过工业以太网，把信息传送到 IE/PB LINK 模块，再传送到 PROFIBUS 网络上的 IM155-5 DP 模块，IE/PB LINK 通信模块用于不同协议的互联，它实际上就是网关。

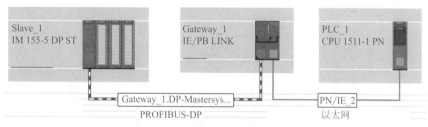

图 13-6　网关应用实例

⑧ 中继器（repeater）：用于网络信号放大、调整的网络互联设备，能有效延长网络的连接长度。例如，PPI 的正常传送距离是不大于 50m，经过中继器放大后，传输可超过 1km，应用实例如图 13-7 所示，PLC 通过 MPI 或者 PPI 通信时，传送距离可达 1100m。

图 13-7　中继器应用实例

⑨ 路由器（router，转发者）：所谓路由就是指通过相互连接的网络把信息从源地点移动到目标地点的活动。一般来说，在路由过程中，信息至少会经过一个或多个中间节点。路由器是互联网的主要节点设备。如图 13-8 所示，如果要把 PG/PC 的程序从 CPU1211C 下载到 CPU313C-2DP 中，必然要经过 CPU1516-3PN/DP 这个节点，这实际就是用到了 CPU1516-3PN/DP 的路由功能。

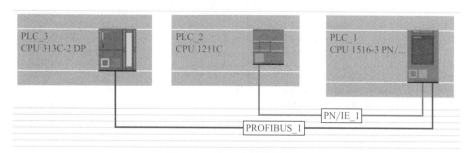

图 13-8　路由功能应用实例

⑩ 交换机（switch）：交换机是为了解决通信阻塞而设计的，它是一种基于 MAC 地址识别，能完成封装转发数据包功能的网络设备。交换机可以"学习"MAC 地址，并把其存放在内部地址表中，通过在数据帧的始发者和目标接收者之间建立临时的交换路径，使数据帧直接由源地址到达目的地址。如图 13-9 所示，交换机（ESM）将 HMI（触摸屏）、PLC 和 PC（个人计算机）连接在工业以太网的一个网段中。

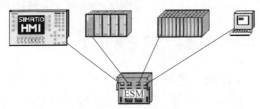

图 13-9　交换机应用实例

⑪ 网桥（bridge）：也叫桥接器，是连接两个局域网的一种存储 / 转发设备，它能将一个大的 LAN 分割为多个网段，或将两个以上的 LAN 互联为一个逻辑 LAN，使 LAN 上的所有用户都可访问服务器。网桥将网络的多个网段在数据链路层连接起来，网桥的应用如图 13-10 所示。西门子的 DP/PA Coupler 模块就是一种网桥。

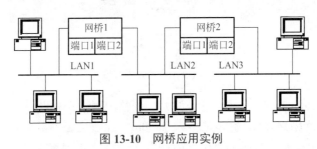

图 13-10　网桥应用实例

13.1.3　RS-485 标准串行接口

(1) RS-485 接口

RS-485 接口是在 RS-422 基础上发展起来的一种 EIA 标准串行接口，采用"平衡差分驱动"方式。RS-485 接口满足 RS-422 的全部技术规范，可以用于 RS-422 通信。RS-485 接口通常采用 9 针连接器，其外观与管脚定义如图 13-11 所示。RS-485 接口的引脚功能参见表 13-1。

表 13-1　RS-485 接口的引脚功能

PLC 侧引脚	信号代号	信号功能
1	SG 或 GND	机壳接地
2	+24V 返回	逻辑地
3	RXD+ 或 TXD+	RS-485 的 B，数据发送 / 接收 + 端
4	请求 - 发送	RTS（TTL）
5	+5V 返回	逻辑地

续表

PLC 侧引脚	信号代号	信号功能
6	+5V	+5V
7	+24V	+24V
8	RXD- 或 TXD-	RS-485 的 A，数据发送／接收－端
9	不适用	10 位协议选择（输入）

（2）西门子 PLC 的连线

西门子 PLC 的 PPI 通信、MPI 通信和 PROFIBUS-DP 现场总线通信的物理层都是 RS-485，而且采用的都是相同的通信线缆和专用网络接头。图 13-12 显示了电缆接头的终端状况，将拨钮拨向右侧，电阻设置为"on"，而将拨扭拨向另一侧，则电阻设置为"off"，图中只显示了一个，若有多个也是这样设置。要将终端电阻设置"on"或者"off"，只要拨动网络接头上的拨钮即可。图 13-12 中拨钮在"on"一侧，因此终端电阻已经接入电路。

图 13-11　网络接头的外观与管脚定义

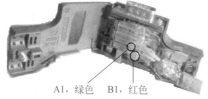

A1，绿色　B1，红色

off　on

图 13-12　网络接头的终端电阻设置

关键点　西门子的专用 PROFIBUS 电缆中有两根线，一根为红色，上面标有"B"，一根为绿色，上面标有"A"，这两根线只要与网络接头上相对应的"A"和"B"接线端子相连即可（如"A"线与"A"接线端子相连）。网络接头直接插在 PLC 的通信口上即可，不需要其他设备。注意：三菱的 FX 系列 PLC 的 RS-485 通信要加 RS-485 专用通信模块和终端电阻。

13.1.4　OSI 参考模型

通信网络的核心是开放系统互连（Open System Interconnection，OSI）参考模型。1984年，国际标准化组织（ISO）提出了开放系统互连的 7 层模型，即 OSI 模型。该模型自下而上分为：物理层、数据链路层、网络层、传输层、会话层、表示层和应用层。

OSI 的上 3 层通常称为应用层，用来处理用户接口、数据格式和应用程序的访问。下 4 层负责定义数据的物理传输介质和网络设备。OSI 参考模型定义了大多数协议栈共有的基本框架，如图 13-13 所示。

① 物理层（physical layer）：定义了传输介质、连接器和信号发生器的类型，规定了物理连接的电气、机械功能特性，如电压、传输速率、传输距离等特性，建立、维护、断开物理连接。典型的物理层设备有集线器（hub）和中继器等。

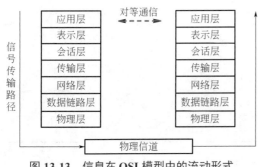

图 13-13　信息在 OSI 模型中的流动形式

② 数据链路层（data link layer）：确定传输站点物理地址以及将消息传送到协议栈，提供顺序控制和数据流向控制。其具有建立逻辑连接、进行硬件地址寻址、差错校验等功能（由底层网络定义协议）。典型的数据链路层的设备有交换机和网桥等。

③ 网络层（network layer）：进行逻辑地址寻址，实现不同网络之间的路径选择。协议有 ICMP、IGMP、IP（IPv4，IPv6）、ARP、RARP。典型的网络层设备是路由器。

④ 传输层（transport layer）：定义传输数据的协议端口号，以及流控和差错校验。协议有 TCP、UDP。网关是互联网设备中最复杂的，它是传输层及以上层的设备。

⑤ 会话层（session layer）：建立、管理、终止会话。

⑥ 表示层（presentation layer）：数据的表示、安全、压缩。

⑦ 应用层（application）：网络服务与最终用户的一个接口。协议有 HTTP、FTP、TFTP、SMTP、SNMP 和 DNS 等。

数据经过封装后通过物理介质传输到网络上，接收设备除去附加信息后，将数据上传到上层堆栈层。

13.2　现场总线概述

13.2.1　现场总线的概念

（1）现场总线的诞生

现场总线是 20 世纪 80 年代中后期在工业控制中逐步发展起来的。计算机技术的发展为现场总线的诞生奠定了技术基础。另一方面，智能仪表也出现在工业控制中。智能仪表的出现为现场总线的诞生奠定了应用基础。

（2）现场总线的概念

国际电工委员会（IEC）对现场总线（fieldbus）的定义为：一种应用于生产现场，在现场设备之间、现场设备和控制装置之间，实行双向、串行、多节点的数字通信网络。

现场总线的概念有广义与狭义之分。狭义的现场总线就是指基于 EIA485 的串行通信网络。广义的现场总线泛指用于工业现场的所有控制网络。广义的现场总线包括狭义的现场总线和工业以太网。

13.2.2　主流现场总线的简介

1984 年国际电工技术委员会／国际标准协会（IEC/ISA）就开始制定现场总线的标准，然而统一的标准至今仍未完成。很多公司推出其各自的现场总线技术，但彼此的开放性和互操作性难以统一。

经过 12 年的讨论，终于在 1999 年年底通过了 IEC 61158 现场总线标准，这个标准容纳了 8 种互不兼容的总线协议。后来又经过不断讨论和协商，在 2003 年 4 月，IEC 61158 Ed.3

现场总线标准第 3 版正式成为国际标准，确定了 10 种不同类型的现场总线为 IEC 61158 现场总线。2007 年 7 月，第 4 版现场总线增加到 20 种，见表 13-2。

表 13-2　IEC 61158 的现场总线

类型编号	名称	发起的公司
Type 1	TS61158 现场总线	原来的技术报告
Type 2	ControlNet 和 Ethernet/IP 现场总线	美国 Rockwell 公司
Type 3	PROFIBUS 现场总线	德国 Siemens 公司
Type 4	P-NET 现场总线	丹麦 Process Data 公司
Type 5	FF HSE 现场总线	美国 Fisher Rosemount 公司
Type 6	SwiftNet 现场总线	美国波音公司
Type 7	World FIP 现场总线	法国 Alstom 公司
Type 8	INTERBUS 现场总线	德国 Phoenix Contact 公司
Type 9	FF H1 现场总线	现场总线基金会
Type 10	PROFINET 现场总线	德国 Siemens 公司
Type 11	TC net 实时以太网	
Type 12	Ether CAT 实时以太网	德国倍福
Type 13	Ethernet Powerlink 实时以太网	最大的贡献来自法国 Alstom 公司
Type 14	EPA 实时以太网	中国浙大、沈阳所等
Type 15	Modbus RTPS 实时以太网	施耐德
Type 16	SERCOS Ⅰ、Ⅱ现场总线	数字伺服和传动系统数据通信，力士乐
Type 17	VNET/IP 实时以太网	法国 Alstom 公司
Type 18	CC-Link 现场总线	三菱电机公司
Type 19	SERCOS Ⅲ现场总线	数字伺服和传动系统数据通信，力士乐
Type 20	HART 现场总线	美国 Fisher Rosemount 公司

13.2.3　现场总线的特点

现场总线系统具有以下特点。
① 系统具有开放性和互用性。
② 系统功能自治性。
③ 系统具有分散性。
④ 系统具有对环境的适应性。

13.2.4　现场总线的现状

现场总线的现状有如下几点。
① 多种现场总线并存。
② 各种总线都有其应用的领域。
③ 每种现场总线都有其国际组织和支持背景。

④ 多种总线已成为国家和地区标准。

⑤ 一个设备制造商通常参与多个总线组织。

⑥ 各个总线彼此协调共存。

13.2.5 现场总线的发展

现场总线技术是控制、计算机和通信技术的交叉与集成，几乎涵盖了连续和离散工业领域，如过程自动化、制造加工自动化、楼宇自动化、家庭自动化等。它的出现和快速发展体现了控制领域对降低成本、提高可靠性、增强可维护性和提高数据采集智能化的要求。现场总线技术的发展趋势体现在以下四个方面。

① 统一的技术规范与组态技术是现场总线技术发展的一个长远目标。

② 现场总线系统的技术水平将不断提高。

③ 现场总线的应用将越来越广泛。

④ 工业以太网技术将逐步成为现场总线技术的主流。

13.3 PROFIBUS 通信及其应用

13.3.1 PROFIBUS 通信概述

PROFIBUS 是西门子的现场总线通信协议，也是 IEC 61158 国际标准中的现场总线标准之一。现场总线 PROFIBUS 满足了生产过程现场级数据可存取性的重要要求，一方面它覆盖了传感器 / 执行器领域的通信要求，另一方面又具有单元级领域所有网络级通信功能。特别在"分散 I/O"领域，由于有大量的、种类齐全、可连接的现场总线可供选用，因此 PROFIBUS 已成为事实上的国际公认的标准。

(1) PROFIBUS 的结构和类型

从用户的角度看，PROFIBUS 提供三种通信协议类型：PROFIBUS-FMS、PROFIBUS-DP 和 PROFIBUS-PA。

① PROFIBUS-FMS（FieldBUS Message Specification，现场总线报文规范），使用了第一层、第二层和第七层。第七层（应用层）包含 FMS 和 LLI（底层接口）主要用于系统级和车间级的不同供应商的自动化系统之间传输数据，处理单元级（PLC 和 PC）的多主站数据通信。目前 PROFIBUS-FMS 已经很少使用。

② PROFIBUS-DP（Decentralized Periphery，分布式外部设备），使用第一层和第二层，这种精简的结构特别适合数据的高速传送，PROFIBUS-DP 用于自动化系统中单元级控制设备与分布式 I/O（例如 ET 200）的通信。主站之间的通信为令牌方式（多主站时，确保只有一个起作用），主站与从站之间为主从方式（MS），以及这两种方式的混合。三种方式中，PROFIBUS-DP 应用最为广泛，全球有超过 3000 万的 PROFIBUS-DP 节点。

③ PROFIBUS-PA（Process Automation，过程自动化）用于过程自动化的现场传感器和执行器的低速数据传输，使用扩展的 PROFIBUS-DP 协议。

此外，对于西门子系统，PROFIBUS 提供了更为优化的通信方式，即 PROFIBUS-S7 通信。

PROFIBUS-S7（PG/OP 通信）使用了第一层、第二层和第七层，特别适合 S7 PLC 与 HMI 和编程器通信，也可以用于 S7-1500 PLC 之间的通信。

（2）PROFIBUS 总线和总线终端器

① 总线终端器　PROFIBUS 总线符合 EIA RS-485 标准，PROFIBUS RS-485 的传输以半双工、异步、无间隙同步为基础。传输介质可以是光缆或者屏蔽双绞线，电气传输每个 RS-485 网段最多 32 个站点，在总线的两端为终端电阻，其结构如图 13-14 所示。

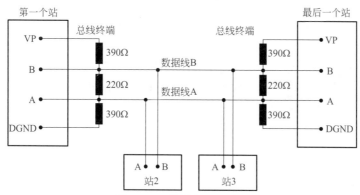

图 13-14　终端电阻的结构

② 最大电缆长度和传输速率的关系　PROFIBUS DP 段的最大电缆长度和传输速率有关，传输的速度越大，则传输的距离越近，对应关系如图 13-15 所示。一般设置通信波特率不大于 500Kbit/s，电气传输距离不大于 400m（不加中继器）。

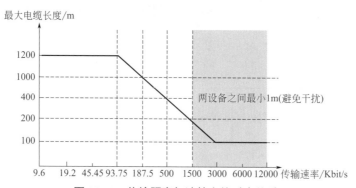

图 13-15　传输距离与波特率的对应关系

③ PROFIBUS-DP 电缆　PROFIBUS-DP 电缆是专用的屏蔽双绞线，外层为紫色。PROFIBUS-DP 电缆的结构和功能如图 13-16 所示。外层是紫色绝缘层，编织网防护层主要防止低频干扰，金属箔片层为防止高频干扰，最里面是 2 根信号线，红色为信号正，接总线连接器的第 8 管脚，绿色为信号负，接总线连接器的第 3 管脚。PROFIBUS-DP 电缆的屏蔽层"双端接地"。

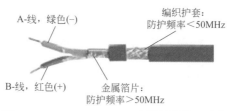

图 13-16　PROFIBUS-DP 电缆的结构和功能

13.3.2 西门子 S7-1500 PLC 与 ET200MP 的 PROFIBUS-DP 通信

S7-1500 PLC 与 ET200 MP 的 PROFIBUS-DP 通信

用 CPU1516-3PN/DP 作为主站，分布式模块作为从站，通过 PROFIBUS 现场总线，建立与这些模块（如 ET200MP、ET200S、EM200M 和 EM200B 等）的通信是非常方便的，这样的解决方案多用于分布式控制系统。这种 PROFIBUS 通信在工程中最容易实现，同时应用也最广泛。

✍【例 13-1】 有一台设备，控制系统由 CPU1516-3PN/DP、IM155-5DP、SM521 和 SM522 组成。请编写程序实现由主站 CPU1516-3PN/DP 发出一个启停信号控制从站一个中间继电器的通断。

【解】 将 CPU1516-3PN/DP 作为主站，将分布式模块作为从站。

（1）主要软硬件配置

① 1 套 TIA Portal V15.1；

② 1 台 CPU1516-3PN/DP；

③ 1 台 IM155-5 DP；

④ 1 块 SM522 和 1 块 SM521；

⑤ 1 根 PROFIBUS 网络电缆（含两个网络总线连接器）；

⑥ 1 根以太网网线。

PROFIBUS 现场总线硬件配置图如图 13-17 所示，PLC 和远程模块接线图如图 13-18 所示。

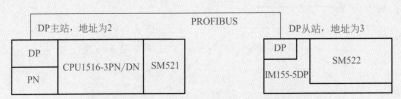

图 13-17 PROFIBUS 现场总线硬件配置图

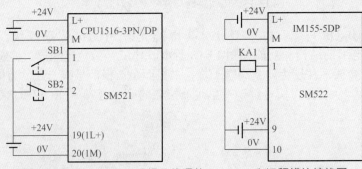

图 13-18 PROFIBUS 现场总线通信——PLC 和远程模块接线图

（2）硬件组态

① 新建项目。先打开 TIA Portal V15.1 软件，再新建项目，本例命名为"ET200MP"，接着单击"项目视图"按钮，切换到项目视图，如图 13-19 所示。

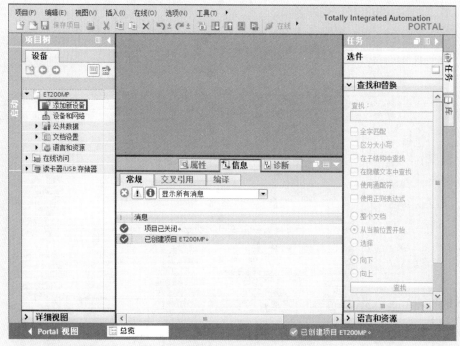

图 13-19　新建项目

② 主站硬件配置。如图 13-19 所示，在 TIA 博途软件项目视图的项目树中，双击"添加新设备"按钮，先添加 CPU 模块"CPU1516-3PN/DP"。配置 CPU 后，再把"硬件目录"→"DI"→"DI16×24VDC BA"→"6ES7 521-1BH10-0AA0"模块拖拽到 CPU 模块右侧的 2 号槽位中，如图 13-20 所示。

图 13-20　主站硬件配置

③ 配置主站 PROFIBUS-DP 参数。先选中 "设备视图" 选项卡，再选中紫色的 DP 接口（标号 1 处），选中 "属性"（标号 2 处）选项卡，再选中 "PROFIBUS 地址"（标号 3 处）选项，再单击 "添加新子网"（标号 4 处），弹出 "PROFIBUS 地址参数"，如图 13-21 所示，保存主站的硬件和网络配置。

图 13-21　配置主站 PROFIBUS-DP 参数

④ 插入 IM155-5 DP 模块。在 TIA 博途软件项目视图的项目树中，先选中 "网络视图" 选项卡，再将 "硬件目录" → "分布式 I/O" → "ET200MP" → "接口模块" → "PROFIBUS" → "IM155-5 DP ST" → "6ES7 155-5BA00-0AB0" 模块拖拽到如图 13-22 所示的空白处。

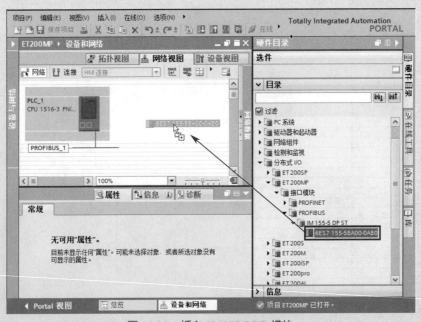

图 13-22　插入 IM155-5 DP 模块

⑤ 插入数字量输出模块。先选中 IM155-5 DP 模块，再选中 "设备视图" 选项卡，再把 "硬件目录" → "DQ" → "DQ16×24VDC" → "6ES7 522-1BH10-0AA0" 模块拖拽到 IM155-5 DP 模块右侧的 3 号槽位中，如图 13-23 所示。

图 13-23　插入数字量输出模块

⑥ PROFIBUS 网络配置。先选中 "网络视图" 选项卡，再选中主站的紫色 PROFIBUS 线，用鼠标按住不放，一直拖拽到 IM155-5 DP 模块的 PROFIBUS 接口处松开，如图 13-24 所示。

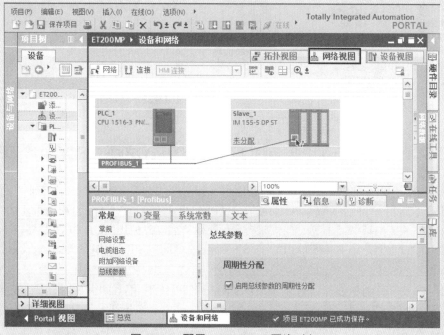

图 13-24　配置 PROFIBUS 网络（1）

如图 13-25 所示，选中 IM155-5 DP 模块，单击鼠标右键，弹出快捷菜单，单击"分配到新主站"命令，再选中"PLC_1.DP 接口 _1"，单击"确定"按钮，如图 13-26 所示。PROFIBUS 网络配置完成，如图 13-27 所示。

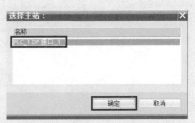

图 13-25　配置 PROFIBUS 网络（2）　　　图 13-26　配置 PROFIBUS 网络（3）

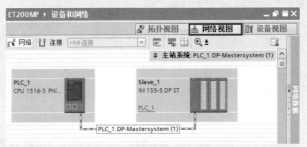

图 13-27　PROFIBUS 网络配置完成

S7-1500 PLC
与 S7-1500
PLC 之间的
PROFIBUS-
DP 通信

S7-1200 PLC
与 S7-1200
PLC 之间的
PROFIBUS-
DP 通信

（3）编写程序

只需要对主站编写程序，主站的梯形图程序如图 13-28 所示。

图 13-28　梯形图

13.3.3　西门子 S7-1500 PLC 与西门子 S7-1500 PLC 之间的 PROFIBUS-DP 通信

有的 S7-1500 PLC 的 CPU 自带 DP 通信口（如 CPU 1516-3PN/DP），由于西门子公司主推 PROFINET 通信，目前多数 CPU1500 并不自带 DP 通信口，不自带 DP 通信口的 CPU 可以通过通信模块 CM1542-5 扩展通信口。以下仅以 1 台 1516-3PN/DP 和 CPU1511-1PN 之间 PROFIBUS 通信为例介绍 S7-1500 PLC 与 S7-1500 PLC 间的 PROFIBUS 现场总线通信。

◢【例 13-2】　　有两台设备，分别由 CPU1516-3PN/DP 和 CPU1511-1PN 控制，要求实时从设备 1 上的 CPU1516-3PN/DP 的 MB10 发出 1 个字节到设备 2 的 CPU1511-1PN 的 MB10，从设备 2 上的 CPU1511-1PN 的 MB20 发出 1 个字节到设备 1 的 CPU1516-

3PN/DP 的 MB20，请实现此任务。

【解】　（1）主要软硬件配置

① 1 套 TIA Portal V15.1。

② 1 台 CPU1516-3PN/DP 和 1 台 CPU1511-1PN。

③ 1 台 CM1542-5。

④ 1 根 PROFIBUS 网络电缆（含两个网络总线连接器）。

⑤ 1 根编程电缆。

PROFIBUS 现场总线硬件配置图如图 13-29 所示。

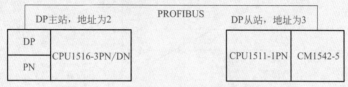

图 13-29　PROFIBUS 现场总线硬件配置图

（2）硬件配置

① 新建项目。先打开 TIA Portal V15.1，再新建项目，本例命名为"DP_SALVE"，接着单击"项目视图"按钮，切换到项目视图，如图 13-30 所示。

② 从站硬件配置。如图 13-30 所示，在 TIA 博途软件项目视图的项目树中，双击"添加新设备"按钮，先添加 CPU 模块"CPU1511-1PN"。配置 CPU 后，再把"硬件目录"→"通信模块"→"PROFIBUS"→"CM1542-5"→"6GK7 542-5DX00-0XE0"模块拖拽到 CPU 模块右侧的 2 号槽位中，如图 13-31 所示。

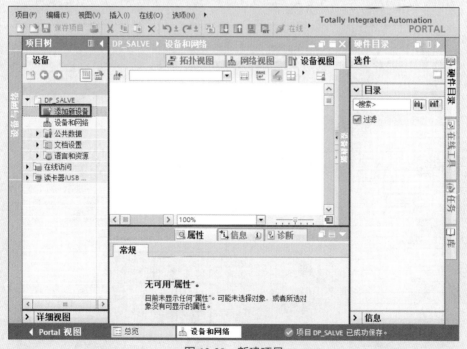

图 13-30　新建项目

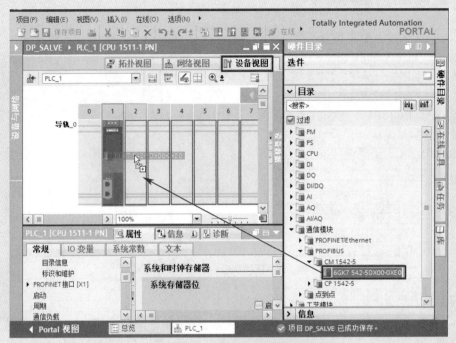

图 13-31　从站硬件配置

③ 配置从站 PROFIBUS-DP 参数。先选中"设备视图"选项卡（标号 1 处），再选中 CM1542-5 模块紫色的 DP 接口（标号 2 处），选中"属性"（标号 3 处）选项卡，再选中"PROFIBUS 地址"（标号 4 处）选项，再单击"添加新子网"（标号 5 处），弹出"PROFIBUS 地址参数"（标号 6 处），将从站的站地址修改为 3，如图 13-32 所示。

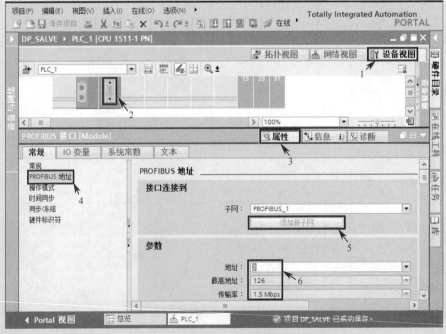

图 13-32　配置从站 PROFIBUS 参数

④ 设置从站操作模式。在 TIA 博途软件项目视图的项目树中，先选中"设备视图"选项卡，再选中"属性"→"操作模式"，将操作模式改为"DP 从站"，如图 13-33 所示。

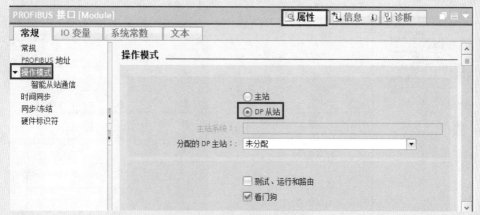

图 13-33　设置从站操作模式

⑤ 配置从站通信数据接口。选中"设备视图"选项卡，再选中"属性"→"操作模式"→"智能从站通信"，单击"新增"按钮 2 次，产生"传输区_1"和"传输区_2"，如图 13-34 所示。图中的箭头"→"表示数据的传送方向，双击箭头可以改变数据传输方向。图中的"I0"表示从站接收一个字节的数据到"IB0"中，图中的"Q0"表示从站从"QB0"中发送一个字节的数据到主站。编译保存从站的配置信息。

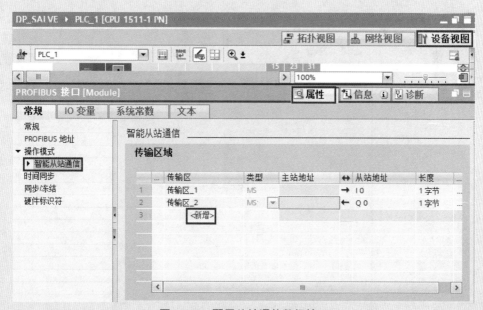

图 13-34　配置从站通信数据接口

⑥ 新建项目。先打开 TIA Portal V15.1，再新建项目，本例命名为"DP_MASTER"，接着单击"项目视图"按钮，切换到项目视图，如图 13-35 所示。

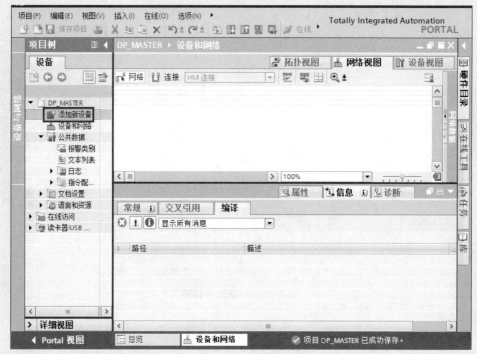

图 13-35　新建项目

⑦ 主站硬件配置。如图 13-35 所示，在 TIA 博途软件项目视图的项目树中，双击"添加新设备"按钮，先添加 CPU 模块"CPU1516-3PN/DP"，如图 13-36 所示。

图 13-36　主站硬件配置

⑧ 配置主站 PROFIBUS-DP 参数。先选中 "网络视图" 选项卡，再把 "硬件目录" → "其它现场设备" → "PROFIBUS DP" → "I/O" → "SIEMENS AG" → "S7 1500" → "CM1542-5" → "6GK7 542-5DX00-0XE0" 模块拖拽到空白处，如图 13-37 所示。

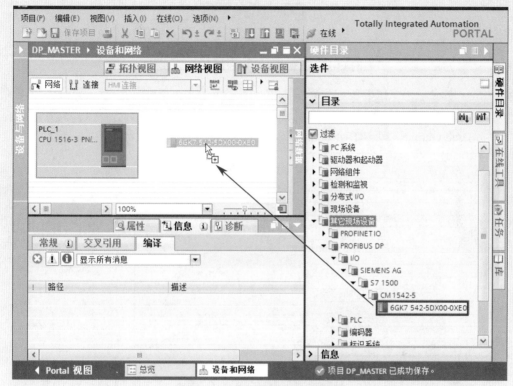

图 13-37　组态通信接口数据区

如图 13-38 所示，选中主站的 DP 接口（紫色），用鼠标按住不放，拖拽到从站的 DP 接口（紫色）松开鼠标，如图 13-39 所示，注意从站上要显示 "PLC_1" 标记，否则需要重新分配主站。

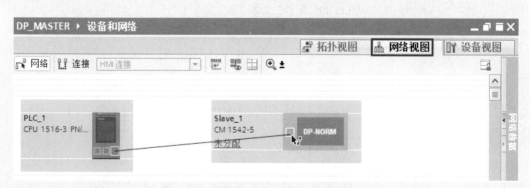

图 13-38　配置主站 PROFIBUS 网络（1）

图 13-39　配置主站 PROFIBUS 网络（2）

⑨ 配置主站数据通信接口。双击从站，进入"设备视图"，在"设备概览"中插入数据通信区，本例是插入一个字节输入和一个字节输出，如图 13-40 所示，只要将目录中的"1Byte Output"和"1Byte Input"拖拽到指定的位置即可，如图 13-41 所示，主站数据通信区配置完成。

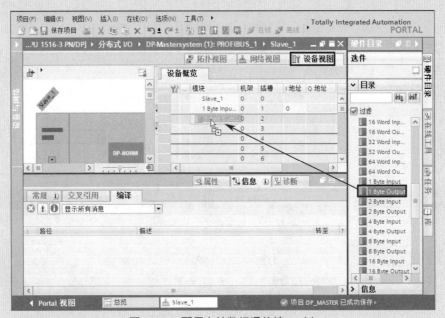

图 13-40　配置主站数据通信接口（1）

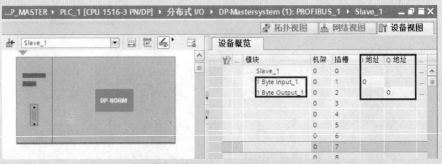

图 13-41　配置主站数据通信接口（2）

关键点　在进行硬件组态时，主站和从站的波特率要相等，主站和从站的地址不能相同，本例的主站地址为 2，从站的地址为 3。一般是先对从站组态，再对主站进行组态。

（3）编写主站程序

S7-1500 PLC 与 S7-1500 PLC 间的现场总线通信的程序编写有很多种方法，本例是最为简单的一种方法。从前述的配置，很容易看出主站 2 和从站 3 的数据交换的对应关系，也可参见表 13-3。

表 13-3　主站和从站的发送接收数据区对应关系

序号	主站 S7-1500 PLC	对应关系	从站 S7-1500 PLC
1	QB0	→	IB0
2	IB0	←	QB0

主站的程序如图 13-42 所示。

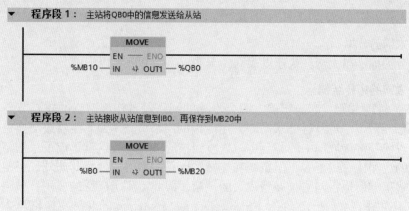

图 13-42　主站程序

（4）编写从站程序

从站程序如图 13-43 所示。

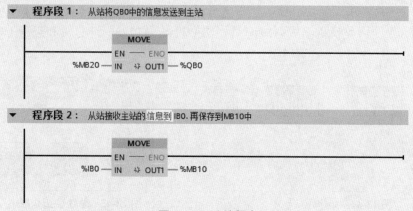

图 13-43　从站程序

13.4　以太网通信及其应用

以太网（Ethernet），指的是由 Xerox 公司创建，并由 Xerox、Intel 和 DEC 公司联合开发的基带局域网规范。以太网使用 CSMA/CD（载波监听多路访问及冲突检测）技术，并以 10Mbit/s 的速率运行在多种类型的电缆上。以太网与 IEEE 802·3 系列标准相类似。以太网不是一种具体的网络，而是一种技术规范。

13.4.1　以太网通信基础

(1) 以太网的历史

以太网的核心思想是：使用公共传输信道。这个思想产生于 1968 年美国的夏威尔大学。以太网技术的最初进展源自施乐帕洛阿尔托研究中心的许多先锋技术项目中的一个。人们通常认为以太网发明于 1973 年，以当年罗伯特·梅特卡夫（Robert Metcalfe）给他 PARC 的老板写了一篇有关以太网潜力的备忘录为标志。1979 年，梅特卡夫成立了 3Com 公司。3Com 联合迪吉多、英特尔和施乐（DEC、Intel 和 Xerox）共同将网络进行标准化、规范化。这个通用的以太网标准于 1980 年 9 月 30 日出台。

(2) 以太网的分类

以太网分为标准以太网、快速以太网、千兆以太网和万兆以太网。

(3) 以太网的拓扑结构

① 星型。管理方便、容易扩展、需要专用的网络设备作为网络的核心节点、需要更多的网线和对核心设备的可靠性要求高。采用专用的网络设备（如集线器或交换机）作为核心节点，通过双绞线将局域网中的各台主机连接到核心节点上，这就形成了星型结构。星型网络虽然需要的线缆比总线型多，但布线和连接器比总线型的要便宜。此外，星型拓扑可以通过级联的方式很方便地将网络扩展到很大的规模，因此得到了广泛的应用，被绝大部分的以太网所采用。如图 13-44 所示，1 台 ESM（electrical switch module）交换机与 2 台 PLC 和 2 台计算机组成星型网络，这种拓扑结构，在工控中很常见。

② 总线型。所需的电缆较少，价格便宜，管理成本高，不易隔离故障点，采用共享的访问机制，易造成网络拥塞。早期以太网多使用总线型的拓扑结构，采用同轴缆作为传输介质，连接简单，通常在小规模的网络中不需要专用的网络设备，但由于它存在的固有缺陷，已经逐渐被以集线器和交换机为核心的星型网络所代替。总线型拓扑应用如图 13-45 所示，3 台交换机组成总线网络，交换机再与 PLC、计算机和远程 I/O 模块组成网络。

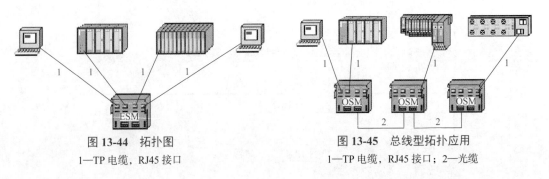

图 13-44　拓扑图
1—TP 电缆，RJ45 接口

图 13-45　总线型拓扑应用
1—TP 电缆，RJ45 接口；2—光缆

③ 环型。西门子的网络中，用 OLM（optical link module）模块将网络首位相连，形成环网，也可用 OSM（optical switch module）交换机组成环网。与总线型相比冗余环网增加了交换数据的可靠性。环型拓扑应用如图 13-46 所示，4 台交换机组成环网，交换机再与 PLC、计算机和远程 I/O 模块组成网络，这种拓扑结构，在工控中很常见。

此外，还有网状和蜂窝状等拓扑结构。

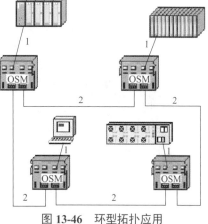

图 13-46　环型拓扑应用
1—TP 电缆，RJ45 接口；2—光缆

（4）接口的工作模式

以太网卡可以工作在两种模式下：半双工和全双工。

（5）传输介质

以太网可以采用多种连接介质，包括同轴缆、双绞线、光纤和无线传输等。其中双绞线多用于从主机到集线器或交换机的连接，而光纤则主要用于交换机间的级联和交换机到路由器间的点到点链路上。同轴缆作为早期的主要连接介质已经逐渐趋于淘汰。

① 网络电缆（双绞线）接法　用于 Ethernet 的双绞线有 8 芯和 4 芯两种，双绞线的电缆连线方式也有两种，即正线（标准 568B）和反线（标准 568A），其中正线也称为直通线，反线也称为交叉线。正线接线如图 13-47 所示，两端线序一样，从上至下线序是：白绿、绿、白橙、蓝、白蓝、橙、白棕、棕。反线接线如图 13-48 所示，一端为正线的线序，另一端为反线线序，从上至下线序是：白橙、橙、白绿、蓝、白蓝、绿、白棕、棕。对于千兆以太网，用 8 芯双绞线，但接法不同于以上所述的接法，请参考有关文献。

图 13-47　双绞线正线接线图

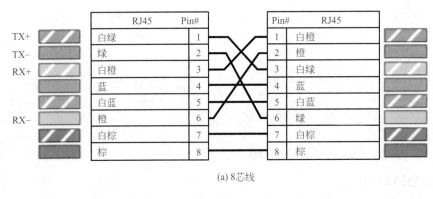

(a) 8芯线

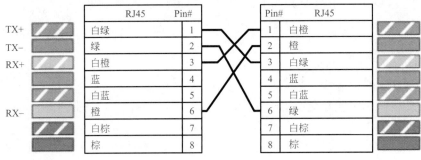

(b) 4芯线

图 13-48　双绞线反线接线图

对于 4 芯的双绞线，只用 RJ45 连接头（常称为水晶接头）上的 1、2、3 和 6 四个引脚。西门子的 PROFINET 工业以太网采用 4 芯的双绞线。

双绞线的传输距离一般不大于 100m。

② 光纤简介　光纤在通信介质中占有重要地位，特别在远距离传输中比较常用。光纤是光导纤维的简写，是一种由玻璃或塑料制成的纤维，可作为光传导工具。

a. 按照光纤的材料分类。可以将光纤的种类分为石英光纤和全塑光纤。塑料光纤的传输距离一般为几十米。

b. 按照光纤的传输模式分类。按照光纤传输的模式数量，可以将光纤的种类分为多模光纤和单模光纤。

单模适合长途通信（一般小于 100km），多模适合组建局域网（一般不大于 2km）。

只计算光纤的成本，单模的价格便宜，而多模的价格贵。单模光纤和多模光纤所用的设备不同，不可以混用，因此选型时要注意这点。

c. 规格。多模光纤常用规格为：62.5/125，50/125。62.5/125 是北美的标准，而 50/125 是日本和德国的标准。

d. 光纤的几个要注意的问题。

• 光纤尾纤：只有一端有活动接头，另一端没有活动接头，需要用专用设备与另一根光纤熔焊在一起。

• 光纤跳线：两端都有活动接头，直接可以连接两台设备，跳线如图 13-49 所示。跳线一分为二还可以作为尾纤用。

• 接口有很多种，不同接口需要不同的耦合器，在工程中一旦设备的接口（如 FC 接口）选定了，尾纤和跳线的接口也就确定下来了。常见的接口如图 13-50 所示，这些接口中，大部分的标准由日本公司制定。

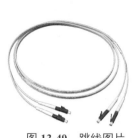

图 13-49　跳线图片

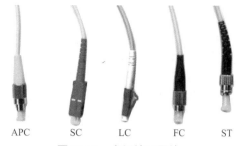

| APC | SC | LC | FC | ST |

图 13-50　光纤接口图片

（6）工业以太网通信简介

所谓工业以太网，通俗地讲就是应用于工业的以太网，是指其在技术上与商用以太网（IEEE 802.3 标准）兼容，但材质的选用、产品的强度和适用性方面应能满足工业现场的需要。工业以太网技术的优点表现在：以太网技术应用广泛，为所有的编程语言所支持；软硬件资源丰富；易于与 Internet 连接，实现办公自动化网络与工业控制网络的无缝连接；通信速度快；可持续发展的空间大；等等。

为促进 Ethernet 在工业领域的应用，国际上成立了工业以太网协会（Industrial Ethernet Association，IEA）。

13.4.2　西门子 S7-1500 PLC 的以太网通信方式

（1）S7-1500 PLC 系统以太网接口

S7-1500 PLC 的 CPU 最多集成 X1、X2 和 X3 三个接口，有的 CPU 只集成 X1 接口，此外通信模块 CM1542-1 和通信处理器 CP1543-1 也有以太网接口。

S7-1500 PLC 系统以太网接口支持的通信方式按照实时性和非实时性进行划分，不同的接口支持的通信服务见表 13-4。

表 13-4　S7-1500 PLC 系统以太网接口支持的通信服务

接口类型	实时通信		非实时通信		
	PROFINET IO 控制器	I-Device	OUC 通信	S7 通信	Web 服务器
CPU 集成接口 X1	√	√	√	√	√
CPU 集成接口 X2	×	×	√	√	√
CPU 集成接口 X3	×	×	√	√	√
CM1542-1	√	×	√	√	√
CP1543-1	×	×	√	√	√

注：√表示有此功能，×表示没有此功能。

（2）西门子工业以太网通信方式简介

工业以太网的通信主要利用第 2 层（ISO）和第 4 层（TCP）的协议。S7-1500 PLC 系统以太网接口支持的非实时性分为两种 Open User Comunication（OUC）通信和 S7 通信，而实时通信只有 PROFINET IO 通信。

13.4.3 西门子 S7-1500 PLC 之间的 OUC 通信及其应用

S7-1500 PLC
之间的 OUC
（ISO-on-TCP）
通信

S7-1200 PLC
之间的 ISO-
on-TCP 通信

(1) OUC 通信

OUC 通信（开放式用户通信）适用于 SIMATIC S7-1500/300/400 PLC 之间的通信、S7-PLC 与 S5-PLC 之间的通信、PLC 与个人计算机或第三方设备之间的通信，OUC 通信包含以下通信连接。

① ISO Transport（ISO 传输协议） ISO 传输协议支持基于 ISO 的发送和接收，使得设备（例如 SIMATIC S5 或 PC）在工业以太网上的通信非常容易，该服务支持大数据量的数据传输（最大 64KB）。ISO 数据接收由通信方确认，通过功能块可以看到确认信息。用于 SIMATIC S5 和 SIMATIC S7 的工业以太网连接。

② ISO-on-TCP ISO-on-TCP 支持第 4 层 TCP/IP 协议的开放数据通信。用于支持 SIMATIC S7 和 PC 以及非西门子支持的 TCP/IP 以太网系统。ISO-on-TCP 符合 TCP/IP，但相对于标准的 TCP/IP 还附加了 RFC 1006 协议，RFC 1006 是一个标准协议，该协议描述了如何将 ISO 映射到 TCP 上去。

③ UDP UDP（User Datagram Protocol，用户数据报协议），属于第 4 层协议，提供了 S5 兼容通信协议，适用于简单的交叉网络数据传输，没有数据确认报文，不检测数据传输的正确性。UDP 支持基于 UDP 的发送和接收，使得设备（例如 PC 或非西门子公司设备）在工业以太网上的通信非常容易。该协议支持较大数据量的数据传输（最大 1472 字节），数据可以通过工业以太网或 TCP/IP 网络（拨号网络或因特网）传输。通过 UDP，SIMATIC S7 通过建立 UDP 连接，提供了发送 / 接收通信功能，与 TCP 不同，UDP 实际上并没有在通信双方建立一个固定的连接。

④ TCP/IP TCP/IP 中传输控制协议，支持第 4 层 TCP/IP 协议的开放数据通信。提供了数据流通信，但并不将数据封装成消息块，因而用户并不接收到每一个任务的确认信号。TCP 支持面向 TCP/IP 的 Socket。

TCP 支持给予 TCP/IP 的发送和接收，使得设备（例如 PC 或非西门子设备）在工业以太网上的通信非常容易。该协议支持大数据量的数据传输（最大 64KB），数据可以通过工业以太网或 TCP/IP 网络（拨号网络或因特网）传输。通过 TCP，SIMATIC S7 可以通过建立 TCP 连接来发送 / 接收数据。

S7-1500 PLC 系统以太网接口支持的通信连接类型见表 13-5。

表 13-5 S7-1500 PLC 系统以太网接口支持的通信连接类型

接口类型	连接类型			
	ISO	ISO-on-TCP	TCP/IP	UDP
CPU 集成接口 X1	×	√	√	√
CPU 集成接口 X2	×	√	√	√
CPU 集成接口 X3	×	√	√	√
CM1542-1	×	√	√	√
CP1543-1	√	√	√	√

注：√表示有此功能，×表示没有此功能。

（2）OUC 通信实例

◁【例 13-3】　有两台设备，分别由两台 CPU 1511-1PN 控制，要求从设备 1 上的 CPU 1511-1PN 的 MB10 发出 1 个字节到设备 2 的 CPU 1511-1PN 的 MB10。

【解】　S7-1500 PLC 之间的 OUC 通信，可以采用很多连接方式，如 TCP/IP、ISO-on-TCP 和 UDP 等，以下仅介绍 ISO-on-TCP 连接方式。

S7-1500 PLC 间的以太网通信硬件配置如图 13-51 所示，本例用到的软硬件如下。

a. 2 台 CPU 1511-1PN。

b. 1 台 4 口交换机。

c. 2 根带 RJ45 接头的屏蔽双绞线（正线）。

d. 1 台个人计算机（含网卡）。

e. 1 套 TIA Portal V15.1。

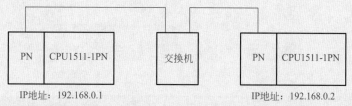

图 13-51　S7-1500 PLC 间的以太网通信硬件配置图

① 新建项目。先打开 TIA Portal V15.1，再新建项目，本例命名为"ISO_on_TCP"，接着单击"项目视图"按钮，切换到项目视图，如图 13-52 所示。

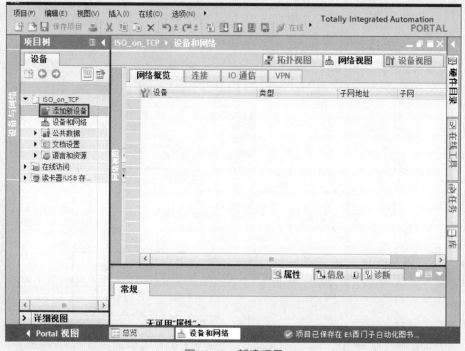

图 13-52　新建项目

② 硬件配置。如图 13-52 所示，在 TIA 博途软件项目视图的项目树中，双击 "添加新设备" 按钮，先添加 CPU 模块 "CPU1511-1PN" 两次，并启用时钟存储器字节，如图 13-53 所示。

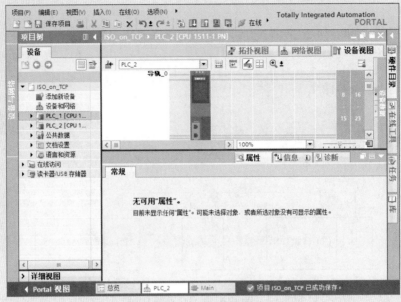

图 13-53　硬件配置

③ IP 地址设置。选中 PLC_1 的 "设备视图" 选项卡 (标号 1 处)，再选中 CPU1511-1PN 模块绿色的 PN 接口 (标号 2 处)，选中 "属性" (标号 3 处) 选项卡，再选中 "以太网地址" (标号 4 处) 选项，再设置 IP 地址 (标号 5 处)，如图 13-54 所示。

用同样的方法设置 PLC_2 的 IP 地址为 192.168.0.2。

图 13-54　配置 IP 地址 (客户端)

④ 调用函数块 TSEND_C。在 TIA 博途软件项目视图的项目树中，打开"PLC_1"的主程序块，再选中"指令"→"通信"→"开放式用户通信"，再将"TSEND_C"拖拽到主程序块，如图 13-55 所示。

图 13-55　调用函数块 TSEND_C

⑤ 配置客户端连接参数。选中"属性"→"连接参数"，如图 13-56 所示。先选择连接类型为"ISO-on-TCP"，组态模式选择"使用组态的连接"，在连接数据中，单击"新建"，伙伴选择为"PLC_2"。

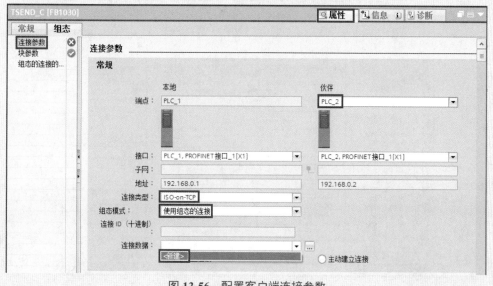

图 13-56　配置客户端连接参数

⑥ 配置客户端块参数。按照如图 13-57 所示配置参数。每一秒激活一次发送请求，每次将 MB10 中的信息发送出去。

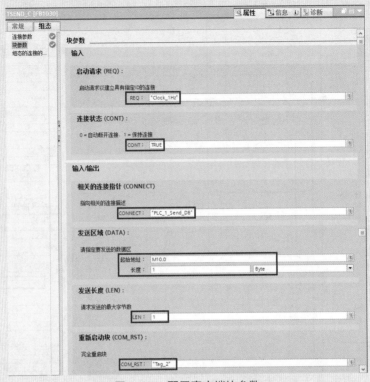

图 13-57　配置客户端块参数

⑦ 调用函数块 TRCV_C。在 TIA 博途软件项目视图的项目树中，打开"PLC_2"主程序块，再选中"指令"→"通信"→"开放式用户通信"，再将"TRCV_C"拖拽到主程序块，如图 13-58 所示。

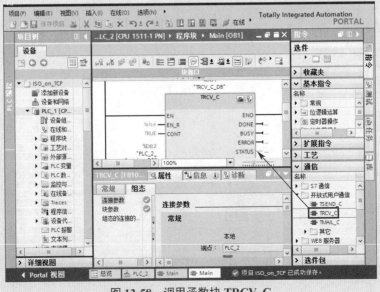

图 13-58　调用函数块 TRCV_C

⑧ 配置服务器端连接参数。选中"属性"→"连接参数"，如图 13-59 所示。先选择连接类型为"ISO-on-TCP"，组态模式选择"使用组态的连接"，连接数据选择"ISOonTCP_连接_1"，伙伴选择为"PLC_1"，且"PLC_1"为主动建立连接，也就是主控端，即客户端。

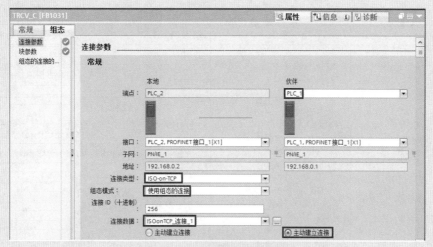

图 13-59　配置服务器端连接参数

⑨ 配置服务器端块参数。按照如图 13-60 所示配置参数。每一秒激活一次接收操作，每次将伙伴站发送来的数据存储在 MB10 中。

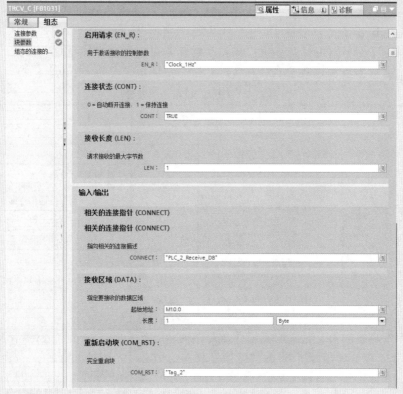

图 13-60　配置服务器端块参数

⑩ 指令说明。

a. TSEND_C 指令。TCP 和 ISO-on-TCP 通信均可调用此指令，TSEND_C 可与伙伴站建立 TCP 或 ISO-on-TCP 通信连接，发送数据，并且可以终止该连接。设置并建立连接后，CPU 会自动保持和监视该连接。TSEND_C 指令输入 / 输出参数见表 13-6。

表 13-6　TSEND_C 指令的参数

LAD	SCL	输入 / 输出	说 明
    TSEND_C — EN　　　ENO — — REQ　　 DONE — — CONT　　BUSY — — LEN　　 ERROR — — CONNECT STATUS — — DATA — ADDR — COM_RST	"TSEND_C_DB" (　req: =_bool_in_, 　cont: =_bool_in_, 　len: =_uint_in_, 　done=>_bool_out_, 　BUSy=>_bool_out_, 　error=>_bool_out_, 　STATUS=>_word_out_, 　connect: =_struct_inout_, 　data: =_variant_inout_, 　com_rst: =_bool_inout_);	EN	使能
		REQ	在上升沿时，启动相应作业以建立 ID 所指定的连接
		CONT	控制通信连接： 0：数据发送完成后断开通信连接 1：建立并保持通信连接
		LEN	通过作业发送的最大字节数
		CONNECT	指向连接描述的指针
		DATA	指向发送区的指针
		BUSY	状态参数，可具有以下值： 0：发送作业尚未开始或已完成 1：发送作业尚未完成，无法启动新的发送作业
		DONE	上一请求已完成且没有出错后，DONE 位将保持为 TRUE 一个扫描周期时间
		STATUS	故障代码
		ERROR	是否出错；0 表示无错误，1 表示有错误

b. TRCV_C 指令。TCP 和 ISO-on-TCP 通信均可调用此指令，TRCV_C 可与伙伴 CPU 建立 TCP 或 ISO-on-TCP 通信连接，可接收数据，并且可以终止该连接。设置并建立连接后，CPU 会自动保持和监视该连接。TRCV_C 指令输入 / 输出参数见表 13-7。

表 13-7　TRCV_C 指令的参数

LAD	SCL	输入 / 输出	说 明
    TRCV_C — EN　　　ENO — — EN_R　　DONE — — CONT　　BUSY — — LEN　　 ERROR — — ADHOC　STATUS — — CONNECT RCVD_LEN — — DATA — ADDR — COM_RST	"TRCV_C_DB" (　en_r: =_bool_in_, 　cont: =_bool_in_, 　len: =_uint_in_, 　adhoc: =_bool_in_, 　done=>_bool_out_, 　BUSy=>_bool_out_, 　error=>_bool_out_, 　STATUS=>_word_out_, 　rcvd_len: =_uint_out_, 　connect: =_struct_inout_, 　data: =_variant_inout_, 　com_rst: =_bool_inout_);	EN	使能
		EN_R	启用接收
		CONT	控制通信连接： 0：数据接收完成后断开通信连接 1：建立并保持通信连接
		LEN	通过作业接收的最大字节数
		CONNECT	指向连接描述的指针
		DATA	指向接收区的指针
		BUSY	状态参数，可具有以下值： 0：接收作业尚未开始或已完成 1：接收作业尚未完成，无法启动新的发送作业
		DONE	上一请求已完成且没有出错后，DONE 位将保持为 TRUE 一个扫描周期时间
		STATUS	故障代码
		RCVD_LEN	实际接收到的数据量（字节）
		ERROR	是否出错：0 表示无错误，1 表示有错误

⑪ 编写程序。客户端的 LAD 和 SCL 程序如图 13-61 所示，服务器端的 LAD 和
SCL 程序（二者只选其一，且变量地址相同）如图 13-62 所示。

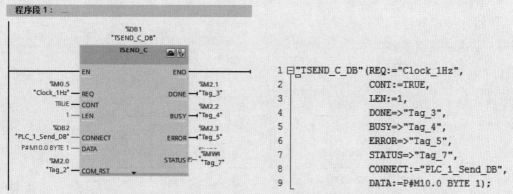

图 13-61　客户端的 LAD 和 SCL 程序

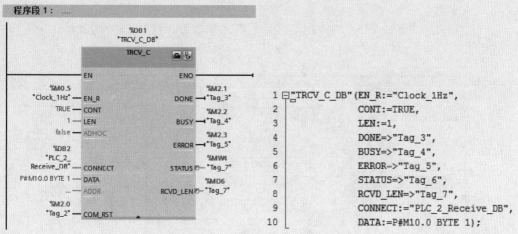

图 13-62　服务器端的 LAD 和 SCL 程序

13.4.4　西门子 S7-1500 PLC 与西门子 S7-1200 PLC 之间的 OUC 通信（TCP）及其应用

OUC（开放式用户通信）包含 ISO Transport（ISO 传输协议）、ISO-on-TCP、UDP 和 TCP/IP 通信方式，在前面章节已经介绍了 S7-1500 PLC 与 S7-1500 PLC 之间的 OUC 通信，采用 ISO-on-TCP 通信方式，以下将用一个例子介绍 S7-1500 PLC 与 S7-1200 PLC 之间的 OUC 通信，采用 TCP 通信方式。

S7-1500 PLC 与
S7-1200 PLC
之间的 OUC
通信（TCP）
及其应用

【例 13-4】　有两台设备，分别由一台 CPU 1511-1PN 和一台 CPU 1211C 控制，要求从设备 1 上的 CPU 1511-1PN 的 MB10 发出 1 个字节到设备 2 的 CPU 1211C 的 MB10。

【解】　S7-1500 PLC 与 S7-1200 PLC 间的以太网通信硬件配置如图 13-63 所示，本例用到的软硬件如下。

① 1 台 CPU 1511-1PN。
② 1 台 CPU 1211C。
③ 2 根带 RJ45 接头的屏蔽双绞线（正线）。
④ 1 台个人机算机（含网卡）。
⑤ 1 台 4 口交换机。
⑥ 1 套 TIA Portal V15.1。

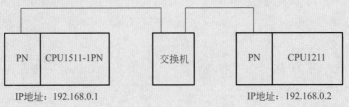

图 13-63　S7-1500 PLC 与 S7-1200 PLC 间的以太网通信硬件配置图

（1）新建项目
先打开 TIA Portal V15.1，再新建项目，本例命名为"TCP_1500to1200"，接着单击
"项目视图"按钮，切换到项目视图，如图 13-64 所示。

图 13-64　新建项目

（2）硬件配置
如图 13-64 所示，在 TIA 博途软件项目视图的项目树中，双击"添加新设备"按
钮，先添加 CPU 模块"CPU1511-1PN"，并启用时钟存储器字节；再添加 CPU 模块
"CPU1211C"，并启用时钟存储器字节，如图 13-65 所示。

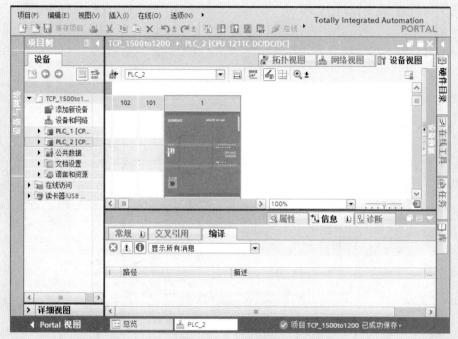

图 13-65　硬件配置

（3）IP 地址设置

先选中 PLC_1 的 "设备视图" 选项卡（标号 1 处），再选中 CPU1511-1PN 模块绿色的 PN 接口（标号 2 处），选中"属性"（标号 3 处）选项卡，再选中"以太网地址"（标号 4 处）选项，再设置 IP 地址（标号 5 处），如图 13-66 所示。

用同样的方法设置 PLC_2 的 IP 地址为 192.168.0.2。

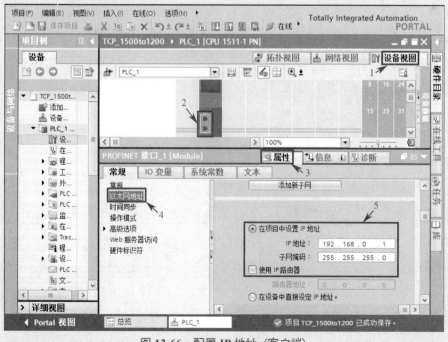

图 13-66　配置 IP 地址（客户端）

（4）调用函数块 TSEND_C

在 TIA 博途软件项目视图的项目树中，打开"PLC_1"的主程序块，再选中"指令"→"通信"→"开放式用户通信"，再将"TSEND_C"拖拽到主程序块，如图 13-67 所示。

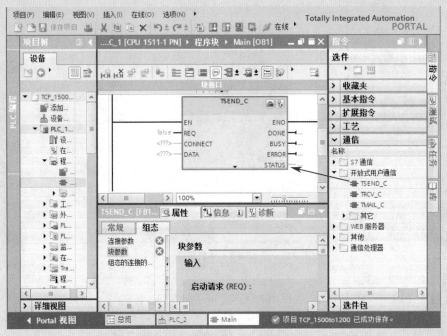

图 13-67 调用函数块 TSEND_C

（5）配置客户端连接参数

选中"属性"→"连接参数"，如图 13-68 所示。先选择连接类型为"TCP"，组态模式选择"使用组态的连接"，在连接数据中单击"新建"，伙伴选择为"未指定"，其 IP 地址为 192.168.0.2。本地端口和伙伴端口为 2000。

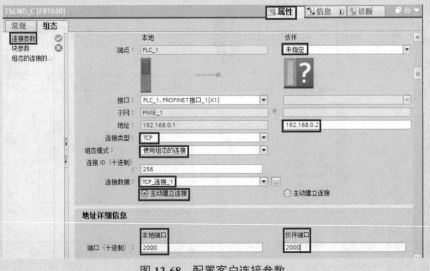

图 13-68 配置客户连接参数

（6）配置客户端块参数

按照如图 13-69 所示配置参数。每一秒激活一次发送请求，每次将 MB10 中的信息发送出去。

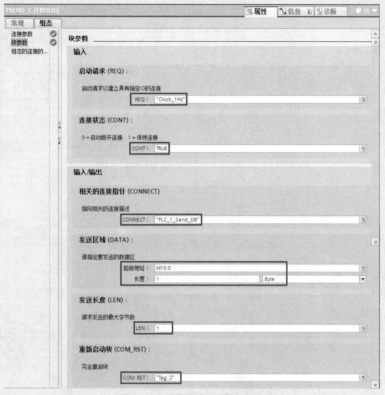

图 13-69　配置客户端块参数

（7）调用函数块 TRCV_C

在 TIA 博途软件项目视图的项目树中，打开"PLC_2"主程序块，再选中"指令"→"通信"→"开放式用户通信"，再将"TRCV_C"拖拽到主程序块，如图 13-70 所示。

图 13-70　调用函数块 TRCV_C

（8）配置服务器端连接参数

选中"属性"→"连接参数"，如图 13-71 所示。先选择连接类型为"TCP"，在"连接数据"中，单击"新建"命令，伙伴选择为"PLC_1"，且"PLC_1"为主动建立连接，也就是主控端，即客户端。本地端口和伙伴端口为 2000。

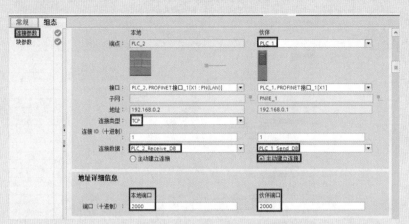

图 13-71　配置服务器端连接参数

（9）配置服务器端块参数

按照如图 13-72 所示配置参数。每一秒激活一次接收操作，每次将伙伴站发送来的数据存储在 MB10 中。

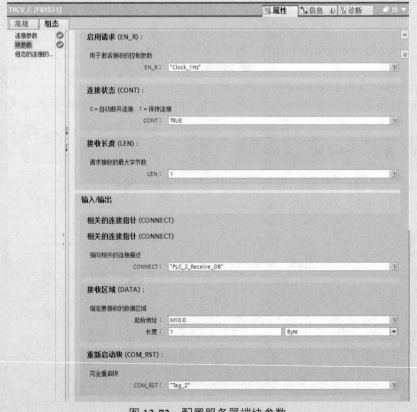

图 13-72　配置服务器端块参数

（10）连接客户端和服务器端

如图 13-73 所示，选中 PLC_1 的 PN 口（绿色），用鼠标按住不放，拖至 PLC_2 的 PN 口（绿色）后释放鼠标。

图 13-73　连接客户端和服务器端

（11）编写程序

客户端的程序如图 13-74 所示，服务器端的程序如图 13-75 所示。

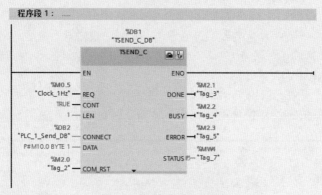

图 13-74　客户端的程序

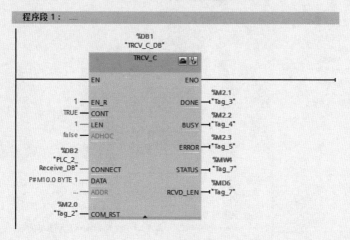

图 13-75　服务器端的程序

S7-1500 PLC 之间的 S7 通信

S7-1200 PLC 之间的 S7 通信

13.4.5　西门子 S7-1500 PLC 之间的 S7 通信及其应用

（1）S7 通信简介

S7 通信（S7 Communication）集成在每一个 SIMATIC S7/M7 和 C7 的系统中，属于 OSI 参

考模型第 7 层应用层的协议，它独立于各个网络，可以应用于多种网络（MPI、PROFIBUS、工业以太网）。S7 通信通过不断地重复接收数据来保证网络报文的正确。在 SIMATIC S7 中，通过组态建立 S7 连接来实现 S7 通信。在 PC 上，S7 通信需要通过 SAPI-S7 接口函数或 OPC（过程控制用对象链接与嵌入）来实现。

（2）S7 通信应用

✐【例 13-5】 有两台设备，分别由两台 CPU 1511-1PN 控制，要求从设备 1 上的 CPU 1511-1PN 的 MB10 发出 1 个字节到设备 2 的 CPU 1511-1PN 的 MB10，从设备 2 上的 CPU 1511-1PN 的 MB20 发出 1 个字节到设备 1 的 CPU 1511-1PN 的 MB20。

【解】 S7-1500 PLC 与 S7-1500 PLC 间的以太网通信硬件配置如图 13-51 所示，本例用到的软硬件如下。

a. 2 台 CPU 1511-1PN。

b. 1 台 4 口交换机。

c. 2 根带 RJ45 接头的屏蔽双绞线（正线）。

d. 1 台个人计算机（含网卡）。

e. 1 套 TIA Portal V15.1。

① 新建项目。先打开 TIA Portal V15.1，再新建项目，本例命名为"S7_1500"，接着单击"项目视图"按钮，切换到项目视图，如图 13-76 所示。

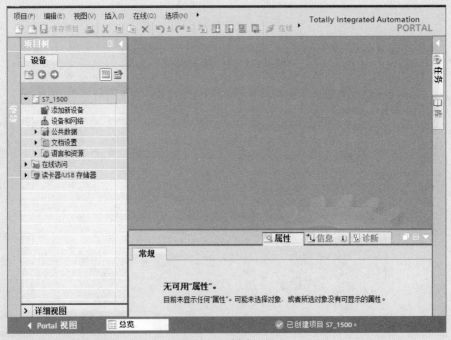

图 13-76　新建项目

② 硬件配置。如图 13-76 所示，在 TIA 博途软件项目视图的项目树中，双击"添加新设备"按钮，添加 CPU 模块"CPU1511-1PN"两次，并启用时钟存储器字节，如图 13-77 所示。

图 13-77　硬件配置

③ IP 地址设置。先选中 PLC_1 的 "设备视图" 选项卡（标号 1 处），再选中 CPU 1511-1 PN 模块绿色的 PN 接口（标号 2 处），选中 "属性"（标号 3 处）选项卡，再选中 "以太网地址"（标号 4 处）选项，再设置 IP 地址（标号 5 处），如图 13-78 所示。用同样的方法设置 PLC_2 的 IP 地址为 192.168.0.2。

图 13-78　配置 IP 地址（客户端）

④ 建立 S7 连接。选中"网络视图"→"连接"选项卡,再选择"S7 连接",再用鼠标把 PLC_1 的 PN(绿色)选中并按住不放,拖拽到 PLC_2 的 PN 口后释放鼠标,如图 13-79 所示。

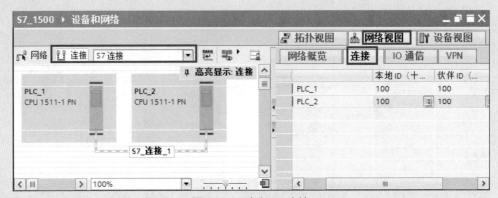

图 13-79 建立 S7 连接

⑤ 调用函数块 PUT 和 GET。在 TIA 博途软件项目视图的项目树中,打开"PLC_1"的主程序块,再选中"指令"→"S7 通信",再将"PUT"和"GET"拖拽到主程序块,如图 13-80 所示。

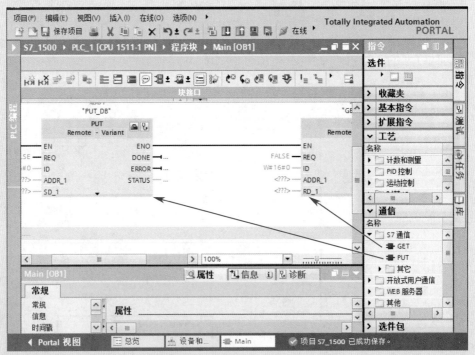

图 13-80 调用函数块 PUT 和 GET

⑥ 配置客户端连接参数。选中"属性"→"连接参数",如图 13-81 所示。先选择伙伴为"PLC_2",其余参数选择默认生成的参数。

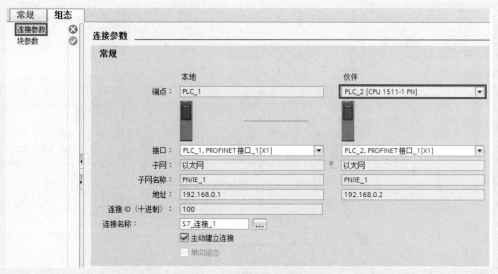

图 13-81 配置客户端连接参数

⑦ 配置客户端块参数。发送函数块 PUT 按照图 13-82 所示配置参数。每一秒激活一次发送操作，每次将客户端 MB10 数据发送到伙伴站 MB10 中。接收函数块 GET 按照图 13-83 所示配置参数。每一秒激活一次接收操作，每次将伙伴站 MB20 发送来的数据存储在客户端 MB20 中。

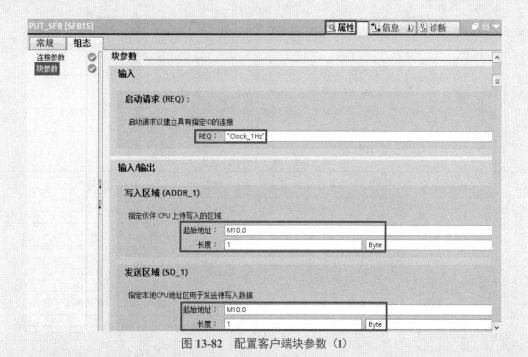

图 13-82 配置客户端块参数（1）

⑧ 更改连接机制。选中"属性"→"常规"→"保护"→"连接机制"，如图 13-84 所示，勾选"允许来自远程对象"，服务器端和客户端都要进行这样的更改。

注意：这一步很容易遗漏，如遗漏则不能建立有效的通信。

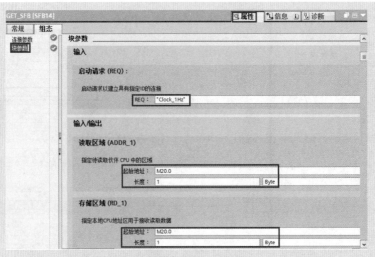

图 13-83　配置客户端块参数（2）

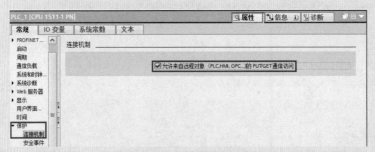

图 13-84　更改连接机制

⑨ 指令说明。使用 GET 和 PUT 指令，通过 PROFINET 和 PROFIBUS 连接，创建 S7 CPU 通信。

a. PUT 指令。PUT 指令可从远程 S7 CPU 中读取数据。读取数据时，远程 CPU 可处于 RUN 或 STOP 模式下。PUT 指令输入/输出参数见表 13-8。

表 13-8　PUT 指令的参数

LAD	SCL	输入/输出	说　明
		EN	使能
	"PUT_DB"（ req: =_bool_in_,	REQ	上升沿启动发送操作
	ID: =_word_in_,	ID	S7 连接号
	ndr=>_bool_out_, 　error=>_bool_out_, STATUS=>_word_out_,	ADDR_1	指向接收方的地址的指针。该指针可指向任何存储区。需要 8 字节的结构
	addr_1: =_remote_inout_,	SD_1	指向本地 CPU 中待发送数据的存储区
	[...addr_4: =_remote_ inout_,] sd_1: =_variant_inout_	DONE	0：请求尚未启动或仍在运行 1：已成功完成任务
	[, ...sd_4: =_variant_ inout_]）;	STATUS	故障代码
		ERROR	是否出错：0 表示无错误，1 表示有错误

(LAD 图标内文字)
PUT
Remote - Variant
EN　　ENO
REQ　　DONE
ID　　ERROR
ADDR_1　　STATUS
SD_1

b. GET 指令。使用 GET 指令从远程 S7 CPU 中读取数据。读取数据时，远程 CPU 可处于 RUN 或 STOP 模式下。GET 指令输入/输出参数见表 13-9。

表 13-9　GET 指令的参数

LAD	SCL	输入/输出	说明
		EN	使能
		REQ	通过由低到高的（上升沿）信号启动操作
	"GET_DB" (	ID	S7 连接号
	req: = _bool_in_,	ADDR_1	指向远程 CPU 中存储待读取数据的存储区
	ID: = _word_in_,		
	ndr=>_bool_out_,	RD_1	指向本地 CPU 中存储待读取数据的存储区
	error=>_bool_out_,		
	STATUS=>_word_out_,	DONE	0：请求尚未启动或仍在运行 1：已成功完成任务
	addr_1: = _remote_inout_,		
	[...addr_4: = _remote_inout_,]	STATUS	故障代码
	rd_1: = _variant_inout_	NDR	新数据就绪： 0：请求尚未启动或仍在运行 1：已成功完成任务
	[, ...rd_4: = _variant_inout_]);		
		ERROR	是否出错：0 表示无错误，1 表示有错误

⑩ 编写程序。客户端的 LAD 和 SCL 程序如图 13-85 所示，服务器端无需编写程序，这种通信方式称为单边通信，而前面章节的以太网通信为双边通信。

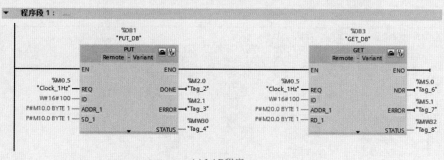

(a) LAD程序

```
1  ┌─"PUT_DB"(REQ:="Clock_1Hz",
2  │          ID:=W#16#100,
3  │          DONE=>"Tag_2",
4  │          ERROR=>"Tag_3",
5  │          STATUS=>"Tag_4",
6  │          ADDR_1:=P#M10.0 BYTE 1,
7  └          SD_1:=P#M10.0 BYTE 1);
8
9  ┌─"GET_DB"(REQ:=NOT "Clock_1Hz",
10 │          ID:=W#16#100,
11 │          NDR=>"Tag_6",
12 │          ERROR=>"Tag_7",
13 │          STATUS=>"Tag_8",
14 │          ADDR_1:=P#M20.0 BYTE 1,
15 └          RD_1:=P#M20.0 BYTE 1 );
```

(b) SCL程序

图 13-85　客户端的 LAD 和 SCL 程序

13.4.6 西门子 S7-1500 PLC 与西门子 S7-1200 PLC 之间的 Modbus TCP 通信及其应用

S7-1200 PLC 与 S7-1200 PLC 之间的 Modbus TCP 通信及其应用

以下用一个例子介绍 S7-1500 PLC 与 S7-1200 PLC 之间的 Modbus TCP 通信 (客户端读操写)。

◁【例 13-6】 有两台设备，分别由一台 CPU 1511-1PN 和一台 CPU 1211C 控制，要求从设备 1 上的 CPU 1511-1PN 的 DB2 发出 20 个字节到设备 2 的 CPU 1211C 的 DB2 中，要求使用 Modbus TCP 通信。

【解】 S7-1500 PLC 与 S7-1200 PLC 间的以太网通信硬件配置如图 13-63 所示，本例用到的软硬件如下。

① 1 台 CPU 1511-1PN。

② 1 台 CPU 1211C。

③ 2 根带 RJ45 接头的屏蔽双绞线（正线）。

④ 1 台个人计算机（含网卡）。

⑤ 1 台 4 口交换机。

⑥ 1 套 TIA Portal V15.1。

（1）新建项目

先打开 TIA Portal V15.1，再新建项目，本例命名为"MODBUS_TCP_1500to1200"，接着单击"项目视图"按钮，切换到项目视图，如图 13-86 所示。

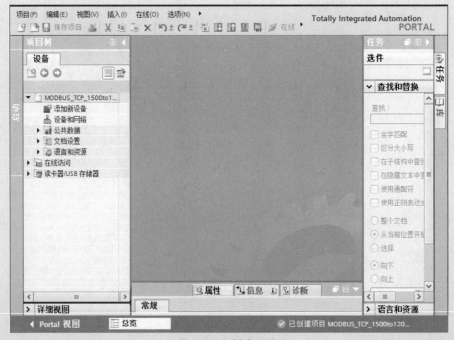

图 13-86 新建项目

（2）硬件配置

如图 13-86 所示，在 TIA 博途软件项目视图的项目树中，双击"添加新设备"按钮，先添加 CPU 模块"CPU1511-1PN"，再添加 CPU 模块"CPU1211C"，如图 13-87 所示。

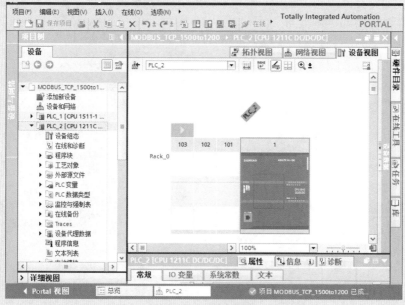

图 13-87　硬件配置

（3）IP 地址设置

先选中 PLC_1 的"设备视图"选项卡（标号 1 处），再选中 CPU1511-1PN 模块绿色的 PN 接口（标号 2 处），选中"属性"（标号 3 处）选项卡，再选中"以太网地址"（标号 4 处）选项，再设置 IP 地址（标号 5 处），如图 13-88 所示。

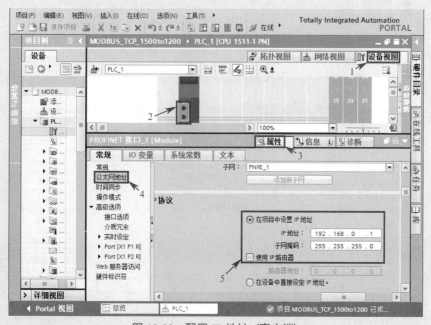

图 13-88　配置 IP 地址（客户端）

用同样的方法设置 PLC_2 的 IP 地址为 192.168.0.2。

（4）新建数据块

在项目树的 PLC_1 中，单击"添加新块"按钮，弹出如图 13-89 所示的界面，块名称为"SEND"，再单击"确定"按钮，"SEND"数据块新建完成。再新添加数据块"DB2"，并创建 10 个字的数组。

图 13-89 新建数据块

用同样的方法，在项目树的 PLC_2 中，新建数据块"RECEIVE"。

（5）更改数据块属性

选中新建数据块 "SEND"，右击鼠标，弹出快捷菜单，再单击"属性"命令，弹出如图 13-90 所示的界面，选中 "属性"选项卡，去掉"优化的块访问"前面的"√"，单击"确定"按钮。

用同样的方法，更改数据块"RECEIVE"的属性，去掉"优化的块访问"前面的"√"。

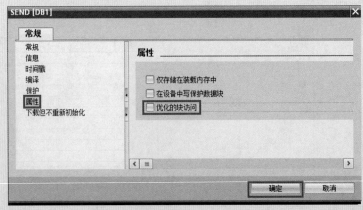

图 13-90 更改数据块的属性

（6）创建数据块 DB2

在 PLC_1 中，新添加数据块"DB2"，打开"DB2"，新建变量名称"SEND"，再将变量的数据类型选为"TCON_IP_v4"，如图 13-91 所示，点击"SEND"前面的三角符号，展开如图 13-92 所示，并按照图中数据修改启动值。

图 13-91　创建 DB2

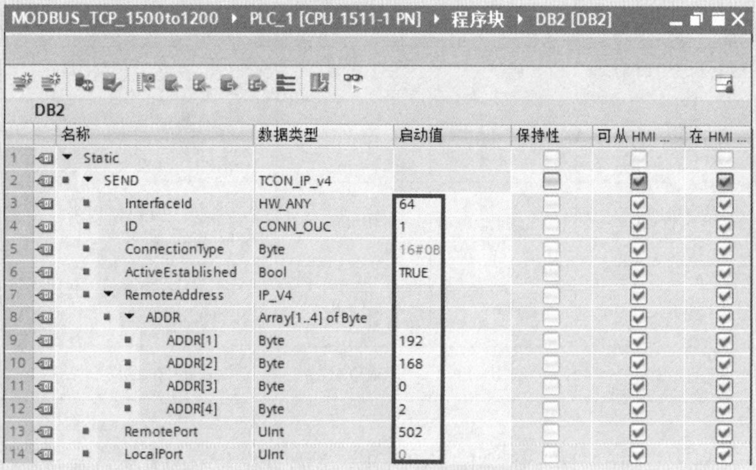

图 13-92　修改 DB2 的启动值

展开 DB2 后其"TCON_IP_v4"的数据类型的各参数设置见表 13-10。

表 13-10　客户端"TCON_IP_v4"的数据类型的各参数设置

序号	TCON_IP_v4 数据类型管脚定义	含义	本例中的情况
1	Interfaced	接口，固定为 64	64
2	ID	连接 ID，每个连接必须独立	1
3	ConnectionType	连接类型，TCP/IP=16#0B；UDP=16#13	6#0B
4	ActiveEstablished	是否主动建立连接，True= 主动	True
5	RemoteAddress	通信伙伴 IP 地址	192.168.0.2
6	RemotePort	通信伙伴端口号	502
7	LocalPort	本地端口号，设置为 0 将由软件自己创建	0

（7）编写客户端程序

① 在编写客户端的程序之前，先要掌握功能块"MB_CLIENT"，其管脚参数含义见表 13-11。

表 13-11 功能块 "MB_CLIENT" 的管脚参数含义

序号	"MB_CLIENT"的管脚参数	管脚类型	数据类型	含义
1	REQ	输入	BOOL	与 Modbus TCP 服务器之间的通信请求，常 1 有效
2	DISCONNECT	输入	BOOL	0：与通过 CONNECT 参数组态的连接伙伴建立通信连接 1：断开通信连接
3	MB_MODE	输入	USINT	选择 Modbus 请求模式（0—读取，1—写入或诊断）
4	MB_DATA_ADDR	输入	UDINT	由 "MB_CLIENT" 指令所访问数据的起始地址
5	MB_DATA_LEN	输入	UINT	数据长度：数据访问的位数或字数
6	DONE	输出	BOOL	只要最后一个作业成功完成，立即将输出参数 DONE 的位置位为 "1"
7	BUSY	输出	BOOL	0：无 Modbus 请求在进行中；1：正在处理 Modbus 请求
8	ERROR	输出	BOOL	0：无错误；1：出错。出错原因由参数 STATUS 指示
9	STATUS	输出	WORD	指令的详细状态信息

功能块 "MB_CLIENT" 中 MB_MODE、MB_DATA_ADDR 的组合可以定义 MODBUS 消息中所使用的功能码及操作地址，见表 13-12。

表 13-12 MODBUS 通信对应的功能码及地址

MB_MODE	MB_DATA_ADDR	MODBUS 功能	功能和数据类型
0	起始地址：1~9999	01	读取输出位
0	起始地址：10001~19999	02	读取输入位
0	起始地址： 40001~49999 400001~465535	03	读取保持存储器
0	起始地址：30001~39999	04	读取输入字
1	起始地址：1~9999	05	写入输出位
1	起始地址： 40001~49999 400001~46553	06	写入保持存储器

② 插入功能块 "MB_CLIENT"。选中 "指令" → "通信" → "其他" → "MODBUS TCP"，再把功能块 "MB_CLIENT" 拖拽到程序编辑器窗口，如图 13-93 所示。

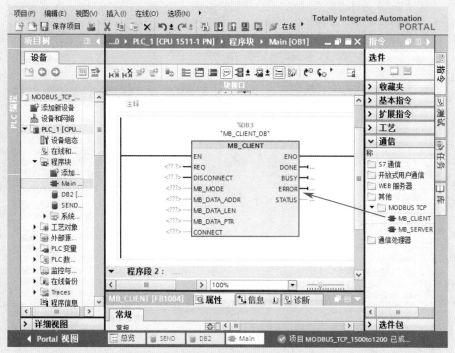

图 13-93 插入功能块"MB_CLIENT"

③ 编写完整梯形图程序如图 13-94 所示。

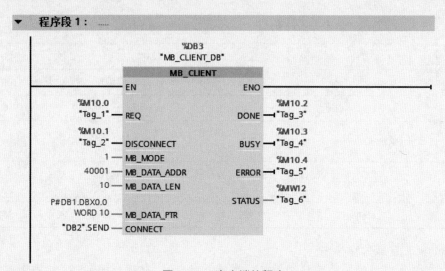

图 13-94 客户端的程序

当 REQ 为 1（即 M10.0=1），MB_MODE=1 和 MB_DATA_ADDR=40001 时，客户端写入服务器的数据到 DB1.DBW0 开始的 10 个字（即 20 字节）中存储。

（8）创建数据块 DB1 和 DB2

在 PLC_2 中，新添加数据块"DB1"，并创建 10 个字的数组。新添加数据块"DB2"，打开"DB2"，新建变量名称"RECEIVE"，再将变量的数据类型选为"TCON_IP_v4"，点击"RECEIVE"前面的三角符号，展开如图 13-95 所示，并按照图修改启动值。

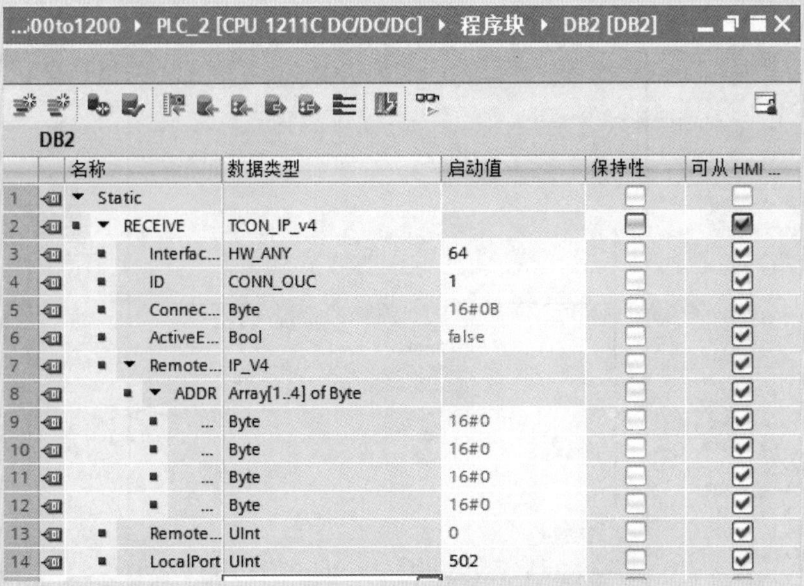

图 13-95　创建数据块 DB2

展开 DB 块后其"TCON_IP_v4"的数据类型的各参数设置见表 13-13。

表 13-13 服务器端"TCON_IP_v4"的数据类型的各参数设置

序号	TCON_IP_v4 数据 类型管脚定义	含义	本例中的情况
1	Interfaced	接口，固定为 64	64
2	ID	连接 ID，每个连接必须独立	1
3	ConnectionType	连接类型，TCP/IP=16#0B；UDP=16#13	6#0B
4	ActiveEstablished	是否主动建立连接，True= 主动	0
5	RemoteAddress	通信伙伴 IP 地址，设置为 0 允许远程任意的 IP 建立连接	0
6	RemotePort	通信伙伴端口号，设置为 0 允许远程任意的端口建立连接	0
7	LocalPort	本地端口号，缺省的 Modbus TCP Server 为 502	502

（9）编写服务器端程序

① 在编写服务器端的程序之前，先要掌握功能块"MB_SERVER"，其管脚参数含义见表 13-14。

表 13-14　功能块"MB_SERVER"的管脚参数含义

序号	"MB_SERVER" 的管脚参数	管脚类型	数据类型	含义
1	DISCONNECT	输入	BOOL	0：在无通信连接时建立被动连接 1：终止连接初始化

续表

序号	"MB_SERVER" 的管脚参数	管脚类型	数据类型	含义
2	MB_HOLD_REG	输入	VARIANT	指向 "MB_SERVER" 指令中 Modbus 保持寄存器的指针，存储保持寄存器的通信数据
3	CONNECT	输入	VARIANT	指向连接描述结构的指针，参考表 13-16
4	NDR	输出	BOOL	0：无新数据 1：从 Modbus 客户端写入的新数据
5	DR	输出	BOOL	0：未读取数据 1：从 Modbus 客户端读取的数据
6	ERROR	输出	BOOL	0：无错误； 1：出错。出错原因由参数 STATUS 指示
7	STATUS	输出	WORD	指令的详细状态信息

② 编写服务器端的程序，如图 13-96 所示。

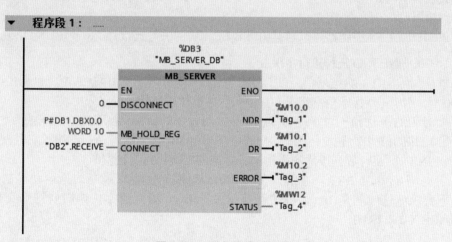

图 13-96　服务器端的程序

图 13-96 中，MB_HOLD_REG 参数对应的 MODBUS 保持寄存器地址区见表 13-15。

表 13-15　MB_HOLD_REG 参数对应的 MODBUS 保持寄存器地址区

MODBUS 地址	MB_HOLD_REG 参数对应的地址区	
40001	MW100	DB1DW0 [DB1.A (0)]
40002	MW102	DB1DW2 [DB1.A (1)]
40003	MW104	DB1DW4 [DB1.A (2)]
40004	MW106	DB1DW6 [DB1.A (3)]
…	…	…

■ 13.5 PROFINET IO 通信及其应用

13.5.1 PROFINET IO 通信基础

(1) PROFINET IO 简介

PROFINET IO 通信主要用于模块化、分布式控制，通过以太网直接连接现场设备（IO-Device）。PROFINET IO 通信是全双工点到点方式通信。一个 IO 控制器（IO-Controller）最多可以和 512 个 IO 设备进行点到点通信，按照设定的更新时间双方对等发送数据。一个 IO 设备的被控对象只能被一个控制器控制。在共享 IO 控制设备模式下，一个 IO 站点上不同的 IO 模块、同一个 IO 模块中的通道都可以最多被 4 个 IO 控制器共享，但输出模块只能被一个 IO 控制器控制，其他控制器可以共享信号状态信息。

由于访问机制是点到点的方式，S7-1200 PLC 的以太网接口可以作为 IO 控制器连接 IO 设备，又可以作为 IO 设备连接到上一级控制器。

(2) PROFINET IO 的特点

① 现场设备（IO-Devices）通过 GSD 文件的方式集成在 TIA 博途软件中，其 GSD 文件以 XML 格式保存。

② PROFINET IO 控制器可以通过 IE/PB LINK（网关）连接到 PROFIBUS-DP 从站。

(3) PROFINET IO 三种执行水平

① 非实时（NRT）数据通信 PROFINET 是工业以太网，采用 TCP/IP 标准通信，响应时间为 100ms，用于工厂级通信。组态和诊断信息、上位机通信时可以采用。

② 实时（RT）通信 对于现场传感器和执行设备的数据交换，响应时间约为 5 ～ 10ms（DP 满足）。PROFINET 提供了一个优化的、基于第二层的实时通道，解决了实时性问题。

PROFINET 的实时数据按优先级传递，标准的交换机可保证实时性。

③ 等时同步实时（IRT）通信 在通信中，对实时性要求最高的是运动控制。100 个节点以下要求响应时间是 1ms，抖动误差不大于 1μs。等时数据传输需要特殊交换机（如 SCALANCE X-200 IRT）。

13.5.2 西门子 S7-1200 PLC 与分布式 IO 模块的 PROFINET IO 通信及其应用

以下用一个实例介绍 S7-1200 PLC 与分布式 IO 模块的 PROFINET IO 通信。

S7-1200 PLC 与 ET 200MP 之间的 PROFINET IO 通信

S7-1200 PLC 与 ET 200SP 之间的 PROFINET IO 通信

【例 13-7】 某系统的控制器由 CPU1211C、IM155-5PN 和 SM522 组成，要用 CPU1211C 上的 2 个按钮控制远程站上的一台电动机的启停，要求组态并编写相关程序实现此功能。

【解】 S7-1200 PLC 与远程通信模块 IM155-5PN 间的以太网通信硬件配置如图 13-97 所示，本例用到的软硬件如下：

① 1 台 CPU 1211C。

② 1 台 IM155-5PN。

③ 1 台 SM522。

④ 1 台个人计算机（含网卡）。

⑤ 1 套 TIA Portal V15.1。

⑥ 2 根带 RJ45 接头的屏蔽双绞线（正线）。

图 13-97　S7-1200 PLC 与远程通信模块 IM155-5PN 间的以太网通信硬件配置图

S7-1200 PLC 和远程模块通信原理图如图 13-98 所示。

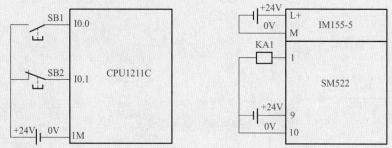

图 13-98　PROFINET 现场总线通信——S7-1200 PLC 和远程模块通信原理图

（1）新建项目

打开 TIA Portal V15.1，再新建项目，本例命名为"IM155_5PN"，单击"项目视图"按钮，切换到项目视图，如图 13-99 所示。

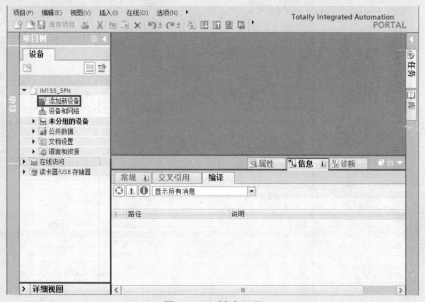

图 13-99　新建项目

（2）硬件配置

如图 13-99 所示，在 TIA 博途软件项目视图的项目树中，双击"添加新设备"按钮，添加 CPU 模块"CPU1211C"，如图 13-100 所示。

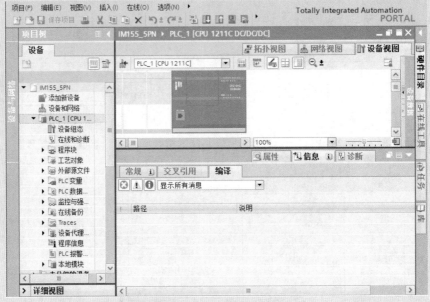

图 13-100　硬件配置

（3）IP 地址设置

选中 PLC_1 的"设备视图"选项卡（标号 1 处），再选中 CPU1211C 模块绿色的 PN 接口（标号 2 处），选中"属性"（标号 3 处）选项卡，再选中"以太网地址"（标号 4 处）选项，最后设置 IP 地址（标号 5 处），如图 13-101 所示。

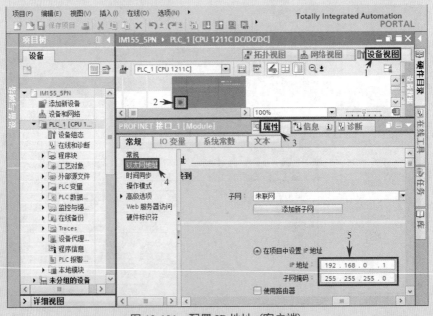

图 13-101　配置 IP 地址（客户端）

（4）插入 IM155-5 PN 模块

在 TIA 博途软件项目视图的项目树中，选中"网络视图"选项卡，再把"硬件目录"→"分布式 I/O"→"ET200MP"→"接口模块"→"PROFINET"→"IM155-5 PN ST"→"6ES7 155-5AA00-0AB0"模块拖拽到如图 13-102 所示的空白处。

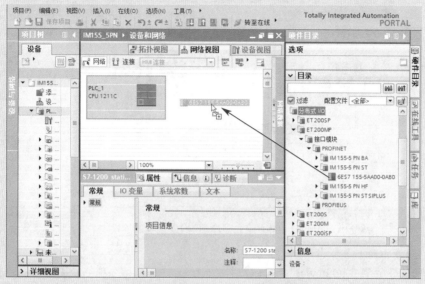

图 13-102　插入 IM155-5 PN 模块

（5）插入数字量输出模块

选中 IM155-5 PN 模块，再选中"设备视图"选项卡，再把"硬件目录"→"DQ"→"DQ16x24VDC"→"6ES7 522-1BH00-0AB0"模块拖拽到 IM155-5 PN 模块右侧的 2 号槽位中，如图 13-103 所示。

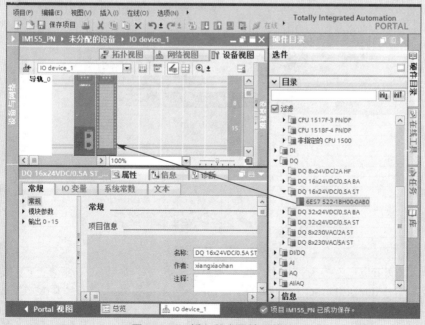

图 13-103　插入数字量输出模块

（6）建立客户端与 IO 设备的连接

选中"网络视图"（标记 1 处）选项卡，再用鼠标把 PLC_1 的 PN 口（标记 2 处）选中并按住不放，拖拽到 IO device_1 的 PN 口（标记 3 处）释放鼠标，如图 13-104 所示。

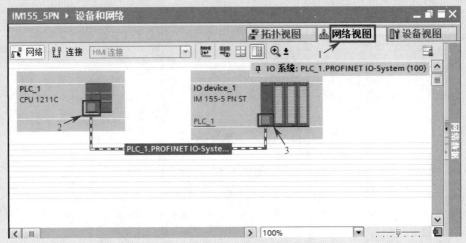

图 13-104　建立客户端与 IO 设备的连接

（7）分配 IO 设备名称

本例的 IO 设备（IO device_1）在硬件组态时，系统自动分配一个 IP 地址 192.168.0.2，这个 IP 地址仅在初始化时起作用，一旦分配完设备名称后，这个 IP 地址失效。

选中"网络视图"选项卡，再用鼠标选中 PROFINET 网络（1 处），右击鼠标，弹出快捷菜单，如图 13-105 所示，单击"分配设备名称"命令。

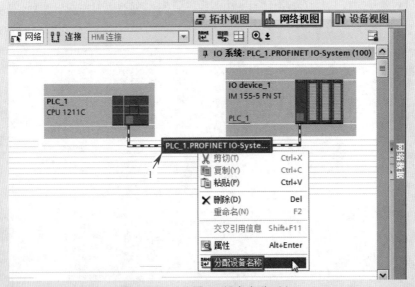

图 13-105　分配 IO 设备名称（1）

选择 PROFINET 名称为"IO device_1"，选择 PG/PC 接口的类型为"PN/IE"，选择 PG/PC 接口为"Intel Ethernet Connection 1218-V"，此处实际就是安装博途软件计算机的网卡型号，其根据读者使用的计算机不同而不同，如图 13-106 所示。单击"更新列表"按钮，系统自动搜索 IO 设备，当搜索到 IO 设备后，再单击"分配名称按钮"，弹出如

图 13-107 所示的界面，此界面显示状态为"确定"，表明名称分配完成。

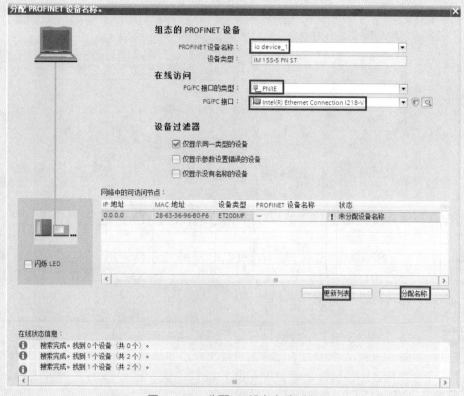

图 13-106　分配 IO 设备名称（2）

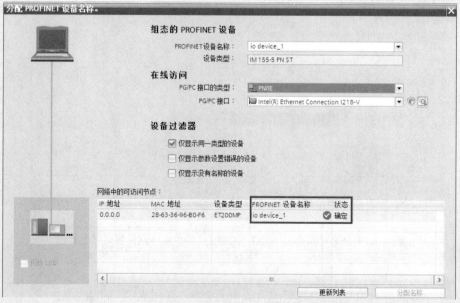

图 13-107　完成分配 IO 设备名称

（8）编写程序

只需要在 IO 控制中编写程序，如图 13-108 所示，而 IO 设备中并不需要编写程序。

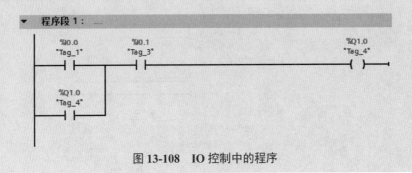

图 13-108　IO 控制中的程序

13.5.3　S7-1200 PLC 之间的 PROFINET IO 通信及其应用

S7-1200
PLC 之间的
PROFINET
IO 通信

　　S7-1200 PLC CPU 不仅可以作为 IO 控制器使用，而且还可以作为 IO 设备使用，即 I-Device，以下用一个例子介绍 S7-1200 PLC CPU 分别作为 IO 控制器和 IO 设备的通信。

◁【例 13-8】　有两台设备，分别由一台 CPU 1211C 控制，要求从设备 1 上的 CPU 1211C 的 MB10 发出 1 个字节到设备 2 的 CPU 1211C 的 MB10，从设备 2 上的 CPU 1211C 的 MB20 发出 1 个字节到设备 1 的 CPU 1211C 的 MB20，要求设备 2 作为 I-Device。

【解】　S7-1200 PLC 与 S7-1200 PLC 间的以太网通信硬件配置如图 13-109 所示，本例用到的软硬件如下：

① 2 台 CPU 1211C。

② 1 台 4 口交换机。

③ 2 根带 RJ45 接头的屏蔽双绞线（正线）。

④ 1 台个人计算机（含网卡）。

⑤ 1 套 TIA Portal V15.1。

图 13-109　S7-1200 PLC 与 S7-1200 PLC 间的以太网通信硬件配置图

（1）新建项目

打开 TIA Portal V15.1，新建项目，本例命名为 "PN_IO"，再单击 "项目视图" 按钮，切换到项目视图，如图 13-110 所示。

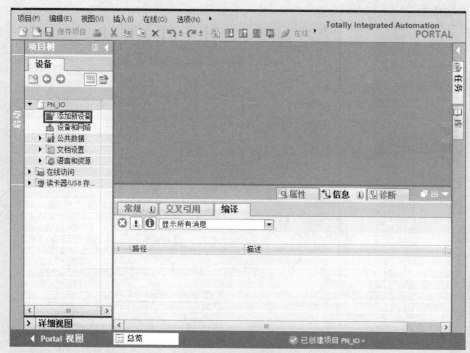

图 13-110 新建项目

（2）硬件配置

如图 13-110 所示，在 TIA 博途软件项目视图的项目树中，双击"添加新设备"
按钮，添加 CPU 模块"CPU1211C"，并启用时钟存储器字节；再次添加 CPU 模块
"CPU1211C"，并启用时钟存储器字节，如图 13-111 所示。

图 13-111 配置硬件

（3）IP 地址设置

选中 PLC_1 的"设备视图"选项卡（标号 1 处），再选中 CPU1211C 模块绿色的 PN 接口（标号 2 处），选中"属性"（标号 3 处）选项卡，再选中"以太网地址"（标号 4 处）选项，最后设置 IP 地址（标号 5 处），如图 13-112 所示。

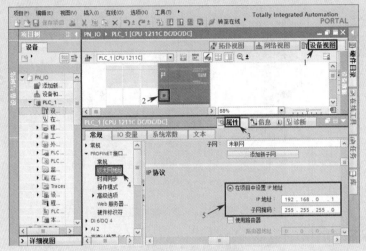

图 13-112　IP 地址设置

用同样的方法设置 PLC_2 的 IP 地址为 192.168.0.2。

（4）配置 S7-1200 PLC 以太网口的操作模式

如图 13-113 所示，先选中 PLC_2 的"设备视图"选项卡，再选中 CPU1211C 模块绿色的 PN 接口，选中"属性"选项卡，再选中"操作模式"→"智能设备通信"选项，勾选"IO 设备"，在已分配的 IO 控制器选项中，选择"PLC_1.PROFINET 接口_1"。

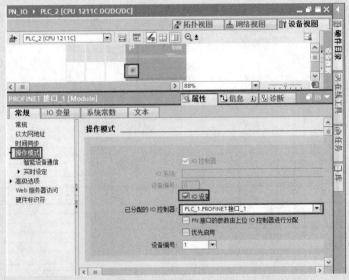

图 13-113　配置 S7-1200 PLC 以太网口的操作模式

（5）配置 I-Device 通信接口数据

如图 13-114 所示，选中 PLC_2 的"网络视图"选项卡，再选中 CPU1211C 模块绿色的 PN 接口，选中"属性"选项卡，再选中"操作模式"→"智能设备通信"选项，单击"新增"按钮两次，配置 I-Device 通信接口数据。

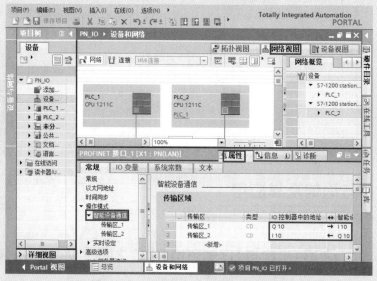

图 13-114　配置 I-Device 通信接口数据

进行了以上配置后，分别把配置下载到对应的 PLC_1 和 PLC_2 中，PLC_1 中的 QB10 自动将数据发送到 PLC_2 的 IB10，PLC_2 中的 QB10 自动将数据发送到 PLC_1 的 IB10，并不需要编写程序。

图中的"→"表示数据传输方向，从图 13-114 中很容易看出数据流向。PLC_1 和 PLC_2 的发送接收数据区对应关系，见表 13-16。

表 13-16　PLC_1 和 PLC_2 的发送接收数据区对应关系

序号	PLC_1	对应关系	PLC_2
1	QB10	→	IB10
2	IB10	←	QB10

（6）编写程序

PLC_1 中的程序如图 13-115 所示，PLC_2 的程序如图 13-116 所示。

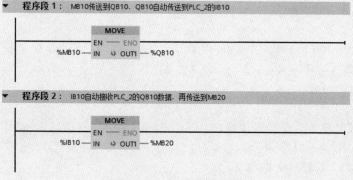

图 13-115　PLC_1 中的程序

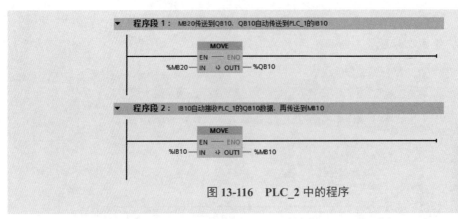

图 13-116　PLC_2 中的程序

S7-1200 PLC
与 S7-1200
PLC 之间的
Modbus RTU
通信

■ 13.6　串行通信及其应用

13.6.1　S7-1200 PLC 与 S7-1200 PLC 之间的 Modbus RTU 通信

(1) Modbus 通信协议简介

Modbus 是 MODICON 公司于 1979 年开发的一种通信协议，是一种工业现场总线协议标准。1996 年施耐德公司推出了基于以太网 TCP/IP 的 Modbus 协议——Modbus TCP。

Modbus 协议是一项应用层报文传输协议，包括 ASCII、RTU、TCP 三种报文类型，协议本身并没有定义物理层，只定义了控制器能够认识和使用的消息结构，而不管它们是经过何种网络进行通信的。

标准的 Modbus 协议物理层接口有 RS-232、RS-422、RS-485 和以太网口。采用 Master/Slave（主 / 从）方式通信。

Modbus 在 2004 年成为我国国家标准。

(2) 应用实例

以下用一个例子介绍 S7-1200 PLC 之间的 Modbus RTU 通信实施方法。

◁【例 13-9】　有两台设备，分别由一台 CPU 1214C 和一台 CPU 1211C 控制，要求把设备 1 上的 CPU 1214C 的数据块中 6 个字发送到设备 2 的 CPU 1211C 的数据块中。要求采用 Modbus RTU 通信。

【解】　S7-1200 PLC 与 S7-1200 PLC 间的 Modbus RTU 通信硬件配置如图 13-117 所示，本例用到的软硬件如下。

　　a. 1 台 CPU 1214C。

　　b. 1 台 CPU 1211C。

　　c. 1 根带 DP 接头的屏蔽双绞线。

　　d. 1 台个人计算机（含网卡）。

　　e. 2 台 CM1241 RS-485 模块。

　　f. 1 套 TIA Portal V15.1。

图 13-117　S7-1200 PLC 与 S7-1200 PLC 间的 Modbus RTU 通信硬件配置图

① 新建项目。先打开 TIA 博途软件，再新建项目，本例命名为"Modbus_RTU"，接着单击"项目视图"按钮，切换到项目视图，如图 13-118 所示。

图 13-118　新建项目

② 硬件配置。如图 13-118 所示，在 TIA 博途软件项目视图的项目树中，双击"添加新设备"按钮，先添加 CPU 模块"CPU1214C"，并启用时钟存储器字节和系统存储器字节；再添加 CPU 模块"CPU1211C"，并启用时钟存储器字节和系统存储器字节，如图 13-119 所示。

图 13-119　硬件配置

③ IP 地址设置。先选中 Master 的"设备视图"选项卡（标号 1 处），再选中 CPU1214C 模块绿色的 PN 接口（标号 2 处），选中"属性"（标号 3 处）选项卡，再选中"以太网地址"（标号 4 处）选项，再设置 IP 地址（标号 5 处）为 192.168.0.1，如图 13-120 所示。

用同样的方法设置 Slave 的 IP 地址为 192.168.0.2。

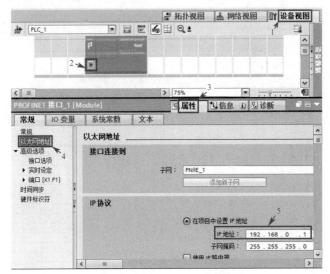

图 13-120 设置 IP 地址

④ 在主站 Master 中，创建数据块 DB1。在项目树中，选择"Master"→"程序块"→"添加新块"，选中"DB"，单击"确定"按钮，新建连接数据块 DB1，如图 13-121 所示，再在 DB1 中创建数组 A 和数组 B。

在项目树中，如图 13-122 所示，选择"Master"→"程序块"→"DB1"，单击鼠标右键，弹出快捷菜单，单击"属性"选项，打开"属性"界面，如图 13-123 所示，选择"属性"选项，去掉"优化的块访问"前面的对号"√"，也就是把块变成非优化访问。

DB1								
	名称	数据类型	启动值	保持性	可从 HMI ...	在 HMI ...	设置值	注释
1	▼ Static							
2	■ ▶ A	Array[0..15] of Bool		☐	☑	☑	☐	
3	■ ▶ B	Array[0..5] of Word		☐	☑	☑	☐	
4	■ <新增>			☐	☐	☐	☐	

图 13-121 在主站 Master 中，创建数据块 DB1

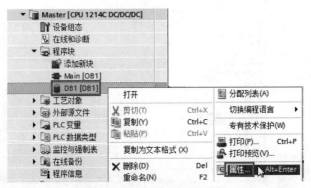

图 13-122 打开 DB1 的属性

图 13-123 修改 DB1 的属性

⑤ 在从站 Slave 中，创建数据块 DB1。在项目树中，选择"Slave"→"程序块"→"添加新块"，选中"DB"，单击"确定"按钮，新建连接数据块 DB1，如图 13-124 所示，再在 DB1 中创建数组 A。

用前述的方法，把块 DB1 的属性改为非优化访问。

	名称	数据类型	偏移量	启动值	保持性	可从HMI...	在 HMI...	设置值	注释
1	▼ Static				☐				
2	▼ A	Array[0..5] of Word	...		☐	☑	☑	☐	
3	A[0]	Word	...	16#0	☐	☑	☑	☐	
4	A[1]	Word	...	16#0	☐	☑	☑	☐	
5	A[2]	Word	...	16#0	☐	☑	☑	☐	
6	A[3]	Word	...	16#0	☐	☑	☑	☐	
7	A[4]	Word	...	16#0	☐	☑	☑	☐	
8	A[5]	Word	...	16#0	☐	☑	☑	☐	
9	<新增>				☐	☐	☐		

图 13-124 在从站 Slave 中，创建数据块 DB1

⑥ Modbus RTU 指令介绍。

a. Modbus_Comm_Load 指令。Modbus_Comm_Load 指令用于 Modbus RTU 协议通信的 SIPLUS I/O 或 PtP 端口。Modbus RTU 端口硬件选项：最多安装三个 CM（RS-485 或 RS-232）及一个 CB（RS-485）。主站和从站都要调用此指令，Modbus_Comm_Load 指令输入 / 输出参数见表 13-17。

表 13-17 Modbus_Comm_Load 指令的参数

LAD	SCL	输入 / 输出	说 明
		EN	使能
	"Modbus_Comm_Load_DB"（ REQ：=_bool_in,	REQ	上升沿时信号启动操作
	PORT：=_uint_in_,	PORT	硬件标识符
MB_COMM_LOAD EN ENO REQ DONE PORT ERROR BAUD STATUS PARITY FLOW_CTRL RTS_ON_DLY RTS_OFF_DLY RESP_TO MB_DB	BAUD：=_udint_in_, PARITY：=_uint_in_, FLOW_CTRL：=_uint_in_, RTS_ON_DLY：=_uint_in_, RTS_OFF_DLY：=_uint_in_, RESP_TO：=_uint_in_,	PARITY	奇偶校验选择： 0—无 1—奇校验 2—偶校验
	DONE=>_bool_out_,	MB_DB	对 Modbus_Master 或 Modbus_Slave 指令所使用的背景数据块的引用
	ERROR=>_bool_out_, STATUS=>_word_out_,	DONE	上一请求已完成且没有出错后，DONE 位将保持为 TRUE 一个扫描周期时间
	MB_DB：=_fbtref_inout_);	STATUS	故障代码
		ERROR	是否出错：0 表示无错误，1 表示有错误

b. Modbus_Master 指令。Modbus_Master 指令是 Modbus 主站指令，在执行此指令之前，要执行 Modbus_Comm_Load 指令组态端口。将 Modbus_Master 指令放入程序时，自动分配背景数据块。指定 Modbus_Comm_Load 指令的 MB_DB 参数时将使用该 Modbus_Master 背景数据块。Modbus_Master 指令输入 / 输出参数见表 13-18。

表 13-18　Modbus_Master 指令的参数表

LAD	SCL	输入 / 输出	说明
		EN	使能
		MB_ADDR	从站站地址，有效值为 0 ～ 247
		MODE	模式选择：0—读，1—写
	"Modbus_Master_DB"（ REQ：=_bool_in_， MB_ADDR：=_uint_in_， MODE：=_µsint_in_， DATA_ADDR：=_udint_in_， DATA_LEN：=_uint_in_， DONE=>_bool_out_， BUSY=>_bool_out_， ERROR=>_bool_out_， STATUS=>_word_out_， DATA_PTR：=variant_inout）；	DATA_ADDR	从站中的起始地址，详见表 13-20
		DATA_LEN	数据长度
MB_MASTER EN ENO REQ DONE MB_ADDR BUSY MODE ERROR DATA_ADDR STATUS DATA_LEN DATA_PTR		DATA_PTR	数据指针：指向要写入或读取数据的 M 或 DB 地址（未经优化的 DB 类型），详见表 13-20
		DONE	上一请求已完成且没有出错后，DONE 位将保持为 TRUE 一个扫描周期时间
		BUSY	0—无 Modbus_Master 操作正在进行 1—Modbus_Master 操作正在进行
		STATUS	故障代码
		ERROR	是否出错：0 表示无错误，1 表示有错误

c. MB_SLAVE 指令。MB_SLAVE 指令的功能是将串口作为 Modbus 从站，响应 Modbus 主站的请求。使用 MB_SLAVE 指令，要求每个端口独占一个背景数据块，背景数据块不能与其他的端口共用。在执行此指令之前，要执行 Modbus_Comm_Load 指令组态端口。MB_SLAVE 指令的输入 / 输出参数见表 13-19。

表 13-19　MB_SLAVE 指令的参数

LAD	SCL	输入 / 输出	说明
		EN	使能
		MB_ADDR	从站站地址，有效值为 0 ～ 247
	"Modbus_Slave_DB"（ MB_ADDR：=_uint_in_， NDR=>_bool_out_， DR=>_bool_out_， ERROR=>_bool_out_， STATUS=>_word_out_， MB_HOLD_REG：=_inout）；	MB_ HOLD_REG	保持存储器数据块的地址
MB_SLAVE EN ENO MB_ADDR NDR MB_HOLD_REG DR ERROR STATUS		NDR	新数据是否准备好，0—无数据，1—主站有新数据写入
		DR	读数据标志，0—未读数据，1—主站读取数据完成
		STATUS	故障代码
		ERROR	是否出错：0 表示无错误，1 表示有错误

前述的 Modbus_Master 指令和 MB_SLAVE 指令用到了参数 MODE 与 DATA_ADDR，这两个参数在 Modbus 通信中，对应的功能码及地址见表 13-20。

表 13-20 Modbus 通信对应的功能码及地址

MODE	DATA_ADDR	Modbus 功能	功能和数据类型
0	起始地址：1 ~ 9999	01	读取输出位
0	起始地址：10001 ~ 19999	02	读取输入位
0	起始地址： 40001 ~ 49999 400001 ~ 465535	03	读取保持存储器
0	起始地址：30001 ~ 39999	04	读取输入字
1	起始地址：1 ~ 9999	05	写入输出位
1	起始地址： 40001 ~ 49999 400001 ~ 46553	06	写入保持存储器
1	起始地址：1 ~ 9999	15	写入多个输出位
1	起始地址： 40001 ~ 49999 400001 ~ 46553	16	写入多个保持存储器
2	起始地址：1 ~ 9999	15	写入一个或多个输出位
2	起始地址： 40001 ~ 49999 400001 ~ 46553	16	写入一个或多个保持存储器

⑦ 编写主站的程序。编写主站的 LAD 程序如图 13-125 所示。

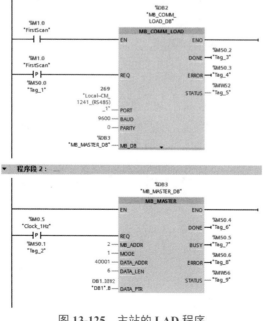

图 13-125 主站的 LAD 程序

⑧ 编写从站的程序。编写从站的 LAD 程序如图 13-126 所示。

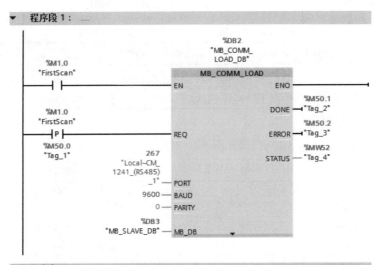

S7-1200 PLC
与 S7-1200 PLC
之间的 PtP
通信

图 13-126　从站的 LAD 程序

13.6.2　西门子 S7-1200 PLC 之间的自由口通信

13.6.2.1　自由口通信简介

S7-1200 PLC 的自由口通信是基于 RS-485/RS-232C 通信基础的通信，西门子 S7-1200 PLC 拥有自由口通信功能，顾名思义，就是没有标准的通信协议，用户可以自己规定协议。第三方设备大多支持 RS-485 串口通信，西门子 S7-1200 PLC 可以通过自由口通信模式控制串口通信。

利用 S7-1200 PLC 进行自由口通信，需要配置 CM1241（RS-485）或者 CM1241（RS-232）通信模块。

13.6.2.2　自由口通信应用

【例 13-10】　有两台设备，设备 1 的控制器是 CPU 1214C，设备 2 的控制器是 CPU 1211C，两者之间进行自由口通信，实现从设备 1 上周期性发送字符到设备 2 上，每次发送两个字符，请设计解决方案。

【解】 （1）主要软硬件配置

① 1 套 TIA PORTAL V15.1。

② 1 根网线。

③ 2 台 CM1241（RS-485）。

④ 1 台 CPU 1214C。

⑤ 1 台 CPU 1211C。

硬件配置如图 13-127 所示。

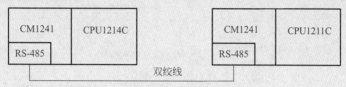

图 13-127 硬件配置

（2）硬件组态

① 新建项目。新建项目"ptp"，如图 13-128 所示，添加一台 CPU 1211C、一台 CPU 1214C 和两台 CM1241（RS-484）通信模块。

图 13-128 新建项目

② 启用系统时钟。选中 PLC_1 中的 CPU1214C，再选中"系统和时钟存储器"，勾选"启用系统存储器字节"和"启用时钟存储器字节"，如图 13-129 所示。用同样的方法启用 PLC_2 中的系统时间，将 M0.5 设置成 1Hz 的周期脉冲。

图 13-129　启用系统时钟

③ 添加数据块。在 PLC_1 的项目树中，展开程序块，单击"添加新块"按钮，弹出图 13-130 所示界面。选中数据块，命名为"DB1"，再单击"确定"按钮。用同样的方法在 PLC_2 中添加数据块"DB2"。

图 13-130　添加数据块

④ 创建数组。打开 PLC_1 中的数据块，创建数组 A［0..1］，数组中有两个字节 A［0］和 A［1］，如图 13-131 所示。用同样的方法在 PLC_2 中创建数组 A［0..1］，如图 13-132 所示。

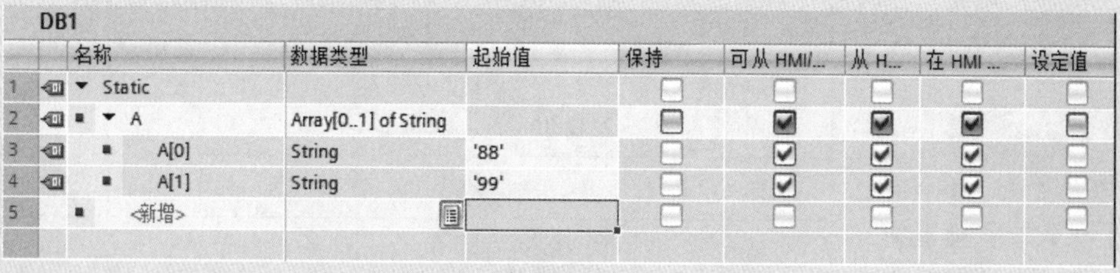

		名称	数据类型	起始值	保持	可从 HMI/...	从 H...	在 HMI ...	设定值
1	◼▼	Static			☐				
2	◼	▼ A	Array[0..1] of String		☐	☑	☑	☑	☐
3	◼	◼ A[0]	String	'88'	☐	☑	☑	☑	☐
4	◼	◼ A[1]	String	'99'	☐	☑	☑	☑	☐
5		◼ <新增>			☐	☐	☐	☐	☐

DB1

图 13-131　创建数组（PLC_1）

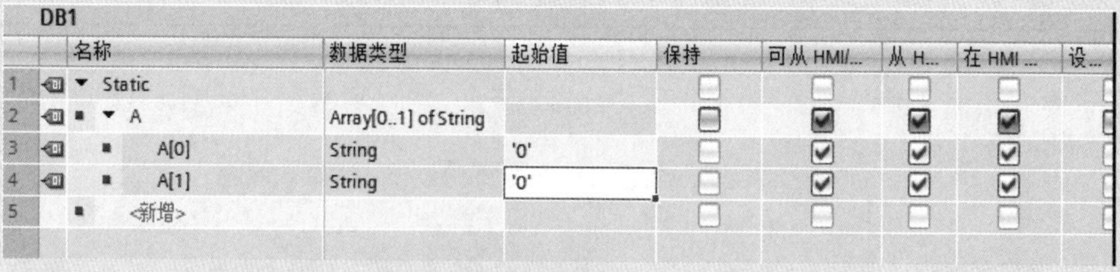

		名称	数据类型	起始值	保持	可从 HMI/...	从 H...	在 HMI ...	设...
1	◼▼	Static			☐				
2	◼	▼ A	Array[0..1] of String		☐	☑	☑	☑	
3	◼	◼ A[0]	String	'0'	☐	☑	☑	☑	
4	◼	◼ A[1]	String	'0'	☐	☑	☑	☑	
5		◼ <新增>			☐	☐	☐	☐	

DB1

图 13-132　创建数组（PLC_2）

（3）编写 S7-1200 PLC 的程序

① 指令简介。SEND_PTP 是自由口通信的发送指令，当 REQ 端为上升沿时，通信模块发送消息，数据传送到数据存储区 BUFFER 中，PORT 中规定使用的是 RS-232 模块还是 RS-485 模块。SEND_PTP 指令的参数含义见表 13-21。

表 13-21　SEND_PTP 指令的参数含义

LAD	输入 / 输出	说明	数据类型
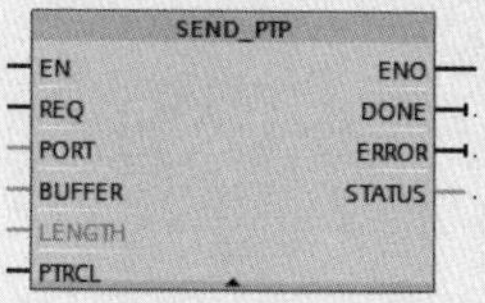	EN	使能	BOOL
	REQ	发送请求信号，每次上升沿发送一个消息帧	BOOL
SEND_PTP EN　　ENO REQ　　DONE PORT　　ERROR BUFFER　STATUS LENGTH PTRCL	PORT	通信模块的标识符，有 RS232_1［CM］和 RS485_1［CM］	PORT
	BUFFER	指向发送缓冲区的起始地址	VARIANT
	PTRCL	FALSE 表示用户定义协议	BOOL
	ERROR	是否有错	BOOL
	STATUS	错误代码	WORD
	LENGTH	发送的消息中包含字节数	UINT

RCV_PTP 指令用于自由口通信，可启用已发送消息的接收。RCV_PTP 指令的参数含义见表 13-22。

表 13-22 RCV_PTP 指令的参数含义

LAD	输入 / 输出	说 明	数据类型
	EN	使能	BOOL
	EN_R	在上升沿启用接收	BOOL
	PORT	通信模块的标识符，有RS232_1［CM］和RS485_1［CM］	PORT
	BUFFER	指向接收缓冲区的起始地址	VARIANT
	ERROR	是否有错	BOOL
	STATUS	错误代码	WORD
	LENGTH	接收的消息中包含字节数	UINT

② 编写程序。发送端的程序如图 13-133 所示，接收端的程序如图 13-134 所示。

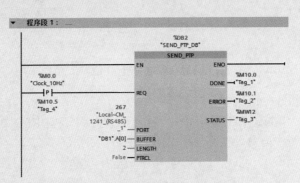

图 13-133 发送端的程序（PLC_1）

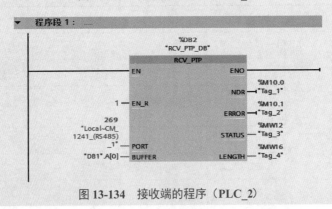

图 13-134 接收端的程序（PLC_2）

■ 13.7 三菱 FX 系列 PLC 的 N:N 网络通信及其应用

　　N:N 网络通信也叫简易 PLC 间链接，使用此通信网络通信，PLC 能链接成一个小规模的系统数据，三菱 FX 系列的 PLC 可以同时最多与 8 台 PLC 联网。

　　N:N 网络通信的程序编写比较简单，以下以 FX3U 可编程控制器为例讲解。

13.7.1　相关的标志和数据寄存器的说明

(1) M8038

M8038 主要用于设置 N:N 网络参数，主站和从站都可响应。

(2) 数据存储器

数据存储器的响应类型见表 13-23。

三菱 FX 系列
PLC 的 N:N
网络通信

表 13-23　数据存储器的响应类型

数据存储器	站点号	描述	响应类型
D8176	站点号设置	设置自己的站点号	主站、从站
D8177	总从站点数设置	设置从站总数	主站
D8178	刷新范围设置	设置刷新范围	主站
D8179	重试次数设置	设置重试次数	主站
D8180	通信超时设置	设置通信超时	主站

13.7.2　参数设置

(1) 设置站点 (D8176)

主站的设置数值为 0；从站的设置数值为 1 ~ 7，1 表示 1 号从站，2 表示 2 号从站。

(2) 设置从站的总数 (D8177)

设定数值为 1 ~ 7，有几个从站则设定为几，如有 1 个从站则将主站中的 D8177 设定为 1。从站不需要设置。

(3) 设置刷新范围 (D8178)

设定数值为 0 ~ 2，共三种模式，若设定值为 2，则表示为模式 2。对于三菱 FX 系列可编程控制器，当设定为模式 2 时，位软元件为 64 点，字软元件为 8 点。从站不需要设置刷新范围。模式 2 的软元件分配见表 13-24。

表 13-24　FX2N、FX2NC、FX3U 系列 PLC 模式 2 的软元件分配

站点号	软元件	
	位软元件（M）	字软元件（D）
	64 点	8 点
第 0 号	M1000 ~ M1063	D0 ~ D7
第 1 号	M1064 ~ M1127	D10 ~ D17
第 2 号	M1128 ~ M1191	D20 ~ D27
第 3 号	M1192 ~ M1255	D30 ~ D37
第 4 号	M1256 ~ M1319	D40 ~ D47
第 5 号	M1320 ~ M1383	D50 ~ D57
第 6 号	M1384 ~ M1447	D60 ~ D67
第 7 号	M1448 ~ M1511	D70 ~ D77

（4）设定重试次数（D8179）

设定数值范围是 0 ～ 10，设置到主站的 D8179 数据寄存器中，默认值为 3，从站不需要设置。

（5）设定通信超时（D8180）

设定数值的范围是 5 ～ 255，设置到主站的 D8180 数据寄存器中，默认值为 5，设定值乘以 10ms 就是超时时间。例如设定值为 5，那么超时时间就是 50ms。

13.7.3　实例讲解

⊲【例 13-11】　有 2 台 FX3U-32MR 可编程控制器（带 FX3U-485BD 模块），其连线如图 13-135 所示，其中一台作为主站，另一台作为从站，当主站的 X0 接通后，从站 Y0 控制的灯，以 1s 为周期闪烁，从站的灯闪烁 10s 后熄灭，请画出梯形图。

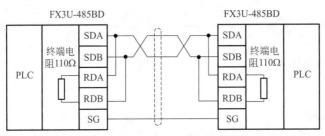

图 13-135　RS-485 半双工连线

【解】　如图 13-136 所示，当 X0 接通，M1000 线圈上电，信号送到从站。如图 13-137 所示，从站的 M1000 闭合，Y0 控制的灯作周期为 1s 的闪烁。定时 10s 后 M1064 线圈上电，信号送到主站，主站的 M1064 断开，从而使得主站的 M1000 线圈断电，进而从站的 M1000 触点也断开，Y0 控制的灯停止闪烁。

注意：①N:N 网络只能用一对双绞线。

②程序开始部分的初始化不需要执行，只要把程序输入开始位置，它将自动有效。

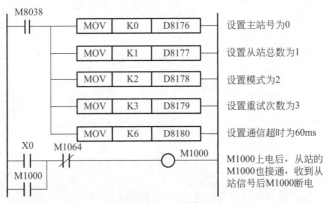

图 13-136　主站梯形图

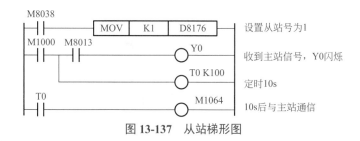

图 13-137　从站梯形图

13.8　无协议通信及其应用

13.8.1　无协议通信基础

（1）无协议通信的概念

无协议通信，就是没有标准的通信协议，用户可以自己规定协议，并非没有协议，有的 PLC 称之为"自由口"通信协议。

（2）无协议通信的功能

无协议通信的功能主要是执行与打印机、条形码阅读器、变频器或者其他品牌的 PLC 等第三方设备进行无协议通信。在三菱 FX 系列 PLC 中使用 RS 或者 RS2 指令执行该功能，其中 RS2 是 FX3U、FX3UC 可编程控制器的专用指令，通过指定通道，可以同时执行 2 个通道的通信。

① 无协议通信数据允许最多发送的点数为 4096，最多接收 4096 点数据，但发送和接收的总数据量不能超过 8000 点；

② 采用无协议方式，连接支持串行的设备，可实现数据的交换通信；

③ 使用 RS-232C 接口时，通信距离一般不大于 15m；使用 RS-485 接口时，通信距离一般不大于 500m，但若使用 485BD 模块时，最大通信距离是 50m。

（3）无协议通信简介

① RS 指令格式　RS 指令格式如图 13-138 所示。

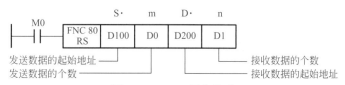

图 13-138　RS 指令格式

② 无协议通信中用到的软元件　无协议通信中用到的软元件见表 13-25。

表 13-25　无协议通信中用到的软元件

软元件编号	名称	内容	属性
M8122	发送请求	置位后，开始发送	读 / 写
M8123	接收结束标志	接收结束后置位，此时不能再接收数据，须人工复位	读 / 写
M8161	8 位处理模式	在 16 位和 8 位数据之间切换接收和发送数据，为 ON 时为 8 位模式，为 OFF 时为 16 位模式	写

③ D8120 字的通信格式　D8120 的通信格式见表 13-26。

表 13-26　D8120 的通信格式

位编号	名称	内容	
		0（位 OFF）	1（位 ON）
b0	数据长度	7 位	8 位
b1b2	奇偶校验	b2, b1 （0，0）：无 （0，1）：奇校验（ODD） （1，1）：偶校验（EVEN）	
b3	停止位	1 位	2 位
b4b5b6b7	波特率 /bps	b7, b6, b5, b4 （0，0，1，1）：300 （0，1，0，0）：600 （0，1，0，1）：1200 （0，1，1，0）：2400	b7, b6, b5, b4 （0，1，1，1）：4800 （1，0，0，0）：9600 （1，0，0，1）：19200
b8	报头	无	有
b9	报尾	无	有
b10b11b12	控制线	无协议　b12, b11, b10 （0，0，0）：无（RS-232C 接口） （0，0，1）：普通模式（RS-232C 接口） （0，1，0）：相互链接模式（RS-232C 接口） 计算机链接　（0，1，1）：调制解调器模式（RS-232C 接口） （1，1，1）：RS-485 通信（RS-485/RS-422 接口）	
b13	和校验	不附加	附加
b14	协议	无协议	专用协议
b15	控制顺序（CR、LF）	不使用 CR，LF（格式 1）	使用 CR，LF（格式 4）

13.8.2　西门子 S7-200 SMART PLC 与三菱 FX 系列 PLC 之间的无协议通信

S7-200 SMART PLC 与三菱 FX 系列 PLC 之间的无协议通信

除了西门子 S7-200 SMART PLC 之间可以进行自由口通信，西门子 S7-200 SMART PLC 还可以与其他品牌的 PLC、变频器、仪表和打印机等进行通信，要完成通信，这些设备应有 RS-232C 或者 RS-485 等形式的串口。西门子 S7-200 SMART PLC 与三菱的 FX 系列 PLC 通信时，采用自由口通信，但三菱公司称这种通信为"无协议通信"，实际上内涵是一样的。

以下以 CPU ST40 与三菱 FX3U-32MR 自由口通信为例，讲解西门子 S7-200 SMART PLC 与其他品牌 PLC 之间的自由口通信。

◁【例 13-12】　有两台设备，设备 1 的控制器是 CPU ST40，设备 2 的控制器是

FX3U-32MR，两者之间为自由口通信，实现设备 1 的 I0.0 启动设备 2 的电动机，设备 1 的 I0.1 停止设备 2 的电动机的转动，请设计解决方案。

【解】 （1）主要软硬件配置

① 1 套 STEP 7-Micro/WIN SMART V2.3 和 GX Works3。

② 1 台 CPU ST40 和 1 台 FX3U-32MR。

③ 1 根屏蔽双绞电缆（含 1 个网络总线连接器）。

④ 1 台 FX3U-485-BD。

⑤ 1 根网线电缆。

两台 CPU 的接线如图 13-139 所示。

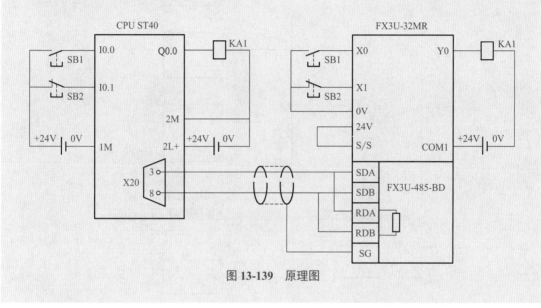

图 13-139　原理图

关键点 网络的正确接线至关重要，具体有以下几方面。

① CPU ST40 的 X20 口可以进行自由口通信，其 9 针的接头中，1 号管脚接地，3 号管脚为 RXD+/TXD+（发送 +/ 接收 +）共用，8 号管脚为 RXD-/TXD-（发送 -/ 接收 -）共用。

② FX3U-32MR 的编程口不能进行自由口通信，因此本例配置了一块 FX3U-485-BD 模块，此模块可以进行双向 RS-485 通信（可以与两对双绞线相连），但由于 CPU ST40 只能与一对双绞线相连，因此 FX3U-485-BD 模块的 RDA（接收 +）和 SDA（发送 +）短接，SDB（接收 -）和 RDB（发送 -）短接。

③ 由于本例采用的是 RS-485 通信，所以两端需要接终端电阻，均为 110Ω，CPU ST40 端未画出（由于和 X20 相连的网络连接器自带终端电阻），若传输距离较近时，终端电阻可不接入。

（2）编写 CPU ST40 的程序

CPU ST40 中的主程序如图 13-140 所示，子程序如图 13-141 所示，中断程序如图 13-142 所示。

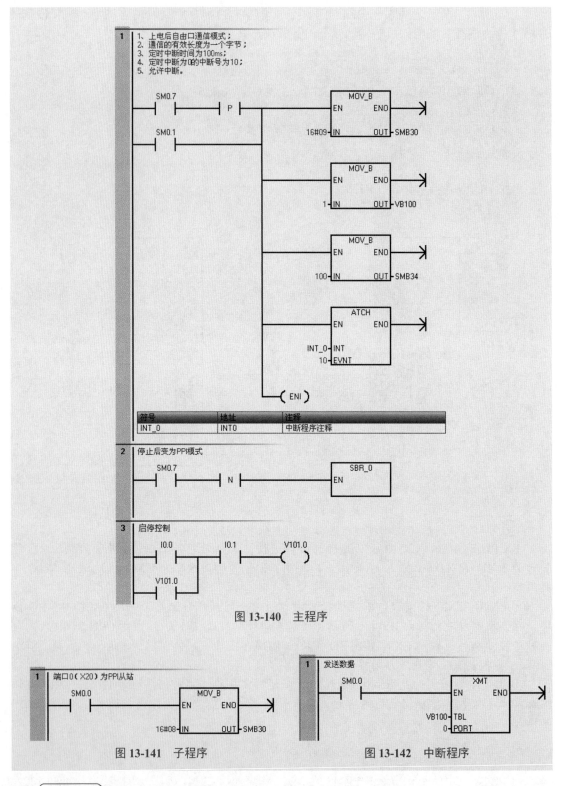

图 13-140　主程序

图 13-141　子程序　　　　　图 13-142　中断程序

关键点 自由口通信每次发送的信息最少是一个字节，本例中将启停信息存储在 VB101 的 V101.0 位发送出去。VB100 存放的是发送有效数据的字节数。

（3）编写 FX3U-32MR 的程序

FX3U-32MR 中的程序如图 13-143 所示。

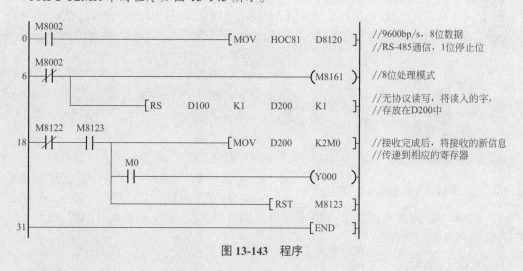

图 13-143   程序

实现不同品牌的 PLC 的通信确实比较麻烦，要求读者对两种品牌的 PLC 的通信都比较熟悉。其中有两个关键点，一是读者一定要把通信线接对，二是与自由口（无协议）通信的相关指令必须要弄清楚，否则通信是很难成功的。

关键点 以上的程序是单向传递数据，即数据只从 CPU ST40 传向 FX3U-32MR，因此程序相对而言比较简单，若要数据双向传递，则必须注意 RS-485 通信是半双工的，编写程序时要保证在同一时刻同一个站点只能接收或者发送数据。

13.9 CC-Link 通信及其应用

CC-Link 是 Control & Communication Link（控制与通信链路系统）的缩写，在 1996 年 11 月，由三菱电机为主导的多家公司推出，其增长势头迅猛，在亚洲占有较大份额，目前在欧洲和北美发展迅速。在此系统中，可以将控制和信息数据同时以 10Mbps 的速率高速传送至现场网络，具有性能卓越、使用简单、应用广泛、节省成本等优点。其不仅解决了工业现场配线复杂的问题，同时具有优异的抗噪性能和兼容性。CC-Link 是一个以设备层为主的网络，同时也可覆盖较高层次的控制层和较低层次的传感层。

13.9.1 CC-Link 家族

(1) CC-Link

CC-Link 是一种可以同时高速处理控制和信息数据的现场网络系统，可以提供高效、一体化的工厂和过程自动化控制。在 10Mbps 的通信速率下传输距离达到 100m，并能够连接 64 个站。其卓越的性能使之通过 ISO 认证成为国际标准，并且获得批准成为国家推荐标准 GB/T 19760—2008，同时也已经成为 SEMI 标准。

(2) CC-Link/LT

CC-Link/LT 是针对控制点分散、省配线、小设备和节省成本要求的高响应、高可靠设计和研发的开放式协议，其远程点 I/O 除了有 8、16 点外，还有 1、2、4 点，而且模块的体积小。其通信电缆为 4 芯扁平电缆（2 芯为信号线，2 芯为电源），其通信速率最快为 2.5Mbps，最多为 64 站，最大点数为 1024 点，最小扫描时间为 1ms，其通信协议芯片不同于 CC-Link。

CC-Link/LT 可以用专门的主站模块或者 CC-Link/LT 网桥构造系统，实现 CC-Link/LT 的无缝通信。CC-Link/LT 的定位如图 13-144 所示。

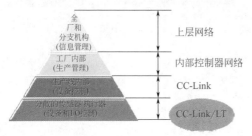

图 13-144　CC-Link/LT 的定位

(3) CC-Link Safety

CC-Link Safety 是 CC-Link 实现安全系统架构的安全现场网络。CC-Link Safety 能够实现与 CC-Link 一样的高速通信并提供实现可靠操作的 RAS 功能，因此，CC-Link Safety 与 CC-Link 具有高度的兼容性。

(4) CC-Link IE

CC-Link 协会不断致力于源于亚洲的现场总线 CC-Link 的开放化推广。现在，除控制功能外，为满足通过设备管理（设定·监视）、设备保全（监视·故障检测）、数据收集（动作状态）功能实现系统整体的最优化这一工业网络的新的需求，CC-Link 协会提出了基于以太网的整合网络构想，即实现从信息层到生产现场的无缝数据传送的整合网络"CC-Link IE"。

为降低从系统建立到维护保养的整体工程成本，CC-Link 协会通过整体的"CC-Link IE"概念，将这一亚洲首创的工业网络向全世界进一步开放扩展。

CC-Link 家族的应用示例如图 13-145 所示。

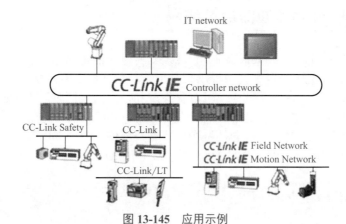

图 13-145　应用示例

13.9.2　CC-Link 通信的应用

尽管 CC-Link 现场总线应用不如 PROFIBUS 那样广泛，但一个系统如果确定选用三菱 PLC，那么 CC-Link 现场总线无疑是较好的选择，以下将用一个例子说明 2 台 FX3U-32MT 的 CC-Link 现场总线通信。

◁【例 13-13】　有一个控制系统，配有 2 台控制器，均为 FX3U-32MT，要求从主站 PLC 上发出控制信息，远程设备 PLC 接收到信息后，显示控制信息；同理，从远程设备 PLC 上发出控制信息，主站 PLC 接收到信息后，显示控制信息。

【解】　（1）软硬件配置

① 1 套 GX-Works3；

② 1 根编程电缆；

③ 2 台 FX3U-32MT；

④ 1 台电动机；

⑤ 1 台 FX3U -16CCL-M；

⑥ 1 台 FX3U -32CCL。

原理图如图 13-146 所示。

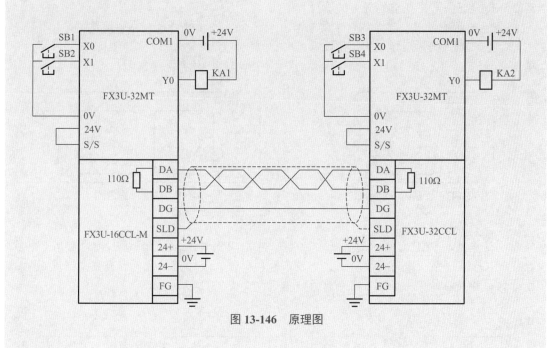

图 13-146　原理图

🎯 关键点　① CC-Link 的专用屏蔽线是三芯电缆，分别将主站的 DA、DB、DG 与从站对应的 DA、DB、DG 相连，屏蔽层的两端均与 SLD 连接。三菱公司推荐使用 CC-Link 专用屏蔽线电缆，但要求不高时，使用普通电缆也可以通信。

② 由于 CC-Link 通信的物理层是 RS-485，所以通信的第一站和最末一站都要接一个终端电阻（超过 2 站时，中间站并不需要接终端电阻），本例为 110Ω 电阻。

（2）三菱 FX 系列 PLC 的 CC-Link 模块的设置

① 传送速率的设置　CC-Link 通信的传送速率与通信距离相关，传送距离越远，传送速率就越低。CC-Link 通信的传送速率与最大通信距离对应关系见表 13-27。

表 13-27　CC-Link 通信的传送速率与最大通信距离对应关系

序号	传送速率	最大传送距离	序号	传送速率	最大传送距离
1	156Kbps	1200m	4	5Mbps	150m
2	625Kbps	600m	5	10Mbps	100m
3	2.5Mbps	200m			

注意：以上数据是专用 CC-Link 电缆配 110Ω 终端电阻。

CC-Link 模块上有速率选择的旋转开关。当旋转开关指向 0 时，代表传送速率是 156Kbps；当旋转开关指向 1 时，代表传送速率是 625Kbps；当旋转开关指向 2 时，代表传送速率是 2.5Mbps；当旋转开关指向 3 时，代表传送速率是 5Mbps；当旋转开关指向 4 时，代表传送速率是 10Mbps。如图 13-147 所示，旋转开关指向 0，要把传送速度设定为 2.5Mbps 时，只要把旋转开关旋向 2 即可。

② 站地址的设置　站号的设置旋钮有 2 个，如图 13-148 所示，左边的是"×10"挡，右边的是"×1"挡，例如要把站号设置成 12，则把"×10"挡的旋钮旋到 1，把"×1"挡的旋钮旋到 2，1×10+2=12，12 即是站号。图 13-148 中的站号为 2。

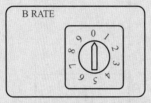

图 13-147　传送速率设定图

图 13-148　站地址设定图

（3）程序编写

主站模块和 PLC 之间通过主站中的临时空间"RX/RY"进行数据交换，在 PLC 中，使用 FROM/TO 指令来进行读写。当电源断开的时候，缓冲存储的内容会恢复到默认值，主站和远程设备站（从站）之间的数据传送过程如图 13-149 所示。

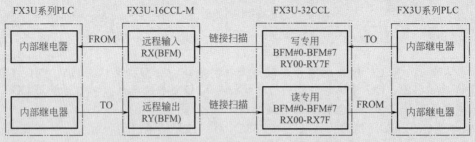

图 13-149　主站和远程设备站（从站）之间的数据传送图

通信的过程是：远程 PLC 通过 TO 指令将 PLC 要传输的信息写入远程设备站中的 RY 中，实际就是存储在 FX3U-32CCL 的 BFM 中，每次链接扫描远程设备站又将 RY 的信息传送到主站的对应的 RX 中，实际就是存储在 FX3U-16CCL-M 的 BFM 中，主站的 PLC 通过 FROM 指令将信息读入到 PLC 的内部继电器中。

主站 PLC 通过 TO 指令将 PLC 的要传输的信息写入主站中的 RY 中，实际就是存储在 FX3U-16CCL-M 的 BFM 中，每次链接扫描，又将 RY 的信息传送到远程设备站的对应的 RX 中，实际就是存储在 FX3U-32CCL 的 BFM 中，远程设备站的 PLC 通过 FROM 指令将信息读入到 PLC 的内部继电器中。

从 CC-Link 的通信过程可以看出，BFM 在通信过程中起到了重要的作用，以下介绍几个常用的 BFM 地址，见表 13-28。

表 13-28　常用的 BFM 地址与说明

BFM 编号	内容	描述	备注
#01H	连接模块数量	设定所连接的远程模块数量	默认 8
#02H	重复次数	设定对于一个故障站的重试次数	默认 3
#03H	自动返回模块的数量	每次扫描返回系统中的远程站模块的数量	默认 1
#AH ～ #BH	I/O 信号	控制主站模块的 I/O 信号	
#E0H ～ #FDH	远程输入（RX）	存储一个来自远程站的输入状态	
#160H ～ #17DH	参数信息区	将输出状态存储到远程站中	
#600H ～ #7FFH	链接特殊寄存器（SW）	存储数据连接状态	

#AH 控制主站模块的 I/O 信号，在 PLC 向主站模块读入和写出时各位含义不同，理解其含义是非常重要的，详见表 13-29 和表 13-30。

表 13-29　BFM 中 #AH 的各位含义（PLC 读取主站模块时）

BFM 的读取位	说明
b0	模块错误，为 0 表示正常
b1	数据连接状态，1 表示正常
b8	1 表示通过 EEPROM 的参数启动数据链接正常完成
b15	模块准备就绪

表 13-30　BFM 中 #AH 的各位含义（PLC 写入主站模块时）

BFM 的读取位	说明
b0	写入刷新，1 表示写入刷新
b4	要求模块复位
b8	1 表示通过 EEPROM 的参数启动数据链接正常完成

站号、缓冲存储器号和输入对应关系见表 13-31，站号、缓冲存储器号和输出对应关系见表 13-32。

表 13-31 站号、缓冲存储器号和输入对应关系

站号	BFM 地址	b0 ～ b15
1	E0H	RX0 ～ RXF
	E1H	RX10 ～ RX1F
2	E2H	RX20 ～ RX2F
	E3H	RX30 ～ RX3F
…	…	…
15	FCH	RX1C0 ～ RX1CF
	FDH	RX1D0 ～ RX1DF

表 13-32 站号、缓冲存储器号和输出对应关系

站号	BFM 地址	b0 ～ b15
1	160H	RY0 ～ RYF
	161H	RY10 ～ RY1F
2	162H	RY20 ～ RY2F
	163H	RY30 ～ RY3F
…	…	…
15	17CH	RY1C0 ～ RY1CF
	17DH	RY1D0 ～ RY1DF

主站程序如图 13-150 所示，设备站程序如图 13-151 所示。

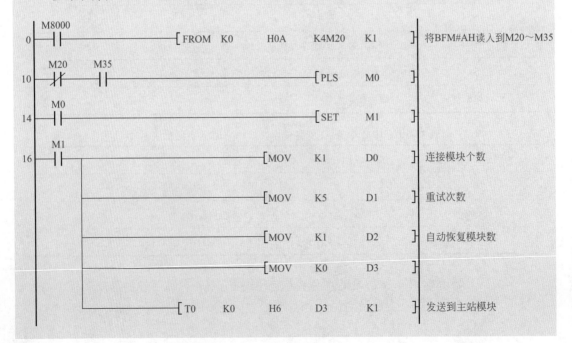

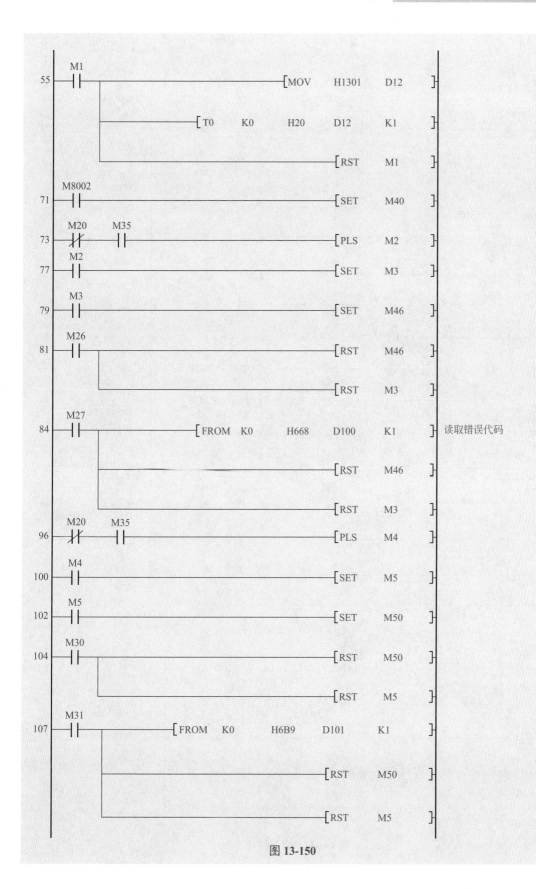

图 13-150

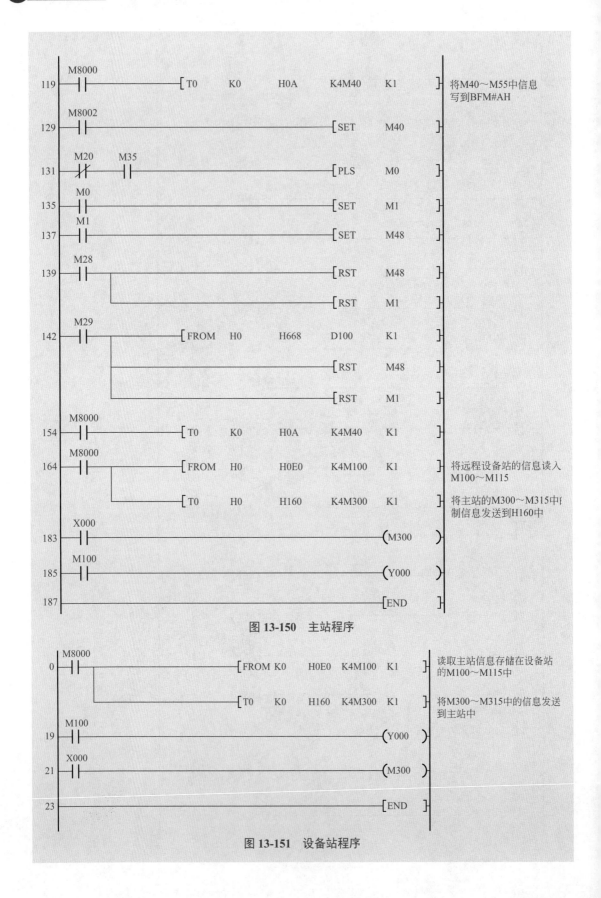

图 13-150 主站程序

图 13-151 设备站程序

■ 13.10　PLC 与变频器通信及其应用

13.10.1　西门子 S7-1200 PLC 与 SINAMICS G120 变频器之间的 USS 通信

（1）USS 协议简介

USS 协议（universal serial interface protocol，通用串行接口协议）是 SIEMENS 公司所有传动产品的通用通信协议，它是一种基于串行总线进行数据通信的协议。USS 协议是主 - 从结构的协议，规定了在 USS 总线上可以有一个主站和最多 31 个从站；总线上的每个从站都有一个站地址（在从站参数中设定），主站依靠它识别每个从站；每个从站也只对主站发来的报文做出响应并回送报文，从站之间不能直接进行数据通信。另外，还有一种广播通信方式，主站可以同时给所有从站发送报文，从站在接收到报文并做出相应的响应后，可不回送报文。

① 使用 USS 协议的优点如下。

a. 对硬件设备要求低，减少了设备之间的布线。

b. 无需重新连线就可以改变控制功能。

c. 可通过串行接口设置或改变传动装置的参数。

d. 可实时监控传动系统。

② USS 通信硬件连接注意要点如下。

a. 条件许可的情况下，USS 主站尽量选用直流型的 CPU（针对 S7-200 系列）。

b. 一般情况下，USS 通信电缆采用双绞线即可（如常用的以太网电缆），如果干扰比较大，可采用屏蔽双绞线。

c. 在采用屏蔽双绞线作为通信电缆时，把具有不同电位参考点的设备互连，会造成在互连电缆中产生不应有的电流，从而造成通信口的损坏。所以要确保通信电缆连接的所有设备，共用一个公共电路参考点，或是相互隔离的，以防止不应有的电流产生。屏蔽线必须连接到机箱接地点或 9 针连接插头的插针 1。建议将传动装置上的 0V 端子连接到机箱接地点。

d. 尽量采用较高的波特率，通信速率只与通信距离有关，与干扰没有直接关系。

e. 终端电阻的作用是用来防止信号反射的，并不是用来抗干扰的。如果在通信距离很近、波特率较低或点对点通信的情况下，可不用终端电阻。多点通信的情况下，一般也只需在 USS 主站上加终端电阻就可以取得较好的通信效果。

f. 不要带电插拔 USS 通信电缆，尤其是正在通信过程中，这样极易损坏传动装置和 PLC 通信端口。如果使用大功传动装置，即使传动装置掉电后，也要等几分钟，让电容放电后，再去插拔通信电缆。

（2）西门子 S7-1200 PLC 与 SINAMICS G120 变频器的 USS 通信实例

S7-1200 PLC 利用 USS 通信协议对 SINAMICS G120 变频器进行调速时，要用到 TIA 博途软件中自带的 USS 指令库，不像 STEP7-Micro/WIN V4.0 软件，需要另外安装指令库。

使用 USS 协议通信，每个 S7-1200 PLC CPU 最多可带 3 个通信模块，而每个 CM1241（RS-485）通信模块最多支持 16 个变频器。因此用户在一个 S7-1200 PLC CPU 中最多可建立 3 个 USS 网络，而每个 USS 网络最多支持 16 个变频器，总共最多支持 48 个 USS 变频器。

S7-1200 PLC 与 G120 变频器之间的 USS 通信

USS 通信协议支持的变频器系列产品：西门子 G110、G120、MM4（不包含 MM430）、6SE70、6RA70 和 S110。

USS 通信协议不支持的变频器系列产品：非西门子变频器，以及西门子 S120、S150、G120D、G130 和 G150。

◁【例 13-14】　用一台 CPU1211C 对 G120 变频器进行 USS 无级调速，将 P1120 的参数改为 1，并读取 P1121 参数。已知电动机的技术参数：功率为 0.75kW，额定转速为 1440r/min，额定电压为 400V，额定电流为 3.25A，额定频率为 50Hz。请提出解决方案。

【解】　① 软硬件配置。
a. 1 套 TIA PORTAL V15.1。
b. 1 台 G120 变频器。
c. 1 台 CPU1211C。
d. 1 台 CM1241（RS-485）。
e. 1 台电动机。
f. 1 根屏蔽双绞线。
原理图如图 13-152 所示。

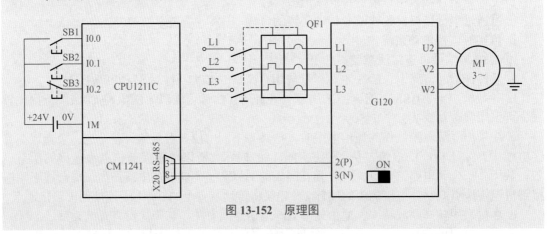

图 13-152　原理图

🎯**关键点**　由于网络的物理层是基于 RS-485，PLC 和变频器都在端点，因此在要求较为严格时，端点设备要接入终端电阻，S7-1200 PLC 端要使用 DP 接头（西门子订货号为 6ES7 972-0BA40-0XA0），使用连接器的端子 A1 和 B1（而非 A2 和 B2），因为这样可以接通终端电阻，方法是将 DP 接头上的拨钮拨到 "ON"，即是接入了终端电阻。G120 变频器侧，按照图 13-152 所示接线，并将终端电阻设置在 "ON" 上。

② 变频器的设置　按照表 13-33 设置变频器的参数，正确设置变频器的参数对于 USS 通信是非常重要的。

表 13-33　变频器参数表

序号	变频器参数	出厂值	设定值	功能说明
1	P0304	400	380	电动机的额定电压（380V）
2	P0305	3.05	3.25	电动机的额定电流（3.25A）

续表

序号	变频器参数	出厂值	设定值	功能说明
3	P0307	0.75	0.75	电动机的额定功率（0.75kW）
4	P0310	50.00	50.00	电动机的额定频率（50Hz）
5	P0311	0	1440	电动机的额定转速（1440 r/min）
6	P0015	7	21	启用变频器宏程序
7	P2030	2	1	USS 通信
8	P2020	6	6	USS 波特率（6 代表 9600bit/s）
9	P2009	0	0	0：百分比设定 1：频率设定
10	P2021	0	3	站点的地址
11	P2040	100	0	过程数据监控时间

（关键点）　a. 在设置电动机参数和 P0015 时，必须先设置 P0010=1，之后设变频器参数，运行时 P0010=0。b. 变频器的 P0304 默认为 400V，这个数值可以不修改。c.P2021 为站地址，上表为 3，CM1241 的站地址为 2。d. 默认的 P2040 的监控时间为 100ms，多台设备通信时，可能太小，需要根据需要调大。也可以让 P2040=0，含义是取消过程数据监控。

③ 硬件组态　打开 TIA 博途软件，新建项目 "USS"，添加新设备 CPU1211C 和 CM1241（RS-485），如图 13-153 所示，选中 CM1241（RS-485）的串口，并不修改串口的参数。

图 13-153　硬件组态

④ 编写程序。

a. 相关指令简介。USS_Port_Scan 功能块用来处理 USS 网络上的通信，它是 S7-1200 PLC CPU 与变频器的通信接口。每个 CM1241（RS-485）模块有且必须有一个 USS_PORT 功能块。USS_Port_Scan 指令可以在 OB1 或者时间中断块中调用。USS_Port_Scan 指令的格式见表 13-34。

表 13-34　USS_Port_Scan 指令格式

LAD	SCL	输入 / 输出	说明
		EN	使能
		PORT	通过哪个通信模块进行 USS 通信
	USS_Port_Scan (　PORT: =_uint_in_, 　BAUD: =_dint_in_, 　ERROR=>_bool_out_, 　STATUS=>_word_out_, 　USS_DB: =_fbtref_inout_);	BAUD	通信波特率
		USS_DB	和变频器通信时的 USS 数据块
		ERROR	输出错误，0—无错误，1—有错误
		STATUS	扫描或初始化的状态

S7-1200 PLC 与变频器的通信是与它本身的扫描周期不同步的，在完成一次与变频器的通信事件之前，S7-1200 PLC 通常已完成了多个扫描。

USS_Port_Scan 通信的时间间隔是 S7-1200 PLC 与变频器通信所需要的时间，不同的通信波特率对应不同的 USS_Port_Scan 通信间隔时间。不同的波特率对应的 USS_Port_Scan 最小通信间隔时间见表 13-35。

表 13-35　不同波特率对应的 USS_Port_Scan 最小通信间隔时间表

波特率 /（bit/s）	最小时间间隔 /ms	最大时间间隔 /ms
4800	212.5	638
9600	116.3	349
19200	68.2	205
38400	44.1	133
57600	36.1	109
115200	28.1	85

USS_Drive_Control 功能块用来与变频器进行交换数据，从而读取变频器的状态以及控制变频器的运行。每个变频器使用唯一的 USS_DRV_Scan 功能块，但是同一个 CM1241（RS-485）模块的 USS 网络的所有变频器（最多 16 个）都使用同一个 USS_DRV_Control_DB。USS_Drive_Control 指令必须在主 OB 中调用，不能在循环中断 OB 中调用。USS_Drive_Control 指令的格式见表 13-36。

表 13-36 USS_Drive_Control 指令格式

LAD	SCL	输入 / 输出	说明
		EN	使能
		RUN	驱动器起始位：该输入为真时，将使驱动器以预设速度运行
	"USS_Drive_Control_DB" (RUN：=_bool_in_, OFF2：=_bool_in_, OFF3：=_bool_in_, F_ACK：=_bool_in_, DIR：=_bool_in_, DRIVE：=_μsint_in_, PZD_LEN：=_μsint_in_, SPEED_SP：=_real_in_, CTRL3：=_word_in_, CTRL4：=_word_in_, CTRL5：=_word_in_, CTRL6：=_word_in_, CTRL7：=_word_in_, CTRL8：=_word_in_, NDR=>_bool_out_, ERROR=>_bool_out_, STATUS=>_word_out_, RUN_EN=>_bool_out_, D_DIR=>_bool_out_, INHIBIT=>_bool_out_, FAULT=>_bool_out_, SPEED=>_real_out_, STATUS1=>_word_out_, STATUS3=>_word_out_, STATUS4=>_word_out_, STATUS5=>_word_out_, STATUS6=>_word_out_, STATUS7=>_word_out_, STATUS8=>_word_out_);	OFF2	紧急停止，自由停车
		OFF3	快速停车，带制动停车
		F_ACK	变频器故障确认
		DIR	变频器控制电机的转向
		DRIVE	变频器的 USS 站地址
		PZD_LEN	PDZ 字长
		SPEED_SP	变频器的速度设定值，用百分比表示
		CTRL3	控制字 3：写入驱动器上用户可组态参数的值。必须在驱动器上组态该参数
		CTRL8	控制字 8：写入驱动器上用户可组态参数的值。必须在驱动器上组态该参数
		NDR	新数据到达
		ERROR	出现故障
		STATUS	扫描或初始化的状态
		INHIBIT	变频器禁止位标志
		FAULT	变频器故障
		SPEED	变频器当前速度，用百分比表示
		STATUS1	驱动器状态字 1：该值包含驱动器的固定状态位
		STATUS8	驱动器状态字 8：该值包含驱动器上用户可组态的状态字

USS_Read_Param 功能块用于通过 USS 通信从变频器读取参数。USS_Write_Param 功能块用于通过 USS 通信设置变频器的参数。USS_Read_Param 功能块和 USS_Write_Param 功能块与变频器的通信与 USS_DRV_Control 功能块的通信方式是相同的。

USS_Read_Param 指令的格式见表 13-37，USS_Write_Param 指令的格式见表 13-38。

表 13-37　USS_Read_Param 指令格式

LAD	SCL	输入 / 输出	说明
		EN	使能
		REQ	读取请求
		DRIVE	变频器的 USS 站地址
	USS_Read_Param（REQ：=_bool_in_, DRIVE：=_Usint_in_, PARAM：=_uint_in_, INDEX：=_uint_in_, DONE=>_bool_out_, ERROR=>_bool_out_, STATUS=>_word_out_, VALUE=>_variant_out_, USS_DB：=_fbtref_inout_ ）;	PARAM	读取参数号（0～2047）
		INDEX	参数下标（0～255）
		USS_DB	和变频器通信时的 USS 数据块
		DONE	1 表示已经读入
		ERROR	出现故障
		STATUS	扫描或初始化的状态
		VALUE	读到的参数值

表 13-38　USS_Write_Param 指令格式

LAD	SCL	输入 / 输出	说明
		EN	使能
		REQ	发送请求
		DRIVE	变频器的 USS 站地址
	USS_Write_Param（ REQ：=_bool_in_, DRIVE：=_μsint_in_, PARAM：=_uint_in_, INDEX：=_uint_in_, EEPROM：=_bool_in_, VALUE：=_variant_in_, DONE=>_bool_out_, ERROR=>_bool_out_, STATUS=>_word_out_, USS_DB：=_fbtref_inout_ ）;	PARAM	写入参数编号（0～2047）
		INDEX	参数索引（0～255）
		EEPROM	是否写入 EEPROM，1—写入，0—不写入
		USS_DB	和变频器通信时的 USS 数据块
		DONE	1 表示已经写入
		ERROR	出现故障
		STATUS	扫描或初始化的状态
		VALUE	要写入的参数值

　　b. 编写程序。循环中断块 OB30 中的程序如图 13-154 所示，每次执行 USS_PORT_Scan 仅与一台变频器通信，主程序块 OB1 中的程序如图 13-155 所示，变频器的读写指令只能在 OB1 中。

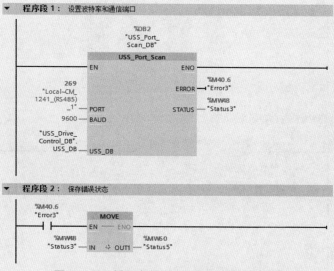

图 13-154 循环中断块 OB30 中的 LAD 程序

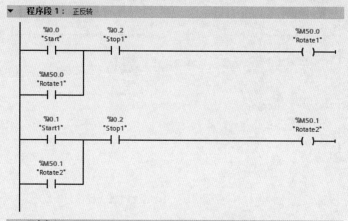

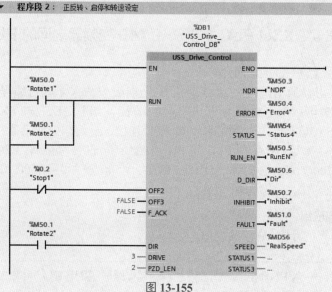

图 13-155

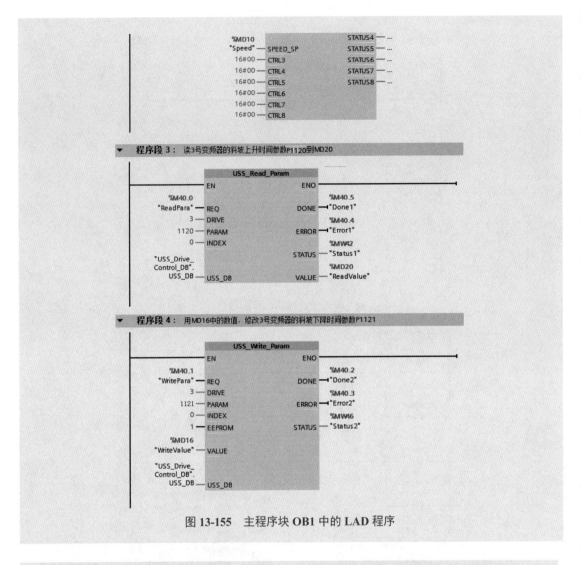

图 13-155 主程序块 **OB1** 中的 LAD 程序

13.10.2 三菱 FX3U PLC 与 FR-E740 变频器之间的 PU 通信

FX3U PLC 与 FR-E740 变频器之间的 PU 通信

(1) PU 通信简介

PU 通信是以 RS-485 通信方式连接三菱 FX 系列可编程控制器与变频器，最多可以对 8 台变频器进行运行监控，如 FX3U 通过 FX3U-485BD 的 RS-485 接口与 E700 变频器的 PU 接口连接，进而监控变频器。

三菱 FX 系列 PLC 的 PU 通信支持的变频器有 F800、A800、F700、EJ700、A700、E700、D700、IS70、V500、F500、A500、E500 和 S500（带通信功能）系列。

(2) PU 通信的应用

以下用一个例子介绍 PU 通信的应用。

【例 13-15】 有一台 FX3U-32MR 和 E740 变频器，采用 PU 通信，要求实现正反转，正转频率为 25Hz，反转频率为 35Hz，要求编写此控制程序。

【解】　（1）主要软硬件配置

① 1 套 GX Works2。

② 1 台 FX3U-32MR。

③ 1 台 FX3U-485-BD。

④ 1 台 E740 变频器。

⑤ 1 根网线电缆。

变频器 PU 接口端子定义见表 13-39。

表 13-39　变频器 PU 接口端子定义

PU 接口	插针编号	名称	含义
变频器主机(插座一侧)正视图 8 1 组合式插座	1	SG	接地
	2	—	参数单元电源
	3	RDA	变频器接收 +
	4	SDB	变频器发送 −
	5	SDA	变频器发送 +
	6	RDB	变频器接收 −
	7	SG	接地
	8	—	参数单元电源

（2）相关指令介绍

与变频器控制相关的指令有 IVCK（FNC270）、IVDR（FNC271）、IVRD（FNC272）、IVWR（FNC273）、IVBWR（FNC274）和 IVMC（FNC275）等，指令格式如图 13-156 所示。

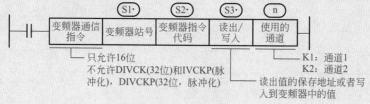

图 13-156　指令格式

图 13-156 所示中的指令说明见表 13-40。

表 13-40　变频器通信指令说明

指令	功能	控制方向
IVCK（FNC270）	变频器的运行监视	可编程控制器 ← INV
IVDR（FNC271）	变频器的运行控制	可编程控制器 → INV
IVRD（FNC272）	读出变频器的参数	可编程控制器 ← INV
IVWR（FNC273）	写入变频器的参数	可编程控制器 → INV
IVBWR（FNC274）	变频器参数的成批写入	可编程控制器 → INV
IVMC（FNC275）	变频器的多个命令	可编程控制器 → INV

变频器指令中的指令代码（S2）的含义见表 13-41。

表 13-41　变频器指令中的指令代码（S2）的含义

S2 变频器指令代码 （16 进制数）	读出内容	对应变频器				
		F800，A800，F700， EJ700，A700，E700	V500	F500， A500	E500	S500
H7B	运行模式	○	○	○	○	○
H6F	输出频率（旋转数）	○	○	○	○	○
H70	输出电流	○	○	○	○	○
H71	输出电压	○	○	○	○	—
H72	特殊监控	○	○	○	—	—
H73	特殊监控的选择编号	○	○	○	—	—
H74	异常内容	○	○	○	○	○
H75	异常内容	○	○	○	○	○
H76	异常内容	○	○	○	○	—
H77	异常内容	○	○	○	○	—
H79	变频器状态监控（扩展）	○	—	—	—	—
H7A	变频器状态监控	○	○	○	○	○
H6E	读出设定频率（EEPROM）	○	○	○	○	○
H6D	读出设定频率（RAM）	○	○	○	○	○
H7F	链接参数的扩展设定	在本指令中，不能用 S2 给出指令				
H6C	第 2 参数的切换	在 IVRD 指令中，通过指定［第 2 参数指定代码］会自动处理				
HFA	运行指令	○	○	○	○	○
HFB	运行模式	○	○	○	○	○
HFD	变频器复位	○	○	○	○	○
HED	写入设定频率（RAM）	○	○	○	○	○

（3）编写程序

编写控制程序如图 13-157 所示。

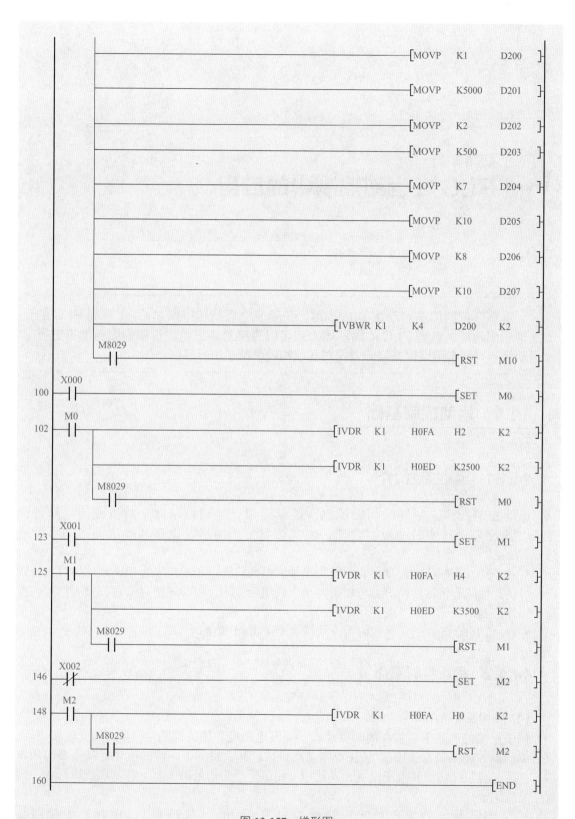

图 13-157　梯形图

第14章
PLC 在运动控制中的应用

> 本章介绍西门子 S7-1200/1500、三菱 FX 系列和欧姆龙 CP1 系列 PLC 的高速输出功能。这些 PLC 的高速输出点可以直接对步进电动机和伺服电动机进行运动控制，读者可以根据实际情况对程序和硬件配置进行移植。

■ 14.1 运动控制基础

14.1.1 运动控制简介

运动控制起源于早期的伺服控制。简单地说，运动控制就是对机械运动部件的位置、速度等进行实时的控制管理，使其按照预期的运动轨迹和规定的运动参数进行运动。

S7-1200/1500 PLC 在运动控制中使用了轴的概念，通过轴的组态，包括硬件接口、位置定义、动态性能和机械特性等，与相关的指令块组合使用，可实现绝对位置、相对位置、点动、转速控制以及寻找参考点等功能。

S7-1200/1500 PLC 的运动控制指令块符合 PLCopen 规范。

14.1.2 伺服控制简介

(1) 伺服系统简介

伺服系统的产品主要包含伺服驱动器、伺服电动机和相关检测传感器（如光电编码器、旋转编码器、光栅等）。伺服产品在我国是高科技产品，得到了广泛的应用，其主要应用领域有机床、包装、纺织和电子设备，其使用量超过了整个市场的一半，特别在机床行业，伺服产品应用十分广泛。

一个伺服系统的构成通常包括被控对象（plant）、执行器（actuator）和控制器（controller）等几部分组成，机械手臂、机械平台通常作为被控对象。执行器的主要功能是提供被控对象的动力，执行器主要包括电动机和功率放大器，特别设计应用于伺服系统的电动机称为"伺服电动机"（servo motor）。通常伺服电动机包括反馈装置，如光电编码器（optical encoder）、旋转变压器（resolver）。目前，伺服电动机主要包括直流伺服电动机、永磁交流伺服电动机、感应交流伺服电动机，其中永磁交流伺服电动机是市场主流。控制器的功能在于提供整个伺服系统的闭路控制，如扭矩控制、速度控制、位置控制等。目前一般工业用伺服驱动器（servo driver）通常包括控制器和功率放大器。如图 14-1 所示是一般工业用伺服系统的组成框图。

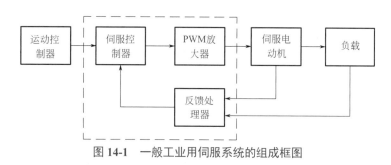

图 14-1　一般工业用伺服系统的组成框图

三菱 MR-J4
伺服系统接线

（2）三菱伺服驱动系统

三菱自动化产品是性价比较高的产品，其驱动类产品在中国有较高的占有率，是日系伺服驱动系统典型代表。

（3）伺服电动机的参数设定

① 控制模式　MR-J4 驱动器提供位置、速度、扭矩三种基本操作模式，可以用单一控制模式，即固定在一种模式进行控制，也可选择用混合模式来进行控制。

② 电子齿轮比　电子齿轮比是和伺服电动机编码器的分辨率及机械结构相关的参数。以下用一个例子进行说明。

如果脉冲当量为 0.001mm，则 PLC 发出 1000 个脉冲，工作丝杆可以移动1mm。丝杠螺距为 10mm，则要使工作台移动一个螺距长度，PLC 需要发出10000 个脉冲。再假设编码器的分辨率是 131072。则电子齿轮比为：

$$CMX/CDV=131072/10000=8192/625$$

计算齿轮比
的方法

用 MR Configurator2
软件设置三菱
伺服系统参数

③ 参数设置　MR-J4 伺服驱动器的参数较多，如 PA、P B、PC、PD、PE 和 PF 等，可以在驱动器上的面板上进行设置，也可以用三菱伺服专用软件 MR Configurator2 进行设置，MR Configurator2 软件可以在三菱电机自动化的官方网站上下载，笔者认为用软件设置参数更加方便，所以建议使用软件设置伺服驱动器参数。

使用 MR Configurator2 软件设置参数比较简单，先用 USB 线将计算机与伺服驱动器连接在一起，运行 MR Configurator2 软件，如图 14-2 所示，单击标记"①"处的"连接"按钮，使计算机与伺服驱动器处于通信状态。单击"参数"（标记"②"处）→"参数设置"（标记"③"处）→"列表显示"（标记"④"处），修改标记"⑤"处参数，单击"轴写入"（标记"⑥"处）按钮，参数写入伺服驱动器。注意伺服驱动器参数设置完成后，伺服驱动器断电重新上电，新设置的参数才会起作用。

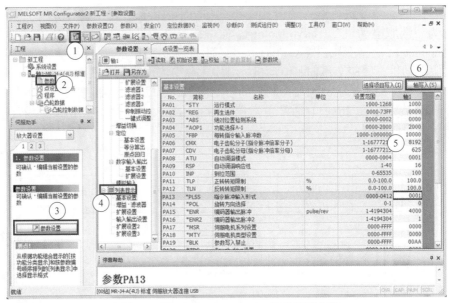

图 14-2 用 MR Configurator2 软件设置参数

■ 14.2 西门子 S7-1200/1500 PLC 的运动控制功能及其应用

14.2.1 西门子 S7-1200/1500 PLC 的运动控制功能

S7-1200 CPU 提供两种方式的开环运动控制：

① 脉宽调制（PWM）：内置于 CPU 中，用于速度、位置或占空比控制。

② 运动轴：内置于 CPU 中，用于速度和位置控制。

CPU 提供了最多四个数字量输出，这四个数字量输出可以组态为 PWM 输出，或者组态为运动控制输出。为 PWM 操作组态输出时，输出的周期是固定的，脉宽或脉冲占空比可通过程序进行控制。脉宽的变化可用于在应用中控制速度或位置。S7-1200 CPU 高速脉冲输出的性能见表 14-1。

表 14-1 高速脉冲输出的性能

CPU/ 信号板	CPU/ 信号板输出通道	脉冲频率 /kHz	支持电压
CPU1211C	Qa.0 ~ Qa.3	100	
CPU1212C	Qa.0 ~ Qa.3	100	
	Qa.4、Qa.5	20	
CPU1214C、CPU1215C	Qa.0 ~ Qa.3	100	
	Qa.4 ~ Qb.1	20	+24V，PNP 型
CPU1217C	Qa.0 ~ Qa.3	1000	
	Qa.4 ~ Qb.1	100	
SB1222，200kHz	Qe.0 ~ Qe.3	200	
SB1223，200kHz	Qe.0、Qe.1	200	
SB1223	Qe.0、Qe.1	20	

脉冲串操作（PTO）按照给定的脉冲个数和周期输出一串方波（占空比 50%，如图 14-3 所示）。PTO 可以产生单段脉冲串或者多段脉冲串。可以以 μs 或 ms 为单位指定脉冲宽度和周期。

S7-1500 PLC 的 CPU 模块中仅紧凑型 CPU 模块集成有 PTO 功能，而标准模块要实现 PTO 功能，则必须配置 PTO 模块。

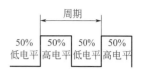

图 14-3　PTO 的占空比

14.2.2　西门子 S7-1200/1500 PLC 的运动控制指令

（1）MC_Power 系统使能指令块

轴在运动之前，必须使能指令块，其具体参数说明见表 14-2。

表 14-2　MC_Power 系统使能指令块的参数

LAD	SCL	输入 / 输出	参数的含义
MC_Power — EN　　ENO — — Axis　Status — — Enable — StopMode　Busy — 　　　　Error — 　　　　ErrorID — 　　　　ErrorInfo —	"MC_Power_DB"（Axis：=_multi_fb_in_, 　Enable：=_bool_in_, 　StopMode：=_int_in_, 　Status=>_bool_out_, 　Busy=>_bool_out_, 　Error=>_bool_out_, 　ErrorID=>_word_out_ 　ErrorInfo=>_word_out_）;	EN	使能
		Axis	已组态好的工艺对象名称
		StopMode	模式 0 时，按照组态好的急停曲线停止。模式 1 时，为立即停止，输出脉冲立即封死
		Enable	为 1 时，轴使能；为 0 时，轴停止
		ErrorID	错误 ID 码
		ErrorInfo	错误信息

（2）MC_Reset 错误确认指令块

如果存在一个错误需要确认，必须调用错误确认指令块进行复位，例如轴硬件超程，处理完成后必须复位才行。其具体参数说明见表 14-3。

表 14-3　MC_Reset 错误确认指令块的参数

LAD	SCL	输入 / 输出	参数的含义
MC_Reset — EN　　ENO — — Axis　Done — — Execute　Busy — — Restart　Error — 　　　　ErrorID — 　　　　ErrorInfo —	"MC_Reset_DB"（Axis：=_multi_fb_in_, 　Execute：=_bool_in_, 　Restart：=_bool_in_, 　Done=>_bool_out_, 　Busy=>_bool_out_, 　Error=>_bool_out_, 　ErrorID=>_word_out_, 　ErrorInfo=>_word_out_）;	EN	使能
		Axis	已组态好的工艺对象名称
		Execute	上升沿使能
		Busy	是否忙
		ErrorID	错误 ID 码
		ErrorInfo	错误信息

(3) MC_Home 回参考点指令块

参考点在系统中有时作为坐标原点，对于运动控制系统是非常重要的。回参考点指令块具体参数说明见表 14-4。

表 14-4　MC_Home 回参考点指令块的参数

LAD	SCL	输入 / 输出	参数的含义
"MC_Home_DB" MC_Home EN　　　ENO Axis　　Done Execute　Busy Position　CommandAborted Mode 　　　　Error 　　　ErrorInfo 　ReferenceMarkPosition	"MC_Home_DB"（ Axis：= _multi_fb_in_, 　Execute：= _bool_in_, 　Position：= _real_in_, 　Mode：= _int_in_, 　Done=>_bool_out_, 　Busy=>_bool_out_, 　CommandAborted=>_bool_out_, 　Error=>_bool_out_, 　ErrorID=>_word_out_, 　ErrorInfo=>_word_out_);	EN	使能
		Axis	已组态好的工艺对象名称
		Execute	上升沿使能
		Position	当轴达到参考输入点的绝对位置（模式 2、3）；位置值（模式 1）；修正值（模式 2）
		Mode	为 0、1 时直接绝对回零；为 2 时被动回零；为 3 时主动回零
		Done	1：任务完成
		Busy	1：正在执行任务

(4) MC_Halt 停止轴指令块

MC_Halt 停止轴指令块用于停止轴的运动，当上升沿使能 Execute 后，轴会按照组态好的减速曲线停车。停止轴指令块具体参数说明见表 14-5。

表 14-5　MC_Halt 停止轴指令块的参数

LAD	SCL	输入 / 输出	参数的含义
MC_Halt EN　　　ENO Axis　　Done Execute　Busy 　　　CommandAborted 　　　　Error 　　　ErrorID 　　　ErrorInfo	"MC_Halt_DB"（Axis：= _multi_fb_in_, 　Execute：= _bool_in_, 　Done=>_bool_out_, 　Busy=>_bool_out_, 　CommandAborted=>_bool_out_, 　Error=>_bool_out_, 　ErrorID=>_word_out_, 　ErrorInfo=>_word_out_);	EN	使能
		Axis	已组态好的工艺对象名称
		Execute	上升沿使能
		Done	1：速度达到零
		Busy	1：正在执行任务
		CommandAborted	1：任务在执行期间被另一任务中止

(5) MC_MoveRelative 相对定位轴指令块

MC_MoveRelative 相对定位轴指令块的执行不需要建立参考点，只需要定义距离、速度和方向即可。当上升沿使能 Execute 后，轴按照设定的速度和距离运行，其方向由距离中的正负号（+/−）决定。相对定位轴指令块具体参数说明见表 14-6。

表 14-6　MC_MoveRelative 相对定位轴指令块的参数

LAD	SCL	输入／输出	参数的含义
		EN	使能
		Axis	已组态好的工艺对象名称
"MC_MoveRelative_DB"（ Axis：=_multi_fb_in_， 　　　　Execute：=_bool_in_， 　　　　Distance：=_real_in_， 　　　　Velocity：=_real_in_， 　　　　Done=>_bool_out_， 　　　　Busy=>_bool_out_， 　　　　CommandAborted=>_bool_out_， 　　　　Error=>_bool_out_， 　　　　ErrorID=>_word_out_， 　　　　ErrorInfo=>_word_out_)；		Execute	上升沿使能
		Distance	运行距离（正或者负）
		Velocity	定义的速度 限制：启动／停止速度 ≤ Velocity ≤ 最大速度
		Done	1：已达到目标位置
		Busy	1：正在执行任务
		CommandAborted	1：任务在执行期间被另一任务中止

（6）MC_MoveAbsolute 绝对定位轴指令块

MC_MoveAbsolute 绝对定位轴指令块的执行需要建立参考点，通过定义距离、速度和方向即可。当上升沿使能 Execute 后，轴按照设定的速度和绝对位置运行。绝对定位轴指令块具体参数说明见表 14-7。

表 14-7　MC_MoveAbsolute 绝对定位轴指令块的参数

LAD	SCL	输入／输出	参数的含义
		EN	使能
		Axis	已组态好的工艺对象名称
"MC_MoveAbsolute_DB"（ Axis：=_multi_fb_in_， 　　　Execute：=_bool_in_， 　　　Position：=_real_in_， 　　　Velocity：=_real_in_， 　　　Done=>_bool_out_， 　　　Busy=>_bool_out_， 　　　CommandAborted=>_bool_out_， 　　　Error=>_bool_out_， 　　　ErrorID=>_word_out_， 　　　ErrorInfo=>_word_out_)；		Execute	上升沿使能
		Position	绝对目标位置
		Velocity	定义的速度 限制：启动／停止速度 ≤ Velocity ≤ 最大速度
		Done	1：已达到目标位置
		Busy	1：正在执行任务
		CommandAborted	1：任务在执行期间被另一任务中止

14.2.3 西门子 S7–1200 PLC 的运动控制应用——速度控制

S7-1200 PLC
对步进驱动系
统的速度控制

S7-1200/1500 PLC 的运动控制任务的完成,正确组态运动控制参数非常关键,下面将用例子介绍完整的运动控制实施过程,这个例子用 S7-1200 PLC 控制步进驱动系统,采用速度控制模式。

◁【例 14-1】 某设备上有一套步进驱动系统,步进电动机的步距角为 1.8°,丝杠螺距为 10mm,控制要求为:当压下 SB1 按钮,以 100mm/s 速度正向移动;当压下 SB2 按钮,以 100mm/s 速度反向移动;当压下停止按钮 SB3,停止运行。要求设计原理图和控制程序。

【解】 (1)主要软硬件配置
① 1 套 TIA Portal V15.1。
② 1 台步进电动机,型号为 17HS111。
③ 1 台步进驱动器,型号为 SH-2H042Ma。
④ 1 台 CPU 1211C。
原理图如图 14-4 所示。

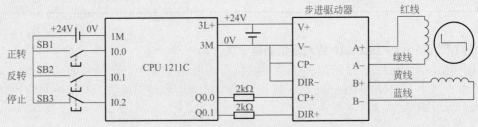

图 14-4 例 14-1 原理图

(2)硬件组态
① 新建项目,添加 CPU。打开 TIA 博途软件,新建项目“MotionControl”,单击项目树中的“添加新设备”选项,添加“CPU1211C”,如图 14-5 所示。

图 14-5 新建项目,添加 CPU

② 启用脉冲发生器。在设备视图中，选中"属性"→"常规"→"脉冲发生器（PTO/PWM）"→"PTO1/PWM1"，勾选"启用该脉冲发生器"选项，如图 14-6 所示，表示启用了"PTO1/PWM1"脉冲发生器。

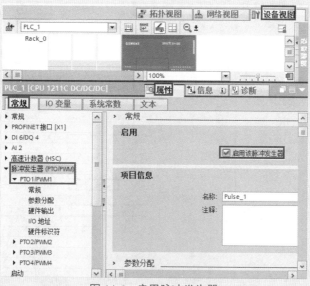

图 14-6　启用脉冲发生器

③ 选择脉冲发生器的类型。设备视图中，选中"属性"→"常规"→"脉冲发生器（PTO/PWM）"→"PTO1/PWM1"→"参数分配"，选择信号类型为"PTO（脉冲 A 和方向 B）"，如图 14-7 所示。

信号类型有 5 个选项，分别是：PWM、PTO（脉冲 A 和方向 B）、PTO（正数 A 和倒数 B）、PTO（A/B 移相）和 PTO（A/B 移相 - 四倍频）。

图 14-7　选择脉冲发生器的类型

④ 组态硬件输出。设备视图中，选中"属性"→"常规"→"脉冲发生器（PTO/PWM）"→"PTO1/PWM1"→"硬件输出"，选择脉冲输出点为 Q0.0，勾选"启用方向输出"，选择方向输出为 Q0.1，如图 14-8 所示。

图 14-8　硬件输出

⑤ 查看硬件标识符。设备视图中，选中"属性"→"常规"→"脉冲发生器（PTO/PWM）"→"PTO1/PWM1"→"硬件标识符"，可以查看到硬件标识符为 265，如图 14-9 所示，此标识符在编写程序时需要用到。

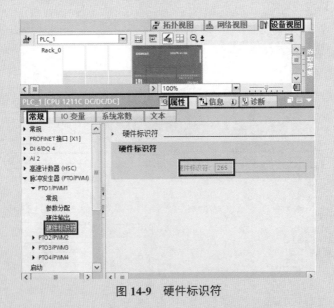

图 14-9　硬件标识符

（3）工艺对象"轴"组态

工艺对象"轴"组态是硬件组态的一部分，由于这部分内容非常重要，因此单独进行讲解。

　　"轴"表示驱动的工艺对象,"轴"工艺对象是用户程序与驱动的接口。工艺对象从用户程序收到运动控制命令,在运行时执行并监视执行状态。"驱动"表示步进电动机加电源部分或者伺服驱动加脉冲接口的机电单元。运动控制中必须要对工艺对象进行组态才能应用控制指令块。工艺组态包括三个部分:工艺参数组态、轴控制面板和诊断面板。以下仅介绍工艺参数组态。

　　参数组态主要定义了轴的工程单位(如脉冲数/min、r/min)、软硬件限位、启动/停止速度和参考点的定义等。工艺参数的组态步骤如下:

　　① 插入新对象。在 TIA Portal 软件项目视图的项目树中,选择"Motion Control"→"PLC_1"→"工艺对象"→"插入新对象",双击"插入新对象",如图 14-10 所示,弹出如图 14-11 所示的界面,选择"运动控制"→"TO_PositioningAxis",单击"确定"按钮,弹出如图 14-12 所示的界面。

图 14-10　插入新对象

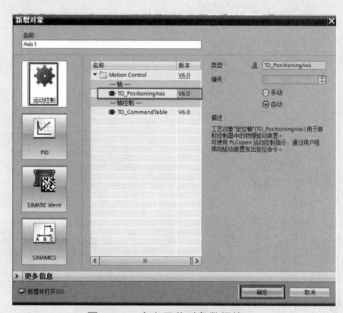

图 14-11　定义工艺对象数据块

　　② 组态常规参数。在"功能图"选项卡中,选择"基本参数"→"常规"。"驱动器"项目中有三个选项:PTO(表示运动控制由脉冲控制)、模拟驱动装置接口(表示运动控制由模拟量控制)和 PROFIdrive(表示运动控制由通信控制),本例选择"PTO"选项,测量单位可根据实际情况选择,本例选用默认设置,如图 14-12 所示。

　　③ 组态驱动器参数。在"功能图"选项卡中,选择"基本参数"→"驱动器",选择脉冲发生器为"Pulse_1",其对应的脉冲输出点和信号类型以及方向输出,都已经在硬件组态时定义了,在此不做修改,如图 14-13 所示。

　　"驱动装置的使能和反馈"在工程中经常用到,当 PLC 准备就绪,输出一个信号到伺服驱动的使能端子上,通知伺服驱动器 PLC 已经准备就绪。当伺服驱动器准备就绪后发出一个信号到 PLC 的输入端,通知 PLC 伺服驱动器已经准备就绪。本例中没有使用此功能。

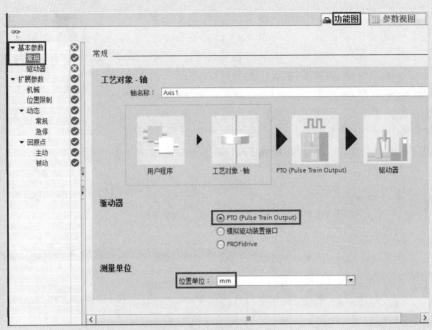

图 14-12 组态常规参数

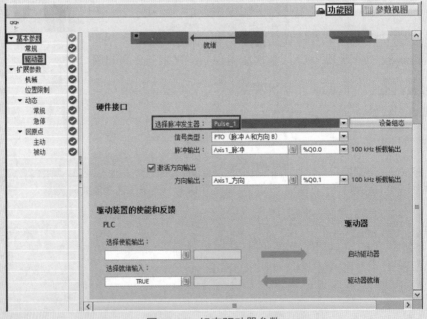

图 14-13 组态驱动器参数

④ 组态机械参数。在"功能图"选项卡中,选择"扩展参数"→"机械",设置"电机每转的脉冲数"为"200"(因为步进电动机的步距角为 1.8°,所以 200 个脉冲转一圈),此参数取决于伺服电动机光电编码器的参数。"电机每转的负载位移"取决于机械结构,如伺服电动机与丝杠直接相连接,则此参数就是丝杠的螺距,本例为"10.0",如图 14-14 所示。

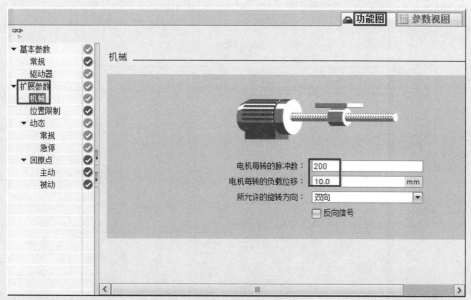

图 14-14　组态机械参数

（4）编写程序

程序如图 14-15 所示。注意 M1.2 要在 CPU 的硬件组态时设置为一直 "ON"。

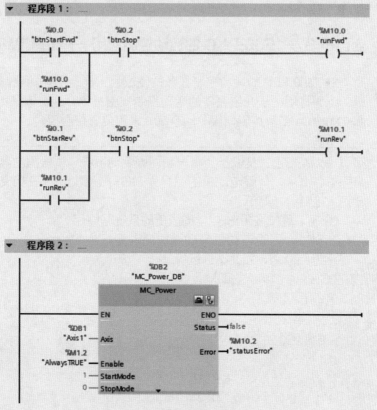

图 14-15

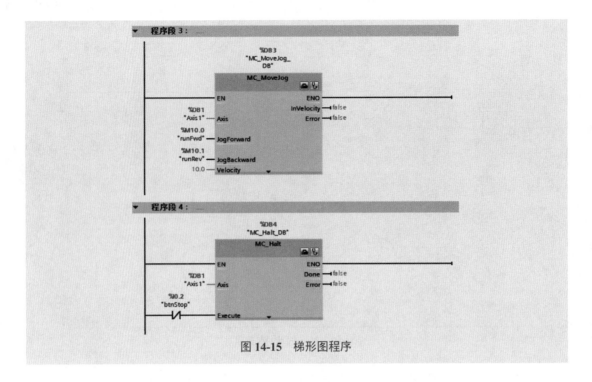

图 14-15 梯形图程序

这道题比较简单，使用了速度控制指令，可以不回原点，速度控制和相对运动指令在工程中使用不如绝对运动指令多，且不需要回原点。

14.2.4 西门子 S7-1500 PLC 的运动控制应用——位置控制

S7-1500 PLC 对 MR-J4 伺服系统的位置控制

S7-1500 PLC 的运动控制任务的完成，正确组态运动控制参数是非常关键，下面将用例子介绍完整的运动控制实施过程，这个例子用 S7-1500 CPU 和 TMP TO4 模块控制伺服驱动系统，采用位置控制模式。

◁【例 14-2】 某设备上有一套伺服驱动系统，伺服驱动器的型号为三菱 MR-J4-10A，伺服电动机的型号为 HG-KR13J，是三相交流同步伺服电动机，控制要求如下：

① 压下复位按钮 SB2，伺服驱动系统回原点。

② 压下启动按钮 SB1，伺服电动机带动滑块向前运行 100mm，停 2s，再向前运行 100mm，停 2s，然后返回原点，如此循环运行。

③ 压下停止按钮 SB3 时，系统立即停止。

请设计原理图，并编写程序。

【解】 （1）主要软硬件配置

① 1 套 TIA Portal V15.1。

② 1 台伺服电动机，型号为 HG-KR13J。

③ 1 台伺服驱动器，型号为三菱 MR-J4-10A。

④ 1 台 CPU1511-1PN 和 SM521。

⑤ 1 台 TM PTO4。

原理图如图 14-16 所示。

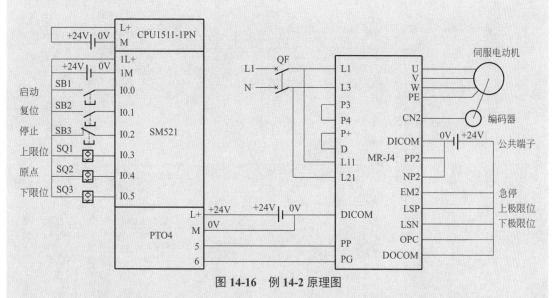

图 14-16　例 14-2 原理图

（2）硬件组态

① 新建项目，添加 CPU。打开 TIA 博途软件，新建项目"MotionControl"，单击项目树中的"添加新设备"选项，添加"CPU1511-1PN"和"TM PTO4"模块，如图 14-17 所示。

图 14-17　新建项目，添加 CPU

② 选择信号类型。选中"设备视图"（标号①处）→ "TM PTO4"（标号②处）→ "属性"（标号③处）→ "常规"（标号④处）→ "通道 0—操作模式"（标号⑤处），选择信号类型为"脉冲（P）和方向（D）"（标号⑥处），如图 14-18 所示。

图 14-18　选择信号类型

信号类型有 4 个选项，分别是：脉冲（P）和方向（D）、加计数 A 和减计数 B、增量编码器（A、B 相移）和增量编码器（A、B 相移 - 四倍频）。

③ 选择轴参数。选中"设备视图"→ "TM PTO4"→ "属性"→ "常规"→ "通道 0—轴参数"（标号①处），选择每转增量为"10000"（标号②处），如图 14-19 所示。

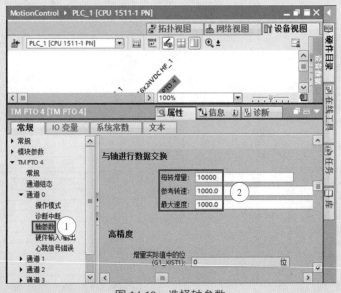

图 14-19　选择轴参数

（3）工艺对象"轴"组态

工艺对象"轴"组态是硬件组态的一部分，由于这部分内容非常重要，因此单独进行讲解。

"轴"表示驱动的工艺对象，"轴"工艺对象是用户程序与驱动的接口。工艺对象从用户程序收到运动控制命令，在运行时执行并监视执行状态。"驱动"表示步进电动机加电源部分或者伺服驱动加脉冲接口的机电单元。运动控制中必须要对工艺对象进行组态才能应用控制指令块。工艺组态包括三个部分：工艺参数组态、轴控制面板和诊断面板。以下分别进行介绍。

① 工艺参数组态　参数组态主要定义了轴的工程单位（如脉冲数 /min、r/min）、软硬件限位、启动 / 停止速度和参考点的定义等。工艺参数的组态步骤如下：

a. 插入新对象。在 TIA Portal 软件项目视图的项目树中，选择"MotionControl"→"PLC_1"（标号①处）→"工艺对象"→"新增对象"（标号②处），双击"新增对象"，如图 14-20 所示，弹出如图 14-21 所示的界面，选择"运动控制"→"TO_PositioningAxis"，单击"确定"按钮，弹出如图 14-22 所示的界面。

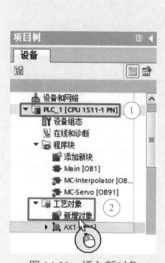

图 14-20　插入新对象

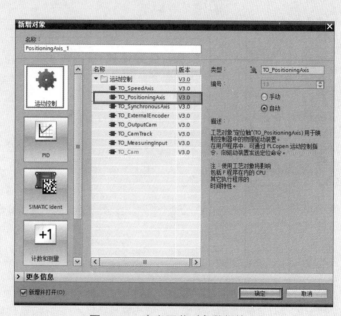

图 14-21　定义工艺对象数据块

b. 组态驱动装置。如图 14-22 所示，在"功能视图"选项卡中，选择"驱动装置"（标号"①"处），单击标记"②"处。弹出如图 14-23 所示界面，选择"TM PTO4"（标号"①"处）→"Channel 0"（标号"②"处），单击"确认"（标号"③"处）按钮✔。

c. 组态交换数据。在"功能视图"选项卡中，选择"数据交换"（标号"①"处），选择驱动报文为"报文 3"，选择参考速度和最大速度为"3000.0"（标号"②"处），选择编码器类型为"增量式旋转式"（根据实际），选择每转增量为"131072"（编码器的分辨率）（标号"③"处），如图 14-24 所示。

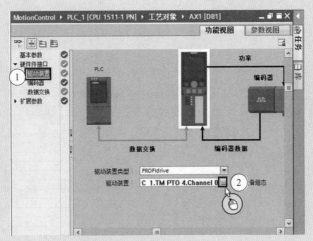

图 14-22　组态硬件接口（1）

图 14-23　组态硬件接口（2）

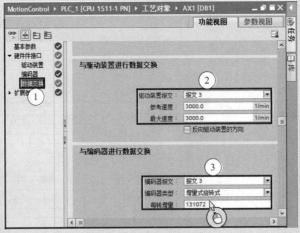

图 14-24　组态交换数据

　　d. 组态机械参数。在"功能视图"选项卡中，选择"扩展参数"→"机械"（标记"①"处），"电机每转的负载位移"取决于机械结构，如伺服电动机与丝杠直接相连接，则此参数就是丝杠的螺距，本例为"10.0"（标号"②"处），如图 14-25 所示。

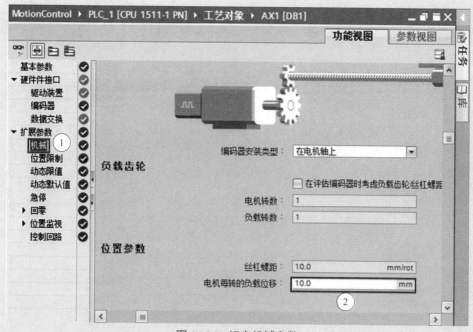

图 14-25 组态机械参数

e. 组态位置限制参数。在"功能视图"选项卡中,选择"扩展参数"→"位置限制"(标号"①"处),勾选"启用硬限位开关"(标号"②"处),如图 14-26 所示。在"输入负向硬限位开关"中选择"DOWNLIMIT"(I0.5)(标号"③"处),在"输入正向硬限位开关"中选择"UPLMIT"(I0.3)(标号"④"处),选择电平为"高电平",这些设置必须与原理图匹配。由于本例的限位开关在原理图中接入的是常开触点,因此当限位开关起作用时为"接通状态",所以此处选择"高电平",这一点请读者特别注意。

软件限位开关的设置根据实际情况确定,本例设置为"-1000"和"1000"。

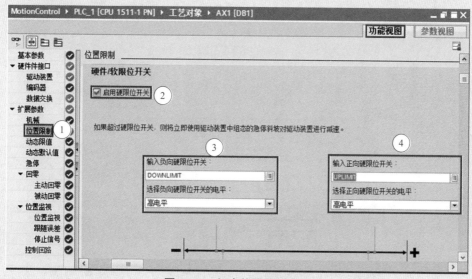

图 14-26 组态位置限制参数

f. 组态动态参数。在"功能视图"选项卡中，选择"扩展参数"→"动态限值"，根据实际情况修改最大速度、启动/停止速度和加速时间/减速时间等参数（此处的加速时间和减速时间是正常停机时的数值），本例设置如图 14-27 所示。

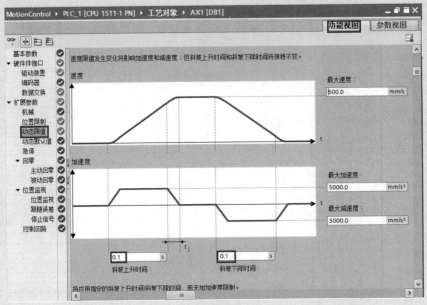

图 14-27　组态动态参数（1）

在"功能视图"选项卡中，选择"扩展参数"→"急停"，根据实际情况修改加速时间/减速时间等参数（此处的加速时间和减速时间是急停时的数值），本例设置如图 14-28 所示。

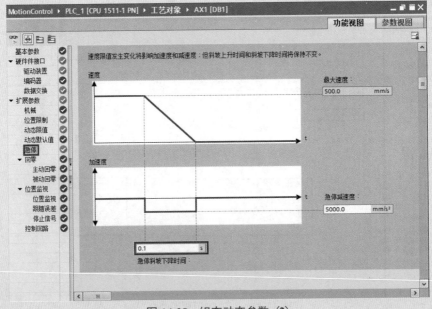

图 14-28　组态动态参数（2）

g. 组态回原点参数。在"功能视图"（标号①处）选项卡中，选择"扩展参数"→"回零"→"主动回零"（标号②处），根据原理图选择"通过数字量输入作为回原点标记"是 ORIGIN（I0.4）（标号③处）。由于输入是 PNP 电平，所以"选择电平"选项是"高电平"。

"起始位置偏移量"为 0，表明原点就在 ORIGIN（I0.4）的硬件物理位置上。本例设置如图 14-29 所示。

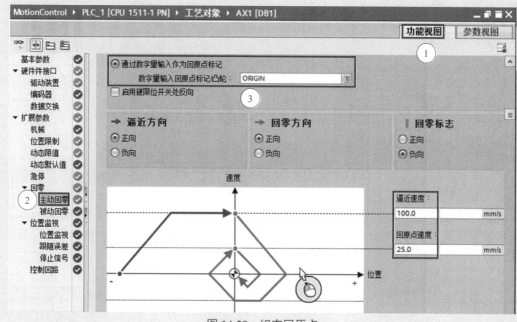

图 14-29　组态回原点

回参考点（原点）的过程有以下三种常见的情况：

● 滑块的起始位置在参考点的左侧，在到达参考点的右边沿时，从接近速度减速至到达速度已完成，如图 14-30 所示。当检测到参考点的左边沿时，电动机减速至到达速度，轴按照此速度移动到参考点的右边并停止，此时的位置计数器会将参数 Position 中的值设置为当前参考点。

图 14-30　回原点情形之一

● 滑块的起始位置在参考点的左侧，在到达参考点的右边沿时，从接近速度减速至到达速度已完成，如图 14-31 所示。由于在右边沿位置，轴未能减速到到达速度，轴会停止当前运动并以到达速度反向运行，直到检测到参考点右边沿上升沿，轴再次停止，然后轴按照此速度移动到参考点的右边下降沿并停止，此时的位置计数器会将参数 Position 中的值设置为当前参考点。

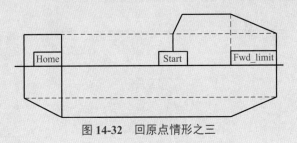

图 14-31　回原点情形之二

● 滑块的起始位置在参考点的右侧，轴在正向运动中没有检测到参考点，直到碰到右限位点，此时轴减速到停止，并以接近速度反向运行，当检测到左边沿后，轴减速停止，并以到达速度正向运行，直到检测到右边沿，回参考点过程完成，如图 14-32 所示。

图 14-32　回原点情形之三

② 轴控制面板　用户可以使用轴控制面板调试驱动设备、测试轴和驱动的功能。轴控制面板允许用户在手动方式下实现参考点定位、绝对位置运动、相对位置运动和点动等功能。

使用轴控制面板并不需要编写和下载程序代码。

a. 点动控制。在 TIA Portal 软件项目视图的项目树中，选择"MotionControl"→"PLC_1"→"工艺对象"→"插入新对象"→"Axis1"→"调试"，如图 14-33 所示。双击"调试"选项，打开轴控制面板，如图 14-34 所示。先单击"激活"和"启用"按钮，再选中"点动"选项，之后单击"正向"或者"反向"按钮，伺服电动机以设定的速度正向或者反向运行，并在轴控制面板中实时显示当前位置和速度。

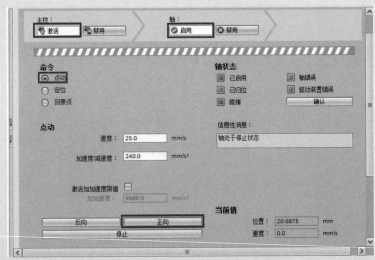

图 14-33　打开轴控制面板　　　　图 14-34　用轴控制面板进行点动控制

　　b. 定位控制。在轴控制面板中。先单击"激活"和"启用"按钮，再选中"定位"选项，之后单击"相对"按钮，如图 14-35 所示，伺服电动机以设定的速度从当前位置向设定位置运行，并在轴控制面板中，实时显示当前位置和速度。因为没有回原点，所以不能以绝对位移运动，这种情况，"绝对"按钮显示为灰色。

　　如果已经回原点，如图 14-36 所示，"绝对"和"相对"按钮均是亮色，则表明可以进行绝对位移运动和相对位移运动控制。

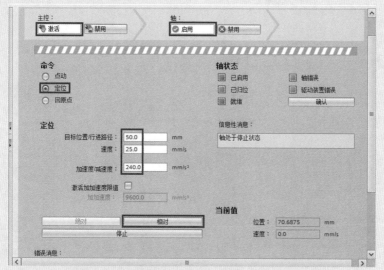

图 14-35　用轴控制面板进行相对位移位置控制

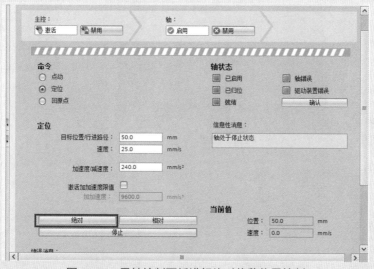

图 14-36　用轴控制面板进行绝对位移位置控制

　　c. 回原点控制。在轴控制面板中。先单击"激活"和"启用"按钮，再选中"回原点"选项，之后单击"设置回原点位置"按钮，如图 14-37 所示，则当前位置为原点。这样操作后，就可以进行绝对位移位置控制操作。

③ 诊断面板 无论在"手动模式"还是"自动模式"中，都可以通过在线方式查看诊断面板。诊断面板用于显示轴的关键状态和错误消息。

a. 状态和错误位。在 TIA Portal 软件项目视图的项目树中，选择"MotionControl"→"PLC_1"→"工艺对象"→"插入新对象"→"Axis1"→"诊断"，如图 14-38 所示，双击"诊断"选项，打开诊断面板，如图 14-39 所示。因为没有错误，右下侧显示"正常"字样，关键的信息用绿色的方块提示用户，无关信息则是灰色方块提示。

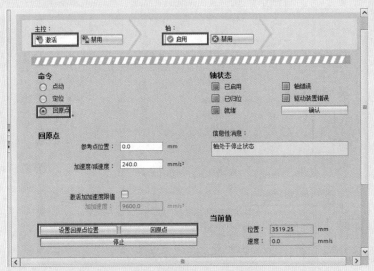

图 14-37　用轴控制面板进行回原点控制　　　　　图 14-38　打开诊断面板

在如图 14-40 中，错误的信息用红色方框提示用户，如"已逼近硬限位开关"前面有红色的方框，表示硬件限位开关已经触发，因此用户必须查看 I0.3 和 I0.5 限位开关。

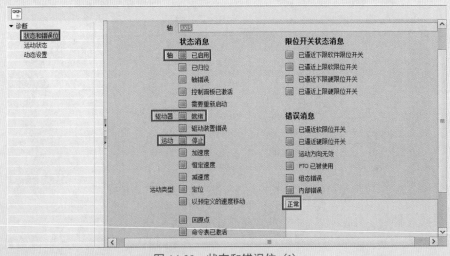

图 14-39　状态和错误位（1）

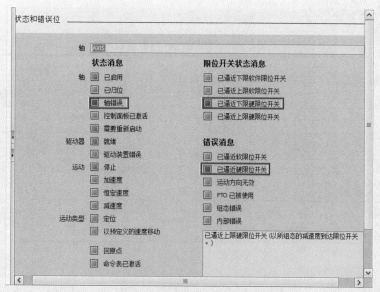

图 14-40　状态和错误位（2）

b. 运动状态。选中并双击"运动状态"选项，弹出如图 14-41 所示界面，此界面包含当前位置、目标位置、当前速度和剩余行进距离等参数。

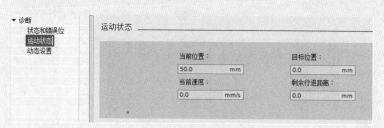

图 14-41　运动状态

c. 动态设置。在图 14-41 所示界面选中并双击"动态设置"选项，弹出如图 14-42 所示界面，此界面包含加速度、减速度、加加速度和紧急减速度等参数。

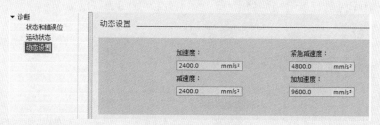

图 14-42　动态设置

（4）设置伺服驱动器参数

脉冲当量为 0.001mm，则 PLC 发出 1000 个脉冲，工作丝杠可以移动 1mm。丝杠螺距为 10mm，则要使工作台移动一个螺距长度，PLC 需要发出 10000 个脉冲。本例编码器的分辨率是 4194304，则电子齿轮比为：

$$CMX/CDV=4194304/10000=262144/625$$

伺服驱动器参数设置见表14-8。

表14-8 伺服驱动器参数设置

参数	名称	出厂值	设定值	说明
PA01	控制模式选择	1000	1000	设置成位置控制模式
PA06	电子齿轮分子	1	262144	设置成上位机发出10000个脉冲电动机转一周
PA07	电子齿轮分母	1	625	
PA13	指令脉冲选择	0000	0001	选择脉冲串输入信号波形，正逻辑，设定脉冲加方向控制
PD01	用于设定SON、LSP、LSN的自动置ON	0000	0C04	SON、LSP、LSN内部自动置ON

（5）编写程序

新建数据块X-DB如图14-43所示。这个数据块可以用M寄存器代替，但用数据块的好处是很明显的，所有的与轴相关的参数都集成在数据块中，容易查找，结构性好，读者应学会这样使用数据块。

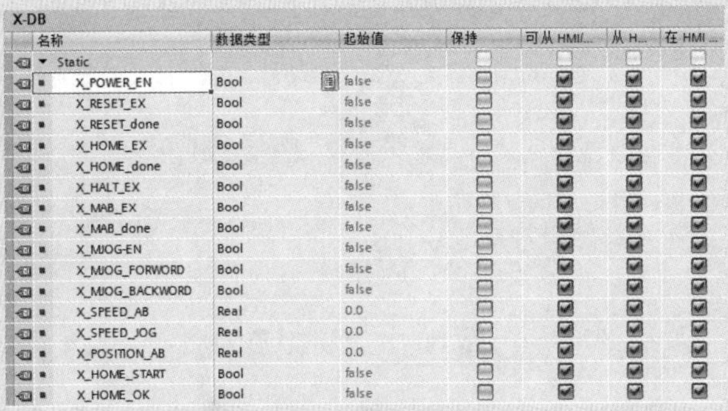

X-DB

名称	数据类型	起始值	保持	可从HMI/...	从H...	在HMI...
Static						
X_POWER_EN	Bool	false				
X_RESET_EX	Bool	false				
X_RESET_done	Bool	false				
X_HOME_EX	Bool	false				
X_HOME_done	Bool	false				
X_HALT_EX	Bool	false				
X_MAB_EX	Bool	false				
X_MAB_done	Bool	false				
X_MJOG-EN	Bool	false				
X_MJOG_FORWORD	Bool	false				
X_MJOG_BACKWORD	Bool	false				
X_SPEED_AB	Real	0.0				
X_SPEED_JOG	Real	0.0				
X_POSITION_AB	Real	0.0				
X_HOME_START	Bool	false				
X_HOME_OK	Bool	false				

图14-43 数据块X-DB

编写OB100的程序如图14-44所示，该程序的作用是PLC上电运行给绝对移动指令和点动指令赋值速度，并使能MC_POWER指令。

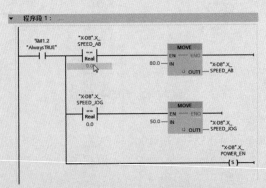

图14-44 OB100中的梯形图程序

OB1 中梯形图程序如图 14-45 所示，分别调用 FC1、FC2 和 FC3 三个函数。

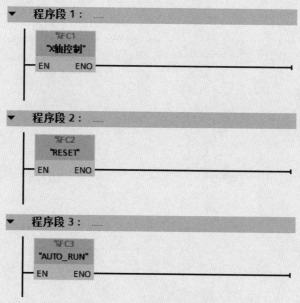

图 14-45　OB1 中梯形图程序

FC1 中梯形图程序如图 14-46 所示，其功能是执行运动控制的功能，包含轴的使能、轴的复位、轴的回原点和轴的绝对运动。这段程序有通用性，编写其他程序时可以借用。

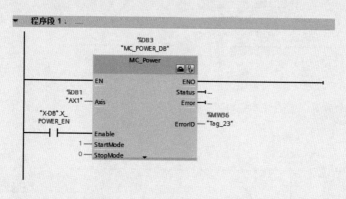

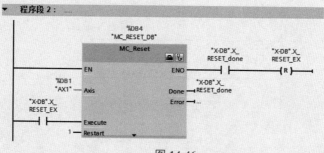

图 14-46

▼ 程序段 3: ─

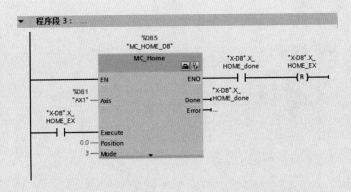

▼ 程序段 4: ─

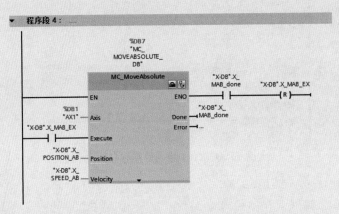

▼ 程序段 5: ─

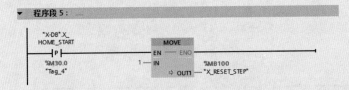

▼ 程序段 6: ─

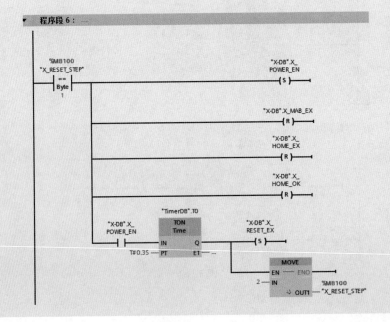

程序段 7：____

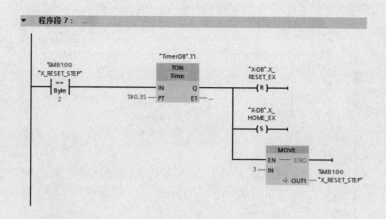

程序段 8：____

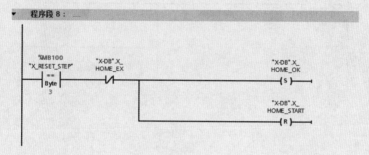

程序段 9：____

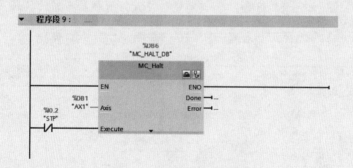

图 14-46　FC1 中的梯形图程序

FC2 中梯形图程序如图 14-47 所示，其功能是执行回原点功能，执行回原点完成后，置位一个标志。

程序段 1：____

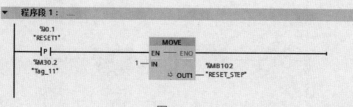

图 14-47

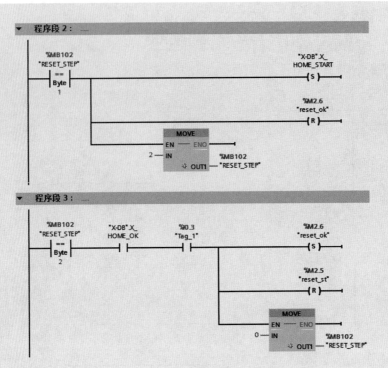

图 14-47　FC2 中的梯形图程序

FC3 中梯形图程序如图 14-48 所示，其功能是使轴按照题目要求的轨迹运动。

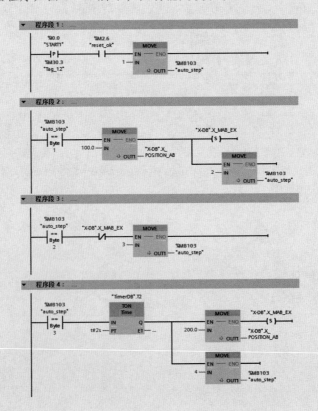

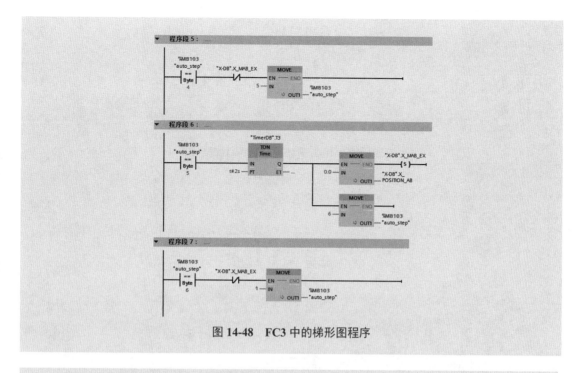

图 14-48　FC3 中的梯形图程序

14.2.5　西门子 S7-1200 PLC 的 PWM 功能

(1) PWM 功能简介

PWM（Pulse Width Modulation，脉宽调制）是一种周期固定、宽度可调的脉冲输出，如图 14-49 所示，PWM 功能虽然是数字量输出，但其很多方面类似于模拟量，比如它可以控制电机转速、阀门位置等。S7-1200 CPU 提供了四个输出通道用于高速脉冲输出，分别可组态为 PTO 或者 PWM，PTO 的功能只能由运动控制指令来实现，前面的章节已经介绍。PWM 功能使用 CTRL_PWM 指令块实现，当一个通道被组态成 PWM 时，将不能使用 PTO 功能，反之亦然。

脉冲宽度可以表示成百分之几、千分之几、万分之几或者 S7 模拟量格式，脉宽的范围可从 0（无脉冲，数字量输出为 0）到全脉冲周期（数字量输出为 1）。

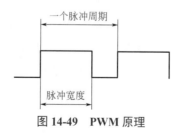

图 14-49　PWM 原理

(2) PWM 功能应用举例

◁【例 14-3】　使用模拟量控制数字量输出，当模拟量值发生变化时，CPU 输出的脉冲宽度随之变化，但周期不变，可用于控制脉冲方式加热设备。此应用通过 PWM 功能实现，脉冲周期为 1s，模拟量值在 0 ～ 27648 之间变化。

【解】 先进行硬件组态，再编写程序。

① 硬件组态。

a. 创建新项目，命名为"PWM0"，如图14-50所示，单击"创建"按钮，弹出图14-51所示的界面，双击"添加新设备"，弹出图14-52所示的界面，选定要组态的硬件，再单击"确定"按钮即可。

图 14-50　创建新项目

图 14-51　添加新设备

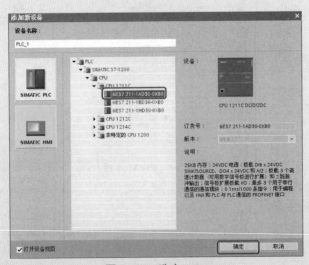

图 14-52　选定 CPU

　　b. 激活 PWM 功能。先选中 CPU，再选中"属性"选项卡，并展开"PTO1/PWM1"，最后勾选"允许使用该脉冲发生器"，如图 14-53 所示。

图 14-53　激活 PWM 功能

　　c. 硬件参数组态。脉冲发生器用作"PWM"，不能选择"PTO"选项；时间基准为"毫秒"；脉冲宽度格式为 S7 模拟格式；循环时间为 1000ms；初始脉冲宽度为 0，如图 14-54 所示。

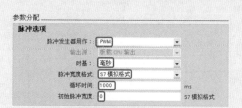

图 14-54　硬件参数组态

　　d. 硬件输出与脉宽地址。设置如图 14-55 所示。

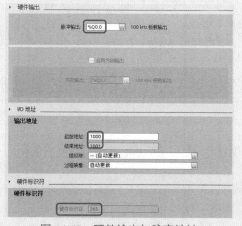

图 14-55　硬件输出与脉宽地址

② 编写程序。

a. 指令介绍。S7-1200 CPU 使用 CTRL_PWM 指令块实现 PWM 输出。在使用此指令时，需要添加背景数据块，用于存储参数信息。当 EN 端变为 1 时，指令块通过 ENABLE 端使能或者禁止脉冲输出，脉冲宽度通过组态好的 QW 来调节，当 CTRL_PWM 指令块正在运行时，BUSY 位将一直为 0。有错误发生时，ENO 为 0，STATUS 显示错误信息。

CTRL_PWM 指令块的各个参数的含义见表 14-9。

表 14-9 CTRL_PWM 指令块参数含义

LAD	SCL	参数	说明
%DB1 "CTRL_PWM_DB" CTRL_PWM — EN ENO — — PWM BUSY — — ENABLE STATUS —	"CTRL_PWM_DB" (PWM: =_uint_in_, ENABLE: =_bool_in_, BUSY=>_bool_out_, STATUS=>_word_out_);	PWM	硬件标识号，即组态参数中的 HW ID
		ENABLE	为 1 使能指令块，为 0 禁止指令块
		BUSY	功能应用中
		STATUS	状态显示

b. 编写程序。编写 LAD 程序如图 14-56 所示，SCL 程序如图 14-57 所示。

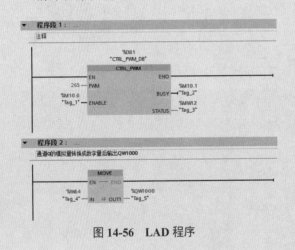

图 14-56　LAD 程序

```
1 ⊟"CTRL_PWM_DB_1"(PWM:=265,
2                  ENABLE:="Tag_1",
3                  BUSY=>"Tag_2",
4                  STATUS=>"Tag_3");
5 "Tag_5" := "Tag_4";
```

图 14-57　SCL 程序

14.3　三菱 FX3U 系列 PLC 的运动控制功能及其应用

14.3.1　三菱 FX 系列 PLC 的运动控制功能介绍

FX3S、FX3G、FX3GC、FX3U、FX3UC 可编程控制器（晶体管输出）的通用输出和高速输出特殊适配器 FX3U-2HSY-ADP 可进行运动控制，其中 FX3S、FX3G、FX3GC、FX3U、FX3UC 可编程控制器最多可以控制 3 轴，高速输出特殊适配器 FX3U-2HSY-ADP 最多可以控制 2 轴。

连接 FX3U-2HSY-ADP，连接 1 台时可以进行 2 轴定位控制；连接 2 台时可以进行 4 轴定位控制。

使用 FX3S、FX3G、FX3GC、FX3U、FX3UC 可编程控制器的定位指令（应用指令），进行定位控制。

FX3S、FX3G、FX3GC、FX3U、FX3UC 可编程控制器（晶体管输出）的通用输出可以输出 100kHz 的脉冲串。FX3U-2HSY-ADP（差动驱动方式）可以输出 200kHz 的脉冲串。

14.3.2　三菱 FX 系列 PLC 的高速脉冲输出指令应用

(1) 高速脉冲输出指令介绍

高速脉冲输出功能即在 PLC 的指定输出点上实现脉冲输出和脉宽调制功能。三菱 FX 系列 PLC 配有两个高速输出点（从 FX3U 开始有 3 个高速输出点）。

脉冲输出指令（PLSY/DPLSY）的 PLS 指令格式见表 14-10。

表 14-10　脉冲输出指令（PLSY/DPLSY）的 PLS 指令参数表

指令名称	FNC NO.	[S1·]	[S2·]	[D·]
脉冲输出指令	FNC55	K、H、KnX、KnY、KnM、KnS、T、C、D、V、Z	K、H、KnX、KnY、KnM、KnS、T、C、D、V、Z	Y000、Y001

脉冲输出指令（PLSY/DPLSY）按照给定的脉冲个数和周期输出一串方波（占空比 50%）。该指令可用于指定频率、产生定量脉冲输出场合，实例如图 14-58 所示，[S1·] 用于指定频率，范围是 2 ~ 20kHz；[S2·] 用于指定产生脉冲的数量，16 位指令（PLSY）的指定范围是 1 ~ 32767，32 位指令（DPLSY）的指定范围是 1 ~ 2147483647；[D·] 用于指定输出的 Y 的地址，仅限于晶体管输出的 Y000 和 Y001（对于 FX2N 及以前的产品）。当 X1 闭合时，Y000 发出高速脉冲，当 X1 断开时，Y000 停止输出。输出脉冲存储在 D8137 和 D8136 中。

图 14-58　PLSY 的使用示例

(2) DRVI 相对位置控制指令

相对驱动方式是指定带正 / 负符号，由当前位置开始计算移动距离的方式。相对驱动方式对应的伺服电动机脉冲示意图如图 14-59 所示。即从 0 点位置开始运动，发送给驱动器 +3000 的脉冲后，伺服电动机向前运行 3000 个脉冲的距离。此时若发送 -3000 的脉冲，则伺服电动机反向运行 3000 个脉冲的距离。

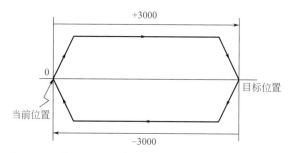

图 14-59　相对驱动方式对应的伺服电动机脉冲示意图

用如图 14-60 所示的梯形图解释 DRVI 指令，当 X001 接通，DRVI 指令开始通过 Y000 输出脉冲。D0 为脉冲输出数量（PLS），D2 为脉冲输出频率（Hz），Y000 为脉冲输出地址，Y004 为脉冲方向信号。如果 D0 为正数，则 Y004 变为 ON，如果 D0 为负数，则 Y004 变为 OFF。若在指令执行过程中，指令驱动的接点 X001 变为 OFF，将减速至停止。此时执行完成标志 M8029 不动作。

图 14-60　DRVI 指令说明

（3）DRVA 绝对位置控制指令

所谓绝对驱动方式，是指指定由原点（0 点）开始计算距离的方式。绝对驱动方式对应的伺服电动机脉冲示意图如图 14-61 所示。即从 0 点位置开始运动，发送 +3000 个脉冲后，伺服电动机运行到 +3000 的坐标位置，然后发送 0 个脉冲后，伺服电动机运行到 0 点的坐标位置。

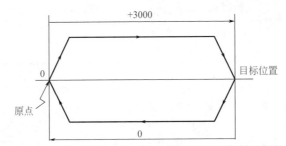

图 14-61　绝对驱动方式对应的伺服电动机脉冲示意图

用图 14-62 所示的梯形图解释 DRVA 指令。当 X001 接通，DRVA 指令开始通过 Y000 输出脉冲。D0 为脉冲输出数量（PLS），D2 为脉冲输出频率（Hz），Y000 为脉冲输出地址，Y004 为脉冲方向信号。如果 D0 为正数，则 Y004 变为 ON，如果 D0 为负数，则 Y004 变为 OFF。若在指令执行过程中，指令驱动的接点 X001 变为 OFF，将减速至停止。此时执行完成标志 M8029 不动作。

从 Y000 输出的脉冲数将保存在 D8140（低位）及 D8141（高位）特殊寄存器内，从 Y001 输出的脉冲数将保存在 D8142（低位）及 D8143（高位）特殊寄存器内，设定的脉冲发完后，执行结束标志 M8029 动作。D8148 为脉冲频率的加减速时间，默认值为 100ms。

```
   X001
───┤├───────────[DRVA    D0    D2    Y000    Y004    ]┤
```
图 14-62　DRVA 指令说明

（4）ZRN 原点回归指令

用如图 14-63 所示的梯形图解释 ZRN 指令。

```
   X001
───┤├───────────[ZRN    D4      D7      X003      Y000    ]┤
                      原点回归高速 爬行速度 近点信号 脉冲输出地址
```
图 14-63　ZRN 指令说明

如图 14-64 所示，在当前位置 A 处，驱动条件 X001 接通，则开始执行原点回归。在原点回归过程中，还未感应到近点信号 X003 时，滑块以 D4 的速度高速回归。在感应到近点信号 X003 后，滑块减速到 D7（爬行速度），开始低速运行。当滑块脱离近点信号 X003 后，滑块停止运行，原点确定，原点回归结束。若在原点回归过程中，驱动条件 X001 断开，则滑块将不减速而停止（立即停止），当原点回归结束后，在停止脉冲输出的同时，向当前值寄存器（Y000：D8141，D8140）（Y001：D8143，D8142）写入 0。因此 ZRN 指令中，D4（第一个数据）指定原点回归时的高速运行速度，D7（第二个数据）指定原点回归时的低速运行速度，X003（近点信号）指定原点回归接近时的传感器信号，Y000 是脉冲输出地址。

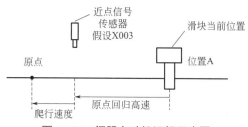

图 14-64　伺服电动机运行示意图

在执行 DRVI 及 DRVA 等指令时，PLC 利用自身产生的正转脉冲或反转脉冲进行当前位置的增减，并将其保存在当前值寄存器（Y000：D8141，D8140）（Y001：D8143，D8142）。由此，机械的位置始终保持着，但当 PLC 断电时这些位置当前值会消失，因此上电时和初始运行时，必须执行原点回归，将机械动作的原点位置的数据事先写入。

14.3.3　三菱 FX 系列 PLC 运动控制应用——速度控制

伺服驱动系统主要有速度控制模式、转矩控制模式和位置控制模式，下面将用一个例子介绍伺服驱动系统速度控制模式实现的方法。

PLC 对
MR-J4 伺服系统的速度控制

◇【例 14-4】　某设备上有一套伺服驱动系统，伺服驱动器的型号为 MR-J4-10A，伺服电动机的型号为 HG-KR13J，是三相交流同步伺服电动机，控制要求如下：

① 压下启动按钮 SB1 时，以正向转速 50r/min 行走 10s；再以正向转速 100r/min 行走 10s，停 2s；再以反向转速 200r/min 行走 10s。

② 压下停止按钮 SB2 时，系统立即停止。

请设计原理图，并编写程序。

【解】　（1）主要软硬件配置

① 1 套 GX WORKS2。

② 1 台伺服电动机，型号为 HG-KR13J。

③ 1 台伺服驱动器，型号为三菱 MR-J4-10A。

④ 1 台 FX3U-32MT。

（2）设计电气原理图

伺服系统选用的是三菱 MR 系列，伺服电动机和伺服驱动器的连线比较简单，伺服电动机后面的编码器与伺服驱动器的连线是由三菱公司提供的专用电缆，伺服驱动器端的接口是 CN2，这根电缆一般不会接错。伺服电动机上的电源线对应连接到伺服驱动器上的接线端子上，接线图如图 14-65 所示。

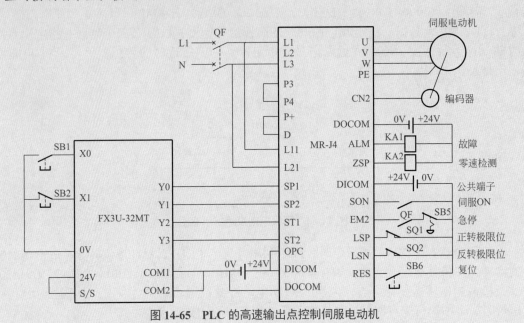

图 14-65　PLC 的高速输出点控制伺服电动机

本伺服驱动器的供电电源可以是三相交流 220V，也可以是单相交流 220V，本例采用单相交流 220V 供电，伺服驱动器的供电接线端子排是 CNP1。SP1、SP2 是速度给定端子，ST1 和 ST2 是方向控制端子，PLC 的输出和伺服驱动器的输入都是 NPN 型，因此是匹配的。PLC 的 COM1 必须和伺服驱动器的 DOCOM 连接，达到共地的目的。

关键点　连线时，务必注意 PLC 与伺服驱动器必须共地，否则不能形成回路。图 14-65 中，L1、L2、L3 的供电电压是 220V（三相或单相），而不是 380V。

（3）设置伺服驱动器的参数
伺服驱动器参数设置见表 14-11。

表 14-11　伺服驱动器参数设置

参数	名称	出厂值	设定值	说明
PA01	控制模式选择	0000	1002	设置成速度控制模式
PC01	加速时间常数	0	1000	100ms
PC02	减速时间常数	0	1000	100ms
PC05	内部速度1	100	50	50r/min
PC06	内部速度2	500	100	100r/min

续表

参数	名称	出厂值	设定值	说明
PC07	内部速度 3	1000	200	200r/min
PD01	用于设定 SON、LSP、LSN 的自动置 ON	0000	0C04	SON、LSP、LSN 内部自动置 ON
PD05	输入软元件选择 2L	0000	21＿＿	在速度模式下，把 CN1-15 分配给 SP2

（4）编写控制程序

伺服驱动器的输入和转速的对应关系见表 14-12。

表 14-12　伺服驱动器的输入和转速的对应关系

外部输入信号					速度指令
ST1（Y2）	ST2（Y3）	SP1（Y0）	SP2（Y1）	SP3（Y4）	
0	0	0	0	0	电动机停止
1	0	1	0	0	速度 1（NO.8=50）
1	0	0	1	0	速度 2（NO.9=100）
0	1	1	1	0	速度 3（NO.10=300）

根据以上表格编写程序如图 14-66 所示。

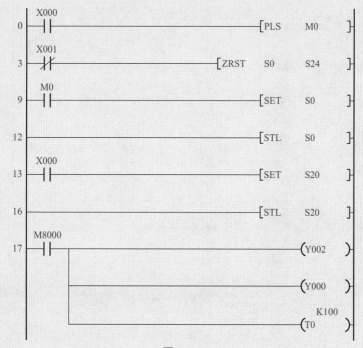

图 14-66

```
23 ┤├ T0                              ─[SET    S21  ]

26 ──────────────────────────────────[STL    S21  ]

27 ┤├ M8000 ──────────────────────────────(Y002  )
        │
        ├──────────────────────────────(Y001  )
        │                            K100
        └──────────────────────────────(T1    )

33 ┤├ T1                              ─[SET    S22  ]

36 ──────────────────────────────────[STL    S22  ]

                                     K20
37 ┤├ M8000 ──────────────────────────(T2    )

41 ┤├ T2                              ─[SET    S23  ]

44 ──────────────────────────────────[STL    S23  ]

45 ┤├ M8000 ──────────────────────────────(Y003  )
        │
        ├──────────────────────────────(Y000  )
        │
        ├──────────────────────────────(Y001  )
        │                            K100
        └──────────────────────────────(T3    )

52 ┤├ T3                              ─[SET    S20  ]

55 ──────────────────────────────────[RET    ]

56 ──────────────────────────────────[END    ]
```

图 14-66 控制程序

14.3.4 三菱 FX PLC 运动控制应用——位置控制

伺服驱动系统主要有速度控制模式、转矩控制模式和位置控制模式，位置控制模式更加常用，下面将用一个例子介绍伺服驱动系统位置控制模式实现的方法。

PLC 对
MR-J4 伺服系
统的位置控制

◁【例 14-5】 某设备上有一套伺服驱动系统，伺服驱动器的型号为 MR-J4-10A，伺服电动机的型号为 HG-KR13J，是三相交流同步伺服电动机，控制要求如下：

① 压下复位 SB2 按钮，伺服驱动系统回原点。

② 压下启动 SB1 按钮，伺服电动机带动滑块向前运行 500mm，停 2s，再向前运行 500mm，停 2s，然后返回原点，如此循环运行。

③ 压下停止按钮 SB3 时，系统立即停止。

请设计原理图，并编写程序。

【解】 （1）主要软硬件配置

① 1 套 GX WORKS2。

② 1 台伺服电动机，型号为 HG-KR13J。

③ 1 台伺服驱动器，型号为三菱 MR-J4-10A。

④ 1 台 FX3U-32MT。

（2）设计电气原理图

本伺服驱动器的供电电源可以是三相交流 220V，也可以是单相交流 220V，本例采用单相交流 220V 供电，伺服驱动器的供电接线端子排是 CNP1。PLC 的高速输出点与伺服驱动器的 PP 端子连接，PLC 的输出和伺服驱动器的输入都是 NPN 型，因此是匹配的。PLC 的 COM1 必须和伺服驱动器的 DOCOM 连接，达到共地的目的。

关键点 连线时，务必注意 PLC 与伺服驱动器必须共地，否则不能形成回路。图 14-67 中，L1、L2、L3 的供电电压是 220V（三相或单相），而不是 380V。

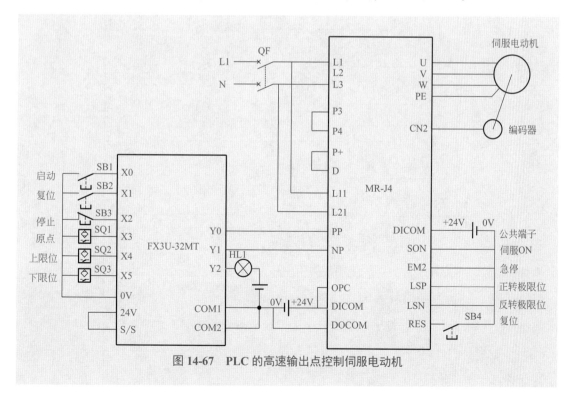

图 14-67 PLC 的高速输出点控制伺服电动机

（3）设置伺服驱动器的参数

脉冲当量为 0.001mm，则 PLC 发出 1000 个脉冲，工作丝杆可以移动 1mm。丝杠螺距为 10mm，则要使工作台移动一个螺距长度，PLC 需要发出 10000 个脉冲。本例编码器的分辨率是 4194304。则电子齿轮比为：

$$CMX/CDV=4194304/10000=262144/625$$

伺服驱动器参数设置见表 14-13。

表 14-13　伺服驱动器参数设置

参数	名称	出厂值	设定值	说明
PA01	控制模式选择	1000	1000	设置成位置控制模式
PA06	电子齿轮分子	1	262144	设置成上位机发出 10000 个脉冲电动机转一周
PA07	电子齿轮分母	1	625	
PA13	指令脉冲选择	0000	0011	选择脉冲串输入信号波形，负逻辑，设定脉冲加方向控制
PD01	用于设定 SON、LSP、LSN 的自动置 ON	0000	0C04	SON、LSP、LSN 内部自动置 ON

（4）编写控制程序

程序如图 14-68 所示。

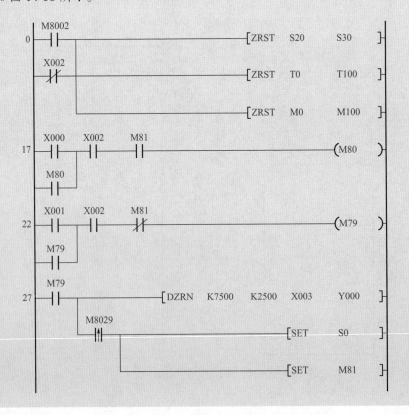

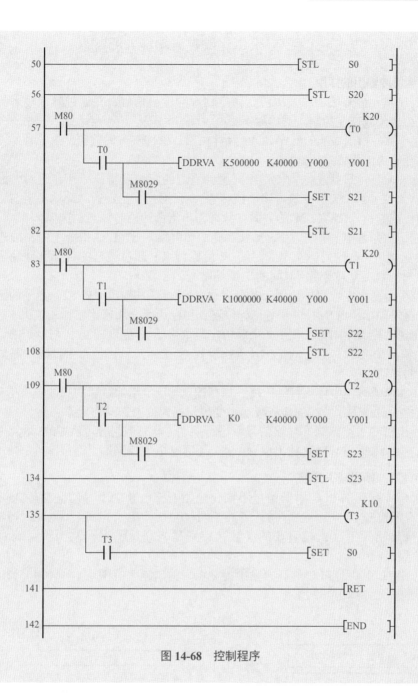

图 14-68 控制程序

■ 14.4 欧姆龙 CP1 系列 PLC 的运动控制功能及其应用

欧姆龙 CP1 系列 PLC 控制步进驱动系统有 2 种方法，一是直接使用 PLC 的高速输出点控制步进驱动系统，这种方法比较简单，也比较经济，以下会详细介绍；二是使用定位模块控制步进驱动系统，这种方法需要额外使用定位模块，因此花费增加较多，但功能相对强大，一般在 CP1 的高速输出点不够用，或者定位要求高时使用。

14.4.1　欧姆龙 CP1 系列 PLC 运动控制功能介绍

(1) 高速脉冲输出的作用

可从 CPU 单元内置输出中发出固定占空比脉冲输出信号，并通过脉冲输入的伺服电动机驱动器进行定位或速度控制。具体如下：

① 可选择脉冲输出功能的 CW/CCW 脉冲输出、脉冲 + 方向输出，这个功能可根据电机驱动器的脉冲输入的规格进行选择。

② 通过方向自动选择功能，使得绝对坐标系上的定位变得简单。在绝对坐标中动作时（原点确定状态或通过 INI 指令执行当前值变更），根据指令指定的脉冲输出量与脉冲输出当前值相比为正或为负，CW/CCW 的方向在脉冲输出指令执行时被自动选择。

③ 可进行三角控制。定位［执行 ACC 指令（单独）或 PLS2 指令］中，加速及减速时必要的脉冲输出量（达到目标频率的时间 × 目标频率）超过设定的目标脉冲输出量的情况下，进行三角控制（无恒定速度时间的 T 型控制）。

④ 定位中可变更定位目标位置（多重启动）。通过脉冲输出（PLS2）指令的定位中，通过执行其他脉冲输出（PLS2）可变更目标位置、目标速度、加速比率、减速比率。

⑤ 可在速度控制中向定位变更（中断恒定距离进给）。速度控制中（连续模式），可变更为通过脉冲输出（PLS2）指令的定位（单独模式）。这样，可执行有条件的中断恒定距离进给（指定量的移动）。

⑥ 可在加速或减速中变更目标速度、加减速比率。T 型加减速的脉冲输出指令执行（速度控制或定位）过程中，可在加速或减速中变更目标速度及加减速比率。

⑦ 可发出可变占空比脉冲输出信号，进行照明 / 电力控制等可从 CPU 单元内置输出中产生可变占空比脉冲（PWM）输出信号，进行照明 / 电力控制等。

(2) 高速脉冲输出端子分配

欧姆龙 CP1 系列的 PLC 根据型号不同，通常有 2 ～ 4 个不等的高速输入端子，不同型号 PLC 的最高输出频率也不同，通常为 100kHz，也有的是 200kHz，但有的高达 1MHz，最高输出频率是比较重要的参数，特别是当高速输出控制伺服系统时，就一定要关注此参数。

欧姆龙 CP1L 系列的 PLC 的高速输出为 2 点，输出频率范围是 1 ～ 100 kHz，其高速脉冲输出端子的分配如图 14-69 所示。

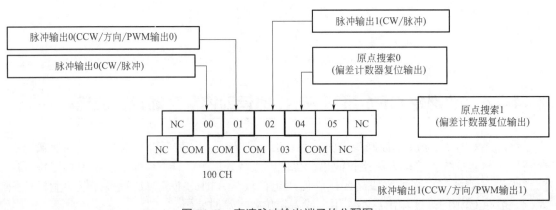

图 14-69　高速脉冲输出端子的分配图

14.4.2　欧姆龙 CP1 系列 PLC 的高速脉冲输出指令应用

(1) 高速脉冲输出指令介绍

欧姆龙 CP1 系列 PLC 与高速输出相关的指令比较丰富，这为编写程序带来了很大的方便，具体有 SPED、PULS、PLS2、ACC、ORG 和 PWM，高速输出指令相对较难理解，以下分别介绍。

① 脉冲输出模式　脉冲有 2 种输出模式，即单独模式和连续模式。

单独模式在定位控制中使用，输出脉冲达到设定数值时，可以自动停止，也可以通过指令强迫其停止。

连续模式在速度控制中使用，脉冲连续输出持续到指令操作出现脉冲停止的指令为止，或者变成程序模式为止。

② 原点搜索　原点搜索就是以通过原点搜索参数指定的形式为基础，通过执行 ORG 指令实际输出脉冲，使电动机动作，将以下 4 种位置信息（原点输入信号、原点接近输入信号、CW 极限输入信号、CCW 极限输入信号）作为输入条件，来确定机械原点的功能。

如图 14-70 所示，原点搜索的过程为在指定速度下按照启动→加速→等速，使移动到原点接近位置，在原点接近位置，按照减速→等速在原点位置使停止。

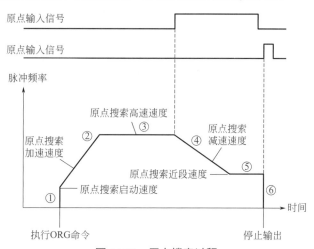

图 14-70　原点搜索过程

③ 特殊辅助继电器　高速脉冲输出时，理解特殊辅助继电器的含义是至关重要的，例如 A277 和 A276 中保存的是脉冲输出 0 的当前数值，经过转换即当前位置。特殊辅助继电器区域的分配见表 14-14。

表 14-14　特殊辅助继电器区域的分配表

内容		脉冲输出 0	脉冲输出 1
当前值保存区域 80000000 ～ 7FFFFFFFHex（-2147483648 ～ 147483647 脉冲）	保存高位 4 位	A277 CH	A279 CH
	保存低位 4 位	A276 CH	A278 CH
脉冲输出复位标志 脉冲输出当前值区域	0：不清除 1：清除	A540.00	A541.00
CW 临界输入信号 原点搜索中使用的 CW 界限输入信号	来自外部的输入为 ON 时，ON	A540.08	A541.08

内容		脉冲输出 0	脉冲输出 1
CCW 临界输入信号 原点搜索中使用的 CCW 界限输入信号	来自外部的输入为 ON 时，ON	A540.09	A541.09
定位完成信号 原点搜索中使用的定位完成信号	来自外部的输入为 ON 时，ON	A540.10	A541.10
脉冲输出状态标志 通过 ACC/PLS2 指令使脉冲输出中输出频率发生阶段性变化，并在加减速中为 ON	0：恒速中 1：加减速中	A280.00	A281.00
溢出 / 下溢标志计数值为溢出或下溢时，为 ON	0：正常 1：发生中	A280.01	A281.01
脉冲输出量设定标志 通过 PLUS 指令设定脉冲量时，为 ON	0：没有设定 1：有设定	A280.02	A281.02
脉冲输出完成标志 通过 PULS/PLS2 指令设定的脉冲量结束输出时，为 ON	0：输出未完成 1：输出完成	A280.03	A281.03
脉冲输出中标志 脉冲输出中时，为 ON	0：停止中 1：输出中	A280.04	A281.04
无原点标志 原点未确定时，为 ON	0：原点确定状态 1：原点未确定状态	A280.05	A281.05
原点停止标志 脉冲输出的当前值与原点（0）一致时，为 ON	0：位于原点以外的停止中 1：位于原点的停止中	A280.06	A281.06
脉冲输出停止异常标志 原点搜索功能下，在脉冲输出中发生异常时为 ON	0：没有异常 1：异常发生中	A280.07	A281.07
停止异常代码 脉冲输出发生停止异常时，保存该异常代码		A444 CH	A445 CH

(2) SPED 指令

SPED 按输出端口指定脉冲频率，输出无加减速脉冲。其能够进行定位（独立模式）或速度控制（连续模式）。还有在定位（独立模式）时，将 PULS 指令作为一组来使用。在脉冲输出中执行本指令时，能够变更当前脉冲输出的目标频率。据此能够进行阶跃方式的速度变更。SPED 指令如图 14-71 所示。

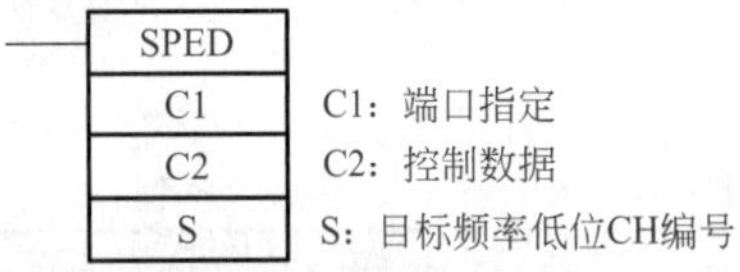

SPED	
C1	C1：端口指定
C2	C2：控制数据
S	S：目标频率低位 CH 编号

图 14-71 SPED 指令

① 操作数说明。

a. C1：端口指定。

0000 Hex：脉冲输出 0。

0001 Hex：脉冲输出 1。

0020 Hex：变频器定位 0（仅 CP1L）。

0021 Hex：变频器定位 1（仅 CP1L）。

b. C2：控制数据，各位含义如图 14-72 所示。

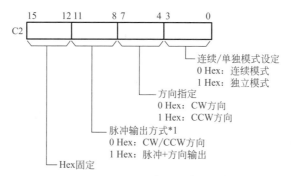

图 14-72 C2 各位的含义

c. S：目标频率低位通道编号，S 的高地位分配如图 14-73 所示。

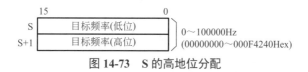

图 14-73 S 的高地位分配

② 功能说明。从由 C1 指定的端口中，通过由 C2 指定的方式和由 S 指定的目标频率来执行脉冲输出。

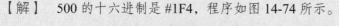

【例 14-6】 请设计一段程序，实现当 0.00 由断开到闭合时，输出 500Hz 的脉冲，而当 0.01 由断开到闭合时，停止脉冲输出。

【解】 500 的十六进制是 #1F4，程序如图 14-74 所示。

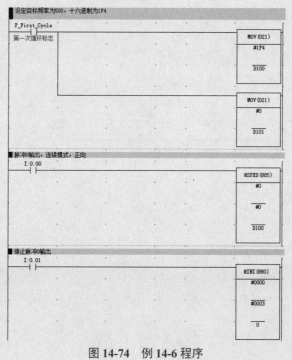

图 14-74 例 14-6 程序

(3) PULS 指令

设定脉冲输出量。在由本指令设定的脉冲输出量的状态下，通过用独立模式来执行频率设定（SPED）指令或频率加减速控制（ACC）指令，来输出设定的脉冲量。PULS 指令如图 14-75 所示。

操作数说明如下。

① C1：端口指定。

0000 Hex：脉冲输出 0。

0001 Hex：脉冲输出 1。

0020 Hex：变频器定位 0（仅 CP1L）。

0021 Hex：变频器定位 1（仅 CP1L）。

② C2：控制数据 。

0000 Hex：相对脉冲指定。

0001 Hex ：绝对脉冲指定。

③ S：指定脉冲输出量所在的低位通道编号。

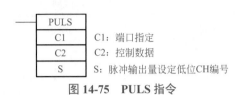

图 14-75　PULS 指令

◁【例 14-7】　请设计一段程序，实现当 0.00 由断开到闭合时，输出脉冲的个数是5000，脉冲频率为 500Hz。

【解】　500 的十六进制是 #1F4，是频率数值；5000 的十六进制是 #1388，是脉冲个数；程序如图 14-76 所示。

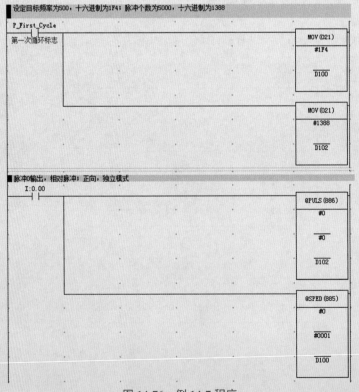

图 14-76　例 14-7 程序

14.4.3　欧姆龙 CP1 系列 PLC 运动控制应用

（1）用欧姆龙 CP1 系列 PLC 的高速输出点控制步进电动机

◁【例 14-8】　某设备上有 1 套步进驱动系统，步进驱动器的型号为 SH-2H042Ma，步进电动机的型号为 17HS111，是两相四线直流 24V 步进电动机，要求：压下按钮 SB1 时，步进电动机带动 X 方向移动，当 X 方向靠近接近开关 SQ1 时停止。请画出 I/O 接线图并编写程序。

【解】　①主要软硬件配置：

a. 1 套 CX-Programmer 9.4；

b. 1 台步进电动机，型号为 17HS111；

c. 1 台步进驱动器，型号为 SH-2H042Ma；

d. 1 台 CP1L-L14DT。

②PLC 与驱动器和步进电动机接线。PLC 与驱动器和步进电动机接线如图 14-77 所示。

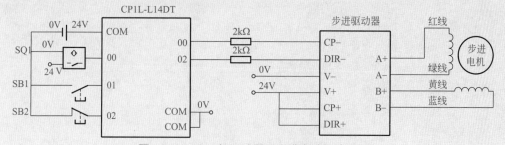

图 14-77　PLC 与驱动器和步进电动机接线图

③程序编写。编好的程序如图 14-78 所示。

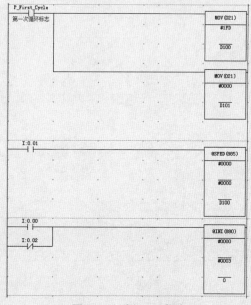

图 14-78　例 14-8 程序

（2）用欧姆龙 CP1L 系列 PLC 控制步进电动机的调速

对于欧姆龙 CP1 系列 PLC，只要改变步进电动机的脉冲频率，即可改变步进电动机的转速，脉冲频率和转速成正比，有对应关系。以下用一个例子讲解步进电动机的调速。

【例 14-9】 已知步进电动机的步距角是 1.8°，默认情况细分为 4，默认转速为 600r/min，转速的设定在触摸屏中进行。

【解】 本例的默认转速 600 r/min 存放在 D102 和 D103 中，D100 中存放的是转速对应的频率。新的转速存放在 D202 中。细分为 4，则步进电动机的转速实际降低到原来的四分之一，在有细分时，对应的频率 f 为：

$$f = \frac{600 \times 360° \times 4}{1.8° \times 60} = 8000 \text{Hz}$$

步进电动机的转速一般较低，所以 D101 等于 0。程序如图 14-79 所示。

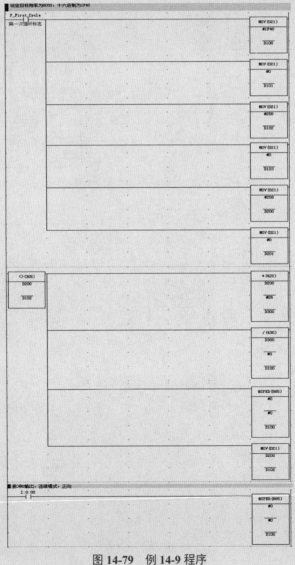

图 14-79　例 14-9 程序

（3）步进电动机的正反转

① 步进电动机的正反转的原理　如图 14-77 所示，当 100.01 为高电平时步进电动机反转，当 100.01 为低电平时步进电动机正转，深层原理在此不做探讨。

② 用欧姆龙 CP1-L14DT 控制步进电动机实现自动正反转　如果用按钮或者限位开关等控制步进电动机的正反转当然是很容易的，在前面已经讲解过，但如果要求步进电动机实现自动正反转就比较麻烦了，下面用一个实例讲解。

◁【例 14-10】　已知步进电动机的步距角是 1.8°，转速为 360r/min，要求步进电动机正转 3 圈后，再反转 3 圈，如此往复，请编写程序。

【解】　360r/min 对应的脉冲频率为：

$$f = \frac{360 \times 360°}{1.8° \times 60} = 1200\text{Hz}，1200 \text{ 的十六进制为 } \#4B0。$$

三圈对应的脉冲数是：

$$n = \frac{3 \times 360°}{1.8°} = 600 \text{ 个，} 600 \text{ 的十六进制为 } \#258。$$

程序如图 14-80 所示。

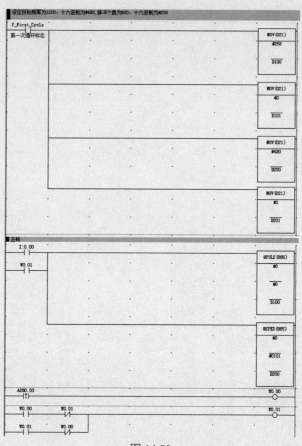

图 14-80

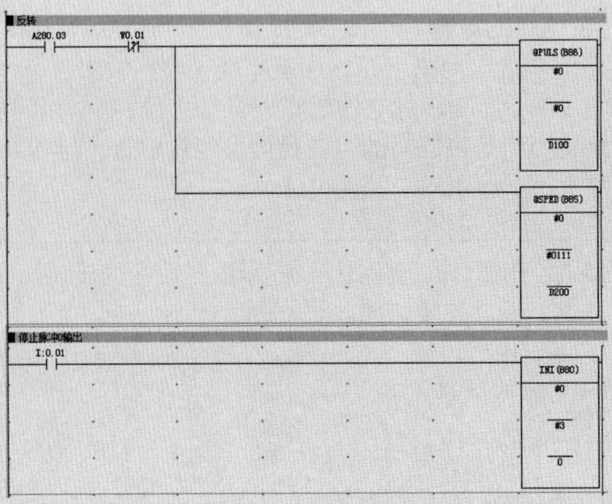

图 14-80　例 14-10 程序

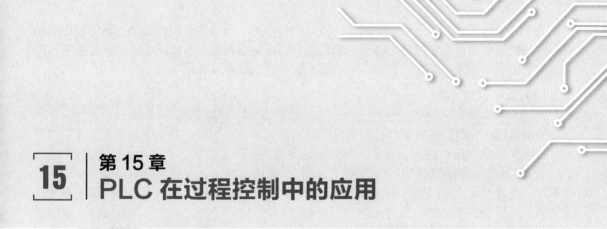

15 | 第15章
PLC 在过程控制中的应用

> 本章介绍 PID 控制的基本原理以及 PID 控制在电炉温度控制中的应用。

■ 15.1 PID 控制简介

15.1.1 PID 控制原理简介

在过程控制中，按偏差的比例（P）、积分（I）和微分（D）进行控制的 PID 控制器（也称 PID 调节器）是应用最广泛的一种自动控制器。它具有原理简单、易于实现、适用面广、控制参数相互独立、参数选定比较简单、调整方便等优点；而且在理论上可以证明，对于过程控制的典型对象——"一阶滞后＋纯滞后"与"二阶滞后＋纯滞后"，PID 控制器是一种最优控制。PID 调节规律是连续系统动态品质校正的一种有效方法，它的参数整定方式简便，结构改变灵活（如可为 PI 调节、PD 调节等）。

PID 控制器就是根据系统的误差，利用比例、积分、微分计算出控制量来进行控制。当被控对象的结构和参数不能完全掌握，或得不到精确的数学模型时，控制理论的其他技术难以采用时，系统控制器的结构和参数必须依靠经验和现场调试来确定，这时应用 PID 控制技术最为方便。即当不完全了解一个系统和被控对象，或不能通过有效的测量手段来获得系统参数时，最适合采用 PID 控制技术。

（1）比例（P）控制

比例控制是一种最简单、最常用的控制方式，如放大器、减速器和弹簧等。比例控制器能立即成比例地响应输入的变化量。但仅有比例控制时，系统输出存在稳态误差（steady-state error）。

（2）积分（I）控制

在积分控制中，控制器的输出量是输入量对时间的积累。对一个自动控制系统，如果在进入稳态后存在稳态误差，则称这个控制系统是有稳态误差的或简称有差系统（system with steady-state error）。为了消除稳态误差，在控制器中必须引入"积分项"。积分项对误差的运算取决于时间的积分，随着时间的增加，积分项会增大。所以即便误差很小，积分项也会随着时间的增加而加大，它推动控制器的输出增大，使稳态误差进一步减小，直到等于零。因此，采用比例＋积分（PI）控制器，可以使系统在进入稳态后无稳态误差。

(3) 微分（D）控制

在微分控制中，控制器的输出与输入误差信号的微分（即误差的变化率）成正比关系。自动控制系统在克服误差的调节过程中可能会出现振荡甚至失稳。其原因是存在较大的惯性组件（环节）或滞后（delay）组件，具有抑制误差的作用，其变化总是落后于误差的变化。解决的办法是使抑制误差的作用的变化"超前"，即在误差接近零时，抑制误差的作用就应该是零。这就是说，在控制器中仅引入"比例"项往往是不够的，比例项的作用仅是放大误差的幅值，因而需要增加"微分项"，它能预测误差变化的趋势，这样，具有比例＋微分的控制器就能够提前使抑制误差的控制作用等于零，甚至为负值，从而避免被控量的严重超调。所以对有较大惯性或滞后的被控对象，比例＋微分（PD）控制器能改善系统在调节过程中的动态特性。

(4) 闭环控制系统特点

控制系统一般包括开环控制系统和闭环控制系统。开环控制系统（open-loop control system）是指被控对象的输出（被控制量）对控制器（controller）的输出没有影响，在这种控制系统中，不依赖将被控制量反送回来以形成任何闭环回路。闭环控制系统（closed-loop control system）的特点是系统被控对象的输出（被控制量）会反送回来影响控制器的输出，形成一个或多个闭环。闭环控制系统有正反馈和负反馈，若反馈信号与系统给定值信号相反，则称为负反馈（negative feedback）；若极性相同，则称为正反馈。一般闭环控制系统均采用负反馈，又称负反馈控制系统。可见，闭环控制系统性能远优于开环控制系统。

(5) PID 控制器的主要优点

PID 控制器成为应用最广泛的控制器，它具有以下优点。

① PID 算法蕴涵了动态控制过程中过去、现在、将来的主要信息，而且其配置几乎最优。其中，比例（P）代表了当前的信息，起纠正偏差的作用，使过程反应迅速。微分（D）在信号变化时有超前控制作用，代表将来的信息。在过程开始时强迫过程进行，过程结束时减小超调，克服振荡，提高系统的稳定性，加快系统的过渡过程。积分（I）代表了过去积累的信息，它能消除静差，改善系统的静态特性。此三种作用配合得当，可使动态过程快速、平稳、准确，收到良好的效果。

② PID 控制适应性好，有较强的鲁棒性，在各种工业应用场合，都可在不同的程度上有所应用。特别适于"一阶惯性环节＋纯滞后"和"二阶惯性环节＋纯滞后"的过程控制对象。

③ PID 算法简单明了，各个控制参数相对较为独立，参数的选定较为简单，形成了完整的设计和参数调整方法，很容易为工程技术人员所掌握。

④ PID 控制根据不同的要求，针对自身的缺陷进行了不少改进，形成了一系列改进的PID 算法。例如，为了克服微分带来的高频干扰的滤波 PID 控制，为克服大偏差时出现饱和超调的 PID 积分分离控制，为补偿控制对象非线性因素的可变增益 PID 控制，等。这些改进算法在一些应用场合取得了很好的效果。同时随着当今智能控制理论的发展，又形成了许多智能 PID 控制方法。

(6) PID 的算法

① PID 控制系统原理框　PID 控制系统原理框如图 15-1 所示。

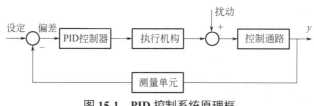

图 15-1　PID 控制系统原理框

② PID 算法　S7-1200/1500 PLC 内置了三种 PID 指令，分别是 PID_Compact、PID_3Step 和 PID_Temp。

PID_Compact 是一种具有抗积分饱和功能并且能够对比例作用和微分作用进行加权的 PIDT1 控制器。PID 算法根据以下等式工作：

$$y = K_p \left[(bw-x) + \frac{1}{T_I s}(w-x) + \frac{T_D s}{a T_D s + 1}(cw-x) \right] \tag{15-1}$$

式中，y 为 PID 算法的输出值；K_p 为比例增益；s 为拉普拉斯运算符；b 为比例作用权重；w 为设定值；x 为过程值；T_I 为积分作用时间；T_D 为微分作用时间；a 为微分延迟系数（微分延迟 $T_1 = a \times T_D$）；c 为微分作用权重。

关键点　式（15-1）是非常重要的，根据这个公式，读者必须建立一个概念：增益 K_p 增加可以直接导致输出值 y 的快速增加，T_I 的减小可以直接导致积分项数值的增加，微分项数值的大小随着微分作用时间 T_D 的增加而增加，从而直接导致 y 增加。理解了这一点，对于正确调节 P、I、D 三个参数是至关重要的。

PID_Compact 指令控制系统方框图如图 15-2 所示。

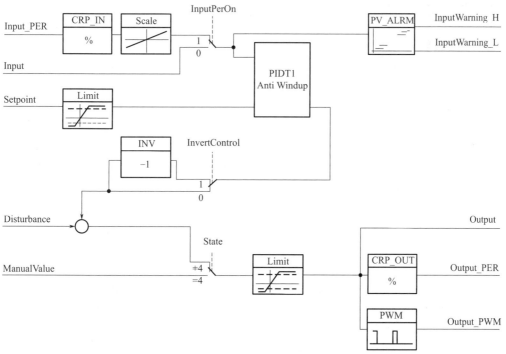

图 15-2　PID_Compact 指令控制系统方框图

使用 PID_3Step 指令可对具有阀门自调节的 PID 控制器或具有积分行为的执行器进行

组态。PID_3Step 与 PID_Compact 指令的最大区别在于前者有两路输出，而后者只有一路输出。

PID_Temp 指令提供了一种可对温度过程进行集成调节的 PID 控制器。

15.1.2 PID 控制器的参数整定

PID 控制器的参数整定是控制系统设计的核心内容。它是根据被控过程的特性，确定 PID 控制器的比例系数、积分时间和微分时间的大小。PID 控制器参数整定的方法很多，概括起来有如下两大类。

一是理论计算整定法。它主要依据系统的数学模型，经过理论计算确定控制器参数。这种方法所得到的计算数据未必可以直接使用，还必须通过工程实际进行调整和修改。

二是工程整定法。它主要依赖于工程经验，直接在控制系统的试验中进行，且方法简单、易于掌握，在工程实际中被广泛采用。PID 控制器参数的工程整定方法，主要有临界比例法、反应曲线法和衰减法。这三种方法各有其特点，其共同点都是通过试验，然后按照工程经验公式对控制器参数进行整定。但无论采用哪一种方法，所得到的控制器参数，都需要在实际运行中进行最后的调整与完善。

(1) 整定的方法和步骤

现在一般采用的是临界比例法。利用该方法进行 PID 控制器参数的整定步骤如下：

① 首先预选择一个足够短的采样周期让系统工作；

② 仅加入比例控制环节，直到系统对输入的阶跃响应出现临界振荡，记下这时的比例放大系数和临界振荡周期；

③ 在一定的控制度下通过公式计算得到 PID 控制器的参数。

(2) PID 参数的经验值

在实际调试中，只能先大致设定一个经验值，然后根据调节效果修改，常见系统的经验值如下：

① 对于温度系统：P（%）20 ～ 60，I（分）3 ～ 10，D（分）0.5 ～ 3。

② 对于流量系统：P（%）40 ～ 100，I（分）0.1 ～ 1。

③ 对于压力系统：P（%）30 ～ 70，I（分）0.4 ～ 3。

④ 对于液位系统：P（%）20 ～ 80，I（分）1 ～ 5。

PID 参数的整定介绍

(3) PID 参数的整定实例

PID 参数的整定对于初学者来说并不容易，不少初学者看到 PID 的曲线往往不知道是什么含义，当然也就不知道如何下手调节了，以下用几个简单的例子对 PID 参数的整定进行介绍。

◁ 【例 15-1】 某系统的电炉在进行 PID 参数整定，其输出曲线如图 15-3 所示，设定值和测量值重合（55℃），所以有人认为 PID 参数整定成功，请读者分析，并给出自己的见解。

【解】 在 PID 参数整定时，分析曲线图是必不可少的，测量值和设定值基本重合这是基本要求，并非说明 PID 参数整定就一定合理。

　　分析 PID 运算结果的曲线是至关重要的，如图 15-3 所示，PID 结算结果的曲线虽然很平滑，但过于平坦，这样电炉在运行过程中，其抗干扰能力弱。也就是说，当负载热量需要稳定时，温度能保持稳定，但当负载热量变化大时，测量值和设定值就未必处于重合状态了。这种 PID 结算结果的曲线过于平坦，说明 P 过小。

　　将 P 的数值设定为 30.0，如图 15-4 所示，整定就比较合理了。

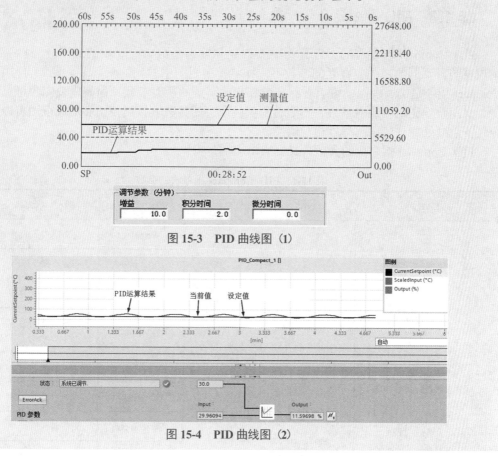

图 15-3　PID 曲线图（1）

图 15-4　PID 曲线图（2）

◁【例 15-2】　某系统的电炉在进行 PID 参数整定，其输出曲线如图 15-5 所示，设定值和测量值重合（55℃），所以有人认为 PID 参数整定成功，请读者分析，并给出自己的见解。

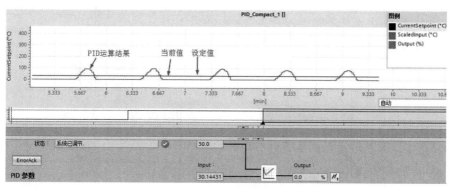

图 15-5　PID 曲线图（3）

【解】 如图 15-5 所示，虽然测量值和设定值基本重合，但 PID 参数整定不合理。

这是因为 PID 运算结果的曲线已经超出了设定的范围，实际就是超调，说明比例环节 P 过大。

15.1.3 PID 指令简介

PID_Compact 指令块的参数分为输入参数和输出参数，指令块的视图分为扩展视图和集成视图，不同的视图中看到的参数不一样：扩展视图中看到的参数多，表 15-1 中的 PID_Compact 指令是扩展视图，可以看到亮色和灰色字迹的所有参数，而集成视图中可见的参数少，只能看到亮色字迹的参数，不能看到灰色字迹的参数。扩展视图和集成视图可以通过指令块下边框处的"三角"符号相互切换。

PID_Compact 指令块的参数含义见表 15-1。

表 15-1 PID_Compact 指令块的参数

LAD	SCL	输入 / 输出	含义
		Setpoint	自动模式下的给定值
		Input	实数类型反馈
	"PID_Compact_1"（ 　　Setpoint：= _real_in_， 　　Input：= _real_in_， 　　Input_PER：= _word_in_， 　　Disturbance：= _real_in_， 　　ManualEnable：= _bool_in_， 　　ManualValue：= _real_in_， 　　ErrorAck：= _bool_in_， 　　Reset：= _bool_in_， 　　ModeActivate：= _bool_in_， 　　Mode：= _int_in_， 　　ScaledInput=>_real_out_， 　　Output=>_real_out_， 　　Output_PER=>_word_out_， 　　Output_PWM=>_bool_out_， 　　SetpointLimit_H=>_bool_out_， 　　SetpointLimit_L=>_bool_out_， 　　InputWarning_H=>_bool_out_， 　　InputWarning_L=>_bool_out_， 　　State=>_int_out_， 　　Error=>_bool_out_， 　　ErrorBits=>_dword_out_ ）；	Input_PER	整数类型反馈
		ManualEnable	0 到 1，上升沿，手动模式 1 到 0，下降沿，自动模式
		ManualValve	手动模式下的输出
		Reset	重新启动控制器
		ScaledInput	当前输入值
PID_Compact EN　　　　ENO 　　　　ScaledInput Setpoint　　Output Input 　　　　Output_PER Input_PER　Output_PWM ManualEnable　SetpointLimit_H ManualValue　SetpointLimit_L Reset　　　InputWarning_H 　　　　InputWarning_L 　　　　State 　　　　Error		Output	实数类型输出
		Output_PER	整数类型输出
		Output_PWM	PWM 输出
		SetpointLimit_H	当反馈值高于高限时设置
		SetpointLimit_L	当反馈值低于低限时设置
		InputWarning_H	当反馈值高于高限报警时设置
		InputWarning_L	当反馈值低于低限报警时设置
		State	控制器状态

15.2　用西门子 S7-1500 PLC 对电炉进行温度控制

以下用一个例子介绍 PID 控制应用。

◁【例 15-3】　有一台电炉，要求炉温控制在一定的范围。电炉的工作原理如下：

当设定电炉温度后，CPU 1511-1PN 经过 PID 运算后由 Q0.0 输出一个脉冲串送到固态继电器，固态继电器根据信号（弱电信号）的大小控制电热丝的加热电压（强电）的大小（甚至断开），温度传感器测量电炉的温度，温度信号经过变送器的处理后输入到模拟量输入端子，再送到 CPU 1511-1PN 进行 PID 运算，如此循环。请编写控制程序。

【解】　（1）主要软硬件配置

① 1 套 TIA Portal V15.1。

② 1 台 CPU 1511-1PN。

③ 1 台 SM522、SM531 和 SM532。

④ 1 台电炉。

设计原理图，如图 15-6 所示。

用 S7-1500 PLC
对电炉进行温
度控制

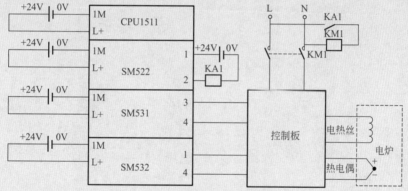

图 15-6　例 15-3 原理图

（2）硬件组态

① 新建项目，添加模块。打开 TIA 博途软件，新建项目"PID_1500"，在项目树中，单击"添加新设备"选项，添加"CPU1511-1PN"、AI 4 和 AQ 2，如图 15-7 所示。

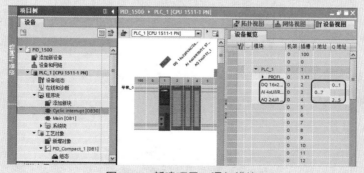

图 15-7　新建项目，添加模块

② 新建变量表。新建变量和数据类型，如图 15-8 所示。

		名称	表	数据类型	地址
1		设定温度	变量表	Real	%MD20
2		测量温度	变量表	Int	%IW66
3		PWM输出	变量表	Bool	%Q0.0
4		Eroor	变量表	DWord	%MD10
5		PID_Sate	变量表	Word	%MW16
6		<添加>			

图 15-8　新建变量表

（3）参数组态

① 添加循环组织块。在 TIA 博途软件的项目树中，选择 "PD1" → "PLC_1" → "程序块" → "添加程序块" 选项，双击 "添加程序块"，弹出如图 15-9 所示的界面，选择 "组织块" → "Cyclic interrupt" 选项，单击 "确定" 按钮。

图 15-9　添加循环组织块

② 插入 PID_Compact 指令块。添加完循环中断组织块后，选择 "指令树" → "工艺" → "PID 控制" → "PID_Compact" 选项，将 "PID_Compact" 指令块拖拽到循环中断组织中。添加完 "PID_Compact" 指令块后，会弹出如图 15-10 所示的界面，单击 "确定" 按钮，完成对 "PID_Compact" 指令块的背景数据块的定义。

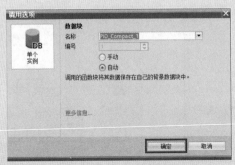

图 15-10　定义指令块的背景数据块

③ 基本参数组态。先选中已经插入的指令块，再选择"属性"→"组态"→"基本设置"，做如图 15-11 所示的设置。当 CPU 重启后，PID 运算变为自动模式，需要注意的是"PID_Compact"指令块输入参数 MODE，最好不要赋值。

"设定温度""测量温度"和"PWM 输出"三个参数，通过其右侧的▦按钮选择。

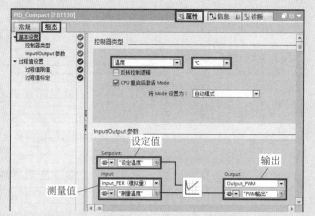

图 15-11　基本设置

④ 过程值设置。先选中已经插入的指令块，再选择"属性"→"组态"→"过程值设置"，做如图 15-12 所示的设置。把过程值的下限设置为 0.0，把过程值的上限设置为传感器的上限值 200.0。这就是温度传感器的量程。

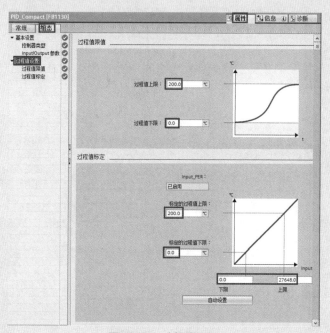

图 15-12　过程值设置

⑤ 高级设置。选择"项目树"→"PID1"→"PLC_1"→"工艺对象"→"PID_Compact_1"→"组态"选项，如图 15-13 所示，双击"组态"，打开"组态"界面。

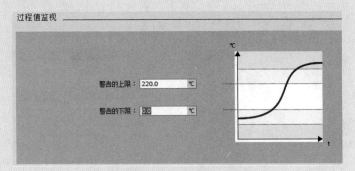

a. 过程值监视。选择"功能视野"→"高级设置"→"过程值监视"选项，设置如图 15-14 所示。当测量值高于此数值会报警，但不会改变工作模式。

图 15-13　打开工艺对象组态　　　　　　　　　图 15-14　过程值监视设置

b. PWM 限制。选择"功能视野"→"高级设置"→"PWM 限制"选项，设置如图 15-15 所示。代表输出接通和断开的最短时间，如固态继电器的导通和断开切换时间。

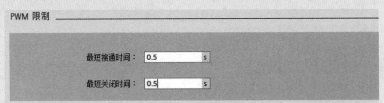

图 15-15　PWM 限制

c. PID 参数。选择"功能视野"→"高级设置"→"PID 参数"选项，设置如图 15-16 所示，不启用"启用手动输入"，使用系统自整定参数；调节规则使用"PID"控制器。

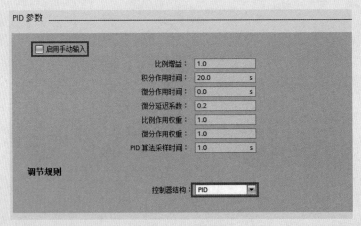

图 15-16　PID 参数

d. 输出限制值。选择"功能视野"→"高级设置"→"输出值限值"选项，设置如图 15-17 所示。"输出值限值"一般使用默认值，不修改。而"将 Output 设置为："

有三个选项，当选择"错误未决时的替代输出值"时，PID 运算出错，以替代值输出，当错误消失后，PID 运算重新开始；当选择"错误待定时的当前值"时，PID 运算出错，以当前值输出，当错误消失后，PID 运算重新开始；当选择"非活动"时，PID 运算出错，当错误消失后，PID 运算不会重新开始，在这种模式下，如希望重启，则需要用编程的方法实现。这对项目的设置至关重要。

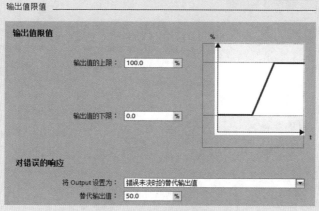

图 15-17　输出限制值

（4）程序编写

编写 LAD 程序，如图 15-18 所示。

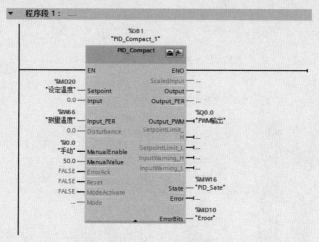

图 15-18　LAD 程序

（5）自整定

很多品牌的 PLC 都有自整定功能。S7-1200/1500 PLC 有较强的自整定功能，这大大减少了 PID 参数整定的时间，对初学者更是如此，可借助 TIA 博途软件的调试面板进行 PID 参数的自整定。

① 打开调试面板。打开 S7-1200/1500 PLC 调试面板有两种方法：

方法 1，选择"项目树"→"PID1"→"PLC_1"→"工艺对象"→"PID_Compact_1"→"调试"选项，如图 15-19 所示，双击"调试"，打开"调试面板"界面。

方法 2，单击指令块 PID_Compact 上的 图标，如图 15-20 所示，即可打开"调试面板"。

图 15-19 打开调试面板——方法 1

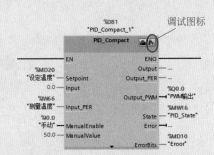

图 15-20 打开调试面板——方法 2

② 自整定的条件。自整定正常运算需满足以下两个条件：

a. | 设定值－反馈值 | > 0.3×| 输入高限－输入低限 |；

b. | 设定值－反馈值 | > 0.5×| 设定值 |。

当自整定时，有时弹出"启动预调节出错。过程值过于接近设定值"信息，通常问题在于不符合以上两条整定条件。

③ 调试面板。调试面板如图 15-21 所示，包括四个部分，按图中标号顺序分别介绍如下：

a. 调试面板控制区：启动和停止测量功能、采样时间以及调试模式选择。

b. 趋势显示区：以曲线的形式显示设定值、测量值和输出值。这个区域非常重要。

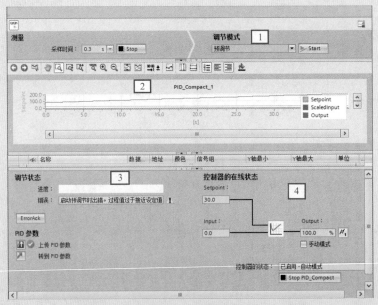

图 15-21 调试面板

　　c. 调节状态区：包括显示 PID 调节的进度、错误、上传 PID 参数到项目和转到 PID 参数。

　　d. 控制器的在线状态区：用户在此区域可以监视给定值、反馈值和输出值，并可以手动强制输出值，勾选"手动"前方的方框，用户在"Output"栏内输入百分比形式的输出值，并单击"修改"按钮 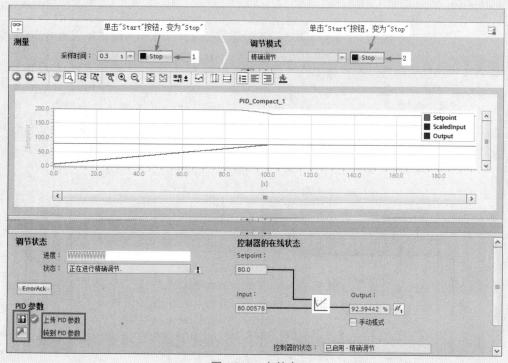 即可。

　　④ 自整定过程。单击如图 15-22 所示界面中"1"处的"Start"按钮（按钮变为"Stop"），开始测量在线值，在"调节模式"下面选择"预调节"，再单击"2"处的"Start"按钮（按钮变为"Stop"），预调节开始。当预调节完成后，在"调节模式"下面选择"精确调节"，再单击"2"处的"Start"按钮（按钮变为"Stop"），精确调节开始。预调节和精确调节都需要消耗一定的运算时间，需要用户等待。

图 15-22　自整定

　　(6) 上传参数和下载参数

　　当 PID 自整定完成后，单击如图 15-22 所示左下角的"上传 PID 参数"按钮 ，参数从 CPU 上传到在线项目中。

　　单击"转到 PID 参数"按钮 ，弹出如图 15-23 所示，单击"监控所有"按钮 ，勾选"启用手动输入"选项，单击"下载"按钮 ，修正后的 PID 参数可以下载到 CPU 中去。

　　需要注意的是单击工具栏上的"下载到设备"按钮，并不能将更新后 PID 参数下载到 CPU 中，正确的做法是：在菜单栏中，选择"在线"→如图 15-24 所示，单击"下载并复位 PLC 程序"选项，之后的操作与正常下载程序相同，在此不再赘述。

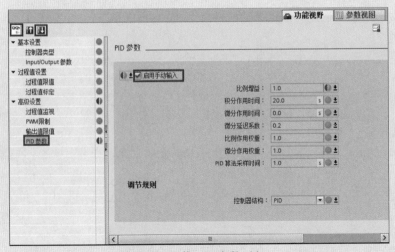

图 15-23　下载 PID 参数（1）　　　　　　　　　　图 15-24　下载 PID 参数 ②

　　下载 PID 参数还有一种方法。在项目树中，如图 15-25 所示，选择"PLC_1"，单击鼠标右键，弹出快捷菜单，单击"比较"→"离线/在线"选项，弹出如图 15-26 所示的界面。选择"有蓝色和橙色标识的选项"，单击下拉按钮 ，在弹出的菜单中，选中并单击"下载到设备"选项，最后单击工具栏中的"执行"按钮 ，PID 参数即可下载到 CPU 中去。下载完成后"有蓝色和橙色标识的选项"变为"绿色"，如图 15-27 所示，表明在线项目和 CPU 中的程序、硬件组态和参数都是完全相同的。

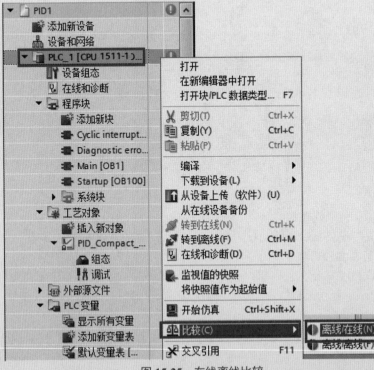

图 15-25　在线离线比较

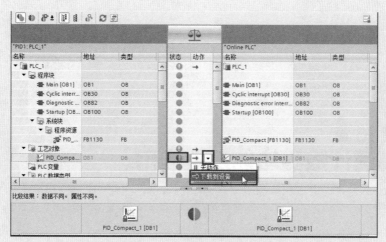

图 15-26　下载 PID 参数（3）

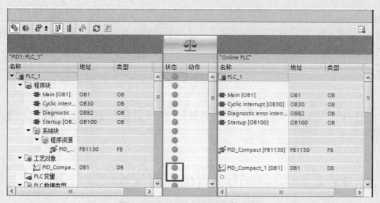

图 15-27　PID 参数下载完成

第16章
高速计数器功能及其应用

本章介绍 PLC 的高速计数功能，主要包括西门子 S7-1200/1500 PLC、三菱 FX 系列 PLC 和欧姆龙 CP1 系列 PLC 高速计数器的应用。高速计数器最常用的应用是测量距离和转速。本章的内容难度较大，学习时应多投入时间。

■ 16.1 西门子 S7-1200/1500 PLC 的高速计数器及其应用

16.1.1 西门子 S7-1200/1500 PLC 高速计数器的简介

高速计数器能对超出 CPU 普通计数器能力的脉冲信号进行测量。西门子 S7-1200 CPU 提供了多个高速计数器（HSC1 ～ HSC6）以响应快速脉冲输入信号。高速计数器的计数速度比 PLC 的扫描速度要快得多，因此高速计数器可独立于用户程序工作，不受扫描时间的限制。用户通过相关指令和硬件组态控制计数器的工作。高速计数器的典型应用是利用光电编码器测量转速和位移。

(1) 高速计数器的工作模式

高速计数器有 5 种工作模式，每个计数器都有时钟、方向控制、复位启动等特定输入。对于双向计数器，两个时钟都可以运行在最高频率，高速计数器的最高计数频率取决于 CPU 的类型和信号板的类型。在正交模式下，可选择 1 倍速、双倍速或者 4 倍速输入脉冲频率的内部计数频率。高速计数器的 5 种工作模式介绍如下。

① 单相计数，内部方向控制　单相计数的原理如图 16-1 所示，计数器采集并记录时钟信号的个数，当内部方向信号为高电平时，计数的当前数值增加；当内部方向信号为低电平时，计数的当前数值减小。

② 单相计数，外部方向控制　单相计数的原理如图 16-1 所示，计数器采集并记录时钟信号的个数，当外部方向信号（例如外部按钮信号）为高电平时，计数的当前数值增加；当外部方向信号为低电平时，计数的当前数值减小。

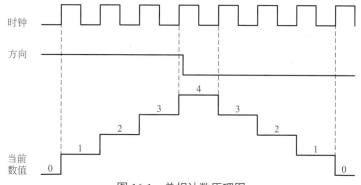

图 16-1　单相计数原理图

③ 两个相位计数，两路时钟脉冲输入　加减两个相位计数原理如图 16-2 所示，计数器采集并记录时钟信号的个数，加计数信号端子和减计数信号端子分开。当加计数有效时，计数的当前数值增加；当减计数有效时，计数的当前数值减少。

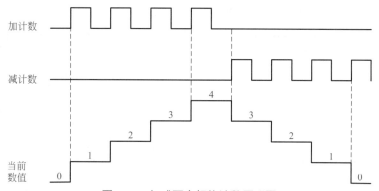

图 16-2　加减两个相位计数原理图

④ A/B 相正交计数　A/B 相正交计数原理如图 16-3 所示，计数器采集并记录时钟信号的个数。A 相计数信号端子和 B 相计数信号端子分开，当 A 相计数信号超前时，计数的当前数值增加；当 B 相计数信号超前时，计数的当前数值减少。利用光电编码器（或者光栅尺）测量位移和速度时，通常采用这种模式。

S7-1200 PLC 支持 1 倍速、双倍速或者 4 倍速输入脉冲频率。

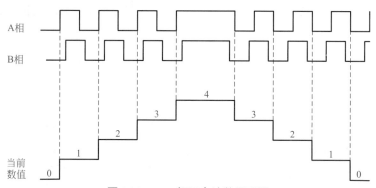

图 16-3　A/B 相正交计数原理图

⑤ 监控 PTO 输出　HSC1 和 HSC2 支持此工作模式。在此工作模式，不需要外部接线，

其用于检测 PTO 功能发出的脉冲。如用 PTO 功能控制步进驱动系统或者伺服驱动系统，可利用此模式监控步进电动机或者伺服电动机的位置和速度。

（2）高速计数器的硬件输入

并非所有的 S7-1200 PLC 都有 6 个高速计数器，不同型号略有差别，例如 CPU1211C 最多只支持 4 个。S7-1200 PLC 高速计数器的性能见表 16-1。

表 16-1　S7-1200 PLC 高速计数器的性能

CPU/ 信号板	CPU 输入通道	1 或 2 相位模式	A/B 相正交相位模式
CPU1211C	Ia.0 ～ Ia.5	100kHz	80kHz
CPU1212C	Ia.0 ～ Ia.5	100kHz	80kHz
	Ia.6 ～ Ia.7	30kHz	20kHz
CPU1214C CPU1215C	Ia.0 ～ Ia.5	100kHz	80kHz
	Ia.6 ～ Ib.1	30kHz	20kHz
CPU1217C	Ia.0 ～ Ia.5	100kHz	80kHz
	Ia.6 ～ Ib.1	30kHz	20kHz
	Ib.2 ～ Ib.5	1MHz	1MHz
SB1221，200kHz	Ie.0 ～ Ie.3	200kHz	160kHz
SB1223，200kHz	Ie.0 ～ Ie.1	200kHz	160kHz
SB1223	Ie.0 ～ Ie.1	30kHz	20kHz

注意：CPU1217C 的高速计数功能最为强大，因为这款 PLC 是主要针对运动控制而设计的。

高速计数器的硬件输入接口与普通数字量接口使用相同的地址。已经定义用于高速计数器的输入点不能再用于其他功能。但某些模式下，没有用到的输入点还可以用作开关量输入点。S7-1200 PLC 模式和输入分配见表 16-2。

表 16-2　S7-1200 PLC 模式和输入分配

项目		描述	输入点			功能
HSC	HSC1	使用 CPU 上集成 I/O 或者信号板或者 PTO0	I0.0 I4.0 PTO 0	I0.1 I4.1 PTO 0 方向	I0.3	
	HSC2	使用 CPU 上集成 I/O 或者信号板或者 PTO1	I0.2 PTO 1	I0.3 PTO 1 方向	I0.1	
	HSC3	使用 CPU 上集成 I/O	I0.4	I0.5	I0.7	
	HSC4	使用 CPU 上集成 I/O	I0.6	I0.7	I0.5	
	HSC5	使用 CPU 上集成 I/O 或者信号板或者 PTO0	I1.0 I4.0	I1.1 I4.1	I1.2	
	HSC6	使用 CPU 上集成 I/O	I1.3	I1.4	I1.5	

续表

项目	描述		输入点			功能
模式	单相计数，内部方向控制	时钟				
					复位	
	单相计数，外部方向控制	时钟	方向			计数或频率
					复位	计数
	双向计数，两路时钟脉冲输入	加时钟	减时钟			计数或频率
					复位	计数
	A/B 相正交计数	A 相	B 相			计数或频率
					Z 相	计数
	监控 PTO 输出	时钟	方向			计数

注意：① 在不同的工作模式下，同一物理输入点可能有不同的定义，使用时需要查看表 16-2。

② 用于高速计数的物理点，只能使用 CPU 上集成 I/O 或者信号板，不能使用扩展模块，如 SM1221 数字量输入模块。

（3）高速计数器的输入滤波器时间

高速计数器的输入滤波器时间和可检测到的最大输入频率有一定的关系，见表 16-3。

表 16-3　高速计数器的输入滤波器时间和可检测到的最大输入频率的关系

序号	输入滤波器时间 /μs	可检测到的最大输入频率 /Hz	序号	输入滤波器时间 / μs	可检测到的最大输入频率 /Hz
1	0.1	1M	11	0.05	10k
2	0.2	1M	12	0.1	5k
3	0.4	1M	13	0.2	2.5k
4	0.8	625k	14	0.4	1.25k
5	1.6	312k	15	0.8	625
6	3.2	156k	16	1.6	312
7	6.4	78k	17	3.2	156
8	10	50k	18	6.4	78
9	12.8	39k	19	12.8	39
10	20	25k	20	20	25

（4）高速计数器的寻址

西门子 S7-1200 PLC 的 CPU 将每个高速计数器的测量值存储在输入过程映像区内。数据类型是双整数型（DINT），用户可以在组态时修改这些存储地址，在程序中可以直接访问这些地址。但由于过程映像区受扫描周期的影响，在一个扫描周期中不会发生变化，但高速计数器中的实际值可能在一个周期内变化，因此用户可以通过读取物理地址的方式读取当前时刻的实际值，例如 ID1000:P。

高速计数器默认的寻址见表 16-4。

表 16-4　高速计数器默认的寻址

高速计数器编号	默认地址	高速计数器编号	默认地址
HSC1	ID1000	HSC4	ID1012
HSC2	ID1004	HSC5	ID1016
HSC3	ID1008	HSC6	ID1020

（5）指令介绍

高速计数器（HSC）指令共有 2 条，高速计数时，不是一定要使用，以下仅介绍 CTRL_HSC 指令。高数计数指令 CTRL_HSC 的格式见表 16-5。

表 16-5　高速计数指令 CTRL_HSC 格式

LAD	SCL	输入 / 输出	参数说明
		HSC	HSC 标识符
		DIR	1：请求新方向
		CV	1：请求设置新的计数器值
		RV	1：请求设置新的参考值
	"CTRL_HSC_1_DB"（ hsc：=W#16#0, dir：=False, cv：=False, rv：=False, period：=False, new_dir：=0, new_cv：=L#0, new_rv：=L#0, new_period：=0, busy=>_bool_out_）;	PERIOD	1：请求设置新的周期值（仅限频率测量模式）
CTRL_HSC EN　　　ENO HSC　　BUSY DIR　　STATUS CV RV PERIOD NEW_DIR NEW_CV NEW_RV NEW_PERIOD		NEW_DIR	新方向，1：向上；-1：向下
		NEW_CV	新计数器值
		NEW_RV	新参考值
		NEW_PERIOD	以秒为单位的新周期值（仅限频率测量模式）： 1000：1s 100：0.1s 10：0.01s
		BUSY	功能忙
		STATUS	状态代码

注：状态代码（STATUS）为 0 时，表示没有错误，为其他数值时表示有错误，具体可以查看手册。

16.1.2　西门子 S7-1200 PLC 高速计数器的应用

与其他小型 PLC 不同，使用西门子 S7-1200 PLC 的高速计数器完成高速计数功能，主要的工作在组态上，而不在程序编写上，简单的高速计数甚至不需要编写程序，只要进行硬件组态即可。以下用三个例子说明高速计数器的应用。

◁【例 16-1】　用高速计数器 HSC1 计数，当计数值达到 500 ～ 1000 之间时报警，报警灯 Q0.0 亮。原理图如图 16-4 所示。

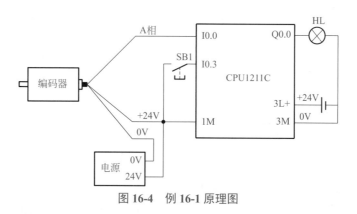

图 16-4　例 16-1 原理图

【解】　（1）硬件组态

① 新建项目，添加 CPU。打开 TIA 博途软件，新建项目"HSC1"，单击项目树中的"添加新设备"选项，添加"CPU1211C"，如图 16-5 所示，再添加硬件中断程序块"OB40"。

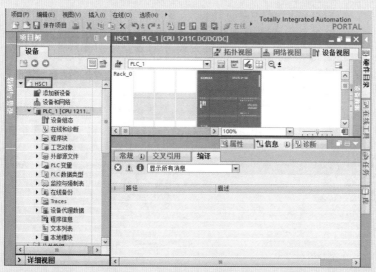

图 16-5　新建项目，添加 CPU

② 启用高速计数器。在设备视图中，选中"属性"→"常规"→"高速计数器（HSC）"，勾选"启用该高速计数器"选项，如图 16-6 所示。

③ 组态高速计数器的功能。在设备视图中，选中"属性"→"常规"→"高速计数器（HSC）"→"HSC1"→"功能"，组态选项如图 16-7 所示。

a. 计数类型分为计数、时间段、频率和运动控制四个选项。

b. 工作模式分为单相、双相、A/B 相和 A/B 相四倍分频，此内容在前面已经介绍了。

c. 计数方向的选项与工作模式相关。当选择单相计数模式时，计数方向取决于内部程序控制和外部物理输入点控制。当选择 A/B 相或双相模式时，没有此选项。

d. 初始计数方向分为增计数和减计数。

图 16-6　启用高速计数器

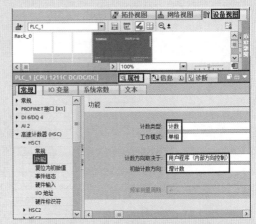
图 16-7　组态高速计数器的功能

④ 组态高速计数器的参考值和初始值。在设备视图中，选中"属性"→"常规"→"高速计数器（HSC）"→"HSC1"→"复位为初始值"，组态选项如图 16-8 所示。

a. 初始计数器值是指当复位后，计数器重新计数的起始数值，本例为 0。

b. 初始参考值是指当计数值达到此值时，可以激发一个硬件中断。

⑤ 事件组态。在设备视图中，选中"属性"→"常规"→"高速计数器（HSC）"→"HSC1"→"事件组态"，单击 按钮，选择硬件中断事件"Hardware interrupt"选项，组态选项如图 16-9 所示。

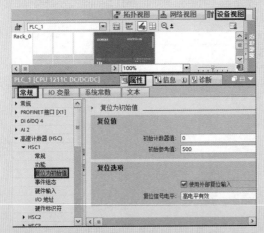
图 16-8　组态高速计数器的参考值和初始值

图 16-9　事件组态

⑥ 组态硬件输入。在设备视图中，选中"属性"→"常规"→"高速计数器（HSC）"→"HSC1"→"硬件输入"，组态选项如图 16-10 所示，硬件输入地址可不更改。硬件输入定义了高速输入和复位接线的输入点的地址。

⑦ 组态 I/O 地址。在设备视图中，选中"属性"→"常规"→"高速计数器（HSC）"→"HSC1"→"I/O 地址"，组态选项如图 16-11 所示，I/O 地址可不更改。本例占用 IB1000 ～ IB1003，共 4 个字节，实际就是 ID1000。

图 16-10　组态硬件输入

图 16-11　组态 I/O 地址

⑧ 查看硬件标识符。在设备视图中，选中"属性"→"常规"→"高速计数器（HSC）"→"HSC1"→"硬件标识符"，如图 16-12 所示，硬件标识符不能更改，此数值（257）在编写程序时要用到。

⑨ 修改输入滤波时间。在设备视图中，选中"属性"→"常规"→"DI 6/DQ 4"→"数字量输入"→"通道 0"，如图 16-13 所示，将输入滤波时间从原来的 6.4ms 修改到 3.2μs，这个步骤极为关键。此外要注意，在此处的上升沿和下降沿不能启用。

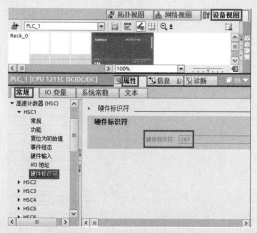

图 16-12　查看硬件标识符

图 16-13　修改输入滤波时间

（2）编写程序

打开硬件中断程序块 OB40，编写 LAD 程序如图 16-14 所示。

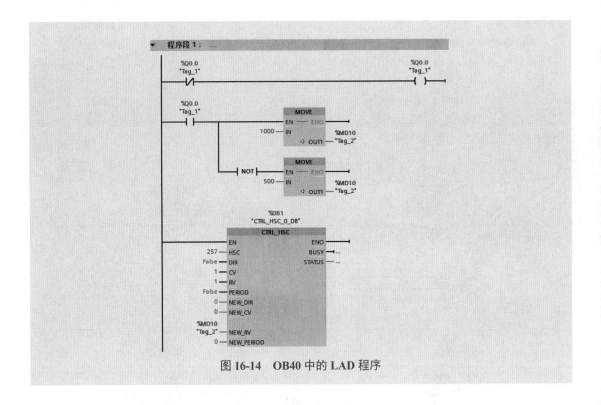

图 16-14　OB40 中的 LAD 程序

【例 16-2】　用光电编码器测量长度，光电编码器为 500 线，电动机与编码器同轴相连，电动机每转一圈，滑台移动 10mm，要求在 HMI 上实时显示位移数值，断电后可以保持此数据。原理图如图 16-15 所示。

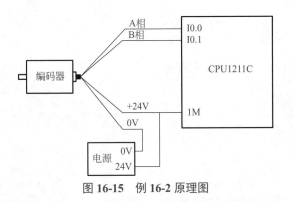

图 16-15　例 16-2 原理图

【解】　（1）硬件组态

① 新建项目，添加 CPU。打开 TIA 博途软件，新建项目"HSC1"，单击项目树中的"添加新设备"选项，添加"CPU1211C"，如图 16-5 所示。

② 启用高速计数器。在设备视图中，选中"属性"→"常规"→"高速计数器（HSC）"，勾选"启用该高速计数器"选项，如图 16-6 所示。

③ 组态高速计数器的功能。在设备视图中，选中"属性"→"常规"→"高速计数器（HSC）"→"HSC1"→"功能"，组态选项如图 16-16 所示。

a. 计数类型分为计数、时间段、频率和运动控制四个选项。

b. 工作模式分为单相、双相、A/B 相和 A/B 相四倍分频，此内容在前面已经介绍了。

c. 计数方向的选项与工作模式相关。当选择单相计数模式时，计数方向取决于内部程序控制和外部物理输入点控制。当选择 A/B 相或双相模式时，没有此选项。

d. 初始计数方向分为加计数和减计数。

图 16-16　组态高速计数器的功能

④ 组态 I/O 地址。在设备视图中，选中"属性"→"常规"→"高速计数器（HSC）"→"HSC1"→"I/O 地址"，组态选项如图 16-11 所示，I/O 地址可不更改。本例占用 IB1000 ～ IB1003，共 4 个字节，实际就是 ID1000。

⑤ 修改输入滤波时间。在设备视图中，选中"属性"→"常规"→"DI 6/DQ 4"→"数字量输入"→"通道 0"，如图 16-13 所示，将输入滤波时间从原来的 6.4ms 修改到 3.2μs，这个步骤极为关键。此外要注意，在此处的上升沿和下降沿不能启用。

（2）编写程序

由于光电编码器与电动机同轴安装，所以光电编码器的旋转圈数就是电动机的圈数。所以每个脉冲对应的距离为：

$$\frac{10 \times ID1000}{500} = \frac{ID1000}{50}(\text{mm})$$

上电时，把停电前保存的数据传送到新值中，梯形图如图 16-17 所示。

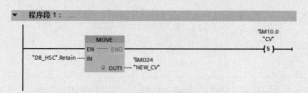

图 16-17　OB100 中的程序

每 100ms 把计数值传送到数据块保存，程序如图 16-18 所示。

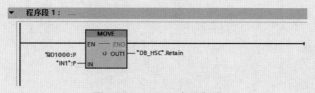

图 16-18　OB30 中的程序

　　先把数据块中保存的数据取出，作为新值，即计数的起始值，计数值经计算得到当前位移，程序如图 16-19 所示。

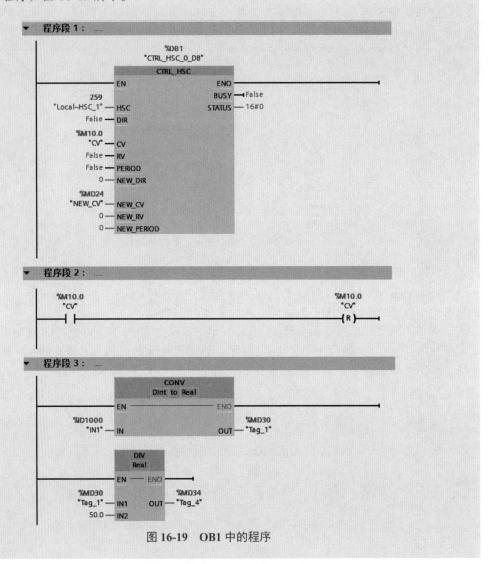

图 16-19　OB1 中的程序

◁【例 16-3】　用光电编码器测量电动机的转速，光电编码器为 500 线，电动机与编码器同轴相连，要求在 HMI 上实时显示电动机的转速。原理图如图 16-15 所示。

【解】　（1）硬件组态

　　硬件组态与例 16-2 类似，先添加 CPU 模块。在设备视图中，选中"属性"→"常规"→"高速计数器（HSC）"，勾选"启用该高速计数器"选项。

　　① 组态高速计数器的功能。在设备视图中，选中"属性"→"常规"→"高速计数器（HSC）"→"HSC1"→"功能"，组态选项如图 16-20 所示。

用 S7-1200 PLC
和光电编码器
测量电动机的
转速

图 16-20　组态高速计数器的功能

② 修改输入滤波时间。在设备视图中，选中"属性"→"常规"→"DI 6/DQ 4"→"数字量输入"→"通道 0"，如图 16-21 所示，将输入滤波时间从原来的 6.4ms 修改到 3.2μs，这个步骤极为关键。此外要注意，在此处的上升沿和下降沿不能启用。

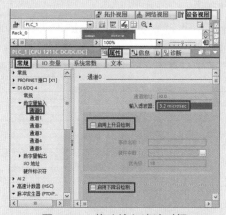

图 16-21　修改输入滤波时间

（2）编写程序

由于光电编码器与电动机同轴安装，所以光电编码器的旋转圈数就是电动机的圈数。所以转速：

$$\frac{60 \times ID1000}{500} = \frac{3 \times ID1000}{25}(r/min)$$

打开硬件主程序块 OB1，编写 LAD 程序如图 16-22 所示。

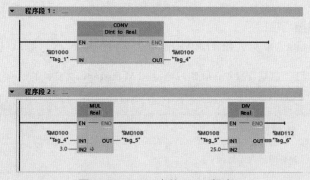

图 16-22　OB1 中的 LAD 程序

16.1.3 西门子 S7-1500 PLC 高速计数器的应用

在西门子 S7-1500 PLC 中,紧凑型 CPU 模块(如 CPU1512C-1PN)、计数模块(如 TM Count 2×24V)、位置检测模块(如 TM PosInput 2)和高性能型数字输入模块(如 DI 16x24VDC HF)都具有高数计数功能。

(1) 工艺模块及其功能

工艺模块 TM Count 2×24V 和 TM PosInput 2 的功能如下:

① 高速计数;

② 测量功能(频率、速度和持续周期);

③ 用于定位控制的位置检查。

工艺模块 TM Count 2×24V 和 TM PosInput 2 可以安装在 S7-1500 PLC 的中央机架和扩展 ET 200MP 上。

(2) 工艺模块的技术性能

工艺模块 TM Count 2×24V 和 TM PosInput 2 的技术性能见表 16-6。

表 16-6　TM Count 2×24V 和 TM PosInput 2 的技术性能

序号	特性	TM Count 2×24V	TM PosInput 2
1	每个模块通道数	2	2
2	最大计数频率	200kHz	1MHz
3	计数值	32bit	32bit
4	捕捉功能	√	√
5	比较功能	√	√
6	同步功能	√	√
7	诊断中断	√	√
8	硬件中断	√	√
9	输入滤波	√	√

注:表中√表示有此功能。

(3) 支持的编码器与接口

工艺模块 TM Count 2×24V 和 TM PosInput 2 支持的编码器与接口见表 16-7。

表 16-7　工艺模块 TM Count 2×24V 和 TM PosInput 2 支持的编码器与接口

序号	特性	TM Count 2×24V	TM PosInput 2
1	5V 增量编码器	×	√
2	24V 增量编码器	√	×
3	SSI 绝对值编码器	×	√

续表

序号	特性	TM Count 2×24V	TM PosInput 2
4	脉冲编码器	√	√
5	5V 编码器供电	×	√
6	24V 编码器供电	√	√
7	每个通道的数字输入	3	2
8	每个通道的数字输出	2	2

注：表中√表示有此功能，×表示无此功能。

（4）工艺模块 TM Count 2×24V 的接线

① 工艺模块 TM Count 2×24V 的接线端子的功能。工艺模块 TM Count 2×24V 的接线端子的功能定义见表 16-8。

表 16-8　TM Count 2×24V 的接线端子的功能定义

外形	编号	定义	具体解释		
			计数器通道 0		
	1	CH0.A	编码器信号 A	计数信号 A	向上计数信号 A
	2	CH0.B	编码器信号 B	方向信号 B	向下计数信号 B
	3	CH0.N	编码器信号 N	—	—
	4	DI0.0	数字量输入 DI0		
	5	DI0.1	数字量输入 DI1		
	6	DI0.2	数字量输入 DI2		
	7	DQ0.0	数字量输出 DQ0		
	8	DQ0.1	数字量输出 DQ1		
			两个计数器通道的编码器电源和接地端		
	9	24VDC	24V DC 编码器电源		
	10	M	编码器电源、数字输入和数字输出的接地端		

② 工艺模块 TM Count 2×24V 的接线图。工艺模块 TM Count 2×24V 的接线图如图 16-23 所示，标号 A、B 和 N 是编码器的 A 相、B 相和 N 相。标号 41 和 44 是外部向工艺模块供电，而标号 9 和 10 是向编码器供电。

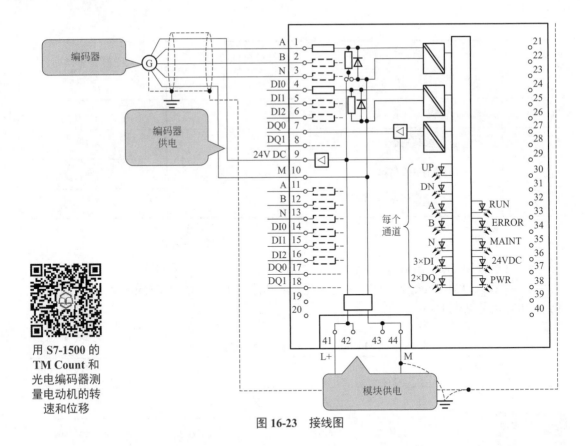

图 16-23 接线图

（5）应用举例——转速测量

◁【例 16-4】 用光电编码器测量长度和速度，光电编码器为 500 线，电动机与编码器同轴相连，电动机每转一圈，滑台移动 10mm，要求在 HMI 上实时显示位移和速度数值。原理图如图 16-24 所示。

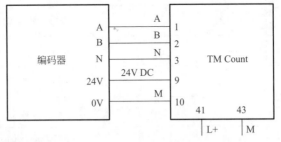

图 16-24 例 16-4 原理图

【解】 ①硬件组态。

a. 新建项目，添加 CPU。打开 TIA 博途软件，新建项目"HSC1"，单击项目树中的"添加新设备"选项，添加"CPU1511-1PN"和"TM Count 2×24V"模块，如图 16-25 所示。

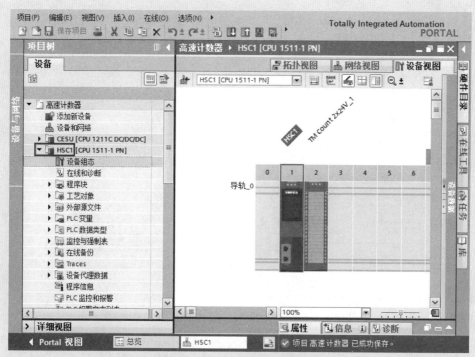

图 16-25　新建项目，添加 CPU

　　b. 选择高速计数器的工作模式。在巡视窗口中，选中"属性"（标记①处）→ "常规"（标记②处）→ "工作模式"（标记③处），选择使用工艺对象"计数和测量"操作（标记④处）选项，如图 16-26 所示。

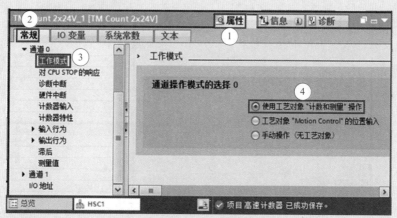

图 16-26　选择高速计数器的工作模式

　　② 组态工艺对象。

　　a. 在项目树中，选中"工艺对象"，双击"新增对象"（标记①处）选项，在弹出的"新增对象"界面中，选择"计数和测量"（标记②处）→ "High_Speed_Counter"（标记③处），单击"确定"（标记④处）按钮，如图 16-27 所示。

图 16-27　打开工艺组态界面

　　b. 组态基本参数。在工艺对象界面，选中"基本参数"，在模块中，选择"TM Count 2×24V_1"，在通道中，选择"通道 0"，如图 16-28 所示。

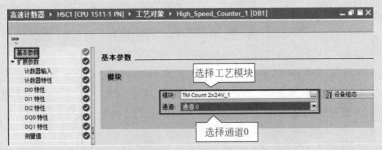

图 16-28　组态基本参数

　　c. 组态计数器输入。在工艺对象界面，选中"计数器输入"，在信号类型中选择"增量编码器（A、B、相移）"，在信号评估中选择"单一"，如选择"双重"则计数值增加 1 倍，在传感器类型中选择"源型输出"，即编码器输出高电平，在滤波器频率中选择"200kHz"，这个值与脉冲频率有关，脉冲频率大，则应选择滤波器频率大，如图 16-29 所示。

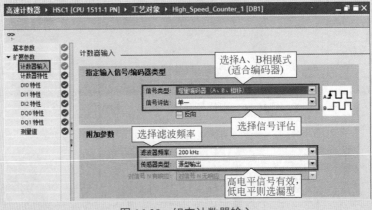

图 16-29　组态计数器输入

　　d. 组态计数器特性。在"计数器特性"中，可以修改计数起始值、计数上限和计数下限等，如图 16-30 所示。

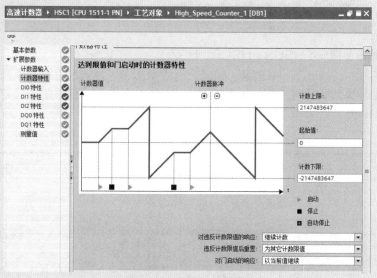

图 16-30　组态计数器特性

　　e. 组态测量值。在工艺对象界面，选中"测量值"，在测量变量中选择"速度"，在每个单位的增量中输入编码器的分辨率，本例为"500"，如图 16-31 所示。

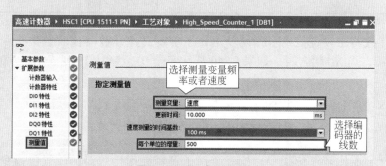

图 16-31　组态测量值

　　③ 编写程序。打开硬件主程序块 OB1，编写 LAD 程序如图 16-32 所示。

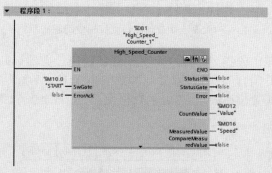

图 16-32　梯形图程序

16.2　三菱 FX 系列 PLC 的高速计数器及其应用

16.2.1　三菱 FX 系列 PLC 高速计数器的简介

(1) 高速计数器指令（HSCS、HSCR、HSZ）

高速计数器指令（HSCS、HSCR、HSZ）有 3 条指令。HSCS 是满足条件时，目标元件置 ON；HSCR 是满足条件时，目标元件置 OFF；HSZ 是高速计数器区间比较。高速计数器指令参数见表 16-9。

表 16-9　高速计数器指令参数表

指令名称	FNC NO.	[S1·]	[S2·]	[S3·]	[D·]
高速计数器比较置位	FNC53	K、H、KnX、KnY、KnM、KnS、T、C、D、VZ	C C=C235～C255	无	Y、S、M
高速计数器比较复位	FNC54	K、H、KnX、KnY、KnM、KnS、T、C、D、VZ	C C=C235～C255	无	Y、S、M、C
高速计数器区间比较	FNC55	K、H、KnX、KnY、KnM、KnS、T、C、D、VZ	K、H、KnX、KnY、KnM、KnS、T、C、D、VZ	C C=C235～C255	Y、S、M

① 高速计数器比较置位指令　用一个例子解释高速计数器比较置位指令的使用方法，如图 16-33 所示，当 X0 闭合时，如果 C240 从 9 变成 10 或者从 11 变成 10，Y000 立即置位。

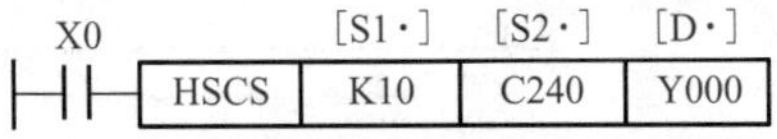

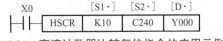

图 16-33　高速计数器比较置位指令的应用示例

② 高速计数器比较复位指令　用一个例子解释高速计数器比较复位指令的使用方法，如图 16-34 所示，当 X0 闭合时，如果 C240 从 9 变成 10 或者从 11 变成 10，Y000 立即复位。

图 16-34　高速计数器比较复位指令的应用示例

③ 高速计数器区间比较指令　用一个例子解释高速计数器区间比较指令的使用方法，如图 16-35 所示，当 X0 闭合时，如果 C240 的数据小于 10，Y000 立即置位；C240 的数据介于 10 和 20 之间 Y001 置位；如果 C240 的数据大于 20，Y002 立即置位。

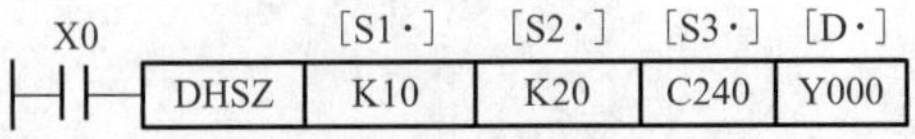

图 16-35　高速计数器区间比较指令的应用示例

（2）脉冲速度检测指令（SPD）

脉冲速度检测指令（SPD）就是在指定时间内，检测编码器的脉冲输入个数，并计算速度。［S1·］中指定输入脉冲的端子，［S2·］指定时间，单位是 ms，结果存入［D·］。脉冲速度检测指令参数见表 16-10。

表 16-10　脉冲速度检测指令（SPD）参数表

指令名称	FNC NO.	［S1·］	［S2·］	［D·］
脉冲速度检测	FNC56	X0～X5	K、H、KnX、KnY、KnM、KnS、T、C、D、VZ	T、C、D、VZ

用一个例子解释脉冲速度检测指令（SPD）的使用方法，如图 16-36 所示，当 X10 闭合时，D1 开始对 X0 由 OFF 向 ON 动作的次数计数，100ms 后，将其结果存入 D0 中。随后 D1 复位，再次对 X0 由 OFF 向 ON 动作的次数计数。D2 用于检测剩余时间。

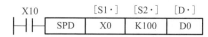

图 16-36　脉冲速度检测指令（SPD）的应用示例

关键点　D0 中的结果不是速度值，是 100ms 内的脉冲个数，与速度成正比；X0 用于测量速度后，不能再做输入点使用；当指定一个目标元件后，连续三个存储器被占用，如本例的 D0、D1、D2 被占用。

（3）高速计数器的输入分配

高速计数器的输入分配见表 16-11。

表 16-11　高速计数器的输入分配

分类	计数器编号	功能	输入端子的分配							
			X0	X1	X2	X3	X4	X5	X6	X7
单相单计数的输入	C235	H/W	U/D							
	C236	H/W		U/D						
	C237	H/W			U/D					
	C238	H/W				U/D				
	C239	H/W					U/D			
	C240	H/W						U/D		
	C241	S/W	U/D	R						
	C242	S/W			U/D	R				
	C243	S/W					U/D	R		
	C244	S/W	U/D	R					S	
	C245	S/W			U/D	R				S

分类	计数器编号	功能	输入端子的分配							
			X0	X1	X2	X3	X4	X5	X6	X7
单相双计数的输入	C246	H/W	U	D						
	C247	S/W	U	D	R					
	C248	S/W				U	D	R		
	C249	S/W	U	D	R				S	
	C250	S/W				U	D	R		S
双相双计数的输入	C251	H/W	A	B						
	C252	S/W	A	B	R					
	C253	H/W				A	B	R		
	C254	S/W	A	B	R				S	
	C255	S/W				A	B	R		S

注：H/W 为硬件计数器，S/W 为软件计数器，U 为增计数输入，D 为减计数输入，A 为 A 相输入，B 为 B 相输入，R 为外部复位输入，S 为外部启动输入。

16.2.2 三菱 FX 系列 PLC 高速计数器的应用

◁【例 16-5】 用光电编码器测量长度（位移），光电编码器为 500 线，电动机与编码器同轴相连，电动机每转一圈，滑台移动 10mm，要求在 HMI 上实时显示位移数值（含正负）。原理图如图 16-37 所示。

用 **FX PLC** 和 光电编码器测 量位移

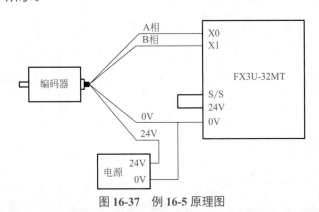

图 16-37 例 16-5 原理图

【解】 由于光电编码器与电动机同轴安装，所以光电编码器的旋转圈数就是电动机的圈数。采用 A、B 相计数可以计数，也包含位移的方向，所以每个脉冲对应的距离为：

$$\frac{10 \times D0}{500} = \frac{D0}{50} (mm)$$

程序如图 16-38 所示。

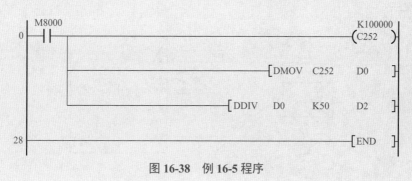

图 16-38　例 16-5 程序

◁【例 16-6】　一台电动机上配有一台光电编码器（光电编码器与电动机同轴安装），试用 FX3U PLC 测量电动机的转速（正向旋转），要求编写此梯形图程序。

【解】　由于光电编码器与电动机同轴安装，所以光电编码器的转速就是电动机的转速。使用 SPD 指令，D0 中存储的是 100ms 的脉冲数，而光电编码器为 500 线，故其转速为：

$$n = \frac{D0 \times 10 \times 60}{500} = \frac{D0 \times 6}{5} (r/min)$$

用 FX PLC 和光电编码器测量电动机的转速

（1）软硬件配置
① 1 套 GX Works3。
② 1 台 FX3U-32MT。
③ 1 台光电编码器（500 线）。
④ 1 根以太网线。
原理图如图 16-39 所示。
（2）编写程序
梯形图程序如图 16-40 所示。

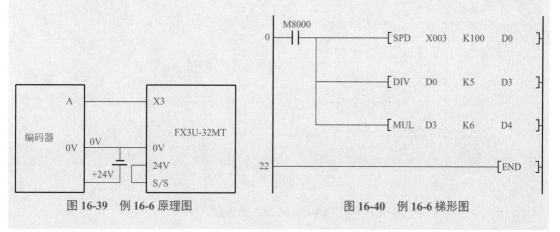

图 16-39　例 16-6 原理图　　　　图 16-40　例 16-6 梯形图

◁【例16-7】 一台电动机上配有一台光电编码器（光电编码器与电动机同轴安装），试用 FX3U PLC 测量电动机的转速（正反向旋转），要求编写此梯形图程序。原理图如图 16-41 所示。

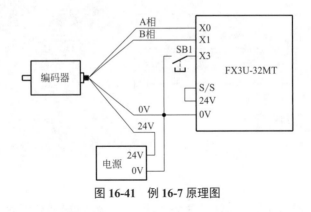

图 16-41 例 16-7 原理图

【解】 由于光电编码器与电动机同轴安装，所以光电编码器的转速就是电动机的转速。不使用 SPD 指令，使用定时中断，中断时间为 50ms 的脉冲数为计数值，而光电编码器为 500 线，故其转速为：

$$\frac{1000 \times 60 \times C252}{50 \times 500} = \frac{12 \times C252}{5}(r/min)$$

梯形图程序如图 16-42 所示。

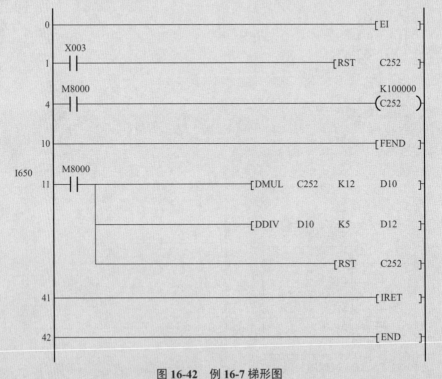

图 16-42 例 16-7 梯形图

16.3　欧姆龙 CP1 系列 PLC 的高速计数器及其应用

常见的 PLC 的普通的计数器只能对一些低频率的脉冲计数，而对于一些高频率的脉冲，如光电编码器的脉冲，就不能准确计数了，欧姆龙 CP1 系列 PLC 的普通计数器也是如此，因此要对高频脉冲信号计数，就要用到高速计数器。高速计数器的典型应用就是测量转速，这在后面会讲到。

16.3.1　欧姆龙 CP1 系列 PLC 高速计数器的简介

欧姆龙 CP1L 系列 PLC 提供了多个高速计数器（0 ～ 3）以响应快速脉冲输入信号。高速计数器的计数速度比 PLC 的扫描速度要快得多，因此高速计数器可独立于用户程序工作，不受扫描时间的限制。用户通过相关指令，设置相应的特殊存储器控制计数器的工作。

(1) CP1 高速计数器的输入信号种类
作为计数器模式，可选择以下 4 种输入信号：
高速计数器 0 ～ 3 时：输入有效信号 24V DC
① 位相差输入（4 倍频）：50kHz；
② 脉冲 + 方向输入：100kHz；
③ 加减法脉冲输入：100kHz；
④ 加法脉冲输入：100kHz。

(2) 高速计数器输入端子的分配
对于不同种类的欧姆龙 CP1 系列的 PLC，作为高速输入所使用的端子信号也有所不同，这一点初学者很容易出错，也是欧姆龙使用不便之处，被有的使用者所诟病。以 14 点的 PLC 为例，图 16-43 所示为高速计数器输入模式下，高速计数器分配的端子及其功能。不同的 PLC 支持的高速计数个数也不同，例如：CP1L-L14 支持高速计数器 0 和 1，而 CP1L-L40 则支持高速计数器 0、1、2 和 3。

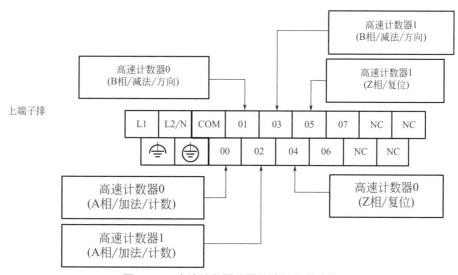

图 16-43　高速计数器分配的端子及其功能

(3) 高速计数器的规格

CP1L 高速计数器的规格见表 16-12。

表 16-12 CP1L 高速计数器的规格

项目		内容			
计数器模式（依据 PLC 系统设定进行选择）		位相差输入	加减法脉冲输入	脉冲＋方向输入	加法脉冲
输入引脚编号		A 相输入	加法脉冲输入	脉冲输入	加法脉冲输入
		B 相输入	减法脉冲输入	方向输入	—
		Z 相输入	复位输入	复位输入	复位输入
输入方式		位相差 4 倍频（固定）	单相输入 ×2	单相脉冲＋方向	单相脉冲
响应频率		50kHz	100kHz	100kHz	100kHz
高速计数器点数		2 点（高速计数器 0、1）			4 点（高速计数器 0、1、2、3）
数值范围模式		线性模式、环形模式（通过 PLC 系统设定来设定）			
计数值		线性模式时：80000000 ～ 7FFFFFFF Hex 环形模式时：00000000 ～ 环形设定值（在 00000001 ～ FFFFFFFF Hex 的范围内，通过 PLC 系统设定来设定环形设定值）			
高速计数器当前值保存目的地		高速计数器 0：A271 CH（高位）/A270 CH（低位）；高速计数器 1：A273 CH（高位）/A272 CH（低位）；高速计数器 2：A317 CH（高位）/A316 CH（低位）；高速计数器 3：A319 CH（高位）/A318 CH（低位）。对于该值，可进行目标值一致比较中断或区域比较中断 注：共通处理的时间内每周期被更新 读取最新值的情况下，使用 PRV 指令			
		保存数据形式：16 进制 8 位（BIN） 线性模式时：80000000 ～ 7FFFFFFF Hex 环形模式时：00000000 ～ 环形设定值			
控制方式	目标值一致比较	登录 48 个目标值及中断任务号			
	区域比较	登录 8 个上限值、下限值、中断任务号			
计数器复位方式（依据 PLC 系统设定进行选择）		Z 相信号＋软复位标志为 ON 时，通过 Z 相输入的 ON 进行复位 软复位通过复位标志为 ON，进行复位 注：将高速计数器复位时，可选择停止或继续比较动作			

（4）高速计数器的模式

CP1L 高速计数器有 4 种模式：位相差输入模式、脉冲 + 方向模式、加减法脉冲模式和加法脉冲模式。

① 位相差输入模式　将位相差为 90° 的 2 相的信号（A 相、B 相）用于输入，当 A 相脉冲超前 B 相脉冲 90° 时，计数器进行加计数。A 和 B 相的上升和下降沿来到时，高速计数器数值加 1，在一个周期内计数值加 4。当 B 相脉冲超前 A 相脉冲 90° 时，计数器进行减计数。A 和 B 相的上升和下降沿来到时，高速计数器数值减 1，位相差输入模式示意图如图 16-44 所示。计数值的加法 / 减法的条件见表 16-13。

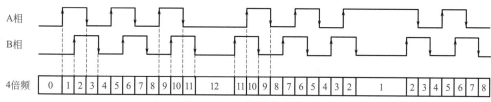

图 16-44　位相差输入模式

表 16-13　位相差输入模式计数值的加减条件

A 相	B 相	计数值	A 相	B 相	计数值
↑	L	加法	L	↑	减法
H	↑	加法	↑	H	减法
↓	H	加法	H	↓	减法
L	↓	加法	↓	L	减法

② 脉冲 + 方向模式　这种模式使用方向信号输入及脉冲信号输入，根据方向信号的状态（OFF/ON）将计数值相加或相减。当方向信号为正时，加计数，当方向信号为负时，高速计数器计数值减计数。脉冲 + 方向模式示意图如图 16-45 所示。计数值的加法 / 减法的条件见表 16-14。

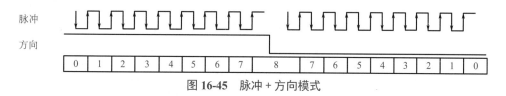

图 16-45　脉冲 + 方向模式

表 16-14　脉冲 + 方向模式计数值的加减条件

方向信号	脉冲信号	计数值	方向信号	脉冲信号	计数值
↑	L	无变化	L	↑	减法
H	↑	加法	↑	H	无变化
↓	H	无变化	H	↓	无变化
L	↓	无变化	↓	L	无变化

③ 加减法脉冲模式　使用减法脉冲输入及加法脉冲输入 2 种信号进行计数。当加法脉冲上升沿时，高速计数器加 1，当减法脉冲上升沿时，高速计数器减 1，加减法脉冲模式示意图如图 16-46 所示，计数值的加法 / 减法的条件见表 16-15。

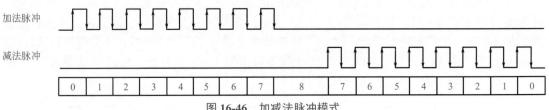

图 16-46　加减法脉冲模式

表 16-15　加减脉冲模式计数值的加减条件

减法脉冲	加法脉冲	计数值	减法脉冲	加法脉冲	计数值
↑	L	减法	L	↑	加法
H	↑	加法	↑	H	减法
↓	H	无变化	H	↓	无变化
L	↓	无变化	↓	L	无变化

④ 加法脉冲模式　对单相的脉冲信号输入进行计数，仅限加法。当加法脉冲上升沿时，高速计数器加 1。加法脉冲模式示意图如图 16-47 所示，计数值的加法 / 减法的条件见表 16-16。

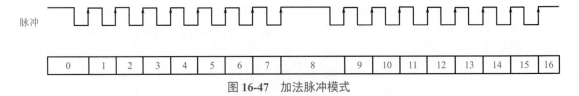

图 16-47　加法脉冲模式

表 16-16　加法脉冲模式计数值的加减条件

脉冲	计数值	脉冲	计数值
↑	加法	L	无变化
H	无变化	↓	无变化

(5) 脉冲的计数模式

欧姆龙 CP1L 系列 PLC 的高速计数器的计数模式有 2 种，即线性模式和环形模式。

① 线性模式　对从下限值到上限值范围内的输入脉冲进行计数。如输入脉冲超过此上

下限，则发生溢出 / 下溢，停止计数动作。加法模式的范围是 0x00000000 ～ 0xFFFFFFFF（十进制为 0 ～ 4294967295），加减法模式时范围为 0x80000000 ～ 0x7FFFFFFF（十进制为 -2147483648 ～ +2147483647）。用示意图表示如图 16-48 所示。

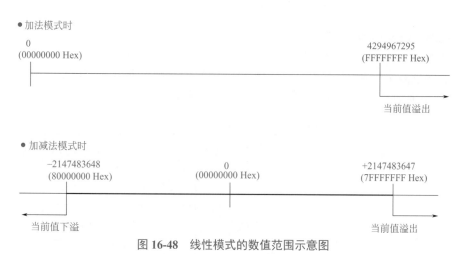

图 16-48　线性模式的数值范围示意图

② 环形模式　在设定范围内对输入脉冲进行循环计数。如图 16-49 所示进行循环。

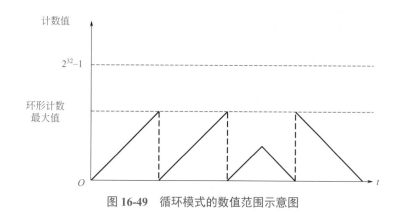

图 16-49　循环模式的数值范围示意图

如计数值从计数最大值开始相加，则归 0 后再继续加法计数。如计数值从 0 开始相减，则先变为最大值再继续减法计数。因此，可在无溢出 / 下溢时对输入脉冲进行计数。

将输入脉冲的数值范围的最大值通过 PLC 系统设定来设定。最大值在 00000001 ～ FFFFFFFF Hex 的范围内可任意设定。

🅖 关键点　①在环形模式下，不存在负值。②通过 PLC 系统设定将环形计数器最大值设为 0 时，可作为最大值 FFFFFFFF Hex 设定。

（6）高速计数器的复位

高速计数器的复位有两种方式：Z 相信号 + 软复位和软复位，以下分别介绍。

① Z 相信号 + 软复位方式　高速计数器复位标志为 ON 的状态下，Z 相信号（复位输入）OFF → ON 时，将高速计数器当前值复位。此外，由于复位标志为 ON，仅可在共通处理中判别，因此在梯形图程序内发生 OFF → ON 的情况下，从下一周期开始 Z 相信号转

为有效。

② 软复位方式　高速计数器复位标志 OFF → ON 时，将高速计数器当前位置复位。此外，复位标志 OFF → ON 的判定一扫描周期一次，在共通处理中进行，复位处理也在该时间进行。在一周期的中途变化中，无法追踪。

(7) 高速计数器分配的区域

高速计数器在计数时需要存储当前值，在当前值与指定区域比较时，比较结果的真假也要存储。高速计数器分配的存储区见表 16-17。例如高速计数器 0 的当前值存储在 A271 和 A270 中，该数值随着高速计数器接收到的高速脉冲数而改变。

表 16-17　高速计数器分配的存储区

内容		高速计数器 0	高速计数器 1	高速计数器 2	高速计数器 3
当前值保存区域	保存高位 4 位	A271 CH	A273 CH	A317 CH	A319 CH
	保存低位 4 位	A270 CH	A272 CH	A316 CH	A318 CH
区域比较一致标志	与比较条件 1 相符时为 ON	A274.00	A275.00	A320.00	A321.00
	与比较条件 2 相符时为 ON	A274.01	A275.01	A320.01	A321.01
	与比较条件 3 相符时为 ON	A274.02	A275.02	A320.02	A321.02
	与比较条件 4 相符时为 ON	A274.03	A275.03	A320.03	A321.03
	与比较条件 5 相符时为 ON	A274.04	A275.04	A320.04	A321.04
	与比较条件 6 相符时为 ON	A274.05	A275.05	A320.05	A321.05
	与比较条件 7 相符时为 ON	A274.06	A275.06	A320.06	A321.06
	与比较条件 8 相符时为 ON	A274.07	A275.07	A320.07	A321.07
比较动作中标志	执行比较动作中为 ON	A274.08	A275.08	A320.08	A321.08
溢出 / 下溢标志	线性模式下，当前值为溢出 / 下溢时为 ON	A274.09	A275.09	A320.09	A321.09
计数器方向标志	0：减法计数时 1：加法计数时	A274.10	A275.10	A320.10	A321.10

16.3.2　高速计数器指令

高速计数器的指令主要包括：CTBL、INI、PRV2。

(1) CTBL 指令

对高速计数器当前值进行目标值一致比较或区域比较。条件成立时执行中断任务。

只能登录比较表。只在进行登录时，由 INI 指令开始比较或停止比较。CTBL 指令如图 16-50 所示。

图 16-50　CTBL 指令

① 操作数说明。

a. C1：端口指定。

0000 Hex：高速计数器输入 0。

0001 Hex：高速计数输器入 1。

0002 Hex：高速计数器输入 2。

0003 Hex：高速计数器输入 3。

b. C2：控制数据。

0000 Hex：登录目标值一致比较表并开始比较。

0001 Hex：登录区域比较表并开始比较。

0002 Hex：只登录目标值一致比较表。

0003 Hex：只登录区域比较表。

c. S：比较表低位 CH 编号。

指定目标值一致比较表时，根据 S 的比较个数，为 4 ～ 145 通道的可变长度。S 各区域的含义如图 16-51 所示。

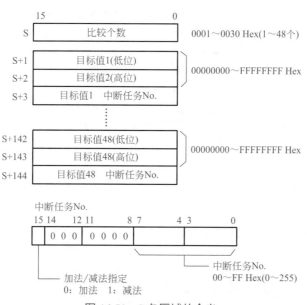

图 16-51　S 各区域的含义

② 功能说明。对于由 C1 指定的端口，按由 C2 指定的方式，开始执行与高速计数器当前值进行比较的表的登录和比较。

执行一次 CTBL 指令时，由指定条件开始进行比较动作。因此基本上在输入微分型（带 @）或一周期 ON 的输入条件下使用。

✐ 【例 16-8】　0.01 常开触点闭合时，由 CTBL 指令对高速计数输入 0 进行目标值一致比较表的登录和比较。高速计数器当前值在加法方向上进行计数，当到达 500 时，由于和目标值 1 一致，因此执行中断任务 No.1。接着继续进行加法计数，当到达 1000 时，由于和目标值 2 一致，因此执行中断任务 No.2。根据上述设计程序。

【解】　程序如图 16-52 所示。

图 16-52　例 16-8 程序

目标区域 D100 ～ D106 的赋值如图 16-53 所示。注意，D101 中的 01F4 是十六进制，就是十进制中的 500。

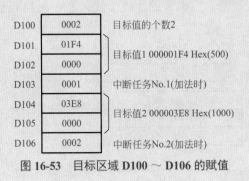

D100	0002	目标值的个数2
D101	01F4	目标值1 000001F4 Hex(500)
D102	0000	
D103	0001	中断任务No.1(加法时)
D104	03E8	目标值2 000003E8 Hex(1000)
D105	0000	
D106	0002	中断任务No.2(加法时)

图 16-53　目标区域 D100 ～ D106 的赋值

(2) INI 指令

INI 指令是动作模式指令，它是将 C1 指定的模式进行 C2 指定的动作，INI 指令如图 16-54 所示。

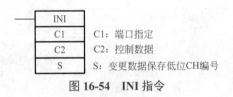

INI	
C1	C1：端口指定
C2	C2：控制数据
S	S：变更数据保存低位CH编号

图 16-54　INI 指令

操作数说明

a. C1：端口指定（仅列出部分）。

0000 Hex：脉冲输出 0。

0001 Hex：脉冲输出 1。

0010 Hex：高速计数器输入 0。

0011 Hex：高速计数器输入 1。

0012 Hex：高速计数器输入 2。

0013 Hex：高速计数器输入 3。

0020 Hex：变频器定位 0（仅 CP1L）。

0021 Hex：变频器定位 1（仅 CP1L）。

0100 Hex：中断输入 0（计数模式）。

0101 Hex：中断输入 1（计数模式）。

0102 Hex：中断输入 2（计数模式）。

0103 Hex：中断输入 3（计数模式）。

1000 Hex：PWM 输出 0。

b. C2：控制数据。

0000 Hex：比较开始。

0001 Hex：比较停止。

0002 Hex：变更当前值。

0003 Hex：停止脉冲输出。

c. S：变更数据保存低位 CH 编号指定变更当前值（C2=0002 Hex）时，保存变更数据。指定变更当前值以外的值时，不使用此操作数的值。S 各区域的含义如图 16-55 所示。

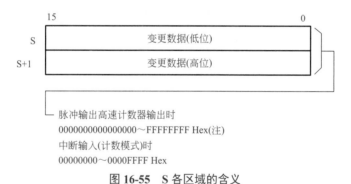

图 16-55　S 各区域的含义

⊲【例 16-9】　请解释如图 16-56 所示程序的含义。

图 16-56　例 16-9 程序

【解】 0.01 常开触点闭合时，执行 INI 指令，由于 C1 为 0000，含义为脉冲 0 输出，C2 为 0003，含义为停止脉冲输出，S 为 0。所以图 16-56 程序含义为：停止脉冲 0 输出。

(3) PRV2 指令

PRV2 指令是读取输入到高速计数器中的脉冲频率，将其转换成旋转速度（旋转数）或将计数器当前值转换成累计旋转数，用 16 进制数 8 位来输出结果。PRV2 指令如图 16-57 所示。

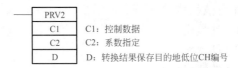

图 16-57　PRV2 指令

① 操作数说明。

a. C1：控制数据。

0 □ *0 Hex：频率 - 旋转速度转换，□为单位，* 为指定频率计算方式。

0001 Hex：计数当前值 - 累计旋转数转换。C1 的具体含义如图 16-58 所示。

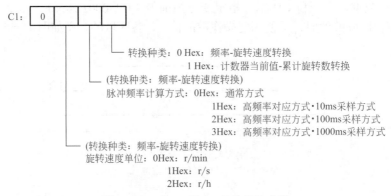

图 16-58　PRV2 指令 C1 的具体含义

b. C2：系数指定

0001 ～ FFFF Hex：旋转 1 次的脉冲数。

c. D：转换结果保存目的地低位 CH 编号。转换结果占 2 个字，即 D 和 D+1，如图 16-59 所示。

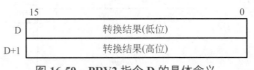

图 16-59　PRV2 指令 D 的具体含义

② 功能说明　使用由 C2 指定的系数，采用 C1 的转换方法，将输入到高速计数 0 中的脉冲频率输出到 D。

◁【例 16-10】 请解释如图 16-60 所示程序的含义。

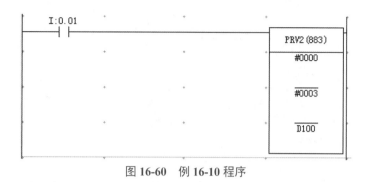

图 16-60 例 16-10 程序

【解】 0.01 为 ON 时，由 PRV2 指令读取该时输入高速计数输入 0 的脉冲频率，转换成旋转速度（r/min），由 16 进制数输出到 D101，D100 中。假如高速输入脉冲为 100Hz，则转换成频率为 $100/3 \times 60 = 2000$r/min。

◁【例 16-11】 请解释如图 16-61 所示程序的含义。

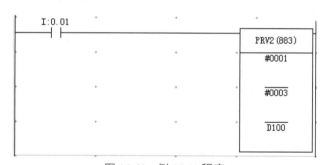

图 16-61 例 16-11 程序

【解】 0.01 为 ON 时，由 PRV2 指令读取该时的计数器当前值，转换成累计旋转数，由十六进制数输出到 D101，D100 中。假如当前值为 300，则转换成转数为 $300/3 = 100$r。

16.3.3 CP1 PLC 高速计数器的应用

◁【例 16-12】 使用高速计数器 0，在线性模式下对外界脉冲计数，按指定目标值进行比较，如果当前值到达 3000 时，执行中断 10，灯亮。

【解】 在编写程序之前，先要进行 PLC 设定，方法是：双击"工程树"中的"设置"按钮，弹出如图 16-62 所示的界面，勾选"使用高速计数器 0"，点选"线性模式"，选择"软件复位"和"增量脉冲输入"。

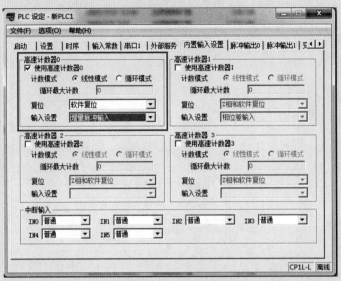

图 16-62　PLC 设定

0.01 为 ON 时，激活高速计数器指令，当计数达到 3000 时，调用中断 10，灯亮。当 0.02 为 ON 时，复位，灯灭，而且软件使得高速计数器复位。程序如图 16-63 所示。

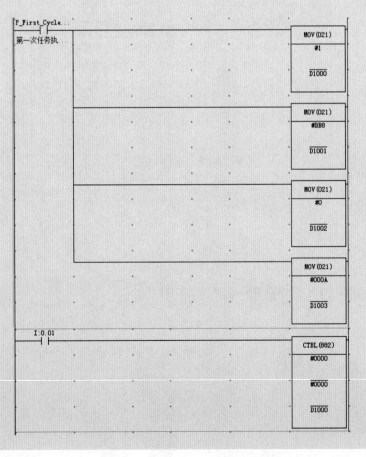

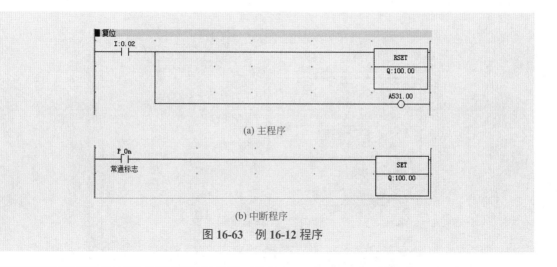

(a) 主程序

(b) 中断程序

图 16-63　例 16-12 程序

◁【例 16-13】　电动机直接与光电编码器同轴相连，光电编码器为 1024 线，请用 CP1L-L14DT 和光电编码器测量电动机的实时转速，并显示到 HMI 上。

【解】　不管用什么类型的 PLC，用光电编码器测量转速都要使用高速计数器，本例使用 CP1L-L14DT 的高速计数器 0 比较方便，因为高速计数器 0 可以使用 PRV2 指令，可以很方便测量到转速值，当然也可以使用其他高速计数器，使用 PRV 指令，但编程就复杂多了。接线图如图 16-64 所示。

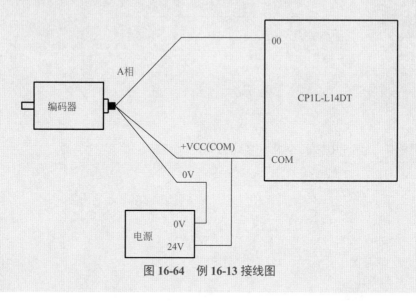

图 16-64　例 16-13 接线图

🎯 关键点　PLC 输入端的电源和光电编码器的电源要共用同一电源，且最好不要另作他用，如作为 PLC 的输出端使用。

在编写程序之前，先要进行 PLC 设定，方法是：双击"工程树"中的"设置"按钮，弹出如图 16-65 所示的界面，勾选"使用高速计数器 0"，点选"循环模式"，选择"Z 相和软件复位"和"增量脉冲输入"。程序如图 16-66 所示。

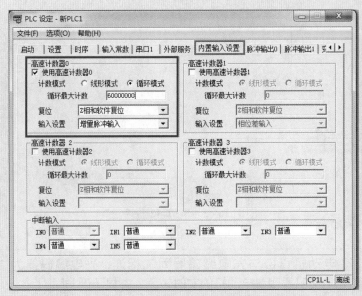

图 16-65 例 16-13 PLC 设定

图 16-66 例 16-13 程序

> **关键点** 使用 PRV2 指令时，只能用高速计数器。

5

第 5 篇

PLC 编程工程实践

第 17 章　PLC 工程应用

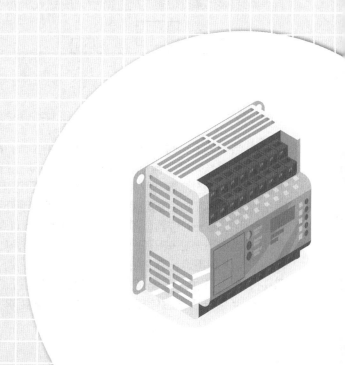

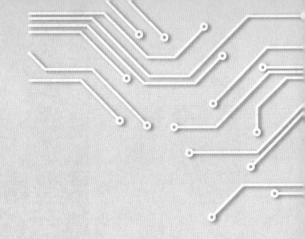

本章是前面章节内容的综合应用，将介绍四个典型的 PLC 工程应用的案例，供读者模仿学习。

■ **17.1 送料小车自动往复运动的 PLC 控制**

◁【例 17-1】 现有一套送料小车系统，分别在工位一、工位二、工位三这三个地方来回自动送料，小车的运动由一台交流电动机进行控制。在三个工位处，分别装置了三个传感器 SQ1、SQ2、SQ3 用于检测小车的位置。在小车运行的左端和右端分别安装了两个行程开关 SQ4、SQ5，用于定位小车的原点和右极限位点。

其结构示意图如图 17-1 所示。控制要求如下：

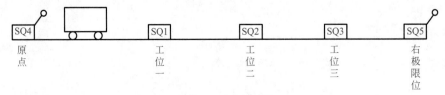

图 17-1　结构示意图

① 当系统上电时，无论小车处于何种状态，首先回到原点准备装料，等待系统的启动。

② 当系统的手 / 自动转换开关打开自动运行挡时，按下启动按钮 SB1，小车首先正向运行到工位一的位置，等待 10s 卸料完成后正向运行到工位二的位置，等待 10s 卸料完成后正向运行到工位三的位置，停止 10s 后接着反向运行到工位二的位置，停止 10s 后再反向运行到工位一的位置，停止 10s 后再反向运行到原点位置，等待下一轮的启动运行。

③ 当按下停止按钮 SB2 时系统停止运行，如果小车停止在某一工位，则小车继续停止，等待；当小车正运行在去往某一工位的途中，则当小车到达目的地后再停止运行。再次按下启动按钮 SB1 后，设备按剩下的流程继续运行。

④ 当系统按下急停按钮 SB5 时，小车要求立即停止工作，直到急停按钮取消时，系统

恢复到当前状态。

⑤ 当系统的手 / 自动转换开关 SA1 打到手动运行挡时，可以通过手动按钮 SB3、SB4 控制小车的正 / 反向运行。

(1) 用 S7-1200 PLC 解题

① 系统的软硬件配置。

a. 1 台 CPU 1214C。

b. 1 套 TIA Portal V15.1。

c. 1 根网线。

② PLC 的 I/O 分配。PLC 的 I/O 分配见表 17-1。

表 17-1　PLC 的 I/O 分配表（1）

名称	符号	输入点	名　称	符　号	输出点
启动	SB1	I0.0	电动机正转	KA1	Q0.0
停止	SB2	I0.1	电动机反转	KA2	Q0.1
左点动	SB3	I0.2			
右点动	SB4	I0.3			
工位一	SQ1	I0.4			
工位二	SQ2	I0.5			
工位三	SQ3	I0.6			
原点	SQ4	I0.7			
右限位	SQ5	I1.0			
手 / 自转换	SA1	I1.1			
急停	SB5	I1.2			

③ 控制系统的接线。设计原理图如图 17-2 所示。

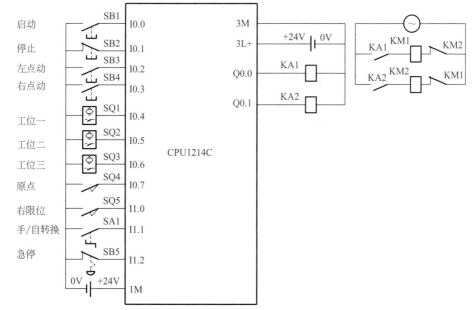

图 17-2　例 17-1 原理图

④ 编写控制程序。创建变量表如图 17-3 所示。先创建数据块 DB_Timer，在数据块中创建数据 T0、T1、T2、T3 和 T4，其数据类型为 "IEC_TIMER"，这个做的好处是 5 个定时器公用一个数据块，再编写梯形图程序如图 17-4 所示。

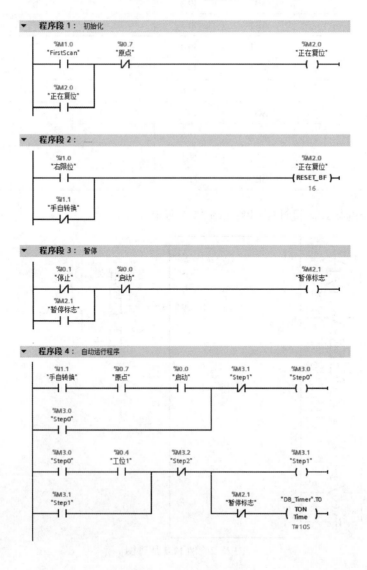

图 17-3　PLC 变量表

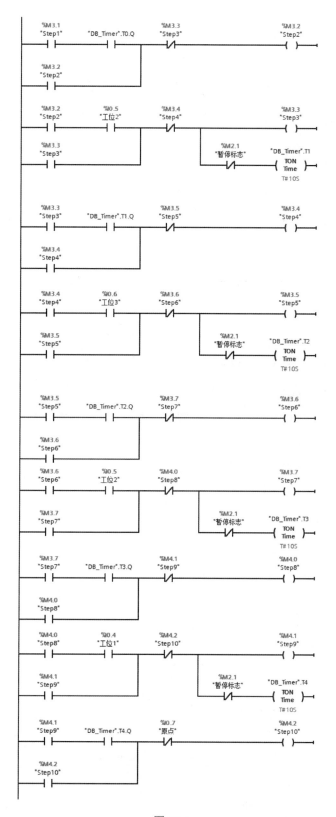

图 17-4

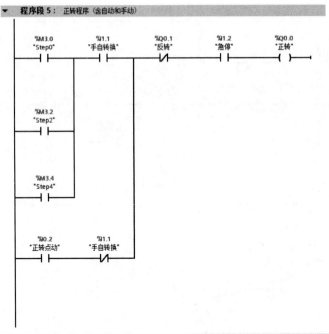

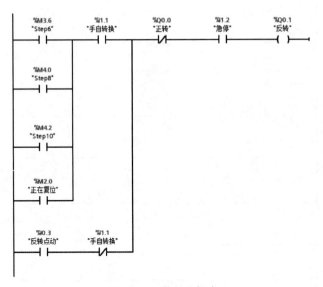

图 17-4 梯形图程序

(2) 用三菱 FX 系列 PLC 为控制器解题

① PLC 的 I/O 分配。PLC 的 I/O 分配见表 17-2。

表 17-2 PLC 的 I/O 分配表（2）

名称	符号	输入点	名称	符号	输出点
启动	SB1	X0	电动机正转	KA1	Y0
停止	SB2	X1	电动机反转	KA2	Y1

续表

名称	符号	输入点	名称	符号	输出点
左点动	SB3	X2			
右点动	SB4	X3			
工位一	SQ1	X4			
工位二	SQ2	X5			
工位三	SQ3	X6			
原点	SQ4	X7			
右限位	SQ5	X10			
手 / 自转换	SA1	X11			
急停	SB5	X12			

② 控制系统的接线。接线图如图 17-5 所示，主回路图未画出。

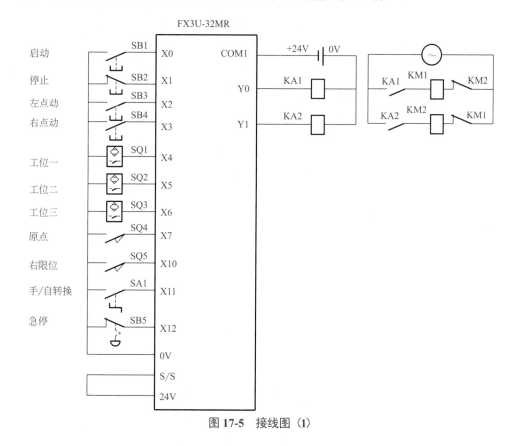

图 17-5　接线图（1）

③ 编写控制程序。编写梯形图程序如图 17-6 所示。

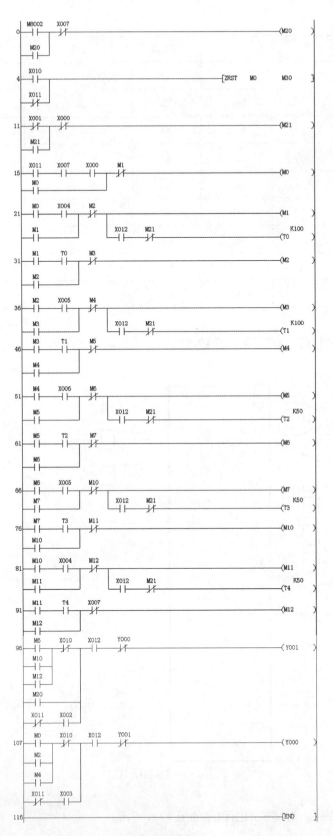

图 17-6 梯形图

（3）用欧姆龙 CP1 系列 PLC 为控制器解题

① PLC 的 I/O 分配。PLC 的 I/O 分配见表 17-3。

表 17-3　PLC 的 I/O 分配表（3）

名称	符号	输入点	名称	符号	输出点
启动	SB1	0.00	电动机正转	KA1	100.00
停止	SB2	0.01	电动机反转	KA2	100.01
左点动	SB3	0.02			
右点动	SB4	0.03			
工位一	SQ1	0.04			
工位二	SQ2	0.05			
工位三	SQ3	0.06			
原点	SQ4	0.07			
右限位	SQ5	0.08			
手/自转换	SA1	0.09			
急停	SB5	0.10			

② 控制系统的接线。控制系统接线图如图 17-7 所示，PLC 为 CP1L-M40DR，主回路图未画出。

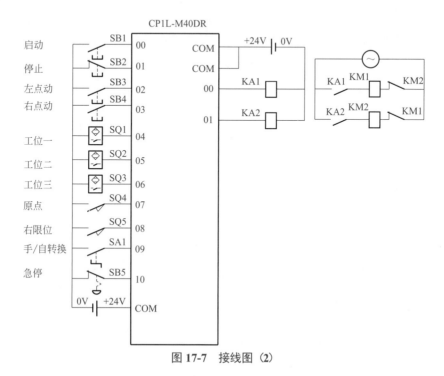

图 17-7　接线图（2）

③ 编写控制程序。编写程序如图 17-8 所示。

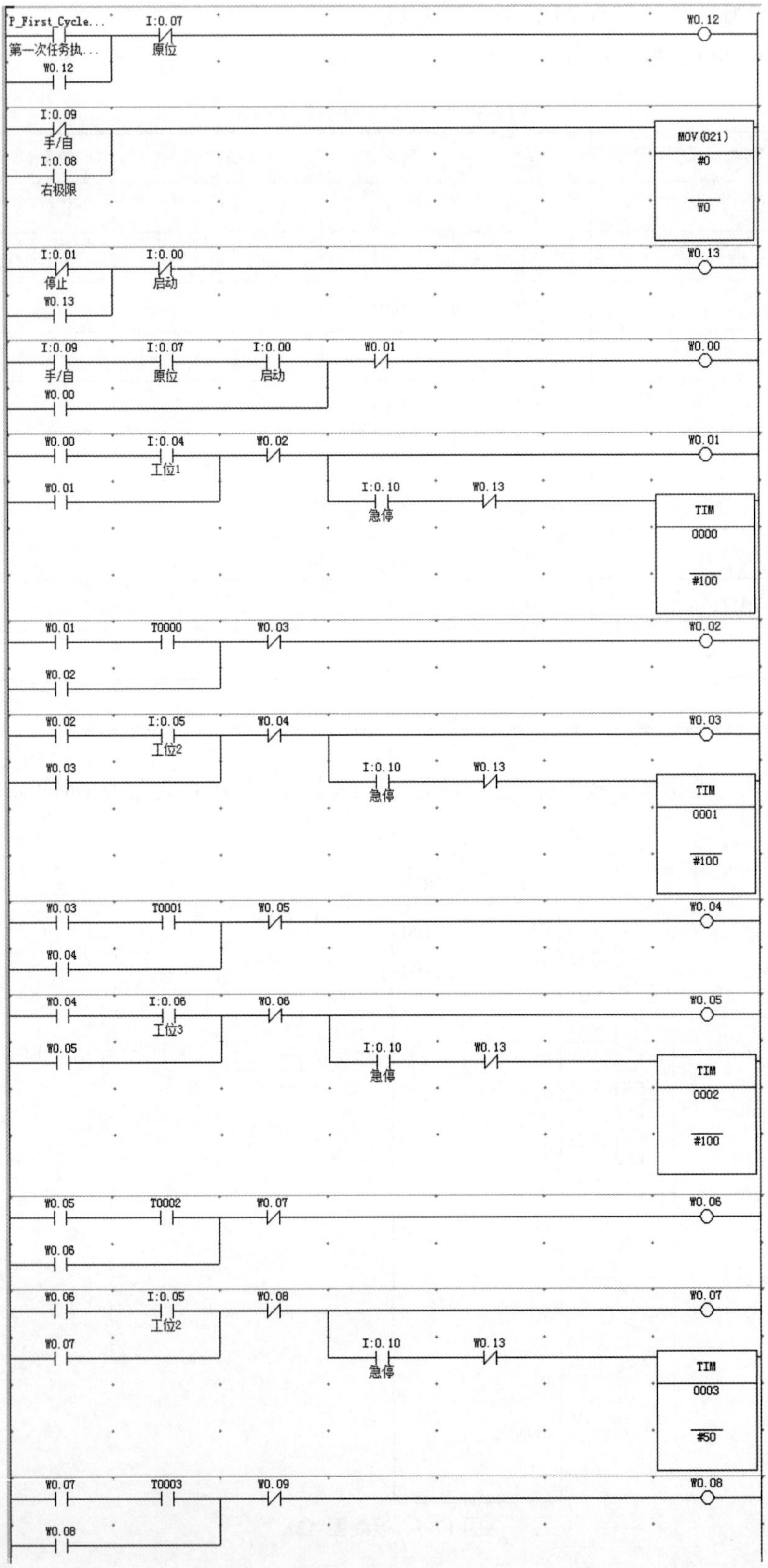
P_First_Cycle...
第一次任务执...
I:0.07
原位
W0.12
I:0.09
手/自
I:0.08
右极限
MOV(021)
#0
W0
I:0.01
停止
I:0.00
启动
W0.13
W0.01
W0.00
I:0.04
工位1
W0.02
I:0.10
急停
TIM
0000
#100
T0000
W0.03
I:0.05
工位2
W0.04
0001
T0001
W0.05
I:0.06
工位3
W0.06
0002
T0002
W0.07
W0.08
0003
#50
T0003
W0.09

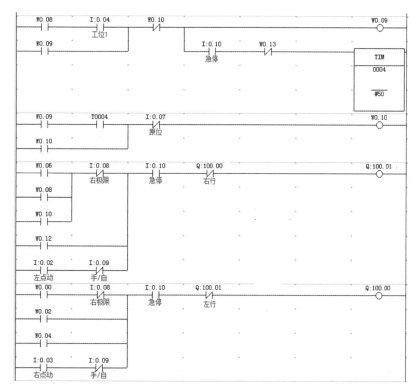

图 17-8　程序

17.2　刨床的 PLC 控制

◁【例 17-2】　已知某刨床的控制系统主要由 PLC 和变频器组成，PLC 对变频器进行通信速度给定，变频器的运动曲线如图 17-9 所示，变频器以 20Hz（600r/min）、30Hz（900r/min）、50Hz（1500r/min，同步转速）、0Hz 和反向 50Hz 运行，减速和加速时间都是 2s，如此工作 2 个周期自动停止。要求如下：

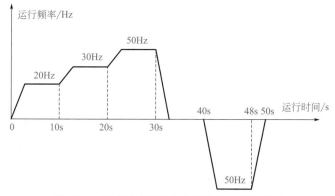

图 17-9　刨床的变频器的运行频率 - 时间曲线

① 试设计此系统，设计原理图；

② 正确设置变频器的参数；

③ 报警时，指示灯亮；

④ 编写程序。

(1) 用西门子 S7-1200 PLC 作为控制器解题

① 系统的软硬件

a. 1 套 TIA Portal V15.1。

b. 1 台 CPU1211C。

c. 1 台 G120 变频器（含 PN 通信接口）。

系统的硬件组态如图 17-10 所示。

② PLC 的 I/O 分配　PLC 的 I/O 分配见表 17-4。

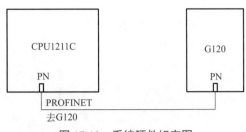

图 17-10　系统硬件组态图

表 17-4　PLC 的 I/O 分配表（4）

名　称	符　号	输入点	名　称	符　号	输出点
启动按钮	SB1	I0.0	接触器	KM1	Q0.0
停止按钮	SB2	I0.1	指示灯	HL1	Q0.1
前限位	SQ1	I0.2			
后限位	SQ2	I0.3			

③ 控制系统的接线　控制系统的接线按照图 17-11 和图 17-12 所示执行。图 17-11 是主电路原理图，图 17-12 是控制电路原理图。

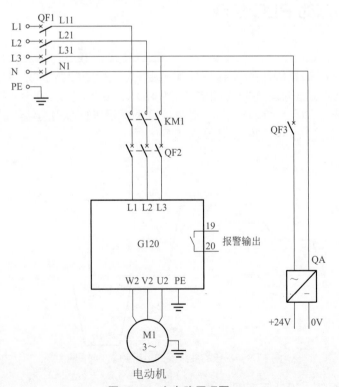

图 17-11　主电路原理图

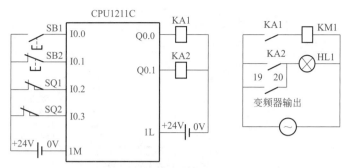

图 17-12　控制电路原理图

④ 硬件组态

a. 创建项目，组态主站。创建项目，命名为"Planer"，先组态主站。添加"CPU1211C"模块，模块的输入地址是"IB0"，模块的输出地址是"QB0"，如图 17-13 所示。

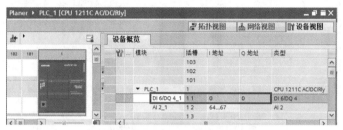

图 17-13　主站的硬件组态

b. 设置"CPU1211C"的 IP 地址为"192.168.0.1"，子网掩码为"255.255.255.0"，如图 17-14 所示。

c. 组态变频器。选中"其它现场设备" → "PROFINET IO" → "Drives" → "SIEMENS AG" → "SINAMICS" → "SINAMICS G120 CU250S-2PN"，并将"SINAMICS G120 CU250S-2PN"拖拽到如图 17-15 所示位置。

图 17-14　设置 CPU 的 IP 地址

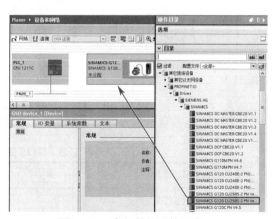

图 17-15　变频器的硬件组态

d. 设置"SINAMICS G120 CU250S-2PN"的 IP 地址为"192.168.0.2"，子网掩码为"255.255.255.0"，如图 17-16 所示。

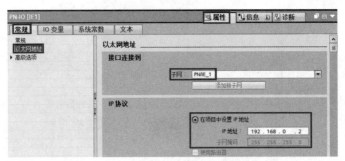

图 17-16　设置变频器的 IP 地址

e. 创建 CPU 和变频器连接。用鼠标左键选中如图 17-17 所示的 "1" 处，按住不放，拖至 "2" 处，这样主站 CPU 和从站变频器就创建起 PROFINET 连接了。

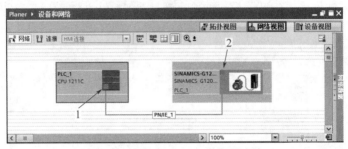

图 17-17　创建 CPU 和变频器连接

f. 组态 PROFINET PZD。将硬件目录中的 "标准报文 1，PZD-2/2" 拖拽到 "设备概览" 视图的插槽中，自动生成输出数据区为 "QW2 ～ QW4"，输入数据区为 "IW2 ～ IW4"，如图 17-18 所示。这些数据在编写程序时都会用到。

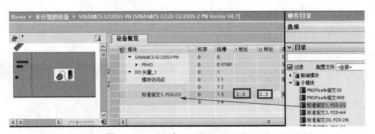

图 17-18　组态 PROFINET PZD

⑤ 变频器参数设定　G120 变频器自动设置的参数见表 17-5。

表 17-5　G120 变频器自动设置的参数

序号	变频器参数	设定值	单位	功能说明
1	P0003	3	—	权限级别，3 是专家级
2	P0010	1/0	—	驱动调试参数筛选。先设置为 1，当把 P0015 和电动机相关参数修改完成后，再设置为 0
3	P0015	7	—	驱动设备宏 7 指令（1 号报文）
4	P0304	380	V	电动机的额定电压

续表

序号	变频器参数	设定值	单位	功能说明
5	P0305	2.05	A	电动机的额定电流
6	P0307	0.75	kW	电动机的额定功率
7	P0310	50.00	Hz	电动机的额定频率
8	P0311	1440	r/min	电动机的额定转速
9	P0730	52.3	—	将继电器输出 DO 0 功能定义为变频器故障

⑥ 编写程序

a. 编写主程序和初始化程序。在编写程序之前，先填写变量表，如图 17-19 所示。

从图 17-19 可看到，一个周期的运行时间是 50s，上升和下降时间直接设置在变频器中，也就是 P1120=P1121=2s，编写程序不用考虑上升和下降时间。编写程序时，可以将 2 个周期当作一个工作循环考虑，这样使编写程序更加方便。OB1 的梯形图如图 17-20 所示。OB100 的程序如图 17-21 所示，其功能是初始化。

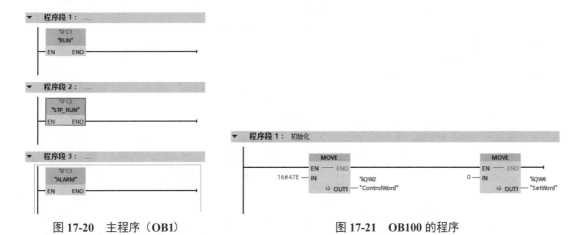

图 17-19　PLC 变量表

图 17-20　主程序（OB1）　　　　图 17-21　OB100 的程序

b. 编写程序 FC1。在变频的通信中，主设定值 16#4000 是十六进制，变换成十进制就是 16384，代表的是 50Hz，因此设定变频器的时候，需要规格化。例如要将变频器设置成 40Hz，主设定值为：

$$f = \frac{40}{50} \times 16384 = 13107.2$$

而 13107 对应的 16 进制是 16#3333，所以设置时应设置数值是 16#3333，实际就是规格化。FC1 的功能是通信频率给定的规格化。先创建数据块 DB Timer，在数据块中创建数据 T0 和 T1，其数据类型为"IEC_TIMER"，这个做的好处是 2 个定时器公用一个数据块，再编写梯形图程序。

FC1 的程序主要是自动逻辑，如图 17-22 所示。

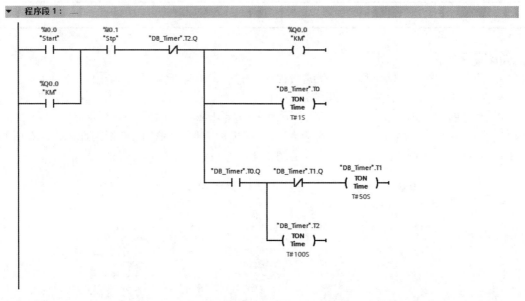

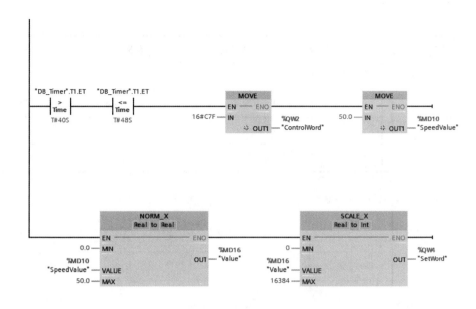

图 17-22　FC1 的程序

　　c. 编写运行程序 FC2。S7-1200 PLC 通过 PROFINET PZD 通信方式将控制字 1 和主设定值周期性的发送至变频器，变频器将状态字 1 和实际转速发送到 S7-1200 PLC。因此掌握控制字和状态字的含义对于编写变频器的通信程序非常重要。

　　控制字的各位的含义见表 17-6。可见：在 S7-1200 PLC 与变频器的 PROFINET 通信中，16#47E 代表停止；16#47F 代表正转；16# C7F 代表反转。

表 17-6　控制字的各位的含义

停止 47E		正转 47F		反转 C7F		位号	含义	0 的含义	1 的含义
	0		1		1	位 00	ON（斜坡上升）/OFF1（斜坡下降）	否	是
E	1	F	1	F	1	位 01	OFF2：按惯性自由停车	是	否
	1		1		1	位 02	OFF3：快速停车	是	否
	1		1		1	位 03	脉冲使能	否	是
7	1	7	1	7	1	位 04	斜坡函数发生器（RFG）使能	否	是
	1		1		1	位 05	RFG 开始	否	是
	1		1		1	位 06	设定值使能	否	是
	0		0		0	位 07	故障确认	否	是
4	0	4	0	C	0	位 08	正向点动	否	是
	0		0		0	位 09	反向点动	否	是
	1		1		1	位 10	由 PLC 进行控制	否	是
	0		0		1	位 11	设定值反向	否	是

续表

停止 47E		正转 47F		反转 C7F	位号	含义	0 的含义	1 的含义
0	0	0	0	0	位 12	保留		
	0		0	0	位 13	用电动电位计（MOP）升速	否	是
	0		0	0	位 14	用 MOP 降速	否	是
	0		0	0	位 15	本机 / 远程控制		

停止运行程序 FC2 如图 17-23 所示。报警程序 FC3 如图 17-24 所示。

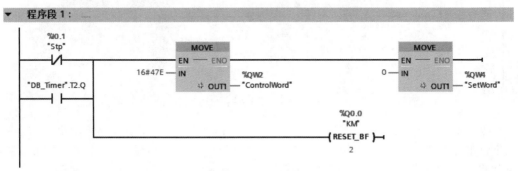

图 17-23　FC2 的程序

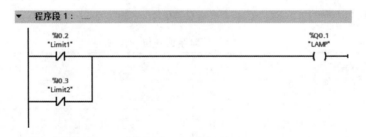

图 17-24　FC3 的程序

(2) 用三菱 FX 系列 PLC 为控制器解题

① PLC 的 I/O 分配　PLC 的 I/O 分配见表 17-7。

表 17-7　PLC 的 I/O 分配表（5）

名称	符号	输入点	名称	符号	输出点
启动按钮	SB1	I0.0	继电器		Q0.0
停止按钮	SB2	I0.1			
急停按钮	SB3	I0.2			

② 控制系统的接线　控制系统的原理图如图 17-25 所示。

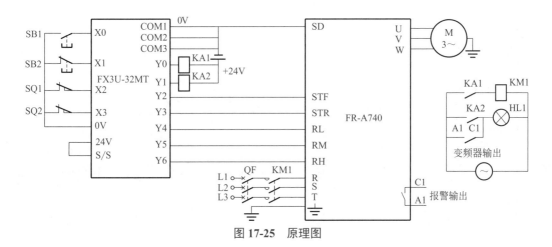

图 17-25　原理图

③ 变频器参数设定　变频器的参数设定见表 17-8。

表 17-8　变频器的参数

序号	变频器参数	设定值	功能说明
1	Pr83	380	电动机的额定电压（380V）
2	Pr9	2.05	电动机的额定电流（2.05A）
3	Pr84	50	设定额定频率（50Hz）
4	Pr79	2	外部运行模式
5	Pr4	20	低速频率值
6	Pr5	30	中速频率值
7	Pr6	50	高速频率值
8	Pr7	2	加速时间
9	Pr8	2	减速时间
10	Pr192	99	ALM（异常输出）

④ 编写控制程序　从图 17-9 可见，一个周期的运行时间是 50s，上升和下降时间直接设置在变频器中，也就是 Pr7= Pr8=2s，编写程序时不用考虑。编写程序时，可以将两个周期当作一个周期考虑，这样使编写程序更加方便。梯形图程序如图 17-26 所示。

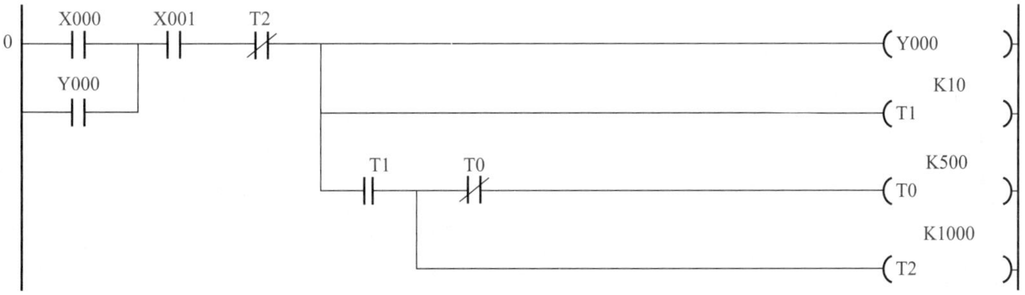

图 17-26

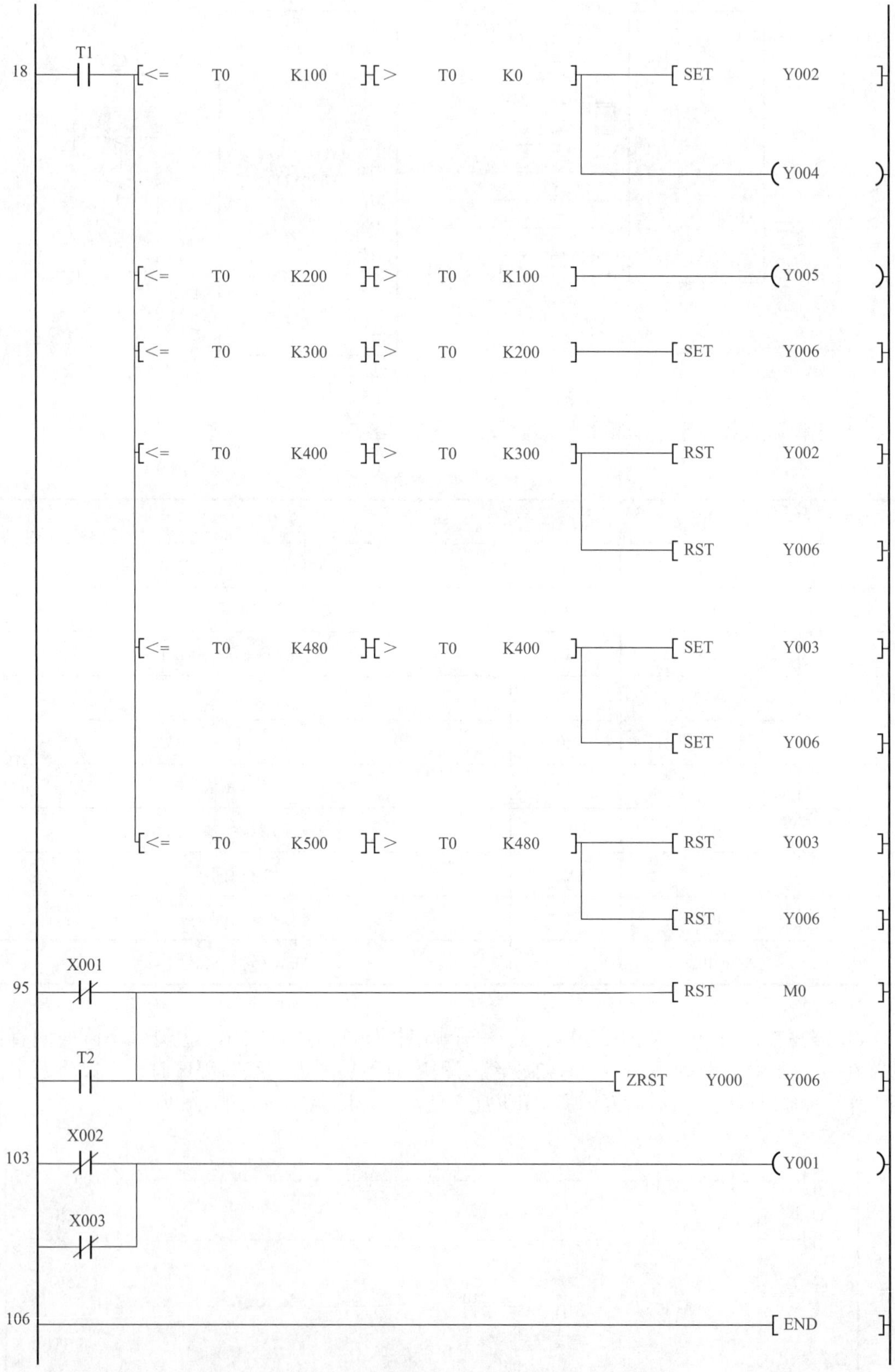

图 17-26 梯形图

17.3　剪切机的 PLC 控制

【例 17-3】　剪切机上有 1 套步进驱动系统，步进驱动器的型号为 SH-2H042Ma，步进电动机的型号为 17HS111，是两相四线直流 24V 步进电动机，用于送料，送料长度是 200mm，当送料完成后，停 1s 开始剪切，剪切完成 1s 后，再自动进行第二个循环。要求：按下按钮 SB1 开始工作，按下按钮 SB2 停止工作。请设计原理图并编写程序，复位完成复位指示灯闪烁，正常运行时，运行指示灯闪烁。

(1) 用西门子 S7-1200 PLC 为控制器解题

① PLC 的 I/O 分配　在 I/O 分配之前，先计算所需要的 I/O 点数，由于输入输出最好留 15% 左右的余量备用，所用初步选择的 PLC 是 CPU1212C。又因为要使用 PLC 的高速输出点，所以 PLC 最后定为 CPU1212C（DC/DC/DC）。剪切机的 I/O 分配表见表 17-9。

表 17-9　剪切机的 I/O 分配表

名称	符号	输入点	名称	符号	输出点
启动	SB1	I0.0	高速输出		Q0.0
停止	SB2	I0.1	电动机反转		Q0.1
回原点	SB3	I0.2	剪切	KA1	Q0.2
原点	SQ1	I0.3	后退	KA2	Q0.3
下限位	SQ2	I0.4	复位指示灯	HL1	Q0.4
上限位	SQ3	I0.5	运行指示灯	HL2	Q0.5

② 设计电气原理图　根据 I/O 分配表和题意，设计原理图如图 17-27 所示。

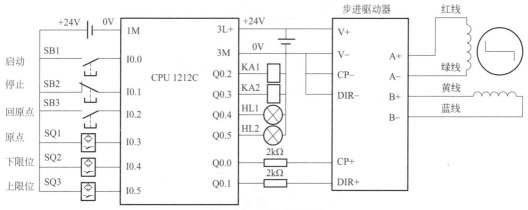

图 17-27　电气原理图

③ 硬件组态

a. 新建项目，添加 CPU。打开 TIA 博途软件，新建项目 "MotionControl"，单击项目树中的 "添加新设备" 选项，添加 "CPU1212C"，如图 17-28 所示。

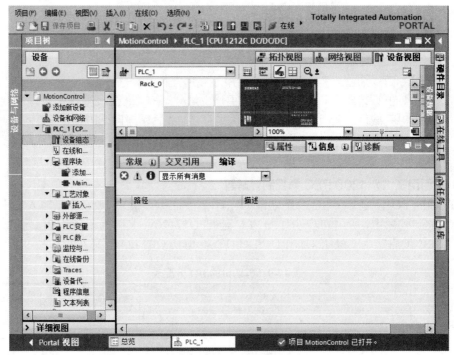

图 17-28　新建项目，添加 CPU

b. 启用脉冲发生器。在设备视图中，选中"属性"→"常规"→"脉冲发生器（PTO/PWM）"→"PTO1/PWM1"，勾选"启用该脉冲发生器"选项，如图 17-29 所示，表示启用了"PTO1/PWM1"脉冲发生器。

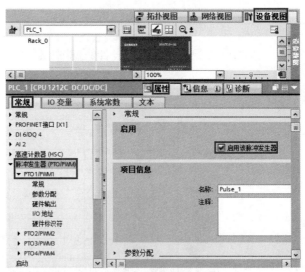

图 17-29　启用脉冲发生器

c. 选择脉冲发生器的类型。设备视图中，选中"属性"→"常规"→"脉冲发生器（PTO/PWM）"→"PTO1/PWM1"→"参数分配"，选择信号类型为"PTO（脉冲 A 和方向 B）"，如图 17-30 所示。

信号类型有 5 个选项，分别是：PWM、PTO（脉冲 A 和方向 B）、PTO（正数 A 和倒数

B）、PTO（A/B 移相）和 PTO（A/B 移相 - 四倍频）。

图 17-30　选择脉冲发生器的类型

d. 组态硬件输出。设备视图中，选中"属性"→"常规"→"脉冲发生器（PTO/PWM）"→"PTO1/PWM1"→"硬件输出"，选择脉冲输出点为 Q0.0，勾选"启用方向输出"，选择方向输出为 Q0.1，如图 17-31 所示。

图 17-31　组态硬件输出

e. 查看硬件标识符。设备视图中，选中"属性"→"常规"→"脉冲发生器（PTO/PWM）"→"PTO1/PWM1"→"硬件标识符"，可以查看到硬件标识符为 265，如图 17-32 所示，此标识符在编写程序时需要用到。

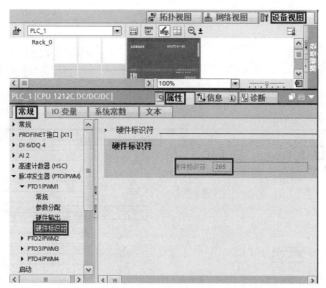

图 17-32　硬件标识符

④ 工艺参数组态　参数组态主要定义了轴的工程单位（如脉冲数 /min、r/min）、软硬件限位、启动 / 停止速度和参考点的定义等。工艺参数的组态步骤如下：

a. 插入新对象。在 TIA Portal 软件项目视图的项目树中，选择"MotionControl"→"PLC_1"→"工艺对象"→"插入新对象"，双击"插入新对象"，如图 17-33 所示，弹出如图 17-34 所示的界面，选择"运动控制"→"TO_PositioningAxis"，单击"确定"按钮即可。

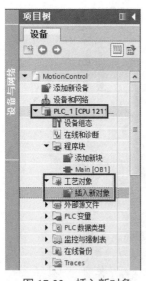

图 17-33　插入新对象

图 17-34　定义工艺对象数据块

b. 组态常规参数。在"功能图"选项卡中，选择"基本参数"→"常规"，"驱动器"项目中有三个选项：PTO（表示运动控制由脉冲控制）、模拟驱动装置接口（表示运动控制由模拟量控制）和 PROFIdrive（表示运动控制由通信控制），本例选择"PTO"选项，测量单位可根据实际情况选择，本例选用默认设置，如图 17-35 所示。

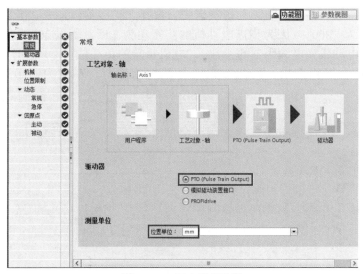

图 17-35　组态常规参数

c. 组态驱动器参数。在"功能图"选项卡中，选择"基本参数"→"驱动器"，选择脉冲发生器为"Pulse_1"，其对应的脉冲输出点和信号类型以及方向输出，都已经在硬件组态时定义了，在此不做修改，如图 17-36 所示。

"驱动装置的使能和反馈"在工程中经常用到，当 PLC 准备就绪，输出一个信号到伺服驱动器的使能端子上，通知伺服驱动器，PLC 已经准备就绪。当伺服驱动器准备就绪后发出一个信号到 PLC 的输入端，通知 PLC 伺服驱动器已经准备就绪。本例中没有使用此功能。

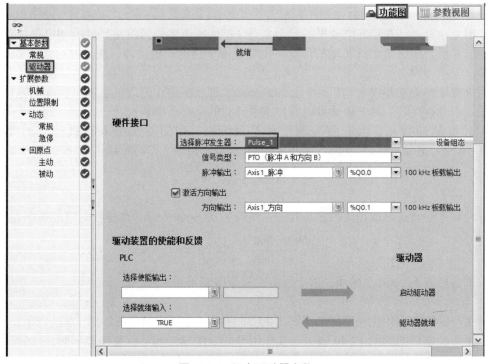

图 17-36　组态驱动器参数

d. 组态机械参数。在"功能图"选项卡中，选择"扩展参数"→"机械"，设置"电机每转的脉冲数"为"200"（因为步进电动机的步距角为 1.8°，所以 200 个脉冲转一圈），此参数取决于伺服电动机光电编码器的参数。"电机每转的负载位移"取决于机械结构，如伺服电动机与丝杠直接相连接，则此参数就是丝杠的螺距，本例为"10.0"，如图 17-37 所示。

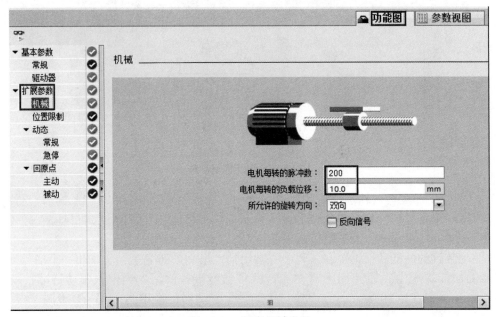

图 17-37　组态机械参数

⑤ 编写程序

a. 相关计算。已知步进电动机的步距角是 1.8°，所谓步距角就是步进电动机每接收到一个脉冲信号后，步进电动机转动的角度。也就是说步进电动机每转一圈，PLC 需要发送 200 个脉冲。

假设程序中要求步进电动机转速是 600r/min，那么程序中需要的脉冲个数和脉冲频率如何设置是十分重要的。对于初学者而言，这个计算的确有点麻烦。

先计算脉冲数 n。 由于前进的位移是 200mm，则需要步进电动机转动的圈数为 200/10=20 圈。电动机转动 20 圈，需要接收的脉冲数为：

$$n = 20 \times \frac{360°}{1.8°} = 4000（个）$$

脉冲频率和转速是成正比的，且有一一对应关系，600r/min（高速）对应的频率为：

$$f = \frac{600 \times 360°}{1.8° \times 60} = 2000(\text{Hz})$$

即每秒发出 2000 个脉冲，这个数值在程序中要用到。

b. 编写程序。初始化程序梯形图如图 17-38 所示。主程序梯形图如图 17-39 所示。

FC1 中的梯形图如图 17-40 所示，其作用是先启用轴，实际就是使能伺服，然后确认故障（伺服处于故障状态时，不能正常运行，必须要确认故障），最后回原点。

FC2 中的梯形图如图 17-41 所示，其作用是完成剪切机的自动运行的逻辑。

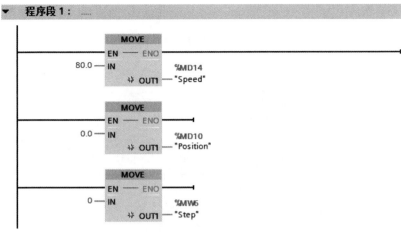

图 17-38　OB100 中的梯形图

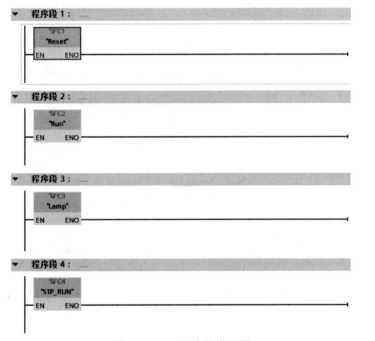

图 17-39　OB1 中的梯形图

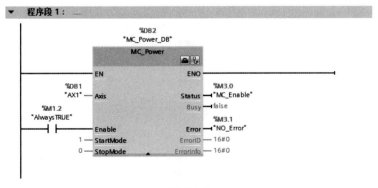

图 17-40

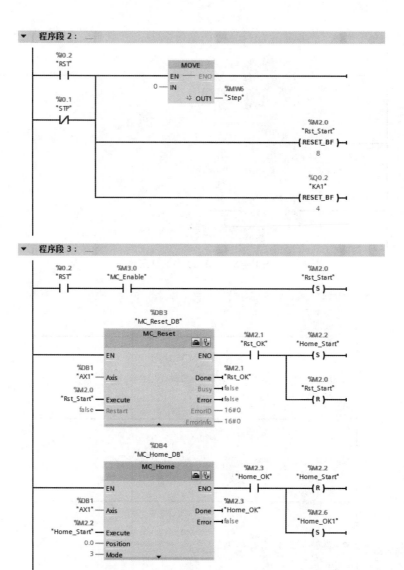

图 17-40　FC1 中的梯形图

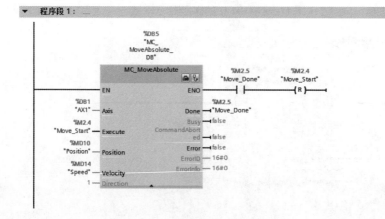

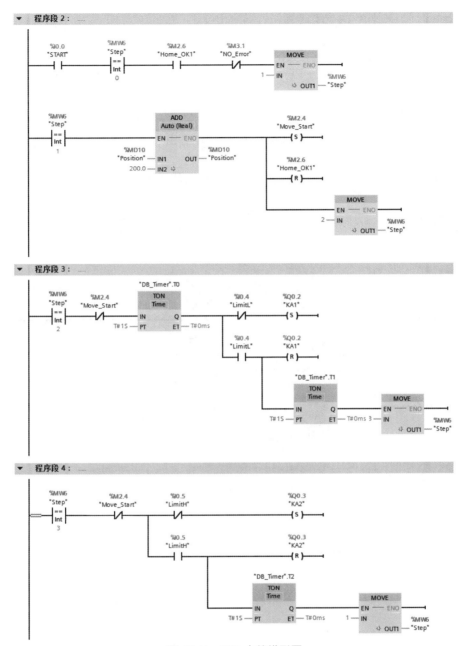

图 17-41　FC2 中的梯形图

FC3 中的梯形图如图 17-42 所示，其作用是控制复位完成和运行时指示灯的闪烁。

图 17-42

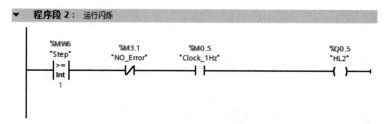

图 17-42　FC3 中的梯形图

FC4 中的梯形图如图 17-43 所示，其作用是使伺服停止运行。

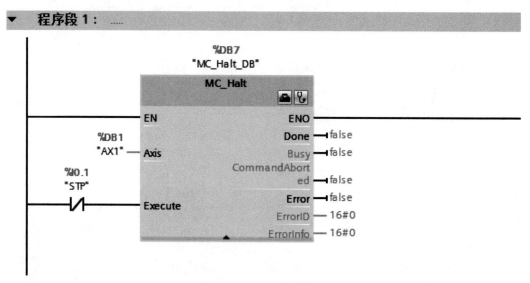

图 17-43　FC4 中的梯形图

（2）用三菱 FX 系列 PLC 为控制器解题

① PLC 的 I/O 分配　剪切机的 I/O 分配表见表 17-10。

表 17-10　剪切机的 I/O 分配表（2）

名称	符号	输入点	名称	符号	输出点
启动	SB1	X0	高速输出		Y0
停止	SB2	X1	电动机反转		Y1
回原点	SB3	X2	剪切	KA1	Y2
原点	SQ1	X3	后退	KA2	Y3
下限位	SQ2	X4	复位指示灯	HL1	Y4
上限位	SQ3	X5	运行指示灯	HL2	Y5

② 设计电气原理图　根据 I/O 分配表和题意设计原理图，如图 17-44 所示。

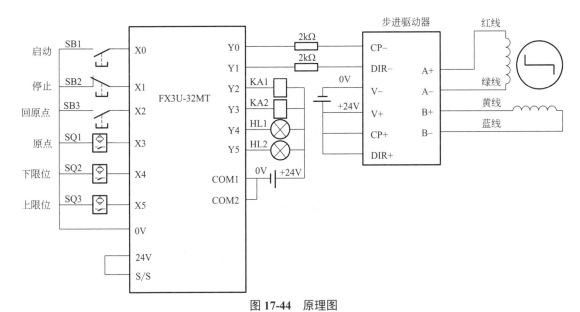

图 17-44　原理图

关键点　图 17-44 的步进驱动器和 PLC 的负载是同一台电源。如果不是同一台电源，那么电源的 0V 要短接在一起。

③ 编写控制程序　有关脉冲的计算，参考本例的 S7-1200 PLC 部分。编写梯形图控制程序如图 17-45 所示。

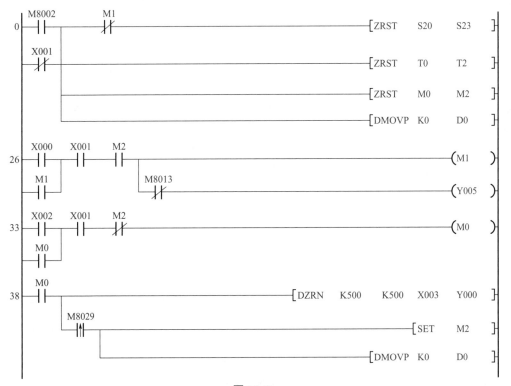

图 17-45

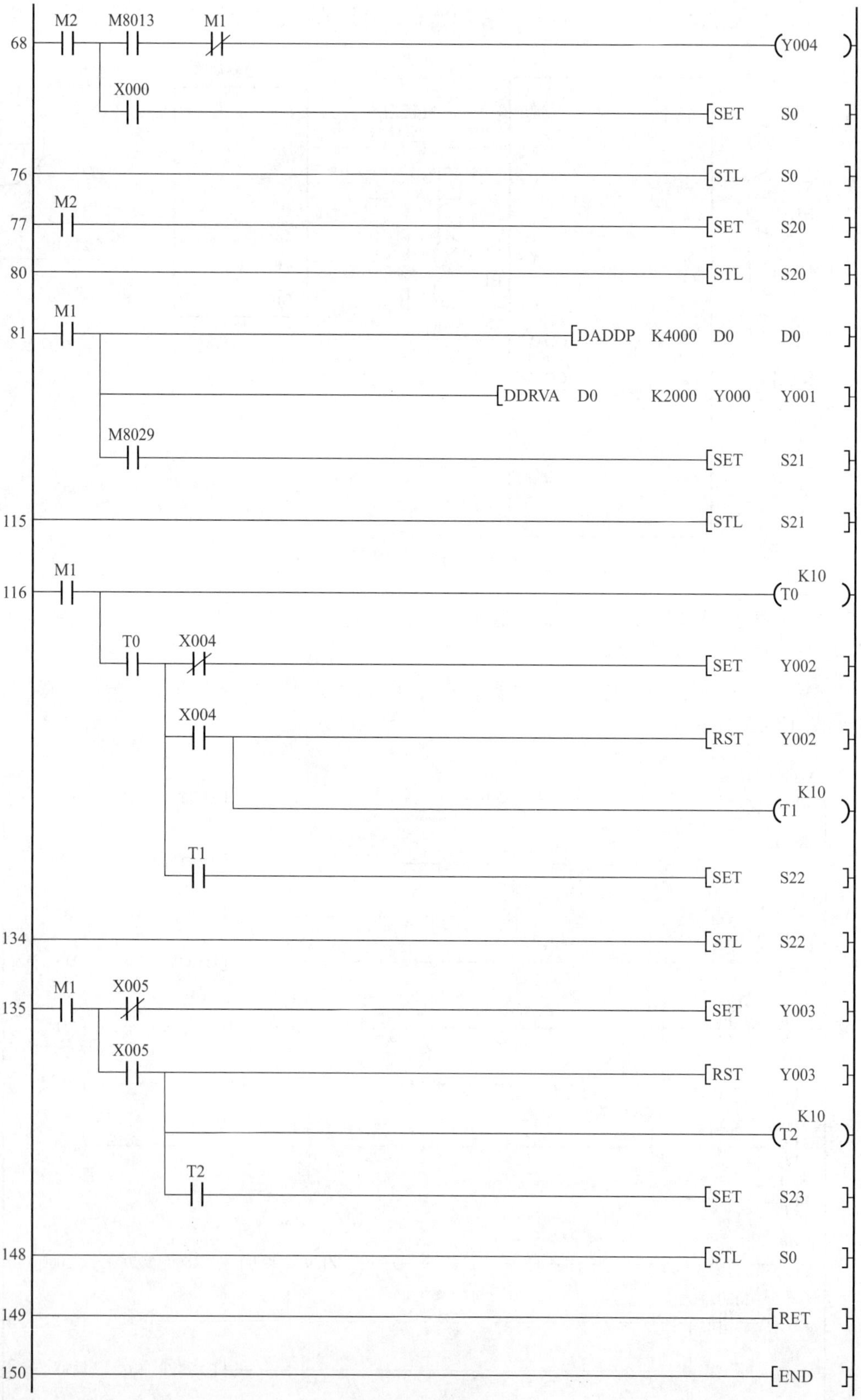

```
         M2   M8013   M1
68       ┤├────┤├─────┤/├─────────────────────────────────( Y004 )

              X000
              ┤├───────────────────────────────────[ SET    S0  ]

76       ───────────────────────────────────────────[ STL    S0  ]

         M2
77       ┤├───────────────────────────────────────[ SET    S20 ]

80       ───────────────────────────────────────────[ STL    S20 ]

         M1
81       ┤├──────────────────────────────[ DADDP  K4000  D0   D0  ]

         │                    ┌─[ DDRVA   D0    K2000  Y000  Y001 ]

              M8029
              ┤├───────────────────────────────────[ SET    S21 ]

115      ───────────────────────────────────────────[ STL    S21 ]

         M1                                              K10
116      ┤├─────────────────────────────────────────( T0 )

              T0   X004
              ┤├────┤/├──────────────────────────[ SET    Y002 ]

              │   X004
              │   ┤├────────────────────────────[ RST    Y002 ]

              │                                        K10
              │   └──────────────────────────────────( T1 )

              T1
              ┤├───────────────────────────────────[ SET    S22 ]

134      ───────────────────────────────────────────[ STL    S22 ]

         M1   X005
135      ┤├────┤/├──────────────────────────────[ SET    Y003 ]

              X005
              ┤├────────────────────────────────[ RST    Y003 ]

              │                                        K10
              │  └───────────────────────────────────( T2 )

              T2
              ┤├───────────────────────────────────[ SET    S23 ]

148      ───────────────────────────────────────────[ STL    S0  ]

149      ───────────────────────────────────────────[ RET  ]

150      ───────────────────────────────────────────[ END  ]
```

图 17-45　梯形图

17.4　物料搅拌机的 PLC 控制

◁【例 17-4】　有一个物料搅拌机，主机由 7.5kW 的电动机驱动。根据物料不同，要求速度在一定的范围内无级可调，且要求物料太多或者卡死设备时系统能及时保护；机器上配有冷却水，冷却水温度不能超过 50℃，而且冷却水管不能堵塞，也不能缺水，堵塞和缺水将造成严重后果，冷却水的动力不在本设备上，水温和压力要可以显示。当传感器断线时，触摸屏显示提示信息。

(1) 分析问题

根据已知的工艺要求，分析结论如下。

① 主电动机的速度要求可调，所以应选择变频器。

② 系统要求有卡死设备时，系统能及时保护。当载荷超过一定数值时（特别是电动机卡死时），电流急剧上升，当电流达到一定数值时即可判定电动机是卡死的，而电动机的电流是可以测量的。因为使用了变频器，变频器可以测量电动机的瞬时电流，这个瞬时电流值可以用通信的方式获得。

③ 显然这个系统需要一个控制器，PLC、单片机系统都是可选的，但单片机系统的开发周期长，单件开发并不合算，因此选用 PLC 控制，由于本系统并不复杂，所以小型 PLC 即可满足要求。

④ 冷却水的堵塞和缺水可以用压力判断，当压力超过一定数值时，视为冷却水堵塞，当压力低于一定的压力时，视为缺水。压力一般要用压力传感器测量，温度由温度传感器测量。因此，PLC 系统要配置模拟量模块。

⑤ 要求水温和压力可以显示，所以需要触摸屏或者其他显示设备。

(2) 硬件系统集成

① 硬件选型

a. 小型 PLC 都可作为备选，由于西门子 S7-1200 系列 PLC 通信功能较强，而且性价比较高，所以初步确定选择 S7-1200 系列 PLC，因为 PLC 要和变频器通信使用串行通信口，和触摸屏通信占用一个以太网通信口，CPU 1212C 有一个编程口（PN）用于下载程序和与触摸屏通信，另扩展一个串口则可以作为 USS 通信用。

由于压力变送器和温度变送器的信号都是电流信号，所以要考虑使用专用的 AD 模块，两路信号使用 SM1231 是较好的选择。

由于 CPU 1212C 的 I/O 点数合适，所以选择 CPU 1212C。

b. 选择变频器。G120C 是一款功能比较强大的变频器，价格适中，可以与 S7-1200 PLC 很方便地进行 USS 通信。

c. 选择西门子的 KTP 700 触摸屏。

② 系统的软硬件配置

a. 1 台 CPU 1212C。

b. 1 台 SM1231。

c. 1 台 KTP 700 触摸屏。

d. 1 台 G120C 变频器。

e. 1 台压力传感器（含变送器）。

f. 1 台温度传感器（含变送器）。

g. 1 套 TIA Portal V15.1。

h. 1 台 CM1241 RS-485/422。

③原理图　系统的原理图如图17-46所示。

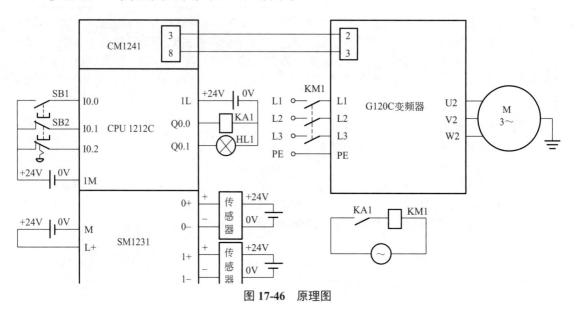

图 17-46　原理图

(3) 变频器参数设定

变频器的参数设定见表17-11。

表 17-11　变频器的参数

序号	变频器参数	设定值	单位	功能说明
1	P0003	3	—	权限级别，3是专家级
2	P0010	1/0	—	驱动调试参数筛选。先设置为1，当把 P0015 和电动机相关参数修改完成后，再设置为0
3	P0015	21	—	驱动设备宏指令
4	P0304	380	V	电动机的额定电压
5	CP0305	19.7	A	电动机的额定电流
6	P0307	7.5	kW	电动机的额定功率
7	P0310	50.00	Hz	电动机的额定频率
8	P0311	1400	r/min	电动机的额定转速
9	P2020	6	—	USS 通信波特率，6 代表 9600bps
10	P2021	2	—	USS 地址
11	P2022	2	—	USS 通信 PZD 长度
12	P2023	127	—	USS 通信 PKW 长度
13	P2040	0	ms	总线监控时间

（4）硬件和网络组态

① 添加模块，组态 CM1241 模块。先进行硬件组态，添加 3 个模块，如图 17-47 所示。在设备视图中，选中"CM1241 模块"（标记①处）→选择"半双工"（标记②处）→设置"波特率"和"奇偶校验"（标记③处）。

图 17-47　CM1241 模块组态

② 组态 SM1231 模块。在图 17-48 中，选中"设备视图"（标记①处），选中"SM1231 模块"（标记②处）→选择通道（标记③处）→选择"测量类型"和"电流范围"（标记④处）→勾选"启用断路诊断"（标记⑤处）。

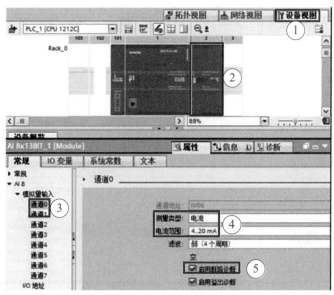

图 17-48　SM1231 模块组态

③ 组态网络。在网络视图中（标记①处），将 CPU1212C 和 HMI 的网络接口连接起来（标记②处），如图 17-49 所示。

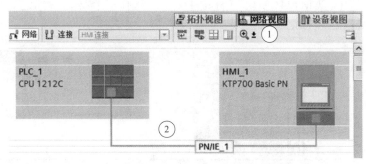

图 17-49　网络组态

(5) 编写 PLC 程序

① I/O 分配　PLC 的 I/O 分配见表 17-12。

表 17-12　PLC 的 I/O 分配表

序号	地址	功能	序号	地址	功能
1	I0.0	启动	8	IW96	温度
2	I0.1	停止	9	IW98	压力
3	I0.2	急停	10	MD10	满频率的百分比
4	M0.0	启/停	11	MD22	电流值
5	M0.3	缓停	12	MD50	转速设定
6	M0.4	启/停	13	MD104	温度显示
7	M0.5	快速停	14	MD204	压力显示

② 编写程序　OB1 中的梯形图程序如图 17-50 所示。OB30 中的梯形图如图 17-51 所示。

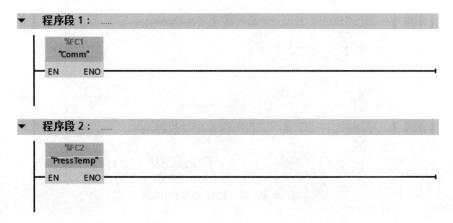

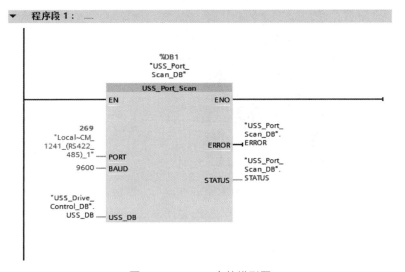

图 17-50　OB1 中的梯形图

图 17-51　OB30 中的梯形图

FC1 中的梯形图程序如图 17-52 所示，其功能是启停控制、USS 通信的速度给定和获取实时电流数值。

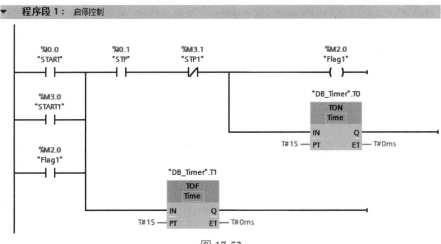

图 17-52

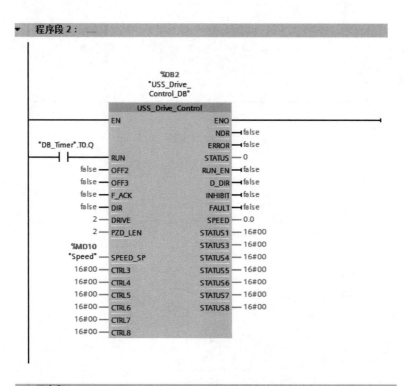

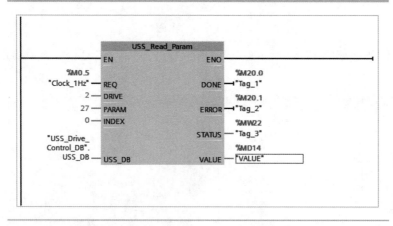

图 17-52　FC1 中的梯形图

FC2 中的梯形图程序如图 17-53 所示，其功能是测量实时的温度和压力数值。
FC3 中的梯形图程序如图 17-54 所示，其功能是将设定的速度转换成百分比数值。
FC4 中的梯形图程序如图 17-55 所示，其功能是报警。

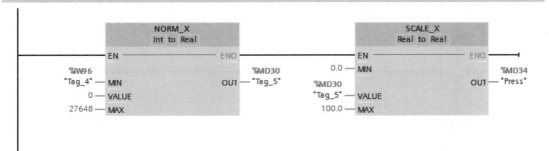

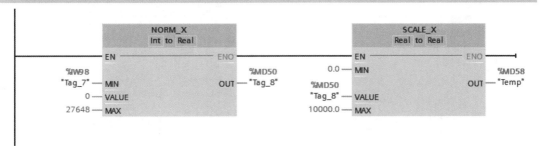

图 17-53　FC2 中的梯形图

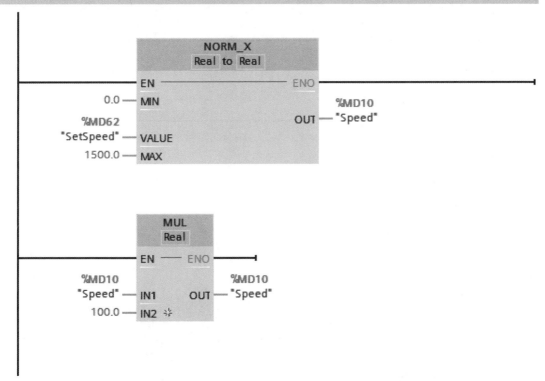

图 17-54　FC3 中的梯形图

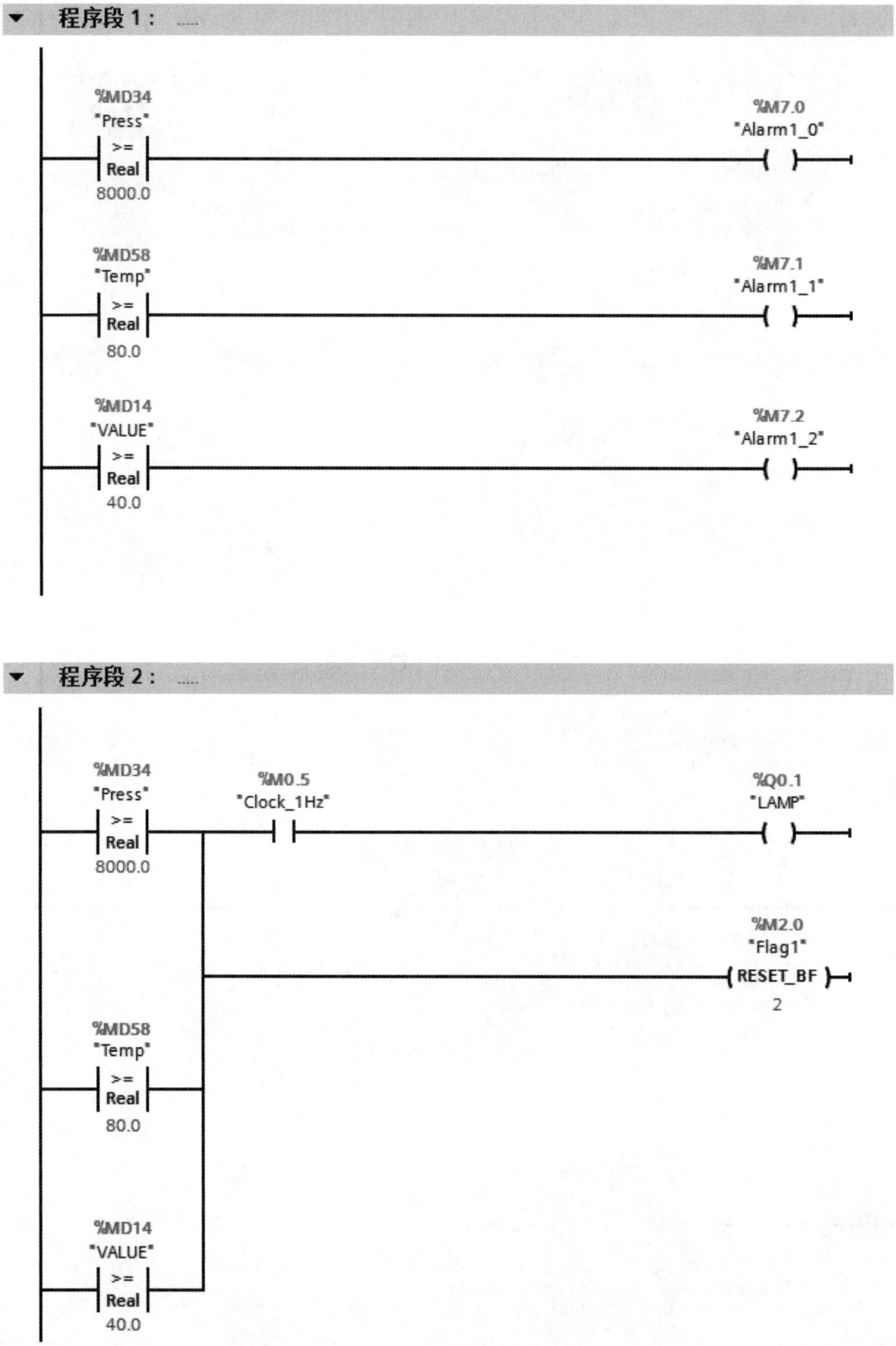

▼ 程序段 1：.....

▼ 程序段 2：.....

图 17-55　FC4 中的梯形图

（6）设计触摸屏项目

本例选用西门子 KTP 700 触摸屏，这个型号的触摸屏性价比很高，使用方法与西门子其他系列的触摸屏类似，以下介绍其工程的创建过程。

① 首先创建一个新项目，接着建立一个新连接，如图 17-49 所示。

② 组态画面。本例共有 4 个画面，如图 17-56 ～图 17-59 所示。画面的切换用功能键 F1、F2、F3 和 F4 进行。

图 17-56　根画面

图 17-57　报警画面

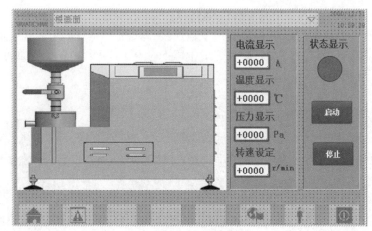

图 17-58　运行画面

③ 组态报警。双击"项目树"中的"HMI 报警"，按照图 17-59 所示组态报警。当温度、压力和电流超标时，报警信息显示在图 17-57 中。

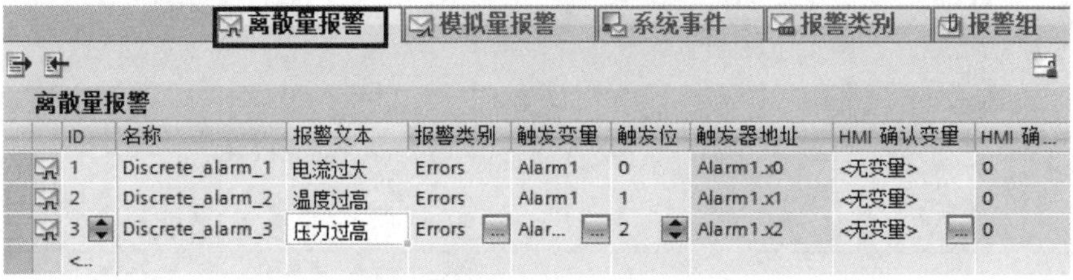

	ID	名称	报警文本	报警类别	触发变量	触发位	触发器地址	HMI 确认变量	HMI 确…
	1	Discrete_alarm_1	电流过大	Errors	Alarm1	0	Alarm1.x0	<无变量>	0
	2	Discrete_alarm_2	温度过高	Errors	Alarm1	1	Alarm1.x1	<无变量>	0
	3	Discrete_alarm_3	压力过高	Errors	Alar…	2	Alarm1.x2	<无变量>	0

图 17-59　组态报警

④ 组态故障诊断。将诊断控件拖拽到画面即可，如图 17-60 所示，当模拟量传感器断线或者其他硬件故障发生时，故障信息自动从 PLC 传送到 HMI，对现场的故障诊断极为有利。

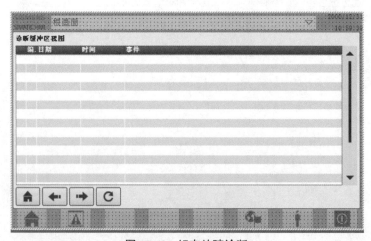

图 17-60　组态故障诊断

⑤ 动画连接。在各个画面中，将组态的变量和画面连接在一起。

⑥ 保存、下载和运行工程。

参考文献

［1］ 向晓汉，李润海．西门子 S7-1200/1500 PLC 学习手册［M］．北京：化学工业出版社，2018.

［2］ 刘楷．深入浅出 西门子 S7-300 PLC M］．北京：北京航空航天大学出版社，2004.

［3］ 廖常初．S7-300/400PLC 应用技术［M］．3 版．北京：机械工业出版社，2013.

［4］ 向晓汉．西门子 PLC 工业通信完全精通教程［M］．北京：化学工业出版社，2013.

［5］ 崔坚．西门子工业网络通信指南［M］．北京：机械工业出版社，2009.

［6］ 向晓汉．三菱 FX 系列 PLC 完全精通教程［M］．北京：化学工业出版社，2012.

［7］ 陈忠平．欧姆龙 CP1H 系列 PLC 完全自学手册［M］．北京：化学工业出版社，2013.

工程师宝典APP

可以看视频的电子书

>>>>>>>>>>>>>>>>

☑ **嵌入视频**：无需扫码，直接观看   ☑ **搜索浏览**：知识点快速定位

☑ **重新排版**：更适合移动端阅读   ☑ **留言咨询**：与作者及同行交流

— 贴码 —

流水号：041255

刮开涂层
获取邀请码

扫描二维码下载APP，
免费获取本书全部电子版

电子书获取步骤：

1.扫描二维码根据提示下载APP

2.使用邀请码注册（刮开涂层，获取邀请码）

3.搜索作者名或书名（或书号）获取电子书